# 첫 단원만 너덜너덜한 문제집은 그만!

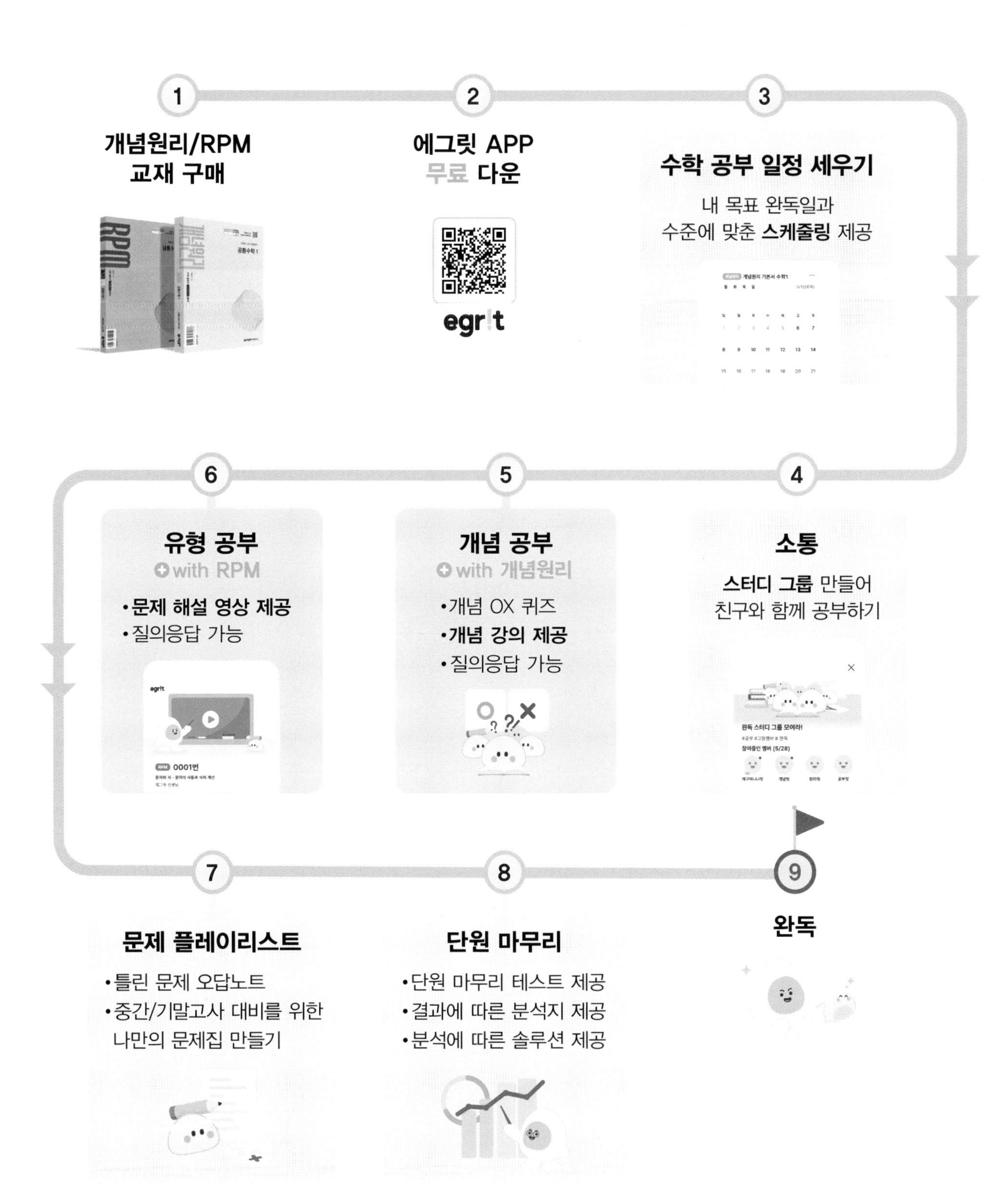


당신만의 완독 메이트 egrit

공통수학 1


| | |
|---|---|
| **발행일** | 2024년 7월 1일 (1판 3쇄) |
| **기획 및 집필** | 이홍섭, 개념원리 수학연구소 |
| **콘텐츠 개발 총괄** | 한소영 |
| **콘텐츠 개발 책임** | 이선옥, 김현진, 모규리, 오영석, 오지애, 오서희, 김경숙 |
| **사업 책임** | 정현호 |
| **마케팅 책임** | 권가민, 이미혜, 정성훈 |
| **제작/유통 책임** | 이건호 |
| **영업 책임** | 정현호 |
| **디자인** | (주)이츠북스 |
| **펴낸이** | 고사무열 |
| **펴낸곳** | (주)개념원리 |
| **등록번호** | 제 22-2381호 |
| **주소** | 서울시 강남구 테헤란로 8길 37, 7층(한동빌딩) 06239 |
| **고객센터** | 1644-1248 |

# 공통수학 1

QR 코드를 찍으면 정답을 편리하게 확인할 수 있어요.

## 12 행렬

**1093** 2×1 행렬 **1094** 1×3 행렬
**1095** 2×2 행렬 **1096** 2×3 행렬
**1097** (1) 1 (2) −3 (3) 4 **1098** $a=-3$, $b=4$, $c=4$
**1099** $a=2$, $b=-1$, $c=-2$ **1100** $\begin{pmatrix} -1 & 5 \end{pmatrix}$
**1101** $\begin{pmatrix} -1 & 3 \\ 1 & 4 \end{pmatrix}$ **1102** $\begin{pmatrix} 6 & -5 \\ -1 & 1 \end{pmatrix}$
**1103** $\begin{pmatrix} 4 & 2 & -1 \\ -2 & 0 & 1 \end{pmatrix}$ **1104** $\begin{pmatrix} 2 & 9 \\ -13 & 3 \end{pmatrix}$
**1105** $\begin{pmatrix} 3 & 5 \\ 6 & -4 \end{pmatrix}$ **1106** $\begin{pmatrix} 2 & -1 \\ 2 & 1 \end{pmatrix}$
**1107** $\begin{pmatrix} 6 & 5 \\ 10 & -1 \end{pmatrix}$ **1108** $\begin{pmatrix} -5 & 7 \end{pmatrix}$
**1109** $\begin{pmatrix} 14 \\ 11 \end{pmatrix}$ **1110** $\begin{pmatrix} -24 & 12 \\ 5 & 3 \end{pmatrix}$ **1111** $\begin{pmatrix} 5 & 10 \\ -7 & -6 \end{pmatrix}$
**1112** (1) $\begin{pmatrix} 1 & 2 \\ 0 & 1 \end{pmatrix}$ (2) $\begin{pmatrix} 1 & 3 \\ 0 & 1 \end{pmatrix}$ (3) $\begin{pmatrix} 1 & 10 \\ 0 & 1 \end{pmatrix}$
**1113** (1) $\begin{pmatrix} -1 & 0 \\ 0 & -1 \end{pmatrix}$ (2) $\begin{pmatrix} 1 & 0 \\ 0 & 1 \end{pmatrix}$ (3) $\begin{pmatrix} -1 & 0 \\ 0 & -1 \end{pmatrix}$
**1114** $\begin{pmatrix} 1 & 2 \\ 4 & 5 \end{pmatrix}$ **1115** $\begin{pmatrix} 1 & 1 & 1 \\ 1 & 0 & 2 \\ 0 & 1 & 0 \end{pmatrix}$ **1116** 8

| | | | | |
|---|---|---|---|---|
| **1117** 10 | **1118** ④ | **1119** −1 | **1120** ⑤ | **1121** 21 |
| **1122** 2 | **1123** ② | **1124** −1 | **1125** −3 | **1126** 12 |
| **1127** 6 | **1128** −1 | **1129** 5 | **1130** ③ | **1131** ③ |
| **1132** −10 | **1133** 3 | **1134** ④ | **1135** ④ | **1136** ② |
| **1137** $\begin{pmatrix} -10 \\ -7 \end{pmatrix}$ | **1138** 4 | **1139** 4 | **1140** −7 | **1141** 1 |
| **1142** ③ | **1143** ② | **1144** 6 | **1145** 4 | **1146** −9 |
| **1147** $-\frac{2}{3}$ | **1148** ③ | **1149** 4 | **1150** ⑤ | **1151** 23 |
| **1152** ③ | **1153** 100 | **1154** 1012 | **1155** 9 | **1156** ③ |
| **1157** ㄱ, ㄷ | **1158** ① | **1159** ③ | **1160** ⑤ | **1161** 36 |
| **1162** 7 | **1163** ② | **1164** ③ | **1165** 12 | **1166** 8 |
| **1167** 1 | **1168** ③ | **1169** ② | **1170** −4 | **1171** ⑤ |
| **1172** ④ | **1173** ④ | **1174** ③ | **1175** ④ | **1176** ① |
| **1177** ⑤ | **1178** 58 | **1179** 4 | **1180** 2 | **1181** 4 |
| **1182** ④ | **1183** −6 | **1184** ② | | |

## 09 이차부등식과 연립이차부등식

0775 $x<-2$ 또는 $x>3$ 0776 $-2\le x\le 3$
0777 $a\le x\le \gamma$ 0778 $x<\beta$ 또는 $x>\delta$
0779 $-3<x<5$ 0780 $-\frac{1}{3}\le x\le 1$
0781 $x<-\frac{1}{5}$ 또는 $x>2$ 0782 $x\le -3$ 또는 $x\ge \frac{1}{2}$
0783 $1\le x\le 3$ 0784 $x\ne\frac{1}{2}$인 모든 실수
0785 모든 실수 0786 해는 없다.
0787 $x=\frac{1}{3}$ 0788 모든 실수 0789 해는 없다.
0790 모든 실수 0791 해는 없다.
0792 $x^2-3x-4<0$ 0793 $x^2-x-6\le 0$
0794 $x^2-2x-8>0$ 0795 $x^2-4x+3\ge 0$
0796 $x^2-12x+36>0$ 0797 $-2\sqrt{2}<k<2\sqrt{2}$
0798 $-\frac{1}{9}\le k\le 0$ 0799 $k>6$ 0800 $0\le k\le 3$
0801 (1) $x\le 2$ 또는 $x\ge 3$ (2) $1<x<4$ (3) $1<x\le 2$ 또는 $3\le x<4$
0802 $-3<x<1$ 0803 $1\le x<2$
0804 $-2<x\le -1$ 또는 $3\le x<4$ 0805 $\frac{3}{8}\le k<\frac{1}{2}$
0806 $k\ge 5$ 0807 $-2<k<2$ 0808 (1) $\ge$, $>$, $>$ (2) $<$
0809 $k\le -2$ 0810 $k<-\frac{1}{3}$ 0811 $-\frac{10}{9}<k\le -1$
0812 $-2\le x\le 2$ 0813 4 0814 $a<x<b$ 또는 $c<x<d$
0815 4 0816 $4\sqrt{2}$ 0817 ④ 0818 ② 0819 ④
0820 $-1<x<1$ 0821 ③ 0822 $-2<x<6$
0823 $-3$ 0824 19 0825 5 0826 $-2\le x\le 3$
0827 $-\frac{1}{2}$ 0828 ⑤ 0829 24 0830 10 0831 $-8$
0832 $-4$ 0833 ② 0834 $-1$ 0835 ① 0836 $a<-4$
0837 1 0838 5 0839 ② 0840 7 0841 ③
0842 $a>6$ 0843 15 0844 9 0845 ② 0846 2
0847 $-12$ 0848 7 0849 ① 0850 8 0851 ③
0852 2000원 0853 5 0854 4 0855 ① 0856 $-3$
0857 2 0858 $-1<x<0$ 또는 $3<x<5$ 0859 3
0860 $1<x<\frac{5}{2}$ 0861 $k<-4$ 0862 3 0863 3
0864 $-6$ 0865 9 0866 12 0867 5
0868 $0<k<\frac{4}{3}$ 0869 4 0870 1 0871 ②
0872 $-2\le a<0$ 0873 ② 0874 $a<1$ 또는 $4<a<6$
0875 $3\le a<4$ 0876 ② 0877 5 0878 2
0879 $2\le p<\frac{11}{5}$ 0880 7 0881 $\frac{4}{5}<a<\frac{6}{5}$
0882 ④ 0883 $-9$ 0884 ④ 0885 ①
0886 $x<\frac{1}{2}$ 또는 $x>1$ 0887 5 0888 ③ 0889 ②
0890 $1\le m<4$ 0891 $-3$ 0892 $-10$ 0893 5 m
0894 2 0895 1 0896 14 0897 5 0898 15
0899 6 0900 ② 0901 ④ 0902 ③
0903 $\frac{5}{2}<x<3$ 0904 14 0905 $-2$
0906 $-1\le a<0$ 0907 $a\le -12$ 또는 $a>12$ 0908 9
0909 $3-\sqrt{5}\le a<1$ 0910 33

## 10 경우의 수와 순열

0911 6 0912 3 0913 12 0914 33 0915 12
0916 6 0917 8 0918 20 0919 24 0920 1
0921 720 0922 6 0923 3 0924 5 0925 5
0926 60 0927 24 0928 30 0929 720 0930 9
0931 6 0932 4 0933 64 0934 7 0935 ④
0936 ③ 0937 60 0938 24 0939 ④ 0940 56
0941 16 0942 9 0943 134 0944 6 0945 9
0946 11 0947 9 0948 59 0949 ⑤ 0950 37
0951 15 0952 24 0953 ③ 0954 48 0955 960
0956 420 0957 240 0958 576 0959 ③ 0960 84
0961 72 0962 14400 0963 ③ 0964 36 0965 ④
0966 7200 0967 1440 0968 ② 0969 60 0970 3600
0971 2 0972 52 0973 12 0974 48 0975 30
0976 280 0977 ② 0978 23140 0979 248번째 0980 ④
0981 18 0982 15 0983 ③ 0984 45 0985 53
0986 ③ 0987 288 0988 60 0989 ③ 0990 72
0991 ④ 0992 108 0993 $e$ 0994 5 0995 20
0996 48 0997 72 0998 130 0999 8개 1000 19980

## 11 조합

1001 56 1002 1 1003 1 1004 15 1005 5
1006 7 1007 4 1008 9 1009 3 1010 3
1011 21 1012 210 1013 28 1014 84 1015 40
1016 36 1017 84 1018 28 1019 1260 1020 378
1021 280 1022 90 1023 ⑤ 1024 3 1025 ②
1026 $\frac{1}{7}$ 1027 (가) $(n-r)!$ (나) $n!$ (다) $r!$
1028 (가) $n-r$ (나) $r$ (다) $n$ 1029 20 1030 16 1031 ③
1032 4 1033 12 1034 ② 1035 270 1036 4
1037 ④ 1038 ④ 1039 70 1040 10 1041 25
1042 ⑤ 1043 $-5$ 1044 960 1045 ③ 1046 1440
1047 7 1048 28 1049 ⑤ 1050 17 1051 35
1052 ③ 1053 ② 1054 9 1055 52 1056 29
1057 18 1058 76 1059 ③ 1060 22 1061 6
1062 21 1063 434 1064 ④ 1065 90 1066 420
1067 ⑤ 1068 6300 1069 315 1070 90 1071 ②
1072 ② 1073 ⑤ 1074 240 1075 185 1076 ③
1077 ② 1078 600 1079 4320 1080 ③ 1081 160
1082 27 1083 ⑤ 1084 1050 1085 ④ 1086 20
1087 4 1088 330 1089 630 1090 15 1091 91
1092 186

## 01 다항식의 연산

**0001** (1) $3x^3y^2+2x^2y-5xy^3+y-7$ (2) $-7+(2x^2+1)y+3x^3y^2-5xy^3$
**0002** $3x^2-xy+4y^2$ **0003** $2x^2+7xy+3y^2$
**0004** $5x^2+5xy+4y^2$
**0005** (1) $x^2-2xy+8y^2$ (2) $-10x^2+14xy-14y^2$
**0006** (1) $-2x^3-x^2+2x+6$ (2) $-x^3-3x^2+4x+7$ (3) $4x^3+x^2-2$
**0007** $2a^3-6a^2+12a$ **0008** $x^3+2x^2-2x+3$
**0009** $2a^3-5a^2b-17ab^2+20b^3$ **0010** $4x^2+20x+25$
**0011** $9x^2-12x+4$ **0012** $9x^2-y^2$
**0013** $x^2+5x+6$ **0014** $6x^2+7x-20$
**0015** $4x^2+y^2+9z^2-4xy+6yz-12zx$ **0016** $x^3+3x^2+3x+1$
**0017** $x^3-6x^2y+12xy^2-8y^3$ **0018** $a^3+8$ **0019** $27x^3-1$
**0020** $x^3+6x^2+11x+6$ **0021** $a^3-b^3+3ab+1$
**0022** $16x^4+36x^2y^2+81y^4$ **0023** (1) 13 (2) 17 (3) 45
**0024** (1) 22 (2) 28 (3) $-100$ **0025** (1) 14 (2) 52
**0026** (1) 14 (2) $10\sqrt{2}$ **0027** (1) 14 (2) 34
**0028** (가) 6 (나) 6 (다) 6 (라) 6 (마) 1
**0029** 몫: $2x^2-2x-2$, 나머지: 3
**0030** 몫: $2x-1$, 나머지: $4x+4$
**0031** 몫: $3x^2+3x+1$, 나머지: $2x+2$
**0032** $3x^3-x^2+4x+3=(x^2+1)(3x-1)+x+4$
**0033** $2x^3+x-3=(x^2-x-1)(2x+2)+5x-1$
**0034** (가) $-1$ (나) 0 (다) $-1$ (라) $-3$ (마) $-2$ (바) $x^2+3x-3$ (사) $-2$
**0035** 몫: $x^2+x+1$, 나머지: 0
**0036** 몫: $3x^2+2x+6$, 나머지: 8
**0037** 몫: $2x^2+2x+4$, 나머지: $-3$ **0038** $6x^2+8xy-10y^2$
**0039** $x^2+4xy-2y^2$ **0040** ④ **0041** 0 **0042** ④
**0043** 5 **0044** 10 **0045** 20 **0046** ⑤ **0047** ④
**0048** $-2$ **0049** 18 **0050** ③ **0051** $a^2-b^2-c^4+2bc^2$
**0052** $x^4-8x^3+14x^2+8x-15$ **0053** 108 **0054** ④
**0055** 10 **0056** $30\sqrt{3}$ **0057** 47 **0058** ⑤ **0059** ①
**0060** ② **0061** $-2$ **0062** 49 **0063** ③ **0064** 32
**0065** ① **0066** ④ **0067** ③ **0068** 8 **0069** 9
**0070** 15 **0071** ⑤ **0072** $x^2-x+5$
**0073** 몫: $2x-1$, 나머지: 0 **0074** $x^2-4x+7$
**0075** 몫: $x+4$, 나머지: $2x$ **0076** 몫: $\frac{1}{3}Q(x)$, 나머지: $R$
**0077** ④ **0078** ① **0079** 19 **0080** 8 **0081** ②
**0082** ① **0083** 19 **0084** ④ **0085** 5 **0086** 52 $cm^2$
**0087** 47 **0088** ④ **0089** 150 **0090** 2 **0091** ⑤
**0092** ⑤ **0093** $-3$ **0094** ③ **0095** ④ **0096** ⑤
**0097** $32-12\sqrt{6}$ **0098** $x^2+3x-1$ **0099** $x+4$
**0100** 몫: $2Q(x)$, 나머지: $R$ **0101** 3 **0102** ④ **0103** 24
**0104** 21 **0105** 6 **0106** 60 **0107** ② **0108** $\frac{71}{8}$
**0109** 6 **0110** 4

## 02 항등식과 나머지정리

**0111** ㄴ, ㄹ, ㅁ **0112** $a=4$, $b=-1$, $c=2$
**0113** $a=6$, $b=3$, $c=-6$ **0114** $a=\frac{3}{2}$, $b=-2$, $c=-\frac{1}{2}$
**0115** $a=1$, $b=3$, $c=-1$ **0116** $a=2$, $b=-3$, $c=6$
**0117** $a=-3$, $b=1$ **0118** $a=6$, $b=3$, $c=-1$
**0119** (1) $-2$ (2) $-66$ **0120** (1) $-1$ (2) $\frac{17}{4}$ **0121** 3
**0122** (1) 4 (2) $-20$ **0123** $a=4$, $b=1$ **0124** 2
**0125** 3 **0126** 14 **0127** ③ **0128** ① **0129** 84
**0130** 2 **0131** $-1$ **0132** ③ **0133** ④ **0134** 35
**0135** ② **0136** $-15$ **0137** 32 **0138** ⑤ **0139** ④
**0140** 60 **0141** ④ **0142** $-2$ **0143** 2 **0144** $-1$
**0145** 5 **0146** ⑤ **0147** ⑤ **0148** $-x+16$
**0149** $5x-6$ **0150** $-x^2+2x+2$ **0151** 2 **0152** ②
**0153** $-6$ **0154** ② **0155** $-2$ **0156** ① **0157** ②
**0158** 18 **0159** 2 **0160** $-20$ **0161** ⑤ **0162** 3
**0163** $-6$ **0164** ⑤ **0165** $-4$ **0166** ② **0167** 100
**0168** $-1$ **0169** ② **0170** ③ **0171** 97 **0172** 3
**0173** $-1$ **0174** 3 **0175** 5 **0176** ① **0177** $-5$
**0178** ① **0179** $-6$ **0180** $-2$ **0181** $-11$ **0182** 3
**0183** 1 **0184** ① **0185** 3 **0186** ⑤
**0187** $x+1$ **0188** 2 **0189** 2 **0190** 6 **0191** $-27$
**0192** $-18$ **0193** $-6$ **0194** ③ **0195** $-4$

## 03 인수분해

**0196** $2a(a+2b^2)$ **0197** $(x-1)(y-1)$
**0198** $(a+b)(c-d)$ **0199** $(2x+5y)^2$
**0200** $(8x+3y)(8x-3y)$ **0201** $3(3a+4b)(3a-4b)$
**0202** $(x+2)(x+6)$ **0203** $(x+2)(3x-4)$
**0204** $(2x+3y)(3x-2y)$ **0205** $(a-b+c)^2$
**0206** $(x+y+1)^2$ **0207** $(x-2)^3$
**0208** $(x+3y)^3$ **0209** $(x-2)(x^2+2x+4)$
**0210** $(2a+3b)(4a^2-6ab+9b^2)$ **0211** $(a^2+a+1)(a^2-a+1)$
**0212** $(x^2+2xy+4y^2)(x^2-2xy+4y^2)$
**0213** $(a-b+c)(a^2+b^2+c^2+ab+bc-ca)$
**0214** $(x+y+1)(x^2+y^2+1-xy-x-y)$
**0215** $x(x-1)$ **0216** $(x^2+5x+8)(x^2+5x-2)$
**0217** $(x+1)(x-1)(x^2+6)$ **0218** $(x^2+x+5)(x^2-x+5)$
**0219** $(x-y-1)(x-y-2)$ **0220** $(y-a)(x+y+a)$
**0221** $(x-1)(x+2)(x-3)$ **0222** $(x+1)(x-2)(x^2-2x+3)$
**0223** ③ **0224** $-36$ **0225** ③ **0226** ③ **0227** ②
**0228** ① **0229** ③ **0230** 4 **0231** ④ **0232** 1
**0233** $-3$ **0234** 10 **0235** ⑤ **0236** 5 **0237** ④
**0238** $(x+1)(x-3)(x-y)$ **0239** ① **0240** $-1$
**0241** $(a+b)(b+c)(c+a)$ **0242** ① **0243** ② **0244** 6
**0245** ⑤ **0246** ⑤ **0247** ③ **0248** 22 **0249** ⑤
**0250** ③ **0251** ④ **0252** ③ **0253** ④ **0254** 51
**0255** 180 **0256** 24 **0257** $\frac{5}{3}$ **0258** 9999 **0259** ③
**0260** ③ **0261** 524 **0262** ⑤ **0263** $b=c$인 이등변삼각형
**0264** ⑤ **0265** ② **0266** ② **0267** 8 **0268** ④
**0269** ④ **0270** $3(x-y)(y-z)(z-x)$ **0271** ① **0272** ⑤
**0273** 6 **0274** $-220$ **0275** ② **0276** 22 **0277** 16
**0278** 3 **0279** $\sqrt{3}$

## 04 복소수

0280 실수부분: 0, 허수부분: 4
0281 실수부분: $1+\sqrt{2}$, 허수부분: 0
0282 실수부분: $-5$, 허수부분: $\sqrt{3}$
0283 실수부분: $\frac{3}{2}$, 허수부분: $-\frac{1}{2}$
0284 (1) ㄷ, ㅁ, ㅂ (2) ㄱ, ㄴ, ㄹ (3) ㄱ, ㄴ
0285 $x=2$, $y=0$ 0286 $x=1$, $y=5$
0287 $x=2$, $y=2$ 0288 $-5-7i$ 0289 $-3i-1$
0290 $-i$ 0291 7 0292 $3+7i$ 0293 $3+5i$ 0294 $11-2i$
0295 $1-4i$ 0296 $i$ 0297 $-i$ 0298 $i$ 0299 2
0300 $\sqrt{3}i$ 0301 $5i$ 0302 $-4\sqrt{2}i$ 0303 $\pm i$
0304 $\pm 2\sqrt{2}i$ 0305 $-4$ 0306 $-\sqrt{5}i$ 0307 $\sqrt{3}$
0308 $-3\sqrt{2}+\frac{\sqrt{2}}{2}i$ 0309 ③, ④ 0310 3 0311 20
0312 $-7+14i$ 0313 ② 0314 ③ 0315 21
0316 1 0317 ① 0318 ③ 0319 $-5$ 0320 ⑤
0321 $\frac{8}{25}$ 0322 $-32$ 0323 $-292i$ 0324 4 0325 $-3$
0326 1 0327 ④ 0328 1 0329 $-11$ 0330 19
0331 ② 0332 ㄱ, ㄴ 0333 ② 0334 $-1$ 0335 $3+2i$
0336 ④ 0337 $2\pm\sqrt{3}i$ 0338 3 0339 ④ 0340 $-1$
0341 ⑤ 0342 103 0343 ① 0344 0 0345 1
0346 ③ 0347 ⑤ 0348 4 0349 0 0350 $x^2-4$
0351 $-a-2b$ 0352 3 0353 ② 0354 ㄱ
0355 ④ 0356 ④ 0357 5 0358 $5+13i$ 0359 ④
0360 $-i$ 0361 ⑤ 0362 $-4-3i$ 0363 $-4$
0364 $-4$ 0365 5 0366 ⑤ 0367 13 0368 12
0369 ② 0370 ③ 0371 2 0372 20 0373 $-d$
0374 $100-i$ 0375 24

## 05 이차방정식

0376 $x=1$ 또는 $x=4$ 0377 $x=-\frac{1}{2}$ 또는 $x=\frac{3}{5}$
0378 $x=\frac{-3\pm\sqrt{5}}{2}$ 0379 $x=4\pm 2\sqrt{3}i$
0380 $x=-\frac{1}{2}$ 또는 $x=4$, 실근 0381 $x=\frac{3}{2}$, 실근
0382 $x=-1\pm\sqrt{2}i$, 허근 0383 (1) ㄱ, ㅂ (2) ㄷ, ㄹ (3) ㄴ, ㅁ
0384 (1) $k<\frac{9}{4}$ (2) $k=\frac{9}{4}$ (3) $k>\frac{9}{4}$
0385 (1) $-2$ (2) $-2$ (3) 8 (4) 12 0386 $x^2-x-2=0$
0387 $x^2-6x+1=0$ 0388 $x^2-4x+5=0$
0389 $(x+1-\sqrt{5})(x+1+\sqrt{5})$ 0390 $(x+5i)(x-5i)$
0391 $2\left(x-\frac{3+\sqrt{7}i}{4}\right)\left(x-\frac{3-\sqrt{7}i}{4}\right)$ 0392 $a=-4$, $b=1$
0393 $a=-6$, $b=13$ 0394 ④ 0395 18 0396 ④
0397 1 0398 2 0399 $-3$ 0400 ④ 0401 14
0402 $-1$ 0403 $x=-1-\sqrt{3}$ 또는 $x=1+\sqrt{3}$ 0404 ③
0405 $-2+\sqrt{2}$ 0406 3 0407 200 $cm^2$
0408 ③ 0409 ② 0410 ④ 0411 $-1$ 0412 12
0413 ③ 0414 서로 다른 두 허근 0415 서로 다른 두 실근
0416 ① 0417 3 0418 ⑤ 0419 18 0420 ⑤
0421 $\frac{2}{3}$ 0422 $\sqrt{13}$ 0423 ③ 0424 44 0425 ③
0426 $\frac{21}{2}$ 0427 2 0428 ② 0429 $-10$ 0430 1
0431 ⑤ 0432 5 0433 2 0434 3 0435 ②
0436 ② 0437 ③ 0438 18 0439 $a=-6$, $b=1$
0440 13 0441 ① 0442 $2x^2-5x+2=0$ 0443 $\frac{5}{2}$
0444 2 0445 $-2$ 0446 $x=-6$ 또는 $x=2$
0447 $x=-8$ 또는 $x=3$ 0448 1 0449 ① 0450 $\frac{3}{2}$
0451 ① 0452 $-69$ 0453 ① 0454 $-1$ 0455 10초
0456 120 m 0457 ② 0458 8 0459 1 0460 ㄱ, ㄴ
0461 정삼각형 0462 $-\frac{19}{10}$ 0463 6 0464 ③
0465 2 0466 $x^2-8x-20=0$ 0467 ① 0468 ⑤
0469 ③ 0470 $x=\frac{1\pm\sqrt{17}}{2}$ 0471 $-\frac{4}{3}$ 0472 $-1$
0473 ⑤ 0474 6 0475 $\frac{1}{2}bc$ 0476 $x^2-3x+2=0$
0477 $-1$ 0478 ㄱ, ㄴ, ㄷ 0479 1 0480 $-1$

## 06 이차방정식과 이차함수

0481 0, 2 0482 1, 3 0483 2 0484 0 0485 1
0486 (1) $k<4$ (2) $k=4$ (3) $k>4$ 0487 $k\le 9$
0488 $-3$, $-1$ 0489 2 0490 만나지 않는다.
0491 서로 다른 두 점에서 만난다.
0492 한 점에서 만난다.(접한다.)
0493 (1) $k>-8$ (2) $k=-8$ (3) $k<-8$ 0494 $k\le\frac{1}{8}$
0495 최댓값: 1, 최솟값: $-3$ 0496 최댓값: 7, 최솟값: $-1$
0497 최댓값: 6, 최솟값: 2 0498 최댓값: 9, 최솟값: $-7$
0499 최댓값: $\frac{17}{2}$, 최솟값: $-2$ 0500 ① 0501 72
0502 4 0503 $-7$ 0504 ⑤ 0505 ③
0506 (3, 28) 0507 ④ 0508 8 0509 $\frac{1}{2}$ 0510 0
0511 1 0512 8 0513 1 0514 $\frac{21}{4}$ 0515 ⑤
0516 $-1$ 0517 28 0518 $y=2$ 0519 1 0520 ④
0521 120 0522 16 0523 $-5$ 0524 $-3$ 0525 1
0526 4 0527 8 0528 ① 0529 5 0530 4
0531 ② 0532 16 0533 ① 0534 24 0535 $\frac{2}{3}$
0536 50 0537 $-1$ 0538 20 0539 63 m 0540 15
0541 1200 $m^2$ 0542 18 m 0543 40명 0544 ②
0545 $-13$ 0546 10 0547 ② 0548 5 0549 ②

**0550** ③ **0551** $-2$ **0552** $-\frac{8}{3}$ **0553** 7 **0554** 10
**0555** 4 **0556** ③ **0557** 3 **0558** $-2$ **0559** ⑤
**0560** 1 **0561** $9b$ **0562** $-23$ **0563** $\frac{11}{2}$ **0564** $\frac{4}{9}$
**0565** ③ **0566** 2

## 07 여러 가지 방정식

**0567** $x=3$ 또는 $x=\frac{-3\pm3\sqrt{3}i}{2}$
**0568** $x=-3$ 또는 $x=0$ 또는 $x=4$
**0569** $x=-2$ 또는 $x=0$ 또는 $x=1\pm\sqrt{3}i$
**0570** $x=-\frac{1}{2}$ 또는 $x=\frac{1}{2}$ 또는 $x=\pm\frac{1}{2}i$
**0571** $x=2$ 또는 $x=1\pm\sqrt{2}$ **0572** $x=-2$ 또는 $x=1\pm2i$
**0573** $x=-1$ 또는 $x=\frac{1\pm\sqrt{5}}{2}$
**0574** $x=-2$ 또는 $x=1$ 또는 $x=-1\pm\sqrt{2}i$
**0575** $x=2$ (중근) 또는 $x=\frac{-1\pm\sqrt{3}i}{2}$
**0576** $x=-3$ 또는 $x=-1$ 또는 $x=1$ 또는 $x=2$
**0577** $x=-4$ 또는 $x=-2$ 또는 $x=-1$ 또는 $x=1$
**0578** $x=\pm\frac{1}{2}$ 또는 $x=\pm1$ **0579** $x=-2$ 또는 $x=4$ 또는 $x=1\pm\sqrt{2}i$
**0580** $x=\pm1$ 또는 $x=\pm2$ **0581** $x=\frac{-1\pm\sqrt{3}i}{2}$ 또는 $x=\frac{1\pm\sqrt{3}i}{2}$
**0582** (1) $-4$ (2) 2 (3) 6 **0583** (1) $-20$ (2) 29 (3) $\frac{1}{2}$
**0584** $x^3-2x^2-5x+6=0$ **0585** $x^3-5x^2-2x+4=0$
**0586** $4x^3-4x^2+x-1=0$ **0587** $a=-6$, $b=-4$
**0588** $a=2$, $b=-26$ **0589** $a=4$, $b=4$
**0590** (1) 0 (2) $-2$ (3) $-1$ (4) 0
**0591** (1) 0 (2) 2 (3) 1 (4) 0
**0592** $\begin{cases}x=-4\\y=-2\end{cases}$ 또는 $\begin{cases}x=2\\y=4\end{cases}$ **0593** $\begin{cases}x=6\\y=2\end{cases}$ 또는 $\begin{cases}x=-6\\y=-2\end{cases}$
**0594** $\begin{cases}x=\frac{11}{3}\\y=-\frac{8}{3}\end{cases}$ 또는 $\begin{cases}x=-1\\y=2\end{cases}$
**0595** $\begin{cases}x=2\\y=2\end{cases}$ 또는 $\begin{cases}x=-2\\y=-2\end{cases}$ 또는 $\begin{cases}x=-4\sqrt{2}i\\y=2\sqrt{2}i\end{cases}$ 또는 $\begin{cases}x=4\sqrt{2}i\\y=-2\sqrt{2}i\end{cases}$
**0596** $\begin{cases}x=-3\\y=3\end{cases}$ 또는 $\begin{cases}x=2\\y=-2\end{cases}$ 또는 $\begin{cases}x=-\frac{6}{5}\\y=-\frac{18}{5}\end{cases}$ 또는 $\begin{cases}x=1\\y=3\end{cases}$
**0597** $\begin{cases}x=-2\\y=4\end{cases}$ 또는 $\begin{cases}x=4\\y=-2\end{cases}$
**0598** $\begin{cases}x=1\\y=3\end{cases}$ 또는 $\begin{cases}x=3\\y=1\end{cases}$ 또는 $\begin{cases}x=-3\\y=-1\end{cases}$ 또는 $\begin{cases}x=-1\\y=-3\end{cases}$ **0599** ①
**0600** 14 **0601** $-2$ **0602** ③ **0603** $-15$ **0604** $-15$
**0605** ③ **0606** ① **0607** 5 **0608** $3\sqrt{2}$ **0609** $-3$
**0610** ① **0611** 8 **0612** $-4$ **0613** 0 **0614** ③
**0615** $-4$ **0616** $-1$ **0617** 29 **0618** ⑤ **0619** 1
**0620** $k>0$ **0621** $-2$ **0622** ① **0623** $-1$ **0624** 19
**0625** 92 **0626** ③ **0627** $x^3+2x-1=0$ **0628** 9

**0629** $-7$ **0630** ③ **0631** $-12$ **0632** 3 **0633** ③
**0634** 3 **0635** 5 **0636** ① **0637** 7 **0638** 2
**0639** $4\sqrt{2}$ **0640** 12 **0641** 20 **0642** ③ **0643** 70
**0644** 5 **0645** 8 **0646** 6 **0647** $\frac{5}{6}$ **0648** 1
**0649** ② **0650** $m=1$, 공통인 근: 1 **0651** $-\frac{3}{2}$ **0652** 8
**0653** 83 **0654** 2 **0655** $\sqrt{14}$ **0656** $-2$ **0657** ②
**0658** 4 **0659** ㄱ, ㄴ, ㄹ **0660** $\frac{7}{3}$ **0661** ③
**0662** 1 **0663** ③ **0664** 16 **0665** ⑤ **0666** 5
**0667** ① **0668** 5 **0669** ② **0670** 4 **0671** $-1$
**0672** ② **0673** $4+2\sqrt{2}$ **0674** $-2$ **0675** ⑤ **0676** ⑤
**0677** ③ **0678** ② **0679** 19 **0680** ⑤ **0681** 8 $\text{cm}^3$
**0682** $-1+\sqrt{5}$ **0683** $-15$ **0684** $\frac{3}{2}$ **0685** 3
**0686** ④ **0687** $5-\sqrt{7}$ **0688** ⑤ **0689** $-18$ **0690** $-\frac{3}{4}$
**0691** $-\frac{7}{2}$ **0692** $\frac{11}{3}$ **0693** 18 **0694** ⑤ **0695** 6
**0696** ③

## 08 연립일차부등식

**0697** $1<x<8$ **0698** $-4\le x<3$ **0699** $x>2$
**0700** $x<-7$ **0701** $4<x<12$ **0702** $x\ge6$
**0703** $-6\le x<7$ **0704** $x<3$ **0705** $x=2$
**0706** 해는 없다. **0707** (1) $x>6$ (2) $x>-1$ (3) $x>6$
**0708** $-5\le x\le3$ **0709** $1<x\le\frac{13}{2}$
**0710** $3<x<9$ **0711** $x\le-1$ 또는 $x\ge\frac{7}{3}$
**0712** (1) $\frac{2}{3}<x<1$ (2) $1\le x<2$ (3) $\frac{2}{3}<x<2$
**0713** (1) $-2\le x<-1$ (2) $-1\le x<5$ (3) $5\le x\le6$ (4) $-2\le x\le6$
**0714** $-4$ **0715** 5 **0716** 12 **0717** 10 **0718** $-2$
**0719** ⑤ **0720** 6 **0721** $6\le A<14$ **0722** ④
**0723** ④ **0724** $x=1$ **0725** 12 **0726** 117 **0727** 16
**0728** 6 **0729** $-1$ **0730** $a\le-2$ **0731** $k\ge2$ **0732** 4
**0733** 10 g 이상 24 g 이하 **0734** 43 **0735** 10
**0736** 80 g 이상 200 g 이하 **0737** 6 **0738** ② **0739** 1
**0740** ③ **0741** ④ **0742** ③ **0743** $a\ge9$
**0744** $a=-\frac{14}{3}$, $b=\frac{13}{3}$ **0745** $-1$ **0746** ③ **0747** 2
**0748** 6 **0749** ④ **0750** ② **0751** ③ **0752** ③
**0753** $0<a\le1$ **0754** $-10$ **0755** $-7\le a\le4$
**0756** ⑤ **0757** ③ **0758** ① **0759** ⑤
**0760** $x<-\frac{4}{13}$ **0761** $1<x\le3$ **0762** $\frac{3}{2}$
**0763** $a\ge2$ **0764** 200 g 이상 400 g 이하 **0765** 7 **0766** 4
**0767** ② **0768** $a\le-\frac{1}{2}$ **0769** ③ **0770** 67명
**0771** 2 **0772** 12 **0773** 60 g 이상 100 g 이하 **0774** 2

유형의 완성 RPM

# 공통수학 1

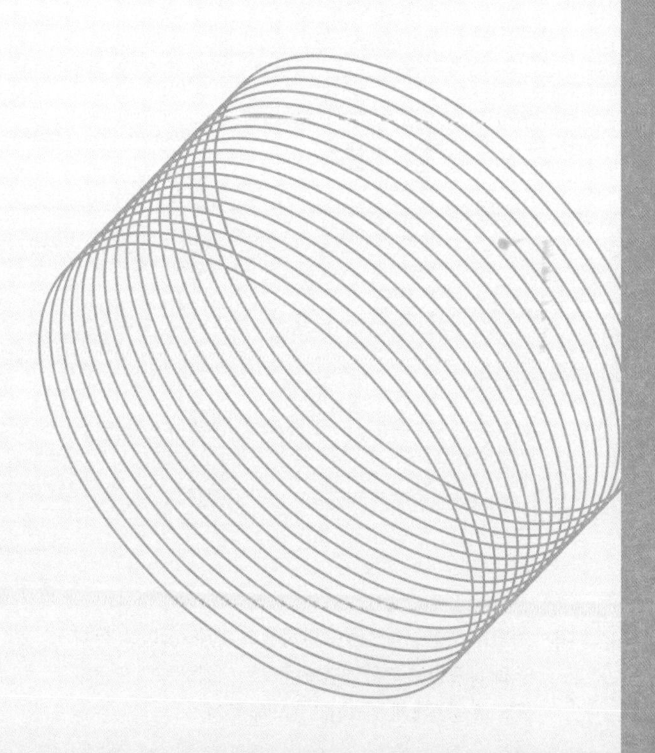

# 유형의 완성 RPM 구성과 특징

개념원리 RPM 수학은 중요 교과서 문제와 내신 빈출 유형들을
엄선하여 재구성한 교재입니다.

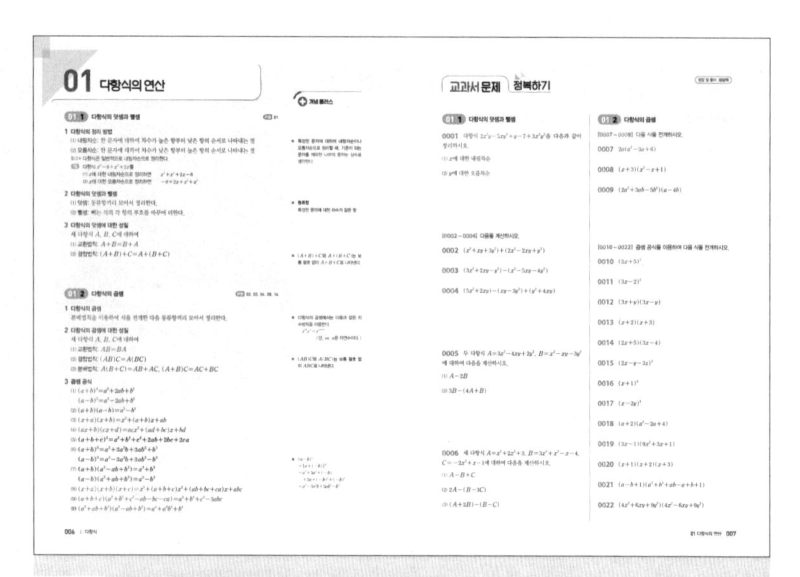

**학습 tip** 핵심 개념과 중요 공식은 문제 해결의 밑바탕이 되므로 확실하게 알아 두고, 교과서 문제 정복하기 문제를 통해 완전히 익혀 두자.

## 핵심 개념 정리

교과서 필수 개념만을 모아 알차게 정리하고, 개념 이해를 돕기 위한 추가 설명은 예, 주의, 참고 등으로 제시하였습니다.

### 개념 플러스

혼동하기 쉬운 개념, 문제 해결에 도움이 되는 해결 Tip을 제시하였습니다.

### 교과서 문제 정복하기

개념과 공식을 적용하는 교과서 기본 문제들로 구성하고, 충분한 연습을 통해 개념을 완벽히 이해할 수 있도록 하였습니다.

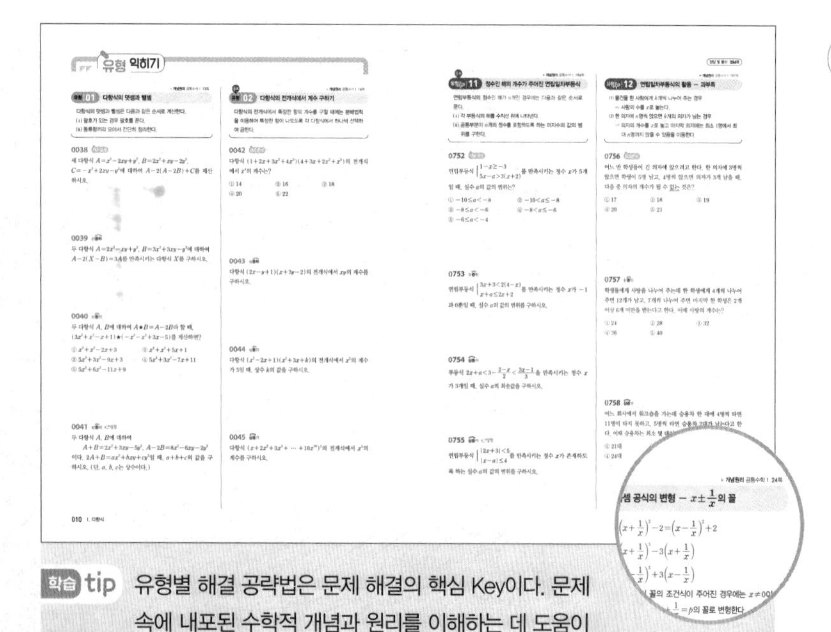

**학습 tip** 유형별 해결 공략법은 문제 해결의 핵심 Key이다. 문제 속에 내포된 수학적 개념과 원리를 이해하는 데 도움이 되므로 꼼꼼하게 체크하고 기억해 두자.

## 유형 익히기

개념&공식/해결 방법/문제 형태에 따라 유형을 세분화하고, 유형별 해결 공략법을 제시하여 문제 해결력을 키울 수 있도록 하였습니다. 또 각 유형의 중요 문제를 대표문제로 선정하고, 그 외 문제는 난이도 순서로 구성하여 자연스럽게 유형별 완전 학습이 이루어지도록 하였습니다.

### 유형UP

고난도 유형과 개념 복합 유형을 마지막에 구성하여 수준별 학습이 가능하도록 하였습니다.

### 개념원리 기본서 연계 링크

각 유형마다 개념원리의 해당 쪽수를 링크하여 개념과 공식 적용 방법을 더 탄탄하게 학습할 수 있도록 하였습니다.

## 시험에 꼭 나오는 문제

시험에 꼭 나오는 문제를 선별하여 유형별로 골고루 구성하였고, 출제율이 높은 문제는 중요★ 표시를 하였습니다.

전국 내신 기출 문제를 분석하여 자주 출제되었던 서술형(논술형) 문제로 구성하였습니다.

내신 고득점 획득과 수학적 사고력을 기르는 데 필요한 문제로 구성하였습니다.

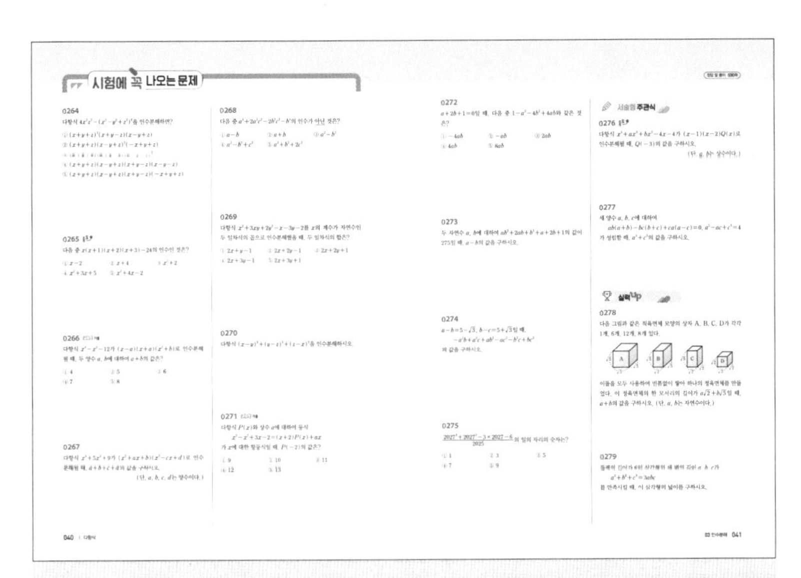

**학습 tip** 출제율이 높은 문제로 학습 성취도를 확인하고 실력을 점검해 보자. 또 서술형 문제는 단계별 채점 기준을 참고하여 논리적으로 서술하는 연습을 확실히 해 두자.

## 정답 및 풀이

혼자서도 충분히 이해할 수 있도록 풀이를 쉽고 자세히 서술하였고, 수학적 사고력을 기를 수 있도록 다른 풀이를 충분히 제시하였습니다.

RPM 비법 노트 를 통해 문제의 핵심 개념, 문제 해결 Tip을 확인할 수 있습니다.

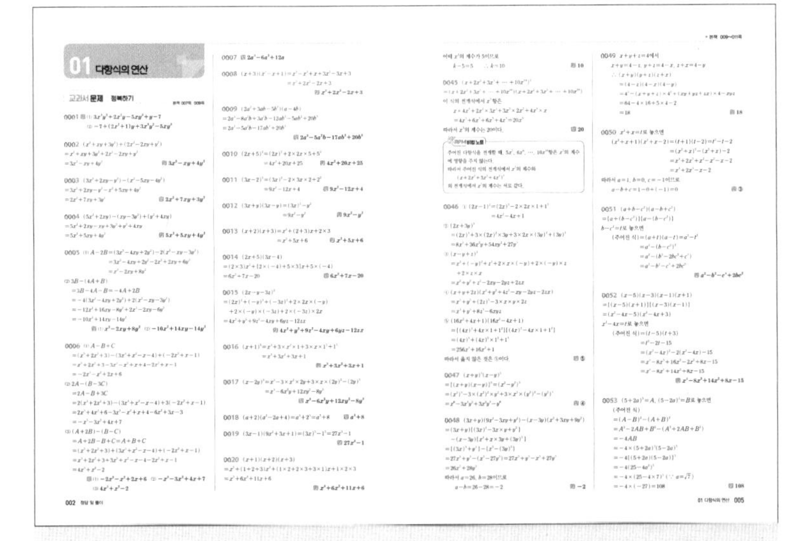

**학습 tip** 틀린 문제는 풀이를 보면서 어느 부분을 놓쳤는지 꼼꼼히 확인하고, 이를 보완하려는 노력이 필요하다. 문제 해결력은 올바른 풀이 과정에서부터 시작됨을 꼭 기억해 두자.

## 한눈에 보이는 정답

정답을 빠르게 채점하고 오답 문항을 바로 확인할 수 있습니다.

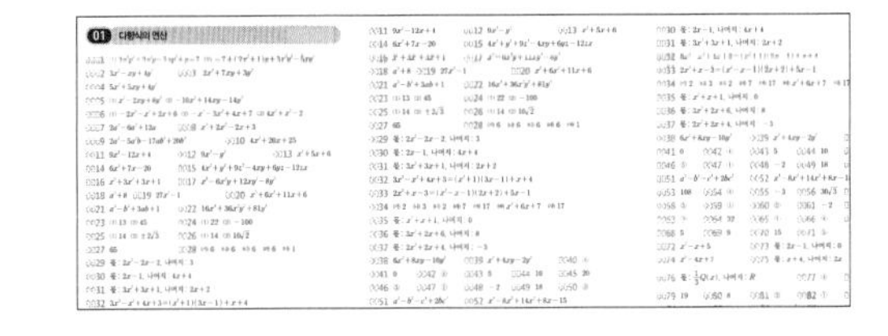

유형의 완성 RPM

# 차례

# I

# 다항식

# 01 다항식의 연산

## 01 | 1 다항식의 덧셈과 뺄셈

유형 01

### 1 다항식의 정리 방법

(1) 내림차순: 한 문자에 대하여 차수가 높은 항부터 낮은 항의 순서로 나타내는 것

(2) 오름차순: 한 문자에 대하여 차수가 낮은 항부터 높은 항의 순서로 나타내는 것

참고 다항식은 일반적으로 내림차순으로 정리한다.

예 다항식 $x^2-8+x^3+2x$를

(1) $x$에 대한 내림차순으로 정리하면 $x^3+x^2+2x-8$

(2) $x$에 대한 오름차순으로 정리하면 $-8+2x+x^2+x^3$

### 2 다항식의 덧셈과 뺄셈

(1) 덧셈: 동류항끼리 모아서 정리한다.

(2) 뺄셈: 빼는 식의 각 항의 부호를 바꾸어 더한다.

### 3 다항식의 덧셈에 대한 성질

세 다항식 $A$, $B$, $C$에 대하여

(1) 교환법칙: $A+B=B+A$

(2) 결합법칙: $(A+B)+C=A+(B+C)$

## 01 | 2 다항식의 곱셈

유형 02, 03, 04, 08, 14

### 1 다항식의 곱셈

분배법칙을 이용하여 식을 전개한 다음 동류항끼리 모아서 정리한다.

### 2 다항식의 곱셈에 대한 성질

세 다항식 $A$, $B$, $C$에 대하여

(1) 교환법칙: $AB=BA$

(2) 결합법칙: $(AB)C=A(BC)$

(3) 분배법칙: $A(B+C)=AB+AC$, $(A+B)C=AC+BC$

### 3 곱셈 공식

(1) $(a+b)^2=a^2+2ab+b^2$

$(a-b)^2=a^2-2ab+b^2$

(2) $(a+b)(a-b)=a^2-b^2$

(3) $(x+a)(x+b)=x^2+(a+b)x+ab$

(4) $(ax+b)(cx+d)=acx^2+(ad+bc)x+bd$

(5) $\mathbf{(a+b+c)^2=a^2+b^2+c^2+2ab+2bc+2ca}$

(6) $\mathbf{(a+b)^3=a^3+3a^2b+3ab^2+b^3}$

$\mathbf{(a-b)^3=a^3-3a^2b+3ab^2-b^3}$

(7) $\mathbf{(a+b)(a^2-ab+b^2)=a^3+b^3}$

$\mathbf{(a-b)(a^2+ab+b^2)=a^3-b^3}$

(8) $(x+a)(x+b)(x+c)=x^3+(a+b+c)x^2+(ab+bc+ca)x+abc$

(9) $(a+b+c)(a^2+b^2+c^2-ab-bc-ca)=a^3+b^3+c^3-3abc$

(10) $(a^2+ab+b^2)(a^2-ab+b^2)=a^4+a^2b^2+b^4$

**개념 플러스**

- 특정한 문자에 대하여 내림차순이나 오름차순으로 정리할 때, 기준이 되는 문자를 제외한 나머지 문자는 상수로 생각한다.
- 동류항
  특정한 문자에 대한 차수가 같은 항
- $(A+B)+C$와 $A+(B+C)$는 보통 괄호 없이 $A+B+C$로 나타낸다.
- 다항식의 곱셈에서는 다음과 같은 지수법칙을 이용한다.
  $x^mx^n=x^{m+n}$
  (단, $m$, $n$은 자연수이다.)
- $(AB)C$와 $A(BC)$는 보통 괄호 없이 $ABC$로 나타낸다.
- $(a-b)^3$
  $=\{a+(-b)\}^3$
  $=a^3+3a^2\times(-b)$
  $+3a\times(-b)^2+(-b)^3$
  $=a^3-3a^2b+3ab^2-b^3$

# 교과서 문제 정복하기



## 01 1 다항식의 덧셈과 뺄셈

**0001** 다항식 $2x^2y-5xy^3+y-7+3x^3y^2$을 다음과 같이 정리하시오.

(1) $x$에 대한 내림차순

(2) $y$에 대한 오름차순

[0002 ~ 0004] 다음을 계산하시오.

**0002** $(x^2+xy+3y^2)+(2x^2-2xy+y^2)$

**0003** $(3x^2+2xy-y^2)-(x^2-5xy-4y^2)$

**0004** $(5x^2+2xy)-(xy-3y^2)+(y^2+4xy)$

**0005** 두 다항식 $A=3x^2-4xy+2y^2$, $B=x^2-xy-3y^2$에 대하여 다음을 계산하시오.

(1) $A-2B$

(2) $3B-(4A+B)$

**0006** 세 다항식 $A=x^3+2x^2+3$, $B=3x^3+x^2-x-4$, $C=-2x^2+x-1$에 대하여 다음을 계산하시오.

(1) $A-B+C$

(2) $2A-(B-3C)$

(3) $(A+2B)-(B-C)$

## 01 2 다항식의 곱셈

[0007 ~ 0009] 다음 식을 전개하시오.

**0007** $2a(a^2-3a+6)$

**0008** $(x+3)(x^2-x+1)$

**0009** $(2a^2+3ab-5b^2)(a-4b)$

[0010 ~ 0022] 곱셈 공식을 이용하여 다음 식을 전개하시오.

**0010** $(2x+5)^2$

**0011** $(3x-2)^2$

**0012** $(3x+y)(3x-y)$

**0013** $(x+2)(x+3)$

**0014** $(2x+5)(3x-4)$

**0015** $(2x-y-3z)^2$

**0016** $(x+1)^3$

**0017** $(x-2y)^3$

**0018** $(a+2)(a^2-2a+4)$

**0019** $(3x-1)(9x^2+3x+1)$

**0020** $(x+1)(x+2)(x+3)$

**0021** $(a-b+1)(a^2+b^2+ab-a+b+1)$

**0022** $(4x^2+6xy+9y^2)(4x^2-6xy+9y^2)$

## 01 | 3 곱셈 공식의 변형

유형 05, 06, 07, 13, 14

(1) $\boldsymbol{a^2+b^2=(a+b)^2-2ab=(a-b)^2+2ab}$

(2) $(a+b)^2=(a-b)^2+4ab$

$(a-b)^2=(a+b)^2-4ab$

(3) $\boldsymbol{a^3+b^3=(a+b)^3-3ab(a+b)}$

$\boldsymbol{a^3-b^3=(a-b)^3+3ab(a-b)}$

(4) $a^2+b^2+c^2=(a+b+c)^2-2(ab+bc+ca)$

(5) $a^3+b^3+c^3=(a+b+c)(a^2+b^2+c^2-ab-bc-ca)+3abc$

(6) $a^2+b^2+c^2-ab-bc-ca=\frac{1}{2}\{(a-b)^2+(b-c)^2+(c-a)^2\}$

$a^2+b^2+c^2+ab+bc+ca=\frac{1}{2}\{(a+b)^2+(b+c)^2+(c+a)^2\}$

- (1), (3)에 $a$ 대신 $x$, $b$ 대신 $\frac{1}{x}$을 대입하면 다음과 같다.

  (1) $x^2+\frac{1}{x^2}=\left(x+\frac{1}{x}\right)^2-2$

  $=\left(x-\frac{1}{x}\right)^2+2$

  (3) $x^3+\frac{1}{x^3}=\left(x+\frac{1}{x}\right)^3-3\left(x+\frac{1}{x}\right)$

  $x^3-\frac{1}{x^3}=\left(x-\frac{1}{x}\right)^3+3\left(x-\frac{1}{x}\right)$

- (6)은 곱셈 공식을 변형한 것은 아니지만 완전제곱식의 합의 꼴로 변형하는 것으로, 식의 값을 구할 때 자주 이용된다.

## 01 | 4 다항식의 나눗셈

유형 09, 10, 11

### 1 다항식의 나눗셈

각 다항식을 내림차순으로 정리한 다음 자연수의 나눗셈과 같은 방법으로 계산한다.

### 2 다항식의 나눗셈에 대한 등식

다항식 $A$를 다항식 $B(B\neq0)$로 나누었을 때의 몫을 $Q$, 나머지를 $R$라 하면

$\boldsymbol{A=BQ+R}$ (단, $R$는 상수이거나 $R$의 차수는 $B$의 차수보다 낮다.)

특히 $R=0$, 즉 $A=BQ$이면 $A$는 $B$로 나누어떨어진다고 한다.

- $Q$는 몫을 뜻하는 quotient의 첫 글자이고, $R$는 나머지를 뜻하는 remainder의 첫 글자이다.

예

$$
\begin{array}{r l}
 & x^2+2x+2 \quad \leftarrow \text{몫} \\
x-2\,\big) & x^3 \qquad\;\; -2x-5 \\
 & x^3-2x^2 \\ \hline
 & \quad 2x^2-2x \\
 & \quad 2x^2-4x \\ \hline
 & \qquad\quad 2x-5 \\
 & \qquad\quad 2x-4 \\ \hline
 & \qquad\qquad -1 \quad \leftarrow \text{나머지}
\end{array}
$$

$\therefore\ x^3-2x-5=(x-2)(x^2+2x+2)-1$

- 다항식의 나눗셈은 자연수의 나눗셈과 다르게 나머지가 음수인 경우도 있다.

## 01 | 5 조립제법

유형 12

다항식을 일차식으로 나눌 때, 계수만을 사용하여 몫과 나머지를 구하는 방법을 **조립제법**이라 한다.

예 다항식 $x^3-2x-5$를 $x-2$로 나눌 때, 오른쪽과 같이 조립제법을 이용하면 몫은 $x^2+2x+2$이고 나머지는 $-1$임을 알 수 있다.

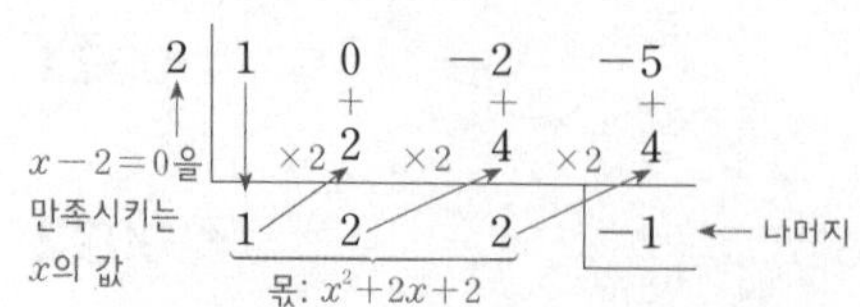


- 조립제법을 이용할 때에는 차수가 높은 항의 계수부터 차례대로 적고, 해당되는 차수의 항이 없으면 그 자리에 0을 적는다.

# 교과서 문제 정복하기



## 01 3 곱셈 공식의 변형

**0023** $x+y=3$, $xy=-2$일 때, 다음 식의 값을 구하시오.

(1) $x^2+y^2$　(2) $(x-y)^2$　(3) $x^3+y^3$

**0024** $x-y=-4$, $xy=3$일 때, 다음 식의 값을 구하시오.

(1) $x^2+y^2$　(2) $(x+y)^2$　(3) $x^3-y^3$

**0025** $x+\frac{1}{x}=4$일 때, 다음 식의 값을 구하시오.

(1) $x^2+\frac{1}{x^2}$　(2) $x^3+\frac{1}{x^3}$

**0026** $x=1+\sqrt{2}$, $y=1-\sqrt{2}$일 때, 다음 식의 값을 구하시오.

(1) $x^3+y^3$　(2) $x^3-y^3$

**0027** $a+b+c=4$, $ab+bc+ca=1$, $abc=-6$일 때, 다음 식의 값을 구하시오.

(1) $a^2+b^2+c^2$　(2) $a^3+b^3+c^3$

## 01 4 다항식의 나눗셈

**0028** 다음은 다항식 $x^3+5x^2-6x+1$을 $x-1$로 나누는 과정이다. (가)~(마)에 알맞은 것을 구하시오.

$$\begin{array}{r@{}l} & x^2+\boxed{(가)}\,x \\ x-1\,\big) & x^3+\;5x^2-\;6x+\;1 \\ & x^3-\;\;x^2 \\ \hline & \boxed{(나)}\,x^2-\;6x \\ & \boxed{(다)}\,x^2-\boxed{(라)}\,x \\ \hline & \boxed{(마)} \end{array}$$

[0029 ~ 0031] 다음 나눗셈의 몫과 나머지를 구하시오.

**0029** $(4x^3-2x^2-6x+1)\div(2x+1)$

**0030** $(2x^3+3x^2+5)\div(x^2+2x-1)$

**0031** $(3x^4-5x^2-2x+1)\div(x^2-x-1)$

[0032 ~ 0033] 다음 두 다항식 $A$, $B$에 대하여 다항식 $A$를 다항식 $B$로 나누었을 때의 몫을 $Q$, 나머지를 $R$라 할 때, $A=BQ+R$의 꼴로 나타내시오.

**0032** $A=3x^3-x^2+4x+3$, $B=x^2+1$

**0033** $A=2x^3+x-3$, $B=x^2-x-1$

## 01 5 조립제법

**0034** 다음은 조립제법을 이용하여 다항식 $x^3+4x^2-5$를 $x+1$로 나누었을 때의 몫과 나머지를 구하는 과정이다. (가)~(사)에 알맞은 것을 구하시오.

| (가) | 1 | 4 | (나) | −5 |
|---|---|---|---|---|
| | | (다) | −3 | 3 |
| | 1 | 3 | (라) | (마) |

따라서 구하는 몫은 (바), 나머지는 (사)이다.

[0035 ~ 0037] 조립제법을 이용하여 다음 나눗셈의 몫과 나머지를 구하시오.

**0035** $(x^3+3x^2+3x+2)\div(x+2)$

**0036** $(3x^3-7x^2-10)\div(x-3)$

**0037** $(2x^3-x^2+x-9)\div\left(x-\frac{3}{2}\right)$

▸ 개념원리 공통수학1 13쪽

## 유형 01 다항식의 덧셈과 뺄셈

다항식의 덧셈과 뺄셈은 다음과 같은 순서로 계산한다.
(i) 괄호가 있는 경우 괄호를 푼다.
(ii) 동류항끼리 모아서 간단히 정리한다.

**0038** 대표문제

세 다항식 $A=x^2-2xy+y^2$, $B=2x^2+xy-2y^2$, $C=-x^2+2xy-y^2$에 대하여 $A-2(A-2B)+C$를 계산하시오.

**0039** 상중하

두 다항식 $A=2x^2-xy+y^2$, $B=3x^2+3xy-y^2$에 대하여 $A-2(X-B)=3A$를 만족시키는 다항식 $X$를 구하시오.

**0040** 상중하

두 다항식 $A$, $B$에 대하여 $A\star B=A-2B$라 할 때, $(3x^3+x^2-x+1)\star(-x^3-x^2+3x-5)$를 계산하면?

① $x^3+x^2-2x+3$　② $x^3+x^2+5x+1$
③ $5x^3+3x^2-9x+3$　④ $5x^3+3x^2-7x+11$
⑤ $5x^3+6x^2-11x+9$

**0041** 상중하 서술형

두 다항식 $A$, $B$에 대하여

$$A+B=2x^2+3xy-5y^2,\ A-2B=8x^2-6xy-2y^2$$

이다. $2A+B=ax^2+bxy+cy^2$일 때, $a+b+c$의 값을 구하시오. (단, $a$, $b$, $c$는 상수이다.)

중요

▸ 개념원리 공통수학1 16쪽

## 유형 02 다항식의 전개식에서 계수 구하기

다항식의 전개식에서 특정한 항의 계수를 구할 때에는 분배법칙을 이용하여 특정한 항이 나오도록 각 다항식에서 하나씩 선택하여 곱한다.

**0042** 대표문제

다항식 $(1+2x+3x^2+4x^3)(4+3x+2x^2+x^3)$의 전개식에서 $x^4$의 계수는?

① 14　② 16　③ 18
④ 20　⑤ 22

**0043** 상중하

다항식 $(2x-y+1)(x+3y-2)$의 전개식에서 $xy$의 계수를 구하시오.

**0044** 상중하

다항식 $(x^2-2x+1)(x^2+3x+k)$의 전개식에서 $x^2$의 계수가 5일 때, 상수 $k$의 값을 구하시오.

**0045** 상중하

다항식 $(x+2x^2+3x^3+\cdots+10x^{10})^2$의 전개식에서 $x^5$의 계수를 구하시오.

▸ 개념원리 공통수학1 19쪽

중요

## 유형 03 곱셈 공식을 이용한 다항식의 전개

곱셈 공식을 이용하여 식을 전개할 때에는 곱셈 공식들 중 어느 공식을 이용하는 꼴인지 확인한다.

**0046** 대표문제

다음 중 옳지 않은 것은?

① $(2x-1)^2=4x^2-4x+1$

② $(2x+3y)^3=8x^3+36x^2y+54xy^2+27y^3$

③ $(x-y+z)^2=x^2+y^2+z^2-2xy-2yz+2zx$

④ $(x+y+2z)(x^2+y^2+4z^2-xy-2yz-2zx)$
$=x^3+y^3+8z^3-6xyz$

⑤ $(16x^2+4x+1)(16x^2-4x+1)=256x^4+32x^2+1$

**0047** 상중하

$(x+y)^3(x-y)^3$을 전개하면?

① $x^6-y^6$
② $x^6-6x^3y^3+y^6$
③ $x^6+9x^3y^3+y^6$
④ $x^6-3x^4y^2+3x^2y^4-y^6$
⑤ $x^6+3x^4y^2+3x^2y^4+y^6$

**0048** 상중하

$(3x+y)(9x^2-3xy+y^2)-(x-3y)(x^2+3xy+9y^2)$을 전개한 식이 $ax^3+by^3$일 때, $a-b$의 값을 구하시오.

(단, $a$, $b$는 상수이다.)

**0049** 상중하

$x+y+z=4$, $xy+yz+zx=5$, $xyz=2$일 때, $(x+y)(y+z)(z+x)$의 값을 구하시오.

▸ 개념원리 공통수학1 20쪽

## 유형 04 공통부분이 있는 다항식의 전개

(1) 공통부분을 한 문자로 놓고 곱셈 공식을 이용한다.

(2) ( )( )( )( )의 꼴

➡ 공통부분이 생기도록 짝을 지어 전개한 후 곱셈 공식을 이용한다.

**0050** 대표문제

$(x^2+x+1)(x^2+x-2)$를 전개한 식이 $ax^4+2x^3+bx^2+cx-2$일 때, $a-b+c$의 값은?

(단, $a$, $b$, $c$는 상수이다.)

① $-2$
② $-1$
③ $0$
④ $1$
⑤ $2$

**0051** 상중하

다항식 $(a+b-c^2)(a-b+c^2)$을 전개하시오.

**0052** 상중하

$(x-5)(x-3)(x-1)(x+1)$을 전개하시오.

**0053** 상중하

$a=\sqrt{7}$일 때,

$$\{(5+2a)^3-(5-2a)^3\}^2-\{(5+2a)^3+(5-2a)^3\}^2$$

의 값을 구하시오.

중요

▸ 개념원리 공통수학1 24쪽

## 유형 05 곱셈 공식의 변형 – 문자가 2개

(1) $a^2+b^2=(a+b)^2-2ab=(a-b)^2+2ab$

(2) $a^3+b^3=(a+b)^3-3ab(a+b)$

(3) $a^3-b^3=(a-b)^3+3ab(a-b)$

**0054** 대표문제

$x-y=2$, $x^2+y^2=8$일 때, $x^3-y^3$의 값은?

① $-20$　② $-10$　③ $10$　④ $20$　⑤ $30$

**0055** 상중하

$x+y=3$, $x^3+y^3=36$일 때, $x^2+xy+y^2$의 값을 구하시오.

**0056** 상중하 서술형

$a=2+\sqrt{3}$, $b=2-\sqrt{3}$일 때, $\frac{a^2}{b}-\frac{b^2}{a}$의 값을 구하시오.

**0057** 상중하

$x+y=\sqrt{5}$, $x^2+y^2=7$일 때, $x^4+y^4$의 값을 구하시오.

▸ 개념원리 공통수학1 24쪽

## 유형 06 곱셈 공식의 변형 – $x\pm\frac{1}{x}$의 꼴

(1) $x^2+\frac{1}{x^2}=\left(x+\frac{1}{x}\right)^2-2=\left(x-\frac{1}{x}\right)^2+2$

(2) $x^3+\frac{1}{x^3}=\left(x+\frac{1}{x}\right)^3-3\left(x+\frac{1}{x}\right)$

(3) $x^3-\frac{1}{x^3}=\left(x-\frac{1}{x}\right)^3+3\left(x-\frac{1}{x}\right)$

참고 ▸ $x^2-px+1=0$의 꼴의 조건식이 주어진 경우에는 $x\neq0$이므로 양변을 $x$로 나누어 $x+\frac{1}{x}=p$의 꼴로 변형한다.

**0058** 대표문제

$x^2-3x-1=0$일 때, $x^3-\frac{1}{x^3}$의 값은?

① 20　② 24　③ 28　④ 32　⑤ 36

**0059** 상중하

$x^2+\frac{1}{x^2}=3$일 때, $x^3+\frac{1}{x^3}$의 값은? (단, $x>0$)

① $2\sqrt{5}$　② $3\sqrt{5}$　③ $4\sqrt{5}$　④ $5\sqrt{5}$　⑤ $6\sqrt{5}$

**0060** 상중하

$x^2-2x-1=0$일 때, $x^3+2x^2+3x-\frac{3}{x}+\frac{2}{x^2}-\frac{1}{x^3}$의 값은?

① 31　② 32　③ 33　④ 34　⑤ 35

▶ 개념원리 공통수학1 25쪽

## 유형 07 곱셈 공식의 변형 – 문자가 3개

(1) $a^2+b^2+c^2=(a+b+c)^2-2(ab+bc+ca)$

(2) $a^3+b^3+c^3$
$=(a+b+c)(a^2+b^2+c^2-ab-bc-ca)+3abc$

**0061** 대표문제

$a+b+c=2$, $a^2+b^2+c^2=6$, $a^3+b^3+c^3=8$일 때, $abc$의 값을 구하시오.

**0062** 상중하

$a+b+c=4$, $a^2+b^2+c^2=14$, $abc=-6$일 때, $a^2b^2+b^2c^2+c^2a^2$의 값을 구하시오.

**0063** 상중하

$x+y+z=6$, $x^2+y^2+z^2=18$, $\frac{1}{x}+\frac{1}{y}+\frac{1}{z}=3$일 때, $x^3+y^3+z^3$의 값은?

① 18 ② 27 ③ 63
④ 84 ⑤ 108

**0064** 상중하

$a+b+c=0$, $a^2+b^2+c^2=8$일 때, $a^4+b^4+c^4$의 값을 구하시오.

▶ 개념원리 공통수학1 21쪽

## 유형 08 곱셈 공식을 이용한 수의 계산

곱셈 공식을 이용할 수 있도록 식을 변형하거나 하나의 수를 두 수의 합 또는 차로 나타낸다.

**0065** 대표문제

$(2+1)(2^2+1)(2^4+1)(2^8+1)$을 계산하면?

① $2^{16}-1$ ② $2^{16}+1$ ③ $2^{24}-1$
④ $2^{24}+1$ ⑤ $2^{32}-1$

**0066** 상중하

$9\times11\times101\times10001$을 계산하면?

① $10^6-1$ ② $10^6$ ③ $10^6+1$
④ $10^8-1$ ⑤ $10^8$

**0067** 상중하

$\frac{1014\times(1015^2+1016)+1}{1015^3}$을 계산하면?

① $\frac{1}{1015}$ ② $\frac{1014}{1015}$ ③ 1
④ 1015 ⑤ 1016

**0068** 상중하

$\frac{(102+\sqrt{105})^3+(102-\sqrt{105})^3}{102}$의 일의 자리의 숫자를 구하시오.

▸ 개념원리 공통수학1 30쪽

## 유형 09 다항식의 나눗셈 – 몫과 나머지

다항식의 나눗셈은 각 다항식을 내림차순으로 정리한 다음 자연수의 나눗셈과 같은 방법으로 계산한다. 이때 나머지는 상수이거나 나머지의 차수는 나누는 식의 차수보다 낮다.

**0069** 대표문제

다항식 $x^3-2x+1$을 $x^2+x+1$로 나누었을 때의 몫을 $Q(x)$, 나머지를 $R(x)$라 할 때, $Q(2)+R(-3)$의 값을 구하시오.

**0070** 상중하

다음은 다항식 $2x^3+3x^2+6$을 $2x-1$로 나누는 과정을 나타낸 것이다. 이때 상수 $a$, $b$, $c$, $d$에 대하여 $a+b+c+d$의 값을 구하시오.

$$\begin{array}{r|l} & x^2+ax+1 \\ 2x-1 & 2x^3+3x^2 \qquad +6 \\ & 2x^3-\ x^2 \\ \hline & \qquad bx^2 \\ & \qquad 4x^2-2x \\ \hline & \qquad\qquad cx+6 \\ & \qquad\qquad 2x-1 \\ \hline & \qquad\qquad\quad d \end{array}$$

**0071** 상중하

다항식 $2x^3-5x^2+4x+1$을 $x^2-x-2$로 나누었을 때의 몫이 $ax+b$이고, 나머지가 $cx+d$일 때, $ab-cd$의 값은?

(단, $a$, $b$, $c$, $d$는 상수이다.)

① $-19$ ② $-9$ ③ $0$
④ $9$ ⑤ $19$

▸ 개념원리 공통수학1 31쪽

## 중요 유형 10 다항식의 나눗셈 – $A=BQ+R$

다항식 $A$를 다항식 $B(B\neq0)$로 나누었을 때의 몫을 $Q$, 나머지를 $R$라 하면

$A=BQ+R$

**0072** 대표문제

다항식 $2x^4+5x^2+12x-10$을 다항식 $A$로 나누었을 때의 몫이 $2x^2+2x-3$이고, 나머지가 $-x+5$일 때, 다항식 $A$를 구하시오.

**0073** 상중하

다항식 $f(x)$를 $x+1$로 나누었을 때의 몫이 $2x-5$이고, 나머지가 6일 때, $f(x)$를 $x-1$로 나누었을 때의 몫과 나머지를 구하시오.

**0074** 상중하

가로의 길이가 $x+3$인 직사각형의 넓이가 $x^3-x^2-5x+21$일 때, 이 직사각형의 세로의 길이를 구하시오.

**0075** 상중하 서술형

두 다항식 $A$, $B$를 $x+1$로 나누었을 때의 몫이 각각 $x+2$, $2x+1$이고, 나머지가 각각 2, 3일 때, $xA+B$를 $x^2+x+1$로 나누었을 때의 몫과 나머지를 구하시오.

▸ 개념원리 공통수학1 31쪽

## 유형 11 몫과 나머지의 변형

다항식 $f(x)$를 $x+\frac{b}{a}$ $(a\neq0)$로 나누었을 때의 몫을 $Q(x)$, 나머지를 $R$라 하면

$$f(x)=\left(x+\frac{b}{a}\right)Q(x)+R=\frac{1}{a}(ax+b)Q(x)+R$$
$$=(ax+b)\times\frac{1}{a}Q(x)+R$$

➡ $f(x)$를 $ax+b$로 나누었을 때의 몫은 $\frac{1}{a}Q(x)$, 나머지는 $R$이다.

**0076** 대표문제

다항식 $f(x)$를 $x-\frac{2}{3}$로 나누었을 때의 몫을 $Q(x)$, 나머지를 $R$라 할 때, $f(x)$를 $3x-2$로 나누었을 때의 몫과 나머지를 구하시오.

**0077** 상중하

다항식 $f(x)$를 일차식 $ax+b$로 나누었을 때의 몫을 $Q(x)$, 나머지를 $R$라 할 때, $f(x)$를 $x+\frac{b}{a}$로 나누었을 때의 몫과 나머지를 차례대로 나열한 것은? (단, $a$, $b$는 상수이다.)

① $\frac{1}{a}Q(x)$, $R$　② $\frac{1}{a}Q(x)$, $aR$
③ $Q(x)$, $R$　④ $aQ(x)$, $R$
⑤ $aQ(x)$, $\frac{1}{a}R$

**0078** 상중하

다항식 $f(x)$를 $x-\frac{1}{2}$로 나누었을 때의 몫을 $Q(x)$, 나머지를 $R$라 할 때, $xf(x)$를 $2x-1$로 나누었을 때의 몫과 나머지를 차례대로 나열한 것은?

① $\frac{x}{2}Q(x)+\frac{R}{2}$, $\frac{R}{2}$　② $\frac{x}{2}Q(x)+\frac{R}{2}$, $R$
③ $\frac{x}{2}Q(x)+R$, $\frac{R}{2}$　④ $xQ(x)+R$, $R$
⑤ $xQ(x)+R$, $2R$

▸ 개념원리 공통수학1 32쪽

## 유형 12 조립제법

다항식을 일차식으로 나누었을 때의 몫과 나머지를 구할 때에는 조립제법을 이용하면 편리하다.

**0079** 대표문제

오른쪽은 다항식 $3x^3-2x^2-5x+1$을 $x-2$로 나누었을 때의 몫과 나머지를 조립제법을 이용하여 구하는 과정이다. 이때 $a+b+R$의 값을 구하시오.

| 2 | 3 | 2 | $-5$ | 1 |
|---|---|---|---|---|
|  |  | 6 | $a$ | 6 |
|  | 3 | $b$ | 3 | $R$ |

**0080** 상중하

오른쪽은 다항식 $f(x)=ax^3+bx^2+cx+d$를 $x-3$으로 나누었을 때의 몫과 나머지를 조립제법을 이용하여 구하는 과정이다. 이때 $f(-1)$의 값을 구하시오.

(단, $a$, $b$, $c$, $d$는 상수이다.)

| 3 | $a$ | $b$ | $c$ | $d$ |
|---|---|---|---|---|
|  |  | □ | □ | □ |
|  | 1 | 1 | $-3$ | $-4$ |

**0081** 상중하

오른쪽은 다항식 $2x^3+bx^2+x+c$를 $2x+3$으로 나누었을 때의 몫과 나머지를 조립제법을 이용하여 구하는 과정이다. 이때 $abc$의 값과 몫을 차례대로 나열한 것은?

(단, $a$, $b$, $c$는 상수이다.)

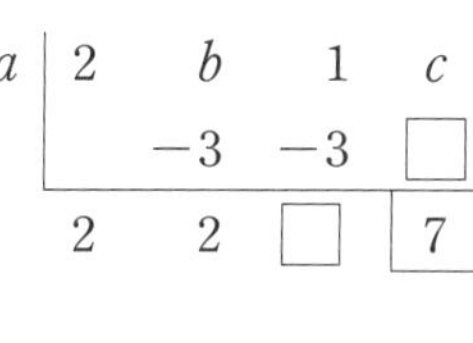

| $a$ | 2 | $b$ | 1 | $c$ |
|---|---|---|---|---|
|  |  | $-3$ | $-3$ | □ |
|  | 2 | 2 | □ | 7 |

① $-30$, $x^2-x-1$　② $-30$, $x^2+x-1$
③ $-30$, $2x^2+2x-2$　④ $30$, $x^2+x-1$
⑤ $30$, $2x^2+2x-2$

정답 및 풀이 009쪽

▶ 개념원리 공통수학1 25쪽

## 유형UP 13 특수한 식의 변형

(1) $a^2+b^2+c^2-ab-bc-ca$

$=\frac{1}{2}\{(a-b)^2+(b-c)^2+(c-a)^2\}$

(2) $a^2+b^2+c^2+ab+bc+ca$

$=\frac{1}{2}\{(a+b)^2+(b+c)^2+(c+a)^2\}$

**0082** 대표문제

$a-b=1$, $a-c=3$일 때, $a^2+b^2+c^2-ab-bc-ca$의 값은?

① 7 ② 10 ③ 12
④ 15 ⑤ 21

**0083** 상중하

$a+b=3+\sqrt{2}$, $b+c=3-\sqrt{2}$, $c+a=4$일 때, $a^2+b^2+c^2+ab+bc+ca$의 값을 구하시오.

**0084** 상중하

세 실수 $a$, $b$, $c$에 대하여 $a+b+c=15$, $a^3+b^3+c^3=3abc$일 때, $abc$의 값은?

① 64 ② 81 ③ 100
④ 125 ⑤ 150

▶ 개념원리 공통수학1 26쪽

## 유형UP 14 곱셈 공식의 도형에의 활용

주어진 도형의 선분의 길이를 문자로 놓고 길이, 넓이, 부피 등을 이 문자로 나타낸 후 곱셈 공식을 이용한다.

**0085** 대표문제

오른쪽 그림과 같은 직육면체 모양의 상자의 겉넓이가 24이고 모든 모서리의 길이의 합이 28일 때, 이 상자의 대각선의 길이를 구하시오.

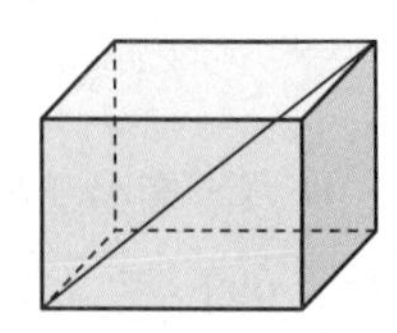

**0086** 상중하

오른쪽 그림과 같이 반지름의 길이가 11 cm, 중심각의 크기가 90°인 부채꼴에 내접하는 직사각형이 있다. 이 직사각형의 둘레의 길이가 30 cm일 때, 직사각형의 넓이를 구하시오.

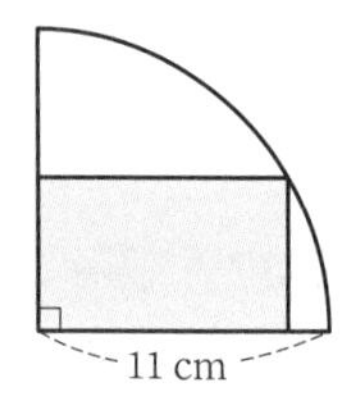


**0087** 상중하

다음 그림과 같이 한 변의 길이가 각각 $a$, $b$, $c$인 세 정사각형 A, B, C와 이웃하는 두 변의 길이가 각각 $a+b$, $a+c$인 직사각형 D가 있다.

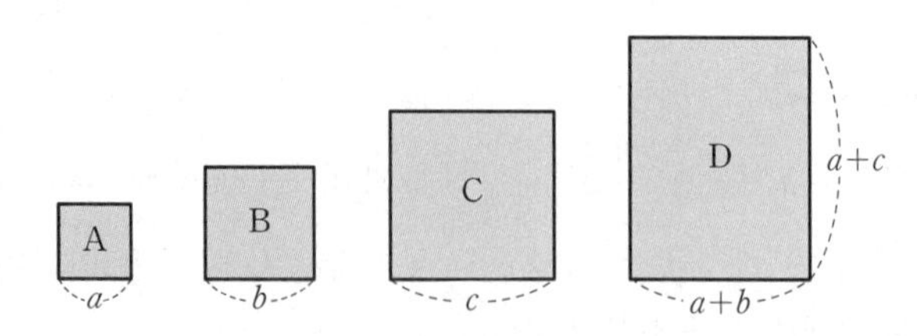


세 정사각형 A, B, C의 넓이의 합은 75이고, 둘레의 길이의 합은 52이다. 정사각형 A의 넓이를 $S_A$, 직사각형 D의 넓이를 $S_D$라 할 때, $S_D-S_A$의 값을 구하시오.

정답 및 풀이 009쪽



**0088**
두 다항식 $A=4x^3+x^2-3x-2$, $B=x^2-3x+2$에 대하여 $A-2X=B$를 만족시키는 다항식 $X$는?

① $-2x^2-2$ ② $2x^2+2$ ③ $-2x^3+2$
④ $2x^3-2$ ⑤ $2x^3+2$

**0089** 중요★
$(2x-1)^3(x-3)^2$의 전개식에서 $x^3$의 계수를 구하시오.

**0090** 교육청 기출
$(3x+ay)^3$의 전개식에서 $x^2y$의 계수가 54일 때, 상수 $a$의 값을 구하시오.

**0091**
$x^6=70$일 때, $(x^2-4)(x^2+2x+4)(x^2-2x+4)$의 값은?

① 2 ② 3 ③ 4
④ 5 ⑤ 6

**0092**
$a^2+5a-1=0$일 때, $(a+1)(a+2)(a+3)(a+4)$의 값은?

① 15 ② 20 ③ 25
④ 30 ⑤ 35

**0093** 중요★
$x+y=1$, $x^3+y^3=4$일 때, $\frac{y}{x}+\frac{x}{y}$의 값을 구하시오.

**0094**
$x=3+2\sqrt{2}$일 때, $x^3+\frac{1}{x^3}$의 값은?

① 190 ② 194 ③ 198
④ 202 ⑤ 206

**0095**
$a+b+c=3$, $a^2+b^2+c^2=27$, $abc=5$일 때, $(a+b)(b+c)(c+a)$의 값은?

① $-26$ ② $-28$ ③ $-30$
④ $-32$ ⑤ $-34$

### 0096

$a+b+c=\sqrt{2}$, $ab+bc+ca=-2$, $abc=-\sqrt{2}$일 때, $a^3+b^3+c^3$의 값은?

① $\sqrt{2}$　② $2\sqrt{2}$　③ $3\sqrt{2}$
④ $4\sqrt{2}$　⑤ $5\sqrt{2}$

### 0097

$(1+\sqrt{2}-\sqrt{3})^3+(1-\sqrt{2}+\sqrt{3})^3$의 값을 구하시오.

### 0098

다항식 $x^4+5x^3+3x^2-13x+9$를 다항식 $A$로 나누었을 때의 몫이 $x^2+2x-2$이고, 나머지가 $-5x+7$일 때, 다항식 $A$를 구하시오.

### 0099

오른쪽 그림과 같이 밑면의 가로의 길이가 $x-1$, 세로의 길이가 $x+2$인 직육면체의 부피가 $x^3+5x^2+2x-8$일 때, 이 직육면체의 높이를 구하시오.

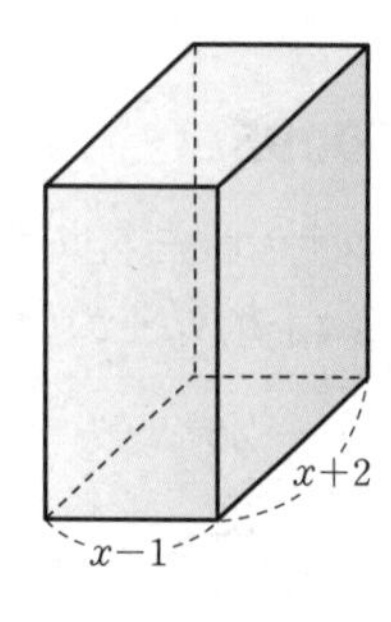


### 0100

다항식 $f(x)$를 $2x+1$로 나누었을 때의 몫을 $Q(x)$, 나머지를 $R$라 할 때, $f(x)$를 $x+\frac{1}{2}$로 나누었을 때의 몫과 나머지를 구하시오.

### 0101

다음은 다항식 $f(x)=ax^3+bx^2+cx+d$를 $x-\frac{1}{3}$로 나누었을 때의 몫과 나머지를 조립제법을 이용하여 구하는 과정이다. 다항식 $f(x)$를 $3x-1$로 나누었을 때의 몫을 $Q(x)$, 나머지를 $R$라 할 때, $f(-1)+Q(2)+R$의 값을 구하시오.

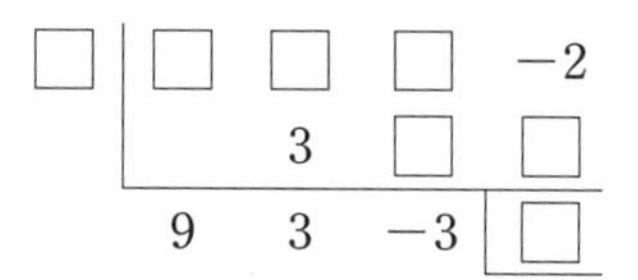


### 0102 교육청 기출

그림과 같이 겉넓이가 148이고, 모든 모서리의 길이의 합이 60인 직육면체 ABCD−EFGH가 있다.
$\overline{BG}^2+\overline{GD}^2+\overline{DB}^2$의 값은?

① 136　② 142　③ 148
④ 154　⑤ 160

정답 및 풀이 010쪽



## 서술형 주관식

**0103**

$x-y=3$, $\frac{1}{x}-\frac{1}{y}=9$일 때, $x^3-y^3$의 값을 구하시오.

**0104**

$x^2-4x+1=0$일 때, $2x^2-x-3-\frac{1}{x}+\frac{2}{x^2}$의 값을 구하시오.

**0105**

다항식 $x^3+4x^2+5x+a$가 다항식 $x^2+x+2$로 나누어떨어지도록 하는 상수 $a$의 값을 구하시오.

**0106** 중요★

오른쪽 그림과 같이 지름의 길이가 13인 원에 내접하는 직사각형의 둘레의 길이가 34일 때, 이 직사각형의 넓이를 구하시오.

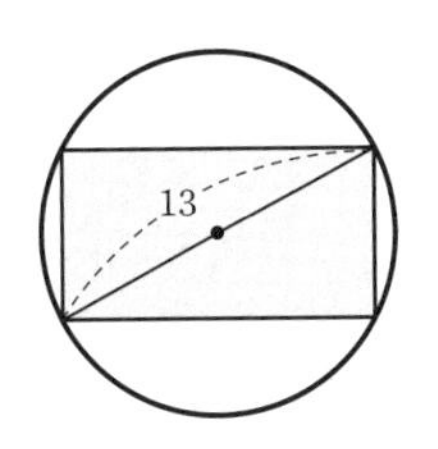


## 실력 up

**0107**

다항식 $(x+1)(x+2)(x+3)\times\cdots\times(x+10)$의 전개식에서 $x^9$의 계수는?

① 45　② 55　③ 285
④ 330　⑤ 385

**0108**

$x+y=1$, $x^2+y^2=2$일 때, $x^7+y^7$의 값을 구하시오.

**0109**

$x=\frac{1-\sqrt{2}}{2}$일 때, $8x^4-6x^2-6x+5$의 값을 구하시오.

**0110**

세 실수 $a$, $b$, $c$에 대하여

$a+b+c=3$, $(a+b+c)^2=2ab+2bc+2ca+3$

일 때, $(a^2+2ab-b^2)(b^2-bc+2c^2)$의 값을 구하시오.

# 02 항등식과 나머지정리

개념 플러스

## 02 | 1 항등식의 뜻과 성질

유형 01~05, 13

### 1 항등식

문자를 포함하는 등식에서 그 문자에 어떤 값을 대입하여도 항상 성립하는 등식

참고▸ 다음은 모두 $x$에 대한 항등식을 나타낸다.

① 모든 $x$에 대하여 성립하는 등식　② 임의의 $x$에 대하여 성립하는 등식
③ $x$의 값에 관계없이 항상 성립하는 등식　④ 어떤 $x$의 값에 대하여도 항상 성립하는 등식

- 다항식의 곱셈 공식은 모두 항등식이다.

### 2 항등식의 성질

(1) $ax^2+bx+c=0$이 $x$에 대한 항등식이면 $a=0$, $b=0$, $c=0$이다.
또 $a=0$, $b=0$, $c=0$이면 $ax^2+bx+c=0$은 $x$에 대한 항등식이다.

(2) $ax^2+bx+c=a'x^2+b'x+c'$이 $x$에 대한 항등식이면 $a=a'$, $b=b'$, $c=c'$이다.
또 $a=a'$, $b=b'$, $c=c'$이면 $ax^2+bx+c=a'x^2+b'x+c'$은 $x$에 대한 항등식이다.

(3) $ax+by+c=0$이 $x$, $y$에 대한 항등식이면 $a=0$, $b=0$, $c=0$이다.
또 $a=0$, $b=0$, $c=0$이면 $ax+by+c=0$은 $x$, $y$에 대한 항등식이다.

- 항등식의 성질은 차수에 관계없이 모든 다항식에 대하여 성립한다.

## 02 | 2 미정계수법

유형 01~05, 13

항등식의 뜻과 성질을 이용하여 등식에서 정해져 있지 않은 계수를 정하는 방법을 **미정계수법**이라 한다.

(1) 계수 비교법: 등식의 양변에서 동류항의 계수를 비교하여 계수를 정하는 방법

(2) 수치 대입법: 등식의 문자에 적당한 수를 대입하여 계수를 정하는 방법

참고▸ 미정계수를 정할 때에는 계수 비교법과 수치 대입법 중 계산이 더 간단한 방법을 이용한다.

(1) 계수 비교법을 이용하는 경우
① 양변을 내림차순으로 정리하기 쉬운 경우
② 식이 간단하여 전개하기 쉬운 경우

(2) 수치 대입법을 이용하는 경우
① 적당한 값을 대입하면 식이 간단해지는 경우
② 식이 복잡하여 전개하기 어려운 경우

- 수치 대입법을 이용할 때에는 미정계수의 개수만큼 서로 다른 값을 문자에 대입한다.

## 02 | 3 나머지정리와 인수정리

유형 06~12, 14

### 1 나머지정리

다항식 $f(x)$를 일차식 $x-\alpha$로 나누었을 때의 나머지를 $R$라 하면

$$\boldsymbol{R=f(\alpha)}$$ ← $x-\alpha=0$을 만족시키는 $x$의 값을 대입

참고▸ 다항식 $f(x)$를 일차식 $ax+b$로 나누었을 때의 나머지를 $R$라 하면 $R=f\left(-\frac{b}{a}\right)$이다.
(단, $a$, $b$는 상수이다.)

- 다항식을 일차식으로 나누었을 때의 나머지는 상수이다.

### 2 인수정리

다항식 $f(x)$에 대하여

(1) $f(\alpha)=0$이면 $f(x)$는 일차식 $x-\alpha$로 나누어떨어진다.

(2) $f(x)$가 일차식 $x-\alpha$로 나누어떨어지면 $f(\alpha)=0$이다.

참고▸ 다음은 모두 다항식 $f(x)$가 $x-\alpha$로 나누어떨어짐을 나타낸다.

① $f(x)$를 $x-\alpha$로 나누었을 때의 나머지가 0이다.
② $f(\alpha)=0$
③ $f(x)$가 $x-\alpha$를 인수로 갖는다.
④ $f(x)=(x-\alpha)Q(x)$ (단, $Q(x)$는 다항식이다.)

# 교과서 문제 정복하기

정답 및 풀이 013쪽



## 02 | 1 항등식의 뜻과 성질

**0111** $x$에 대한 항등식인 것만을 **보기**에서 있는 대로 고르시오.

**보기**

ㄱ. $2x+3=x-1$

ㄴ. $3x+2=3(x-1)+5$

ㄷ. $x^2-8x+9=x(x-8)+10$

ㄹ. $(x-1)^2+x-1=x^2-x$

ㅁ. $(x+2)(x-3)=x^2-x-6$

## 02 | 2 미정계수법

[0112 ~ 0116] 다음 등식이 $x$에 대한 항등식이 되도록 하는 상수 $a$, $b$, $c$의 값을 구하시오.

**0112** $ax^2+bx+c=4x^2-x+2$

**0113** $(a+c)x^2-(b-3)x+(a-2b)=0$

**0114** $a(x+1)(x-2)+b(x+1)(x-3)+c(x-2)(x-3)$
$=-x^2+5x$

**0115** $ax(x-1)+bx+c(x-1)=x^2+x+1$

**0116** $a(x+1)^2+b(x+1)+c=2x^2+x+5$

[0117 ~ 0118] 다음 등식이 $x$, $y$에 대한 항등식이 되도록 하는 상수 $a$, $b$, $c$의 값을 구하시오.

**0117** $(a+b+2)x-(2a+3b+3)y=0$

**0118** $a(x-y)-b(x+y)-1=3x-9y+c$

## 02 | 3 나머지정리와 인수정리

**0119** 다항식 $f(x)=x^3-2x^2+5x-6$을 다음 일차식으로 나누었을 때의 나머지를 구하시오.

(1) $x-1$

(2) $x+3$

**0120** 다항식 $f(x)=3x^2-4x+\frac{1}{4}$을 다음 일차식으로 나누었을 때의 나머지를 구하시오.

(1) $2x-1$

(2) $3x+2$

**0121** 다항식 $x^3+ax^2+2x+4$를 $x+2$로 나누었을 때의 나머지가 4일 때, 상수 $a$의 값을 구하시오.

**0122** 다항식 $f(x)=2x^3-5x^2+kx-4$가 다음 일차식으로 나누어떨어지도록 하는 상수 $k$의 값을 구하시오.

(1) $x-2$

(2) $x+2$

**0123** 다항식 $f(x)=x^3+ax^2+bx-6$이 $(x-1)(x+2)$로 나누어떨어질 때, 상수 $a$, $b$의 값을 구하시오.

중요 ▸ 개념원리 공통수학1 41쪽, 42쪽

## 유형 01 항등식에서 미정계수 구하기 – 계수 비교법

주어진 식을 전개하여 내림차순으로 정리한 후 양변의 동류항의 계수를 비교한다.

**0124** 대표문제

등식 $x^3-ax+3=(x-1)(x^2+bx-c)$가 $x$에 대한 항등식일 때, 상수 $a$, $b$, $c$에 대하여 $a+b-c$의 값을 구하시오.

**0125** 상중하

모든 실수 $x$, $y$에 대하여 등식

$$a(x+y)-b(2x-y)=2x+5y$$

가 성립할 때, 상수 $a$, $b$에 대하여 $a-b$의 값을 구하시오.

**0126** 상중하

등식 $kx+xy-ky-2k-5=0$이 $k$의 값에 관계없이 항상 성립할 때, 상수 $x$, $y$에 대하여 $x^2+y^2$의 값을 구하시오.

**0127** 상중하

임의의 실수 $x$에 대하여 등식

$$x^3+5x+a=(x^2+x-1)Q(x)+bx+3$$

이 성립할 때, 상수 $a$, $b$에 대하여 $ab$의 값은?

(단, $Q(x)$는 $x$에 대한 다항식이다.)

① 20 ② 24 ③ 28
④ 32 ⑤ 36

중요 ▸ 개념원리 공통수학1 41쪽, 42쪽

## 유형 02 항등식에서 미정계수 구하기 – 수치 대입법

계산이 간단한 식을 얻을 수 있도록 적당한 수를 미정계수의 개수만큼 대입한다.

**0128** 대표문제

등식

$2x^2-3x+3=ax(x+1)+bx(x-1)+c(x+1)(x-1)$

이 $x$에 대한 항등식일 때, 상수 $a$, $b$, $c$에 대하여 $abc$의 값은?

① $-12$ ② $-8$ ③ $-4$
④ 8 ⑤ 12

**0129** 상중하

모든 실수 $x$에 대하여 등식

$$a(x+2)^2(x-2)+b(x+2)=2x^3-cx^2$$

이 성립할 때, 상수 $a$, $b$, $c$에 대하여 $a^2+b^2+c^2$의 값을 구하시오.

**0130** 상중하

임의의 실수 $x$에 대하여 등식

$$4x^2+5x+10=a(x-1)^2+b(x-1)+c$$

가 성립할 때, 상수 $a$, $b$, $c$에 대하여 $2a+b-c$의 값을 구하시오.

**0131** 상중하

다항식 $f(x)$에 대하여

$$x^5-ax^2+b=(x+1)(x-2)f(x)$$

가 $x$에 대한 항등식일 때, $f(1)$의 값을 구하시오.

(단, $a$, $b$는 상수이다.)

## 유형 03 조건을 만족시키는 항등식

(1) $x$, $y$에 대한 관계식이 주어진 경우
➡ 주어진 관계식을 한 문자에 대하여 정리한 후 등식에 대입하면 그 문자에 대한 항등식이 된다.

(2) $x$에 대한 방정식이 $k$의 값에 관계없이 항상 $\alpha$를 근으로 갖는 경우
➡ 방정식에 $x=\alpha$를 대입하면 $k$에 대한 항등식이 된다.

**0132** 대표문제

$y-x=1$을 만족시키는 모든 실수 $x$, $y$에 대하여 등식

$$ax^2+2ax+by^2-cx-y-1=0$$

이 성립할 때, 상수 $a$, $b$, $c$에 대하여 $a-b-c$의 값은?

① $-1$　② $-2$　③ $-3$
④ $-4$　⑤ $-5$

**0133** 상중하

이차방정식 $x^2+(k-2)x+(k+2)p+q=0$이 실수 $k$의 값에 관계없이 항상 1을 근으로 가질 때, 상수 $p$, $q$에 대하여 $p+q$의 값은?

① $-1$　② $0$　③ $1$
④ $2$　⑤ $3$

**0134** 상중하

$x+2y=1$을 만족시키는 모든 실수 $x$, $y$에 대하여 등식 $3ax+by=15$가 성립할 때, 상수 $a$, $b$에 대하여 $a+b$의 값을 구하시오.

## 유형 04 항등식에서 계수의 합 구하기

$(x+a)^n=a_0+a_1x+a_2x^2+\cdots+a_nx^n$의 꼴
➡ 양변에 적당한 수를 대입하여 계수에 대한 식을 세운다.

**0135** 대표문제

등식 $(x+1)^{15}=a_0+a_1x+\cdots+a_{14}x^{14}+a_{15}x^{15}$이 모든 실수 $x$에 대하여 성립할 때, $a_1+a_3+\cdots+a_{13}+a_{15}$의 값은?
(단, $a_0$, $a_1$, $\cdots$, $a_{14}$, $a_{15}$는 상수이다.)

① $1$　② $2^{14}$　③ $2^{15}-1$
④ $2^{15}$　⑤ $2^{20}$

**0136** 상중하

등식 $(2x^2+x-2)^4=a_0+a_1x+a_2x^2+\cdots+a_8x^8$이 $x$의 값에 관계없이 항상 성립할 때, $a_1+a_2+\cdots+a_8$의 값을 구하시오. (단, $a_0$, $a_1$, $a_2$, $\cdots$, $a_8$은 상수이다.)

**0137** 상중하 서술형

등식 $(x^2-2x+1)^3=a_0+a_1x+a_2x^2+\cdots+a_6x^6$이 $x$에 대한 항등식일 때, $a_0+a_2+a_4+a_6$의 값을 구하시오.
(단, $a_0$, $a_1$, $a_2$, $\cdots$, $a_6$은 상수이다.)

**0138** 상중하

모든 실수 $x$에 대하여 등식

$$x^{50}+1=a_{50}(x-1)^{50}+a_{49}(x-1)^{49}+\cdots+a_1(x-1)+a_0$$

이 성립할 때, $a_{49}+a_{47}+\cdots+a_3+a_1$의 값은?
(단, $a_0$, $a_1$, $\cdots$, $a_{49}$, $a_{50}$은 상수이다.)

① $2^{48}-1$　② $2^{48}$　③ $2^{48}+1$
④ $2^{49}-1$　⑤ $2^{49}$

▶ 개념원리 공통수학1 43쪽

## 유형 05 다항식의 나눗셈과 항등식

다항식 $A(x)$를 다항식 $B(x)(B(x)\neq0)$로 나누었을 때의 몫을 $Q(x)$, 나머지를 $R(x)$라 하면

$A(x)=B(x)Q(x)+R(x)$

가 성립하고, 이 식은 $x$에 대한 항등식이다.

**0139** 대표문제

다항식 $x^3+ax-8$을 $x^2+4x+b$로 나누었을 때의 나머지가 $3x+4$가 되도록 하는 상수 $a$, $b$에 대하여 $a+b$의 값은?

① $-10$ ② $-9$ ③ $-8$
④ $-7$ ⑤ $-6$

**0140** 상중하

다항식 $x^3+8x^2+5x-a$가 $x^2+3x+b$로 나누어떨어질 때, 상수 $a$, $b$에 대하여 $a-b$의 값을 구하시오.

**0141** 상중하

다항식 $x^3+ax^2+b$를 $x^2+x-2$로 나누었을 때의 나머지가 $2x+3$일 때, 상수 $a$, $b$에 대하여 $ab$의 값은?

① $-2$ ② $-1$ ③ $2$
④ $3$ ⑤ $4$

**0142** 상중하

다항식 $x^4+ax^2+bx$를 $x^2-x+1$로 나누었을 때의 나머지가 $3x-3$일 때, 상수 $a$, $b$에 대하여 $b-a$의 값을 구하시오.

▶ 개념원리 공통수학1 50쪽

## 중요 유형 06 일차식으로 나누었을 때의 나머지

다항식 $f(x)$를 $x-a$로 나누었을 때의 나머지 ➡ $f(a)$

**0143** 대표문제

다항식 $f(x)$를 $x-3$으로 나누었을 때의 나머지는 2이고, 다항식 $g(x)$를 $x-3$으로 나누었을 때의 나머지는 $-2$이다. 이때 다항식 $3f(x)+2g(x)$를 $x-3$으로 나누었을 때의 나머지를 구하시오.

**0144** 상중하

다항식 $f(x)=x^3+2x^2+ax-7$을 $x-1$로 나누었을 때의 나머지와 $x+2$로 나누었을 때의 나머지가 같을 때, 상수 $a$의 값을 구하시오.

**0145** 상중하 서술형

두 다항식 $f(x)$, $g(x)$에 대하여 $f(x)+g(x)$를 $x-2$로 나누었을 때의 나머지가 $-6$이고, $f(x)-g(x)$를 $x-2$로 나누었을 때의 나머지가 4일 때, 다항식 $f(x)g(x)$를 $x-2$로 나누었을 때의 나머지를 구하시오.

**0146** 상중하

다항식 $x^4+ax^3+bx^2-2$를 $x-1$로 나누었을 때의 나머지가 3이고, $x+1$로 나누었을 때의 나머지가 $-3$일 때, 상수 $a$, $b$에 대하여 $ab$의 값은?

① $-3$ ② $-2$ ③ $1$
④ $2$ ⑤ $3$

정답 및 풀이 015쪽

중요

▶ 개념원리 공통수학 1 51쪽

## 유형 07 이차식으로 나누었을 때의 나머지

(1) 다항식 $f(x)$를 이차식으로 나누었을 때의 나머지는 상수이거나 일차식이므로 나머지를 $ax+b$ ($a$, $b$는 상수)로 놓는다.

(2) 다항식 $f(x)$를 $(x-\alpha)(x-\beta)$로 나누었을 때의 나머지
➡ $f(\alpha)$, $f(\beta)$의 값을 이용한다

**0147** 대표문제

다항식 $f(x)$를 $x+1$, $x+2$로 나누었을 때의 나머지는 각각 $3$, $-1$이다. $f(x)$를 $x^2+3x+2$로 나누었을 때의 나머지를 $R(x)$라 할 때, $R(1)$의 값은?

① $-7$ ② $-3$ ③ $3$
④ $7$ ⑤ $11$

**0148** 상중하

다항식 $f(x)$를 $x+2$로 나누었을 때의 나머지는 $6$이고, $x-2$로 나누었을 때의 나머지는 $2$일 때, 다항식 $(x^2+x+1)f(x)$를 $x^2-4$로 나누었을 때의 나머지를 구하시오.

**0149** 상중하 서술형

다항식 $f(x)$를 $x^2-3x+2$로 나누었을 때의 나머지는 $-1$이고, $x^2-2x-3$으로 나누었을 때의 나머지는 $4x-3$이다. 이때 $f(x)$를 $x^2-4x+3$으로 나누었을 때의 나머지를 구하시오.

▶ 개념원리 공통수학 1 52쪽

## 유형 08 삼차식으로 나누었을 때의 나머지

다항식 $f(x)$를 삼차식으로 나누었을 때의 나머지는 상수이거나 이차 이하의 다항식이므로 나머지를 $ax^2+bx+c$ ($a$, $b$, $c$는 상수)로 놓는다.

**0150** 대표문제

다항식 $f(x)$를 $x^2+1$로 나누었을 때의 나머지는 $2x+3$이고, $x-2$로 나누었을 때의 나머지는 $2$이다. 이때 $f(x)$를 $(x^2+1)(x-2)$로 나누었을 때의 나머지를 구하시오.

**0151** 상중하

다항식 $x^{11}-x^9+x^7-1$을 $x^3-x$로 나누었을 때의 나머지를 $R(x)$라 할 때, $R(3)$의 값을 구하시오.

**0152** 상중하

다항식 $f(x)$는 $x(x+1)$로 나누어떨어지고, $f(x)$를 $(x+1)(x-2)$로 나누었을 때의 나머지는 $2x+2$이다. $f(x)$를 $x(x+1)(x-2)$로 나누었을 때의 나머지를 $R(x)$라 할 때, $R(1)$의 값은?

① $1$ ② $2$ ③ $3$
④ $4$ ⑤ $5$

▶ 개념원리 공통수학1 53쪽

## 유형 09 $f(ax+b)$를 $x-\alpha$로 나누는 경우

다항식 $f(ax+b)$를 $x-\alpha$로 나누었을 때의 나머지
➡ $f(a\alpha+b)$

**0153** 대표문제
다항식 $f(x)$를 $x^2-x-2$로 나누었을 때의 나머지가 $2x-4$일 때, 다항식 $f(2x-3)$을 $x-1$로 나누었을 때의 나머지를 구하시오.

**0154** 상중하
다항식 $f(x)$를 $x-2$로 나누었을 때의 나머지를 $R$라 할 때, 다항식 $f(2x-2)$를 $x-2$로 나누었을 때의 나머지는?
(단, $R$는 상수이다.)

① $-R$ ② $R$ ③ $2R$
④ $\frac{1}{2R}$ ⑤ $R+1$

**0155** 상중하
다항식 $f(x)$를 $(3x-2)(x-2)$로 나누었을 때의 나머지가 $2x-5$일 때, 다항식 $(x-1)f(3x-7)$을 $x-3$으로 나누었을 때의 나머지를 구하시오.

**0156** 상중하
다항식 $f(x)+g(x)$를 $x-1$로 나누었을 때의 나머지는 6이고, 다항식 $2f(x)+g(x)$를 $x-1$로 나누었을 때의 나머지는 8이다. 이때 다항식 $f(3x-5)$를 $x-2$로 나누었을 때의 나머지는?

① 2 ② 4 ③ 6
④ 8 ⑤ 10

▶ 개념원리 공통수학1 53쪽

## 유형 10 몫을 $x-\alpha$로 나누는 경우

다항식 $f(x)$를 $x-\alpha$로 나누었을 때의 몫이 $Q(x)$, 나머지가 $R$이면

$$f(x)=(x-\alpha)Q(x)+R$$

이고, $Q(x)$를 $x-\beta$로 나누었을 때의 나머지는 $Q(\beta)$이다.

**0157** 대표문제
다항식 $f(x)$를 $x-2$로 나누었을 때의 몫이 $Q(x)$, 나머지가 3이고, 다항식 $Q(x)$를 $x+2$로 나누었을 때의 나머지가 $-1$일 때, $xf(x)$를 $x+2$로 나누었을 때의 나머지는?

① $-15$ ② $-14$ ③ $-13$
④ $-12$ ⑤ $-11$

**0158** 상중하
다항식 $f(x)$를 $x^2+x+1$로 나누었을 때의 몫이 $Q(x)$, 나머지가 $x+7$이고, $Q(x)$를 $x-1$로 나누었을 때의 나머지는 2이다. $f(x)$를 $x^3-1$로 나누었을 때의 나머지를 $R(x)$라 할 때, $R(-3)$의 값을 구하시오.

**0159** 상중하
다항식 $x^{2026}+x^{2025}+x$를 $x-1$로 나누었을 때의 몫을 $Q(x)$라 할 때, $Q(x)$를 $x+1$로 나누었을 때의 나머지를 구하시오.

중요

▸ 개념원리 공통수학1 54쪽

## 유형 11 인수정리 – 일차식으로 나누는 경우

다항식 $f(x)$가 $x-\alpha$로 나누어떨어진다.
⇒ $f(\alpha)=0$

**0160** 대표문제

다항식 $x^3+ax^2+bx-2$가 $x-1$, $x-2$로 각각 나누어떨어질 때, 상수 $a$, $b$에 대하여 $ab$의 값을 구하시오.

**0161** 상중하

다항식 $f(x)=x^4+kx^2+3x+7$이 $x+1$로 나누어떨어질 때, 상수 $k$의 값은?

① $-1$　② $-2$　③ $-3$
④ $-4$　⑤ $-5$

**0162** 상중하

다항식 $f(x)=x^3-ax^2+x-3$에 대하여 다항식 $f(x-2)f(x+1)$이 $x-2$로 나누어떨어질 때, 상수 $a$의 값을 구하시오.

**0163** 상중하 서술형

$x^3$의 계수가 1인 삼차식 $f(x)$에 대하여

$$f(-2)=f(-1)=f(1)=2$$

일 때, $f(x)$를 $x+3$으로 나누었을 때의 나머지를 구하시오.

▸ 개념원리 공통수학1 54쪽

## 유형 12 인수정리 – 이차식으로 나누는 경우

다항식 $f(x)$가 $(x-\alpha)(x-\beta)$로 나누어떨어진다.
⇒ $f(\alpha)=0$, $f(\beta)=0$

**0164** 대표문제

다항식 $f(x)=x^3+ax^2+bx+2$가 $x^2+x-2$로 나누어떨어질 때, 상수 $a$, $b$에 대하여 $a-b$의 값은?

① $-2$　② $-1$　③ $1$
④ $2$　⑤ $3$

**0165** 상중하

다항식 $x^3-5x^2+ax+b$가 $(x+1)(x-4)$로 나누어떨어질 때, 이 다항식을 $x-3$으로 나누었을 때의 나머지를 구하시오.
(단, $a$, $b$는 상수이다.)

**0166** 상중하

다항식 $f(x)-3$이 $x^2-x-6$으로 나누어떨어질 때, $f(x-2)$를 $x^2-5x$로 나누었을 때의 나머지는?

① $-3$　② $3$　③ $x+3$
④ $x-3$　⑤ $2x+3$

▶ 개념원리 공통수학1 44쪽

## 유형UP 13 조립제법과 항등식

조립제법을 연속으로 이용하면 내림차순으로 정리한 식에서 미정계수를 구할 수 있다.

**0167** 대표문제

등식

$$x^3-x^2-3x+6$$
$$=a(x-2)^3+b(x-2)^2+c(x-2)+d$$

가 $x$에 대한 항등식일 때, $abcd$의 값을 구하시오.

(단, $a$, $b$, $c$, $d$는 상수이다.)

**0168** 상중하

모든 실수 $x$에 대하여 등식

$$-x^3+x^2+2x-1$$
$$=a(x+1)^3+b(x+1)^2+c(x+1)+d$$

가 성립할 때, $ab+cd$의 값을 구하시오.

(단, $a$, $b$, $c$, $d$는 상수이다.)

**0169** 상중하

$x$의 값에 관계없이 등식

$$2x^3-3x^2-4x+2$$
$$=a(2x+1)^3+b(2x+1)^2+c(2x+1)+d$$

가 항상 성립할 때, $a+b+c-d$의 값은?

(단, $a$, $b$, $c$, $d$는 상수이다.)

① $-5$ ② $-4$ ③ $-3$
④ $-2$ ⑤ $-1$

## 유형UP 14 수의 나눗셈에서 나머지정리의 활용

자연수 $A$를 자연수 $B$로 나누었을 때의 나머지는 $A$를 $x$에 대한 다항식, $B$를 $x$에 대한 일차식으로 나타낸 후 나머지정리를 이용하여 구한다.

**0170** 대표문제

$1000^{11}$을 998로 나누었을 때의 나머지는?

① 44 ② 48 ③ 52
④ 56 ⑤ 60

**0171** 상중하

$97^7$을 98로 나누었을 때의 나머지를 구하시오.

**0172** 상중하

$3^{99}+3^{100}+3^{101}$을 4로 나누었을 때의 나머지를 구하시오.

## 시험에 꼭 나오는 문제

정답 및 풀이 020쪽

**0173**

모든 실수 $x$에 대하여 등식

$$(x-1)(x+a)=bx^2-3x+2$$

가 성립할 때, $a+b$의 값을 구하시오. (단, $a$, $b$는 상수이다.)

**0174**

$x$, $y$의 값에 관계없이 $\dfrac{ax+by+6}{x+2y+2}$의 값이 항상 일정할 때, 상수 $a$, $b$에 대하여 $b-a$의 값을 구하시오.

(단, $x+2y+2\neq0$)

**0175**

임의의 실수 $x$에 대하여 등식

$$2x^2+13x=a(x-1)(x+2)+b(x+2)+c(x-1)^2$$

이 성립할 때, $a-b-3c$의 값을 구하시오.

(단, $a$, $b$, $c$는 상수이다.)

**0176** 교육청 기출

다항식 $Q(x)$에 대하여 등식

$$x^3-5x^2+ax+1=(x-1)Q(x)-1$$

이 $x$에 대한 항등식일 때, $Q(a)$의 값은? (단, $a$는 상수이다.)

① $-6$ ② $-5$ ③ $-4$
④ $-3$ ⑤ $-2$

**0177**

$x$에 대한 이차방정식

$$x^2+k(p-1)x-(p^2+3)k+1-q=0$$

이 실수 $k$의 값에 관계없이 항상 $-2$를 근으로 가질 때, $pq$의 값을 구하시오. (단, $p$, $q$는 상수이다.)

**0178**

임의의 실수 $x$에 대하여

$$(x^2-2x-1)^{10}=a_{20}x^{20}+a_{19}x^{19}+a_{18}x^{18}+\cdots+a_1x+a_0$$

이 성립할 때, $a_{20}+a_{18}+a_{16}+\cdots+a_2$의 값은?

(단, $a_0$, $a_1$, $a_2$, $\cdots$, $a_{20}$은 상수이다.)

① 1023 ② 1024 ③ 1025
④ 2047 ⑤ 2048

**0179**

다항식 $3x^3+ax^2+x+1$을 $x^2+2x-1$로 나누었을 때의 나머지가 $10x+b$일 때, 상수 $a$, $b$에 대하여 $ab$의 값을 구하시오.

**0180**

다항식 $f(x)$에 대하여 $(x-5)\{f(x)-1\}$을 $x+3$으로 나누었을 때의 나머지가 24일 때, $f(x)$를 $x+3$으로 나누었을 때의 나머지를 구하시오.

## 시험에 꼭 나오는 문제

**0181**

다항식 $ax^5+bx^3+cx-4$를 $x-1$로 나누었을 때의 나머지가 3일 때, 이 다항식을 $x+1$로 나누었을 때의 나머지를 구하시오. (단, $a$, $b$, $c$는 상수이다.)

**0182** 중요★

다항식 $f(x)$를 $x-5$로 나누었을 때의 나머지는 1이고, $x+5$로 나누었을 때의 나머지는 $-9$이다. $f(x)$를 $x^2-25$로 나누었을 때의 나머지를 $R(x)$라 할 때, $R(7)$의 값을 구하시오.

**0183**

삼차식 $f(x)$가 다음 조건을 만족시킨다.

(가) $f(0)=8$
(나) 모든 실수 $x$에 대하여 $8f(x+2)=f(2x)+7x^2$

$f(x)$를 $x^2-5x+6$으로 나누었을 때의 나머지를 구하시오.

**0184** 교육청 기출

다항식 $f(x+3)$을 $(x+2)(x-1)$로 나눈 나머지가 $3x+8$일 때, 다항식 $f(x^2)$을 $x+2$로 나눈 나머지는?

① 11　② 12　③ 13　④ 14　⑤ 15

**0185**

다항식 $x^3-ax^2+2x+7$을 $x+1$로 나누었을 때의 몫은 $Q(x)$, 나머지는 6이다. $Q(x)$를 $x-a$로 나누었을 때의 나머지를 구하시오. (단, $a$는 상수이다.)

**0186**

$x^2$의 계수가 1인 이차식 $f(x)$에 대하여 $f(x)+1$은 $x+3$으로 나누어떨어지고, $f(x)-1$은 $x-1$로 나누어떨어질 때, $f(3)$의 값은?

① 10　② 11　③ 12　④ 13　⑤ 14

**0187**

다항식 $f(x)-x$가 $x^2-3x+2$로 나누어떨어질 때, $f(x+1)$을 $x^2-x$로 나누었을 때의 나머지를 구하시오.

**0188**

$2^{751}$을 9로 나누었을 때의 나머지를 구하시오.

## 서술형 주관식

### 0189

$a+b=1$을 만족시키는 임의의 실수 $a$, $b$에 대하여 등식 $a^2x+by+z=a$가 성립할 때, 상수 $x$, $y$, $z$에 대하여 $x^2+y^2+z^2$의 값을 구하시오.

### 0190

다항식 $f(x)=x^2+ax+b$에 대하여 $(x+1)f(x)$를 $x-2$로 나누었을 때의 나머지가 3이고, $(x-2)f(x)$를 $x+1$로 나누었을 때의 나머지가 6일 때, $f(3)$의 값을 구하시오.
(단, $a$, $b$는 상수이다.)

### 0191

다항식 $f(x)$를 $x-1$로 나누었을 때의 나머지는 6이고, $(x-2)^2$으로 나누었을 때의 나머지는 $6x+1$이다. $f(x)$를 $(x-1)(x-2)^2$으로 나누었을 때의 나머지를 $R(x)$라 할 때, $R(-2)$의 값을 구하시오.

### 0192 중요★

다항식 $f(x)=x^3+ax^2+bx+2$가 $(x+1)(x+2)$로 나누어떨어질 때, $f(1-x)$를 $x-5$로 나누었을 때의 나머지를 구하시오. (단, $a$, $b$는 상수이다.)

## 실력Up

### 0193

2 이상의 자연수 $n$에 대하여 다항식 $x^n(x^2+ax+b)$를 $(x-2)^n$으로 나누었을 때의 나머지가 $2^n(x-2)$이다. 이때 상수 $a$, $b$에 대하여 $ab$의 값을 구하시오.

### 0194

이차 이상의 다항식 $f(x)$를 $(x-a)(x-b)$로 나누었을 때의 나머지를 $R(x)$라 할 때, **보기**에서 옳은 것만을 있는 대로 고른 것은? (단, $a$, $b$는 서로 다른 두 실수이다.)

**보기**

ㄱ. $f(a)-R(a)=0$
ㄴ. $f(a)-R(b)=f(b)-R(a)$
ㄷ. $af(b)-bf(a)=(a-b)R(0)$

① ㄱ ② ㄴ ③ ㄱ, ㄷ
④ ㄴ, ㄷ ⑤ ㄱ, ㄴ, ㄷ

### 0195

$x^2$의 계수가 1인 두 이차식 $f(x)$, $g(x)$가 다음 조건을 만족시킨다.

(가) $f(x)-g(x)$를 $x+2$로 나누었을 때의 몫과 나머지가 서로 같다.
(나) $f(x)g(x)$는 $x^2-9$로 나누어떨어진다.

$g(1)=8$일 때, $f(-2)-g(-2)$의 값을 구하시오.

# 03 인수분해

개념 플러스

## 03 1 인수분해

유형 01, 07~10

**1 인수분해**

하나의 다항식을 두 개 이상의 다항식의 곱으로 나타내는 것

**2 인수분해 공식**

(1) $a^2+2ab+b^2=(a+b)^2$

$a^2-2ab+b^2=(a-b)^2$

(2) $a^2-b^2=(a+b)(a-b)$

(3) $x^2+(a+b)x+ab=(x+a)(x+b)$

(4) $acx^2+(ad+bc)x+bd=(ax+b)(cx+d)$

(5) $\boldsymbol{a^2+b^2+c^2+2ab+2bc+2ca=(a+b+c)^2}$

(6) $\boldsymbol{a^3+3a^2b+3ab^2+b^3=(a+b)^3}$

$\boldsymbol{a^3-3a^2b+3ab^2-b^3=(a-b)^3}$

(7) $\boldsymbol{a^3+b^3=(a+b)(a^2-ab+b^2)}$

$\boldsymbol{a^3-b^3=(a-b)(a^2+ab+b^2)}$

(8) $a^4+a^2b^2+b^4=(a^2+ab+b^2)(a^2-ab+b^2)$

(9) $a^3+b^3+c^3-3abc=(a+b+c)(a^2+b^2+c^2-ab-bc-ca)$

$=\frac{1}{2}(a+b+c)\{(a-b)^2+(b-c)^2+(c-a)^2\}$

- 일반적으로 다항식을 인수분해할 때에는 계수가 유리수인 범위까지 인수분해한다.
- 인수분해 공식은 곱셈 공식의 좌변과 우변을 바꾸어 놓은 것이다.

## 03 2 복잡한 식의 인수분해

유형 02~10

**1 공통부분이 있는 다항식의 인수분해**

공통부분을 한 문자로 치환하여 인수분해한다.

**2 $x^4+ax^2+b$의 꼴의 다항식의 인수분해**

(1) $x^2=X$로 치환하여 $X^2+aX+b$를 인수분해한다.

(2) 이차항 $ax^2$을 분리하여 $A^2-B^2$의 꼴로 변형한 후 인수분해한다.

**3 여러 개의 문자가 포함된 다항식의 인수분해**

차수가 가장 낮은 한 문자에 대하여 내림차순으로 정리한 후 인수분해한다.

참고› 차수가 모두 같을 때에는 어느 한 문자에 대하여 내림차순으로 정리한다.

**4 인수정리를 이용한 다항식의 인수분해**

$f(x)$가 삼차 이상의 다항식이면 다음과 같은 순서로 인수분해한다.

(i) $f(\alpha)=0$을 만족시키는 상수 $\alpha$의 값을 구한다.

(ii) 조립제법을 이용하여 $f(x)$를 $x-\alpha$로 나누었을 때의 몫 $Q(x)$를 구한 후 $f(x)=(x-\alpha)Q(x)$의 꼴로 나타낸다.

(iii) $Q(x)$가 더 이상 인수분해되지 않을 때까지 인수분해한다.

- **복이차식**
  $x^4+ax^2+b$ ($a$, $b$는 상수)와 같이 차수가 짝수인 항과 상수항으로만 이루어진 다항식
- 계수가 모두 정수인 다항식 $f(x)$에서 $f(\alpha)=0$을 만족시키는 $\alpha$의 값은
  $\pm\frac{(상수항의\ 약수)}{(최고차항의\ 계수의\ 약수)}$
  중에서 찾을 수 있다.

# 교과서 문제 정복하기

정답 및 풀이 024쪽

## 03 | 1 인수분해

[0196 ~ 0198] 다음 식을 인수분해하시오.

**0196** $2a^2+4ab^2$

**0197** $xy-x-y+1$

**0198** $ac-bd-ad+bc$

[0199 ~ 0204] 다음 식을 인수분해하시오.

**0199** $4x^2+20xy+25y^2$

**0200** $64x^2-9y^2$

**0201** $27a^2-48b^2$

**0202** $x^2+8x+12$

**0203** $3x^2+2x-8$

**0204** $6x^2+5xy-6y^2$

[0205 ~ 0214] 다음 식을 인수분해하시오.

**0205** $a^2+b^2+c^2-2ab-2bc+2ca$

**0206** $x^2+y^2+2xy+2x+2y+1$

**0207** $x^3-6x^2+12x-8$

**0208** $x^3+9x^2y+27xy^2+27y^3$

**0209** $x^3-8$

**0210** $8a^3+27b^3$

**0211** $a^4+a^2+1$

**0212** $x^4+4x^2y^2+16y^4$

**0213** $a^3-b^3+c^3+3abc$

**0214** $x^3+y^3-3xy+1$

## 03 | 2 복잡한 식의 인수분해

[0215 ~ 0216] 다음 식을 인수분해하시오.

**0215** $(x+1)^2-3(x+1)+2$

**0216** $(x^2+5x+4)(x^2+5x+2)-24$

[0217 ~ 0218] 다음 식을 인수분해하시오.

**0217** $x^4+5x^2-6$

**0218** $x^4+9x^2+25$

[0219 ~ 0220] 다음 식을 인수분해하시오.

**0219** $x^2+y^2-2xy-3x+3y+2$

**0220** $y^2+xy-a^2-ax$

[0221 ~ 0222] 다음 식을 인수분해하시오.

**0221** $x^3-2x^2-5x+6$

**0222** $x^4-3x^3+3x^2+x-6$

▸ 개념원리 공통수학 1 63쪽, 64쪽

## 유형 01 인수분해 공식을 이용한 다항식의 인수분해

(1) $a^2+b^2+c^2+2ab+2bc+2ca=(a+b+c)^2$

(2) $a^3+3a^2b+3ab^2+b^3=(a+b)^3$

$a^3-3a^2b+3ab^2-b^3=(a-b)^3$

(3) $a^3+b^3=(a+b)(a^2-ab+b^2)$

$a^3-b^3=(a-b)(a^2+ab+b^2)$

(4) $a^4+a^2b^2+b^4=(a^2+ab+b^2)(a^2-ab+b^2)$

(5) $a^3+b^3+c^3-3abc$

$=(a+b+c)(a^2+b^2+c^2-ab-bc-ca)$

**0223** 대표문제

다음 중 옳지 않은 것은?

① $2x^3-5x^2+3x=x(x-1)(2x-3)$
② $a^3+6a^2+12a+8=(a+2)^3$
③ $64x^3-1=(4x+1)(16x^2-4x+1)$
④ $x^2-(y-z)^2=(x+y-z)(x-y+z)$
⑤ $a^2+b^2+2ab-4a-4b+4=(a+b-2)^2$

**0224** 상중하

다항식 $16x^4+36x^2y^2+81y^4$을 인수분해하면

$(4x^2+axy+9y^2)(4x^2+bxy+9y^2)$

일 때, 상수 $a$, $b$에 대하여 $ab$의 값을 구하시오.

**0225** 상중하

다음 중 $x^2-y^2-x+y$의 인수인 것은?

① $x-y-1$ ② $x-y+1$ ③ $x+y-1$
④ $x+y$ ⑤ $x+y+1$

**0226** 상중하

다음 중 $x^6-y^6$의 인수가 아닌 것은?

① $x-y$ ② $x+y$ ③ $x^2+y^2$
④ $x^2+xy+y^2$ ⑤ $x^3+y^3$

**0227** 상중하

다항식 $(a-2b)^3-125b^3$을 인수분해하면?

① $(a-7b)(a^2+ab+9b^2)$
② $(a-7b)(a^2+ab+19b^2)$
③ $(a-7b)(a^2+2ab+19b^2)$
④ $(a+7b)(a^2-2ab+19b^2)$
⑤ $(a+7b)(a^2-ab+19b^2)$

**0228** 상중하

**보기**에서 옳은 것만을 있는 대로 고른 것은?

**보기**

ㄱ. $x^4-64=(x^2+8)(x+4)(x-4)$
ㄴ. $a^2-b^2-2bc-c^2=(a+b-c)(a-b-c)$
ㄷ. $x^3-x^2z-xy^2+y^2z=(x+y)(x-y)(x-z)$
ㄹ. $a^3-b^3+8c^3+6abc$
$=(a-b+2c)(a^2+b^2+4c^2-ab-2bc+2ca)$

① ㄷ ② ㄹ ③ ㄱ, ㄷ
④ ㄴ, ㄹ ⑤ ㄷ, ㄹ

▸ 개념원리 공통수학1 67쪽

## 중요 유형 02 공통부분이 있는 다항식의 인수분해

(1) 공통부분을 한 문자로 치환한 후 인수분해한다.
(2) $(\quad)(\quad)(\quad)(\quad)+k$의 꼴의 식
➡ 공통부분이 생기도록 짝을 지어 전개한 후 치환한다.

**0229** 대표문제

다항식 $(x-1)(x-3)(x+2)(x+4)+24$가 $(x+a)(x+b)(x^2+x+c)$로 인수분해될 때, 유리수 $a$, $b$, $c$에 대하여 $a+b+c$의 값은?

① $-11$　② $-9$　③ $-7$
④ $-5$　⑤ $-3$

**0230** 상중하

다항식 $(x^2-x+2)(x^2-x-5)+6$을 인수분해하면 $(x^2+ax+1)(x^2-x+b)$일 때, 상수 $a$, $b$에 대하여 $ab$의 값을 구하시오.

**0231** 상중하

다음 중 $(x^2-2x)^2+2x^2-4x-15$의 인수가 아닌 것은?

① $x-3$　② $x+1$　③ $x^2-2x-3$
④ $x^2-2x+4$　⑤ $x^2-2x+5$

**0232** 상중하 서술형

다항식 $(x-1)(x-2)(x-3)(x-4)+k$가 $x$에 대한 이차식의 완전제곱식으로 인수분해될 때, 상수 $k$의 값을 구하시오.

▸ 개념원리 공통수학1 68쪽

## 유형 03 $x^4+ax^2+b$의 꼴의 다항식의 인수분해

(1) $x^2=X$로 치환하여 인수분해한다.
(2) 이차항 $ax^2$을 분리하여 $A^2-B^2$의 꼴로 변형한 후 인수분해한다.

**0233** 대표문제

다항식 $x^4-5x^2+4$를 인수분해하면 $(x+a)(x+b)(x+c)(x+d)$일 때, 상수 $a$, $b$, $c$, $d$에 대하여 $ad-bc$의 값을 구하시오. (단, $a<b<c<d$)

**0234** 상중하

다항식 $x^4-50x^2+625$가 $(x+a)^2(x+b)^2$으로 인수분해될 때, 상수 $a$, $b$에 대하여 $a-b$의 값을 구하시오. (단, $a>b$)

**0235** 상중하

다음 중 $a^4+4$의 인수인 것은?

① $a^2-a+2$　② $a^2+a-2$　③ $a^2+a+2$
④ $a^2+2a-2$　⑤ $a^2+2a+2$

**0236** 상중하

다항식 $x^4-6x^2y^2+y^4$이 $(x^2-axy-by^2)(x^2+axy-by^2)$으로 인수분해될 때, 유리수 $a$, $b$에 대하여 $a^2+b^2$의 값을 구하시오.

▶ 개념원리 공통수학 1 69쪽

## 유형 04 여러 개의 문자가 포함된 다항식의 인수분해

(1) 차수가 가장 낮은 한 문자에 대하여 내림차순으로 정리한 후 인수분해한다.
(2) 모든 문자의 차수가 같으면 어느 한 문자에 대하여 내림차순으로 정리한 후 인수분해한다.

**0237** 대표문제

다음 중 $x^2+xy-2y^2+x+5y-2$의 인수인 것은?

① $x+y-1$ ② $x+y+1$ ③ $x-2y-1$
④ $x+2y-1$ ⑤ $x+2y+1$

**0238** 상중하

다항식 $x^3-(2+y)x^2+(2y-3)x+3y$를 인수분해하시오.

**0239** 상중하

다항식 $2x^2+2y^2+5xy+3x+3y+1$을 인수분해하면 $(ax+y+1)(bx+cy+1)$일 때, 상수 $a$, $b$, $c$에 대하여 $a+b-c$의 값은?

① 1 ② 2 ③ 3
④ 4 ⑤ 5

**0240** 상중하

다항식 $x^2-xy-6y^2+ax+8y-2$가 $x$, $y$에 대한 두 일차식의 곱으로 인수분해될 때, 정수 $a$의 값을 구하시오.

▶ 개념원리 공통수학 1 69쪽

## 유형 05 순환하는 꼴의 다항식의 인수분해

$a$, $b$, $c$의 차수가 같으면서 순환하는 꼴의 다항식은 한 문자에 대하여 내림차순으로 정리한 후 인수분해한다.

**0241** 대표문제

다항식 $a(b+c)^2+b(c+a)^2+c(a+b)^2-4abc$를 인수분해하시오.

**0242** 상중하

세 문자 $a$, $b$, $c$에 대하여

$$[a,\ b,\ c]=a^2(b-c)$$

라 할 때, 다음 중 $[a,\ b,\ c]+[b,\ c,\ a]+[c,\ a,\ b]$의 인수인 것은?

① $a-b$ ② $b+c$ ③ $c+a$
④ $a+b+c$ ⑤ $abc$

**0243** 상중하

서로 다른 세 실수 $a$, $b$, $c$에 대하여

$$\frac{ab(a-b)+bc(b-c)+ca(c-a)}{(a-b)(b-c)(c-a)}$$

의 값은?

① $-2$ ② $-1$ ③ $-\frac{1}{2}$
④ 1 ⑤ 2

중요

▸ 개념원리 공통수학1 70쪽

## 유형 06 인수정리를 이용한 다항식의 인수분해

삼차 이상의 다항식 $f(x)$는 다음과 같은 순서로 인수분해한다.
(i) $f(\alpha)=0$을 만족시키는 $\alpha$의 값을 구한다.
(ii) 조립제법을 이용하여 $f(x)=(x-\alpha)Q(x)$의 꼴로 나타낸다.
(iii) $Q(x)$가 더 이상 인수분해되지 않을 때까지 인수분해한다.

**0244** 대표문제

다항식 $2x^3-x^2-5x-2$를 인수분해하면 $(x+a)(2x+b)(x+c)$일 때, 정수 $a$, $b$, $c$에 대하여 $a^2+b^2+c^2$의 값을 구하시오.

**0245** 상중하

다음 중 $x^4-3x^3-3x^2+11x-6$의 인수가 아닌 것은?

① $x-3$ ② $x-1$ ③ $x+2$
④ $x^2-2x+1$ ⑤ $x^2-x-2$

**0246** 상중하

밑면의 반지름의 길이가 $x+a$, 높이가 $x+b$인 원기둥의 부피가 $(x^3+10x^2+33x+36)\pi$일 때, 상수 $a$, $b$에 대하여 $a+b$의 값은?

① 3 ② 4 ③ 5
④ 6 ⑤ 7

**0247** 상중하

다항식 $f(x)=x^3+2x^2-4x+a$가 $x+1$로 나누어떨어질 때, 다음 중 $f(x)$의 인수인 것은? (단, $a$는 상수이다.)

① $x^2-x-5$ ② $x^2-x-3$ ③ $x^2+x-5$
④ $x^2+x+3$ ⑤ $x^2+x+5$

**0248** 상중하 서술형

$x^2$의 계수가 1인 이차식 $f(x)$, $g(x)$의 곱이 $x^4+3x^3-4x$이다. $f(-2)>0$일 때, $f(3)+g(2)$의 값을 구하시오.

**0249** 상중하

다항식 $x^3+ax^2+bx+2$가 $(x+1)^2$을 인수로 가질 때, 상수 $a$, $b$에 대하여 $ab$의 값은?

① 12 ② 14 ③ 16
④ 18 ⑤ 20

**0250** 상중하

다항식 $x^{20}-1$을 $(x-1)^2$으로 나누었을 때의 나머지는?

① $10x-10$ ② $10x+10$ ③ $20x-20$
④ $20x-10$ ⑤ $20x+20$

03 인수분해

▸ 개념원리 공통수학1 71쪽

## 유형 07 조건이 주어진 다항식의 인수분해

(1) 주어진 조건을 정리하여 다항식에 대입한 후 인수분해한다.
(2) 다항식을 먼저 인수분해한 후 주어진 조건을 대입하여 식을 정리한다.

**0251** 대표문제

$3x+y+4=0$일 때, 다음 중 $16-9x^2+6xy-y^2$과 같은 것은?

① $-12xy$ ② $-6xy$ ③ $6xy$
④ $12xy$ ⑤ $18xy$

**0252** 상중하

$xy+z=1$일 때, 다음 중 $2xy-x^2y-xy^2-xyz$와 같은 것은?

① $1-xyz$ ② $1+xyz$
③ $(1-x)(1-y)(1-z)$ ④ $(1+x)(1+y)(1+z)$
⑤ $(x-1)(y-1)(z-1)$

**0253** 상중하

$x+y+z=-1$일 때, 다음 중 $xyz+x^2y+xy-x-z-1$과 같은 것은?

① $-x(xy+1)$ ② $x(xy-1)$ ③ $x(xy+1)$
④ $-y(xy-1)$ ⑤ $-y(xy+1)$

## 유형 08 인수분해를 이용한 식의 값 구하기

곱셈 공식과 인수분해 공식을 이용하여 식을 변형한 후 주어진 조건을 식에 대입한다.

**0254** 대표문제

$a-b=3$, $ab=2$일 때, $a^3-b^3+a^2b-ab^2$의 값을 구하시오.

**0255** 상중하

$x=2+\sqrt{3}$, $y=2-\sqrt{3}$일 때, $x^4-x^3y-xy^3+y^4$의 값을 구하시오.

**0256** 상중하 서술형

$a+b=3$, $b+c=2$, $c+a=4$일 때,
$(a+b+c)(ab+bc+ca)-abc$의 값을 구하시오.

**0257** 상중하

$x+y+z=0$일 때, $\dfrac{5xyz}{x^3+y^3+z^3}$의 값을 구하시오.

(단, $x^3+y^3+z^3\neq0$)

▸ 개념원리 공통수학1 71쪽

## 유형 09 인수분해를 이용한 수의 계산

수의 계산이 복잡한 경우
➡ 수를 문자로 치환하여 인수분해한 후 수를 다시 대입한다.

**0258** 대표문제

인수분해를 이용하여 $\dfrac{99^3\times101^3}{9998\times10000+1}$의 값을 구하시오.

**0259** 상중하

$15^2-13^2+11^2-9^2+7^2-5^2+3^2-1^2$의 값은?

① 120 ② 124 ③ 128
④ 132 ⑤ 136

**0260** 상중하

$f(x)=x^4-x^3-3x^2+5x-2$일 때, $f(11)$의 값은?

① 11000 ② 12000 ③ 13000
④ 14000 ⑤ 15000

**0261** 상중하

$\sqrt{20\times22\times24\times26+16}$의 값을 구하시오.

▸ 개념원리 공통수학1 72쪽

## 유형 UP 10 인수분해를 이용한 삼각형 모양의 판단

삼각형의 세 변의 길이가 $a$, $b$, $c$일 때
(1) $a=b$ 또는 $b=c$ 또는 $c=a$ ➡ 이등변삼각형
(2) $a=b=c$ ➡ 정삼각형
(3) $a^2=b^2+c^2$ ➡ 빗변의 길이가 $a$인 직각삼각형

**0262** 대표문제

삼각형의 세 변의 길이 $a$, $b$, $c$가

$$a^3+a^2b-ac^2+ab^2+b^3-bc^2=0$$

을 만족시킬 때, 이 삼각형은 어떤 삼각형인가?

① 정삼각형
② $a=b$인 이등변삼각형
③ $b=c$인 이등변삼각형
④ 빗변의 길이가 $b$인 직각삼각형
⑤ 빗변의 길이가 $c$인 직각삼각형

**0263** 상중하 서술형

삼각형의 세 변의 길이 $a$, $b$, $c$가

$$b^2-ba-c^2+ca=0$$

을 만족시킬 때, 이 삼각형은 어떤 삼각형인지 말하시오.

## 시험에 꼭 나오는 문제

**0264**

다항식 $4x^2z^2-(x^2-y^2+z^2)^2$을 인수분해하면?

① $(x+y+z)^2(x+y-z)(x-y+z)$
② $(x+y+z)(x-y+z)^2(-x+y+z)$
③ $(x+y+z)(x+y-z)(x-y-z)^2$
④ $(x+y+z)(x-y+z)(x+y-z)(x-y-z)$
⑤ $(x+y+z)(x-y+z)(x+y-z)(-x+y+z)$

**0265** 중요★

다음 중 $x(x+1)(x+2)(x+3)-24$의 인수인 것은?

① $x-2$　② $x+4$　③ $x^2+2$
④ $x^2+3x+5$　⑤ $x^2+4x-2$

**0266** 교육청 기출

다항식 $x^4-x^2-12$가 $(x-a)(x+a)(x^2+b)$로 인수분해될 때, 두 양수 $a$, $b$에 대하여 $a+b$의 값은?

① 4　② 5　③ 6
④ 7　⑤ 8

**0267**

다항식 $x^4+5x^2+9$가 $(x^2+ax+b)(x^2-cx+d)$로 인수분해될 때, $a+b+c+d$의 값을 구하시오.

(단, $a$, $b$, $c$, $d$는 양수이다.)

**0268**

다음 중 $a^4+2a^2c^2-2b^2c^2-b^4$의 인수가 <u>아닌</u> 것은?

① $a-b$　② $a+b$　③ $a^2-b^2$
④ $a^2-b^2+c^2$　⑤ $a^2+b^2+2c^2$

**0269**

다항식 $x^2+3xy+2y^2-x-3y-2$를 $x$의 계수가 자연수인 두 일차식의 곱으로 인수분해했을 때, 두 일차식의 합은?

① $2x+y-1$　② $2x+2y-1$　③ $2x+2y+1$
④ $2x+3y-1$　⑤ $2x+3y+1$

**0270**

다항식 $(x-y)^3+(y-z)^3+(z-x)^3$을 인수분해하시오.

**0271** 교육청 기출

다항식 $P(x)$와 상수 $a$에 대하여 등식

$$x^3-x^2+3x-2=(x+2)P(x)+ax$$

가 $x$에 대한 항등식일 때, $P(-2)$의 값은?

① 9　② 10　③ 11
④ 12　⑤ 13

### 0272

$a+2b+1=0$일 때, 다음 중 $1-a^2-4b^2+4ab$와 같은 것은?

① $-4ab$ ② $-ab$ ③ $2ab$
④ $4ab$ ⑤ $8ab$

### 0273

두 자연수 $a$, $b$에 대하여 $ab^2+2ab+b^2+a+2b+1$의 값이 275일 때, $a-b$의 값을 구하시오.

### 0274

$a-b=5-\sqrt{3}$, $b-c=5+\sqrt{3}$일 때,

$$-a^2b+a^2c+ab^2-ac^2-b^2c+bc^2$$

의 값을 구하시오.

### 0275

$\dfrac{2027^3+2027^2-3\times2027-6}{2025}$의 일의 자리의 숫자는?

① 1 ② 3 ③ 5
④ 7 ⑤ 9

## 서술형 주관식

### 0276 중요★

다항식 $x^4+ax^3+bx^2-4x-4$가 $(x-1)(x-2)Q(x)$로 인수분해될 때, $Q(-3)$의 값을 구하시오.
(단, $a$, $b$는 상수이다.)

### 0277

세 양수 $a$, $b$, $c$에 대하여

$$ab(a+b)-bc(b+c)+ca(a-c)=0,\ a^2-ac+c^2=4$$

가 성립할 때, $a^3+c^3$의 값을 구하시오.

## 실력up

### 0278

다음 그림과 같은 직육면체 모양의 상자 A, B, C, D가 각각 1개, 6개, 12개, 8개 있다.

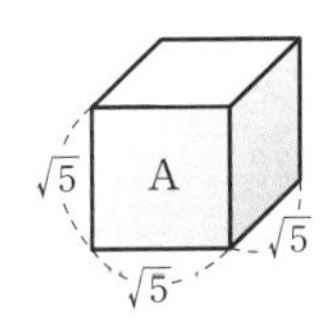

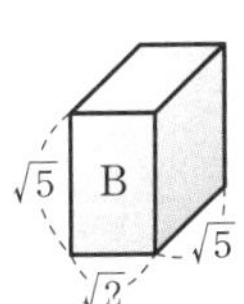

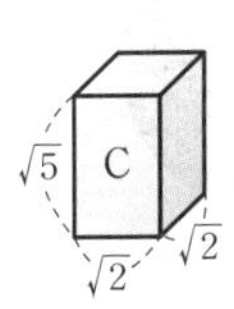

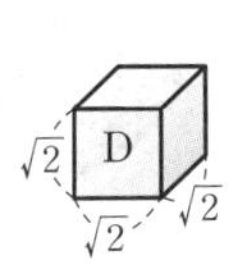


이들을 모두 사용하여 빈틈없이 쌓아 하나의 정육면체를 만들었다. 이 정육면체의 한 모서리의 길이가 $a\sqrt{2}+b\sqrt{5}$일 때, $a+b$의 값을 구하시오. (단, $a$, $b$는 자연수이다.)

### 0279

둘레의 길이가 6인 삼각형의 세 변의 길이 $a$, $b$, $c$가

$$a^3+b^3+c^3=3abc$$

를 만족시킬 때, 이 삼각형의 넓이를 구하시오.

**사람은 스스로 믿는 대로 된다.**

만약 어떤 것도 할 수 없다고 믿으면,

그 믿음은 아무것도 할 수 없도록 만든다.

그러나 내가 할 수 있다고 믿으면

어떤 일이든 할 수 있는

능력을 얻게 된다.

– 마하트마 간디 –

II

# 방정식과 부등식

# 04 복소수

개념 플러스

## 04 | 1 복소수와 켤레복소수

유형 01, 05, 06

**1 허수단위 $i$**

제곱하여 $-1$이 되는 수를 $i$로 나타내고, 이것을 **허수단위**라 한다.

⇨ $i^2=-1$, 즉 $i=\sqrt{-1}$

**2 복소수**

실수 $a$, $b$에 대하여 $a+bi$의 꼴로 나타내는 수를 **복소수**라 하고, $a$를 **실수부분**, $b$를 **허수부분**이라 한다.

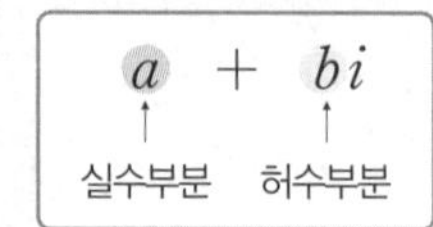


● 복소수 $z=a+bi$ ($a$, $b$는 실수)에 대하여
① $b=0$ ⇨ $z$는 실수
② $b\neq0$ ⇨ $z$는 허수
③ $a=0$, $b\neq0$ ⇨ $z$는 순허수

**3 복소수가 서로 같을 조건**

두 복소수 $a+bi$, $c+di$ ($a$, $b$, $c$, $d$는 실수)에 대하여

(1) $a+bi=c+di$이면 $a=c$, $b=d$

(2) $a+bi=0$이면 $a=0$, $b=0$

**4 켤레복소수**

복소수 $a+bi$ ($a$, $b$는 실수)에 대하여 허수부분의 부호를 바꾼 복소수 $a-bi$를 $a+bi$의 켤레복소수라 하고, 기호로 $\overline{a+bi}$와 같이 나타낸다.

● 복소수 $z$와 그 켤레복소수 $\bar{z}$에 대하여
① $\overline{(\bar{z})}=z$
② $z$가 실수이면 $z=\bar{z}$이다.
③ $z$가 순허수이면 $z=-\bar{z}$이다.

## 04 | 2 복소수의 사칙연산

유형 02~10, 13, 14

**1 복소수의 사칙연산**

$a$, $b$, $c$, $d$가 실수일 때

(1) 덧셈: $(a+bi)+(c+di)=(a+c)+(b+d)i$

(2) 뺄셈: $(a+bi)-(c+di)=(a-c)+(b-d)i$

(3) 곱셈: $(a+bi)(c+di)=(ac-bd)+(ad+bc)i$

(4) 나눗셈: $\dfrac{a+bi}{c+di}=\dfrac{(a+bi)(c-di)}{(c+di)(c-di)}=\dfrac{ac+bd}{c^2+d^2}+\dfrac{bc-ad}{c^2+d^2}i$ (단, $c+di\neq0$)

● 세 복소수 $z_1$, $z_2$, $z_3$에 대하여
① 교환법칙
$z_1+z_2=z_2+z_1$, $z_1z_2=z_2z_1$
② 결합법칙
$(z_1+z_2)+z_3=z_1+(z_2+z_3)$
$(z_1z_2)z_3=z_1(z_2z_3)$
③ 분배법칙
$z_1(z_2+z_3)=z_1z_2+z_1z_3$
$(z_1+z_2)z_3=z_1z_3+z_2z_3$

**2 켤레복소수의 성질**

두 복소수 $z_1$, $z_2$와 각각의 켤레복소수 $\overline{z_1}$, $\overline{z_2}$에 대하여

(1) $z_1+\overline{z_1}$, $z_1\overline{z_1}$는 실수이다.

(2) $\overline{z_1+z_2}=\overline{z_1}+\overline{z_2}$, $\overline{z_1-z_2}=\overline{z_1}-\overline{z_2}$

(3) $\overline{z_1z_2}=\overline{z_1}\times\overline{z_2}$, $\overline{\left(\dfrac{z_1}{z_2}\right)}=\dfrac{\overline{z_1}}{\overline{z_2}}$ (단, $z_2\neq0$)

**3 $i$의 거듭제곱**

$n$이 음이 아닌 정수일 때, $i^{4n+1}=i$, $i^{4n+2}=-1$, $i^{4n+3}=-i$, $i^{4n+4}=1$

● $1 \xrightarrow{\times i} i \xrightarrow{\times i} -1 \xrightarrow{\times i} -i \xrightarrow{\times i} 1$

## 04 | 3 음수의 제곱근

유형 11, 12

**1 음수의 제곱근:** $a>0$일 때

(1) $\sqrt{-a}=\sqrt{a}i$

(2) $-a$의 제곱근은 $\pm\sqrt{a}i$이다.

**2 음수의 제곱근의 성질**

(1) $a<0$, $b<0$이면 $\sqrt{a}\sqrt{b}=-\sqrt{ab}$

(2) $a>0$, $b<0$이면 $\dfrac{\sqrt{a}}{\sqrt{b}}=-\sqrt{\dfrac{a}{b}}$

● 0이 아닌 두 실수 $a$, $b$에 대하여
① $\sqrt{a}\sqrt{b}=-\sqrt{ab}$이면
$a<0$, $b<0$
② $\dfrac{\sqrt{a}}{\sqrt{b}}=-\sqrt{\dfrac{a}{b}}$이면
$a>0$, $b<0$

# 교과서 문제 정복하기

정답 및 풀이 033쪽

## 04 | 1 복소수와 켤레복소수

[0280 ~ 0283] 다음 복소수의 실수부분과 허수부분을 구하시오.

**0280** $4i$

**0281** $1+\sqrt{2}$

**0282** $\sqrt{3}i-5$

**0283** $\frac{3-i}{2}$

**0284** **보기**에서 다음에 해당하는 것만을 있는 대로 고르시오.

**보기**

ㄱ. $-i$　　ㄴ. $\sqrt{2}i$　　ㄷ. $4i^2$

ㄹ. $6+2i$　　ㅁ. $0$　　ㅂ. $3-\sqrt{3}$

(1) 실수　　(2) 허수　　(3) 순허수

[0285 ~ 0287] 다음 등식을 만족시키는 실수 $x$, $y$의 값을 구하시오.

**0285** $3x+(y-1)i=6-i$

**0286** $(x+1)+(y-1)i=2+4i$

**0287** $(x-y)+(3x-2y)i=2i$

[0288 ~ 0291] 다음 복소수의 켤레복소수를 구하시오.

**0288** $-5+7i$

**0289** $3i-1$

**0290** $i$

**0291** $7$

## 04 | 2 복소수의 사칙연산

[0292 ~ 0295] 다음을 계산하시오.

**0292** $(5+i)+(-2+6i)$

**0293** $(7+2i)-(4-3i)$

**0294** $(3+4i)(1-2i)$

**0295** $\frac{5-3i}{1+i}$

[0296 ~ 0299] 다음을 계산하시오.

**0296** $i^{25}$

**0297** $(-i)^5$

**0298** $-i^7$

**0299** $i^{100}+i^{200}$

## 04 | 3 음수의 제곱근

[0300 ~ 0302] 다음 수를 허수단위 $i$를 사용하여 나타내시오.

**0300** $\sqrt{-3}$

**0301** $\sqrt{-25}$

**0302** $-\sqrt{-32}$

[0303 ~ 0304] 다음 수의 제곱근을 구하시오.

**0303** $-1$

**0304** $-8$

[0305 ~ 0308] 다음을 계산하시오.

**0305** $\sqrt{-2}\sqrt{-8}$

**0306** $\frac{\sqrt{15}}{\sqrt{-3}}$

**0307** $\frac{\sqrt{-12}}{\sqrt{-4}}$

**0308** $\sqrt{-3}\sqrt{-6}-\frac{\sqrt{8}}{\sqrt{-16}}$

▸ 개념원리 공통수학1 81쪽

## 유형 01 복소수의 뜻과 분류

실수 $a$, $b$에 대하여

$$\text{복소수 } a+bi \begin{cases} \text{실수 } a & (b=0) \\ \text{허수} \begin{cases} \text{순허수 } bi & (a=0,\ b\neq0) \\ \text{순허수가 아닌 허수 } a+bi & (a\neq0,\ b\neq0) \end{cases} \end{cases}$$

**0309** 대표문제

다음 중 옳은 것을 모두 고르면? (정답 2개)

① 0은 복소수가 아니다.
② $3-2i$의 실수부분은 3이고 허수부분은 $-2i$이다.
③ $-5i$는 순허수이다.
④ $\sqrt{3}i$의 실수부분은 0이고 허수부분은 $\sqrt{3}$이다.
⑤ $-9$의 제곱근은 $\pm3$이다.

**0310** 상중하

다음 복소수 중 허수의 개수를 구하시오.

| $3i$, $16$, $1+\sqrt{-4}$, $i^2+1$, $2-5i$ |
|---|

▸ 개념원리 공통수학1 85쪽

## 유형 02 복소수의 사칙연산

(1) $i$를 문자처럼 생각하여 계산하고 $i^2=-1$임을 이용한다.
(2) 분모가 허수이면 분모의 켤레복소수를 분모, 분자에 각각 곱하여 분모를 실수로 만든다.

**0311** 대표문제

$(1+2i)(4-5i)+\dfrac{-1+3i}{1+i}$를 계산하여 $a+bi$의 꼴로 나타낼 때, $a+b$의 값을 구하시오. (단, $a$, $b$는 실수이다.)

**0312** 상중하

$3(1+4i)+(4-5i)-7(2-i)$의 값을 구하시오.

**0313** 상중하

$(2+\sqrt{3}i)^2+(2-\sqrt{3}i)^2$의 값은?

① $\sqrt{3}$　② 2　③ $2\sqrt{3}$
④ 4　⑤ $4\sqrt{3}$

**0314** 상중하

두 복소수 $z_1=\dfrac{1}{(1+i)^2}$, $z_2=\dfrac{3+\sqrt{2}i}{\sqrt{2}-3i}$에 대하여 $z_1z_2$의 값은?

① $-i$　② $-\dfrac{1}{2}$　③ $\dfrac{1}{2}$
④ $i$　⑤ 2

**0315** 상중하 서술형

임의의 두 복소수 $x$, $y$에 대하여 연산 $*$을

$$x*y=2xy-x+y$$

라 할 때, $(3-i)*(2+5i)$의 실수부분을 구하시오.

정답 및 풀이 034쪽

▸ 개념원리 공통수학 1 88쪽

## 유형 03 복소수가 주어질 때의 식의 값

복소수 $x=a+bi$ ($a$, $b$는 실수)에 대한 식의 값

⇒ $x-a=bi$의 꼴로 변형한 후 양변을 제곱하여 식의 값이 0인 이차식을 만든다.

**0316** 대표문제

$x=\frac{1+\sqrt{2}i}{3}$일 때, $6x^2-4x+3$의 값을 구하시오.

**0317** 상중하

$z=4+\sqrt{5}i$일 때, $z^2-8z$의 값은?

① $-21$ ② $-18$ ③ $-15$
④ $-12$ ⑤ $-9$

**0318** 상중하

$z=\frac{3-i}{1-i}$일 때, $z^3-4z^2+5z+3$의 값은?

① $-1$ ② $1$ ③ $3$
④ $3+2i$ ⑤ $7-2i$

**0319** 상중하

$x^2=1-2i$일 때, $x^4+x^3-2x^2-2x+\frac{5}{x}$의 값을 구하시오.

▸ 개념원리 공통수학 1 88쪽

## 유형 04 켤레복소수가 주어질 때의 식의 값

켤레복소수인 두 복소수 $x$, $y$에 대한 식의 값

⇒ 주어진 식을 $x+y$, $x-y$, $xy$를 포함한 식으로 변형하여 그 값을 구한다.

**0320** 대표문제

$x=3+i$, $y=3-i$일 때, $\frac{y}{x}+\frac{x}{y}$의 값은?

① $\frac{4}{5}$ ② $1$ ③ $\frac{6}{5}$
④ $\frac{7}{5}$ ⑤ $\frac{8}{5}$

**0321** 상중하

$z=4-3i$에 대하여 $\frac{z+1}{z}-\frac{\overline{z}-1}{\overline{z}}$의 값을 구하시오.

(단, $\overline{z}$는 $z$의 켤레복소수이다.)

**0322** 상중하

$x=\frac{5}{1+2i}$, $y=\frac{5}{1-2i}$일 때, $x^3-x^2y-xy^2+y^3$의 값을 구하시오.

**0323** 상중하

두 복소수 $x$, $y$에 대하여 $x=7-i$이고 $xy=50$일 때, $x^3-y^3$의 값을 구하시오.

▶ 개념원리 공통수학1 86쪽

## 유형 05 복소수가 실수 또는 순허수가 되는 조건

복소수 $z=a+bi$ ($a$, $b$는 실수)에 대하여
(1) $z$가 실수 ➡ $b=0$
(2) $z$가 순허수 ➡ $a=0$, $b\neq0$
(3) $z^2$이 양의 실수 ➡ $z$는 0이 아닌 실수 ➡ $a\neq0$, $b=0$
(4) $z^2$이 음의 실수 ➡ $z$는 순허수 ➡ $a=0$, $b\neq0$
(5) $z^2$이 실수 ➡ $z$는 실수 또는 순허수 ➡ $a=0$ 또는 $b=0$

**0324** 대표문제

복소수 $x^2+(i-5)x-i+4$가 순허수가 되도록 하는 실수 $x$의 값을 구하시오.

**0325** 상중하

복소수 $z=i(x+i)^2$이 실수가 되도록 하는 음수 $x$의 값을 $a$, 그때의 $z$의 값을 $b$라 할 때, $a-b$의 값을 구하시오.

**0326** 상중하 서술형

복소수 $z=(a^2-3a+2)+(a^2+a-2)i$에 대하여 $z^2$이 실수가 되도록 하는 모든 실수 $a$의 값의 합을 구하시오.

**0327** 상중하

복소수 $z=(1+i)a^2+(3+i)a-(4+12i)$에 대하여 $z^2$이 양의 실수가 되도록 하는 실수 $a$의 값은?

① $-4$ ② $-3$ ③ $1$
④ $3$ ⑤ $4$

▶ 개념원리 공통수학1 87쪽

## 중요 유형 06 복소수가 서로 같을 조건

실수부분은 실수부분끼리, 허수부분은 허수부분끼리 정리한 후 복소수가 서로 같을 조건을 이용한다.
(1) $a+bi=c+di$ ($a$, $b$, $c$, $d$는 실수) ➡ $a=c$, $b=d$
(2) $a+bi=0$ ($a$, $b$는 실수) ➡ $a=0$, $b=0$

**0328** 대표문제

등식 $(3+2i)x+(2-3i)y=\overline{4-7i}$를 만족시키는 실수 $x$, $y$에 대하여 $x+y$의 값을 구하시오.

**0329** 상중하

등식 $\frac{x}{1-i}+\frac{y}{1+i}=10-7i$를 만족시키는 실수 $x$, $y$에 대하여 $2x-y$의 값을 구하시오.

**0330** 상중하

등식 $\overline{x-3xyi-5}=9i-y$를 만족시키는 실수 $x$, $y$에 대하여 $x^2+y^2$의 값을 구하시오.

**0331** 상중하

등식 $x^2+y^2i+2x+2yi-3-8i=0$을 만족시키는 실수 $x$, $y$에 대하여 다음 중 $x+y$의 값이 될 수 없는 것은?

① $-7$ ② $-5$ ③ $-3$
④ $-1$ ⑤ $3$

정답 및 풀이 035쪽

## 유형 07 켤레복소수의 성질

복소수 $z$의 켤레복소수를 $\bar{z}$라 할 때
(1) $z+\bar{z}=$(실수)　　(2) $z\bar{z}=$(실수)
(3) $z=\bar{z}$ ➡ $z$는 실수　　(4) $z=-\bar{z}$ ➡ $z$는 순허수 또는 0

**0332** 대표문제

복소수 $z$와 그 켤레복소수 $\bar{z}$에 대하여 **보기**에서 옳은 것만을 있는 대로 고르시오.

**보기**
ㄱ. $z\bar{z}=0$이면 $z=0$이다.
ㄴ. $\bar{z}$가 순허수이면 $z$도 순허수이다.
ㄷ. $\frac{1}{z}+\frac{1}{\bar{z}}$은 허수이다. (단, $z\neq0$)

**0333** 상중하

다음 중 $\bar{z}=-z$를 만족시키는 복소수 $z$는?
(단, $\bar{z}$는 $z$의 켤레복소수이다.)

① $z=-\sqrt{3}i+1$　② $z=(1-\sqrt{2})i$
③ $z=\frac{\sqrt{3}-1}{2}$　④ $z=i(1-i)$
⑤ $z=(\sqrt{5}i-1)i^2$

**0334** 상중하

0이 아닌 복소수 $z=(x^2-4)+(x^2-x-2)i$에 대하여 $z=\bar{z}$가 성립할 때, 실수 $x$의 값을 구하시오.
(단, $\bar{z}$는 $z$의 켤레복소수이다.)

중요

▸ 개념원리 공통수학1 89쪽

## 유형 08 등식을 만족시키는 복소수 구하기

복소수 $z$에 대한 등식이 주어질 때, $z$는 다음과 같은 순서로 구한다.
(i) $z=a+bi$ ($a$, $b$는 실수)로 놓고 주어진 등식에 대입한다.
(ii) 복소수가 서로 같을 조건을 이용하여 $a$, $b$의 값을 구한다.

**0335** 대표문제

등식 $(1+i)z+3\bar{z}=10-i$를 만족시키는 복소수 $z$를 구하시오. (단, $\bar{z}$는 $z$의 켤레복소수이다.)

**0336** 상중하

등식 $(3+i)\bar{z}+(3-i)z=16$을 만족시키는 복소수 $z$가 될 수 있는 것만을 **보기**에서 있는 대로 고른 것은?
(단, $\bar{z}$는 $z$의 켤레복소수이다.)

**보기**
ㄱ. $3-i$　ㄴ. $14i-2$　ㄷ. $2-i$

① ㄱ　② ㄴ　③ ㄷ
④ ㄱ, ㄴ　⑤ ㄱ, ㄴ, ㄷ

**0337** 상중하 서술형

복소수 $z$와 그 켤레복소수 $\bar{z}$에 대하여 $z\bar{z}=7$, $z+\frac{7}{z}=4$가 성립하도록 하는 복소수 $z$를 모두 구하시오.

**0338** 상중하

복소수 $z$에 대하여 $\overline{z-zi}=2+i$일 때, $2z-i$의 값을 구하시오.

▶ 개념원리 공통수학 1 97쪽

## 유형 09 $i$의 거듭제곱

(1) $n$이 음이 아닌 정수일 때

$$i^{4n+1}=i,\ i^{4n+2}=-1,\ i^{4n+3}=-i,\ i^{4n+4}=1$$

(2) $i+i^2+i^3+i^4=0,\ \frac{1}{i}+\frac{1}{i^2}+\frac{1}{i^3}+\frac{1}{i^4}=0$

**0339** 대표문제

$i+i^2+i^3+i^4+\cdots+i^{3002}$을 간단히 하면?

① $-i$　② $-i+1$　③ $i$
④ $i-1$　⑤ $i+1$

**0340** 상중하

두 실수 $x$, $y$에 대하여

$$i+2i^2+3i^3+\cdots+49i^{49}+50i^{50}=x+yi$$

일 때, $x+y$의 값을 구하시오.

**0341** 상중하

$x=1+\frac{1}{i}+\frac{1}{i^2}+\frac{1}{i^3}+\cdots+\frac{1}{i^{10}}$일 때, $x+\frac{2}{x}$의 값은?

① 0　② $1-i$　③ 1
④ $1+i$　⑤ $i$

**0342** 상중하

두 실수 $a$, $b$에 대하여

$$\frac{1}{i}-\frac{2}{i^2}+\frac{3}{i^3}-\frac{4}{i^4}+\cdots+\frac{101}{i^{101}}-\frac{102}{i^{102}}=a+bi$$

일 때, $a-b$의 값을 구하시오.

▶ 개념원리 공통수학 1 98쪽

## 중요 유형 10 복소수의 거듭제곱

(1) $(1+i)^n$, $(1-i)^n$의 꼴

➡ $(1+i)^2=2i$, $(1-i)^2=-2i$임을 이용한다.

(2) $\left(\frac{1+i}{1-i}\right)^n$, $\left(\frac{1-i}{1+i}\right)^n$의 꼴

➡ $\frac{1+i}{1-i}=i$, $\frac{1-i}{1+i}=-i$임을 이용한다.

**0343** 대표문제

$\left(\frac{1+i}{1-i}\right)^{2051}-\left(\frac{1-i}{1+i}\right)^{2051}$을 간단히 하면?

① $-2i$　② $-i$　③ 0
④ $i$　⑤ $2i$

**0344** 상중하

$(1-i)^{30}+(1+i)^{30}$을 간단히 하시오.

**0345** 상중하

$z=\frac{1-i}{\sqrt{2}}$일 때, $1+z^2+z^4+z^6+z^8$의 값을 구하시오.

**0346** 상중하

$f(x)=\left(\frac{1+x}{1-x}\right)^{1002}$일 때, $f\left(\frac{1-i}{1+i}\right)+f\left(\frac{1+i}{1-i}\right)$의 값은?

① $-2i$　② $-i$　③ $-2$
④ $-1$　⑤ 0

▶ 개념원리 공통수학1 99쪽

## 유형 11 음수의 제곱근의 계산

(1) $a>0$일 때, $\sqrt{-a}=\sqrt{a}i$

(2) $a<0$, $b<0$일 때, $\sqrt{a}\sqrt{b}=-\sqrt{ab}$

(3) $a>0$, $b<0$일 때, $\dfrac{\sqrt{a}}{\sqrt{b}}=-\sqrt{\dfrac{a}{b}}$

### 0347 대표문제

다음 중 옳지 않은 것은?

① $\sqrt{-2}\sqrt{3}=\sqrt{-6}$  ② $\sqrt{-2}\sqrt{-3}=-\sqrt{6}$

③ $\dfrac{\sqrt{-2}}{\sqrt{3}}=\sqrt{-\dfrac{2}{3}}$  ④ $\dfrac{\sqrt{-2}}{\sqrt{-3}}=\sqrt{\dfrac{2}{3}}$

⑤ $\dfrac{\sqrt{2}}{\sqrt{-3}}=\sqrt{-\dfrac{2}{3}}$

### 0348 상중하 서술형

$\dfrac{\sqrt{32}}{\sqrt{-2}}+\dfrac{\sqrt{-48}}{\sqrt{-4}}+\sqrt{-2}\sqrt{-6}=a+bi$일 때, 실수 $a$, $b$에 대하여 $a-b$의 값을 구하시오.

### 0349 상중하

$(\sqrt{3}+\sqrt{-3})(2\sqrt{3}-\sqrt{-3})+\sqrt{-3}\sqrt{-27}+\dfrac{\sqrt{27}}{\sqrt{-3}}$을 간단히 하시오.

### 0350 상중하

$-2<x<2$일 때, 다음을 간단히 하시오.

$$\sqrt{x+2}\times\sqrt{x-2}\times\sqrt{2-x}\times\sqrt{-2-x}$$

▶ 개념원리 공통수학1 99쪽

## 중요 유형 12 음수의 제곱근의 성질

0이 아닌 두 실수 $a$, $b$에 대하여

(1) $\sqrt{a}\sqrt{b}=-\sqrt{ab}$ ➡ $a<0$, $b<0$

(2) $\dfrac{\sqrt{a}}{\sqrt{b}}=-\sqrt{\dfrac{a}{b}}$ ➡ $a>0$, $b<0$

### 0351 대표문제

0이 아닌 두 실수 $a$, $b$에 대하여 $\dfrac{\sqrt{a}}{\sqrt{b}}=-\sqrt{\dfrac{a}{b}}$일 때, $\sqrt{(a-b)^2}-2|a|+\sqrt{b^2}$을 간단히 하시오.

### 0352 상중하

실수 $a$에 대하여 $\dfrac{\sqrt{4-a}}{\sqrt{1-a}}=-\sqrt{\dfrac{4-a}{1-a}}$일 때, $\sqrt{(a-1)^2}+|a-4|$를 간단히 하시오. (단, $a\neq1$, $a\neq4$)

### 0353 상중하

0이 아닌 두 실수 $a$, $b$에 대하여 $\sqrt{a}\sqrt{b}=-\sqrt{ab}$일 때, **보기**에서 옳은 것만을 있는 대로 고른 것은?

**보기**

ㄱ. $\sqrt{ab^2}=-b\sqrt{a}$  ㄴ. $\dfrac{\sqrt{b}}{\sqrt{a}}=-\sqrt{\dfrac{b}{a}}$

ㄷ. $\sqrt{a^2}\sqrt{b^2}=-ab$  ㄹ. $|a+b|=|a|+|b|$

① ㄱ, ㄴ  ② ㄱ, ㄹ  ③ ㄴ, ㄷ

④ ㄱ, ㄷ, ㄹ  ⑤ ㄴ, ㄷ, ㄹ

정답 및 풀이 038쪽

▶ 개념원리 공통수학1 91쪽

## 유형UP 13 켤레복소수의 성질의 활용

두 복소수 $z_1$, $z_2$의 켤레복소수를 각각 $\overline{z_1}$, $\overline{z_2}$라 할 때

(1) $\overline{(\overline{z_1})}=z_1$

(2) $\overline{z_1+z_2}=\overline{z_1}+\overline{z_2}$, $\overline{z_1-z_2}=\overline{z_1}-\overline{z_2}$

(3) $\overline{z_1z_2}=\overline{z_1}\times\overline{z_2}$, $\overline{\left(\frac{z_1}{z_2}\right)}=\frac{\overline{z_1}}{\overline{z_2}}$ (단, $z_2\neq0$)

**0354** 대표문제

두 복소수 $\alpha$, $\beta$에 대하여 **보기**에서 옳은 것만을 있는 대로 고르시오. (단, $\overline{\alpha}$, $\overline{\beta}$는 각각 $\alpha$, $\beta$의 켤레복소수이다.)

**보기**

ㄱ. $\alpha=\overline{\alpha}$이면 $\alpha$는 실수이다.

ㄴ. $\alpha^2+\beta^2=0$이면 $\alpha=\beta=0$이다.

ㄷ. $\overline{(\alpha-i)(\beta+i)}=\overline{\alpha}\,\overline{\beta}-(\overline{\alpha}-\overline{\beta})i-1$

**0355** 상중하

실수가 아닌 두 복소수 $z$, $w$에 대하여 $z+w$, $zw$가 모두 실수일 때, **보기**에서 옳은 것만을 있는 대로 고른 것은?

(단, $\overline{z}$, $\overline{w}$는 각각 $z$, $w$의 켤레복소수이다.)

**보기**

ㄱ. $\overline{z-w}=z+w$

ㄴ. $\overline{z}-w=z-\overline{w}$

ㄷ. $\overline{\left(\frac{w}{z}\right)}=\frac{z}{w}$

① ㄴ　② ㄷ　③ ㄱ, ㄴ　④ ㄴ, ㄷ　⑤ ㄱ, ㄴ, ㄷ

**0356** 상중하

허수 $z$에 대하여 $\frac{1}{z^2-1}$이 실수일 때, 다음 중 옳은 것은?

(단, $\overline{z}$는 $z$의 켤레복소수이다.)

① $z\overline{z}=-1$　② $z\overline{z}=1$　③ $z+\overline{z}=-1$　④ $z+\overline{z}=0$　⑤ $z+\overline{z}=1$

▶ 개념원리 공통수학1 89쪽

## 유형UP 14 켤레복소수의 성질을 이용한 식의 계산

복소수가 주어지고 이 복소수의 켤레복소수를 포함한 식의 값을 구할 때에는 켤레복소수의 성질을 이용하여 식을 간단히 한 후 복소수를 대입한다.

**0357** 대표문제

$\alpha=5-3i$, $\beta=3-2i$일 때, $\alpha\overline{\alpha}-\overline{\alpha}\beta-\alpha\overline{\beta}+\beta\overline{\beta}$의 값을 구하시오. (단, $\overline{\alpha}$, $\overline{\beta}$는 각각 $\alpha$, $\beta$의 켤레복소수이다.)

**0358** 상중하

두 복소수 $z_1$, $z_2$에 대하여

$\overline{z_1}+2\overline{z_2}=2+5i$, $\overline{z_1}\times\overline{z_2}=3-4i$

일 때, $(z_1-1)(2z_2-1)$의 값을 구하시오.

(단, $\overline{z_1}$, $\overline{z_2}$는 각각 $z_1$, $z_2$의 켤레복소수이다.)

**0359** 상중하

두 복소수 $\alpha$, $\beta$에 대하여 $\overline{\alpha}+\beta=i$, $\overline{\alpha}\beta=-1$일 때, $\frac{1}{\alpha}+\frac{1}{\overline{\beta}}$의 값은? (단, $\overline{\alpha}$, $\overline{\beta}$는 각각 $\alpha$, $\beta$의 켤레복소수이다.)

① $-1$　② $0$　③ $-i$　④ $i$　⑤ $2i$

**0360** 상중하

두 복소수 $z$, $w$에 대하여 $z\overline{z}=2$, $w\overline{w}=2$, $z+w=2i$가 성립할 때, $\frac{1}{z}+\frac{1}{w}$의 값을 구하시오.

(단, $\overline{z}$, $\overline{w}$는 각각 $z$, $w$의 켤레복소수이다.)

# 시험에 꼭 나오는 문제

정답 및 풀이 039쪽

**0361**

다음 중 옳은 것은?

① $(2-3i)+(5+4i)=7+7i$
② $-3i-(-2+5i)=2-2i$
③ $(1+i^2)(1-i^2)=1$
④ $(5-i)^2=26-10i$
⑤ $\frac{i}{2-i}=-\frac{1}{5}+\frac{2}{5}i$

**0362**

0이 아닌 두 실수 $a$, $b$에 대하여 $f(a, b)=\frac{a-bi}{a+bi}$라 할 때,

$$f(1, 3)+f(2, 6)+f(3, 9)+f(4, 12)+f(5, 15)$$

의 값을 구하시오.

**0363**

$x=\frac{1+\sqrt{3}i}{2}$, $y=\frac{1-\sqrt{3}i}{2}$일 때, $x^3-2x^2y-2xy^2+y^3$의 값을 구하시오.

**0364**

복소수 $z=(2+i)(x-i)$에 대하여 $z^2$이 양의 실수가 되도록 하는 $x$의 값을 $a$, 음의 실수가 되도록 하는 $x$의 값을 $b$라 할 때, $\frac{a}{b}$의 값을 구하시오. (단, $x$는 실수이다.)

**0365**

등식 $(1+2i)x+\frac{2-yi}{1-2i}=3-2i$를 만족시키는 실수 $x$, $y$에 대하여 $5x+y$의 값을 구하시오.

**0366** 교육청 기출

복소수 $z=x^2-(5-i)x+4-2i$에 대하여 $\overline{z}=-z$를 만족시키는 모든 실수 $x$의 값의 합은?

(단, $i=\sqrt{-1}$이고, $\overline{z}$는 $z$의 켤레복소수이다.)

① 1 ② 2 ③ 3 ④ 4 ⑤ 5

**0367** 중요★

복소수 $z$와 그 켤레복소수 $\overline{z}$에 대하여
$(1+i)z+2i\overline{z}=-1+3i$가 성립할 때, $z\overline{z}$의 값을 구하시오.

**0368**

등식 $\left(\frac{1+i}{\sqrt{2}}\right)^{2n}=1$을 만족시키는 50 이하의 자연수 $n$의 개수를 구하시오.

## 시험에 꼭 나오는 문제

**0369**

$b<a<0$인 두 실수 $a$, $b$에 대하여

$$\frac{\sqrt{a-b}}{\sqrt{b-a}}+\frac{\sqrt{a}}{\sqrt{-a}}+\frac{\sqrt{-b}}{\sqrt{b}}$$

를 간단히 하면?

① $-3i$ ② $-i$ ③ $0$
④ $i$ ⑤ $3i$

**0370**

두 복소수 $z$, $w$에 대하여 **보기**에서 옳은 것만을 있는 대로 고른 것은? (단, $\overline{z}$, $\overline{w}$는 각각 $z$, $w$의 켤레복소수이다.)

보기
ㄱ. $\overline{z-w}=\overline{z}-\overline{w}$
ㄴ. $z^2$이 실수이면 $(z-1)^2$도 실수이다.
ㄷ. $z=\overline{w}$이면 $z+w$, $zw$는 모두 실수이다.

① ㄱ ② ㄴ ③ ㄱ, ㄷ
④ ㄴ, ㄷ ⑤ ㄱ, ㄴ, ㄷ

**0371**

두 복소수 $\alpha$, $\beta$에 대하여

$$\alpha+\beta=1+i,\ \overline{\alpha}^2-\overline{\beta}^2=4+2i$$

일 때, $2\alpha+\beta$의 값을 구하시오.

(단, $\overline{\alpha}$, $\overline{\beta}$는 각각 $\alpha$, $\beta$의 켤레복소수이다.)

### 서술형 주관식

**0372**

복소수 $z=(1+i)x+(1-i)y-2+6i$에 대하여 $z\overline{z}=0$이 성립할 때, 두 실수 $x$, $y$에 대하여 $x^2+y^2$의 값을 구하시오.

(단, $\overline{z}$는 $z$의 켤레복소수이다.)

**0373** 중요★

0이 아닌 네 실수 $a$, $b$, $c$, $d$에 대하여

$$\sqrt{a}\sqrt{b}=-\sqrt{ab},\ \frac{\sqrt{d}}{\sqrt{c}}=-\sqrt{\frac{d}{c}}$$

일 때, $\sqrt{a^2}-|b|-\sqrt{c^2}+\sqrt{(b+c)^2}-|a-d|$를 간단히 하시오.

### 실력 Up

**0374**

복소수 $z_1=1+2i$에 대하여

$$z_2=\overline{z_1}+(1+i),\ z_3=\overline{z_2}+(1+i),\ z_4=\overline{z_3}+(1+i)$$

라 하자. 같은 방법으로 $z_5$, $z_6$, $\cdots$을 차례대로 정할 때, $z_{100}$을 구하시오. (단, $\overline{z_n}$는 $z_n$의 켤레복소수이다.)

**0375** 교육청 기출

$\left(\frac{\sqrt{2}}{1+i}\right)^n+\left(\frac{\sqrt{3}+i}{2}\right)^n=2$를 만족시키는 자연수 $n$의 최솟값을 구하시오. (단, $i=\sqrt{-1}$)

## 꿈의 크기

비단잉어의 일종인 '코이'는 작은 어항에서 키우면
6~8 cm까지 자라지만 강에 방류하면
100 ~ 120 cm까지 커진다고 합니다.
이와 같은 것이 하나 더 있습니다.
그것은 바로 여러분의 **꿈**입니다.
여러분의 꿈이 담긴 그릇의 크기는
어느 정도인가요?

# 05 이차방정식

개념 플러스

## 05 1 이차방정식의 풀이

유형 01~04

### 1 이차방정식의 실근과 허근

계수가 실수인 이차방정식은 복소수의 범위에서 항상 근을 갖는다. 이때 실수인 근을 실근, 허수인 근을 허근이라 한다.

### 2 이차방정식의 풀이

(1) 인수분해를 이용한 풀이

$x$에 대한 이차방정식 $(ax-b)(cx-d)=0$의 근은 $x=\frac{b}{a}$ 또는 $x=\frac{d}{c}$

(2) 근의 공식을 이용한 풀이

계수가 실수인 이차방정식 $ax^2+bx+c=0$의 근은 $x=\frac{-b\pm\sqrt{b^2-4ac}}{2a}$

- $x$의 계수가 짝수인 이차방정식 $ax^2+2b'x+c=0$의 근은 $x=\frac{-b'\pm\sqrt{b'^2-ac}}{a}$

## 05 2 이차방정식의 근의 판별

유형 05~07, 15

계수가 실수인 이차방정식 $ax^2+bx+c=0$의 판별식을 $\boldsymbol{D=b^2-4ac}$라 할 때

(1) $D>0$이면 **서로 다른 두 실근**을 갖는다.
(2) $D=0$이면 **중근 (서로 같은 두 실근)**을 갖는다.
(1), (2): $D\ge0$이면 실근을 갖는다.
(3) $D<0$이면 **서로 다른 두 허근**을 갖는다.

참고› 거꾸로 이차방정식이 서로 다른 두 실근, 중근, 서로 다른 두 허근을 가지면 각각 $D>0$, $D=0$, $D<0$이다.

- $x$의 계수가 짝수인 이차방정식 $ax^2+2b'x+c=0$에서는 판별식 $D$ 대신 $\frac{D}{4}=b'^2-ac$를 이용하여 근을 판별할 수 있다.

## 05 3 이차방정식의 근과 계수의 관계

유형 08~13, 16, 17

### 1 이차방정식의 근과 계수의 관계

이차방정식 $ax^2+bx+c=0$의 두 근을 $\alpha$, $\beta$라 하면

$$\boldsymbol{\alpha+\beta=-\frac{b}{a},\ \alpha\beta=\frac{c}{a}}$$

### 2 두 수를 근으로 하는 이차방정식

두 수 $\alpha$, $\beta$를 근으로 하고 $x^2$의 계수가 1인 이차방정식은

$$\boldsymbol{x^2-(\alpha+\beta)x+\alpha\beta=0}$$

($\alpha+\beta$: 두 근의 합, $\alpha\beta$: 두 근의 곱; $(x-\alpha)(x-\beta)=0$)

- 두 수 $\alpha$, $\beta$를 근으로 하고 $x^2$의 계수가 $a$인 이차방정식은 $a\{x^2-(\alpha+\beta)x+\alpha\beta\}=0$

### 3 이차식의 인수분해

이차방정식 $ax^2+bx+c=0$의 두 근을 $\alpha$, $\beta$라 하면

$$ax^2+bx+c=a(x-\alpha)(x-\beta)$$

- 이차식 $ax^2+bx+c$는 복소수의 범위에서 항상 두 일차식의 곱으로 인수분해할 수 있다.

## 05 4 이차방정식의 켤레근

유형 14

이차방정식 $ax^2+bx+c=0$에서

(1) $a$, $b$, $c$가 유리수일 때, $\boldsymbol{p+q\sqrt{m}}$이 근이면 $\boldsymbol{p-q\sqrt{m}}$도 근이다.
(단, $p$, $q$는 유리수, $q\ne0$, $\sqrt{m}$은 무리수이다.)

(2) $a$, $b$, $c$가 실수일 때, $\boldsymbol{p+qi}$가 근이면 $\boldsymbol{p-qi}$도 근이다.
(단, $p$, $q$는 실수, $q\ne0$, $i=\sqrt{-1}$이다.)

주의› 이차방정식의 계수가 모두 유리수라는 조건이 없으면 $p+q\sqrt{m}$이 방정식의 한 근일 때, 다른 한 근이 반드시 $p-q\sqrt{m}$이 되는 것은 아니다.

- $p+q\sqrt{m}$과 $p-q\sqrt{m}$, $p+qi$와 $p-qi$를 각각 켤레근이라 한다.

# 교과서 문제 정복하기

정답 및 풀이 042쪽

## 05 | 1 이차방정식의 풀이

[0376 ~ 0377] 인수분해를 이용하여 다음 이차방정식을 푸시오.

**0376** $x^2-5x+4=0$

**0377** $10x^2-x-3=0$

[0378 ~ 0379] 근의 공식을 이용하여 다음 이차방정식을 푸시오.

**0378** $x^2+3x+1=0$

**0379** $x^2-8x+28=0$

[0380 ~ 0382] 다음 이차방정식을 풀고, 그 근이 실근인지 허근인지 구분하시오.

**0380** $2x^2-7x-4=0$

**0381** $4x^2-12x+9=0$

**0382** $x^2+2x+3=0$

## 05 | 2 이차방정식의 근의 판별

**0383** 다음 조건을 만족시키는 이차방정식만을 **보기**에서 있는 대로 고르시오.

보기

ㄱ. $x^2-5x+2=0$　　ㄴ. $x^2-3x+5=0$
ㄷ. $x^2-6x+9=0$　　ㄹ. $4x^2-20x+25=0$
ㅁ. $2x^2-3x+2=0$　　ㅂ. $x^2+8x+4=0$

(1) 서로 다른 두 실근을 갖는다.
(2) 중근(서로 같은 두 실근)을 갖는다.
(3) 서로 다른 두 허근을 갖는다.

**0384** 이차방정식 $x^2-3x+k=0$이 다음과 같은 근을 갖도록 하는 실수 $k$의 값 또는 값의 범위를 구하시오.

(1) 서로 다른 두 실근
(2) 중근
(3) 서로 다른 두 허근

## 05 | 3 이차방정식의 근과 계수의 관계

**0385** 이차방정식 $x^2+2x-2=0$의 두 근을 $\alpha$, $\beta$라 할 때, 다음 식의 값을 구하시오.

(1) $\alpha+\beta$　　(2) $\alpha\beta$
(3) $\alpha^2+\beta^2$　　(4) $(\alpha-\beta)^2$

[0386 ~ 0388] 다음 두 수를 근으로 하고 $x^2$의 계수가 1인 이차방정식을 구하시오.

**0386** $-1$, $2$

**0387** $3+2\sqrt{2}$, $3-2\sqrt{2}$

**0388** $2+i$, $2-i$

[0389 ~ 0391] 다음 이차식을 복소수의 범위에서 인수분해하시오.

**0389** $x^2+2x-4$

**0390** $x^2+25$

**0391** $2x^2-3x+2$

## 05 | 4 이차방정식의 켤레근

**0392** 이차방정식 $x^2+ax+b=0$의 한 근이 $2+\sqrt{3}$일 때, 유리수 $a$, $b$의 값을 구하시오.

**0393** 이차방정식 $x^2+ax+b=0$의 한 근이 $3+2i$일 때, 실수 $a$, $b$의 값을 구하시오.

▸ 개념원리 공통수학1 107쪽

## 유형 01 이차방정식의 풀이

이차방정식을 ($x$에 대한 이차식)$=0$의 꼴로 정리한 후 인수분해 또는 근의 공식을 이용하여 해를 구한다.

**0394** 대표문제

이차방정식 $(x-5)(x-3)=-x(x+4)$의 해는?

① $x=\frac{-2\pm\sqrt{26}i}{4}$　② $x=\frac{2\pm\sqrt{26}i}{4}$
③ $x=\frac{-2\pm\sqrt{26}i}{2}$　④ $x=\frac{2\pm\sqrt{26}i}{2}$
⑤ $x=-2\pm\sqrt{26}i$

**0395** 상중하

이차방정식 $3x^2-7x+5=0$의 해가 $x=\frac{a\pm\sqrt{b}i}{6}$일 때, 유리수 $a$, $b$에 대하여 $a+b$의 값을 구하시오.

**0396** 상중하

두 실수 $a$, $b$에 대하여 $a◎b=ab-a-b$라 할 때, $(x◎x)-(x◎1)=4$를 만족시키는 모든 실수 $x$의 값의 합은?

① $-1$　② $0$　③ $1$
④ $2$　⑤ $3$

**0397** 상중하

이차방정식 $(\sqrt{2}-1)x^2-(3-\sqrt{2})x+\sqrt{2}=0$의 두 근을 $\alpha$, $\beta$라 할 때, $\alpha-\beta$의 값을 구하시오. (단, $\alpha>\beta$)

▸ 개념원리 공통수학1 108쪽

## 유형 02 한 근이 주어진 이차방정식

이차방정식의 한 근이 주어진 경우
➡ 주어진 근을 방정식에 대입하면 등식이 성립함을 이용한다.

**0398** 대표문제

이차방정식 $kx^2+ax+(k+1)b=0$이 실수 $k$의 값에 관계없이 $x=1$을 근으로 가질 때, 실수 $a$, $b$에 대하여 $a-b$의 값을 구하시오.

**0399** 상중하 서술형

이차방정식 $x^2+(k+2)x-2k=0$의 두 근이 $1$, $\alpha$일 때, 실수 $k$, $\alpha$에 대하여 $k+\alpha$의 값을 구하시오.

**0400** 상중하

이차방정식 $x^2-ax+2\sqrt{3}=0$의 한 근이 $1+\sqrt{3}$일 때, 실수 $a$의 값은?

① $-4$　② $-2$　③ $2$
④ $4$　⑤ $6$

**0401** 상중하

이차방정식 $x^2-2x-1=0$의 한 근을 $\alpha$라 할 때, $\alpha^3-\frac{1}{\alpha^3}$의 값을 구하시오.

▸ 개념원리 공통수학1 109쪽

## 유형 03 절댓값 기호를 포함한 이차방정식

$|x|=\begin{cases} x\ (x\geq 0) \\ -x\ (x<0) \end{cases}$임을 이용하여 절댓값 기호 안의 식의 값이 0이 되는 $x$의 값을 기준으로 범위를 나누어서 방정식을 푼다.
이때 해당 범위에 속하는 것만이 근임에 유의한다.

**0402** 대표문제

방정식 $x^2-|x-2|-4=0$의 모든 근의 합을 구하시오.

**0403** 상중하

방정식 $x^2-2|x|-2=0$의 해를 구하시오.

**0404** 상중하

방정식 $|x^2+2x|=3$의 모든 실근의 곱은?

① $-9$ ② $-6$ ③ $-3$
④ 3 ⑤ 9

**0405** 상중하

방정식 $x^2-|x|-2=\sqrt{(x-1)^2}$의 모든 근의 합을 구하시오.

▸ 개념원리 공통수학1 110쪽

## 유형 04 이차방정식의 활용

이차방정식의 활용 문제는 다음과 같은 순서로 푼다.
(i) 구하려는 것을 미지수 $x$로 놓는다.
(ii) 주어진 조건을 이용하여 방정식을 세운다.
(iii) 방정식을 풀고 구한 해가 문제의 조건에 맞는지 확인한다.

**0406** 대표문제

오른쪽 그림과 같이 가로, 세로의 길이가 각각 16 m, 12 m인 직사각형 모양의 땅에 폭이 $x$ m로 일정하도록 ㄷ자 모양으로 잔디를 깔려고 한다. 잔디가 깔리지 않는 땅의 넓이가 78 $\text{m}^2$일 때, $x$의 값을 구하시오.

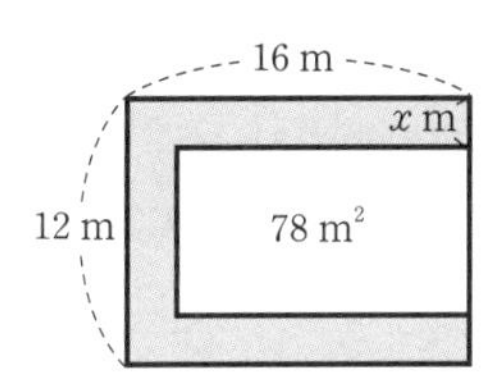


**0407** 상중하

가로의 길이가 세로의 길이의 2배인 직사각형 모양의 종이가 있다. 오른쪽 그림과 같이 종이의 네 모퉁이에서 한 변의 길이가 2 cm인 정사각형을 잘라 내고 점선을 따라 접어서 직육면체 모양의 뚜껑이 없는 상자를 만들었더니 부피가 192 $\text{cm}^3$가 되었다. 처음 종이의 넓이를 구하시오. (단, 종이의 두께는 생각하지 않는다.)

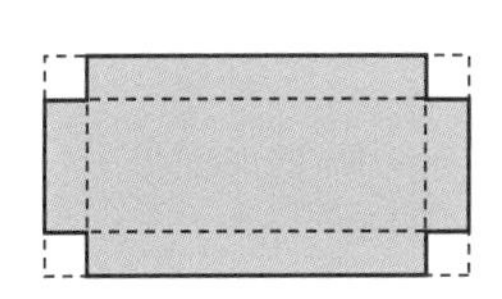

**0408** 상중하

어떤 물건의 가격을 $x$ % 인상한 후 다시 $x$ % 인하하였더니 처음 가격보다 9 % 낮아졌다. 이때 $x$의 값은? (단, $x>0$)

① 25 ② 27 ③ 30
④ 33 ⑤ 35

05 이차방정식

중요

▸ 개념원리 공통수학1 115쪽, 116쪽

## 유형 05 이차방정식의 근의 판별

계수가 실수인 이차방정식 $ax^2+bx+c=0$의 판별식을 $D=b^2-4ac$라 할 때

(1) 서로 다른 두 실근을 가지면 $D>0$

(2) 중근(서로 같은 두 실근)을 가지면 $D=0$

(3) 서로 다른 두 허근을 가지면 $D<0$

실근을 가지면 $D\geq 0$

### 0409 대표문제

이차방정식 $x^2-5x+k+2=0$이 서로 다른 두 실근을 갖도록 하는 가장 큰 정수 $k$의 값은?

① 3 ② 4 ③ 5 ④ 6 ⑤ 7

### 0410 상중하

$x$에 대한 이차방정식 $(m^2+10)x^2+2(m+1)x+1=0$이 서로 다른 두 허근을 갖도록 하는 자연수 $m$의 개수는?

① 1 ② 2 ③ 3 ④ 4 ⑤ 5

### 0411 상중하

이차방정식 $(x-1)^2-k(2x-1)+12=0$이 중근을 갖도록 하는 모든 실수 $k$의 값의 합을 구하시오.

### 0412 상중하

$x$에 대한 이차방정식 $x^2-2(k-a)x+(k^2-6k+b)=0$이 실수 $k$의 값에 관계없이 항상 중근을 가질 때, 실수 $a$, $b$에 대하여 $a+b$의 값을 구하시오.

## 유형 06 계수가 문자인 이차방정식의 근의 판별

계수가 실수인 이차방정식 $ax^2+bx+c=0$의 근의 판별
➡ $b^2-4ac$의 부호를 조사한다.

### 0413 대표문제

이차방정식 $x^2+ax+3-a=0$이 중근을 가질 때, 이차방정식 $2x^2-ax+a+1=0$의 근을 판별하면? (단, $a>0$)

① 실근을 갖는다.
② 중근을 갖는다.
③ 서로 다른 두 허근을 갖는다.
④ 서로 다른 두 실근을 갖는다.
⑤ 판별할 수 없다.

### 0414 상중하 서술형

이차방정식 $x^2+6x-a=0$이 서로 다른 두 허근을 가질 때, 이차방정식 $x^2+3x-(a+1)=0$의 근을 판별하시오. (단, $a$는 실수이다.)

### 0415 상중하

0이 아닌 두 실수 $a$, $b$에 대하여 $\sqrt{a}\sqrt{b}=-\sqrt{ab}$가 성립할 때, 이차방정식 $x^2+ax+b=0$의 근을 판별하시오.

▶ 개념원리 공통수학1 116쪽

## 유형 07 이차식이 완전제곱식이 될 조건

이차식 $ax^2+bx+c$가 완전제곱식이다.
⇒ 이차방정식 $ax^2+bx+c=0$이 중근을 갖는다.
⇒ $b^2-4ac=0$

**0416** 대표문제

$x$에 대한 이차식 $(k+1)x^2+(2k+3)x+k+3$이 완전제곱식이 되도록 하는 실수 $k$의 값은?

① $-\frac{3}{4}$　② $-\frac{1}{2}$　③ $1$
④ $\frac{6}{5}$　⑤ $\frac{11}{4}$

**0417** 상중하

$x$에 대한 이차식 $ax^2+2(k-1)x+k^2-bk+a$가 실수 $k$의 값에 관계없이 항상 완전제곱식이 될 때, 실수 $a$, $b$에 대하여 $a+b$의 값을 구하시오.

**0418** 상중하

$x$에 대한 이차식 $x^2-mx+2m+5$가 $(x-n)^2$으로 인수분해될 때, 실수 $m$, $n$에 대하여 $m+n$의 값은? (단, $m>0$)

① 3　② 6　③ 9
④ 12　⑤ 15

▶ 개념원리 공통수학1 122쪽

## 중요 유형 08 이차방정식의 근과 계수의 관계를 이용하여 식의 값 구하기 (1)

이차방정식 $ax^2+bx+c=0$의 두 근을 $\alpha$, $\beta$라 하면

$$\alpha+\beta=-\frac{b}{a},\ \alpha\beta=\frac{c}{a}$$

**0419** 대표문제

이차방정식 $x^2-3x+1=0$의 두 근을 $\alpha$, $\beta$라 할 때, $\alpha^3+\beta^3$의 값을 구하시오.

**0420** 상중하

이차방정식 $4x^2-8x+1=0$의 두 근을 $\alpha$, $\beta$라 할 때, 다음 중 옳지 않은 것은?

① $\frac{1}{\alpha}+\frac{1}{\beta}=8$　② $(2\alpha-1)(2\beta-1)=-2$
③ $\alpha^2+\beta^2=\frac{7}{2}$　④ $|\alpha-\beta|=\sqrt{3}$
⑤ $\frac{1}{1+\alpha}+\frac{1}{1+\beta}=\frac{2}{13}$

**0421** 상중하

이차방정식 $2x^2+4x+3=0$의 두 근을 $\alpha$, $\beta$라 할 때, $\frac{\beta}{\alpha}+\frac{\alpha}{\beta}$의 값을 구하시오.

**0422** 상중하

이차방정식 $x^2-9x+4=0$의 두 근을 $\alpha$, $\beta$라 할 때, $\sqrt{\alpha}+\sqrt{\beta}$의 값을 구하시오.

▶ 개념원리 공통수학 1 122쪽

## 유형 09 이차방정식의 근과 계수의 관계를 이용하여 식의 값 구하기 (2)

이차방정식 $ax^2+bx+c=0$의 두 근을 $\alpha$, $\beta$라 할 때

$a\alpha^2+b\alpha+c=0$, $a\beta^2+b\beta+c=0$,

$\alpha+\beta=-\frac{b}{a}$, $\alpha\beta=\frac{c}{a}$

임을 이용하여 식의 값을 구한다.

**0423** 대표문제

이차방정식 $x^2-2x-4=0$의 두 근을 $\alpha$, $\beta$라 할 때, $(\alpha^2-3\alpha+1)(\beta^2-3\beta+1)$의 값은?

① 7 ② 9 ③ 11
④ 13 ⑤ 15

**0424** 상중하

이차방정식 $x^2-7x+5=0$의 두 근을 $\alpha$, $\beta$라 할 때, $\alpha^2+7\beta$의 값을 구하시오.

**0425** 상중하

이차방정식 $x^2+4x+8=0$의 두 근을 $\alpha$, $\beta$라 할 때, $\alpha^2+2\beta^2-2\alpha+2\beta+5$의 값은?

① 1 ② 3 ③ 5
④ 7 ⑤ 9

**0426** 상중하 서술형

이차방정식 $x^2-5x+2=0$의 두 근을 $\alpha$, $\beta$라 할 때, $\frac{\beta}{\alpha^2-4\alpha+2}+\frac{\alpha}{\beta^2-4\beta+2}$의 값을 구하시오.

## 유형 10 이차방정식의 근과 계수의 관계를 이용하여 미정계수 구하기

이차방정식의 두 근 $\alpha$, $\beta$에 대한 식의 값이 주어진 경우

➡ 주어진 식을 $\alpha+\beta$, $\alpha\beta$에 대한 식으로 변형한 후 근과 계수의 관계를 이용하여 미정계수를 구한다.

**0427** 대표문제

이차방정식 $x^2-(k+1)x+k-1=0$의 두 근을 $\alpha$, $\beta$라 할 때, $(\alpha-\beta)^2=5$를 만족시키는 양수 $k$의 값을 구하시오.

**0428** 상중하

이차방정식 $x^2-(2k-1)x+k=0$의 두 근을 $\alpha$, $\beta$라 할 때, $\alpha^2\beta+\alpha+\alpha\beta^2+\beta=9$를 만족시키는 정수 $k$의 값은?

① 1 ② 2 ③ 3
④ 4 ⑤ 5

**0429** 상중하

이차방정식 $x^2+3x+k=0$의 두 실근 $\alpha$, $\beta$가 $|\alpha|+|\beta|=7$을 만족시킬 때, 실수 $k$의 값을 구하시오.

▸ 개념원리 공통수학1 124쪽

중요

## 유형 11 두 근 사이의 관계가 주어진 이차방정식

이차방정식의 두 근에 대한 조건이 주어진 경우 두 근을 다음과 같이 놓고 근과 계수의 관계를 이용한다.

(1) 두 근의 차가 $k$ ➡ $\alpha$, $\alpha+k$

(2) 두 근의 비가 $m:n$ ➡ $m\alpha$, $n\alpha$ ($\alpha\neq0$)

(3) 한 근이 다른 근의 $k$배 ➡ $\alpha$, $k\alpha$ ($\alpha\neq0$)

(4) 두 근이 연속인 정수 ➡ $\alpha$, $\alpha+1$ ($\alpha$는 정수)

**0430** 대표문제

이차방정식 $x^2-(k+1)x+k=0$의 두 근의 비가 $2:3$일 때, 모든 실수 $k$의 값의 곱을 구하시오.

**0431** 상중하

$x$에 대한 이차방정식 $x^2+2x+m^2-2m=0$의 두 근의 차가 2일 때, 이차방정식 $3x^2-mx+4m+1=0$의 두 근의 곱은? (단, $m\neq0$)

① $-5$ ② $-3$ ③ $-1$ ④ $1$ ⑤ $3$

**0432** 상중하

이차방정식 $x^2-mx+m+1=0$의 두 근이 연속인 자연수가 되도록 하는 실수 $m$의 값을 구하시오.

**0433** 상중하

$x$에 대한 이차방정식 $3x^2+(m^2+m-6)x-m+1=0$의 두 근의 절댓값이 같고 부호가 서로 다를 때, 실수 $m$의 값을 구하시오.

▸ 개념원리 공통수학1 123쪽

## 유형 12 두 이차방정식이 주어질 때 미정계수 구하기

두 이차방정식의 근이 모두 $\alpha$, $\beta$에 대한 식으로 주어진 경우
➡ 근과 계수의 관계를 이용하여 $\alpha$, $\beta$에 대한 식을 세운다.

**0434** 대표문제

이차방정식 $x^2+ax+b=0$의 두 근을 $\alpha$, $\beta$라 할 때, 이차방정식 $x^2+bx+a=0$의 두 근은 $\alpha+1$, $\beta+1$이다. 이때 실수 $a$, $b$에 대하여 $ab$의 값을 구하시오.

**0435** 상중하

이차방정식 $x^2-ax+5=0$의 두 근이 $\alpha$, $\beta$이고, 이차방정식 $x^2+bx+15=0$의 두 근이 $\alpha+\beta$, $\alpha\beta$일 때, 실수 $a$, $b$에 대하여 $a-b$의 값은?

① 10 ② 11 ③ 12 ④ 13 ⑤ 14

**0436** 상중하

이차방정식 $x^2+3x+1=0$의 두 근이 $\alpha$, $\beta$이고, 이차방정식 $x^2+ax+b=0$의 두 근이 $\alpha-\frac{1}{\alpha}$, $\beta-\frac{1}{\beta}$일 때, 실수 $a$, $b$에 대하여 $a+b$의 값은?

① $-10$ ② $-5$ ③ $0$ ④ $5$ ⑤ $10$

중요

▸ 개념원리 공통수학1 125쪽

## 유형 13 두 수를 근으로 하는 이차방정식

두 수 $\alpha$, $\beta$를 근으로 하고 $x^2$의 계수가 1인 이차방정식

⇒ $x^2-\underbrace{(\alpha+\beta)}_{\text{두 근의 합}}x+\underbrace{\alpha\beta}_{\text{두 근의 곱}}=0$

**0437** 대표문제

이차방정식 $x^2-5x+3=0$의 두 근을 $\alpha$, $\beta$라 할 때, $3-\alpha$, $3-\beta$를 두 근으로 하고 $x^2$의 계수가 1인 이차방정식은?

① $x^2-3x-1=0$
② $x^2-3x+1=0$
③ $x^2-x-3=0$
④ $x^2-x+3=0$
⑤ $x^2+x+3=0$

**0438** 상중하

이차방정식 $2x^2+3x+1=0$의 두 근을 $\alpha$, $\beta$라 할 때, $\alpha+\frac{1}{\beta}$, $\beta+\frac{1}{\alpha}$을 두 근으로 하는 이차방정식이 $2x^2+ax+b=0$이다. 이때 실수 $a$, $b$에 대하여 $a+b$의 값을 구하시오.

**0439** 상중하 서술형

이차방정식 $x^2-2x-1=0$의 두 근을 $\alpha$, $\beta$라 할 때, $\alpha^2$, $\beta^2$을 두 근으로 하고 $x^2$의 계수가 1인 이차방정식이 $x^2+ax+b=0$이다. 이때 실수 $a$, $b$의 값을 구하시오.

**0440** 상중하

이차방정식 $x^2+ax+b=0$의 두 근이 2, $\alpha$이고, 이차방정식 $x^2-(a+1)x+b-1=0$의 두 근이 1, $\beta$일 때, $\alpha$, $\beta$를 두 근으로 하는 이차방정식이 $9x^2+px+q=0$이다. 이때 $p-q$의 값을 구하시오. (단, $a$, $b$, $p$, $q$는 실수이다.)

중요

▸ 개념원리 공통수학1 127쪽

## 유형 14 이차방정식의 켤레근의 성질

(1) 계수가 유리수인 이차방정식의 한 근이 $p+q\sqrt{m}$이면 다른 한 근은 $p-q\sqrt{m}$이다.
(단, $p$, $q$는 유리수, $q\neq0$, $\sqrt{m}$은 무리수이다.)

(2) 계수가 실수인 이차방정식의 한 근이 $p+qi$이면 다른 한 근은 $p-qi$이다. (단, $p$, $q$는 실수, $q\neq0$, $i=\sqrt{-1}$이다.)

**0441** 대표문제

이차방정식 $x^2+ax+2b=0$의 한 근이 $3+\sqrt{5}$일 때, 유리수 $a$, $b$에 대하여 $a-b$의 값은?

① $-8$
② $-6$
③ $-2$
④ 6
⑤ 8

**0442** 상중하

이차방정식 $x^2+mx+n=0$의 한 근이 $-1-i$일 때, $\frac{1}{m}$, $n$을 두 근으로 하고 $x^2$의 계수가 2인 이차방정식을 구하시오.
(단, $m$, $n$은 실수이다.)

**0443** 상중하 서술형

실수 $a$, $b$에 대하여 이차방정식 $x^2+ax+b=0$의 한 근이 $\frac{1}{1-i}$일 때, 다항식 $f(x)=x^2+ax+b$를 $x-2$로 나누었을 때의 나머지를 구하시오.

정답 및 풀이 048쪽

## 유형UP 15 이차식을 두 일차식의 곱으로 인수분해하기

$x$, $y$에 대한 이차식이 두 일차식의 곱으로 인수분해된다.
⇒ (이차식)$=0$의 판별식 $D$가 완전제곱식이어야 하므로 $D=0$의 판별식 $D'$의 값이 0임을 이용한다.

**0444** 대표문제

$x$, $y$에 대한 이차식 $x^2+xy-6y^2-x+7y-k$가 두 일차식의 곱으로 인수분해될 때, 실수 $k$의 값을 구하시오.

**0445** 상중하

$x$, $y$에 대한 이차식 $2x^2-3xy+ay^2-3x+y+1$이 두 일차식의 곱으로 인수분해될 때, 실수 $a$의 값을 구하시오.

## 유형UP 16 잘못 푼 이차방정식

(1) 일차항의 계수를 잘못 본 경우 ⇒ 두 근의 곱은 바르게 봄
(2) 상수항을 잘못 본 경우 ⇒ 두 근의 합은 바르게 봄

**0446** 대표문제

소라와 민혁이가 이차방정식 $ax^2+bx+c=0$을 푸는데 소라는 $x$의 계수를 잘못 보고 풀어 두 근 $-3$, $4$를 얻었고, 민혁이는 상수항을 잘못 보고 풀어 두 근 $-2+\sqrt{5}$, $-2-\sqrt{5}$를 얻었다. 이 이차방정식의 근을 구하시오.

**0447** 상중하

이차방정식 $ax^2+bx+c=0$에서 근의 공식을

$x=\dfrac{-b\pm\sqrt{b^2-ac}}{2a}$로 잘못 적용하여 풀어 두 근 $-6$, $1$을 얻었다. 이 이차방정식의 근을 구하시오.

(단, $a$, $b$, $c$는 실수이다.)

▶ 개념원리 공통수학1 126쪽

## 유형UP 17 이차방정식 $f(x)=0$과 $f(ax+b)=0$의 관계

이차방정식 $f(x)=0$의 두 근이 $\alpha$, $\beta$이면 $f(\alpha)=0$, $f(\beta)=0$이므로 이차방정식 $f(ax+b)=0$ $(a\neq0)$의 두 근은
$ax+b=\alpha$ 또는 $ax+b=\beta$에서

$x=\dfrac{\alpha-b}{a}$ 또는 $x=\dfrac{\beta-b}{a}$

**0448** 대표문제

이차방정식 $f(x)=0$의 두 근의 합이 5일 때, 이차방정식 $f(3x+1)=0$의 두 근의 합을 구하시오.

**0449** 상중하

이차방정식 $f(x)=0$의 두 근의 곱이 16일 때, 이차방정식 $f(4x)=0$의 두 근의 곱은?

① 1 ② 4 ③ 8 ④ 16 ⑤ 64

**0450** 상중하

이차방정식 $f(x)=0$의 두 근 $\alpha$, $\beta$에 대하여 $\alpha+\beta=3$, $\alpha\beta=-4$일 때, 이차방정식 $f(2x+5)=0$의 두 근의 곱을 구하시오.

## 시험에 꼭 나오는 문제

**0451**

이차방정식 $2x^2+3=(x+1)(x-5)$의 해는?

① $x=-2\pm2i$　② $x=2\pm2i$
③ $x=-2\pm\sqrt{2}$　④ $x=2\pm\sqrt{2}$
⑤ $x=-1$ 또는 $x=3$

**0452**

이차방정식 $x^2-(a+2)x+2a=0$의 한 근이 3일 때, $x$에 대한 이차방정식 $x^2+ax+a^2-1=0$의 해는 $x=\frac{p\pm\sqrt{q}i}{2}$이다. 이때 유리수 $p$, $q$에 대하여 $pq$의 값을 구하시오.
(단, $a$는 상수이다.)

**0453**

이차방정식 $x^2-2x+2=0$의 한 근을 $\alpha$라 할 때, $\alpha^3-\alpha^2$의 값은?

① $-2$　② $-1$　③ 0
④ 1　⑤ 2

**0454**

$x$에 대한 방정식 $|x^2+(a+2)x+a^2|=1$의 한 근이 $-2$일 때, 모든 실수 $a$의 값의 곱을 구하시오.

**0455**

지면으로부터 100 m 높이에서 쏘아 올린 물체의 $t$초 후의 지면으로부터의 높이가 $(-4.9t^2+39t+100)$ m일 때, 이 물체가 지면에 떨어지는 것은 쏘아 올린 지 몇 초 후인지 구하시오.

**0456**

오른쪽 그림과 같이 정사각형 모양의 땅에 폭이 12 m, 20 m로 일정한 도로를 각각 만들었더니 도로의 넓이가 처음 땅의 넓이의 $\frac{1}{4}$이 되었다. 처음 땅의 한 변의 길이는 몇 m인지 구하시오.

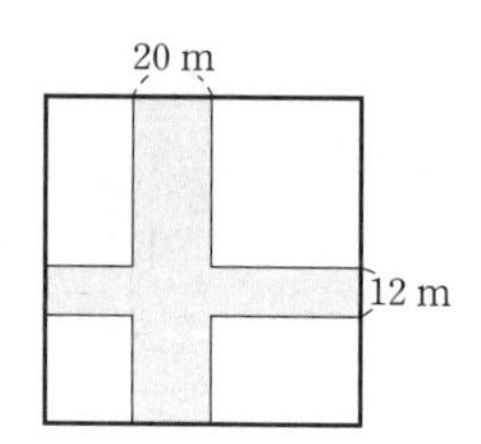


**0457** 중요★

$x$에 대한 이차방정식 $x^2+2(k-2)x+k^2+k-6=0$이 실근을 갖도록 하는 자연수 $k$의 최댓값은?

① 1　② 2　③ 3
④ 4　⑤ 5

**0458**

$x$에 대한 이차방정식 $x^2+(am+b)x+m^2+c+2=0$이 실수 $m$의 값에 관계없이 항상 중근을 가질 때, 실수 $a$, $b$, $c$에 대하여 $a^2+b^2+c^2$의 값을 구하시오.

**0459**

자연수 $n$에 대하여 이차방정식 $x^2+(n+2)x+2n+1=0$의 서로 다른 실근의 개수를 $f(n)$이라 할 때, $f(2)-f(4)+f(6)$의 값을 구하시오.

**0460**

0이 아닌 정수 $a$에 대하여 $\frac{\sqrt{a}}{\sqrt{a-2}}=-\sqrt{\frac{a}{a-2}}$가 성립할 때, 허근을 갖는 이차방정식만을 **보기**에서 있는 대로 고르시오.

**보기**

ㄱ. $x^2+ax+a=0$

ㄴ. $2x^2+(a-1)x+2a=0$

ㄷ. $x^2-ax+a-4=0$

**0461**

$x$에 대한 이차식

$$(x-a)(x-b)+(x-b)(x-c)+(x-c)(x-a)$$

가 완전제곱식일 때, $a$, $b$, $c$를 세 변의 길이로 하는 삼각형은 어떤 삼각형인지 말하시오.

**0462** 중요★

이차방정식 $2x^2+3x-4=0$의 두 근을 $\alpha$, $\beta$라 할 때, $\frac{\beta}{\alpha+1}+\frac{\alpha}{\beta+1}$의 값을 구하시오.

**0463** 교육청 기출

$x$에 대한 이차방정식 $x^2-3x+k=0$의 두 근을 $\alpha$, $\beta$라 할 때, $\frac{1}{\alpha^2-\alpha+k}+\frac{1}{\beta^2-\beta+k}=\frac{1}{4}$을 만족시키는 실수 $k$의 값을 구하시오.

**0464**

이차방정식 $x^2-2x+k=0$의 두 근을 $\alpha$, $\beta$라 할 때, $|\alpha-\beta|=4$를 만족시키는 실수 $k$의 값은?

① $-5$ ② $-4$ ③ $-3$ ④ $-2$ ⑤ $-1$

**0465**

이차방정식 $x^2+(k+1)x+2=0$의 한 근이 다른 근의 2배일 때, 자연수 $k$의 값을 구하시오.

**0466**

이차방정식 $x^2+2x+10=0$의 두 근을 $\alpha$, $\beta$라 할 때, $\alpha+\beta$, $\alpha\beta$를 두 근으로 하고 $x^2$의 계수가 1인 이차방정식을 구하시오.

## 시험에 꼭 나오는 문제

### 0467

이차방정식 $x^2+4x-2=0$의 두 근을 $\alpha$, $\beta$라 할 때, $\frac{1}{\alpha}$, $\frac{1}{\beta}$을 두 근으로 하고 $x^2$의 계수가 2인 이차방정식은?

① $2x^2-4x-1=0$　② $2x^2-4x+1=0$
③ $2x^2-x-4=0$　④ $2x^2-x+4=0$
⑤ $2x^2+4x-1=0$

### 0468

다음 중 이차식 $\frac{1}{2}x^2+x+1$의 인수인 것은?

① $x-1-2i$　② $x-1-i$　③ $x-1+2i$
④ $x+1-2i$　⑤ $x+1-i$

### 0469

계수가 실수인 이차방정식 $ax^2+bx+c=0$에 대하여 **보기**에서 옳은 것만을 있는 대로 고른 것은?

**보기**

ㄱ. $ac<0$이면 서로 다른 두 실근을 갖는다.
ㄴ. 이차방정식의 한 근이 $3-\sqrt{2}$이면 다른 한 근은 $3+\sqrt{2}$이다.
ㄷ. 이차방정식이 실근을 가질 때, 두 근의 차는 $\frac{\sqrt{b^2-4ac}}{|a|}$이다.

① ㄱ　② ㄱ, ㄴ　③ ㄱ, ㄷ
④ ㄴ, ㄷ　⑤ ㄱ, ㄴ, ㄷ

### 0470 중요★

이차방정식 $x^2+ax+b=0$의 한 근이 $2-\sqrt{3}$일 때, 이차방정식 $x^2-bx+a=0$의 근을 구하시오. (단, $a$, $b$는 유리수이다.)

### 0471

$x$, $y$에 대한 이차식 $x^2+2xy-2y^2+4x-4y+a$가 두 일차식의 곱으로 인수분해될 때, 실수 $a$의 값을 구하시오.

### 0472

두 사람 A, B가 이차방정식 $x^2+px+q=0$을 푸는데 A는 $p$의 값을 잘못 보고 풀어 두 근 $-5$, $-1$을 얻었고, B는 $q$의 값을 잘못 보고 풀어 두 근 $3+2i$, $3-2i$를 얻었다. 이때 실수 $p$, $q$에 대하여 $p+q$의 값을 구하시오.

### 0473

방정식 $f(x)=0$의 한 근이 $-1$일 때, 다음 중 2를 반드시 근으로 갖는 $x$에 대한 방정식은?

① $f(-x-1)=0$　② $f(x+1)=0$
③ $f(2x-1)=0$　④ $f(2x+2)=0$
⑤ $f(x^2-5)=0$

## 서술형 주관식

**0474**

이차방정식 $x^2+(a+k)x+(k-1)b=0$이 실수 $k$의 값에 관계없이 $x=2$를 근으로 가질 때, 실수 $a$, $b$에 대하여 $ab$의 값을 구하시오.

**0475**

$x$에 대한 이차방정식 $(a-c)x^2+2bx+a+c=0$이 중근을 가질 때, $a$, $b$, $c$를 세 변의 길이로 하는 삼각형의 넓이를 구하시오.

**0476**

이차방정식 $x^2+ax+b=0$의 두 근이 $1$, $\alpha$이고, 이차방정식 $x^2+bx+a=0$의 두 근이 $-3$, $\beta$일 때, $\alpha$, $\beta$를 두 근으로 하고 $x^2$의 계수가 1인 이차방정식을 구하시오.

(단, $a$, $b$는 실수이다.)

**0477**

이차방정식 $5x^2+ax+b=0$의 한 근이 $\frac{1}{1+2i}$일 때, 실수 $a$, $b$에 대하여 $a+b$의 값을 구하시오.

## 실력 up

**0478**

이차방정식 $x^2-ax+2=0$의 서로 다른 두 실근을 $\alpha$, $\beta$라 할 때, 옳은 것만을 **보기**에서 있는 대로 고르시오.

(단, $a$는 실수이다.)

**보기**

ㄱ. $\alpha^2+\beta^2>4$

ㄴ. $|\alpha+\beta|=|\alpha|+|\beta|$

ㄷ. $a>4$이면 $0<\beta<\frac{1}{2}$이다.

**0479**

이차방정식 $x^2+x+1=0$의 두 근을 $\alpha$, $\beta$라 할 때, $x^2$의 계수가 1인 이차함수 $f(x)$에 대하여

$f(\alpha^2)=3\alpha$, $f(\beta^2)=3\beta$

가 성립한다. 이때 $f(-1)$의 값을 구하시오.

**0480**

이차방정식 $x^2-5x+5=0$의 두 실근을 $\alpha$, $\beta$ $(\alpha<\beta)$라 하자. 오른쪽 그림과 같이 $\overline{AB}=\alpha$, $\overline{BC}=\beta$인 직각삼각형 ABC에 내접하는 정사각형의 넓이와 둘레의 길이를 두 근으로 하는 $x$에 대한 이차방정식이 $x^2+mx+n=0$일 때, 두 상수 $m$, $n$에 대하여 $m+n$의 값을 구하시오.

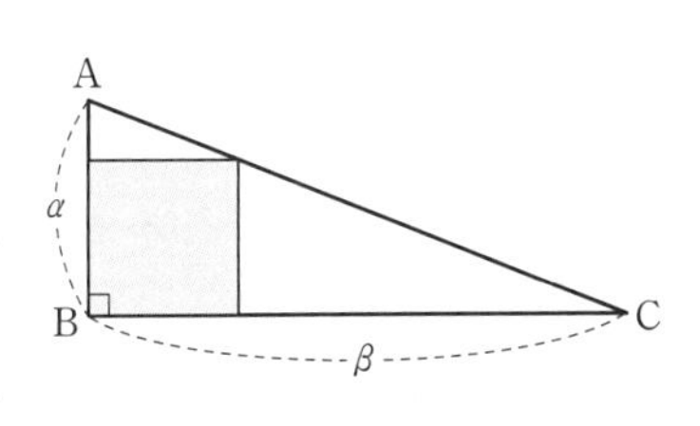


(단, 정사각형의 두 변은 $\overline{AB}$와 $\overline{BC}$ 위에 있다.)

05 이차방정식

# 06 이차방정식과 이차함수

**개념 플러스**

## 06 | 1 이차함수의 그래프와 이차방정식의 관계

유형 01, 03

### 1 이차함수의 그래프와 이차방정식의 해

이차함수 $y=ax^2+bx+c$의 그래프와 $x$축의 교점의 $x$좌표는 이차방정식 $ax^2+bx+c=0$의 실근과 같다.

### 2 이차함수의 그래프와 $x$축의 위치 관계

이차함수 $y=ax^2+bx+c$의 그래프와 $x$축의 위치 관계는 이차방정식 $ax^2+bx+c=0$의 판별식 $D$의 부호에 따라 다음과 같다.

| $ax^2+bx+c=0$의 판별식 $D$ | $D>0$ | $D=0$ | $D<0$ |
|---|---|---|---|
| $ax^2+bx+c=0$의 해 | 서로 다른 두 실근 | 중근 | 서로 다른 두 허근 |
| $y=ax^2+bx+c$의 그래프와 $x$축의 위치 관계 | 서로 다른 두 점에서 만난다. | 한 점에서 만난다. (접한다.) | 만나지 않는다. |
| $y=ax^2+bx+c$ $(a>0)$의 그래프 | $x$ | $x$ | $x$ |

- 이차함수 $y=ax^2+bx+c$의 그래프와 $x$축의 교점의 개수는 이차방정식 $ax^2+bx+c=0$의 서로 다른 실근의 개수와 같다.
- $D\geq0$이면 이차함수의 그래프가 $x$축과 만난다.

## 06 | 2 이차함수의 그래프와 직선의 위치 관계

유형 02, 04, 05

### 1 이차함수의 그래프와 직선의 교점

이차함수 $y=ax^2+bx+c$의 그래프와 직선 $y=mx+n$의 교점의 $x$좌표는 이차방정식 $ax^2+bx+c=mx+n$의 실근과 같다.

### 2 이차함수의 그래프와 직선의 위치 관계

이차함수 $y=ax^2+bx+c$의 그래프와 직선 $y=mx+n$의 위치 관계는 이차방정식 $ax^2+bx+c=mx+n$, 즉 $ax^2+(b-m)x+c-n=0$의 판별식 $D$의 부호에 따라 다음과 같다.

(1) $D>0$ ⇨ 서로 다른 두 점에서 만난다.

(2) $D=0$ ⇨ 한 점에서 만난다. (접한다.)

(3) $D<0$ ⇨ 만나지 않는다.

$a>0,\ m>0$

$y=ax^2+bx+c$

$D>0$

$D=0$

$D<0$

$y=mx+n$

- 두 함수 $y=f(x)$, $y=g(x)$의 그래프의 교점의 개수는 방정식 $f(x)=g(x)$의 서로 다른 실근의 개수와 같다.

## 06 | 3 이차함수의 최대·최소

유형 06~11

$x$의 값의 범위가 $\alpha\leq x\leq\beta$인 이차함수 $f(x)=a(x-p)^2+q$에서

(1) $\alpha\leq p\leq\beta$이면 $f(p)$, $f(\alpha)$, $f(\beta)$ 중 가장 큰 값이 최댓값, 가장 작은 값이 최솟값이다.

(2) $p<\alpha$ 또는 $p>\beta$이면 $f(\alpha)$, $f(\beta)$ 중 큰 값이 최댓값, 작은 값이 최솟값이다.

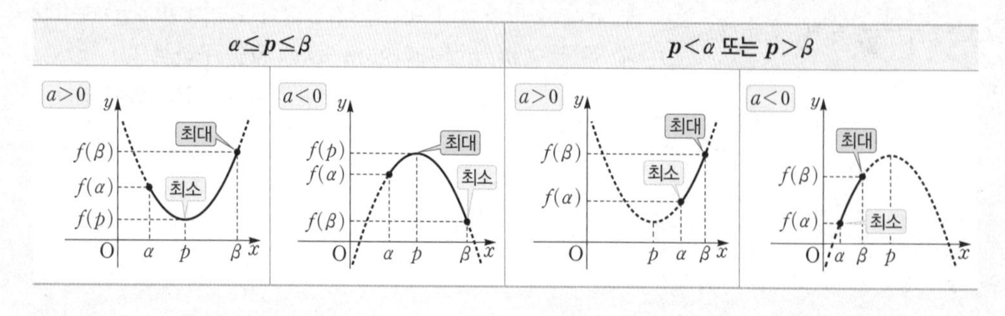


- 이차함수 $y=ax^2+bx+c$의 최댓값과 최솟값은 이차함수의 식을 $y=a(x-p)^2+q$의 꼴로 변형하여 구한다.
- 꼭짓점의 $x$좌표가 $x$의 값의 범위에 속하지 않으면 $x$의 값의 양 끝 값에서 최댓값과 최솟값을 갖는다.

# 교과서 문제 정복하기

## 06 1 이차함수의 그래프와 이차방정식의 관계

[0481 ~ 0482] 다음 이차함수의 그래프와 $x$축의 교점의 $x$좌표를 구하시오.

**0481** $y=3x^2-6x$

**0482** $y=-x^2+4x-3$

[0483 ~ 0485] 다음 이차함수의 그래프와 $x$축의 교점의 개수를 구하시오.

**0483** $y=2x^2-7x+4$

**0484** $y=x^2+3x+5$

**0485** $y=-x^2+2x-1$

**0486** 이차함수 $y=x^2-4x+k$의 그래프와 $x$축의 위치 관계가 다음과 같을 때, 실수 $k$의 값 또는 값의 범위를 구하시오.

(1) 서로 다른 두 점에서 만난다.
(2) 한 점에서 만난다.
(3) 만나지 않는다.

**0487** 이차함수 $y=x^2+6x+k$의 그래프가 $x$축과 만나도록 하는 실수 $k$의 값의 범위를 구하시오.

## 06 2 이차함수의 그래프와 직선의 위치 관계

[0488 ~ 0489] 다음 이차함수의 그래프와 직선의 교점의 $x$좌표를 구하시오.

**0488** $y=x^2+2x+2$, $y=-2x-1$

**0489** $y=-x^2+6x-9$, $y=2x-5$

[0490 ~ 0492] 다음 이차함수의 그래프와 직선의 위치 관계를 말하시오.

**0490** $y=x^2-3x-2$, $y=x-7$

**0491** $y=x^2+2x-1$, $y=-3x+5$

**0492** $y=-x^2-2x+1$, $y=2x+5$

**0493** 이차함수 $y=x^2-4x+1$의 그래프와 직선 $y=2x+k$의 위치 관계가 다음과 같을 때, 실수 $k$의 값 또는 값의 범위를 구하시오.

(1) 서로 다른 두 점에서 만난다.
(2) 한 점에서 만난다.
(3) 만나지 않는다.

**0494** 이차함수 $y=-2x^2+x-1$의 그래프와 직선 $y=4x+k$가 만나도록 하는 실수 $k$의 값의 범위를 구하시오.

## 06 3 이차함수의 최대·최소

[0495 ~ 0496] 다음 주어진 $x$의 값의 범위에서 이차함수 $f(x)$의 최댓값과 최솟값을 구하시오.

**0495** $f(x)=-x^2+1 \quad (-1\le x\le 2)$

**0496** $f(x)=2(x+1)^2-1 \quad (-2\le x\le 1)$

[0497 ~ 0499] 다음 주어진 $x$의 값의 범위에서 이차함수 $f(x)$의 최댓값과 최솟값을 구하시오.

**0497** $f(x)=x^2-2x+3 \quad (0\le x\le 3)$

**0498** $f(x)=2x^2+4x-7 \quad (0\le x\le 2)$

**0499** $f(x)=-\frac{1}{2}x^2+x+10 \quad (-4\le x\le -1)$

# 유형 익히기

▸ 개념원리 공통수학1 139쪽

## 유형 01 이차함수의 그래프와 $x$축의 교점

이차함수 $y=ax^2+bx+c$의 그래프와 $x$축의 교점의 $x$좌표는 이차방정식 $ax^2+bx+c=0$의 실근과 같다.

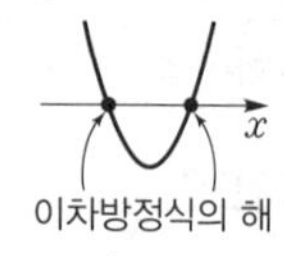


**0500** 대표문제

이차함수 $y=2x^2+ax+b$의 그래프가 $x$축과 두 점 $(-3, 0)$, $(2, 0)$에서 만날 때, 상수 $a$, $b$에 대하여 $a+b$의 값은?

① $-10$ ② $-8$ ③ $-6$
④ $-4$ ⑤ $-2$

**0501** 상중하

이차함수 $y=-5x^2+15x+25$의 그래프와 $x$축의 교점의 $x$좌표를 $\alpha$, $\beta$라 할 때, $\alpha^3+\beta^3$의 값을 구하시오.

**0502** 상중하

이차함수 $y=x^2-ax+b$의 그래프와 $x$축의 교점의 $x$좌표가 2, 3일 때, 이차함수 $y=x^2-bx+a$의 그래프가 $x$축과 만나는 두 점 사이의 거리를 구하시오. (단, $a$, $b$는 상수이다.)

**0503** 상중하

이차함수 $y=x^2-6x+a$의 그래프는 $x$축과 두 점 A, B에서 만난다. $\overline{AB}=8$일 때, 상수 $a$의 값을 구하시오.

▸ 개념원리 공통수학1 141쪽

## 유형 02 이차함수의 그래프와 직선의 교점

이차함수 $y=f(x)$의 그래프와 직선 $y=g(x)$의 교점의 $x$좌표가 $\alpha$, $\beta$이다.
➡ 이차방정식 $f(x)=g(x)$의 두 실근이 $\alpha$, $\beta$이다.

**0504** 대표문제

이차함수 $y=-x^2+ax$의 그래프와 직선 $y=x-b$가 서로 다른 두 점에서 만난다. 두 교점의 $x$좌표가 $-1$, 5일 때, 상수 $a$, $b$에 대하여 $ab$의 값은?

① $-25$ ② $-5$ ③ 1
④ 5 ⑤ 25

**0505** 상중하

오른쪽 그림과 같이 이차함수 $y=x^2-1$의 그래프와 직선 $y=ax+b$가 서로 다른 두 점 P, Q에서 만난다. 점 P의 $x$좌표가 $1+\sqrt{3}$일 때, 유리수 $a$, $b$에 대하여 $a+b$의 값은?

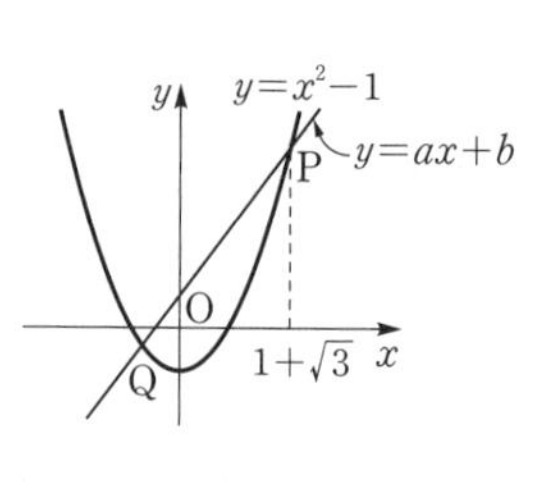


① 1 ② 2 ③ 3
④ 4 ⑤ 5

**0506** 상중하

이차함수 $y=2x^2+3x+1$의 그래프와 직선 $y=5x+k$가 서로 다른 두 점 A, B에서 만난다. 점 A의 $x$좌표가 $-2$일 때, 점 B의 좌표를 구하시오. (단, $k$는 상수이다.)

정답 및 풀이 056쪽

중요
▸ 개념원리 공통수학1 140쪽

## 유형 03 이차함수의 그래프와 $x$축의 위치 관계

이차함수 $y=ax^2+bx+c$의 그래프와 $x$축의 위치 관계는 이차방정식 $ax^2+bx+c=0$의 판별식을 $D$라 할 때

(1) $D>0$ ➡ 서로 다른 두 점에서 만난다.

(2) $D=0$ ➡ 한 점에서 만난다. (접한다.)

(3) $D<0$ ➡ 만나지 않는다.

**0507** 대표문제

이차함수 $y=x^2-2kx+k^2-2k+4$의 그래프가 $x$축과 서로 다른 두 점에서 만나도록 하는 정수 $k$의 최솟값은?

① $-2$　② $-1$　③ $2$
④ $3$　⑤ $4$

**0508** 상중하

이차함수 $y=x^2+2ax-b^2+15$의 그래프가 $x$축과 만나지 않을 때, 자연수 $a$, $b$의 순서쌍 $(a, b)$의 개수를 구하시오.

**0509** 상중하 서술형

이차함수 $y=\frac{1}{2}kx^2-x-k+\frac{3}{2}$의 그래프는 $x$축과 한 점에서 만나고, 이차함수 $y=-x^2+3x+k-3$의 그래프는 $x$축과 만나지 않도록 하는 실수 $k$의 값을 구하시오.

**0510** 상중하

이차함수 $y=x^2+2ax+ak+k+b$의 그래프가 실수 $k$의 값에 관계없이 항상 $x$축에 접할 때, 실수 $a$, $b$에 대하여 $a+b$의 값을 구하시오.

중요
▸ 개념원리 공통수학1 142쪽

## 유형 04 이차함수의 그래프와 직선의 위치 관계

이차함수 $y=f(x)$의 그래프와 직선 $y=g(x)$의 위치 관계는 이차방정식 $f(x)=g(x)$, 즉 $f(x)-g(x)=0$의 판별식을 $D$라 할 때

(1) $D>0$ ➡ 서로 다른 두 점에서 만난다.

(2) $D=0$ ➡ 한 점에서 만난다. (접한다.)

(3) $D<0$ ➡ 만나지 않는다.

**0511** 대표문제

이차함수 $y=3x^2-2x$의 그래프와 직선 $y=2x-a$가 서로 다른 두 점에서 만나도록 하는 자연수 $a$의 개수를 구하시오.

**0512** 상중하

이차함수 $y=2x^2$의 그래프와 직선 $y=kx-8$이 접하도록 하는 양수 $k$의 값을 구하시오.

**0513** 상중하

이차함수 $y=x^2+2ax+a^2$의 그래프와 직선 $y=2x+1$이 적어도 한 점에서 만나도록 하는 실수 $a$의 최댓값을 구하시오.

**0514** 상중하

이차함수 $y=(k-3)x^2+3kx+5$의 그래프와 직선 $y=k(x-1)-2$가 만나지 않도록 하는 실수 $k$의 값의 범위가 $k>a$일 때, 상수 $a$의 값을 구하시오.

▸ 개념원리 공통수학1 142쪽

## 유형 05 이차함수의 그래프의 접선의 방정식

이차함수 $y=f(x)$의 그래프의 접선의 방정식은 다음과 같은 순서로 구한다.
(i) 주어진 조건을 이용하여 직선의 방정식을 $y=g(x)$로 놓는다.
(ii) 이차방정식 $f(x)=g(x)$, 즉 $f(x)-g(x)=0$의 판별식 $D$가 $D=0$임을 이용한다.

**0515** 대표문제

이차함수 $y=-x^2+2$의 그래프에 접하고 직선 $y=2x+8$에 평행한 직선의 방정식이 $y=ax+b$일 때, 상수 $a$, $b$에 대하여 $a+b$의 값은?

① 1 ② 2 ③ 3
④ 4 ⑤ 5

**0516** 상중하

직선 $y=-2x+1$을 $y$축의 방향으로 $2k$만큼 평행이동하였더니 이차함수 $y=x^2-4x$의 그래프에 접하였다. 이때 실수 $k$의 값을 구하시오.

**0517** 상중하

점 $(3, 2)$를 지나고 이차함수 $y=-x^2-2x+8$의 그래프에 접하는 두 직선의 기울기의 곱을 구하시오.

**0518** 상중하

실수 $a$의 값에 관계없이 이차함수 $y=x^2-2ax+a^2+2$의 그래프에 항상 접하는 직선의 방정식을 구하시오.

▸ 개념원리 공통수학1 148쪽

## 중요 유형 06 제한된 범위에서 이차함수의 최대·최소

$\alpha\le x\le\beta$에서 이차함수 $f(x)=a(x-p)^2+q$의 최댓값, 최솟값은
(1) $\alpha\le p\le\beta$일 때 ← 꼭짓점의 $x$좌표가 제한된 범위에 포함될 때
➡ $f(p)$, $f(\alpha)$, $f(\beta)$ 중 가장 큰 값이 최댓값, 가장 작은 값이 최솟값이다.
(2) $p<\alpha$ 또는 $p>\beta$일 때 ← 꼭짓점의 $x$좌표가 제한된 범위에 포함되지 않을 때
➡ $f(\alpha)$, $f(\beta)$ 중 큰 값이 최댓값, 작은 값이 최솟값이다.

**0519** 대표문제

이차함수 $f(x)=2x^2-8x+5$에 대하여 $-2\le x\le 1$에서의 최솟값을 $p$, $1\le x\le 4$에서의 최솟값을 $q$, $4\le x\le 7$에서의 최솟값을 $r$라 할 때, $p+q+r$의 값을 구하시오.

**0520** 상중하

다음 이차함수 중 $-1\le x\le 1$에서의 최댓값이 가장 큰 것은?

① $y=-3(x-2)^2$ ② $y=-2(x+1)^2+3$
③ $y=-4x^2+1$ ④ $y=-x^2+2x+4$
⑤ $y=-2x^2-6x$

**0521** 상중하 서술형

이차함수 $f(x)=-\frac{1}{2}x^2+kx+4$에 대하여 $y=f(x)$의 그래프가 점 $(2, 10)$을 지날 때, $2\le x\le 5$에서 이 이차함수의 최댓값과 최솟값의 곱을 구하시오. (단, $k$는 상수이다.)

**0522** 상중하

이차함수 $y=x^2-4ax+16a-5$의 최솟값을 $f(a)$라 하자. $0\le a\le 3$에서 $f(a)$의 최댓값을 $M$, 최솟값을 $m$이라 할 때, $M-m$의 값을 구하시오.

정답 및 풀이 058쪽

중요

▸ 개념원리 공통수학1 148쪽

## 유형 07 최댓값 또는 최솟값이 주어질 때 미지수의 값 구하기

제한된 범위에서 이차함수 $y=ax^2+bx+c$의 최댓값 또는 최솟값이 주어지면 이차함수의 식을 $y=a(x-p)^2+q$의 꼴로 변형한 후 이 범위에서 최댓값 또는 최솟값을 구하여 주어진 값과 비교한다.

**0523** 대표문제

$-4\le x\le 2$에서 이차함수 $f(x)=-\frac{1}{2}x^2-2x+k$의 최댓값이 3일 때, $f(x)$의 최솟값을 구하시오. (단, $k$는 상수이다.)

**0524** 상중하

$-1\le x\le 2$에서 이차함수 $y=ax^2-4ax+b$의 최댓값이 7, 최솟값이 1일 때, 상수 $a$, $b$에 대하여 $a-b$의 값을 구하시오. (단, $a>0$)

**0525** 상중하

$0\le x\le a$에서 이차함수 $y=x^2-4x+5$의 최솟값이 2일 때, 상수 $a$의 값을 구하시오.

**0526** 상중하

$x\ge 2$에서 이차함수 $y=-x^2+2kx$의 최댓값이 16일 때, 실수 $k$의 값을 구하시오.

▸ 개념원리 공통수학1 149쪽

## 유형 08 공통부분이 있는 함수의 최대·최소

공통부분이 있는 함수의 최댓값, 최솟값은 다음과 같은 순서로 구한다.

(i) 공통부분을 $t$로 치환한 후 $t$의 값의 범위를 구한다.

(ii) (i)의 범위에서 $t$에 대한 함수의 최댓값 또는 최솟값을 구한다.

**0527** 대표문제

$-1\le x\le 1$에서 함수 $y=(x^2+2x)^2-4(x^2+2x)+3$의 최댓값을 구하시오.

**0528** 상중하

함수 $y=-2(x^2-4x+6)^2+12(x^2-4x+6)+k$의 최댓값이 3일 때, 상수 $k$의 값은?

① $-15$ ② $-17$ ③ $-19$ ④ $-21$ ⑤ $-23$

**0529** 상중하

$-2\le x\le 1$에서 함수 $y=(x^2+2x-1)^2+2(x^2+2x)-3$의 최댓값을 $M$, 최솟값을 $m$이라 할 때, $M+m$의 값을 구하시오.

**0530** 상중하

함수 $y=-(x^2-2x+3)^2+2(x^2-2x)+1$이 $x=a$에서 최댓값 $b$를 갖는다. 이때 상수 $a$, $b$에 대하여 $a+b$의 값을 구하시오.

▸ 개념원리 공통수학1 151쪽

## 유형 09 완전제곱식을 이용한 이차식의 최대·최소

$x$, $y$가 실수일 때,

$a(x-m)^2+b(y-n)^2+k$ ($a$, $b$, $m$, $n$, $k$는 실수)

의 꼴로 변형한 후 $(x-m)^2\geq 0$, $(y-n)^2\geq 0$임을 이용한다.

**0531** 대표문제

$x$, $y$가 실수일 때, $2x^2-12x+y^2+4y+18$의 최솟값은?

① $-5$ ② $-4$ ③ $-3$
④ $-2$ ⑤ $-1$

**0532** 상중하 서술형

실수 $x$, $y$에 대하여 $-x^2-y^2-2x+4y+10$은 $x=a$, $y=b$일 때 최댓값 $c$를 갖는다. 이때 상수 $a$, $b$, $c$에 대하여 $a+b+c$의 값을 구하시오.

**0533** 상중하

$x$, $y$, $z$가 실수일 때, $x^2+4y^2+\frac{1}{2}z^2-2x+4y+2z+5$의 최솟값은?

① 1 ② 3 ③ 5
④ 7 ⑤ 9

▸ 개념원리 공통수학1 151쪽

## 유형 10 조건이 주어진 이차식의 최대·최소

주어진 등식을 만족시키는 이차식의 최댓값, 최솟값은 다음과 같은 순서로 구한다.

(i) 주어진 조건식을 한 문자에 대하여 정리한다.

(ii) (i)의 식을 이차식에 대입하여 한 문자에 대한 이차식으로 나타낸다.

(iii) (ii)의 식에서 최댓값 또는 최솟값을 구한다.

**0534** 대표문제

$x+y+3=0$을 만족시키는 실수 $x$, $y$에 대하여 $x^2+2y^2$의 최댓값과 최솟값의 합을 구하시오. (단, $-3\leq x\leq 0$)

**0535** 상중하

양수 $x$, $y$에 대하여 $x+y=1$일 때, $2x^2+y^2$의 최솟값을 구하시오.

**0536** 상중하

실수 $x$, $y$에 대하여 $2x+y=4$이다. $-4\leq x\leq 3$일 때, $xy$의 최댓값과 최솟값의 차를 구하시오.

**0537** 상중하

$x$에 대한 이차방정식 $x^2-2ax-4a^2=0$의 두 실근을 $\alpha$, $\beta$라 할 때, $(\alpha+1)(\beta+1)$의 최솟값을 구하시오. (단, $0<a\leq 1$)

▸ 개념원리 공통수학1 150쪽

## 유형UP 11 이차함수의 최대·최소의 활용

이차함수의 최대, 최소의 활용 문제는 다음과 같은 순서로 푼다.
(i) 주어진 조건을 이용하여 한 문자에 대한 이차식을 세우고, 문자의 값의 범위를 구한다.
(ii) (i)의 범위에서 최댓값 또는 최솟값을 구한다.

### 0538 대표문제

오른쪽 그림의 직사각형 ABCD에서 두 점 A, B는 $x$축 위에 있고, 두 점 C, D는 이차함수 $y=-x^2+9$의 그래프 위에 있다. 이때 직사각형 ABCD의 둘레의 길이의 최댓값을 구하시오.

(단, 점 C는 제1시분면 위의 점이다.)

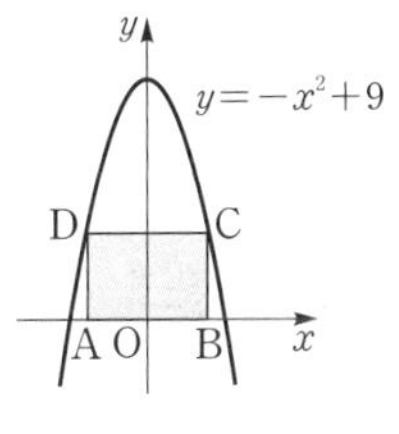


### 0539 상중하

지면으로부터 18 m의 높이에서 초속 30 m로 똑바로 위로 쏘아 올린 공의 $t$초 후의 지면으로부터의 높이를 $h(t)$ m라 하면 $h(t)=-5t^2+30t+18$이다. 이 공이 가장 높이 올라갔을 때의 지면으로부터의 높이를 구하시오.

(단, 공의 크기는 생각하지 않는다.)

### 0540 상중하 서술형

한 변의 길이가 10 cm인 정사각형 모양의 철판의 양쪽을 구부려서 오른쪽 그림과 같이 단면의 모양이 직사각형인 물받이를 만들려고 한다. 색칠한 단면의 최대 넓이를 $S$ cm$^2$, 그때의 물받이의 높이를 $h$ cm라 할 때, $S+h$의 값을 구하시오.

(단, 철판의 두께는 생각하지 않는다.)

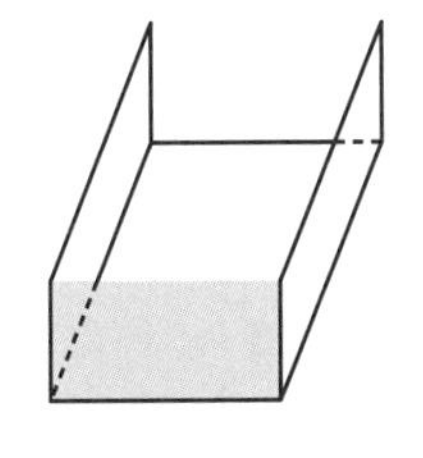

### 0541 상중하

오른쪽 그림과 같이 길이가 120 m인 철망을 이용하여 담장 옆에 칸막이가 있는 직사각형 모양의 우리를 만들려고 한다. 담장에는 철망을 사용하지 않을 때, 전체 우리의 최대 넓이를 구하시오. (단, 철망의 누께는 생각하지 않는다.)

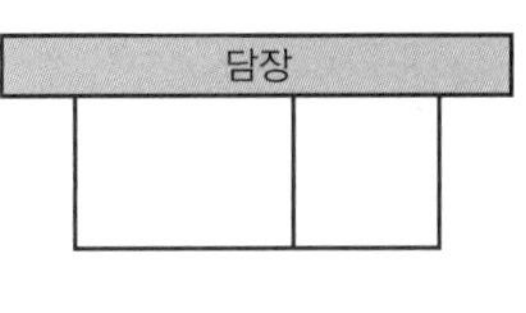


### 0542 상중하

오른쪽 그림과 같이 밑변의 길이가 10 m, 높이가 8 m인 삼각형 모양의 땅에 내접하는 직사각형 모양의 밭을 만들려고 한다. 밭의 넓이가 최대일 때의 밭의 둘레의 길이를 구하시오.

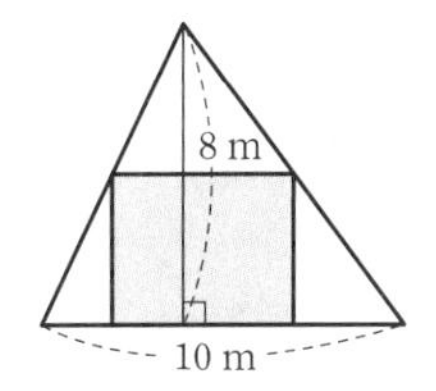


### 0543 상중하

어느 여행사의 A 패키지 상품은 최대 45명까지 예약자를 받고 예약자 수에 따라 상품 가격이 정해진다. 예약자가 30명 이하인 경우 상품 가격은 50000원이고 30명에서 1명씩 증가할 때마다 상품 가격은 1000원씩 할인되고, 예약 신청이 완료되면 상품 가격이 확정된다고 한다. A 패키지 상품의 총판매 금액이 최대가 되려면 예약자는 몇 명이어야 하는지 구하시오.

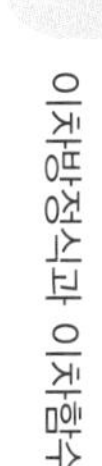

## 시험에 꼭 나오는 문제

### 0544

이차함수 $y=x^2-2kx+k$의 그래프가 $x$축과 만나는 두 점 사이의 거리가 $2\sqrt{2}$일 때, 양수 $k$의 값은?

① 1　② 2　③ 3　④ 4　⑤ 5

### 0545

오른쪽 그림과 같이 이차함수 $y=f(x)$의 그래프와 $x$축의 교점의 $x$좌표 $\alpha$, $\beta$에 대하여 $\alpha+\beta=-3$일 때, 이차방정식 $f(x+5)=0$의 두 근의 합을 구하시오.

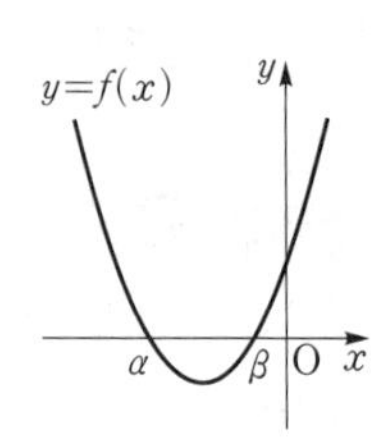


### 0546

이차함수 $y=-x^2+14x-4$의 그래프와 직선 $y=ax-10$이 서로 다른 두 점 $(x_1, y_1)$, $(x_2, y_2)$에서 만난다. $x_1+x_2=4$일 때, 상수 $a$의 값을 구하시오.

### 0547

이차함수 $y=3x^2-ax+1$의 그래프와 직선 $y=2x-b$의 두 교점의 $x$좌표가 $-2$, $3$일 때, 상수 $a$, $b$에 대하여 $a+b$의 값은?

① $-24$　② $-18$　③ $-12$　④ $12$　⑤ $18$

### 0548

이차함수 $y=-x^2+4x+2-k$의 그래프가 $x$축과 서로 다른 두 점에서 만나도록 하는 정수 $k$의 최댓값을 구하시오.

### 0549 중요★

이차함수 $y=x^2-2(a+m)x+m^2-4m+b$의 그래프가 실수 $m$의 값에 관계없이 항상 $x$축에 접할 때, 실수 $a$, $b$에 대하여 $ab$의 값은?

① $-10$　② $-8$　③ $-6$　④ $-4$　⑤ $-2$

### 0550 교육청 기출

두 상수 $a$, $b$에 대하여 이차함수 $y=x^2+ax+b$의 그래프가 점 $(1, 0)$에서 $x$축과 접할 때, 이차함수 $y=x^2+bx+a$의 그래프가 $x$축과 만나는 두 점 사이의 거리는?

① 1　② 2　③ 3　④ 4　⑤ 5

### 0551

이차함수 $y=-x^2-2kx+1$의 그래프가 직선 $y=2x+k^2$보다 항상 아래쪽에 있도록 하는 정수 $k$의 최댓값을 구하시오.

## 0552

이차함수 $y=x^2-2ax+4b$의 그래프가 $x$축과 직선 $y=-2x-4$에 동시에 접할 때, 실수 $a$, $b$에 대하여 $\frac{a}{b}$의 값을 구하시오.

## 0553

이차함수 $y=x^2-3x+a$의 그래프와 직선 $y=bx+c$가 점 $(2, 3)$에서 접할 때, 상수 $a$, $b$, $c$에 대하여 $a+b+c$의 값을 구하시오.

## 0554

이차함수 $f(x)=2x^2+ax+b$에 대하여 $y=f(x)$의 그래프는 $x$축과 두 점 $(-5, 0)$, $(2, 0)$에서 만난다. $-1\le x\le 2$에서 $f(x)$의 최솟값을 $m$이라 할 때, $a+b-m$의 값을 구하시오. (단, $a$, $b$는 상수이다.)

## 0555 중요★

이차함수 $y=\frac{1}{2}x^2+ax-4$의 최솟값이 $-6$일 때, $-1\le x\le 1$에서 이차함수 $y=-x^2+2ax+3$의 최댓값과 최솟값의 합을 구하시오. (단, $a>0$)

## 0556

$a-5\le x\le a+1$에서 이차함수 $y=x^2-2ax+1$의 최댓값이 $-10$일 때, 양수 $a$의 값은?

① 4　② 5　③ 6
④ 7　⑤ 8

## 0557

이차함수 $f(x)=x^2+ax+b$가 다음 조건을 만족시킬 때, 실수 $a$, $b$에 대하여 $a+b$의 값을 구하시오.

> (가) $f(-2)=f(4)$
> (나) $-3\le x\le 3$에서 $f(x)$의 최댓값은 20이다.

## 0558

제1사분면 위의 점 $\mathrm{P}(a, b)$가 직선 $x-3y+4=0$ 위를 움직일 때, $a^2-b^2$의 최솟값을 구하시오.

## 0559

어느 꽃 가게에서 장미 한 송이의 가격을 2000원으로 하면 하루에 300송이가 팔리고, 장미 한 송이의 가격을 $10x$원 올리면 장미의 하루 판매량이 $x$송이 줄어든다고 한다. 이 꽃 가게의 장미의 하루 판매 금액이 최대일 때, 장미 한 송이의 가격은?

① 2100원　② 2200원　③ 2300원
④ 2400원　⑤ 2500원

정답 및 풀이 064쪽

서술형 주관식

**0560**

이차함수 $y=x^2+ax+b$의 그래프와 직선 $y=3x-2$가 서로 다른 두 점에서 만나고 이 중 한 교점의 $x$좌표가 $2-\sqrt{3}$일 때, 유리수 $a$, $b$에 대하여 $ab$의 값을 구하시오.

**0561**

이차함수 $f(x)=x^2+ax+b$에 대하여 $y=f(x)$의 그래프가 $x$축과 접할 때, $0\le x\le a$에서 $f(x)$의 최댓값을 $b$에 대한 식으로 나타내시오. (단, $a>0$)

**0562**

$-1\le x\le 3$에서 함수

$$y=(x^2-4x+1)^2-2(x^2-4x-1)^2+5$$

의 최댓값을 $M$, 최솟값을 $m$이라 할 때, $M+m$의 값을 구하시오.

**0563**

오른쪽 그림과 같이 이차함수 $y=(x-3)^2$의 그래프 위의 한 점 A에서 $x$축, $y$축에 내린 수선의 발을 각각 B, C라 할 때, 직사각형 OBAC의 둘레의 길이의 최솟값을 구하시오.

(단, O는 원점이고, $0<\overline{\text{OB}}<3$이다.)

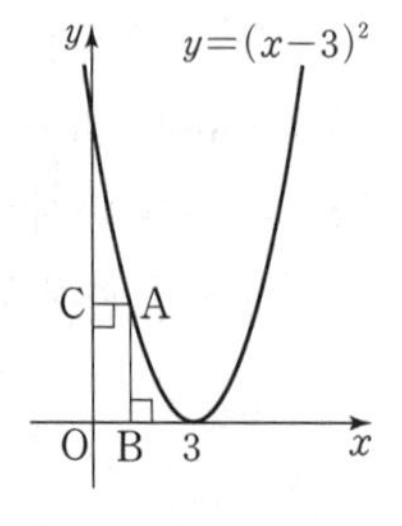


실력 Up

**0564**

주사위를 두 번 던질 때, 첫 번째 나온 눈의 수를 $a$, 두 번째 나온 눈의 수를 $b$라 하자. 이때 이차함수 $y=(x+a)(x+b)+1$의 그래프가 $x$축과 만나지 않을 확률을 구하시오.

**0565**

자연수 $n$에 대하여 $n-1\le x\le n+1$에서 이차함수 $y=x^2-8x+10$의 최솟값을 $f(n)$이라 할 때, $f(2)+f(3)+f(4)+f(5)+f(6)$의 값은?

① $-32$　② $-30$　③ $-28$　④ $-26$　⑤ $-24$

**0566**

$-2\le x\le 3$에서 함수 $y=x^2-2|x|+k$의 최댓값이 6일 때, 최솟값을 구하시오. (단, $k$는 상수이다.)

어디선가
바람이 불어와
나에게 말해
"기억해,
그 또한 지나갈 거야
때가 되면,
다 지나갈 거야
참을 수 있으면
최대한 참고 버텨"

# 07 여러 가지 방정식

개념 플러스

## 07 1 삼차방정식과 사차방정식

유형 01~05, 09

### 1 삼차방정식과 사차방정식

다항식 $f(x)$가 $x$에 대한 삼차식, 사차식일 때, 방정식 $f(x)=0$을 각각 $x$에 대한 **삼차방정식**, **사차방정식**이라 한다.

- 계수가 실수인 삼차방정식과 사차방정식은 복소수의 범위에서 각각 3개, 4개의 근을 갖는다.

### 2 삼차방정식과 사차방정식의 풀이

방정식 $f(x)=0$은 $f(x)$를 인수분해한 후 다음 성질을 이용하여 푼다.

$ABC=0$이면 $A=0$ 또는 $B=0$ 또는 $C=0$

$ABCD=0$이면 $A=0$ 또는 $B=0$ 또는 $C=0$ 또는 $D=0$

(1) 인수분해 공식을 이용한 풀이

인수분해 공식을 이용하여 다항식 $f(x)$를 인수분해한다.

(2) 인수정리를 이용한 풀이

다항식 $f(x)$에 대하여 $f(\alpha)=0$이면

$f(x)=(x-\alpha)Q(x)$

임을 이용하여 $f(x)$를 인수분해한다.

참고 $Q(x)$는 조립제법을 이용하여 구할 수 있다.

- $f(\alpha)=0$을 만족시키는 $\alpha$의 값은 $\pm\dfrac{(f(x)\text{의 상수항의 약수})}{(f(x)\text{의 최고차항의 계수의 약수})}$ 중에서 찾을 수 있다.

(3) 치환을 이용한 풀이

방정식에 공통부분이 있으면 공통부분을 한 문자로 치환하여 그 문자에 대한 방정식으로 변형한 후 인수분해한다.

(4) $x^4+ax^2+b=0$의 꼴의 풀이

① $x^2=t$로 치환한 후 좌변을 인수분해한다.

② 이차항 $ax^2$을 분리하여 $A^2-B^2=0$의 꼴로 변형한 후 좌변을 인수분해한다.

- **복이차방정식**
방정식의 모든 항을 좌변으로 이항하였을 때, $x^4+ax^2+b=0$ ($a$, $b$는 상수)과 같이 차수가 짝수인 항과 상수항만으로 이루어진 방정식

## 07 2 삼차방정식의 근과 계수의 관계

유형 06, 07

### 1 삼차방정식의 근과 계수의 관계

삼차방정식 $ax^3+bx^2+cx+d=0$의 세 근을 $\alpha$, $\beta$, $\gamma$라 하면

$$\alpha+\beta+\gamma=-\frac{b}{a},\ \alpha\beta+\beta\gamma+\gamma\alpha=\frac{c}{a},\ \alpha\beta\gamma=-\frac{d}{a}$$

예 $x^3-3x^2-x+5=0$의 세 근을 $\alpha$, $\beta$, $\gamma$라 하면

$$\alpha+\beta+\gamma=-\frac{-3}{1}=3,\ \alpha\beta+\beta\gamma+\gamma\alpha=\frac{-1}{1}=-1,\ \alpha\beta\gamma=-\frac{5}{1}=-5$$

### 2 세 수를 근으로 하는 삼차방정식

세 수 $\alpha$, $\beta$, $\gamma$를 근으로 하고 $x^3$의 계수가 1인 삼차방정식은

$(x-\alpha)(x-\beta)(x-\gamma)=0$, 즉

$$x^3-\underbrace{(\alpha+\beta+\gamma)}_{\text{세 근의 합}}x^2+\underbrace{(\alpha\beta+\beta\gamma+\gamma\alpha)}_{\text{두 근끼리의 곱의 합}}x-\underbrace{\alpha\beta\gamma}_{\text{세 근의 곱}}=0$$

예 세 수 $-1$, 2, 4를 근으로 하고 $x^3$의 계수가 1인 삼차방정식은

$x^3-(-1+2+4)x^2+\{-1\times2+2\times4+4\times(-1)\}x-(-1)\times2\times4=0$

$\therefore x^3-5x^2+2x+8=0$

- 세 수 $\alpha$, $\beta$, $\gamma$를 근으로 하고 $x^3$의 계수가 $a$인 삼차방정식은
$a\{x^3-(\alpha+\beta+\gamma)x^2+(\alpha\beta+\beta\gamma+\gamma\alpha)x-\alpha\beta\gamma\}=0$

# 교과서 문제 정복하기

정답 및 풀이 066쪽

## 07 1 삼차방정식과 사차방정식

[0567 ~ 0570] 인수분해 공식을 이용하여 다음 방정식을 푸시오.

**0567** $x^3-27=0$

**0568** $x^3-x^2-12x=0$

**0569** $x^4+8x=0$

**0570** $16x^4-1=0$

[0571 ~ 0576] 인수정리를 이용하여 다음 방정식을 푸시오.

**0571** $x^3-4x^2+3x+2=0$

**0572** $x^3+x+10=0$

**0573** $x^3-2x-1=0$

**0574** $x^4+3x^3+3x^2-x-6=0$

**0575** $x^4-3x^3+x^2+4=0$

**0576** $x^4+x^3-7x^2-x+6=0$

[0577 ~ 0579] 치환을 이용하여 다음 방정식을 푸시오.

**0577** $(x^2+3x)^2-2(x^2+3x)-8=0$

**0578** $4(x^2+1)^2-13(x^2+1)+10=0$

**0579** $(x^2-2x)^2-5(x^2-2x)-24=0$

[0580 ~ 0581] 다음 방정식을 푸시오.

**0580** $x^4-5x^2+4=0$

**0581** $x^4+x^2+1=0$

## 07 2 삼차방정식의 근과 계수의 관계

**0582** 삼차방정식 $x^3+4x^2+2x-6=0$의 세 근을 $\alpha$, $\beta$, $\gamma$라 할 때, 다음 식의 값을 구하시오.

(1) $\alpha+\beta+\gamma$

(2) $\alpha\beta+\beta\gamma+\gamma\alpha$

(3) $\alpha\beta\gamma$

**0583** 삼차방정식 $x^3-5x^2-2x+4=0$의 세 근을 $\alpha$, $\beta$, $\gamma$라 할 때, 다음 식의 값을 구하시오.

(1) $\alpha^2\beta\gamma+\alpha\beta^2\gamma+\alpha\beta\gamma^2$

(2) $\alpha^2+\beta^2+\gamma^2$

(3) $\dfrac{1}{\alpha}+\dfrac{1}{\beta}+\dfrac{1}{\gamma}$

**0584** 세 수 $-2$, $1$, $3$을 근으로 하고 $x^3$의 계수가 1인 삼차방정식을 구하시오.

**0585** 세 수 $-1$, $3+\sqrt{5}$, $3-\sqrt{5}$를 근으로 하고 $x^3$의 계수가 1인 삼차방정식을 구하시오.

**0586** 세 수 $1$, $\dfrac{1}{2}i$, $-\dfrac{1}{2}i$를 근으로 하고 $x^3$의 계수가 4인 삼차방정식을 구하시오.

## 07 3 삼차방정식의 켤레근

유형 08

개념 플러스

삼차방정식 $ax^3+bx^2+cx+d=0$에서

(1) $a$, $b$, $c$, $d$가 유리수일 때, $p+q\sqrt{m}$이 근이면 $p-q\sqrt{m}$도 근이다.
(단, $p$, $q$는 유리수, $q\neq0$, $\sqrt{m}$은 무리수이다.)

(2) $a$, $b$, $c$, $d$가 실수일 때, $p+qi$가 근이면 $p-qi$도 근이다.
(단, $p$, $q$는 실수, $q\neq0$, $i=\sqrt{-1}$이다.)

참고 삼차방정식에서 두 근이 서로 켤레근이면 나머지 한 근은 (1)의 경우 유리수, (2)의 경우 실수이다.

- 일반적으로 켤레근의 성질 (1), (2)는 이차 이상의 방정식에서 모두 성립한다.

## 07 4 방정식 $x^3=1$의 허근의 성질

유형 16

방정식 $x^3=1$의 한 허근을 $\omega$라 하면 다음 성질이 성립한다. (단, $\overline{\omega}$는 $\omega$의 켤레복소수이다.)

(1) $\omega^3=1$, $\boldsymbol{\omega^2+\omega+1=0}$

(2) $\boldsymbol{\omega+\overline{\omega}=-1}$, $\boldsymbol{\omega\overline{\omega}=1}$ ← $\omega$, $\overline{\omega}$는 $x^2+x+1=0$의 두 근이다.

(3) $\omega^2=\overline{\omega}=\dfrac{1}{\omega}$

참고 방정식 $x^3=-1$의 한 허근을 $\omega$라 하면 다음 성질이 성립한다. (단, $\overline{\omega}$는 $\omega$의 켤레복소수이다.)
(1) $\omega^3=-1$, $\omega^2-\omega+1=0$
(2) $\omega+\overline{\omega}=1$, $\omega\overline{\omega}=1$
(3) $\omega^2=-\overline{\omega}=-\dfrac{1}{\omega}$

- $x^3=1$, 즉 $x^3-1=0$에서 $(x-1)(x^2+x+1)=0$ 이므로 $\omega$는 $x^2+x+1=0$의 근이다.
- $x^3=-1$, 즉 $x^3+1=0$에서 $(x+1)(x^2-x+1)=0$ 이므로 $\omega$는 $x^2-x+1=0$의 근이다.

## 07 5 연립이차방정식

유형 10~15, 17, 18

### 1 연립이차방정식

미지수가 2개인 연립방정식에서 차수가 가장 높은 방정식이 이차방정식일 때, 이 연립방정식을 **미지수가 2개인 연립이차방정식**이라 한다.

### 2 연립이차방정식의 풀이

(1) 일차방정식과 이차방정식으로 이루어진 연립이차방정식
일차방정식을 한 문자에 대하여 정리한 것을 이차방정식에 대입하여 푼다.

(2) 두 이차방정식으로 이루어진 연립이차방정식
한 이차방정식에서 이차식을 두 일차식의 곱으로 인수분해하여 얻은 두 일차방정식을 한 문자에 대하여 정리한 다음 다른 이차방정식에 각각 대입하여 푼다.

(3) $x$, $y$에 대한 대칭식인 연립이차방정식
$x+y=u$, $xy=v$로 놓고 주어진 연립방정식을 $u$, $v$에 대한 연립방정식으로 변형하여 방정식을 푼 후 $x$, $y$는 $t$에 대한 이차방정식 $t^2-ut+v=0$의 두 근임을 이용한다.

참고 부정방정식의 풀이
(1) 정수 조건의 부정방정식
(일차식)×(일차식)=(정수)의 꼴로 변형하여 푼다.
(2) 실수 조건의 부정방정식
① $A^2+B^2=0$의 꼴로 변형한 후 실수 $A$, $B$에 대하여 $A=0$, $B=0$임을 이용한다.
② 한 문자에 대하여 내림차순으로 정리한 후 판별식 $D$가 $D\geq0$임을 이용한다.

- 미지수가 2개인 연립이차방정식은 $\begin{cases}(\text{일차식})=0\\(\text{이차식})=0\end{cases}$, $\begin{cases}(\text{이차식})=0\\(\text{이차식})=0\end{cases}$ 중 하나의 꼴이다.
- $x$, $y$를 서로 바꾸어 대입해도 변하지 않는 식을 $x$, $y$에 대한 대칭식이라 한다.
- **부정방정식**
방정식의 개수가 미지수의 개수보다 적어서 그 근을 정할 수 없는 방정식

정답 및 풀이 068쪽

# 교과서 문제 정복하기

## 07 3 삼차방정식의 켤레근

**0587** 삼차방정식 $x^3+ax+b=0$의 두 근이 $-2$, $1-\sqrt{3}$일 때, 유리수 $a$, $b$의 값을 구하시오.

**0588** 삼차방정식 $x^3+ax^2+5x+b=0$의 두 근이 2, $-2+3i$일 때, 실수 $a$, $b$의 값을 구하시오.

**0589** 삼차방정식 $x^3+x^2+ax+b=0$의 한 근이 $-2i$일 때, 실수 $a$, $b$의 값을 구하시오.

## 07 4 방정식 $x^3=1$의 허근의 성질

**0590** 방정식 $x^3=1$의 한 허근을 $\omega$라 할 때, 다음 식의 값을 구하시오. (단, $\overline{\omega}$는 $\omega$의 켤레복소수이다.)

(1) $\omega^2+\omega+1$
(2) $\omega+\overline{\omega}-\omega\overline{\omega}$
(3) $\omega+\dfrac{1}{\omega}$
(4) $\omega^{20}+\omega^{10}+1$

**0591** 방정식 $x^3=-1$의 한 허근을 $\omega$라 할 때, 다음 식의 값을 구하시오. (단, $\overline{\omega}$는 $\omega$의 켤레복소수이다.)

(1) $\omega^2-\omega+1$
(2) $\omega+\overline{\omega}+\omega\overline{\omega}$
(3) $\omega+\dfrac{1}{\omega}$
(4) $\omega^{20}+\omega^{10}+1$

## 07 5 연립이차방정식

[0592 ~ 0594] 다음 연립방정식을 푸시오.

**0592** $\begin{cases} x-y=-2 \\ x^2+y^2=20 \end{cases}$

**0593** $\begin{cases} x-3y=0 \\ x^2+y^2=40 \end{cases}$

**0594** $\begin{cases} x+y=1 \\ 4y^2-x^2=15 \end{cases}$

[0595 ~ 0596] 다음 연립방정식을 푸시오.

**0595** $\begin{cases} x^2+xy-2y^2=0 \\ x^2+2xy-y^2=8 \end{cases}$

**0596** $\begin{cases} 3x^2+2xy-y^2=0 \\ x^2+y^2=12-2x \end{cases}$

[0597 ~ 0598] 다음 연립방정식을 푸시오.

**0597** $\begin{cases} x+y=2 \\ xy=-8 \end{cases}$

**0598** $\begin{cases} x^2+y^2=10 \\ xy=3 \end{cases}$

# 유형 익히기

중요

## 유형 01 삼차방정식과 사차방정식의 풀이

▸ 개념원리 공통수학1 158쪽

방정식 $f(x)=0$은 다음과 같은 순서로 푼다.

(i) $f(\alpha)=0$을 만족시키는 $\alpha$의 값을 찾아 인수정리를 이용하거나 공통인수로 묶어서 $f(x)$를 인수분해한다.

(ii) $ABC=0$이면 $A=0$ 또는 $B=0$ 또는 $C=0$임을 이용하여 해를 구한다.

**0599** 대표문제

삼차방정식 $x^3-2x^2-9x+18=0$의 세 근 중 가장 큰 근과 가장 작은 근의 곱은?

① $-9$ ② $-6$ ③ $-2$
④ $6$ ⑤ $12$

**0600** 상중하

삼차방정식 $x^3+x^2+2x+8=0$의 해는 $x=\alpha$ 또는 $x=\dfrac{\beta\pm\sqrt{\gamma}i}{2}$이다. 이때 유리수 $\alpha$, $\beta$, $\gamma$에 대하여 $\alpha+\beta+\gamma$의 값을 구하시오.

**0601** 상중하

사차방정식 $x^4-4x^2+12x-9=0$의 모든 실근의 합을 구하시오.

**0602** 상중하

사차방정식 $x^4-3x^3+2x^2+2x-4=0$의 두 허근을 $\alpha$, $\beta$라 할 때, $\alpha^2+\beta^2$의 값은?

① $-8$ ② $-4$ ③ $0$
④ $4$ ⑤ $8$

**0603** 상중하 서술형

삼차방정식 $x^3-2x^2+ax=0$의 두 근 $\alpha$, $\beta$에 대하여 $\alpha-\beta=8$일 때, 실수 $a$의 값을 구하시오. (단, $\alpha\beta\neq0$)

**0604** 상중하

삼차방정식 $x^3+2x^2+9x+8=0$의 한 허근을 $\alpha$라 할 때, $\alpha^2+\dfrac{64}{\alpha^2}$의 값을 구하시오.

**0605** 상중하

사차방정식 $x^4+2x^3+3x^2-2x-4=0$의 한 허근을 $\alpha$라 할 때, 이차방정식 $x^2+ax+b=0$의 한 근이 $2\alpha$이다. 실수 $a$, $b$에 대하여 $a+b$의 값은?

① $12$ ② $16$ ③ $20$
④ $24$ ⑤ $28$

정답 및 풀이 070쪽

▸ 개념원리 공통수학 1 159쪽

## 유형 02 공통부분이 있는 사차방정식의 풀이

(1) 공통부분을 한 문자로 치환한 후 인수분해한다.
(2) ( )( )( )( )$=k$ ($k$는 상수)의 꼴
➡ 공통부분이 생기도록 두 개씩 짝을 지어 전개한 후 공통부분을 치환한다.

**0606** 대표문제

다음 중 사차방정식 $(x^2+4x)^2-3(x^2+4x)-10=0$의 근인 것은?

① $-5$　② $-4+\sqrt{2}$　③ $-1$
④ $2-\sqrt{2}$　⑤ $5$

**0607** 상중하

사차방정식 $(x^2-2x-4)(x^2-2x-2)-3=0$의 모든 근의 곱을 구하시오.

**0608** 상중하

사차방정식 $(x-1)(x-3)(x+5)(x+7)+63=0$의 모든 양수인 근의 합을 구하시오.

**0609** 상중하

사차방정식 $x(x+1)(x+2)(x+3)-3=0$의 두 허근을 $\alpha$, $\beta$라 할 때, $(\alpha-\beta)^2$의 값을 구하시오.

▸ 개념원리 공통수학 1 160쪽

## 유형 03 $x^4+ax^2+b=0$의 꼴의 방정식의 풀이

$x^2=t$로 치환하였을 때
(1) 좌변이 인수분해되면 인수분해하여 푼다.
(2) 좌변이 인수분해되지 않으면 $A^2-B^2=0$의 꼴로 변형하여 푼다.

**0610** 대표문제

사차방정식 $x^4-6x^2+1=0$의 모든 양수인 근의 곱은?

① $1$　② $\sqrt{2}$　③ $2\sqrt{2}$
④ $4$　⑤ $2+2\sqrt{2}$

**0611** 상중하

사차방정식 $x^4-10x^2+9=0$의 네 근을 $\alpha$, $\beta$, $\gamma$, $\delta$라 할 때, $|\alpha|+|\beta|+|\gamma|+|\delta|$의 값을 구하시오.

**0612** 상중하

사차방정식 $x^4+x^2-20=0$의 두 실근의 곱을 구하시오.

**0613** 상중하

사차방정식 $x^4-11x^2+25=0$의 네 근을 $\alpha$, $\beta$, $\gamma$, $\delta$라 할 때, $\frac{1}{\alpha}+\frac{1}{\beta}+\frac{1}{\gamma}+\frac{1}{\delta}$의 값을 구하시오.

▸ 개념원리 공통수학1 161쪽

## 유형 04 근이 주어진 삼·사차방정식

방정식 $f(x)=0$의 한 근이 $\alpha$이다.
⇒ $f(\alpha)=0$

**0614** 대표문제

삼차방정식 $x^3+ax+4=0$의 한 근이 $-2$이다. 이 방정식의 다른 두 근을 $\alpha$, $\beta$라 할 때, $a+\alpha+\beta$의 값은?
(단, $a$는 상수이다.)

① $-4$ ② $-2$ ③ $0$
④ $2$ ⑤ $4$

**0615** 상중하

삼차방정식 $x^3+ax^2+7bx-12b=0$의 두 근이 2, 3일 때, 나머지 한 근을 구하시오. (단, $a$, $b$는 상수이다.)

**0616** 상중하

사차방정식 $x^4+4x^3-2ax^2-(2a+1)x-10=0$의 한 근이 2일 때, 나머지 세 근 중 두 허근의 합을 구하시오.
(단, $a$는 상수이다.)

**0617** 상중하

사차방정식 $x^4-x^2+ax+b=0$의 두 근이 $-2$, 1이다. 이 방정식의 다른 두 근을 $\alpha$, $\beta$라 할 때, $a^2+b^2+\alpha^2+\beta^2$의 값을 구하시오. (단, $a$, $b$는 상수이다.)

▸ 개념원리 공통수학1 162쪽

## 중요 유형 05 삼차방정식의 근의 조건

주어진 삼차방정식을 $(x-\alpha)(ax^2+bx+c)=0$ ($\alpha$는 실수)의 꼴로 변형한 후 이차방정식 $ax^2+bx+c=0$의 판별식을 이용한다.

**0618** 대표문제

삼차방정식 $x^3-(a-3)x^2+ax-4=0$이 중근을 갖도록 하는 모든 실수 $a$의 값의 합은?

① $-1$ ② $0$ ③ $1$
④ $12$ ⑤ $17$

**0619** 상중하

삼차방정식 $x^3-4x^2+(k+4)x-2k=0$의 근이 모두 실수가 되도록 하는 자연수 $k$의 개수를 구하시오.

**0620** 상중하

삼차방정식 $3x^3+3x^2+kx+k=0$이 한 실근과 두 허근을 가질 때, 실수 $k$의 값의 범위를 구하시오.

**0621** 상중하

삼차방정식 $2x^3+6x^2-(a-4)x-a=0$의 서로 다른 실근이 1개일 때, 실수 $a$의 최댓값을 구하시오.

▸ 개념원리 공통수학1 170쪽

## 유형 06 삼차방정식의 근과 계수의 관계

삼차방정식 $ax^3+bx^2+cx+d=0$의 세 근을 $\alpha$, $\beta$, $\gamma$라 하면

$$\alpha+\beta+\gamma=-\frac{b}{a},\ \alpha\beta+\beta\gamma+\gamma\alpha=\frac{c}{a},\ \alpha\beta\gamma=-\frac{d}{a}$$

**0622** 대표문제

삼차방정식 $x^3-5x^2+9x-5=0$의 세 근을 $\alpha$, $\beta$, $\gamma$라 할 때, $\frac{\beta+\gamma}{\alpha}+\frac{\gamma+\alpha}{\beta}+\frac{\alpha+\beta}{\gamma}$의 값은?

① 6 ② 7 ③ 8 ④ 9 ⑤ 10

**0623** 상중하

삼차방정식 $x^3+3x^2+4x-9=0$의 세 근을 $\alpha$, $\beta$, $\gamma$라 할 때, $(1-\alpha)(1-\beta)(1-\gamma)$의 값을 구하시오.

**0624** 상중하 서술형

삼차방정식 $x^3+3x^2-5x+1=0$의 세 근을 $\alpha$, $\beta$, $\gamma$라 할 때, $\frac{1}{\alpha^2}+\frac{1}{\beta^2}+\frac{1}{\gamma^2}$의 값을 구하시오.

**0625** 상중하

삼차방정식 $x^3+12x^2+ax+b=0$의 세 근의 비가 $1:2:3$일 때, 상수 $a$, $b$에 대하여 $a+b$의 값을 구하시오.

▸ 개념원리 공통수학1 171쪽

## 유형 07 세 수를 근으로 하는 삼차방정식

세 수 $\alpha$, $\beta$, $\gamma$를 근으로 하고 $x^3$의 계수가 1인 삼차방정식

$$\Rightarrow x^3-\underbrace{(\alpha+\beta+\gamma)}_{\text{세 근의 합}}x^2+\underbrace{(\alpha\beta+\beta\gamma+\gamma\alpha)}_{\text{두 근끼리의 곱의 합}}x-\underbrace{\alpha\beta\gamma}_{\text{세 근의 곱}}=0$$

**0626** 대표문제

삼차방정식 $x^3+3x^2-2x-1=0$의 세 근을 $\alpha$, $\beta$, $\gamma$라 할 때, $x^3+ax^2+bx+c=0$은 $\frac{1}{\alpha}$, $\frac{1}{\beta}$, $\frac{1}{\gamma}$을 세 근으로 하는 삼차방정식이다. 이때 상수 $a$, $b$, $c$에 대하여 $abc$의 값은?

① $-12$ ② $-6$ ③ 6 ④ 12 ⑤ 18

**0627** 상중하

삼차방정식 $x^3+2x+1=0$의 세 근을 $\alpha$, $\beta$, $\gamma$라 할 때, $\alpha+\beta$, $\beta+\gamma$, $\gamma+\alpha$를 세 근으로 하고 $x^3$의 계수가 1인 삼차방정식을 구하시오.

**0628** 상중하

$x^3$의 계수가 1인 삼차식 $f(x)$에 대하여

$$f(1)=f(2)=f(4)=-1$$

이 성립할 때, 방정식 $f(x)=0$의 모든 근의 곱을 구하시오.

중요

▶ 개념원리 공통수학1 171쪽

## 유형 08 삼차방정식의 켤레근

(1) 계수가 유리수인 삼차방정식의 한 근이 $p+q\sqrt{m}$이면 $p-q\sqrt{m}$도 근이다.
(단, $p$, $q$는 유리수, $q\neq0$, $\sqrt{m}$은 무리수이다.)

(2) 계수가 실수인 삼차방정식의 한 근이 $p+qi$이면 $p-qi$도 근이다. (단, $p$, $q$는 실수, $q\neq0$, $i=\sqrt{-1}$이다.)

**0629** 대표문제

삼차방정식 $x^3+ax^2+bx-3=0$의 한 근이 $1+\sqrt{2}$일 때, 유리수 $a$, $b$에 대하여 $ab$의 값을 구하시오.

**0630** 상중하

삼차방정식 $x^3+ax^2+bx+14=0$의 한 근이 $2-\sqrt{3}i$일 때, 나머지 두 근의 합은? (단, $a$, $b$는 실수이다.)

① $-2+\sqrt{3}i$ ② $-1+\sqrt{3}i$ ③ $\sqrt{3}i$
④ $1+\sqrt{3}i$ ⑤ $2+\sqrt{3}i$

**0631** 상중하

계수가 유리수이고 $x^3$의 계수가 1인 삼차방정식 $f(x)=0$의 두 근이 $-1$, $1-\sqrt{5}$일 때, $f(2)$의 값을 구하시오.

**0632** 상중하

삼차방정식 $ax^3+bx^2+cx-4=0$의 두 근이 $\dfrac{2}{1-i}$, 2일 때, 실수 $a$, $b$, $c$에 대하여 $a+b+c$의 값을 구하시오.

▶ 개념원리 공통수학1 163쪽

## 유형 09 삼차방정식의 활용

삼차방정식의 활용 문제는 다음과 같은 순서로 푼다.
(i) 구하려는 것을 미지수 $x$로 놓는다.
(ii) 주어진 조건을 이용하여 방정식을 세운다.
(iii) 방정식을 풀고 구한 해가 문제의 조건에 맞는지 확인한다.

**0633** 대표문제

밑면의 반지름의 길이와 높이가 각각 4 m인 원기둥 모양의 물탱크가 있다. 이 물탱크의 밑면의 반지름의 길이를 적당히 늘이고, 같은 길이만큼 높이를 줄여 새로운 원기둥 모양의 물탱크를 만들었더니 물탱크의 부피가 처음과 같았다. 이때 새로운 물탱크의 밑면의 반지름의 길이는?

① 6 m ② $(4+\sqrt{5})$ m ③ $(2+2\sqrt{5})$ m
④ $(4+2\sqrt{2})$ m ⑤ $(5+\sqrt{5})$ m

**0634** 상중하

오른쪽 그림과 같이 한 모서리의 길이가 $x$ m인 정육면체에서 밑면의 가로, 세로의 길이가 모두 1 m이고 높이가 $\dfrac{x}{3}$ m인 직육면체 모양으로 구멍을 파내었더니 남은 부분의 부피가 26 $\mathrm{m}^3$가 되었다. 이때 $x$의 값을 구하시오.

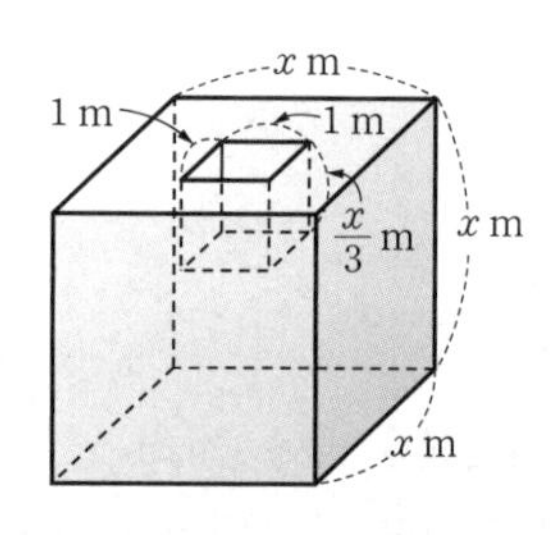


**0635** 상중하

이차함수 $f(x)=x^2+3x-5$의 그래프와 직선 $y=ax+2$가 서로 다른 두 점 $(\alpha, f(\alpha))$, $(\beta, f(\beta))$에서 만난다. $\alpha^3+\beta^3=50$일 때, 실수 $a$의 값을 구하시오.

▸ 개념원리 공통수학1 178쪽

## 유형 10 일차방정식과 이차방정식으로 이루어진 연립이차방정식

일차방정식을 $x$ 또는 $y$에 대하여 정리한 후 이차방정식에 대입하여 푼다.

**0636** 대표문제

연립방정식 $\begin{cases} x-y=-1 \\ x^2+y^2=5 \end{cases}$의 해를 $x=\alpha$, $y=\beta$라 할 때, $\alpha\beta$의 값은?

① 2 ② 4 ③ 6
④ 8 ⑤ 10

**0637** 상중하

연립방정식 $\begin{cases} x+2y=1 \\ x^2+3xy=-5 \end{cases}$의 해가 $x=\alpha$, $y=\beta$일 때, $\alpha-\beta$의 최댓값을 구하시오.

**0638** 상중하 서술형

연립방정식 $\begin{cases} x-y=2 \\ x+y=a \end{cases}$의 해가 연립방정식 $\begin{cases} x^2+y^2=10 \\ x+by=1 \end{cases}$을 만족시킬 때, 실수 $a$, $b$에 대하여 $a+b$의 값을 구하시오. (단, $a>0$)

▸ 개념원리 공통수학1 179쪽

## 유형 11 두 이차방정식으로 이루어진 연립이차방정식

한 이차방정식에서 이차식을 인수분해하여 얻은 두 일차방정식을 한 문자에 대하여 정리한 후 다른 이차방정식에 각각 대입하여 푼다.

**0639** 대표문제

연립방정식 $\begin{cases} x^2-y^2=0 \\ x^2-xy+2y^2=4 \end{cases}$의 해를 $x=\alpha$, $y=\beta$라 할 때, $\alpha+\beta$의 최댓값을 $M$, 최솟값을 $m$이라 하자. 이때 $M-m$의 값을 구하시오.

**0640** 상중하

연립방정식 $\begin{cases} x^2-2xy-3y^2=0 \\ x^2+y^2=40 \end{cases}$을 만족시키는 정수 $x$, $y$에 대하여 $xy$의 값을 구하시오.

**0641** 상중하

연립방정식 $\begin{cases} x^2-3xy+2y^2=0 \\ x^2+2xy-3y^2=20 \end{cases}$의 해를 $x=\alpha$, $y=\beta$라 할 때, $\alpha^2+\beta^2$의 값을 구하시오.

**0642** 상중하

연립방정식 $\begin{cases} 2x^2+3xy-2y^2=0 \\ x^2+xy=12 \end{cases}$를 만족시키는 $x$, $y$에 대하여 $xy$의 최솟값은?

① $-4$ ② $-8$ ③ $-12$
④ $-16$ ⑤ $-20$

▶ 개념원리 공통수학1 180쪽

## 유형 12 $x$, $y$에 대한 대칭식인 연립이차방정식

$x+y=u$, $xy=v$일 때, $x$, $y$는 $t$에 대한 이차방정식 $t^2-ut+v=0$의 두 근임을 이용하여 $x$, $y$의 값을 구한다.

**0643** 대표문제

연립방정식 $\begin{cases} x^2+y^2=13 \\ xy=-6 \end{cases}$을 만족시키는 $x$, $y$에 대하여 $x^3-y^3$의 최댓값을 $M$, 최솟값을 $m$이라 할 때, $M-m$의 값을 구하시오.

**0644** 상중하

연립방정식 $\begin{cases} xy+x+y=-5 \\ x^2+xy+y^2=7 \end{cases}$의 해를 $x=\alpha$, $y=\beta$라 할 때, $|\alpha-\beta|$의 최댓값을 구하시오.

**0645** 상중하

두 연립방정식 $\begin{cases} ax-y=1 \\ xy=12 \end{cases}$, $\begin{cases} x+y=b \\ x^2+y^2=25 \end{cases}$의 공통인 해가 존재할 때, 자연수 $a$, $b$에 대하여 $a+b$의 값을 구하시오.

▶ 개념원리 공통수학1 181쪽

## 유형 13 연립이차방정식의 해의 조건

일차방정식을 이차방정식에 대입한 후 이차방정식의 판별식을 이용한다.

**0646** 대표문제

연립방정식 $\begin{cases} x-y=a \\ x^2+y^2=18 \end{cases}$이 오직 한 쌍의 해를 갖도록 하는 양수 $a$의 값을 구하시오.

**0647** 상중하

연립방정식 $\begin{cases} x+y=2(a-3) \\ xy=a^2+4 \end{cases}$가 실근을 가질 때, 실수 $a$의 최댓값을 구하시오.

**0648** 상중하

연립방정식 $\begin{cases} 2x-y=k \\ x^2+2x-2y=0 \end{cases}$의 실근이 존재하지 않도록 하는 정수 $k$의 최솟값을 구하시오.

정답 및 풀이 077쪽

▸ 개념원리 공통수학1 182쪽

## 유형 14 공통인 근을 갖는 방정식

주어진 두 이차방정식의 공통인 근을 $\alpha$라 하고 두 이차방정식에 각각 $x=\alpha$를 대입한 후 두 식을 연립한다.

### 0649 대표문제

서로 다른 두 이차방정식

$$x^2+kx+3=0,\ x^2+3x+k=0$$

이 공통인 근 $\alpha$를 가질 때, $k+\alpha$의 값은? (단, $k$는 실수이다.)

① $-4$　② $-3$　③ $-2$　④ $-1$　⑤ $0$

### 0650 상중하

두 이차방정식

$$x^2+(m+2)x-4=0,\ x^2+(m+4)x-6=0$$

이 공통인 근을 갖도록 하는 실수 $m$의 값과 그때의 공통인 근을 구하시오.

### 0651 상중하

두 이차방정식

$$x^2+kx+2k+2=0,\ x^2-x-k^2-k=0$$

이 오직 한 개의 공통인 근을 가질 때, 실수 $k$의 값을 구하시오.

▸ 개념원리 공통수학1 181쪽

## 유형 15 연립이차방정식의 활용

연립이차방정식의 활용 문제는 다음과 같은 순서로 푼다.
(i) 구하려는 것을 미지수 $x$, $y$로 놓는다.
(ii) 주어진 조건을 이용하여 연립방정식을 세운다.
(iii) 방정식을 풀고 구한 해가 문제의 조건에 맞는지 확인한다.

### 0652 대표문제

지름의 길이가 10인 원에 직사각형이 내접하고 있다. 직사각형의 둘레의 길이가 28일 때, 이 직사각형의 긴 변의 길이를 구하시오.

### 0653 상중하

두 자리 자연수에서 각 자리의 숫자의 제곱의 합은 73이고, 일의 자리의 숫자와 십의 자리의 숫자를 바꾼 수와 처음 수의 합이 121일 때, 처음 수를 구하시오.
(단, 십의 자리의 숫자가 일의 자리의 숫자보다 크다.)

### 0654 상중하 서술형

두 원 $O_1$, $O_2$의 둘레의 길이의 합은 $12\pi$이고, 넓이의 합은 $20\pi$일 때, 두 원의 반지름의 길이의 차를 구하시오.

### 0655 상중하

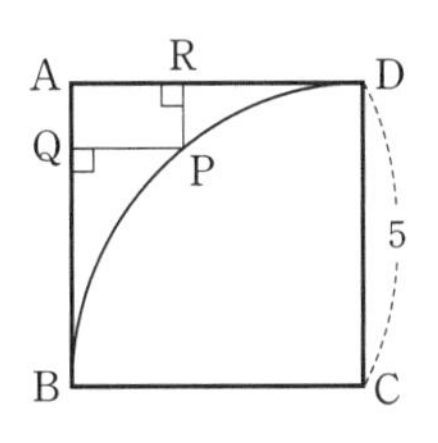


오른쪽 그림과 같이 한 변의 길이가 5인 정사각형 ABCD 안에 선분 BC를 반지름으로 하는 사분원이 있다. 호 BD 위의 한 점 P에서 $\overline{AB}$, $\overline{AD}$에 내린 수선의 발을 각각 Q, R라 하자. 직사각형 AQPR의 둘레의 길이가 8일 때, $\overline{PQ}-\overline{PR}$의 값을 구하시오. (단, $\overline{PQ}>\overline{PR}$)

중요

▸ 개념원리 공통수학1 173쪽

## 유형 16 방정식 $x^3=1$, $x^3=-1$의 허근의 성질

$\overline{\omega}$가 $\omega$의 켤레복소수일 때

(1) 방정식 $x^3=1$의 한 허근이 $\omega$이면 다른 한 허근은 $\overline{\omega}$이다.

① $\omega^3=1$, $\omega^2+\omega+1=0$　② $\omega+\overline{\omega}=-1$, $\omega\overline{\omega}=1$

③ $\omega^2=\overline{\omega}=\frac{1}{\omega}$

(2) 방정식 $x^3=-1$의 한 허근이 $\omega$이면 다른 한 허근은 $\overline{\omega}$이다.

① $\omega^3=-1$, $\omega^2-\omega+1=0$　② $\omega+\overline{\omega}=1$, $\omega\overline{\omega}=1$

③ $\omega^2=-\overline{\omega}=-\frac{1}{\omega}$

**0656** 대표문제

방정식 $x^3=1$의 한 허근을 $\omega$라 할 때, $\frac{\omega+1}{\omega^2}+\frac{\omega^2}{\omega+1}$의 값을 구하시오.

**0657** 상중하

방정식 $x^2+x+1=0$의 한 근을 $\omega$라 할 때,
$\omega^{101}+\omega^{100}+\omega^{99}+\omega^{98}+\omega^{97}$의 값은?

① $-2$　② $-1$　③ $0$
④ $1$　⑤ $2$

**0658** 상중하

방정식 $x^3=-1$의 한 허근을 $\omega$라 할 때,

$$(1-\omega)(1+\omega^2)(1-\omega^3)(1+\omega^4)(1-\omega^5)(1+\omega^6)$$

의 값을 구하시오.

**0659** 상중하

방정식 $x^3=-1$의 한 허근을 $\omega$라 할 때, **보기**에서 옳은 것만을 있는 대로 고르시오. (단, $\overline{\omega}$는 $\omega$의 켤레복소수이다.)

보기

ㄱ. $\omega^2-\omega+1=0$　ㄴ. $\omega\overline{\omega}=1$

ㄷ. $\omega^5-\omega^4-1=-1$　ㄹ. $\overline{\omega}=-\omega^2$

ㅁ. $\omega^{2025}+\frac{1}{\omega^{2025}}=2$

ㅂ. $1-\omega+\omega^2-\omega^3+\omega^4-\omega^5+\cdots-\omega^{99}=-1$

**0660** 상중하

방정식 $x^3+1=0$의 한 허근을 $\omega$라 할 때, $\frac{(2\omega-3)\overline{(2\omega-3)}}{(\omega+1)\overline{(\omega+1)}}$의 값을 구하시오. (단, $\overline{\omega}$는 $\omega$의 켤레복소수이다.)

**0661** 상중하

방정식 $x^3-2x^2+2x-1=0$의 한 허근을 $\omega$라 할 때,
$\frac{\omega}{1+\omega}-\frac{\omega^2}{1-\omega^2}$의 값은?

① $-2$　② $-1$　③ $1$
④ $2$　⑤ $3$

**0662** 상중하

방정식 $x^3=1$의 한 허근을 $\omega$라 할 때, 자연수 $n$에 대하여 $f(n)=\omega^{2n+1}$이라 하자. 이때
$f(1)+f(2)+f(3)+\cdots+f(19)$의 값을 구하시오.

▸ 개념원리 공통수학1 183쪽

## 유형UP 17 정수 조건의 부정방정식

(일차식)×(일차식)=(정수)의 꼴로 변형하여 곱해서 정수가 되는 두 일차식의 값을 구한다.

**0663** 대표문제

방정식 $xy-4x-3y+2=0$을 만족시키는 자연수 $x$, $y$에 대하여 $x+y$의 최댓값은?

① 14 ② 16 ③ 18
④ 20 ⑤ 22

**0664** 상중하

방정식 $x^2-xy-y=4$를 만족시키는 정수 $x$, $y$에 대하여 $xy$의 최댓값을 구하시오.

**0665** 상중하

방정식 $\frac{1}{x}+\frac{1}{y}=\frac{1}{4}$을 만족시키는 양의 정수 $x$, $y$의 순서쌍 $(x, y)$의 개수는?

① 1 ② 2 ③ 3
④ 4 ⑤ 5

**0666** 상중하

이차방정식 $x^2-(m+2)x+2m+2=0$의 두 근이 모두 양의 정수일 때, 상수 $m$의 값을 구하시오.

▸ 개념원리 공통수학1 184쪽

## 유형UP 18 실수 조건의 부정방정식

(1) $A^2+B^2=0$의 꼴로 변형한 후 실수 $A$, $B$에 대하여 $A=0$, $B=0$임을 이용한다.
(2) 한 문자에 대하여 내림차순으로 정리한 후 판별식 $D$가 $D\geq 0$임을 이용한다.

**0667** 대표문제

실수 $x$, $y$에 대하여 $9x^2+6xy+2y^2-4y+4=0$이 성립할 때, $x-y$의 값은?

① $-\frac{8}{3}$ ② $-\frac{2}{3}$ ③ 1
④ $\frac{4}{3}$ ⑤ 2

**0668** 상중하

방정식 $x^2-4xy+5y^2+2x-8y+5=0$을 만족시키는 실수 $x$, $y$에 대하여 $x+y$의 값을 구하시오.

## 시험에 꼭 나오는 문제

**0669**

삼차방정식 $x^3+2x^2+5x+4=0$의 모든 허근의 합은?

① $-2$　② $-1$　③ $0$　④ $1$　⑤ $2$

**0670**

사차방정식 $x^4+2x^3+x^2-2x-2=0$의 두 허근을 $\alpha$, $\beta$라 할 때, $\alpha^3+\beta^3$의 값을 구하시오.

**0671**

두 방정식

$$x^2+x-6=0,\ x^3-(a-4)x^2-4(a-1)x-4a=0$$

이 공통인 근을 갖도록 하는 모든 상수 $a$의 값의 합을 구하시오.

**0672** 중요★

사차방정식 $(x-3)(x-2)(x+1)(x+2)=21$의 모든 실근의 곱은?

① $-10$　② $-9$　③ $-5$　④ $1$　⑤ $5$

**0673**

사차방정식 $x^4-12x^2+4=0$의 네 근 중 가장 큰 근을 $\alpha$, 가장 작은 근을 $\beta$라 할 때, $\alpha-\beta$의 값을 구하시오.

**0674**

사차방정식 $x^4-ax^2+a^2-2a-8=0$이 두 허근과 중근인 실근을 가질 때, 상수 $a$의 값을 구하시오.

**0675** 교육청 기출

9 이하의 자연수 $n$에 대하여 다항식 $P(x)$가

$$P(x)=x^4+x^2-n^2-n$$

일 때, **보기**에서 옳은 것만을 있는 대로 고른 것은?

**보기**

ㄱ. $P(\sqrt{n})=0$

ㄴ. 방정식 $P(x)=0$의 실근의 개수는 2이다.

ㄷ. 모든 정수 $k$에 대하여 $P(k)\neq0$이 되도록 하는 모든 $n$의 값의 합은 31이다.

① ㄱ　② ㄷ　③ ㄱ, ㄴ　④ ㄴ, ㄷ　⑤ ㄱ, ㄴ, ㄷ

## 0676

삼차방정식 $x^3+x^2+3(a-2)x-6a=0$에 대하여 **보기**에서 옳은 것만을 있는 대로 고른 것은? (단, $a$는 실수이다.)

**보기**

ㄱ. 적어도 하나의 실근을 갖는다.
ㄴ. 한 실근과 두 허근을 갖도록 하는 정수 $a$의 최솟값은 1이다.
ㄷ. 중근을 갖도록 하는 실수 $a$는 2개이다.

① ㄱ　② ㄴ　③ ㄱ, ㄴ
④ ㄴ, ㄷ　⑤ ㄱ, ㄴ, ㄷ

## 0677

삼차방정식 $x^3+2x^2+3x-1=0$의 세 근을 $\alpha$, $\beta$, $\gamma$라 할 때, $(\alpha+\beta+2)(\beta+\gamma+2)(\gamma+\alpha+2)$의 값은?

① $-3$　② $-2$　③ $-1$
④ $1$　⑤ $2$

## 0678

삼차방정식 $x^3+3x^2+ax-6=0$의 세 근 중 두 근은 절댓값이 같고 부호가 서로 다를 때, 상수 $a$의 값은?

① $-4$　② $-2$　③ $4$
④ $6$　⑤ $8$

## 0679

삼차방정식 $x^3-4x^2-x+a=0$의 세 근을 $\alpha$, $\beta$, $\gamma$라 할 때, $x^3+bx^2+cx+12=0$은 $\alpha+1$, $\beta+1$, $\gamma+1$을 세 근으로 하는 삼차방정식이다. 이때 상수 $a$, $b$, $c$에 대하여 $a+b+c$의 값을 구하시오.

## 0680

삼차방정식 $x^3-(a+1)x^2+bx-a=0$의 한 근이 $1-i$일 때, 나머지 두 근의 합은? (단, $a$, $b$는 실수이다.)

① $i$　② $2i$　③ $1+i$
④ $2-i$　⑤ $2+i$

## 0681 중요

모서리의 길이가 자연수인 정육면체의 밑면의 가로, 세로의 길이를 각각 2 cm, 3 cm씩 늘이고, 높이를 1 cm 줄였더니 이 직육면체의 부피가 처음 정육면체의 부피의 $\frac{5}{2}$배가 되었다. 처음 정육면체의 부피를 구하시오.

## 0682

오른쪽 그림은 크기가 같은 정육면체 5개를 쌓아서 만든 입체도형이다. 이 입체도형의 부피를 $V$, 겉넓이를 $S$라 하면 $V+S=40$일 때, 이 정육면체의 한 모서리의 길이를 구하시오.

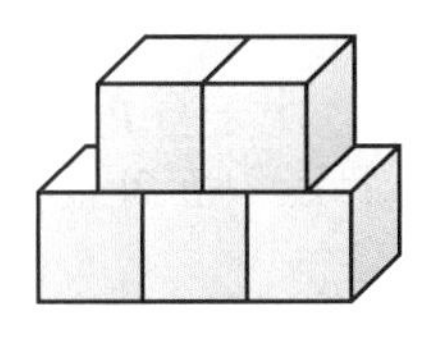

## 시험에 꼭 나오는 문제

**0683**

연립방정식 $\begin{cases} 2x+y=1 \\ 3x^2-y^2=2 \end{cases}$를 만족시키는 $x$, $y$에 대하여 $xy$의 최솟값을 구하시오.

**0684**

연립방정식 $\begin{cases} x^2+y^2+x+y=2 \\ x^2+xy+y^2=1 \end{cases}$을 만족시키는 $x$, $y$를 좌표평면 위의 점 $(x, y)$로 나타낼 때, 이 점을 꼭짓점으로 하는 사각형의 넓이를 구하시오.

**0685**

연립방정식 $\begin{cases} 2x+y=k \\ x^2+y^2=5 \end{cases}$의 해가 $x=\alpha$, $y=\beta$의 한 쌍일 때, $\alpha+\beta$의 값을 구하시오. (단, $k$는 양의 상수이다.)

**0686**

두 이차방정식

$$x^2+ax+b=0,\ x^2+bx+a=0$$

은 오직 한 개의 공통인 근을 갖는다. 공통인 근이 아닌 나머지 근을 각각 $p$, $q$라 하면 $pq=-6$이다. 이때 상수 $a$, $b$에 대하여 $a^2+b^2$의 값은? (단, $a\neq b$)

① 2 ② 5 ③ 10 ④ 13 ⑤ 18

**0687**

직각삼각형 ABC의 내접원의 반지름의 길이가 1, 외접원의 반지름의 길이가 4일 때, 직각삼각형 ABC의 세 변 중 가장 짧은 변의 길이를 구하시오.

**0688** 중요★

방정식 $x^3=1$의 한 허근을 $\omega$라 할 때, **보기**에서 옳은 것만을 있는 대로 고른 것은? (단, $\overline{\omega}$는 $\omega$의 켤레복소수이다.)

**보기**

ㄱ. $\omega^{10}=\omega$

ㄴ. $\dfrac{\omega^2}{1+\omega}+\dfrac{\overline{\omega}}{1+\overline{\omega}^2}=-2$

ㄷ. $1+\omega^2+\omega^4+\omega^6+\cdots+\omega^{200}=-\omega$

① ㄱ ② ㄱ, ㄴ ③ ㄱ, ㄷ ④ ㄴ, ㄷ ⑤ ㄱ, ㄴ, ㄷ

**0689**

$x$에 대한 이차방정식

$$x^2-2(a+b)x+a^2+b^2-4a+2b-6=0$$

이 중근을 갖도록 하는 정수 $a$, $b$에 대하여 $ab$의 최솟값을 구하시오.

정답 및 풀이 084쪽

## 서술형 주관식

**0690**

사차방정식 $x^4-15x^2+ax+b=0$의 두 근이 $-1$, $2$일 때, 나머지 두 근 $\alpha$, $\beta$에 대하여 $\frac{\alpha}{\beta}$의 값을 구하시오.

(단, $a$, $b$는 상수이고, $\alpha>\beta$이다.)

**0691**

삼차방정식 $x^3+(a+1)x^2-a=0$이 중근을 갖도록 하는 모든 실수 $a$의 값의 합을 구하시오.

**0692**

삼차방정식 $x^3+x^2-5x-3=0$의 세 근을 $\alpha$, $\beta$, $\gamma$라 할 때, $\frac{\gamma}{\alpha\beta}+\frac{\alpha}{\beta\gamma}+\frac{\beta}{\gamma\alpha}$의 값을 구하시오.

**0693**

연립방정식 $\begin{cases} 2x^2-3xy-2y^2=0 \\ x^2+2y^2=54 \end{cases}$를 만족시키는 $x$, $y$에 대하여 $xy$의 최댓값을 구하시오.

## 실력 Up

**0694** 교육청 기출

$x$에 대한 사차방정식

$$x^4+(3-2a)x^2+a^2-3a-10=0$$

이 실근과 허근을 모두 가질 때, 이 사차방정식에 대하여 **보기**에서 옳은 것만을 있는 대로 고른 것은? (단, $a$는 실수이다.)

**보기**

ㄱ. $a=1$이면 모든 실근의 곱은 $-3$이다.

ㄴ. 모든 실근의 곱이 $-4$이면 모든 허근의 곱은 $3$이다.

ㄷ. 정수인 근을 갖도록 하는 모든 실수 $a$의 값의 합은 $-1$이다.

① ㄱ ② ㄱ, ㄴ ③ ㄱ, ㄷ
④ ㄴ, ㄷ ⑤ ㄱ, ㄴ, ㄷ

**0695**

삼차방정식 $x^3+px^2+qx+2=0$이 한 실근과 두 허근 $\alpha$, $\alpha^2$을 가질 때, 실수 $p$, $q$에 대하여 $p+q$의 값을 구하시오.

**0696**

다항식 $f(x)=x^2-x+1$일 때, $f(x^9)$을 $f(x)$로 나누었을 때의 나머지는?

① $0$ ② $1$ ③ $3$
④ $x+2$ ⑤ $2x+1$

# 08 연립일차부등식

개념 플러스

## 08 | 1 연립부등식의 뜻과 해

**1 연립부등식:** 두 개 이상의 부등식을 한 쌍으로 묶어서 나타낸 것

**2 연립부등식의 해:** 연립부등식을 이루는 각 부등식의 공통인 해

**3 연립부등식을 푼다:** 연립부등식의 해를 구하는 것

- 부등식 $ax>b$의 해는
  ① $a>0 \Rightarrow x>\frac{b}{a}$
  ② $a<0 \Rightarrow x<\frac{b}{a}$
  ③ $a=0$
  $\Rightarrow \begin{cases} b\geq 0\text{이면 해는 없다.} \\ b<0\text{이면 해는 모든 실수} \end{cases}$

## 08 | 2 연립일차부등식

유형 01, 03~06, 11, 12

**1 연립일차부등식:** 일차부등식으로만 이루어진 연립부등식

**2 연립일차부등식의 풀이**

연립일차부등식은 다음과 같은 순서로 푼다.

(i) 각각의 일차부등식을 푼다.

(ii) 각 부등식의 해를 수직선 위에 나타낸다.

(iii) 공통부분을 찾아 주어진 연립부등식의 해를 구한다.

참고 연립부등식에서 각 부등식의 해를 수직선 위에 나타내었을 때, 공통부분이 없으면 연립부등식의 해는 없다.

① $\begin{cases} x\leq a \\ x\geq b \end{cases}$ (단, $a<b$) ② $\begin{cases} x<a \\ x\geq a \end{cases}$ ③ $\begin{cases} x<a \\ x>a \end{cases}$

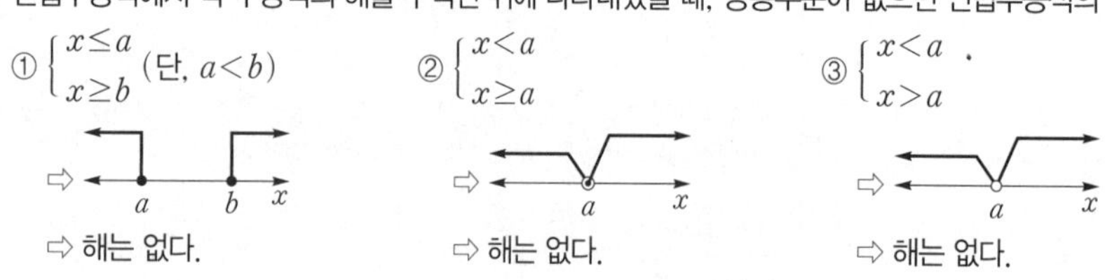

$\Rightarrow$ 해는 없다. $\Rightarrow$ 해는 없다. $\Rightarrow$ 해는 없다.

- 수직선 위에 나타낼 때, 부등식에 등호가 포함된 경우에는 ●를, 등호가 포함되지 않은 경우에는 ○를 이용한다.

## 08 | 3 $A<B<C$의 꼴의 부등식

유형 02~06, 11, 12

$A<B<C$의 꼴의 부등식은 연립부등식 $\begin{cases} A<B \\ B<C \end{cases}$의 꼴로 고쳐서 푼다.

- $A<B<C$의 꼴의 부등식을 $\begin{cases} A<B \\ A<C \end{cases}$ 또는 $\begin{cases} A<C \\ B<C \end{cases}$ 의 꼴로 고쳐서 풀지 않도록 주의한다.

## 08 | 4 절댓값 기호를 포함한 부등식

유형 07~10

**1** $a>0$일 때

(1) $|x|<a \Rightarrow -a<x<a$

(2) $|x|>a \Rightarrow x<-a$ 또는 $x>a$

- $|x|=\begin{cases} x & (x\geq 0) \\ -x & (x<0) \end{cases}$

**2 절댓값 기호를 포함한 부등식의 풀이**

절댓값 기호를 포함한 부등식은 $|x-a|=\begin{cases} x-a & (x\geq a) \\ -(x-a) & (x<a) \end{cases}$ 임을 이용하여 다음과 같은 순서로 푼다.

(i) 절댓값 기호 안의 식의 값이 0이 되는 $x$의 값을 기준으로 범위를 나눈다.

(ii) 각 범위에서 절댓값 기호를 없앤 후 식을 정리하여 해를 구한다.

(iii) (ii)에서 구한 해를 합친 $x$의 값의 범위를 구한다.

- $|x-a|+|x-b|<c$ $(a<b)$의 꼴은 다음과 같이 $x$의 값의 범위를 나누어 푼다.
  (i) $x<a$ (ii) $a\leq x<b$
  (iii) $x\geq b$

# 교과서 문제 정복하기

정답 및 풀이 088쪽

## 08 | 1 연립부등식의 뜻과 해

[0697 ~ 0700] 다음 연립부등식의 해를 구하시오.

**0697** $\begin{cases} x>1 \\ x<8 \end{cases}$

**0698** $\begin{cases} x\geq -4 \\ x<3 \end{cases}$

**0699** $\begin{cases} x>2 \\ x\geq -5 \end{cases}$

**0700** $\begin{cases} x\leq 6 \\ x<-7 \end{cases}$

## 08 | 2 연립일차부등식

[0701 ~ 0702] 다음 연립부등식을 푸시오.

**0701** $\begin{cases} x-3>1 \\ 2x-8<x+4 \end{cases}$

**0702** $\begin{cases} 2(x+2)\geq x+10 \\ 3x-2>-x+6 \end{cases}$

[0703 ~ 0704] 다음 연립부등식을 푸시오.

**0703** $\begin{cases} \frac{x}{3}-\frac{x+4}{2}\leq -1 \\ \frac{2x+1}{5}<3 \end{cases}$

**0704** $\begin{cases} 0.1x+0.2<0.5 \\ 0.4x\leq 0.3(x+3) \end{cases}$

[0705 ~ 0706] 다음 연립부등식을 푸시오.

**0705** $\begin{cases} -x+1\geq -1 \\ 4x-7\geq 3-x \end{cases}$

**0706** $\begin{cases} 3(x+4)>2(1-x) \\ 0.1x\leq -0.3 \end{cases}$

## 08 | 3 $A<B<C$의 꼴의 부등식

**0707** 부등식 $2x+5<4x-7<9x-2$의 해를 구하려고 한다. 다음을 구하시오.

(1) 부등식 $2x+5<4x-7$의 해

(2) 부등식 $4x-7<9x-2$의 해

(3) 부등식 $2x+5<4x-7<9x-2$의 해

[0708 ~ 0709] 다음 부등식을 푸시오.

**0708** $-3\leq x+2\leq 17-4x$

**0709** $x-2<3x-4\leq x+9$

## 08 | 4 절댓값 기호를 포함한 부등식

[0710 ~ 0711] 다음 부등식을 푸시오.

**0710** $|6-x|<3$

**0711** $|3x-2|\geq 5$

**0712** 부등식 $2|x-1|<x$에 대하여 다음을 구하시오.

(1) $x<1$일 때, 부등식의 해

(2) $x\geq 1$일 때, 부등식의 해

(3) 부등식의 해

**0713** 부등식 $|x+1|+|x-5|\leq 8$에 대하여 다음을 구하시오.

(1) $x<-1$일 때, 부등식의 해

(2) $-1\leq x<5$일 때, 부등식의 해

(3) $x\geq 5$일 때, 부등식의 해

(4) 부등식의 해

## 유형 01 연립일차부등식의 풀이

중요

▸ 개념원리 공통수학 1 192쪽

연립일차부등식은 다음과 같은 순서로 푼다.
(i) 각각의 일차부등식을 푼다.
(ii) 각 부등식의 해를 수직선 위에 나타낸다.
(iii) 공통부분을 찾아 주어진 연립부등식의 해를 구한다.

**0714** 대표문제

연립부등식 $\begin{cases} 3x+2\le 2(x-1) \\ x+1>3(x-3)+2 \end{cases}$를 만족시키는 가장 큰 정수 $x$의 값을 구하시오.

**0715** 상중하

연립부등식 $\begin{cases} 6(x-1)<x+4 \\ 5-3(x+3)\le 2x+11 \end{cases}$의 해가 $a\le x<b$일 때, $b-a$의 값을 구하시오.

**0716** 상중하

연립부등식 $\begin{cases} 0.2x-3\ge 0.5-0.1x \\ \frac{1}{2}x+\frac{5}{6}<\frac{2}{3}x+1 \end{cases}$을 만족시키는 자연수 $x$의 최솟값을 구하시오.

**0717** 상중하

연립부등식 $\begin{cases} \frac{x+1}{2}\ge\frac{3x-4}{5} \\ \frac{2x-3}{3}-\frac{x+1}{4}<\frac{x-3}{2} \end{cases}$을 만족시키는 정수 $x$의 개수를 구하시오.

## 유형 02 $A<B<C$의 꼴의 부등식

중요

▸ 개념원리 공통수학 1 193쪽

$A<B<C$의 꼴의 부등식은 연립부등식 $\begin{cases} A<B \\ B<C \end{cases}$의 꼴로 고쳐서 푼다.

**0718** 대표문제

부등식 $2(x-5)<5x-1\le 4(2-x)$를 만족시키는 모든 정수 $x$의 값의 합을 구하시오.

**0719** 상중하

다음 중 부등식 $8x-5<2x+7\le-(3x+8)$의 해가 아닌 것은?

① $-6$　② $-5$　③ $-4$
④ $-3$　⑤ $-2$

**0720** 상중하

부등식 $0.3x-1<0.5x+\frac{2}{5}\le 3+0.3x$의 해가 $a<x\le b$일 때, $a+b$의 값을 구하시오.

**0721** 상중하

부등식 $1-\frac{2(1-x)}{3}<\frac{3x+5}{4}\le\frac{x-1}{2}+1$을 만족시키는 $x$에 대하여 $A=-x+3$일 때, $A$의 값의 범위를 구하시오.

▸ 개념원리 공통수학1 194쪽

## 유형 03 특수한 해를 갖는 연립일차부등식

(1) 연립부등식의 해가 없는 경우
⇒ 각 부등식의 해를 수직선 위에 나타내었을 때 공통부분이 없다.

(2) 연립부등식의 해가 하나뿐인 경우
⇒ 각 부등식의 해를 수직선 위에 나타내었을 때 공통부분이 한 점뿐이다.

### 0722 대표문제

다음 연립부등식 중 해가 없는 것은?

① $\begin{cases} 4x-1\ge 2(x-2)+1 \\ x+4>2x-1 \end{cases}$ ② $\begin{cases} 4(3-x)<x-8 \\ 2(x-6)<3(x-4) \end{cases}$

③ $\begin{cases} \dfrac{x-1}{2}-\dfrac{x-2}{3}\ge 0 \\ 7x-5<2x+15 \end{cases}$ ④ $\begin{cases} 5x+13>-3(x+1) \\ \dfrac{2x+4}{3}\le \dfrac{x-2}{2}-x \end{cases}$

⑤ $\begin{cases} 0.5x-0.2\ge 0.4x-0.8 \\ 4(x-2)\le 3x-14 \end{cases}$

### 0723 상중하

연립부등식 $\begin{cases} 2x+5<x+4 \\ \dfrac{1}{3}(x-6)\ge -2 \end{cases}$ 를 풀면?

① $x<-1$ ② $x\ge -1$ ③ $x\ge 0$
④ 해는 없다. ⑤ 모든 실수

### 0724 상중하 서술형

부등식 $\dfrac{x+2}{3}\le\dfrac{2x+3}{5}\le\dfrac{-x+5}{4}$ 를 푸시오.

▸ 개념원리 공통수학1 195쪽

## 중요 유형 04 연립일차부등식의 해가 주어진 경우

각 일차부등식을 풀고, 주어진 연립부등식의 해와 비교하여 미정계수를 구한다.

### 0725 대표문제

연립부등식 $\begin{cases} 5x-a>2(x-1) \\ 3x\le 8+x \end{cases}$ 의 해가 $2<x\le b$일 때, 상수 $a$, $b$에 대하여 $a+b$의 값을 구하시오.

### 0726 상중하

연립부등식 $\begin{cases} -x+1>3x+a \\ 3x-5\le b \end{cases}$ 의 해를 수직선 위에 나타내면 오른쪽 그림과 같을 때, 상수 $a$, $b$에 대하여 $ab$의 값을 구하시오.

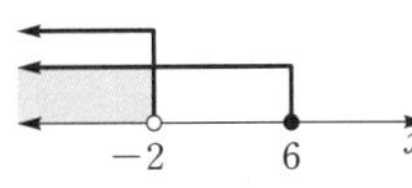


### 0727 상중하

부등식 $x+a\le 2x-3\le -(x+b)$의 해가 $4\le x\le 6$일 때, 상수 $a$, $b$에 대하여 $a-b$의 값을 구하시오.

### 0728 상중하

연립부등식 $\begin{cases} \dfrac{5}{6}x-\dfrac{1}{2}\le\dfrac{x}{3}+a \\ x+2\le 5(2x-b) \end{cases}$ 의 해가 $x=3$일 때, 상수 $a$, $b$에 대하여 $a+b$의 값을 구하시오.

08 연립일차부등식

▸ 개념원리 공통수학1 196쪽

## 유형 05 연립일차부등식이 해를 갖거나 갖지 않는 경우

(1) 연립부등식이 해를 갖는 경우

➡ 공통부분이 있도록 각 부등식의 해를 수직선 위에 나타낸다.

(2) 연립부등식의 해가 없는 경우

➡ 공통부분이 없도록 각 부등식의 해를 수직선 위에 나타낸다.

**0729** 대표문제

연립부등식 $\begin{cases} \dfrac{3-2x}{2} \leq a \\ 3x+6>5x \end{cases}$ 가 해를 갖도록 하는 정수 $a$의 최솟값을 구하시오.

**0730** 상중하

부등식 $2x+a \leq 2(3-x) \leq 3x-4$가 해를 갖도록 하는 실수 $a$의 값의 범위를 구하시오.

**0731** 상중하

연립부등식 $\begin{cases} \dfrac{2x+5}{3}+\dfrac{x-3}{2}>-1 \\ 5x-7<4(x-k) \end{cases}$ 의 해가 없을 때, 실수 $k$의 값의 범위를 구하시오.

**0732** 상중하 서술형

연립부등식 $\begin{cases} \dfrac{1}{2}x+1<3x-a \\ 0.2(5-2x) \geq 0.3x-0.4 \end{cases}$ 의 해가 없을 때, 정수 $a$의 최솟값을 구하시오.

▸ 개념원리 공통수학1 197쪽

## 중요 유형 06 연립일차부등식의 활용

연립일차부등식의 활용 문제는 다음과 같은 순서로 푼다.

(i) 구하려는 것을 미지수 $x$로 놓는다.

(ii) 주어진 조건을 이용하여 연립부등식을 세운다.

(iii) 연립부등식을 풀고 구한 해가 문제의 조건에 맞는지 확인한다.

**0733** 대표문제

16 %의 소금물 200 g이 있다. 이 소금물에 소금을 더 넣어 20 % 이상 25 % 이하의 소금물을 만들려고 할 때, 더 넣어야 하는 소금의 양의 범위를 구하시오.

**0734** 상중하

연속하는 세 홀수의 합이 119 이상 129 미만일 때, 이 세 홀수 중 가장 큰 수를 구하시오.

**0735** 상중하

두 이차함수 $y=x^2+4x+k$, $y=\frac{1}{2}x^2-5x-2k$의 그래프가 모두 $x$축과 서로 다른 두 점에서 만나도록 하는 정수 $k$의 개수를 구하시오.

**0736** 상중하

다음 표는 두 식품 A, B의 100 g당 탄수화물과 단백질의 양을 나타낸 것이다. 두 식품 A, B를 합하여 300 g을 섭취하고 탄수화물은 42 g 이상, 단백질은 24 g 이상 얻으려고 할 때, 섭취해야 하는 식품 B의 양의 범위를 구하시오.

| 식품 | 탄수화물(g) | 단백질(g) |
|---|---|---|
| A | 10 | 12 |
| B | 25 | 6 |

▸ 개념원리 공통수학 1 201쪽

## 유형 07 $|ax+b|<c$, $|ax+b|>c$의 꼴의 부등식

$|ax+b|<c$ 또는 $|ax+b|>c$ $(c>0)$의 꼴의 부등식은
(1) $|ax+b|<c$ ➡ $-c<ax+b<c$
(2) $|ax+b|>c$ ➡ $ax+b<-c$ 또는 $ax+b>c$
임을 이용하여 절댓값 기호를 없앤 후 푼다.

**0737** 대표문제

부등식 $|2x-4|<6$의 해가 $a<x<b$일 때, $b-a$의 값을 구하시오.

**0738** 상중하

부등식 $|5-3x|\le 7$을 만족시키는 정수 $x$의 개수는?

① 3 ② 5 ③ 7 ④ 9 ⑤ 11

**0739** 상중하

부등식 $|2x-a|>4$의 해가 $x<b$ 또는 $x>3$일 때, 실수 $a$, $b$에 대하여 $a+b$의 값을 구하시오.

**0740** 상중하

부등식 $1<|x-2|<a$를 만족시키는 정수 $x$의 개수가 10일 때, 자연수 $a$의 값은?

① 5 ② 6 ③ 7 ④ 8 ⑤ 9

▸ 개념원리 공통수학 1 202쪽

## 유형 08 $|ax+b|<cx+d$의 꼴의 부등식

$|ax+b|<cx+d$의 꼴의 부등식은 절댓값 기호 안의 식의 값이 0이 되는 $x$의 값을 기준으로 범위를 나누어 푼다.

**0741** 대표문제

부등식 $|x-1|\le 3x-1$을 만족시키는 실수 $x$의 최솟값은?

① $-1$ ② $-\frac{1}{2}$ ③ 0 ④ $\frac{1}{2}$ ⑤ 1

**0742** 상중하

부등식 $|3x-1|>2x+7$의 해가 $x<a$ 또는 $x>b$일 때, $b-5a$의 값은?

① 6 ② 10 ③ 14 ④ 18 ⑤ 22

**0743** 상중하

부등식 $2|-x+1|<x+7$의 해가 $x<a$에 포함되도록 하는 실수 $a$의 값의 범위를 구하시오.

**0744** 상중하

부등식 $|2x+5|<-x+4$의 해가 부등식 $|x-a|<b$의 해와 같을 때, 상수 $a$, $b$의 값을 구하시오.

중요 ▸ 개념원리 공통수학1 202쪽

## 유형 09 절댓값 기호가 두 개인 부등식

두 일차식 $f(x)$, $g(x)$에 대하여 $f(a)=0$, $g(b)=0$ $(a<b)$일 때, $|f(x)|+|g(x)|<c$의 꼴의 부등식
➡ $x$의 값의 범위를 $x<a$, $a\le x<b$, $x\ge b$로 나누어 푼다.

**0745** 대표문제

부등식 $2|x-1|+3|x+1|<6$을 만족시키는 모든 정수 $x$의 값의 합을 구하시오.

**0746** 상중하

부등식 $|x+1|+5\ge|2x-1|$의 해의 최댓값과 최솟값의 합은?

① 2 ② 3 ③ 4
④ 5 ⑤ 6

**0747** 상중하

부등식 $|2x+1|-4|x-2|>x-1$을 만족시키는 정수 $x$의 개수를 구하시오.

**0748** 상중하 서술형

부등식 $\sqrt{(3-x)^2}+2|x+1|<9$의 해가 $a<x<b$일 때, $b-a$의 값을 구하시오.

## 유형 10 절댓값 기호를 포함한 부등식의 해가 없거나 무수히 많은 경우

(1) $|ax+b|<c$의 해가 없다. ➡ $c\le0$
(2) $|ax+b|\le c$의 해가 없다. ➡ $c<0$
(3) $|ax+b|>c$의 해가 모든 실수이다. ➡ $c<0$
(4) $|ax+b|\ge c$의 해가 모든 실수이다. ➡ $c\le0$

**0749** 대표문제

부등식 $|x-4|\le\frac{3}{4}k-9$의 해가 존재하지 않도록 하는 양의 정수 $k$의 개수는?

① 8 ② 9 ③ 10
④ 11 ⑤ 12

**0750** 상중하

부등식 $|x-2|\le k+2$의 해가 존재하도록 하는 실수 $k$의 값의 범위는?

① $k>-3$ ② $k\ge-2$ ③ $k<0$
④ $k<-3$ ⑤ $k\le-2$

**0751** 상중하

부등식 $|3x-4|+2>a$의 해가 모든 실수가 되도록 하는 실수 $a$의 값의 범위는?

① $a\ge-2$ ② $a>-2$ ③ $a<2$
④ $a\le2$ ⑤ $a\ge2$

▶ 개념원리 공통수학1 196쪽

## 유형 11 정수인 해의 개수가 주어진 연립일차부등식

연립부등식의 정수인 해가 $n$개인 경우에는 다음과 같은 순서로 푼다.
(i) 각 부등식의 해를 수직선 위에 나타낸다.
(ii) 공통부분이 $n$개의 정수를 포함하도록 하는 미지수의 값의 범위를 구한다.

**0752** 대표문제

연립부등식 $\begin{cases} 1-x\geq -3 \\ 5x-a>3(x+2) \end{cases}$ 를 만족시키는 정수 $x$가 5개일 때, 실수 $a$의 값의 범위는?

① $-10\leq a<-8$ ② $-10<a\leq -8$
③ $-8\leq a<-6$ ④ $-8<a\leq -6$
⑤ $-6\leq a<-4$

**0753** 상중하

연립부등식 $\begin{cases} 3x+3<2(4-x) \\ x+a\leq 2x+2 \end{cases}$ 를 만족시키는 정수 $x$가 $-1$과 0뿐일 때, 실수 $a$의 값의 범위를 구하시오.

**0754** 상중하

부등식 $2x+a<3-\dfrac{2-x}{2}<\dfrac{3x-1}{3}$ 을 만족시키는 정수 $x$가 3개일 때, 실수 $a$의 최솟값을 구하시오.

**0755** 상중하 서술형

연립부등식 $\begin{cases} |2x+3|<5 \\ |x-a|\leq 4 \end{cases}$ 를 만족시키는 정수 $x$가 존재하도록 하는 실수 $a$의 값의 범위를 구하시오.

▶ 개념원리 공통수학1 197쪽

## 유형 12 연립일차부등식의 활용 – 과부족

(1) 물건을 한 사람에게 $k$개씩 나누어 주는 경우
➡ 사람의 수를 $x$로 놓는다.
(2) 한 의자에 $n$명씩 앉으면 $k$개의 의자가 남는 경우
➡ 의자의 개수를 $x$로 놓고 마지막 의자에는 최소 1명에서 최대 $n$명까지 앉을 수 있음을 이용한다.

**0756** 대표문제

어느 반 학생들이 긴 의자에 앉으려고 한다. 한 의자에 3명씩 앉으면 학생이 5명 남고, 4명씩 앉으면 의자가 3개 남을 때, 다음 중 의자의 개수가 될 수 없는 것은?

① 17 ② 18 ③ 19
④ 20 ⑤ 21

**0757** 상중하

학생들에게 사탕을 나누어 주는데 한 학생에게 4개씩 나누어 주면 12개가 남고, 7개씩 나누어 주면 마지막 한 학생은 2개 이상 6개 미만을 받는다고 한다. 이때 사탕의 개수는?

① 24 ② 28 ③ 32
④ 36 ⑤ 40

**0758** 상중하

어느 회사에서 워크숍을 가는데 승용차 한 대에 4명씩 타면 11명이 타지 못하고, 5명씩 타면 승용차 2대가 남는다고 한다. 이때 승용차는 최소 몇 대인가?

① 21대 ② 22대 ③ 23대
④ 24대 ⑤ 25대

## 시험에 꼭 나오는 문제

**0759**

다음 중 연립부등식 $\begin{cases} x+2>4x-13 \\ 3(x-1)\geq 2x-3 \end{cases}$ 을 만족시키는 $x$의 값이 될 수 <u>없는</u> 것은?

① 1 ② 2 ③ 3
④ 4 ⑤ 5

**0760**

연립부등식 $\begin{cases} 1.2x-2\leq 0.8x+3.2 \\ 3-\dfrac{x-2}{4}<\dfrac{2x-3}{2} \end{cases}$ 의 해가 $a<x\leq b$일 때, 부등식 $bx+a<0$의 해를 구하시오.

**0761**

부등식 $4x+1\leq 2x+a<5x-b$를 연립부등식 $\begin{cases} 4x+1\leq 2x+a \\ 4x+1<5x-b \end{cases}$ 로 잘못 변형하여 풀었더니 해가 $-3<x\leq 3$이었다. 이때 원래 부등식의 해를 구하시오.

(단, $a$, $b$는 상수이다.)

**0762** 중요★

연립부등식 $\begin{cases} 5(x-2)\leq 2x-7 \\ \dfrac{1}{2}x+1>\dfrac{a}{3}x-1 \end{cases}$ 의 해가 $-6<x\leq b$일 때, 상수 $a$, $b$에 대하여 $a+b$의 값을 구하시오. $\left(\text{단, } a<\dfrac{3}{2}\right)$

**0763**

연립부등식 $\begin{cases} 2x-3>x+1 \\ 2x+a\leq 10 \end{cases}$ 의 해가 없을 때, 실수 $a$의 값의 범위를 구하시오.

**0764** 중요★

6 %의 설탕물과 12 %의 설탕물을 섞어서 8 % 이상 10 % 이하의 설탕물 600 g을 만들려고 한다. 이때 섞어야 할 6 %의 설탕물의 양의 범위를 구하시오.

**0765** 교육청 기출

연립부등식 $\begin{cases} 2x+5\leq 9 \\ |x-3|\leq 7 \end{cases}$ 을 만족시키는 정수 $x$의 개수를 구하시오.

**0766**

부등식 $|2|x-1|-3|\leq 1$을 만족시키는 모든 정수 $x$의 값의 합을 구하시오.

### 0767

부등식 $|5-x| \leq 15-x$를 만족시키는 자연수 $x$의 개수는?

① 8　　② 10　　③ 12
④ 14　　⑤ 16

### 0768

부등식 $\left|\frac{3}{4}x+1\right|-a<\frac{1}{2}$의 해가 존재하지 않도록 하는 실수 $a$의 값의 범위를 구하시오.

### 0769

연립부등식 $\begin{cases} 0.3(2x+5)>0.7(x+1) \\ 2x-1>a \end{cases}$를 만족시키는 정수 $x$가 1개뿐일 때, 다음 중 실수 $a$의 값이 될 수 있는 것은?

① 7　　② 9　　③ 11
④ 13　　⑤ 15

### 0770

학생들이 야영을 하는데 한 텐트에 5명씩 자면 2명이 남고, 6명씩 자면 1개의 텐트가 남는다고 한다. 이때 학생은 최대 몇 명인지 구하시오.

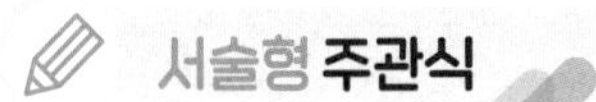


### 0771

연립부등식 $\begin{cases} 4x-(3x-2)<2x \\ 5x-15\leq 2(x+1) \end{cases}$의 해 중 가장 큰 정수를 $M$, 가장 작은 정수를 $m$이라 할 때, $M-m$의 값을 구하시오.

### 0772

부등식 $|x+6|<a-1$을 만족시키는 정수 $x$의 최댓값이 4일 때, 자연수 $a$의 값을 구하시오.

### 0773

합금 A의 25 %는 구리, 30 %는 아연이고, 합금 B의 20 %는 구리, 35 %는 아연이다. 합금 A와 합금 B를 합하여 200 g을 가지고 구리를 43 g 이상, 아연을 65 g 이상 얻으려고 할 때, 합금 A의 양의 범위를 구하시오.

### 0774

자연수 $a$, $b$에 대하여 부등식 $|x-a|+|x|\leq b$를 만족시키는 정수 $x$의 개수를 $f(a, b)$라 하자. 이때 $f(n, n+3)=5$를 만족시키는 자연수 $n$의 값을 구하시오.

# 09 이차부등식과 연립이차부등식

개념 플러스

## 09 | 1 이차부등식과 이차함수의 관계

유형 01, 11, 12

### 1 이차부등식

부등식의 모든 항을 좌변으로 이항하여 정리하였을 때, 좌변이 $x$에 대한 이차식인 부등식을 $x$에 대한 **이차부등식**이라 한다.

### 2 이차부등식의 해와 이차함수의 그래프의 관계

(1) 이차부등식 $ax^2+bx+c>0$의 해

⇨ $y=ax^2+bx+c$에서 $y>0$인 $x$의 값의 범위

⇨ $y=ax^2+bx+c$의 그래프가 $x$축보다 위쪽에 있는 부분의 $x$의 값의 범위

(2) 이차부등식 $ax^2+bx+c<0$의 해

⇨ $y=ax^2+bx+c$에서 $y<0$인 $x$의 값의 범위

⇨ $y=ax^2+bx+c$의 그래프가 $x$축보다 아래쪽에 있는 부분의 $x$의 값의 범위

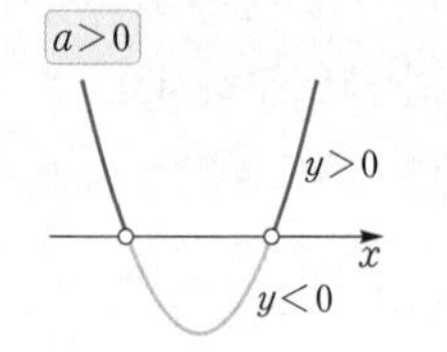


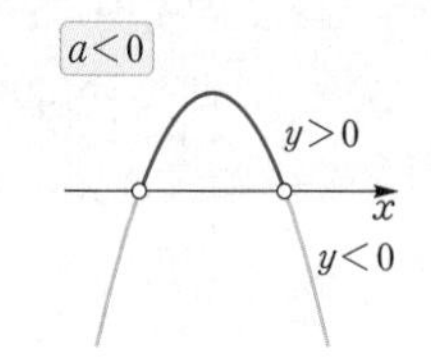


● 이차부등식 $ax^2+bx+c\geq0$과 $ax^2+bx+c\leq0$의 해는 $y=ax^2+bx+c$의 그래프가 $x$축과 만나는 부분까지 포함한다.

## 09 | 2 이차부등식의 해

유형 02, 03, 06, 07, 10, 11, 13, 18

이차방정식 $ax^2+bx+c=0$ $(a>0)$의 판별식을 $D=b^2-4ac$라 하면 이차부등식의 해는 다음과 같다.

| | $D>0$ | $D=0$ | $D<0$ |
|---|---|---|---|
| $y=ax^2+bx+c$의 그래프 | $\alpha$ $\beta$ $x$ | $\alpha(=\beta)$ $x$ | $x$ |
| $ax^2+bx+c>0$의 해 | $x<\alpha$ 또는 $x>\beta$ | $x\neq\alpha$인 모든 실수 | 모든 실수 |
| $ax^2+bx+c\geq0$의 해 | $x\leq\alpha$ 또는 $x\geq\beta$ | 모든 실수 | 모든 실수 |
| $ax^2+bx+c<0$의 해 | $\alpha<x<\beta$ | 없다. | 없다. |
| $ax^2+bx+c\leq0$의 해 | $\alpha\leq x\leq\beta$ | $x=\alpha$ | 없다. |

● $a<0$인 경우에는 주어진 이차부등식의 양변에 $-1$을 곱하여 $x^2$의 계수를 양수로 바꾸어 푼다. 이때 부등호의 방향이 바뀌는 것에 주의한다.

## 09 | 3 이차부등식의 작성

유형 04, 05, 11

(1) 해가 $\alpha<x<\beta$이고 $x^2$의 계수가 1인 이차부등식은

$$(x-\alpha)(x-\beta)<0,\ 즉\ x^2-(\alpha+\beta)x+\alpha\beta<0$$

(2) 해가 $x<\alpha$ 또는 $x>\beta$ $(\alpha<\beta)$이고 $x^2$의 계수가 1인 이차부등식은

$$(x-\alpha)(x-\beta)>0,\ 즉\ x^2-(\alpha+\beta)x+\alpha\beta>0$$

● 이차부등식의 해가 주어지고 $x^2$의 계수가 $a$인 이차부등식은 (1), (2)에서 구한 이차부등식의 양변에 $a$를 곱하여 구한다. 이때 $a<0$이면 부등호의 방향이 바뀌는 것에 주의한다.

# 교과서 문제 정복하기

정답 및 풀이 099쪽

## 09 1 이차부등식과 이차함수의 관계

[0775 ~ 0776] 이차함수 $y=f(x)$의 그래프가 오른쪽 그림과 같을 때, 다음 이차부등식의 해를 구하시오.

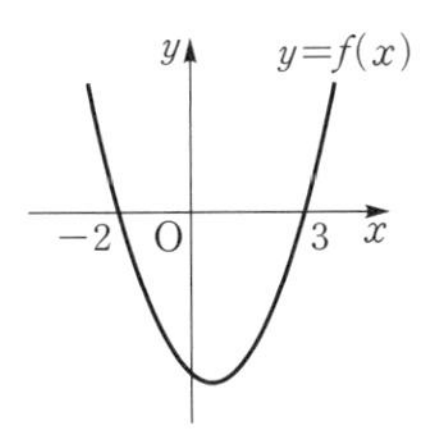


**0775** $f(x)>0$

**0776** $f(x)\le 0$

[0777 ~ 0778] 이차함수 $y=ax^2+bx+c$의 그래프와 직선 $y=mx+n$이 오른쪽 그림과 같을 때, 다음 이차부등식의 해를 구하시오.

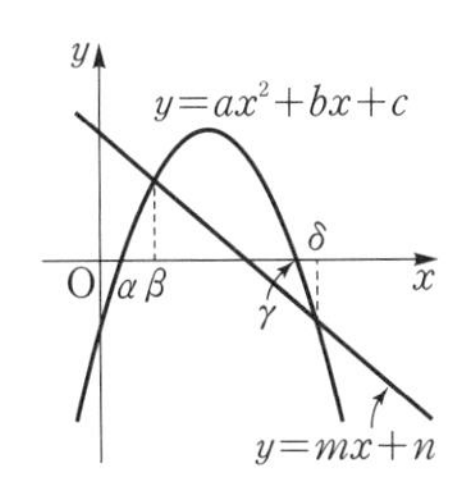


**0777** $ax^2+bx+c\ge 0$

**0778** $ax^2+bx+c<mx+n$

## 09 2 이차부등식의 해

[0779 ~ 0783] 다음 이차부등식을 푸시오.

**0779** $x^2-2x-15<0$

**0780** $3x^2-2x-1\le 0$

**0781** $5x^2-9x-2>0$

**0782** $2x^2+5x-3\ge 0$

**0783** $-x^2+4x-3\ge 0$

[0784 ~ 0787] 다음 이차부등식을 푸시오.

**0784** $4x^2-4x+1>0$

**0785** $4x^2-12x+9\ge 0$

**0786** $x^2+2x+1<0$

**0787** $9x^2-6x+1\le 0$

[0788 ~ 0791] 다음 이차부등식을 푸시오.

**0788** $x^2-x+2>0$

**0789** $2x^2-4x+5<0$

**0790** $x^2\ge 2(x-1)$

**0791** $9x^2\le -12x-7$

## 09 3 이차부등식의 작성

[0792 ~ 0796] 해가 다음과 같고 $x^2$의 계수가 1인 이차부등식을 구하시오.

**0792** $-1<x<4$

**0793** $-2\le x\le 3$

**0794** $x<-2$ 또는 $x>4$

**0795** $x\le 1$ 또는 $x\ge 3$

**0796** $x\ne 6$인 모든 실수

## 09 | 4 이차부등식이 항상 성립할 조건

유형 08, 09, 12

이차방정식 $ax^2+bx+c=0$의 판별식을 $D$라 할 때, 모든 실수 $x$에 대하여

(1) $ax^2+bx+c>0$이 성립 ⇨ $\boldsymbol{a>0,\ D<0}$

(2) $ax^2+bx+c\geq0$이 성립 ⇨ $\boldsymbol{a>0,\ D\leq0}$

(3) $ax^2+bx+c<0$이 성립 ⇨ $\boldsymbol{a<0,\ D<0}$

(4) $ax^2+bx+c\leq0$이 성립 ⇨ $\boldsymbol{a<0,\ D\leq0}$

참고▸ (1) (2) (3) (4)

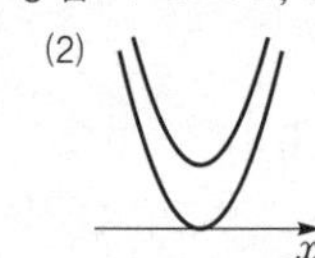

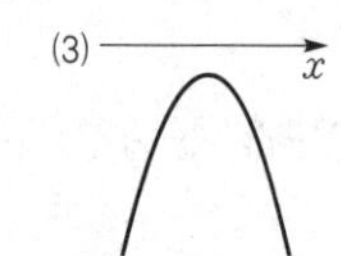

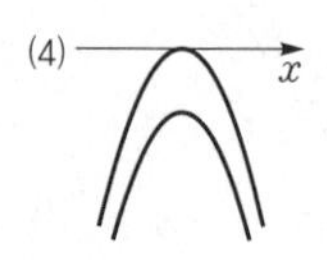

- 모든 실수 $x$에 대하여
  ① $f(x)>0$이면 $y=f(x)$의 그래프가 $x$축보다 항상 위쪽에 있다.
  ② $f(x)<0$이면 $y=f(x)$의 그래프가 $x$축보다 항상 아래쪽에 있다.

## 09 | 5 연립이차부등식

유형 14~18, 20

### 1 연립이차부등식

연립부등식에서 차수가 가장 높은 부등식이 이차부등식일 때, 이 연립부등식을 **연립이차부등식**이라 한다.

- 연립이차부등식은 $\begin{cases}\text{일차부등식}\\ \text{이차부등식}\end{cases}$, $\begin{cases}\text{이차부등식}\\ \text{이차부등식}\end{cases}$ 중 하나의 꼴이다.

### 2 연립이차부등식의 풀이

연립이차부등식은 다음과 같은 순서로 푼다.

(i) 각각의 부등식을 푼다.

(ii) 각 부등식의 해를 수직선 위에 나타낸다.

(iii) 공통부분을 찾아 주어진 연립부등식의 해를 구한다.

참고▸ $A<B<C$의 꼴의 부등식은 연립부등식 $\begin{cases}A<B\\ B<C\end{cases}$의 꼴로 고쳐서 푼다.

- 연립부등식을 이루고 있는 각 부등식의 해의 공통부분이 없으면 연립부등식의 해는 없다.

## 09 | 6 이차방정식의 실근의 조건

유형 19, 21

### 1 이차방정식의 실근의 부호

이차방정식 $ax^2+bx+c=0$ ($a$, $b$, $c$는 실수)의 두 실근을 $\alpha$, $\beta$, 판별식을 $D$라 하면

(1) 두 근이 모두 양수일 조건 ⇨ $D\geq0$, $\alpha+\beta>0$, $\alpha\beta>0$

(2) 두 근이 모두 음수일 조건 ⇨ $D\geq0$, $\alpha+\beta<0$, $\alpha\beta>0$

(3) 두 근이 서로 다른 부호일 조건 ⇨ $\alpha\beta<0$

참고▸ (3)에서 $\alpha\beta<0$이면 $\frac{c}{a}<0$에서 $ac<0$이므로 항상 $D=b^2-4ac>0$이다.

- 이차방정식의 근의 부호는 실근인 경우에만 생각할 수 있다.

### 2 이차방정식의 실근의 위치

이차방정식 $ax^2+bx+c=0$ $(a>0)$의 판별식을 $D$, $f(x)=ax^2+bx+c$라 할 때

(1) 두 근이 모두 $p$보다 크다. ⇨ $\boldsymbol{D\geq0,\ f(p)>0,\ -\frac{b}{2a}>p}$

(2) 두 근이 모두 $p$보다 작다. ⇨ $\boldsymbol{D\geq0,\ f(p)>0,\ -\frac{b}{2a}<p}$

(3) 두 근 사이에 $p$가 있다. ⇨ $\boldsymbol{f(p)<0}$

(4) 두 근이 모두 $p$, $q$ $(p<q)$ 사이에 있다. ⇨ $\boldsymbol{D\geq0,\ f(p)>0,\ f(q)>0,\ p<-\frac{b}{2a}<q}$

참고▸ (3)에서 $a>0$, $f(p)<0$이면 $y=f(x)$의 그래프가 반드시 $x$축과 서로 다른 두 점에서 만나므로 항상 $D>0$이다. 또 축의 위치는 상관이 없으므로 고려하지 않는다.

- 이차방정식 $f(x)=0$의 실근의 위치가 주어진 경우에는 $y=f(x)$의 그래프를 그린 후 다음 세 가지 조건을 생각한다.
  (i) $f(x)=0$의 판별식 $D$의 부호
  (ii) 경계에서의 함숫값의 부호
  (iii) $y=f(x)$의 그래프의 축의 위치

# 교과서 문제 정복하기

## 09 4 이차부등식이 항상 성립할 조건

[0797~0800] 모든 실수 $x$에 대하여 다음 이차부등식이 성립하도록 하는 실수 $k$의 값의 범위를 구하시오.

**0797** $x^2+kx+2>0$

**0798** $x^2-6kx-k\geq0$

**0799** $-x^2+4x-k+2<0$

**0800** $-x^2+2kx-3k\leq0$

## 09 5 연립이차부등식

**0801** 연립부등식 $\begin{cases} x^2-5x+6\geq0 \\ x^2+4<5x \end{cases}$의 해를 구하려고 한다. 다음 물음에 답하시오.

(1) 이차부등식 $x^2-5x+6\geq0$을 푸시오.
(2) 이차부등식 $x^2+4<5x$를 푸시오.
(3) 연립부등식의 해를 구하시오.

[0802~0804] 다음 부등식을 푸시오.

**0802** $\begin{cases} 2x+5>x+2 \\ x^2+4x-5<0 \end{cases}$

**0803** $\begin{cases} 2x^2-5x+2<0 \\ x^2-x\geq0 \end{cases}$

**0804** $2x+6\leq x^2+3<2x+11$

## 09 6 이차방정식의 실근의 조건

**0805** 이차방정식 $x^2-x-2k+1=0$의 두 근이 모두 양수일 때, 실수 $k$의 값의 범위를 구하시오.

**0806** 이차방정식 $x^2+(k-1)x+4=0$의 두 근이 모두 음수일 때, 실수 $k$의 값의 범위를 구하시오.

**0807** 이차방정식 $x^2+kx+k^2-4=0$의 두 근의 부호가 서로 다를 때, 실수 $k$의 값의 범위를 구하시오.

**0808** $x^2$의 계수가 양수인 이차방정식 $f(x)=0$의 판별식을 $D$, 이차함수 $y=f(x)$의 그래프의 축의 방정식을 $x=a$라 하자. $f(x)=0$의 두 근이 다음과 같을 때, □ 안에 알맞은 부등호를 써넣으시오.

(1) 두 근이 모두 $-1$보다 크다.
⇨ $D$ □ $0$, $f(-1)$ □ $0$,
$a$ □ $-1$

(2) 두 근 사이에 2가 있다.
⇨ $f(2)$ □ $0$

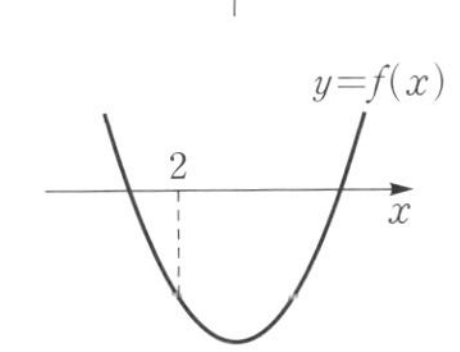


**0809** 이차방정식 $x^2-2kx+2-k=0$의 두 근이 모두 1보다 작을 때, 실수 $k$의 값의 범위를 구하시오.

**0810** 이차방정식 $x^2-kx+1+5k=0$의 두 근 사이에 $-1$이 있을 때, 실수 $k$의 값의 범위를 구하시오.

**0811** 이차방정식 $x^2+2kx+5k+6=0$의 두 근이 0과 2 사이에 있을 때, 실수 $k$의 값의 범위를 구하시오.

▸ 개념원리 공통수학1 207쪽

## 유형 01 그래프를 이용한 부등식의 풀이

(1) 부등식 $f(x)>0$의 해
⇒ $y=f(x)$의 그래프가 $x$축보다 위쪽에 있는 부분의 $x$의 값의 범위

(2) 부등식 $f(x)>g(x)$의 해
⇒ $y=f(x)$의 그래프가 $y=g(x)$의 그래프보다 위쪽에 있는 부분의 $x$의 값의 범위

**0812** 대표문제

이차함수 $y=ax^2+bx+c$의 그래프와 직선 $y=mx+n$이 오른쪽 그림과 같을 때, 이차부등식 $ax^2+(b-m)x+c-n\geq0$의 해를 구하시오.
(단, $a$, $b$, $c$, $m$, $n$은 상수이다.)

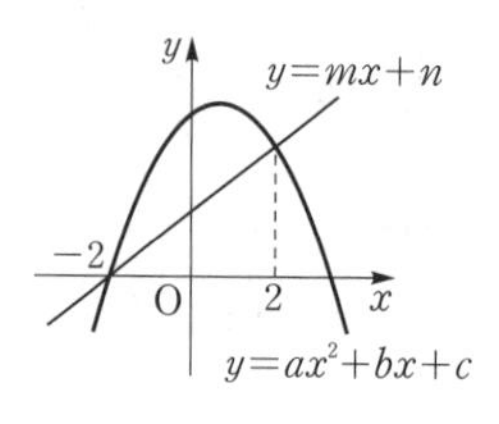


**0813** 상중하

이차함수 $y=f(x)$의 그래프가 오른쪽 그림과 같을 때, 이차부등식 $f(x)\leq0$을 만족시키는 정수 $x$의 개수를 구하시오.

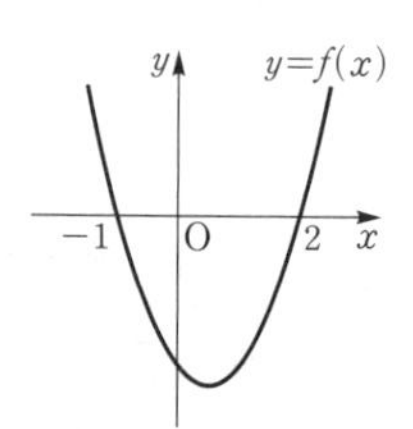


**0814** 상중하

두 이차함수 $y=f(x)$, $y=g(x)$의 그래프가 오른쪽 그림과 같을 때, 부등식 $f(x)g(x)>0$의 해를 구하시오.

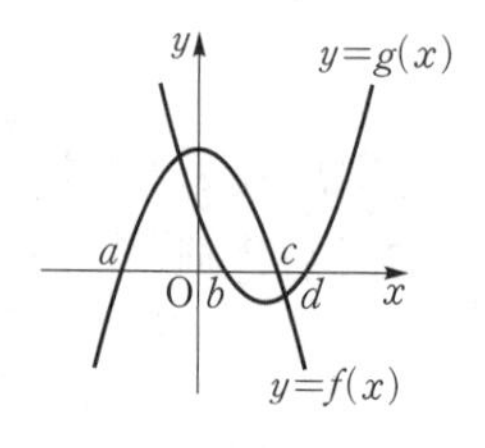


중요

▸ 개념원리 공통수학1 208쪽

## 유형 02 이차부등식의 풀이

이차방정식 $f(x)=0$의 판별식을 $D$라 할 때, 이차부등식 $f(x)>0$의 해는 다음과 같이 구한다.
(1) $D>0$이면 $f(x)$를 인수분해하거나 근의 공식을 이용한다.
(2) $D\leq0$이면 $f(x)=a(x-p)^2+q$의 꼴로 변형한다.

**0815** 대표문제

이차부등식 $-2x^2+7x+6\geq2x+3$을 만족시키는 정수 $x$의 개수를 구하시오.

**0816** 상중하

이차부등식 $x^2-2x-7\geq0$의 해가 $x\leq\alpha$ 또는 $x\geq\beta$일 때, $\beta-\alpha$의 값을 구하시오.

**0817** 상중하

다음 이차부등식 중 해가 존재하지 <u>않는</u> 것은?

① $x^2-6x+9>0$　② $4x^2+4x+1\leq0$
③ $9x^2\geq6x-1$　④ $12x-9>4x^2$
⑤ $x^2+2x-3\leq0$

**0818** 상중하

다음 중 이차부등식 $x^2+6x-7\geq0$과 해가 같은 것은?

① $|x+3|\leq4$　② $|x+3|\geq4$　③ $|x-3|\geq2$
④ $|x-3|\leq3$　⑤ $|x+2|\geq5$

▸ 개념원리 공통수학 1 209쪽

## 유형 03 절댓값 기호를 포함한 이차부등식

$|A|=\begin{cases} A & (A\geq 0) \\ -A & (A<0) \end{cases}$임을 이용하여 절댓값 기호를 없앤다.

이때 $A$가 $x$에 대한 다항식이면 $A=0$이 되는 $x$의 값을 기준으로 범위를 나누어 푼다.

**0819** 대표문제

부등식 $x^2-x-5\leq|2x-1|$을 만족시키는 정수 $x$의 개수는?

① 5 ② 6 ③ 7
④ 8 ⑤ 9

**0820** 상중하 서술형

부등식 $x^2+2|x|-3<0$의 해를 구하시오.

**0821** 상중하

다음 중 부등식 $|x^2-5x|>6$의 해가 <u>아닌</u> 것은?

① $-3$ ② $\frac{5}{2}$ ③ 3
④ 7 ⑤ $\frac{17}{2}$

▸ 개념원리 공통수학 1 212쪽

## 중요 유형 04 해가 주어진 이차부등식

(1) 해가 $\alpha<x<\beta$이고 $x^2$의 계수가 1인 이차부등식
⇒ $(x-\alpha)(x-\beta)<0$

(2) 해가 $x<\alpha$ 또는 $x>\beta$ $(\alpha<\beta)$이고 $x^2$의 계수가 1인 이차부등식
⇒ $(x-\alpha)(x-\beta)>0$

**0822** 대표문제

이차부등식 $ax^2+bx+10>0$의 해가 $x<-5$ 또는 $x>-1$일 때, 이차부등식 $x^2-2ax-b<0$의 해를 구하시오. (단, $a$, $b$는 상수이다.)

**0823** 상중하

이차부등식 $x^2-2kx-3k\leq 0$의 해가 $x=-3$일 때, 상수 $k$의 값을 구하시오.

**0824** 상중하

이차부등식 $x^2+ax-8\geq 0$의 해가 $x\leq\alpha$ 또는 $x\geq\beta$이고, 이차부등식 $x^2+4x+b\leq 0$의 해가 $\alpha+1\leq x\leq\beta+1$일 때, 상수 $a$, $b$에 대하여 $a-b$의 값을 구하시오. (단, $\alpha<\beta$)

**0825** 상중하

이차부등식 $ax^2+bx+c>0$의 해가 $\frac{1}{7}<x<\frac{1}{2}$일 때, 이차부등식 $4cx^2+2bx+a>0$을 만족시키는 모든 정수 $x$의 값의 합을 구하시오. (단, $a$, $b$, $c$는 상수이다.)

▸ 개념원리 공통수학 1 212쪽

## 유형 05 부등식 $f(x)<0$과 부등식 $f(ax+b)<0$의 관계

(1) $f(x)=p(x-\alpha)(x-\beta)$이면
$f(ax+b)=p(ax+b-\alpha)(ax+b-\beta)$

(2) $f(x)<0$의 해가 $\alpha<x<\beta$이면 $f(ax+b)<0$의 해는
$\alpha<ax+b<\beta$
를 만족시키는 $x$의 값의 범위

**0826** 대표문제

이차부등식 $f(x)<0$의 해가 $x<-3$ 또는 $x>2$일 때, 부등식 $f(-x)\geq0$의 해를 구하시오.

**0827** 상중하

이차부등식 $f(x)<0$의 해가 $-1<x<2$일 때, 부등식 $f(2x+1)\leq0$의 해는 $\alpha\leq x\leq\beta$이다. 이때 $\alpha+\beta$의 값을 구하시오.

**0828** 상중하

이차부등식 $f(x)\geq0$의 해가 $-2\leq x\leq2$일 때, 다음 중 부등식 $f(2024-x)<0$의 해가 될 수 있는 것은?

① 2023 ② 2024 ③ 2025
④ 2026 ⑤ 2027

**0829** 상중하

이차부등식 $ax^2+bx+c\leq0$의 해가 $1\leq x\leq5$일 때, 이차부등식 $a(x-5)^2+b(x-5)+c<0$을 만족시키는 모든 정수 $x$의 값의 합을 구하시오. (단, $a$, $b$, $c$는 상수이다.)

▸ 개념원리 공통수학 1 214쪽

## 유형 06 이차부등식의 해가 한 개일 조건

(1) $ax^2+bx+c\geq0$의 해가 한 개일 조건 ➡ $a<0$, $b^2-4ac=0$
(2) $ax^2+bx+c\leq0$의 해가 한 개일 조건 ➡ $a>0$, $b^2-4ac=0$

**0830** 대표문제

이차부등식 $2x^2-(k+3)x+2k\leq0$의 해가 오직 한 개 존재할 때, 모든 실수 $k$의 값의 합을 구하시오.

**0831** 상중하

이차부등식 $kx^2-16x+k\geq0$이 단 하나의 해를 갖도록 하는 상수 $k$의 값을 구하시오.

▸ 개념원리 공통수학 1 214쪽

## 유형 07 이차부등식이 해를 가질 조건

이차부등식 $ax^2+bx+c>0$이 해를 가질 조건
(1) $a>0$ ➡ 이차부등식은 항상 해를 갖는다.
(2) $a<0$ ➡ $b^2-4ac>0$

**0832** 대표문제

이차부등식 $2x^2+6x-a<0$이 해를 갖도록 하는 정수 $a$의 최솟값을 구하시오.

**0833** 상중하

다음 중 부등식 $ax^2+4ax-8>0$이 해를 갖도록 하는 실수 $a$의 값이 아닌 것은?

① $-3$ ② $-2$ ③ 1
④ 2 ⑤ 3

정답 및 풀이 103쪽

▸ 개념원리 공통수학1 213쪽

## 중요 유형 08 이차부등식이 항상 성립할 조건

모든 실수 $x$에 대하여
(1) $ax^2+bx+c>0$이 성립할 조건 ➡ $a>0$, $b^2-4ac<0$
(2) $ax^2+bx+c\geq 0$이 성립할 조건 ➡ $a>0$, $b^2-4ac\leq 0$
(3) $ax^2+bx+c<0$이 성립할 조건 ➡ $a<0$, $b^2-4ac<0$
(4) $ax^2+bx+c\leq 0$이 성립할 조건 ➡ $a<0$, $b^2-4ac\leq 0$

**0834** 대표문제

이차부등식 $ax^2+6x\leq 8-a$가 모든 실수 $x$에 대하여 성립하도록 하는 정수 $a$의 최댓값을 구하시오.

**0835** 상중하

이차부등식 $3x^2-2(k+1)x+k+1>0$이 $x$의 값에 관계없이 항상 성립할 때, 정수 $k$의 개수는?

① 2 ② 3 ③ 4
④ 5 ⑤ 6

**0836** 상중하

이차부등식 $ax^2-2(a+2)x+2a+7<0$의 해가 모든 실수가 되도록 하는 실수 $a$의 값의 범위를 구하시오.

**0837** 상중하

모든 실수 $x$에 대하여 $\sqrt{kx^2+2x+k}$가 실수가 되도록 하는 실수 $k$의 최솟값을 구하시오.

▸ 개념원리 공통수학1 214쪽

## 유형 09 이차부등식이 해를 갖지 않을 조건

이차부등식 $ax^2+bx+c>0$이 해를 갖지 않을 조건
➡ 모든 실수 $x$에 대하여 이차부등식 $ax^2+bx+c\leq 0$이 성립한다.
➡ $a<0$, $b^2-4ac\leq 0$

**0838** 대표문제

이차부등식 $x^2+2(n+1)x-4(n+1)<0$이 해를 갖지 않도록 하는 정수 $n$의 개수를 구하시오.

**0839** 상중하

이차부등식 $ax^2+2x>ax+2$가 해를 갖지 않을 때, 다음 중 옳은 것은? (단, $a$는 실수이다.)

① $-3<a<-2$ ② $a=-2$ ③ $-2<a<0$
④ $0<a<2$ ⑤ $a=2$

**0840** 상중하 서술형

부등식 $(k-2)x^2-2(k-2)x+4\leq 0$이 해를 갖지 않도록 하는 정수 $k$의 최댓값과 최솟값의 합을 구하시오.

▶ 개념원리 공통수학 1 215쪽

## 유형 10 제한된 범위에서 항상 성립하는 이차부등식

(1) $\alpha \le x \le \beta$에서 이차부등식 $f(x) > 0$이 항상 성립한다.
➡ $\alpha \le x \le \beta$에서 ($f(x)$의 최솟값)$>0$이다.

(2) $\alpha \le x \le \beta$에서 이차부등식 $f(x) < 0$이 항상 성립한다.
➡ $\alpha \le x \le \beta$에서 ($f(x)$의 최댓값)$<0$이다.

**0841** 대표문제

$3 \le x \le 6$에서 이차부등식 $-x^2+4x-3+4k \ge 0$이 항상 성립할 때, 정수 $k$의 최솟값은?

① 2 ② 3 ③ 4
④ 5 ⑤ 6

**0842** 상중하

$-2 \le x \le 2$에서 이차부등식 $3x^2+ax-4a<0$이 항상 성립하도록 하는 실수 $a$의 값의 범위를 구하시오.

**0843** 상중하

두 이차함수 $f(x)=x^2+3x-2$, $g(x)=-x^2+3x+a+1$에 대하여 $-1 \le x \le 3$에서 부등식 $f(x) \le g(x)$가 항상 성립할 때, 실수 $a$의 최솟값을 구하시오.

▶ 개념원리 공통수학 1 215쪽

## 유형 11 이차부등식과 두 그래프의 위치 관계 – 특정한 범위에서 성립하는 경우

함수 $y=f(x)$의 그래프가 함수 $y=g(x)$의 그래프보다

(1) 위쪽에 있는 부분의 $x$의 값의 범위
➡ 부등식 $f(x)>g(x)$의 해

(2) 아래쪽에 있는 부분의 $x$의 값의 범위
➡ 부등식 $f(x)<g(x)$의 해

**0844** 대표문제

이차함수 $y=x^2-ax+5$의 그래프가 직선 $y=x-3$보다 위쪽에 있는 부분의 $x$의 값의 범위가 $x<2$ 또는 $x>b$일 때, 상수 $a$, $b$에 대하여 $a+b$의 값을 구하시오. (단, $b>2$)

**0845** 상중하

이차함수 $y=x^2-2x-8$의 그래프가 이차함수 $y=-2x^2+x-2$의 그래프보다 아래쪽에 있는 부분의 $x$의 값의 범위는?

① $-2<x<1$ ② $-1<x<2$ ③ $-1<x<3$
④ $1<x<3$ ⑤ $2<x<3$

**0846** 상중하

이차함수 $y=-x^2+ax+3$의 그래프가 직선 $y=b$보다 위쪽에 있는 부분의 $x$의 값의 범위가 $1<x<3$일 때, 상수 $a$, $b$에 대하여 $b-a$의 값을 구하시오.

▶ 개념원리 공통수학1 213쪽

중요

## 유형 12 이차부등식과 두 그래프의 위치 관계 – 항상 성립하는 경우

함수 $y=f(x)$의 그래프가 함수 $y=g(x)$의 그래프보다

(1) 항상 위쪽에 있다.

⇒ 모든 실수 $x$에 대하여 부등식 $f(x)>g(x)$가 성립

(2) 항상 아래쪽에 있다.

⇒ 모든 실수 $x$에 대하여 부등식 $f(x)<g(x)$가 성립

**0847** 대표문제

이차함수 $y=-x^2+4x-6$의 그래프가 직선 $y=m(x-2)+1$보다 항상 아래쪽에 있도록 하는 실수 $m$의 값의 범위를 $\alpha<m<\beta$라 할 때, $\alpha\beta$의 값을 구하시오.

**0848** 상중하 서술형

이차함수 $y=x^2+(k+1)x+3$의 그래프가 직선 $y=x-1$보다 항상 위쪽에 있도록 하는 정수 $k$의 개수를 구하시오.

**0849** 상중하

이차함수 $y=kx^2+5x+2k-6$의 그래프가 직선 $y=-3x+k$보다 항상 아래쪽에 있도록 하는 실수 $k$의 값의 범위는?

① $k<-2$　② $-2<k<8$　③ $k>8$　④ $k<-2$ 또는 $k>8$　⑤ $k<0$ 또는 $k>8$

▶ 개념원리 공통수학1 210쪽

## 유형 13 이차부등식의 활용

이차부등식의 활용 문제는 다음과 같은 순서로 푼다.

(i) 주어진 조건에 맞게 부등식을 세운다.

(ii) 부등식을 풀어 해를 구한다. 이때 미지수의 값의 범위에 주의한다.

**0850** 대표문제

길이가 48 cm인 끈으로 넓이가 128 $\text{cm}^2$ 이상인 직사각형을 만들려고 한다. 직사각형의 가로의 길이의 최댓값이 $a$ cm, 최솟값이 $b$ cm일 때, $a-b$의 값을 구하시오.

(단, 끈의 두께는 무시한다.)

**0851** 상중하

지면으로부터 높이가 15 m인 건물에서 똑바로 위로 던진 공의 $t$초 후의 지면으로부터의 높이를 $h$ m라 할 때,

$h=-5t^2+25t+15$

인 관계가 성립한다고 한다. 이 공의 높이가 35 m 이상인 시간은 몇 초 동안인가?

① 1초　② 2초　③ 3초　④ 4초　⑤ 5초

**0852** 상중하

어느 카페에서 커피 한 잔을 3800원에 판매하면 하루에 400잔이 판매되고, 가격을 100원씩 할인할 때마다 하루 판매량이 50잔씩 늘어난다고 한다. 이 커피의 하루 판매액이 260만 원 이상이 되도록 할 때, 커피 한 잔의 최소 가격을 구하시오.

중요

▸ 개념원리 공통수학1 220쪽

## 유형 14 연립이차부등식의 풀이

연립이차부등식은 다음과 같은 순서로 푼다.

(i) 주어진 각 부등식의 해를 구한다.

(ii) (i)에서 구한 해의 공통부분을 구한다.

**0853** 대표문제

연립부등식 $\begin{cases} 3x^2-8x-16<0 \\ 2x^2-7x+6\geq 0 \end{cases}$을 만족시키는 정수 $x$의 개수를 구하시오.

**0854** 상중하

연립부등식 $\begin{cases} x^2-x-1\geq -x^2+4x+2 \\ -x-15<-x^2+x \end{cases}$를 만족시키는 모든 정수 $x$의 값의 합을 구하시오.

**0855** 상중하

다음 중 부등식 $2x^2-10\leq x^2+3x<10x-6$을 만족시키는 $x$의 값이 아닌 것은?

① 1 ② 2 ③ 3 ④ 4 ⑤ 5

**0856** 상중하

연립부등식 $\begin{cases} x^2\leq 4x \\ x^2+x\geq 6 \end{cases}$의 해와 이차부등식 $ax^2+2bx-(a+3b)\geq 0$의 해가 같을 때, 상수 $a$, $b$에 대하여 $\frac{b}{a}$의 값을 구하시오.

▸ 개념원리 공통수학1 220쪽

## 유형 15 절댓값 기호를 포함한 연립부등식의 풀이

양수 $k$에 대하여

(1) $|f(x)|<k \Rightarrow -k<f(x)<k$

(2) $|f(x)|>k \Rightarrow f(x)<-k$ 또는 $f(x)>k$

**0857** 대표문제

연립부등식 $\begin{cases} |x+4|\leq 5 \\ x^2-x-2\leq 0 \end{cases}$의 해가 $a\leq x\leq b$일 때, $b-a$의 값을 구하시오.

**0858** 상중하

연립부등식 $\begin{cases} |x-2|<3 \\ x^2-3x>0 \end{cases}$의 해를 구하시오.

**0859** 상중하

연립부등식 $\begin{cases} x^2-3|x|<0 \\ x^2-x<6 \end{cases}$을 만족시키는 모든 정수 $x$의 개수를 구하시오.

**0860** 상중하 서술형

연립부등식 $\begin{cases} |x^2-4|<3x \\ 2x^2-3x-5<0 \end{cases}$의 해를 구하시오.

▶ 개념원리 공통수학1 221쪽

중요

## 유형 16 해가 주어진 연립이차부등식

각 부등식의 해의 공통부분이 주어진 해와 일치하도록 수직선 위에 나타내고 미지수의 값의 범위를 구한다.

### 0861 대표문제

연립부등식 $\begin{cases} x^2+3x-10\le 0 \\ x^2+(k+1)x-k-2<0 \end{cases}$의 해가 $1<x\le 2$일 때, 실수 $k$의 값의 범위를 구하시오.

### 0862 상중하

연립부등식 $\begin{cases} x^2-2x-a<0 \\ x^2-2x+b\ge 0 \end{cases}$의 해가 $-1<x\le 0$ 또는 $2\le x<3$이 되도록 하는 상수 $a$, $b$에 대하여 $a+b$의 값을 구하시오.

### 0863 상중하

연립부등식 $\begin{cases} (x+1)^2\le x+7 \\ x^2-2(k-1)x+(k+3)(k-5)>0 \end{cases}$이 해를 갖지 않도록 하는 실수 $k$의 최댓값을 $M$, 최솟값을 $m$이라 할 때, $M-m$의 값을 구하시오.

### 0864 상중하

연립부등식 $\begin{cases} x^2+2x-8>0 \\ x^2+2x<2ax+4a \end{cases}$의 해가 존재하도록 하는 음의 정수 $a$의 최댓값과 양의 정수 $a$의 최솟값의 곱을 구하시오.

▶ 개념원리 공통수학1 222쪽

## 유형 17 연립이차부등식의 활용

연립이차부등식의 활용 문제는 다음과 같은 순서로 푼다.
(i) 주어진 조건에 맞게 부등식을 세운다.
(ii) 각 부등식의 해를 구한 후 공통부분을 구한다. 이때 미지수의 값의 범위에 주의한다.

### 0865 대표문제

세 변의 길이가 $n-5$, $n$, $n+5$인 삼각형이 둔각삼각형이 되도록 하는 자연수 $n$의 개수를 구하시오.

### 0866 상중하

한 모서리의 길이가 $a$ cm인 정육면체를 밑면의 가로의 길이는 2 cm 줄이고, 높이는 3 cm 늘여서 새로운 직육면체를 만들었다. 이때 새로운 직육면체의 부피가 원래의 정육면체의 부피보다 작도록 하는 모든 자연수 $a$의 값의 합을 구하시오.

### 0867 상중하

오른쪽 그림과 같이 가로의 길이가 10 m, 세로의 길이가 7 m인 직사각형 모양의 화단의 둘레에 폭이 $x$ m인 길을 만들려고 한다. 길의 넓이가 60 $\text{m}^2$ 이상 168 $\text{m}^2$ 이하가 되도록 하는 $x$의 값의 범위가 $a\le x\le b$일 때, $a+b$의 값을 구하시오.

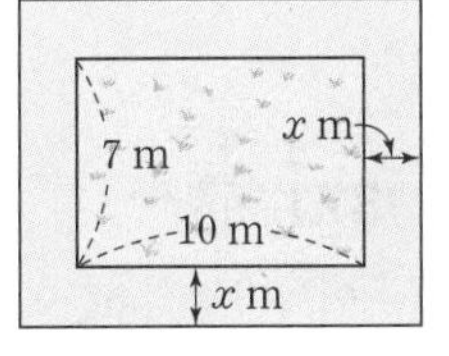


09 이차부등식과 연립이차부등식

▶ 개념원리 공통수학1 222쪽

## 유형 18 이차방정식의 근의 판별과 이차부등식

이차방정식 $ax^2+bx+c=0$의 판별식을 $D$라 할 때
(1) 서로 다른 두 실근 ➡ $D>0$
(2) 중근 ➡ $D=0$
(3) 서로 다른 두 허근 ➡ $D<0$

**0868** 대표문제

이차방정식 $x^2+(k+2)x+k^2+1=0$이 서로 다른 두 실근을 갖도록 하는 실수 $k$의 값의 범위를 구하시오.

**0869** 상중하

이차방정식 $x^2-2kx+16=0$은 허근을 갖고, 이차방정식 $x^2+4kx-k+5=0$은 서로 다른 두 실근을 갖도록 하는 정수 $k$의 개수를 구하시오.

**0870** 상중하 서술형

이차방정식 $x^2+2(a-1)x+a^2-3=0$은 중근을 갖고, 이차방정식 $x^2-(b+2)x+a+b=0$은 허근을 갖도록 하는 정수 $b$의 최댓값을 구하시오. (단, $a$는 상수이다.)

**0871** 상중하

두 이차방정식 $x^2-ax+a=0$, $x^2-2x+2-a^2=0$ 중 적어도 하나는 실근을 갖도록 하는 실수 $a$의 값의 범위는?

① $a\le-1$ 또는 $a\ge0$　② $a\le0$ 또는 $a\ge1$
③ $a\le1$ 또는 $a\ge4$　④ $-1\le a\le1$
⑤ $0\le a\le4$

▶ 개념원리 공통수학1 226쪽

## 유형 19 이차방정식의 실근의 부호

이차방정식 $ax^2+bx+c=0$의 판별식을 $D$라 할 때
(1) 두 근이 모두 양수이다. ➡ $D\ge0,\ -\frac{b}{a}>0,\ \frac{c}{a}>0$
(2) 두 근이 모두 음수이다. ➡ $D\ge0,\ -\frac{b}{a}<0,\ \frac{c}{a}>0$
(3) 두 근이 서로 다른 부호이다. ➡ $\frac{c}{a}<0$

**0872** 대표문제

이차방정식 $x^2-(a+4)x-\frac{a}{2}=0$의 두 근이 모두 양수일 때, 실수 $a$의 값의 범위를 구하시오.

**0873** 상중하

이차방정식 $kx^2+3kx+5=0$의 두 근이 모두 음수가 되도록 하는 실수 $k$의 최솟값은?

① $\frac{16}{9}$　② $\frac{20}{9}$　③ $\frac{8}{3}$
④ $\frac{28}{9}$　⑤ $\frac{32}{9}$

**0874** 상중하

이차방정식 $-x^2+(a^2-5a+4)x-a+6=0$의 두 근의 부호가 서로 다르고 음수인 근의 절댓값이 양수인 근보다 작을 때, 실수 $a$의 값의 범위를 구하시오.

## 유형UP 20 정수인 해의 조건이 주어진 연립이차부등식

연립부등식의 정수인 해가 $n$개인 경우에는 다음과 같은 순서로 푼다.

(i) 각 부등식의 해를 수직선 위에 나타낸다.

(ii) 공통부분이 $n$개의 정수를 포함하도록 하는 미지수의 값의 범위를 구한다.

**0875** 대표문제

연립부등식 $\begin{cases} x^2-7x+10<0 \\ x^2-(a+1)x+a\leq 0 \end{cases}$ 을 만족시키는 정수 $x$가 오직 한 개뿐일 때, 실수 $a$의 값의 범위를 구하시오.

**0876** 상중하

연립부등식 $\begin{cases} x^2-x>2 \\ 2x^2-2ax-5x+5a<0 \end{cases}$ 을 만족시키는 정수 $x$가 $-3$과 $-2$뿐일 때, 실수 $a$의 값의 범위는?

① $-4\leq a\leq -3$ ② $-4\leq a<-3$ ③ $-4<a\leq -3$
④ $-3\leq a\leq -2$ ⑤ $-3\leq a<-2$

**0877** 상중하

연립부등식 $\begin{cases} |x-a|\leq 1 \\ x^2-5x-14\leq 0 \end{cases}$ 을 만족시키는 모든 정수 $x$의 값의 합이 15일 때, 정수 $a$의 값을 구하시오.

▶ 개념원리 공통수학 1 227쪽, 228쪽

## 유형UP 21 이차방정식의 실근의 위치

이차방정식 $ax^2+bx+c=0\ (a>0)$의 판별식을 $D$라 하고, $f(x)=ax^2+bx+c$라 할 때

(1) 두 근이 모두 $p$보다 크다. ➡ $D\geq 0,\ f(p)>0,\ -\frac{b}{2a}>p$

(2) 두 근이 모두 $p$보다 작다. ➡ $D\geq 0,\ f(p)>0,\ -\frac{b}{2a}<p$

(3) 두 근 사이에 $p$가 있다. ➡ $f(p)<0$

**0878** 대표문제

이차방정식 $x^2-2kx+4=0$의 두 근이 모두 1보다 클 때, 실수 $k$의 최솟값을 구하시오.

**0879** 상중하

이차방정식 $x^2-2px+p+2=0$의 두 근이 모두 3보다 작은 양수일 때, 실수 $p$의 값의 범위를 구하시오.

**0880** 상중하

이차방정식 $x^2+x-3k=0$의 두 근 중 적어도 한 근이 이차방정식 $x^2+3x-10=0$의 두 근 사이에 존재할 때, 정수 $k$의 개수를 구하시오.

**0881** 상중하 서술형

이차방정식 $ax^2-2x+a-2=0$의 두 근을 $\alpha$, $\beta$라 할 때, $-1<\alpha<0$, $2<\beta<3$이 되도록 하는 실수 $a$의 값의 범위를 구하시오.

09 이차부등식과 연립이차부등식

## 시험에 꼭 나오는 문제

**0882**

해가 모든 실수인 이차부등식만을 **보기**에서 있는 대로 고른 것은?

보기

ㄱ. $x^2-x-3\le0$　　ㄴ. $x^2-2x+5>0$

ㄷ. $-3x^2+2x-3>0$　　ㄹ. $-16x^2+8x-1\le0$

① ㄴ　② ㄷ　③ ㄱ, ㄴ
④ ㄴ, ㄹ　⑤ ㄱ, ㄷ, ㄹ

**0883**

이차함수 $y=f(x)$의 그래프가 오른쪽 그림과 같다. 부등식 $f(x)>-18$의 해가 $\alpha<x<\beta$일 때, $\alpha-\beta$의 값을 구하시오.

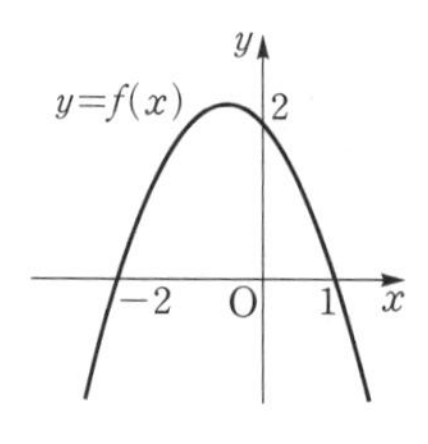


**0884**

다음 중 부등식 $(x+1)(x-1)<|x-5|$와 해가 같은 것은?

① $2x-1<3$　② $3x+5>-4$
③ $\left|x-\frac{1}{2}\right|>\frac{5}{2}$　④ $\left|x+\frac{1}{2}\right|<\frac{5}{2}$
⑤ $|x+2|<4$

**0885** 중요★

이차부등식 $ax^2+bx+c<0$의 해가 $x<-1$ 또는 $x>5$일 때, 이차부등식 $a(x-2)^2-b(x-2)+c>0$의 해는?
(단, $a$, $b$, $c$는 상수이다.)

① $-3<x<3$　② $-1<x<5$
③ $1<x<7$　④ $x<-3$ 또는 $x>5$
⑤ $x<1$ 또는 $x>7$

**0886**

이차부등식 $f(x)<0$의 해가 $x<-2$ 또는 $x>1$일 때, 부등식 $f(1-2x)<f(-1)$의 해를 구하시오.

**0887**

이차부등식 $(k-2)x^2-(k+1)x+2k-2\le0$은 $k=\alpha$일 때, 오직 하나의 해 $\beta$를 갖는다. 이때 $\alpha+\beta$의 값을 구하시오.
(단, $k$는 상수이다.)

**0888**

이차부등식 $ax^2+2ax-5>0$이 해를 갖도록 하는 실수 $a$의 값의 범위는?

① $-5<a<0$　② $a<0$
③ $a<-5$ 또는 $a>0$　④ $a<0$ 또는 $a>5$
⑤ $a\ne0$인 모든 실수

### 0889

모든 실수 $x$에 대하여 $\sqrt{-x^2-2kx+2k}$가 허수가 되도록 하는 실수 $k$의 값의 범위는?

① $-2<k\leq 0$ ② $-2<k<0$
③ $-1<k\leq 0$ ④ $0<k<2$
⑤ $0<k\leq 2$

### 0890

모든 실수 $x$에 대하여 부등식 $mx^2+2mx+4>(x+1)^2$이 성립하도록 하는 실수 $m$의 값의 범위를 구하시오.

### 0891

두 이차함수 $f(x)=x^2-5x+6$, $g(x)=-x^2+7x+k-9$에 대하여 $1\leq x\leq 5$에서 부등식 $f(x)\geq g(x)$가 항상 성립하도록 하는 실수 $k$의 최댓값을 구하시오.

### 0892

이차함수 $y=x^2-ax+b$의 그래프가 직선 $y=3x-2$보다 아래쪽에 있는 부분의 $x$의 값의 범위가 $-2<x<3$일 때, 상수 $a$, $b$에 대하여 $a+b$의 값을 구하시오.

### 0893

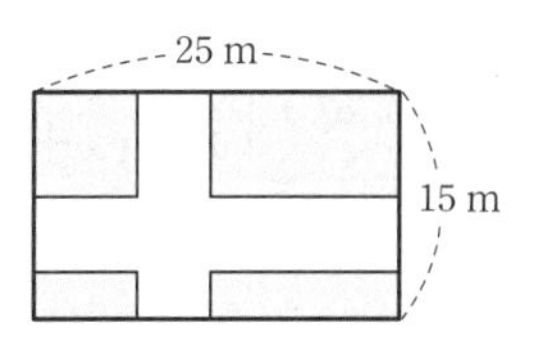


오른쪽 그림과 같이 가로의 길이가 25 m, 세로의 길이가 15 m인 직사각형 모양의 땅에 일정한 폭의 도로를 만들었다. 도로를 제외한 땅의 넓이가 200 $m^2$ 이상이 되도록 할 때, 도로의 최대 폭은 몇 m인지 구하시오.

### 0894

부등식 $5x+1\leq 2x^2+3<2x+27$을 만족시키는 모든 정수 $x$의 값의 합을 구하시오.

### 0895 중요★

연립부등식 $\begin{cases} |x+2|\leq a \\ x^2+6x-(2a+3)(2a-3)>0 \end{cases}$의 해가 없을 때, 양수 $a$의 최솟값을 구하시오.

## 시험에 꼭 나오는 문제

### 0896

연립부등식 $\begin{cases} x^2+ax+b\ge0 \\ x^2+cx+d\le0 \end{cases}$의 해가 $1\le x\le3$ 또는 $x=4$일 때, $a+b-c+d$의 값을 구하시오.

(단, $a$, $b$, $c$, $d$는 상수이다.)

### 0897

$a<b<c$인 세 실수 $a$, $b$, $c$에 대하여 연립부등식

$$\begin{cases} (x-a)(x-b)>0 \\ (x-b)(x-c)>0 \end{cases}$$

의 해가 $x<-2$ 또는 $x>8$이다. 이차부등식 $x^2+ax-c<0$을 만족시키는 정수 $x$의 개수를 구하시오.

### 0898 교육청 기출

그림과 같이 이차함수 $f(x)=-x^2+2kx+k^2+4$ $(k>0)$의 그래프가 $y$축과 만나는 점을 A라 하자. 점 A를 지나고 $x$축에 평행한 직선이 이차함수 $y=f(x)$의 그래프와 만나는 점 중 A가 아닌 점을 B라 하고, 점 B에서 $x$축에 내린 수선의 발을 C라 하자. 사각형 OCBA의 둘레의 길이를 $g(k)$라 할 때, 부등식 $14\le g(k)\le78$을 만족시키는 모든 자연수 $k$의 값의 합을 구하시오. (단, O는 원점이다.)

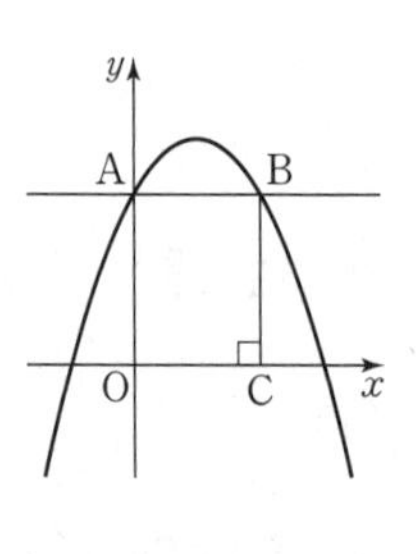


### 0899 중요

이차방정식 $x^2+3kx+1=0$은 실근을 갖고, 이차방정식 $x^2+kx+k=0$은 허근을 가질 때, 모든 정수 $k$의 값의 합을 구하시오.

### 0900 교육청 기출

$x$에 대한 이차방정식 $x^2-2kx-k+20=0$이 서로 다른 두 실근 $\alpha$, $\beta$를 가질 때, $\alpha\beta>0$을 만족시키는 모든 자연수 $k$의 개수는?

① 14　② 15　③ 16　④ 17　⑤ 18

### 0901 교육청 기출

연립부등식 $\begin{cases} |x-k|\le5 \\ x^2-x-12>0 \end{cases}$을 만족시키는 모든 정수 $x$의 값의 합이 7이 되도록 하는 정수 $k$의 값은?

① $-2$　② $-1$　③ 0　④ 1　⑤ 2

### 0902

이차방정식 $x^2-(a-1)x+a+4=0$의 한 근만이 이차방정식 $x^2-5x+6=0$의 두 근 사이에 있을 때, 다음 중 실수 $a$의 값이 될 수 있는 것은?

① 7　② 8　③ 9　④ 10　⑤ 11

## 서술형 주관식

**0903**

이차방정식 $x^2-10x+2a+9=0$이 중근을 가질 때, 이차부등식 $2x^2-(a+3)x+15<0$의 해를 구하시오.

(단, $a$는 상수이다.)

**0904**

이차부등식 $x^2-2x-3>3|x-1|$의 해가 이차부등식 $ax^2+2x+b<0$의 해와 같을 때, 상수 $a$, $b$에 대하여 $a+b$의 값을 구하시오.

**0905**

이차부등식 $(k+1)x^2+2x+3k+1\geq 0$이 해를 갖지 않도록 하는 정수 $k$의 최댓값을 구하시오.

**0906**

연립부등식 $\begin{cases} x^2-6x+8>0 \\ x^2-(a+7)x+7a<0 \end{cases}$을 만족시키는 정수 $x$의 개수가 4일 때, 실수 $a$의 값의 범위를 구하시오. (단, $a<7$)

## 실력 Up

**0907**

부등식 $[x+1]^2-[x+6]-15\leq 0$을 만족시키는 모든 실수 $x$에 대하여 부등식 $-x^2+2ax+a^2+1>0$이 항상 성립하도록 하는 실수 $a$의 값의 범위를 구하시오.

(단, $[x]$는 $x$보다 크지 않은 최대의 정수이다.)

**0908**

어떤 실수 $x$에 대하여 $(x-2)(x-5)$를 소수점 아래 첫째 자리에서 반올림한 값이 $2x+6$과 같다고 한다. 이때 모든 실수 $x$의 값의 합을 구하시오.

**0909**

모든 실수 $x$에 대하여 부등식

$$-x^2+2ax\leq x^2+4x+a<2x^2+5$$

가 성립하도록 하는 실수 $a$의 값의 범위를 구하시오.

**0910**

두 이차함수 $f(x)=x^2+6x+10$, $g(x)=-x^2+2ax-3$과 두 실수 $x_1$, $x_2$에 대하여 부등식 $f(x_1)<g(x_1)$의 해는 존재하지 않고, 부등식 $f(x_1)\leq g(x_2)$의 해는 존재한다. 이때 모든 정수 $a$의 값의 합을 구하시오.

## 집중

제대로 **집중**하면

5시간 걸릴 일을

30분 안에 끝낼 수 있지만

그렇지 못하면

30분 안에 끝낼 일을

5시간을 해도

끝내지 못한다.

# III

# 경우의 수

# 10 경우의 수와 순열

개념 플러스

## 10 | 1 경우의 수

유형 01~08

### 1 합의 법칙

두 사건 $A$, $B$가 동시에 일어나지 않을 때, 사건 $A$, $B$가 일어나는 경우의 수가 각각 $m$, $n$이면 사건 $A$ 또는 사건 $B$가 일어나는 경우의 수는

$$\boldsymbol{m+n}$$

예 흰 공 3개, 검은 공 2개가 들어 있는 주머니에서 한 개의 공을 꺼낼 때, 흰 공 또는 검은 공이 나오는 경우의 수는

$3+2=5$

참고 (1) 합의 법칙은 어느 두 사건도 동시에 일어나지 않는 셋 이상의 사건에 대해서도 성립한다.
(2) 두 사건 $A$, $B$가 일어나는 경우의 수가 각각 $m$, $n$이고, 두 사건 $A$, $B$가 동시에 일어나는 경우의 수가 $l$일 때, 사건 $A$ 또는 사건 $B$가 일어나는 경우의 수는

$m+n-l$

● '또는', '~이거나' 등의 표현이 있으면 합의 법칙을 이용한다.

### 2 곱의 법칙

두 사건 $A$, $B$에 대하여 사건 $A$가 일어나는 경우의 수가 $m$이고, 그 각각에 대하여 사건 $B$가 일어나는 경우의 수가 $n$일 때, 두 사건 $A$, $B$가 동시에 일어나는 경우의 수는

$$\boldsymbol{m\times n}$$

예 4종류의 연필과 3종류의 지우개가 있을 때, 연필과 지우개를 각각 하나씩 구매하는 경우의 수는

$4\times3=12$

참고 곱의 법칙은 동시에 일어나는 셋 이상의 사건에 대해서도 성립한다.

● '~이고', '동시에', '연이어(잇달아)' 등의 표현이 있으면 곱의 법칙을 이용한다.

## 10 | 2 순열

유형 09~14

### 1 순열

서로 다른 $n$개에서 $r\,(0<r\le n)$개를 택하여 일렬로 나열하는 것을 $n$개에서 $r$개를 택하는 순열이라 하고, 이 순열의 수를 기호로 ${}_n\mathrm{P}_r$와 같이 나타낸다.

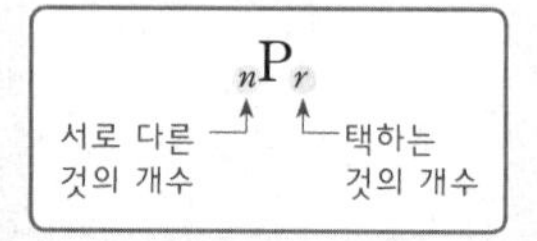


$$\boldsymbol{{}_n\mathrm{P}_r=\underbrace{n(n-1)(n-2)\times\cdots\times(n-r+1)}_{r\text{개}}}\ (\text{단, } 0<r\le n)$$

참고 서로 다른 $n$개에서 $r\,(0<r\le n)$개를 택하는 순열에서 첫 번째, 두 번째, 세 번째, …, $r$ 번째 자리에 올 수 있는 것은 각각 $n$, $n-1$, $n-2$, …, $(n-r+1)$가지이므로 곱의 법칙에 의하여

${}_n\mathrm{P}_r=n(n-1)(n-2)\times\cdots\times(n-r+1)$

예 서로 다른 6개에서 2개를 택하는 순열의 수는

${}_6\mathrm{P}_2=6\times5=30$

● ${}_n\mathrm{P}_r$에서 P는 순열을 뜻하는 Permutation의 첫 글자이다.

### 2 계승

1부터 $n$까지의 자연수를 차례대로 곱한 것을 $n$의 계승이라 하고, 기호로 $n!$과 같이 나타낸다.

$$\boldsymbol{n!=n(n-1)(n-2)\times\cdots\times3\times2\times1}$$

● $n!$을 '$n$ 팩토리얼(factorial)'이라 읽기도 한다.

### 3 계승을 이용한 순열의 수

(1) ${}_n\mathrm{P}_n=n(n-1)(n-2)\times\cdots\times3\times2\times1=n!$

(2) ${}_n\mathrm{P}_0=1$, $0!=1$

(3) ${}_n\mathrm{P}_r=\dfrac{n!}{(n-r)!}$ (단, $0\le r\le n$)

# 교과서 문제 정복하기

정답 및 풀이 118쪽

## 10 | 1 경우의 수

[0911 ~ 0912] 서로 다른 두 개의 주사위를 동시에 던질 때, 다음을 구하시오.

**0911** 나오는 눈의 수의 합이 3 또는 9가 되는 경우의 수

**0912** 나오는 눈의 수의 합이 11 이상인 경우의 수

[0913 ~ 0914] 1부터 50까지의 자연수가 각각 하나씩 적힌 50장의 카드 중에서 한 장을 뽑을 때, 다음을 구하시오.

**0913** 7의 배수 또는 9의 배수가 적힌 카드가 나오는 경우의 수

**0914** 2의 배수 또는 3의 배수가 적힌 카드가 나오는 경우의 수

**0915** 한 개의 주사위를 두 번 던질 때, 첫 번째에는 짝수의 눈이, 두 번째에는 6의 약수의 눈이 나오는 경우의 수를 구하시오.

**0916** 오른쪽 그림과 같이 세 지점 A, B, C가 길로 연결되어 있다. A 지점에서 출발하여 C 지점으로 가는 경우의 수를 구하시오.
(단, 한 번 지나간 지점은 다시 지나지 않는다.)

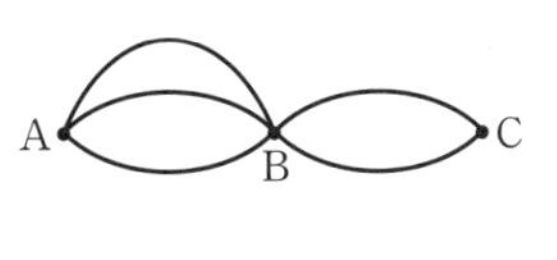


**0917** $(a+b)(x+y+z+w)$를 전개하였을 때, 항의 개수를 구하시오.

## 10 | 2 순열

[0918 ~ 0921] 다음 값을 구하시오.

**0918** ${}_5\mathrm{P}_2$

**0919** ${}_4\mathrm{P}_3$

**0920** ${}_7\mathrm{P}_0$

**0921** ${}_6\mathrm{P}_6$

[0922 ~ 0925] 다음 등식을 만족시키는 $n$ 또는 $r$의 값을 구하시오.

**0922** ${}_n\mathrm{P}_3=120$

**0923** ${}_7\mathrm{P}_r=210$

**0924** ${}_8\mathrm{P}_r=\frac{8!}{3!}$

**0925** ${}_n\mathrm{P}_n=120$

[0926 ~ 0929] 다음을 구하시오.

**0926** 5개의 문자 $a$, $b$, $c$, $d$, $e$ 중에서 서로 다른 3개를 택하여 일렬로 나열하는 경우의 수

**0927** 4명의 학생을 일렬로 세우는 경우의 수

**0928** 6개의 숫자 1, 2, 3, 4, 5, 6 중에서 서로 다른 2개의 숫자를 택하여 만들 수 있는 두 자리 자연수의 개수

**0929** 10명의 학생 중에서 회장, 부회장, 총무를 각각 한 명씩 뽑는 경우의 수

▸ 개념원리 공통수학1 235쪽

## 유형 01 합의 법칙

두 사건 $A$, $B$가 동시에 일어나지 않을 때, 사건 $A$, $B$가 일어나는 경우의 수가 각각 $m$, $n$이면

(사건 $A$ 또는 사건 $B$가 일어나는 경우의 수)$=m+n$

**0930** 대표문제

서로 다른 두 개의 주사위를 동시에 던질 때, 나오는 눈의 수의 합이 4의 배수가 되는 경우의 수를 구하시오.

**0931** 상중하

4개의 숫자 1, 2, 3, 4 중에서 서로 다른 2개를 택하여 만들 수 있는 두 자리 자연수 중에서 십의 자리의 숫자가 짝수인 자연수의 개수를 구하시오.

**0932** 상중하

1부터 8까지의 자연수가 각각 하나씩 적힌 8장의 카드 중에서 3장의 카드를 동시에 뽑을 때, 뽑힌 카드에 적힌 세 수의 합이 6 또는 9가 되는 경우의 수를 구하시오.

**0933** 상중하

1부터 100까지의 자연수 중에서 4와 7로 모두 나누어떨어지지 않는 자연수의 개수를 구하시오.

중요

▸ 개념원리 공통수학1 236쪽

## 유형 02 방정식과 부등식의 해의 개수

$x$, $y$, $z$에 대한 방정식 또는 부등식을 만족시키는 순서쌍의 개수

➡ 계수의 절댓값이 가장 큰 항을 기준으로 수를 대입한다.

**0934** 대표문제

방정식 $2x+5y+3z=16$을 만족시키는 음이 아닌 정수 $x$, $y$, $z$의 순서쌍 $(x, y, z)$의 개수를 구하시오.

**0935** 상중하

부등식 $x+4y\leq 9$를 만족시키는 자연수 $x$, $y$의 순서쌍 $(x, y)$의 개수는?

① 3 ② 4 ③ 5
④ 6 ⑤ 7

**0936** 상중하

500원, 1000원, 2000원짜리의 세 종류의 우표가 있다. 이 세 종류의 우표를 각각 적어도 한 장씩 포함하여 7000원어치를 사는 경우의 수는?

① 2 ② 4 ③ 6
④ 8 ⑤ 10

정답 및 풀이 119쪽

▶ 개념원리 공통수학 1 237쪽

## 유형 03 곱의 법칙

사건 $A$가 일어나는 경우의 수가 $m$이고, 그 각각에 대하여 사건 $B$가 일어나는 경우의 수가 $n$이면

(두 사건 $A$, $B$가 동시에 일어나는 경우의 수)$=m\times n$

**0937** 대표문제

백의 자리의 숫자는 소수이고 십의 자리의 숫자는 3의 배수인 세 자리 자연수 중에서 홀수의 개수를 구하시오.

(단, 모든 자리의 숫자는 자연수이다.)

**0938** 상중하

$(x+y+z)(p+q+r+s)(a+b)$를 전개할 때, 항의 개수를 구하시오.

**0939** 상중하

각 자리의 숫자의 합이 홀수인 두 자리 자연수의 개수는?

① 30 ② 35 ③ 40
④ 45 ⑤ 50

**0940** 상중하

정사면체 모양의 서로 다른 세 주사위 A, B, C의 각 면에 1부터 4까지의 자연수가 각각 하나씩 적혀 있다. 세 주사위를 동시에 던질 때, 나오는 수의 곱이 짝수인 경우의 수를 구하시오.

▶ 개념원리 공통수학 1 238쪽

## 유형 04 약수의 개수

자연수 $N$이

$N=p^{\alpha}q^{\beta}r^{\gamma}$ ($p$, $q$, $r$는 서로 다른 소수, $\alpha$, $\beta$, $\gamma$는 자연수)

의 꼴로 소인수분해될 때

(1) $N$의 양의 약수의 개수 ➡ $(\alpha+1)(\beta+1)(\gamma+1)$

(2) $N$의 양의 약수의 총합

➡ $(1+p^1+\cdots+p^{\alpha})(1+q^1+\cdots+q^{\beta})(1+r^1+\cdots+r^{\gamma})$

**0941** 대표문제

240과 600의 양의 공약수의 개수를 구하시오.

**0942** 상중하

$10^n$의 양의 약수의 개수가 100일 때, 자연수 $n$의 값을 구하시오.

**0943** 상중하

48의 양의 약수의 개수를 $x$, 양의 약수의 총합을 $y$라 할 때, $x+y$의 값을 구하시오.

**0944** 상중하 서술형

360의 양의 약수 중 짝수의 개수를 $a$, 5의 배수의 개수를 $b$라 할 때, $a-b$의 값을 구하시오.

## 유형 05 수형도를 이용하는 경우의 수

규칙성을 찾기 어려운 경우의 수를 구할 때에는 수형도를 이용한다. 이때 중복되거나 빠진 것이 없도록 주의한다.

**0945** 대표문제

A, B, C, D 네 사람이 각자 책을 한 권씩 가지고 와서 바꾸어 읽기로 하였다. 자신이 가져온 책은 자신이 읽지 않도록 책을 바꾸어 읽는 경우의 수를 구하시오.

**0946** 상중하

어느 숙소에 5개의 방 101호, 102호, 103호, 104호, 105호가 있다. 5개의 방 번호표를 떼었다가 다시 각 방문에 붙인다고 할 때, 101호에는 104호의 번호표가 붙고 나머지 방에는 원래 방의 번호표가 아닌 다른 방의 번호표가 붙는 경우의 수를 구하시오.

**0947** 상중하

다음 그림과 같이 두 개의 정육면체가 서로 붙어 있다. 꼭짓점 A에서 출발하여 꼭짓점 L까지 모서리를 따라 최단 경로로 이동할 때, 꼭짓점 D를 통과하지 않는 경로의 수를 구하시오.

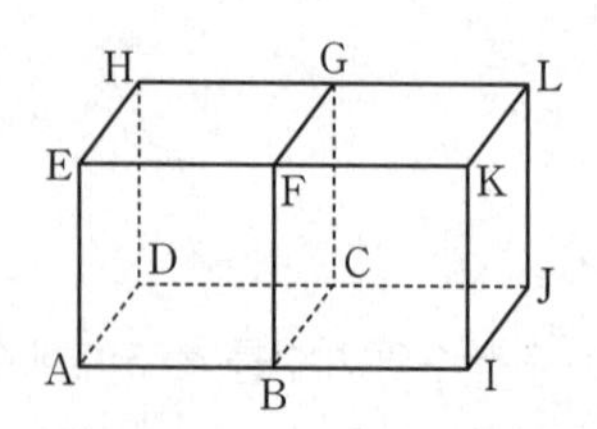


▶ 개념원리 공통수학 1 241쪽

## 유형 06 지불 방법의 수와 지불 금액의 수

(1) 단위가 다른 화폐의 개수가 각각 $l$, $m$, $n$일 때, 지불하는 방법의 수

⇒ $(l+1)(m+1)(n+1)-1$

(2) 만들 수 있는 금액이 중복되는 경우가 있을 때, 지불 금액의 수

⇒ 큰 단위의 화폐를 작은 단위의 화폐로 바꾸어 생각한다.

**0948** 대표문제

100원짜리 동전 2개, 50원짜리 동전 3개, 10원짜리 동전 4개의 일부 또는 전부를 사용하여 지불하는 방법의 수를 구하시오. (단, 0원을 지불하는 경우는 제외한다.)

**0949** 상중하

100원짜리 동전 4개, 500원짜리 동전 2개, 1000원짜리 지폐 2장의 일부 또는 전부를 사용하여 지불할 수 있는 금액의 수는? (단, 0원을 지불하는 경우는 제외한다.)

① 18 ② 22 ③ 26 ④ 30 ⑤ 34

**0950** 상중하 서술형

10000원짜리 지폐 3장, 5000원짜리 지폐 2장, 1000원짜리 지폐 6장이 있다. 이 지폐의 일부 또는 전부를 사용하여 지불하는 방법의 수를 $a$, 지불할 수 있는 금액의 수를 $b$라 할 때, $a-b$의 값을 구하시오. (단, 0원을 지불하는 경우는 제외한다.)

▸ 개념원리 공통수학 1 239쪽

## 유형 07 도로망에서의 경우의 수

(1) 동시에 갈 수 없는 길 ➡ 합의 법칙을 이용
(2) 연이어 갈 수 있는 길 ➡ 곱의 법칙을 이용

**0951** 대표문제

오른쪽 그림과 같이 네 지역 A, B, C, D를 연결하는 도로망이 있다. A 지역에서 출발하여 B, C 두 지역을 모두 거쳐 D 지역에 도착하는 경우의 수를 구하시오. (단, 한 번 지나간 지역은 다시 지나지 않는다.)

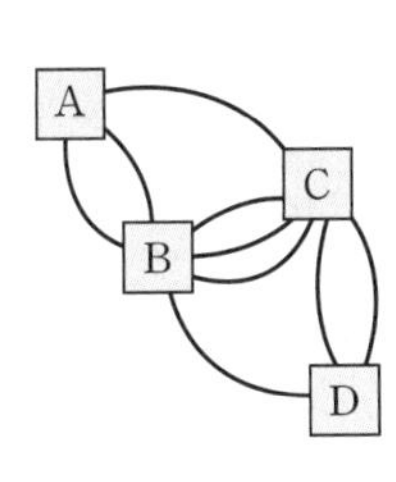


**0952** 상중하

오른쪽 그림과 같이 네 지점 A, B, C, D를 연결하는 길이 있다. A 지점에서 출발하여 B 지점으로 갔다가 다시 A 지점으로 돌아오는 경우의 수를 구하시오. (단, A 지점을 제외하고 한 번 지나간 지점은 다시 지나지 않는다.)

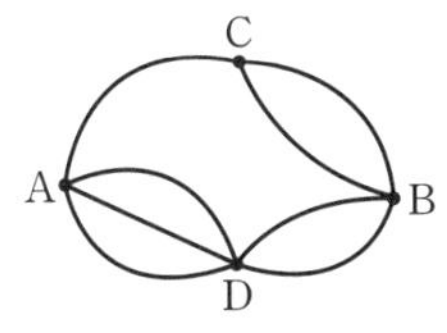


**0953** 상중하

네 지점 A, B, C, D 사이의 도로망이 오른쪽 그림과 같을 때, A 지점에서 출발하여 C 지점으로 가는 경우의 수는?
(단, 한 번 지나간 지점은 다시 지나지 않는다.)

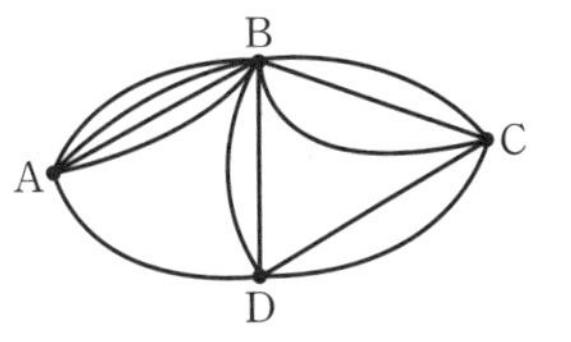


① 32 ② 34 ③ 36
④ 38 ⑤ 40

▸ 개념원리 공통수학 1 240쪽

## 유형 08 색칠하는 방법의 수

인접한 영역이 가장 많은 영역에 색칠하는 경우의 수를 먼저 구한 후 각 영역에 칠할 수 있는 색의 개수를 차례대로 구하여 곱한다.

**0954** 대표문제

오른쪽 그림은 4개의 행정 구역을 나타내는 지도이다. 이 지도의 A, B, C, D 4개의 행정 구역을 서로 다른 4가지 색으로 칠하려고 한다. 같은 색을 중복하여 사용해도 좋으나 인접한 영역은 서로 다른 색으로 칠할 때, 칠하는 방법의 수를 구하시오.

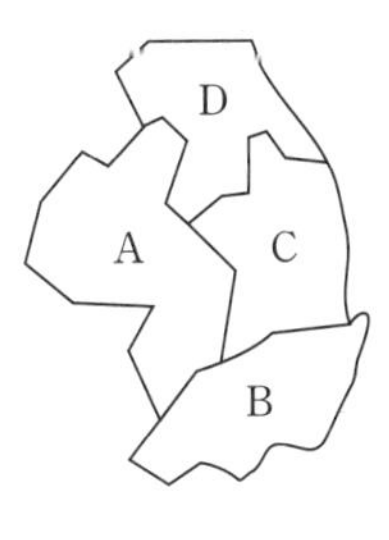


**0955** 상중하

오른쪽 그림의 A, B, C, D, E 5개의 영역을 서로 다른 5가지 색으로 칠하려고 한다. 같은 색을 중복하여 사용해도 좋으나 인접한 영역은 서로 다른 색으로 칠할 때, 칠하는 방법의 수를 구하시오.
(단, 한 점만 공유하는 두 영역은 인접하지 않는 것으로 본다.)

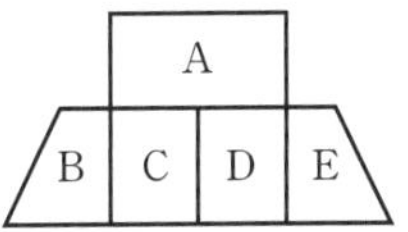


**0956** 상중하

오른쪽 그림의 A, B, C, D, E 5개의 영역을 서로 다른 5가지 색으로 칠하려고 한다. 같은 색을 중복하여 사용해도 좋으나 인접한 영역은 서로 다른 색으로 칠할 때, 칠하는 방법의 수를 구하시오.

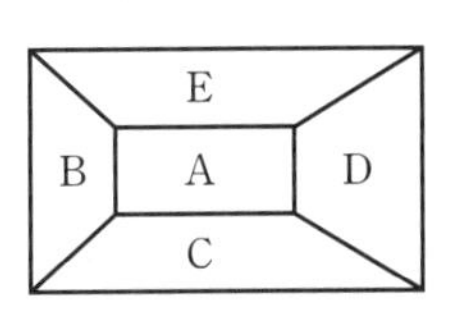

중요

▸ 개념원리 공통수학 1 249쪽

## 유형 09 이웃하는 순열의 수

이웃하는 것이 있는 경우의 수는 다음과 같은 순서로 구한다.
(i) 이웃하는 것을 한 묶음으로 생각하여 일렬로 나열하는 경우의 수를 구한다.
(ii) 한 묶음 안에서 자리를 바꾸는 경우의 수를 구한다.
(iii) (i)과 (ii)의 경우의 수를 곱한다.

**0957** 대표문제

6개의 문자 $a$, $b$, $c$, $d$, $e$, $f$를 일렬로 나열할 때, $a$와 $f$가 이웃하도록 나열하는 경우의 수를 구하시오.

**0958** 상중하

남학생 3명과 여학생 4명을 일렬로 세울 때, 여학생끼리 이웃하도록 세우는 경우의 수를 구하시오.

**0959** 상중하

고등학생 3명과 중학생 $n$명을 일렬로 세울 때, 고등학생끼리 이웃하도록 세우는 경우의 수가 720이다. 이때 $n$의 값은?

① 2 ② 3 ③ 4
④ 5 ⑤ 6

**0960** 상중하

5개의 문자 $a$, $b$, $c$, $d$, $e$를 일렬로 나열할 때, $a$와 $b$ 또는 $b$와 $c$가 서로 이웃하도록 나열하는 경우의 수를 구하시오.

▸ 개념원리 공통수학 1 249쪽

## 유형 10 이웃하지 않는 순열의 수

이웃하지 않는 것이 있는 경우의 수는 다음과 같은 순서로 구한다.
(i) 이웃해도 상관없는 것을 일렬로 나열하는 경우의 수를 구한다.
(ii) (i)에서 나열한 것의 사이사이와 양 끝에 이웃하지 않는 것을 나열하는 경우의 수를 구한다.
(iii) (i)과 (ii)의 경우의 수를 곱한다.

**0961** 대표문제

야구 선수 2명과 축구 선수 3명을 일렬로 세울 때, 야구 선수끼리 이웃하지 않게 세우는 경우의 수를 구하시오.

**0962** 상중하 서술형

discover의 8개의 문자를 일렬로 나열할 때, 모음끼리 이웃하지 않도록 나열하는 경우의 수를 구하시오.

**0963** 상중하

A, B, C, D, E, F 여섯 명을 일렬로 세울 때, A와 B는 이웃하고, C와 D는 이웃하지 않도록 세우는 경우의 수는?

① 100 ② 121 ③ 144
④ 169 ⑤ 288

정답 및 풀이 122쪽

중요

▸ 개념원리 공통수학 1 250쪽

## 유형 11 자리에 대한 조건이 있는 순열의 수

특정한 자리에 대한 조건이 있는 경우
⇒ 특정한 자리에 오는 것을 먼저 나열한 후 나머지를 나열한다.

**0964** 대표문제

어른 3명과 어린이 2명을 일렬로 세울 때, 양 끝에 어른이 오도록 세우는 경우의 수를 구하시오.

**0965** 상중하

1반 학생 4명과 2반 학생 3명이 일렬로 서서 사진을 찍으려고 한다. 1반 학생과 2반 학생이 교대로 서는 경우의 수는?

① 108 ② 120 ③ 132
④ 144 ⑤ 156

**0966** 상중하

superman의 8개의 문자를 일렬로 나열할 때, s와 e 사이에 2개의 문자가 들어가도록 나열하는 경우의 수를 구하시오.

**0967** 상중하

confirm의 7개의 문자를 일렬로 나열할 때, 모음이 모두 홀수 번째에 오도록 나열하는 경우의 수를 구하시오.

▸ 개념원리 공통수학 1 250쪽

## 유형 12 '적어도 ~'의 조건이 있는 순열의 수

(사건 $A$가 적어도 한 번 일어나는 경우의 수)
=(모든 경우의 수)−(사건 $A$가 일어나지 않는 경우의 수)

**0968** 대표문제

picture의 7개의 문자를 일렬로 나열할 때, 적어도 한쪽 끝에 모음이 오도록 나열하는 경우의 수는?

① 3560 ② 3600 ③ 3640
④ 3680 ⑤ 3720

**0969** 상중하

남학생 5명과 여학생 4명 중에서 반장 1명, 부반장 1명을 뽑을 때, 반장, 부반장 중에서 적어도 한 명은 남학생이 뽑히는 경우의 수를 구하시오.

**0970** 상중하 서술형

mailbox의 7개의 문자를 일렬로 나열할 때, 적어도 두 개의 모음이 이웃하도록 나열하는 경우의 수를 구하시오.

**0971** 상중하

서로 다른 한 자리 자연수 6개를 일렬로 나열할 때, 적어도 한 쪽 끝에 짝수가 오도록 나열하는 경우의 수가 432이다. 이때 짝수의 개수를 구하시오.

정답 및 풀이 124쪽

▶ 개념원리 공통수학1 251쪽

중요

## 유형 13 순열을 이용한 자연수의 개수

(1) 주어진 조건에 따라 기준이 되는 자리부터 먼저 배열하고, 나머지 자리에는 남은 숫자들을 배열한다.
(2) 맨 앞자리에는 0이 올 수 없음에 주의한다.

**0972** 대표문제

6개의 숫자 0, 1, 2, 3, 4, 5 중에서 서로 다른 3개의 숫자를 사용하여 세 자리 자연수를 만들 때, 짝수인 자연수의 개수를 구하시오.

**0973** 상중하

5개의 숫자 0, 1, 2, 3, 4 중에서 서로 다른 4개의 숫자를 사용하여 네 자리 자연수를 만들 때, 천의 자리의 숫자와 일의 자리의 숫자가 모두 홀수인 자연수의 개수를 구하시오.

**0974** 상중하

6개의 숫자 1, 2, 3, 4, 5, 6 중에서 서로 다른 3개의 숫자를 사용하여 만들 수 있는 세 자리 자연수 중 3의 배수의 개수를 구하시오.

**0975** 상중하 서술형

5개의 숫자 0, 1, 2, 3, 4 중에서 서로 다른 4개의 숫자를 사용하여 만들 수 있는 네 자리 자연수 중 4의 배수의 개수를 구하시오.

▶ 개념원리 공통수학1 252쪽

## 유형UP 14 사전식 배열에 의한 경우의 수

문자열을 알파벳순으로 배열하거나 수를 크기순으로 나열하는 경우
➡ 먼저 정해진 문자 또는 숫자를 나열하고, 나머지 자리에 올 수 있는 순열의 수를 구한다.

**0976** 대표문제

7개의 숫자 0, 1, 2, 3, 4, 5, 6 중에서 서로 다른 4개의 숫자를 사용하여 네 자리 자연수를 만들 때, 4500보다 큰 수의 개수를 구하시오.

**0977** 상중하

5개의 문자 $a$, $b$, $c$, $d$, $e$를 모두 한 번씩 사용하여 만든 모든 문자열을 사전식으로 배열할 때, 61번째에 오는 문자열은?

① $cbeda$ ② $cdabe$ ③ $cdaeb$
④ $cdbae$ ⑤ $cdbea$

**0978** 상중하

5개의 숫자 0, 1, 2, 3, 4를 모두 한 번씩 사용하여 만들 수 있는 다섯 자리 자연수를 크기가 작은 것부터 차례대로 나열할 때, 40번째에 오는 수를 구하시오.

**0979** 상중하

PRINCE의 6개의 문자를 모두 한 번씩 사용하여 만든 모든 문자열을 사전식으로 배열할 때, ICNERP는 몇 번째에 오는지 구하시오.

정답 및 풀이 125쪽

**0980**

서로 다른 두 개의 주사위를 동시에 던질 때, 나오는 눈의 수의 차가 홀수가 되는 경우의 수는?

① 9 ② 12 ③ 15
④ 18 ⑤ 21

**0981**

부등식 $2 \le x+y \le 5$를 만족시키는 음이 아닌 정수 $x$, $y$의 순서쌍 $(x, y)$의 개수를 구하시오.

**0982**

$(x+y+z)(p+q)-(x+y)^2(a+b+c)$를 전개하였을 때, 항의 개수를 구하시오.

**0983**

300의 양의 약수 중에서 홀수의 개수는?

① 4 ② 5 ③ 6
④ 7 ⑤ 8

**0984**

다섯 명의 학생이 각자 자신의 가방을 모아두었다. 임의로 가방을 다시 가져갈 때, 한 명만 자신의 가방을 가져가는 경우의 수를 구하시오.

**0985**

100원짜리 동전 4개, 500원짜리 동전 2개, 1000원짜리 지폐 1장이 있다. 이 돈의 일부 또는 전부를 사용하여 지불하는 방법의 수를 $x$, 지불할 수 있는 금액의 수를 $y$라 할 때, $x+y$의 값을 구하시오. (단, 0원을 지불하는 경우는 제외한다.)

**0986**

오른쪽 그림의 A, B, C, D 4개의 영역을 서로 다른 4가지 색으로 칠하려고 한다. 같은 색을 중복하여 사용해도 좋으나 인접한 영역은 서로 다른 색으로 칠할 때, 칠하는 방법의 수는?
(단, 한 점만 공유하는 두 영역은 인접하지 않는 것으로 본다.)

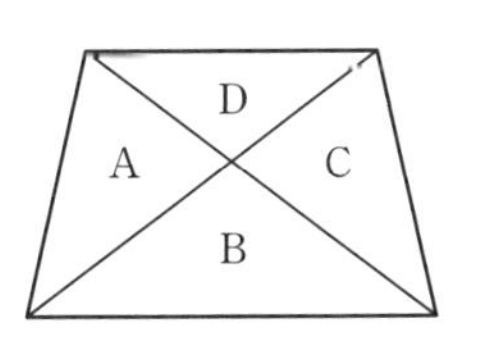


① 60 ② 72 ③ 84
④ 96 ⑤ 108

**0987** 중요★

초등학생 2명, 중학생 2명, 고등학생 3명을 일렬로 세울 때, 중학생은 중학생끼리, 고등학생은 고등학생끼리 이웃하도록 세우는 경우의 수를 구하시오.

**0988**

3명의 학생이 일렬로 놓인 7개의 똑같은 의자에 앉을 때, 어느 두 명도 이웃하지 않게 앉는 경우의 수를 구하시오.

**0989** 교육청 기출

1학년 학생 2명과 2학년 학생 4명이 있다. 이 6명의 학생이 일렬로 나열된 의자에 다음 조건을 만족시키도록 모두 앉는 경우의 수는?

> (가) 1학년 학생끼리는 이웃하지 않는다.
> (나) 양 끝에 있는 의자에는 모두 2학년 학생이 앉는다.

① 96 ② 120 ③ 144
④ 168 ⑤ 192

**0990**

남학생 3명과 여학생 3명이 한 줄로 서서 미술관에 입장할 때, 남학생과 여학생이 교대로 서는 경우의 수를 구하시오.

**0991**

weight의 6개의 문자를 일렬로 나열할 때, w와 i 사이에 3개 이상의 문자를 나열하는 경우의 수는?

① 48 ② 96 ③ 120
④ 144 ⑤ 180

**0992** 중요★

6개의 숫자 0, 1, 2, 3, 4, 5 중에서 서로 다른 4개의 숫자를 사용하여 만들 수 있는 네 자리 자연수 중 5의 배수의 개수를 구하시오.

**0993**

5개의 문자 $a$, $b$, $c$, $d$, $e$를 모두 한 번씩 사용하여 만든 모든 문자열을 사전식으로 배열할 때, 85번째에 오는 문자열의 마지막 문자를 구하시오.

## 서술형 주관식

**0994** 중요★

방정식 $x+3y+4z=15$를 만족시키는 양의 정수 $x$, $y$, $z$의 순서쌍 $(x, y, z)$의 개수를 구하시오.

**0995**

등식 ${}_nP_4=6{}_nP_2$를 만족시키는 자연수 $n$에 대하여 ${}_nP_{n-3}$의 값을 구하시오.

**0996**

오른쪽 그림과 같이 크기가 같은 6개의 정사각형에 1부터 6까지의 자연수를 각각 하나씩 적으려고 한다. 각 세로줄에 적힌 두 수의 합이 모두 같아지는 경우의 수를 구하시오.

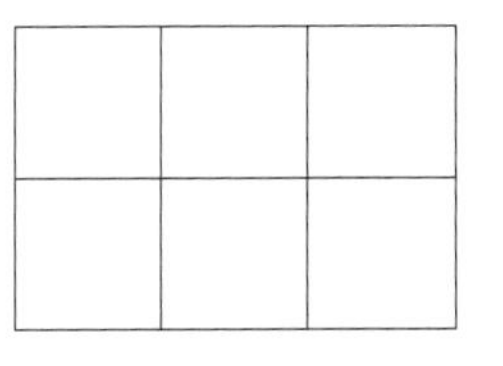

**0997**

서로 다른 5개의 알파벳 A, B, C, D, E를 일렬로 나열할 때, A와 B 사이에 적어도 하나의 문자가 오도록 나열하는 경우의 수를 구하시오.

## 실력 Up

**0998**  기출

그림과 같이 한 개의 정삼각형과 세 개의 정사각형으로 이루어진 도형이 있다. 숫자 1, 2, 3, 4, 5, 6 중에서 중복을 허락하여 네 개를 택해 네 개의 정다각형 내부에 하나씩 적을 때, 다음 조건을 만족시키는 경우의 수를 구하시오.

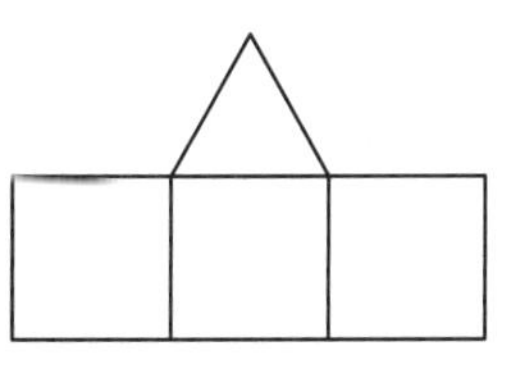

> (가) 세 개의 정사각형에 적혀 있는 수는 모두 정삼각형에 적혀 있는 수보다 작다.
> (나) 변을 공유하는 두 정사각형에 적혀 있는 수는 서로 다르다.

**0999**

오른쪽 그림과 같은 도로망에서 A 도시에서 출발하여 D 도시로 가는 경우의 수가 100 이상이 되도록 하려면 B 도시와 C 도시를 잇는 도로를 최소 몇 개 건설해야 하는지 구하시오. (단, 한 번 지나간 도시는 다시 지나지 않고, 도로끼리는 서로 만나지 않는다.)

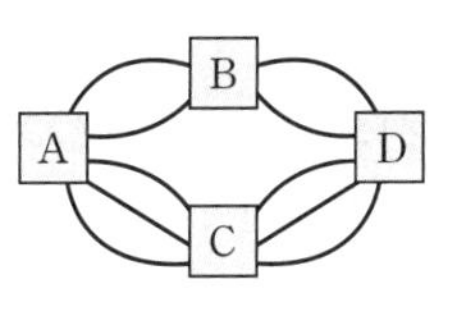


**1000**

5개의 숫자 1, 2, 3, 4, 5 중에서 서로 다른 3개의 숫자를 사용하여 세 자리 자연수를 만들 때, 만들어지는 모든 자연수의 합을 구하시오.

# 11 조합

개념 플러스

## 11 | 1 조합

유형 01~04, 07~10

### 1 조합

서로 다른 $n$개에서 순서를 생각하지 않고 $r$ $(0<r\le n)$개를 택하는 것을 $n$개에서 $r$개를 택하는 **조합**이라 하고, 이 조합의 수를 기호로 ${}_{n}\mathrm{C}_{r}$와 같이 나타낸다.

${}_{n}\mathrm{C}_{r}$ — 서로 다른 것의 개수 / 택하는 것의 개수

$$\boldsymbol{{}_{n}\mathrm{C}_{r}=\frac{{}_{n}\mathrm{P}_{r}}{r!}=\frac{n!}{r!(n-r)!}}\ (\text{단, } 0\le r\le n)$$

참고 ▶ 서로 다른 $n$개에서 $r$ $(0<r\le n)$개를 택하는 조합의 수는 ${}_{n}\mathrm{C}_{r}$이고, 그 각각에 대하여 $r$개를 일렬로 나열하는 경우의 수는 $r!$이다. 그런데 서로 다른 $n$개에서 $r$개를 택하는 순열의 수는 ${}_{n}\mathrm{P}_{r}$이므로

$${}_{n}\mathrm{C}_{r}\times r!={}_{n}\mathrm{P}_{r} \qquad \therefore\ {}_{n}\mathrm{C}_{r}=\frac{{}_{n}\mathrm{P}_{r}}{r!}=\frac{n!}{r!(n-r)!}$$

이때 ${}_{n}\mathrm{P}_{0}=1$, $0!=1$이므로 ${}_{n}\mathrm{C}_{0}=1$로 정하면 $r=0$일 때도 위의 등식이 성립한다.

- ${}_{n}\mathrm{C}_{r}$에서 C는 조합을 뜻하는 Combination의 첫 글자이다.
- 서로 다른 $n$개에서 $r$개를 택할 때, 순서를 생각하면 순열을 이용하고 순서를 생각하지 않으면 조합을 이용한다.

### 2 조합의 수의 성질

(1) ${}_{n}\mathrm{C}_{0}=1$, ${}_{n}\mathrm{C}_{n}=1$

(2) $\boldsymbol{{}_{n}\mathrm{C}_{r}={}_{n}\mathrm{C}_{n-r}}$ (단, $0\le r\le n$)

(3) ${}_{n}\mathrm{C}_{r}={}_{n-1}\mathrm{C}_{r}+{}_{n-1}\mathrm{C}_{r-1}$ (단, $1\le r<n$)

- 서로 다른 $n$개에서 $r$개를 택하는 조합의 수는 택하지 않을 $(n-r)$개를 정하는 조합의 수와 같다.

## 11 | 2 특정한 것을 포함하거나 포함하지 않는 조합의 수

유형 05, 06

서로 다른 $n$개에서 $r$개를 뽑을 때

(1) 특정한 $k$개를 포함하는 경우의 수

특정한 $k$개를 이미 뽑았다고 생각하고 나머지 $(n-k)$개에서 $(r-k)$개를 뽑는다.

⇨ ${}_{n-k}\mathrm{C}_{r-k}$

(2) 특정한 $k$개를 포함하지 않는 경우의 수

특정한 $k$개를 제외하고 나머지 $(n-k)$개에서 $r$개를 뽑는다.

⇨ ${}_{n-k}\mathrm{C}_{r}$

## 11 | 3 분할과 분배

유형 11, 12, 13

### 1 분할의 수

서로 다른 $n$개의 물건을 $p$개, $q$개, $r$개 $(p+q+r=n)$의 세 묶음으로 나누는 경우의 수는

(1) $p$, $q$, $r$가 모두 다른 수인 경우 ⇨ ${}_{n}\mathrm{C}_{p}\times{}_{n-p}\mathrm{C}_{q}\times{}_{r}\mathrm{C}_{r}$

(2) $p$, $q$, $r$ 중 어느 두 수가 같은 경우 ⇨ ${}_{n}\mathrm{C}_{p}\times{}_{n-p}\mathrm{C}_{q}\times{}_{r}\mathrm{C}_{r}\times\frac{1}{2!}$

(3) $p$, $q$, $r$가 모두 같은 수인 경우 ⇨ ${}_{n}\mathrm{C}_{p}\times{}_{n-p}\mathrm{C}_{q}\times{}_{r}\mathrm{C}_{r}\times\frac{1}{3!}$

### 2 분배의 수

$n$묶음으로 나누어 $n$명에게 나누어 주는 경우의 수는

($n$묶음으로 나누는 경우의 수)$\times n!$

- A, B, C, D를 2개, 2개의 두 묶음으로 나눌 때,

| AB | AC | AD |
|---|---|---|
| CD | BD | BC |
| CD | BD | BC |
| AB | AC | AD |

이므로 같은 경우가 $2!$가지씩 있다.

# 교과서 문제 정복하기

정답 및 풀이 129쪽

## 11 1 조합

[1001 ~ 1004] 다음 값을 구하시오.

**1001** ${}_{8}C_{3}$

**1002** ${}_{6}C_{0}$

**1003** ${}_{7}C_{7}$

**1004** ${}_{15}C_{14}$

[1005 ~ 1007] 다음을 만족시키는 $n$ 또는 $r$의 값을 구하시오.

**1005** ${}_{n}C_{3}=10$

**1006** ${}_{n+2}C_{2}=36$

**1007** ${}_{8}C_{r}=70$

[1008 ~ 1010] 다음을 만족시키는 $n$ 또는 $r$의 값을 구하시오.

**1008** ${}_{n}C_{2}={}_{n}C_{7}$

**1009** ${}_{10}C_{r}={}_{10}C_{r+4}$

**1010** ${}_{5}C_{3}+{}_{5}C_{2}={}_{6}C_{r}$

[1011 ~ 1013] 다음을 구하시오.

**1011** 7명이 단체 줄넘기를 할 때, 7명 중에서 줄을 돌릴 2명을 뽑는 경우의 수

**1012** 10명의 학생 중에서 대표 4명을 뽑는 경우의 수

**1013** 어떤 동아리 회원 8명이 다른 회원과 모두 한 번씩 악수를 할 때, 악수를 한 총횟수

[1014 ~ 1015] 남자 5명, 여자 4명으로 이루어진 모임에서 다음을 구하시오.

**1014** 3명의 대표를 뽑는 경우의 수

**1015** 남자 2명, 여자 1명의 대표를 뽑는 경우의 수

## 11 2 특정한 것을 포함하거나 포함하지 않는 조합의 수

[1016 ~ 1018] 지호와 현진이를 포함한 10명의 학생 중에서 3명의 발표자를 뽑으려고 한다. 다음을 구하시오.

**1016** 지호를 포함하여 뽑는 경우의 수

**1017** 현진이를 제외하고 뽑는 경우의 수

**1018** 지호는 포함하고 현진이는 제외하여 뽑는 경우의 수

## 11 3 분할과 분배

[1019 ~ 1021] 서로 다른 책 9권을 세 묶음으로 나누려고 한다. 다음을 구하시오.

**1019** 4권, 3권, 2권으로 나누는 경우의 수

**1020** 5권, 2권, 2권으로 나누는 경우의 수

**1021** 3권, 3권, 3권으로 나누는 경우의 수

**1022** 서로 다른 빵 5개를 2개, 2개, 1개의 세 묶음으로 나누어 3명에게 나누어 주는 경우의 수를 구하시오.

# 유형 익히기

▸ 개념원리 공통수학1 261쪽

## 유형 01 $_{n}C_{r}$의 계산

(1) $_{n}C_{r}=\frac{_{n}P_{r}}{r!}=\frac{n!}{r!(n-r)!}$ (단, $0\le r\le n$)

(2) $_{n}C_{0}=1$, $_{n}C_{n}=1$

(3) $_{n}C_{r}={}_{n}C_{n-r}$ (단, $0\le r\le n$)

**1023** 대표문제

자연수 $n$에 대하여 $_{n}P_{3}=120$일 때, $_{n}C_{3}+{}_{n}P_{2}$의 값은?

① 30 ② 35 ③ 40
④ 45 ⑤ 50

**1024** 상중하

등식 $_{13}C_{r+2}={}_{13}C_{3r-1}$을 만족시키는 자연수 $r$의 값을 구하시오.

**1025** 상중하

등식 $_{2n}P_{5}=10k\times{}_{2n}C_{5}$를 만족시키는 상수 $k$의 값은?
(단, $n$은 자연수이다.)

① 8 ② 12 ③ 16
④ 20 ⑤ 24

**1026** 상중하

$x$에 대한 이차방정식 $_{n}C_{3}x^{2}-{}_{n}C_{5}x+{}_{n}C_{7}=0$의 두 근을 $\alpha$, $\beta$라 하면 $\alpha+\beta=1$일 때, $\alpha\beta$의 값을 구하시오.
(단, $n$은 자연수이다.)

## 유형 02 $_{n}C_{r}$를 이용한 증명

$_{n}C_{r}=\frac{n!}{r!(n-r)!}$ $(0\le r\le n)$임을 이용하여 주어진 등식이 성립함을 증명한다.

**1027** 대표문제

다음은 $1\le r\le n$일 때, 등식 $r\times{}_{n}C_{r}=n\times{}_{n-1}C_{r-1}$이 성립함을 증명하는 과정이다.

증명

$$n\times{}_{n-1}C_{r-1}=n\times\frac{(n-1)!}{(r-1)!\,\boxed{(가)}}$$
$$=\frac{\boxed{(나)}}{(r-1)!(n-r)!}$$
$$=r\times\frac{n!}{\boxed{(다)}\,(n-r)!}=r\times{}_{n}C_{r}$$
$$\therefore r\times{}_{n}C_{r}=n\times{}_{n-1}C_{r-1}$$

위의 과정에서 (가), (나), (다)에 알맞은 것을 구하시오.

**1028** 상중하

다음은 $1\le r<n$일 때, 등식 $_{n}C_{r}={}_{n-1}C_{r}+{}_{n-1}C_{r-1}$이 성립함을 증명하는 과정이다.

증명

$$_{n-1}C_{r}+{}_{n-1}C_{r-1}$$
$$=\frac{(n-1)!}{r!(n-r-1)!}+\frac{(n-1)!}{(r-1)!(n-r)!}$$
$$=\frac{(\boxed{(가)})\times(n-1)!}{r!(n-r)!}+\frac{\boxed{(나)}\times(n-1)!}{r!(n-r)!}$$
$$=\frac{\boxed{(다)}\times(n-1)!}{r!(n-r)!}$$
$$=\frac{n!}{r!(n-r)!}={}_{n}C_{r}$$
$$\therefore {}_{n}C_{r}={}_{n-1}C_{r}+{}_{n-1}C_{r-1}$$

위의 과정에서 (가), (나), (다)에 알맞은 것을 구하시오.

정답 및 풀이 130쪽

중요

▶ 개념원리 공통수학1 262쪽

## 유형 03 조합의 수

서로 다른 $n$개에서 순서를 생각하지 않고 $r$개를 택하는 경우의 수
➡ ${}_nC_r$

**1029** 대표문제

남자 5명, 여자 5명 중에서 3명을 뽑을 때, 3명의 성별이 모두 같은 경우의 수를 구하시오.

**1030** 상중하

1부터 9까지의 자연수가 각각 하나씩 적힌 9장의 카드 중에서 2장의 카드를 동시에 뽑을 때, 뽑힌 카드에 적힌 두 수의 합이 짝수인 경우의 수를 구하시오.

**1031** 상중하

어느 농구 대회에 참가한 모든 팀이 다른 팀과 각각 5번씩 경기를 하는 리그전을 치렀다. 이 대회에서 치른 모든 경기의 수가 140일 때, 이 대회에 참가한 팀의 수는?

① 6 ② 7 ③ 8
④ 9 ⑤ 10

**1032** 상중하

빨간색 꽃 $n$송이, 노란색 꽃 5송이, 주황색 꽃 3송이 중에서 빨간색 꽃 3송이, 노란색 꽃 2송이, 주황색 꽃 1송이를 택하여 꽃다발을 만드는 경우의 수가 120이다. 이때 자연수 $n$의 값을 구하시오. (단, 꽃의 종류는 모두 다르다.)

▶ 개념원리 공통수학1 263쪽

## 유형 04 '적어도 ~'의 조건이 있는 조합의 수

(사건 $A$가 적어도 한 번 일어나는 경우의 수)
=(모든 경우의 수)−(사건 $A$가 일어나지 않는 경우의 수)

**1033** 대표문제

1부터 6까지의 자연수가 각각 하나씩 적힌 6장의 카드 중에서 2장의 카드를 동시에 뽑을 때, 짝수가 적힌 카드를 적어도 1장 뽑는 경우의 수를 구하시오.

**1034** 상중하

서로 다른 노란색 공 4개, 서로 다른 파란색 공 3개가 들어 있는 상자에서 3개의 공을 꺼낼 때, 파란색 공을 적어도 한 개 꺼내는 경우의 수는?

① 30 ② 31 ③ 32
④ 33 ⑤ 34

**1035** 상중하 서술형

남자 사원 9명, 여자 사원 5명 중에서 3명을 뽑아 해외 연수를 보내려고 한다. 남자 사원과 여사 사원을 각각 적어도 1명씩 뽑는 경우의 수를 구하시오.

**1036** 상중하

회원이 10명인 동호회에서 2명의 운영자를 뽑으려고 한다. 남자 회원이 적어도 한 명 포함되도록 뽑는 경우의 수가 30일 때, 이 동호회의 남자 회원 수를 구하시오.

▶ 개념원리 공통수학1 263쪽

## 유형 05 특정한 것을 포함하거나 포함하지 않는 조합의 수

서로 다른 $n$개에서 $r$개를 뽑을 때

(1) 특정한 $k$개를 포함하여 뽑는 경우의 수 ➡ ${}_{n-k}C_{r-k}$

(2) 특정한 $k$개를 제외하고 뽑는 경우의 수 ➡ ${}_{n-k}C_{r}$

### 1037 대표문제

어느 편의점에서 직원을 모집하는데 태우와 재희를 포함한 10명이 지원하였다. 이 지원자들 중에서 5명을 뽑을 때, 태우와 재희 중 한 명만 뽑히는 경우의 수는?

① 110 ② 120 ③ 130
④ 140 ⑤ 150

### 1038 상중하

1학년 선수 5명을 포함하여 총 13명의 선수가 있는 축구부가 있다. 경기에 출전할 11명의 선수를 뽑을 때, 1학년 선수가 모두 포함되도록 뽑는 경우의 수는?

① 16 ② 20 ③ 24
④ 28 ⑤ 32

### 1039 상중하

A, B를 포함한 학생 10명 중에서 급식 당번 4명을 뽑으려고 한다. 이때 A, B가 모두 뽑히지 않는 경우의 수를 구하시오.

### 1040 상중하

1부터 10까지의 자연수가 각각 하나씩 적힌 10장의 카드 중에서 6장의 카드를 동시에 뽑을 때, 3의 배수가 적힌 카드는 전부 포함하고, 4의 배수가 적힌 카드는 포함하지 않도록 뽑는 경우의 수를 구하시오.

### 1041 상중하

1부터 7까지의 자연수가 각각 하나씩 적힌 7개의 공이 들어 있는 주머니에서 3개의 공을 동시에 꺼낼 때, 꺼낸 공에 적힌 수 중에서 가장 큰 수가 6 이상인 경우의 수를 구하시오.

### 1042 상중하

유리와 지수가 서로 다른 5개의 동아리 중에서 각각 2개씩 택하여 가입하려고 한다. 유리와 지수가 공통으로 가입하는 동아리가 1개 이하가 되도록 하는 경우의 수는?

(단, 가입 순서는 고려하지 않는다.)

① 50 ② 60 ③ 70
④ 80 ⑤ 90

### 1043 상중하 서술형

A, B를 포함한 7명이 박물관을 가는데 3명은 지하철을 타고, 나머지 4명은 택시를 타고 가기로 했다. A, B가 모두 지하철을 타는 경우의 수를 $l$, A, B가 모두 택시를 타는 경우의 수를 $m$, A, B 중 한 사람만 지하철을 타는 경우의 수를 $n$이라 할 때, $l+m-n$의 값을 구하시오.

정답 및 풀이 131쪽

▸ 개념원리 공통수학1 264쪽

## 유형 06 뽑아서 나열하는 경우의 수

$m$개 중에서 $n$개를 뽑아 일렬로 나열하는 경우의 수
⇒ ${}_m\mathrm{C}_n \times n!$

**1044** 대표문제

혜진이와 승헌이를 포함한 8명 중에서 5명을 뽑아 일렬로 세울 때, 혜진이와 승헌이를 모두 포함하고 이들이 서로 이웃하도록 세우는 경우의 수를 구하시오.

**1045** 상중하

서로 다른 과일 5개와 서로 다른 야채 3개 중에서 3개의 과일과 2개의 야채를 택하여 일렬로 진열하는 경우의 수는?

① 1200 ② 2400 ③ 3600
④ 4800 ⑤ 6000

**1046** 상중하

1부터 9까지의 자연수 중에서 서로 다른 홀수 2개, 서로 다른 짝수 2개를 택하여 만들 수 있는 네 자리 자연수의 개수를 구하시오.

**1047** 상중하

어느 동아리의 회원 중 특정한 한 명을 포함하여 3명을 뽑아 일렬로 세우는 경우의 수가 90일 때, 이 동아리의 회원 수를 구하시오.

▸ 개념원리 공통수학1 265쪽

## 유형 07 직선의 개수

(1) 어느 세 점도 일직선 위에 있지 않은 서로 다른 $n$개의 점으로 만들 수 있는 직선의 개수 ⇒ ${}_n\mathrm{C}_2$
(2) 일직선 위에 있는 서로 다른 $n\ (n\geq 2)$개의 점으로 만들 수 있는 직선의 개수 ⇒ 1

**1048** 대표문제

오른쪽 그림과 같이 원 위에 8개의 점이 같은 간격으로 놓여 있을 때, 주어진 점을 이어서 만들 수 있는 서로 다른 직선의 개수를 구하시오.

**1049** 상중하

한 평면 위에 있는 서로 다른 6개의 점 중에서 어느 세 점도 일직선 위에 있지 않을 때, 주어진 점을 이어서 만들 수 있는 서로 다른 직선의 개수는?

① 11 ② 12 ③ 13
④ 14 ⑤ 15

**1050** 상중하

오른쪽 그림과 같이 평행한 두 직선 위에 8개의 점이 있을 때, 주어진 점을 연결하여 만들 수 있는 서로 다른 직선의 개수를 구하시오.

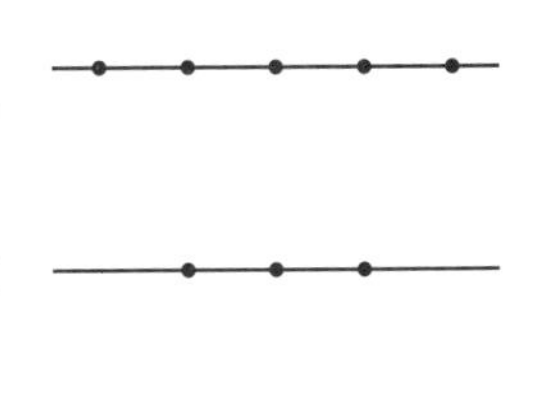

**1051** 상중하

오른쪽 그림과 같이 12개의 점이 가로, 세로 같은 간격으로 놓여 있다. 주어진 점을 이어서 만들 수 있는 서로 다른 직선의 개수를 구하시오.

▸ 개념원리 공통수학1 265쪽

## 유형 08 대각선의 개수

$n$각형의 대각선의 개수는 $n$개의 꼭짓점 중 2개를 택하여 만들 수 있는 선분의 개수에서 변의 개수를 뺀 것과 같다.
⇛ ${}_{n}\mathrm{C}_{2}-n$

### 1052 대표문제

오른쪽 그림과 같은 정칠각형의 대각선의 개수는?

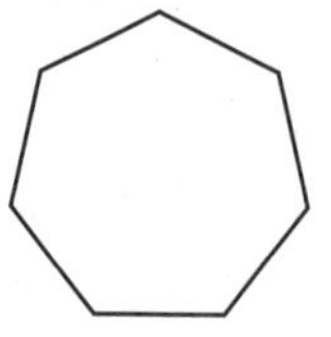

① 12　② 13
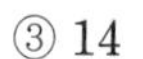
③ 14　④ 15

⑤ 16

### 1053 상중하

팔각형과 십일각형의 대각선의 개수의 합은?

① 60　② 64　③ 68
④ 72　⑤ 76

### 1054 상중하

대각선의 개수가 27인 다각형의 꼭짓점의 개수를 구하시오.

▸ 개념원리 공통수학1 266쪽

## 중요 유형 09 다각형의 개수 – 꼭짓점

(1) 어느 세 점도 일직선 위에 있지 않은 서로 다른 $n$개의 점이 있을 때
　① 3개의 점을 꼭짓점으로 하는 삼각형의 개수 ⇛ ${}_{n}\mathrm{C}_{3}$
　② 4개의 점을 꼭짓점으로 하는 사각형의 개수 ⇛ ${}_{n}\mathrm{C}_{4}$
(2) 일직선 위에 있는 서로 다른 $n$개의 점으로는 다각형을 만들 수 없다.

### 1055 대표문제

오른쪽 그림과 같이 반원 위에 8개의 점이 있다. 이 중에서 3개의 점을 꼭짓점으로 하는 삼각형의 개수를 구하시오.

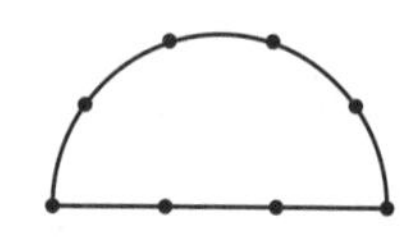

### 1056 상중하

오른쪽 그림과 같이 삼각형 위에 7개의 점이 있다. 이 중에서 3개의 점을 꼭짓점으로 하는 삼각형의 개수를 구하시오.

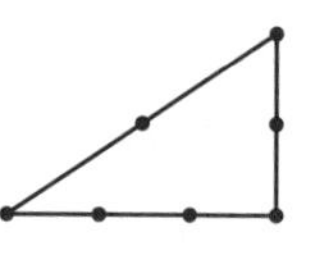

### 1057 상중하

오른쪽 그림과 같이 평행한 두 직선 $l$, $m$ 위에 각각 4개, 3개의 점이 있다. 이 중에서 4개의 점을 꼭짓점으로 하는 사각형의 개수를 구하시오.

### 1058 상중하

오른쪽 그림과 같이 9개의 점이 가로, 세로 같은 간격으로 놓여 있다. 이 중에서 3개의 점을 꼭짓점으로 하는 삼각형의 개수를 구하시오.

정답 및 풀이 133쪽

▶ 개념원리 공통수학1 266쪽

## 유형 10 다각형의 개수 – 변

$m$개의 평행선과 이와 평행하지 않은 $n$개의 평행선이 만날 때 생기는 평행사변형의 개수 ➡ ${}_mC_2 \times {}_nC_2$

**1059** 대표문제

오른쪽 그림과 같이 4개의 평행선과 6개의 평행선이 서로 만날 때, 이들 평행선으로 만들 수 있는 평행사변형의 개수는?

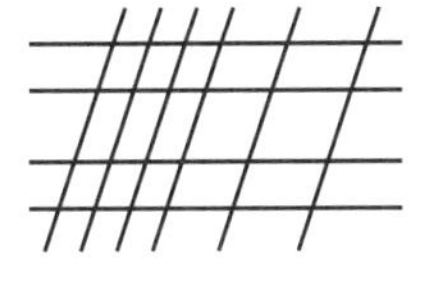

① 60 ② 75 ③ 90
④ 105 ⑤ 120

**1060** 상중하

오른쪽 그림은 한 변의 길이가 1인 9개의 정사각형으로 이루어진 도형이다. 이 도형의 선들로 만들 수 있는 사각형 중에서 정사각형이 아닌 직사각형의 개수를 구하시오.

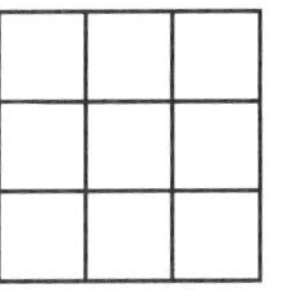

**1061** 상중하

평면 위에 $n$개의 평행선과 이것과 만나는 $(n-1)$개의 평행선이 있다. 이들 평행선으로 만들 수 있는 평행사변형의 개수가 150일 때, $n$의 값을 구하시오. (단, $n \geq 3$)

▶ 개념원리 공통수학1 268쪽

## 유형 11 분할하는 경우의 수

서로 다른 $n$개의 물건을 $p$개, $q$개, $r$개 $(p+q+r=n)$의 세 묶음으로 나누는 경우의 수

(1) $p$, $q$, $r$가 모두 다른 수인 경우 ➡ ${}_nC_p \times {}_{n-p}C_q \times {}_rC_r$

(2) $p$, $q$, $r$ 중 어느 두 수가 같은 경우 ➡ ${}_nC_p \times {}_{n-p}C_q \times {}_rC_r \times \frac{1}{2!}$

(3) $p$, $q$, $r$가 모두 같은 수인 경우 ➡ ${}_nC_p \times {}_{n-p}C_q \times {}_rC_r \times \frac{1}{3!}$

**1062** 대표문제

서로 다른 8개의 구슬을 4개씩 두 묶음으로 나누는 경우의 수를 $a$, 5개, 3개의 두 묶음으로 나누는 경우의 수를 $b$라 할 때, $b-a$의 값을 구하시오.

**1063** 상중하 서술형

여학생 4명과 남학생 8명을 6명씩 두 개의 조로 나누어 봉사활동을 하려고 한다. 각 조에 적어도 한 명의 여학생이 포함되도록 나누는 경우의 수를 구하시오.

**1064** 상중하

서로 다른 6자루의 볼펜을 똑같은 필통 3개에 빈 필통이 없도록 나누어 넣는 경우의 수는?

① 75 ② 80 ③ 85
④ 90 ⑤ 95

▶ 개념원리 공통수학 1 268쪽

## 유형 12 분배하는 경우의 수

$n$묶음으로 나누어 $n$명에게 나누어 주는 경우의 수
➡ ($n$묶음으로 나누는 경우의 수) $\times n!$

**1065** 대표문제

학교 홈페이지에 체험 활동 5가지가 공고되어 있다. 미란, 수현, 민규 중 두 사람은 각각 2개의 체험 활동을, 나머지 한 사람은 1개의 체험 활동을 하려고 한다. 세 사람이 모두 서로 다른 체험 활동을 한다고 할 때, 체험 활동을 하는 경우의 수를 구하시오.

**1066** 상중하

어른 7명, 어린이 2명을 3명씩 3개의 조로 나누어 세 방 A, B, C에 배정할 때, 어린이 2명이 같은 방에 배정되는 경우의 수를 구하시오.

**1067** 상중하

5개의 서로 다른 상품을 3명의 학생에게 나누어 줄 때, 한 사람이 적어도 한 개의 상품을 갖도록 나누어 주는 경우의 수는?

① 110 ② 120 ③ 130
④ 140 ⑤ 150

**1068** 상중하

6층짜리 건물의 1층에서 7명이 엘리베이터를 함께 탄 후 6층까지 올라가는 동안 3개의 층에서 각각 2명, 2명, 3명이 내리는 경우의 수를 구하시오.

(단, 엘리베이터에 새로 타는 사람은 없다.)

▶ 개념원리 공통수학 1 268쪽

## 유형 UP 13 대진표 작성하기

주어진 그림을 보고 분할하는 경우의 수를 이용하여 대진표를 작성하는 경우의 수를 구한다.

**1069** 대표문제

7명의 프로 게이머가 참가한 대표 선발전의 대진표가 다음 그림과 같을 때, 대진표를 작성하는 경우의 수를 구하시오.

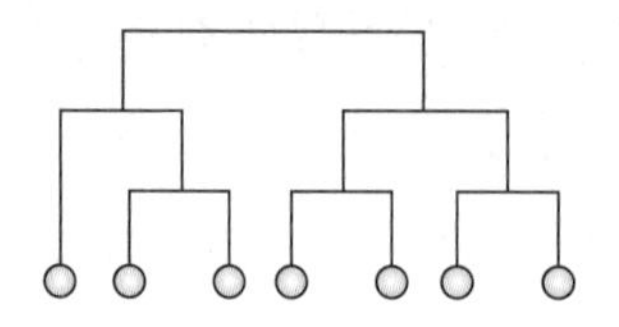

**1070** 상중하

6명의 격투기 선수가 다음 그림과 같은 대진표로 시합을 할 때, 대진표를 작성하는 경우의 수를 구하시오.

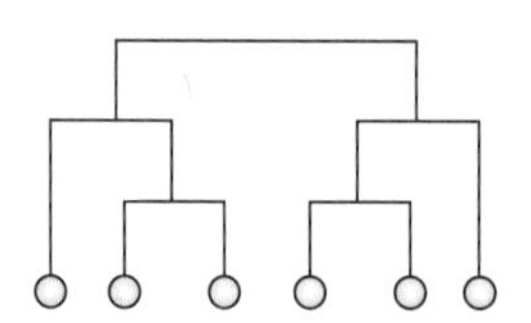

**1071** 상중하

희종이네 반을 포함하여 6개의 반이 교내 축구 대회에 참가하였다. 다음 그림과 같은 대진표로 시합을 할 때, 희종이네 반이 한 번만 이기면 결승에 진출하도록 대진표를 작성하는 경우의 수는?

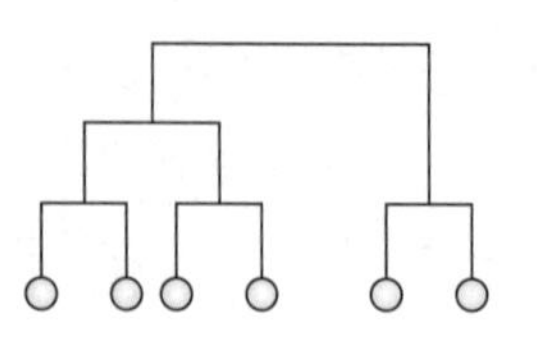

① 13 ② 15 ③ 17
④ 19 ⑤ 21

# 시험에 꼭 나오는 문제

정답 및 풀이 135쪽

### 1072

등식 ${}_{n}\mathrm{P}_{4}=30\times{}_{n-1}\mathrm{C}_{3}$을 만족시키는 자연수 $n$의 값은?

① 4　② 5　③ 6
④ 7　⑤ 8

### 1073 교육청 기출

9개의 숫자 0, 0, 0, 1, 1, 1, 1, 1, 1을 0끼리는 어느 것도 이웃하지 않도록 일렬로 나열하여 만들 수 있는 아홉 자리의 자연수의 개수는?

① 12　② 14　③ 16
④ 18　⑤ 20

### 1074

서로 다른 6켤레의 양말 12짝 중에서 4짝을 택할 때, 한 켤레만 짝이 맞도록 택하는 경우의 수를 구하시오.

### 1075

어느 동아리에서 신규 회원을 모집하는데 남학생 4명과 여학생 6명이 지원하였다. 이 중 4명을 뽑으려고 할 때, 적어도 2명의 여자 지원자가 포함되도록 뽑는 경우의 수를 구하시오.

### 1076

양상추와 오이를 포함한 서로 다른 7종류의 야채 중에서 4종류를 택하려고 한다. 이때 양상추와 오이 중에서 한 가지만 포함하여 택하는 경우의 수는?

① 12　② 16　③ 20
④ 24　⑤ 28

### 1077

남자 5명, 여자 4명 중에서 4명의 위원을 다음과 같이 선출할 때, 세 수 $A$, $B$, $C$의 대소 관계로 옳은 것은?

$A=$(남자 2명, 여자 2명을 뽑는 경우의 수)
$B=$(여자를 적어도 1명 뽑는 경우의 수)
$C=$(여자 1명, 남자 1명을 반드시 포함하여 뽑는 경우의 수)

① $A<B<C$　② $A<C<B$　③ $B<A<C$
④ $B<C<A$　⑤ $C<A<B$

### 1078 중요★

1부터 7까지의 7개의 자연수 중에서 서로 다른 5개를 택하여 다섯 자리 자연수를 만들려고 한다. 이때 2는 포함하고 6은 포함하지 않는 자연수의 개수를 구하시오.

## 시험에 꼭 나오는 문제

**1079** 중요★

어른 5명과 어린이 4명 중에서 어른 3명과 어린이 2명을 뽑아 일렬로 세울 때, 어린이끼리 이웃하지 않도록 세우는 경우의 수를 구하시오.

**1080**

오른쪽 그림과 같이 정오각형의 각 변을 연장하여 만든 별 모양의 도형 위에 10개의 점이 있다. 이때 주어진 점을 이어서 만들 수 있는 서로 다른 직선의 개수는?

① 18 ② 19 ③ 20 ④ 21 ⑤ 22

**1081**

오른쪽 그림과 같이 원 위에 같은 간격으로 12개의 점이 놓여 있다. 이 중에서 3개의 점을 꼭짓점으로 하는 삼각형을 만들려고 할 때, 직각삼각형이 아닌 삼각형의 개수를 구하시오.

**1082** 중요★

오른쪽 그림과 같이 4개, 3개, 2개의 평행선이 만나고 있다. 이 평행선들을 이용하여 만들 수 있는 평행사변형의 개수를 구하시오.

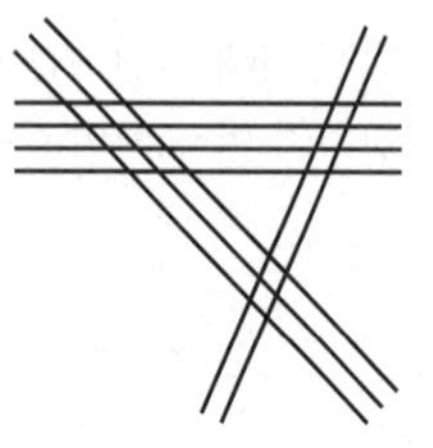

**1083**

서로 다른 8개의 과자를 똑같은 두 개의 바구니에 나누어 담으려고 한다. 빈 바구니가 없도록 과자를 나누어 담는 경우의 수는?

① 119 ② 121 ③ 123 ④ 125 ⑤ 127

**1084**

어느 대관람차는 한 차량당 최대 탑승 인원이 4명이고, 안전을 위하여 어린이들은 반드시 어른을 한 명 이상 동반하여 탑승해야 한다. 이 대관람차의 비어 있는 세 차량에 어른 3명과 어린이 7명이 나누어 탈 때, 어른은 지정된 차량에 탑승한다고 한다. 10명이 세 차량에 나누어 타는 경우의 수를 구하시오.

**1085**

5개의 팀이 오른쪽 그림과 같은 토너먼트 방식으로 시합을 할 때, 대진표를 작성하는 경우의 수는?

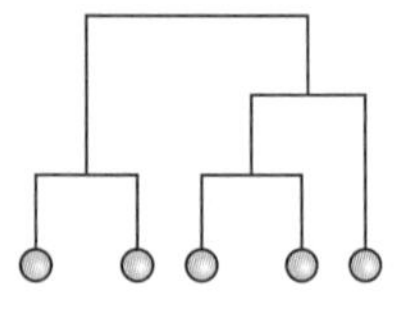

① 21 ② 24 ③ 27 ④ 30 ⑤ 33

## 서술형 주관식

**1086**

${}_{n}C_{r}={}_{n}C_{6}$, ${}_{12}C_{r}={}_{12}C_{r-2}$를 만족시키는 자연수 $n$, $r$에 대하여 $n+r$의 값을 구하시오.

**1087**

남자 6명, 여자 $n$명 중에서 특정한 2명이 포함되도록 5명을 뽑는 경우의 수가 56일 때, 자연수 $n$의 값을 구하시오.

**1088**

원 위에 서로 다른 $n$개의 점이 놓여 있다. 이 점들을 이어서 만들 수 있는 서로 다른 직선이 55개일 때, 이 점들 중에서 네 개의 점을 꼭짓점으로 하는 사각형의 개수를 구하시오.

**1089**

7명의 학생들에게 서로 다른 3개의 티셔츠 중에서 가장 마음에 드는 것을 하나 선택하도록 하였다. 이때 각 티셔츠를 선택하는 학생 수가 모두 다른 경우의 수를 구하시오.

(단, 아무도 선택하지 않은 티셔츠는 없다.)

## 실력 Up

**1090** 교육청 기출

흰 공 4개, 검은 공과 파란 공이 각각 2개씩, 빨간 공과 노란 공이 각각 1개씩 총 10개의 공이 들어있는 주머니가 있다. 이 주머니에서 5개의 공을 꺼낼 때, 꺼낸 공의 색이 3종류인 경우의 수를 구하시오. (단, 같은 색의 공은 구별하지 않는다.)

**1091**

멜론, 망고, 바나나를 포함한 10종류의 과일로 다음 조건을 만족시키는 과일 바구니를 만들려고 할 때, 만들 수 있는 서로 다른 과일 바구니의 개수를 구하시오.

(단, 과일을 넣는 순서나 모양은 생각하지 않는다.)

(가) 서로 다른 5종류의 과일을 각각 한 개씩 넣는다.
(나) 멜론이나 망고를 넣는 경우에는 멜론과 망고를 함께 넣는다.
(다) 멜론, 망고, 바나나 모두를 동시에 담지 않는다.

**1092**

6명의 학생이 각각 산, 바다, 수족관 중에서 한 곳을 택하여 여행을 가기로 하였다. 산, 바다, 수족관 중에서 2개의 장소에 모든 학생이 여행을 가는 경우의 수를 구하시오.

어제를 통해 배우고,

오늘을 통해 살아가고,

내일을 통해 희망을 갖는다.

– 알버트 아인슈타인–

# IV

# 행렬

# 12 행렬

개념 플러스

## 12|1 행렬의 뜻

유형 01, 02

### 1 행렬

(1) 행렬: 수나 문자를 직사각형 모양으로 배열하여 괄호 (　)로 묶은 것

① 행: 행렬에서 가로의 줄　　② 열: 행렬에서 세로의 줄

(2) 행렬의 성분: 행렬을 이루는 각각의 수나 문자

참고 ▸ 행렬의 제$i$행과 제$j$열이 만나는 위치의 성분을 그 행렬의 **$(i, j)$ 성분**이라 하고, 기호로 $a_{ij}$와 같이 나타낸다.

제$j$열

$$\text{제}i\text{행}\begin{pmatrix} a_{11} & a_{12} & \cdots & a_{1j} & \cdots \\ \vdots & \vdots & & \vdots & \\ a_{i1} & a_{i2} & \cdots & a_{ij} & \cdots \\ \vdots & \vdots & & \vdots & \end{pmatrix}$$

- $m$개의 행과 $n$개의 열로 이루어진 행렬을 **$m\times n$ 행렬**이라 하고, $n\times n$ 행렬을 $n$차 **정사각행렬**이라 한다.

### 2 서로 같은 행렬

두 행렬 $A$, $B$가 같은 꼴이고 대응하는 성분이 각각 같을 때, $A$와 $B$는 **서로 같다**고 하고 기호로 $\boldsymbol{A=B}$와 같이 나타낸다.

- $\begin{pmatrix} a_{11} & a_{12} \\ a_{21} & a_{22} \end{pmatrix}=\begin{pmatrix} b_{11} & b_{12} \\ b_{21} & b_{22} \end{pmatrix}$이면 $a_{11}=b_{11}$, $a_{12}=b_{12}$, $a_{21}=b_{21}$, $a_{22}=b_{22}$

## 12|2 행렬의 덧셈, 뺄셈과 실수배

유형 03, 04, 05

### 1 행렬의 덧셈, 뺄셈과 실수배

두 행렬 $A=\begin{pmatrix} a_{11} & a_{12} \\ a_{21} & a_{22} \end{pmatrix}$, $B=\begin{pmatrix} b_{11} & b_{12} \\ b_{21} & b_{22} \end{pmatrix}$와 실수 $k$에 대하여

(1) $A\pm B=\begin{pmatrix} a_{11}\pm b_{11} & a_{12}\pm b_{12} \\ a_{21}\pm b_{21} & a_{22}\pm b_{22} \end{pmatrix}$ (복호동순)　　(2) $kA=\begin{pmatrix} ka_{11} & ka_{12} \\ ka_{21} & ka_{22} \end{pmatrix}$

### 2 행렬의 덧셈과 실수배에 대한 성질: 같은 꼴의 세 행렬 $A$, $B$, $C$와 실수 $k$, $l$에 대하여

(1) 교환법칙: $A+B=B+A$

(2) 결합법칙: $(A+B)+C=A+(B+C)$, $(kl)A=k(lA)=l(kA)$

(3) 분배법칙: $(k+l)A=kA+lA$, $k(A+B)=kA+kB$

- 행렬의 덧셈과 뺄셈은 두 행렬이 같은 꼴일 때에만 정의된다.
- 모든 성분이 0인 행렬을 **영행렬**이라 하고, 기호로 $\boldsymbol{O}$와 같이 나타낸다.
- 행렬 $A$의 모든 성분의 부호를 바꾼 것을 성분으로 하는 행렬을 기호로 $\boldsymbol{-A}$와 같이 나타낸다.

## 12|3 행렬의 곱셈

유형 06, 08~12

**1** 두 행렬 $A$, $B$의 곱 $AB$는 $A$의 열의 개수와 $B$의 행의 개수가 같을 때에만 정의된다.

⇨ ($m\times n$ 행렬)×($n\times l$ 행렬)=($m\times l$ 행렬)

**2** 두 행렬 $A$, $B$의 곱 $AB$의 $(i, j)$ 성분은 행렬 $A$의 제$i$행의 성분에 행렬 $B$의 제$j$열의 성분을 차례대로 곱하여 더한 값이다.

⇨ $\begin{pmatrix} a & b \\ c & d \end{pmatrix}\begin{pmatrix} x & u \\ y & v \end{pmatrix}=\begin{pmatrix} ax+by & au+bv \\ cx+dy & cu+dv \end{pmatrix}$

- $\begin{pmatrix} ①\rightarrow \\ ②\rightarrow \end{pmatrix}\times\begin{pmatrix} \boxed{1} & \boxed{2} \\ \downarrow & \downarrow \end{pmatrix}=\begin{pmatrix} ①\times\boxed{1} & ①\times\boxed{2} \\ ②\times\boxed{1} & ②\times\boxed{2} \end{pmatrix}$

## 12|4 행렬의 곱셈의 성질

유형 07~12

### 1 행렬의 거듭제곱: 행렬 $A$가 정사각행렬이고, $m$, $n$이 자연수일 때

(1) $A^2=AA$, $A^3=A^2A$, $\cdots$, $A^{n+1}=A^nA$　　(2) $A^mA^n=A^{m+n}$, $(A^m)^n=A^{mn}$

### 2 행렬의 곱셈에 대한 성질: 합과 곱이 정의되는 세 행렬 $A$, $B$, $C$에 대하여

(1) $\boldsymbol{AB\neq BA}$ ← 교환법칙이 성립하지 않는다.　　(2) 결합법칙: $(AB)C=A(BC)$

(3) 분배법칙: $A(B+C)=AB+AC$, $(A+B)C=AC+BC$

### 3 단위행렬: $n$차 정사각행렬에서 $a_{11}=a_{22}=a_{33}=\cdots=a_{nn}=1$이고 그 이외의 성분은 모두 0인 행렬을 **단위행렬**이라 하고, 기호로 $\boldsymbol{E}$와 같이 나타낸다.

- 케일리-해밀턴의 정리
  행렬 $A=\begin{pmatrix} a & b \\ c & d \end{pmatrix}$에 대하여
  $A^2-(a+d)A+(ad-bc)E=O$
  가 성립한다.
  (단, $E$는 단위행렬, $O$는 영행렬이다.)
- $AE=EA=A$, $E^m=E$
  (단, $m$은 자연수이다.)

# 교과서 문제 정복하기

정답 및 풀이 139쪽

## 12 | 1 행렬의 뜻

[1093 ~ 1096] 다음 행렬의 꼴을 말하시오.

**1093** $\begin{pmatrix} 2 \\ 3 \end{pmatrix}$

**1094** $\begin{pmatrix} -2 & 4 & 3 \end{pmatrix}$

**1095** $\begin{pmatrix} 1 & 0 \\ 0 & 1 \end{pmatrix}$

**1096** $\begin{pmatrix} 3 & -2 & 0 \\ 1 & 5 & -3 \end{pmatrix}$

**1097** 행렬 $\begin{pmatrix} 2 & 4 \\ -3 & 0 \\ 5 & 1 \end{pmatrix}$에 대하여 다음을 구하시오.

(1) $(3, 2)$ 성분

(2) 제2행의 모든 성분의 합

(3) 제1열의 모든 성분의 합

[1098 ~ 1099] 다음 등식을 만족시키는 상수 $a$, $b$, $c$의 값을 구하시오.

**1098** $\begin{pmatrix} a-1 & 3 \\ 2 & -1 \end{pmatrix}=\begin{pmatrix} -4 & 3 \\ b-2 & c-5 \end{pmatrix}$

**1099** $\begin{pmatrix} 1 & 3 \\ 4 & 3c \end{pmatrix}=\begin{pmatrix} a+b & a-b \\ 4 & -6 \end{pmatrix}$

## 12 | 2 행렬의 덧셈, 뺄셈과 실수배

[1100 ~ 1103] 다음을 계산하시오.

**1100** $\begin{pmatrix} 0 & 2 \end{pmatrix}+\begin{pmatrix} -1 & 3 \end{pmatrix}$

**1101** $\begin{pmatrix} 2 & -1 \\ 1 & 3 \end{pmatrix}+\begin{pmatrix} -3 & 4 \\ 0 & 1 \end{pmatrix}$

**1102** $\begin{pmatrix} 5 & -3 \\ 2 & -4 \end{pmatrix}-\begin{pmatrix} -1 & 2 \\ 3 & -5 \end{pmatrix}$

**1103** $\begin{pmatrix} 3 & 3 & 0 \\ 0 & -1 & 1 \end{pmatrix}-\begin{pmatrix} -1 & 1 & 1 \\ 2 & -1 & 0 \end{pmatrix}$

[1104 ~ 1105] 두 행렬 $A=\begin{pmatrix} 1 & 3 \\ -2 & 0 \end{pmatrix}$, $B=\begin{pmatrix} 1 & 2 \\ 1 & -1 \end{pmatrix}$에 대하여 다음을 구하시오.

**1104** $5A-3B$

**1105** $-A+4B$

[1106 ~ 1107] 두 행렬 $A=\begin{pmatrix} 0 & 2 \\ 1 & -1 \end{pmatrix}$, $B=\begin{pmatrix} 2 & 1 \\ 3 & 0 \end{pmatrix}$에 대하여 다음을 만족시키는 행렬 $X$를 구하시오.

**1106** $A+X=B$

**1107** $X-A=3B$

## 12 | 3 행렬의 곱셈

[1108 ~ 1111] 다음을 계산하시오.

**1108** $\begin{pmatrix} 1 & 2 \end{pmatrix}\begin{pmatrix} 3 & -3 \\ -4 & 5 \end{pmatrix}$

**1109** $\begin{pmatrix} 1 & 4 \\ -2 & 5 \end{pmatrix}\begin{pmatrix} 2 \\ 3 \end{pmatrix}$

**1110** $\begin{pmatrix} 0 & -6 \\ 1 & 1 \end{pmatrix}\begin{pmatrix} 1 & 5 \\ 4 & -2 \end{pmatrix}$

**1111** $\begin{pmatrix} 1 & 2 \\ 1 & -2 \end{pmatrix}\begin{pmatrix} -1 & 2 \\ 3 & 4 \end{pmatrix}$

## 12 | 4 행렬의 곱셈의 성질

**1112** 행렬 $A=\begin{pmatrix} 1 & 1 \\ 0 & 1 \end{pmatrix}$에 대하여 다음을 구하시오.

(1) $A^2$ (2) $A^3$ (3) $A^{10}$

**1113** 단위행렬 $E=\begin{pmatrix} 1 & 0 \\ 0 & 1 \end{pmatrix}$에 대하여 다음을 구하시오.

(1) $-E$ (2) $E^9$ (3) $(-E)^{1001}$

# 유형 익히기

▸ 개념원리 공통수학1 277쪽

## 유형 01 행렬 구하기

행렬 $A$의 $(i, j)$ 성분 $a_{ij}$가 식이나 설명으로 주어진 경우에는 뜻에 따라 $a_{ij}$의 $i$, $j$에 각각 1, 2, 3, …을 대입하여 행렬의 성분을 구한다.

**1114** 대표문제

이차정사각행렬 $A$의 $(i, j)$ 성분 $a_{ij}$가 $a_{ij}=i^2+j-1$일 때, 행렬 $A$를 구하시오.

**1115** 상중하

오른쪽 그림은 세 도시 1, 2, 3 사이의 도로망을 화살표로 나타낸 것이다. 행렬 $A$의 $(i, j)$ 성분 $a_{ij}$를 $i$ 도시에서 $j$ 도시로 직접 가는 도로의 수로 정할 때, 행렬 $A$를 구하시오. (단, $i$, $j=1$, 2, 3)

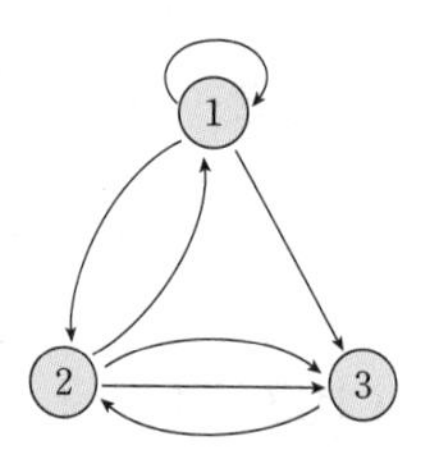


**1116** 상중하

행렬 $A$의 $(i, j)$ 성분 $a_{ij}$가 $a_{ij}=\begin{cases} 2i+j & (i>j) \\ i-j & (i=j) \\ 3i & (i<j) \end{cases}$ 일 때, 행렬 $A$의 모든 성분의 합을 구하시오. (단, $i$, $j=1$, 2)

**1117** 상중하 서술형

행렬 $A$의 $(i, j)$ 성분 $a_{ij}$가 $a_{ij}=2i-j+k$일 때,

$A=\begin{pmatrix} 2 & x \\ y & 3 \\ 6 & z \end{pmatrix}$이다. 이때 $x+y+z$의 값을 구하시오.

(단, $k$는 상수이다.)

▸ 개념원리 공통수학1 278쪽

## 중요 유형 02 두 행렬이 서로 같을 조건

$\begin{pmatrix} a & b \\ c & d \end{pmatrix}=\begin{pmatrix} p & q \\ r & s \end{pmatrix}$이면 $a=p$, $b=q$, $c=r$, $d=s$

**1118** 대표문제

두 행렬 $A=\begin{pmatrix} x^2 & 4 \\ 2 & y^2 \end{pmatrix}$, $B=\begin{pmatrix} a & x-y \\ xy & b \end{pmatrix}$에 대하여 $A=B$일 때, $a+b$의 값은? (단, $a$, $b$, $x$, $y$는 상수이다.)

① 8 ② 12 ③ 16
④ 20 ⑤ 24

**1119** 상중하

등식 $\begin{pmatrix} 1 & 3x-5 \\ -4 & 2x \end{pmatrix}=\begin{pmatrix} 3+y & -2 \\ y-2 & 2 \end{pmatrix}$를 만족시키는 상수 $x$, $y$에 대하여 $x+y$의 값을 구하시오.

**1120** 상중하

두 행렬 $A=\begin{pmatrix} a+2b & -5 \\ 2c-d & 0 \end{pmatrix}$, $B=\begin{pmatrix} 1 & a-b \\ 6 & c+d \end{pmatrix}$에 대하여 $A=B$일 때, $abcd$의 값은? (단, $a$, $b$, $c$, $d$는 상수이다.)

① $-24$ ② $-12$ ③ $-6$
④ 12 ⑤ 24

**1121** 상중하

두 행렬 $A=\begin{pmatrix} 5 & 2x \\ 4z & 0 \end{pmatrix}$, $B=\begin{pmatrix} z^2-xz & 8 \\ 2z^2+3y & y+2 \end{pmatrix}$에 대하여 $A=B$일 때, $x^2+y^2+z^2$의 값을 구하시오.

(단, $x$, $y$, $z$는 상수이다.)

정답 및 풀이 140쪽

▸ 개념원리 공통수학 1 283쪽, 284쪽

## 유형 03 행렬의 덧셈, 뺄셈과 실수배

(1) 행렬의 덧셈, 뺄셈, 실수배는 행렬의 성분의 덧셈, 뺄셈, 실수배를 이용하여 계산한다.
(2) 행렬을 포함하는 등식
⇒ 이항하여 간단히 정리한 다음 행렬을 대입한다

**1122** 대표문제

두 행렬 $A=\begin{pmatrix} 2 & 1 \\ -1 & 4 \end{pmatrix}$, $B=\begin{pmatrix} 1 & 0 \\ -2 & 1 \end{pmatrix}$에 대하여 $2(X-B)=A-X$를 만족시키는 이차정사각행렬 $X$의 모든 성분의 합을 구하시오.

**1123** 상중하

두 행렬 $A=\begin{pmatrix} 2 & 3 \\ -1 & 0 \end{pmatrix}$, $B=\begin{pmatrix} 0 & 1 \\ 0 & -2 \end{pmatrix}$에 대하여 행렬 $2(A+B)-3(A-B)$의 모든 성분의 합은?

① $-10$ ② $-9$ ③ $-8$
④ $-7$ ⑤ $-6$

**1124** 상중하

두 행렬 $A=\begin{pmatrix} 1 & 3 \\ 5 & 4 \end{pmatrix}$, $B=\begin{pmatrix} 2 & 1 \\ 0 & -1 \end{pmatrix}$에 대하여 $A+3B+2X=X+5B$를 만족시키는 행렬 $X$의 $(1,\ 2)$ 성분을 구하시오.

**1125** 상중하 ◀서술형

좌표평면 위의 세 점 $\mathrm{P}(a,\ b)$, $\mathrm{Q}(c,\ d)$, $\mathrm{R}(e,\ f)$를 꼭짓점으로 하는 삼각형 PQR에 대하여 두 행렬 $A$, $B$를 $A=\begin{pmatrix} a & b \\ c & d \end{pmatrix}$, $B=\begin{pmatrix} c & d \\ e & f \end{pmatrix}$라 하자. 삼각형 PQR가 위의 그림과 같을 때, $3X-2A=2(A-B)+X$를 만족시키는 행렬 $X$의 모든 성분의 합을 구하시오.

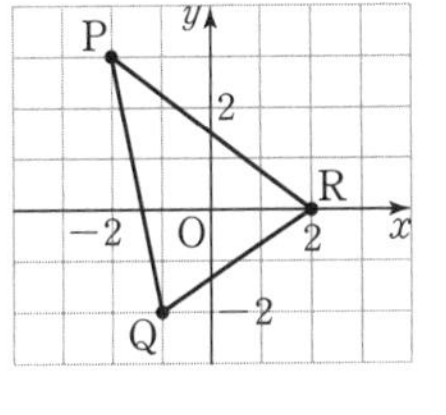


▸ 개념원리 공통수학 1 285쪽

## 유형 04 조건을 만족시키는 행렬

행렬 $A$, $B$에 대한 두 등식이 주어진 경우
⇒ $A$, $B$에 대한 연립방정식으로 생각하여 $A$ 또는 $B$를 소거한다.

**1126** 대표문제

두 이차정사각행렬 $A$, $B$에 대하여

$$2A-B=\begin{pmatrix} 11 & 3 \\ -2 & 8 \end{pmatrix},\ A-3B=\begin{pmatrix} 3 & 4 \\ -1 & 14 \end{pmatrix}$$

가 성립할 때, 행렬 $A-B$의 모든 성분의 합을 구하시오.

**1127** 상중하

두 이차정사각행렬 $A$, $B$에 대하여

$$A+B=\begin{pmatrix} 1 & 2 \\ 3 & 4 \end{pmatrix},\ A-B=\begin{pmatrix} 3 & 0 \\ -1 & 2 \end{pmatrix}$$

가 성립할 때, 행렬 $A$의 모든 성분의 곱을 구하시오.

▸ 개념원리 공통수학 1 285쪽

## 유형 05 행렬의 변형

$A=\begin{pmatrix} a_{11} \\ a_{21} \end{pmatrix}$, $B=\begin{pmatrix} b_{11} \\ b_{21} \end{pmatrix}$, $C=\begin{pmatrix} c_{11} \\ c_{21} \end{pmatrix}$에 대하여 $xA+yB=C$이면
$a_{11}x+b_{11}y=c_{11}$, $a_{21}x+b_{21}y=c_{21}$

**1128** 대표문제

세 행렬 $A=\begin{pmatrix} 2 & 1 \\ 0 & 1 \end{pmatrix}$, $B=\begin{pmatrix} 3 & 4 \\ 2 & -1 \end{pmatrix}$, $C=\begin{pmatrix} -1 & 2 \\ 2 & -3 \end{pmatrix}$에 대하여 $xA+yB=C$가 성립할 때, 실수 $x$, $y$에 대하여 $x+y$의 값을 구하시오.

**1129** 상중하

세 행렬 $A=\begin{pmatrix} -1 & 1 \\ 2 & 0 \end{pmatrix}$, $B=\begin{pmatrix} 4 & a \\ 4 & 6 \end{pmatrix}$, $C=\begin{pmatrix} 2 & 1 \\ 0 & 2 \end{pmatrix}$에 대하여 $pA+qB=C$를 만족시키는 실수 $p$, $q$가 존재할 때, 상수 $a$의 값을 구하시오.

중요

## 유형 06 행렬의 곱셈

▸ 개념원리 공통수학1 289쪽

(1) 두 행렬 $A$, $B$의 곱 $AB$는 $A$의 열의 개수와 $B$의 행의 개수가 서로 같을 때에만 정의된다.

(2) 두 행렬 $A=\begin{pmatrix} a & b \\ c & d \end{pmatrix}$, $B=\begin{pmatrix} x & u \\ y & v \end{pmatrix}$에 대하여

$$AB=\begin{pmatrix} ax+by & au+bv \\ cx+dy & cu+dv \end{pmatrix}$$

**1130** 대표문제

이차방정식 $x^2-5x-2=0$의 두 근을 $\alpha$, $\beta$라 할 때, 행렬 $\begin{pmatrix} -\alpha & 0 \\ \beta & \alpha \end{pmatrix}\begin{pmatrix} \beta & 0 \\ \alpha & -\beta \end{pmatrix}$의 모든 성분의 합은?

① 11　② 22　③ 33　④ 44　⑤ 55

**1131** 상중하

다음 중 세 행렬 $A=\begin{pmatrix} 3 & 2 & 1 \\ 1 & 2 & 3 \end{pmatrix}$, $B=\begin{pmatrix} 1 & 0 \\ 1 & -1 \end{pmatrix}$, $C=\begin{pmatrix} 1 & 0 \\ 0 & 2 \\ 1 & 0 \end{pmatrix}$에 대하여 그 곱이 정의되는 것의 개수는?

$AB$　$BA$　$BC$　$CA$　$CB$

① 1　② 2　③ 3　④ 4　⑤ 5

**1132** 상중하

등식 $\begin{pmatrix} 2 & 1 \\ 0 & a \end{pmatrix}\begin{pmatrix} 1 & -2 \\ b & 0 \end{pmatrix}=\begin{pmatrix} -4 & 2c \\ 12 & 0 \end{pmatrix}$이 성립할 때, 상수 $a$, $b$, $c$에 대하여 $a+b+c$의 값을 구하시오.

**1133** 상중하

두 행렬 $X=\begin{pmatrix} 1 & -1 \\ -2 & a \end{pmatrix}$, $Y=\begin{pmatrix} 3 & 1 \\ 2 & 1 \end{pmatrix}$에 대하여 $XY=YX$가 성립하도록 하는 상수 $a$의 값을 구하시오.

**1134** 상중하

두 이차정사각행렬 $X$, $Y$에 대하여

$$X+Y=\begin{pmatrix} 1 & -2 \\ 4 & -3 \end{pmatrix},\ X-Y=\begin{pmatrix} -3 & 4 \\ -2 & 1 \end{pmatrix}$$

일 때, 행렬 $XY-YX$는?

① $\begin{pmatrix} -4 & -6 \\ 6 & 4 \end{pmatrix}$　② $\begin{pmatrix} -4 & 6 \\ -6 & 4 \end{pmatrix}$　③ $\begin{pmatrix} -4 & 6 \\ 6 & -4 \end{pmatrix}$

④ $\begin{pmatrix} 6 & -4 \\ 4 & -6 \end{pmatrix}$　⑤ $\begin{pmatrix} -6 & 4 \\ -4 & 6 \end{pmatrix}$

**1135** 상중하

오른쪽은 지윤이와 서진이가 두 번의 수학 시험에서 얻은 점수를 나타낸 표이다. 세 행렬

| | 1차 | 2차 |
|---|---|---|
| 지윤 | $a_1$ | $b_1$ |
| 서진 | $a_2$ | $b_2$ |

$A=\begin{pmatrix} a_1 & b_1 \\ a_2 & b_2 \end{pmatrix}$, $B=\frac{1}{2}(1\ \ 1)$, $C=\begin{pmatrix} 0 \\ 1 \end{pmatrix}$에 대하여 다음 중 행렬 $BAC$가 의미하는 것은?

① 지윤이의 1차, 2차 수학 시험의 평균 점수
② 서진이의 1차, 2차 수학 시험의 평균 점수
③ 지윤이와 서진이의 1차 수학 시험의 평균 점수
④ 지윤이와 서진이의 2차 수학 시험의 평균 점수
⑤ 지윤이의 1차, 2차 수학 시험과 서진이의 1차, 2차 수학 시험의 평균 점수

▸ 개념원리 공통수학1 289쪽

## 유형 07 행렬의 곱셈의 변형

이차정사각행렬 $A$에 대하여 $A\begin{pmatrix} a \\ b \end{pmatrix}=\begin{pmatrix} p \\ q \end{pmatrix}$, $A\begin{pmatrix} c \\ d \end{pmatrix}=\begin{pmatrix} r \\ s \end{pmatrix}$이면

$$A\begin{pmatrix} a+c \\ b+d \end{pmatrix}=A\begin{pmatrix} a \\ b \end{pmatrix}+A\begin{pmatrix} c \\ d \end{pmatrix}=\begin{pmatrix} p+r \\ q+s \end{pmatrix}$$

**1136** 대표문제

이차정사각행렬 $A$에 대하여 $A\begin{pmatrix} a \\ b \end{pmatrix}=\begin{pmatrix} 1 \\ 3 \end{pmatrix}$, $A\begin{pmatrix} c \\ d \end{pmatrix}=\begin{pmatrix} 4 \\ -2 \end{pmatrix}$ 일 때, 행렬 $A\begin{pmatrix} 3a+2c \\ 3b+2d \end{pmatrix}$는? (단, $a$, $b$, $c$, $d$는 상수이다.)

① $\begin{pmatrix} 11 \\ -13 \end{pmatrix}$ ② $\begin{pmatrix} 11 \\ 5 \end{pmatrix}$ ③ $\begin{pmatrix} 11 \\ 13 \end{pmatrix}$
④ $\begin{pmatrix} 5 \\ -11 \end{pmatrix}$ ⑤ $\begin{pmatrix} 5 \\ 11 \end{pmatrix}$

**1137** 상중하

이차정사각행렬 $A$에 대하여 $A\begin{pmatrix} 1 \\ 0 \end{pmatrix}=\begin{pmatrix} 2 \\ 5 \end{pmatrix}$, $A\begin{pmatrix} 0 \\ 1 \end{pmatrix}=\begin{pmatrix} -1 \\ 2 \end{pmatrix}$ 일 때, $A\begin{pmatrix} -3 \\ 4 \end{pmatrix}$를 구하시오.

**1138** 상중하

이차정사각행렬 $A$에 대하여 $A\begin{pmatrix} 2 \\ 3 \end{pmatrix}=\begin{pmatrix} 4 \\ 3 \end{pmatrix}$, $A\begin{pmatrix} 1 \\ -1 \end{pmatrix}=\begin{pmatrix} 2 \\ 1 \end{pmatrix}$ 일 때, $A\begin{pmatrix} 6 \\ 4 \end{pmatrix}=\begin{pmatrix} p \\ q \end{pmatrix}$이다. 이때 $p-q$의 값을 구하시오.

**1139** 상중하

이차정사각행렬 $A$에 대하여 $A\begin{pmatrix} -2a \\ 3b \end{pmatrix}=\begin{pmatrix} 1 \\ -4 \end{pmatrix}$, $A\begin{pmatrix} 4a \\ -b \end{pmatrix}=\begin{pmatrix} 3 \\ 8 \end{pmatrix}$일 때, $A\begin{pmatrix} a \\ b \end{pmatrix}$의 모든 성분의 합을 구하시오.

(단, $a$, $b$는 0이 아닌 상수이다.)

▸ 개념원리 공통수학1 293쪽

## 중요 유형 08 행렬의 거듭제곱

자연수 $m$, $n$에 대하여
(1) $A^{n+1}=A^nA$
(2) $A^mA^n=A^{m+n}$, $(A^m)^n=A^{mn}$

**1140** 대표문제

행렬 $A=\begin{pmatrix} a & 2 \\ -3 & b \end{pmatrix}$가 $A^2=E$를 만족시킬 때, $ab$의 값을 구하시오. (단, $a$, $b$는 상수이고, $E$는 단위행렬이다.)

**1141** 상중하 서술형

행렬 $A=\begin{pmatrix} a & 1 \\ b & 2 \end{pmatrix}$가 $A^2-A-4E=O$를 만족시킬 때, 상수 $a$, $b$에 대하여 $a+b$의 값을 구하시오.

(단, $E$는 단위행렬, $O$는 영행렬이다.)

**1142** 상중하

행렬 $X=\begin{pmatrix} 0 & -1 \\ 1 & 0 \end{pmatrix}$에 대하여 다음 중 $X^n$이 될 수 없는 것은? (단, $n$은 자연수이다.)

① $\begin{pmatrix} 0 & 1 \\ -1 & 0 \end{pmatrix}$ ② $\begin{pmatrix} 1 & 0 \\ 0 & 1 \end{pmatrix}$ ③ $\begin{pmatrix} -1 & 0 \\ 0 & 1 \end{pmatrix}$
④ $\begin{pmatrix} -1 & 0 \\ 0 & -1 \end{pmatrix}$ ⑤ $\begin{pmatrix} 0 & -1 \\ 1 & 0 \end{pmatrix}$

**1143** 상중하

두 이차정사각행렬 $A$, $B$에 대하여

$$A+2B=\begin{pmatrix} 2 & 3 \\ 1 & -1 \end{pmatrix},\ A-2B=\begin{pmatrix} 4 & -1 \\ 3 & 1 \end{pmatrix}$$

일 때, 행렬 $A^2-4B^2$의 (2, 2) 성분은?

① 1 ② 3 ③ 4
④ 7 ⑤ 12

▶ 개념원리 공통수학 1 294쪽

## 유형 09 행렬의 곱셈에 대한 성질

두 행렬 $A$, $B$에 대하여 일반적으로 $AB \neq BA$이므로 행렬에서는 곱셈 공식, 인수분해 공식을 적용할 수 없다.

⇒ $(A-B)^2 \neq A^2-2AB+B^2$

$(A-B)^2=A^2-AB-BA+B^2$

**1144** 대표문제

두 행렬 $A=\begin{pmatrix} 1 & 1 \\ 1 & 2 \end{pmatrix}$, $B=\begin{pmatrix} 1 & 2 \\ x & y \end{pmatrix}$에 대하여 $(A+B)^2=A^2+2AB+B^2$이 성립할 때, 상수 $x$, $y$에 대하여 $xy$의 값을 구하시오.

**1145** 상중하

세 이차정사각행렬 $A$, $B$, $C$에 대하여 $A+C=\begin{pmatrix} 0 & 2 \\ 4 & -1 \end{pmatrix}$, $B-C=\begin{pmatrix} 1 & 0 \\ -3 & 3 \end{pmatrix}$일 때, 행렬 $AB-AC+C(B-C)$의 모든 성분의 합을 구하시오.

**1146** 상중하

두 이차정사각행렬 $A$, $B$에 대하여

$$A-B=\begin{pmatrix} 0 & 3 \\ 1 & 1 \end{pmatrix},\ A^2+B^2=\begin{pmatrix} 2 & -1 \\ 1 & 0 \end{pmatrix}$$

일 때, 행렬 $AB+BA$의 모든 성분의 합을 구하시오.

**1147** 상중하

두 행렬 $A=\begin{pmatrix} x & 1 \\ 1 & -1 \end{pmatrix}$, $B=\begin{pmatrix} 1 & -1 \\ -1 & -3y \end{pmatrix}$가 $(A+B)(A-B)=A^2-B^2$을 만족시킬 때, 점 $(x, y)$가 나타내는 그래프의 $y$절편을 구하시오.

▶ 개념원리 공통수학 1 294쪽

## 유형 10 단위행렬의 성질

같은 꼴의 정사각행렬 $A$와 단위행렬 $E$에 대하여

(1) $AE=EA=A$

(2) $E^n=E$ (단, $n$은 자연수이다.)

(3) $(A \pm E)(A^2 \mp A+E)=A^3 \pm E$ (복호동순)

**1148** 대표문제

행렬 $A=\begin{pmatrix} -1 & 1 \\ 0 & 2 \end{pmatrix}$에 대하여 행렬 $(A+E)(A^2-A+E)$의 모든 성분의 합은? (단, $E$는 단위행렬이다.)

① 10 ② 11 ③ 12 ④ 13 ⑤ 14

**1149** 상중하

행렬 $A=\begin{pmatrix} 0 & 1 \\ 1 & 0 \end{pmatrix}$에 대하여 $(E+3A)^2=xE+yA$가 성립할 때, 실수 $x$, $y$에 대하여 $x-y$의 값을 구하시오.

(단, $E$는 단위행렬이다.)

**1150** 상중하

두 이차정사각행렬 $A$, $B$에 대하여 $A+B=O$, $AB=E$일 때, 다음 중 $A^{2025}+B^{2024}$과 같은 것은?

(단, $E$는 단위행렬, $O$는 영행렬이다.)

① $-E$ ② $E$ ③ $O$ ④ $A-E$ ⑤ $A+E$

**1151** 상중하

두 이차정사각행렬 $A$, $B$에 대하여 $A+B=5E$, $AB=E$일 때, $A^2+B^2=kE$이다. 이때 상수 $k$의 값을 구하시오.

(단, $E$는 단위행렬이다.)

중요

▸ 개념원리 공통수학1 293쪽

## 유형UP 11 $A^n$의 추정

$A^2$, $A^3$, …을 차례대로 구하여 $A^n=E$를 만족시키는 자연수 $n$의 최솟값을 찾은 다음 $A^n$의 규칙성을 이용한다.

**1152** 대표문제

행렬 $A=\begin{pmatrix} 1 & -1 \\ 3 & -2 \end{pmatrix}$에 대하여 다음 중 행렬 $A+A^2+A^3+\cdots+A^{10}$과 같은 행렬은?

① $-A^2$ ② $-A$ ③ $A$
④ $A^2$ ⑤ $A^3$

**1153** 상중하

행렬 $A=\begin{pmatrix} 0 & 1 \\ -1 & 0 \end{pmatrix}$에 대하여 $A^n=E$를 만족시키는 세 자리 자연수 $n$의 값 중 가장 작은 수를 구하시오.
(단, $E$는 단위행렬이다.)

**1154** 상중하

행렬 $A=\begin{pmatrix} 1 & -1 \\ 0 & 1 \end{pmatrix}$에 대하여 행렬
$A-A^2+A^3-A^4+\cdots+A^{2023}-A^{2024}$의 모든 성분의 합을 구하시오.

**1155** 상중하

행렬 $A=\begin{pmatrix} 0 & 2 \\ 1 & 1 \end{pmatrix}$에 대하여 $A^n\begin{pmatrix} 1 \\ 1 \end{pmatrix}=\begin{pmatrix} x_n \\ y_n \end{pmatrix}$이라 할 때, 부등식 $2x_n-y_n<1000$을 만족시키는 자연수 $n$의 최댓값을 구하시오.

## 유형UP 12 행렬의 곱셈의 여러 가지 성질

(1) $A\neq O$, $B\neq O$이지만 $AB=O$인 경우가 있다.
(2) $AB=AC$, $A\neq O$이지만 $B\neq C$인 경우가 있다.

**1156** 대표문제

$A$, $B$가 이차정사각행렬일 때, **보기**에서 옳은 것만을 있는 대로 고른 것은? (단, $E$는 단위행렬, $O$는 영행렬이다.)

**보기**
ㄱ. $AB=BA$이면 $(AB)^2=A^2B^2$이다.
ㄴ. $(A-B)^2=O$이면 $A=B$이다.
ㄷ. $A^5=A^2=E$이면 $A=E$이다.

① ㄱ ② ㄴ ③ ㄱ, ㄷ
④ ㄴ, ㄷ ⑤ ㄱ, ㄴ, ㄷ

**1157** 상중하

두 이차정사각행렬 $A$, $B$에 대하여 **보기**에서 $AB=BA$가 성립하도록 하는 조건인 것만을 있는 대로 고르시오.
(단, $E$는 단위행렬, $O$는 영행렬이다.)

**보기**
ㄱ. $A=2B^2$ ㄴ. $AB=O$
ㄷ. $A-B=E$

**1158** 상중하

두 이차정사각행렬 $A$, $B$에 대하여 **보기**에서 옳은 것만을 있는 대로 고른 것은? (단, $E$는 단위행렬, $O$는 영행렬이다.)

**보기**
ㄱ. $AE=O$이면 $A=O$이다.
ㄴ. $A^2=E$이면 $A=E$ 또는 $A=-E$이다.
ㄷ. $A^2+B^2=AB+BA$이면 $A-B=O$이다.

① ㄱ ② ㄴ ③ ㄱ, ㄴ
④ ㄱ, ㄷ ⑤ ㄴ, ㄷ

## 시험에 꼭 나오는 문제

**1159**

오른쪽 그림은 두 회사 $P_1$, $P_2$ 사이에 개설된 통신 선로를 나타낸 것이다. 행렬 $A$의 $(i,\ j)$ 성분 $a_{ij}$를 $P_i$ 회사에서 $P_j$ 회사로의 선로의 수로 정할 때, 행렬 $A$는? (단, $i,\ j=1,\ 2$)

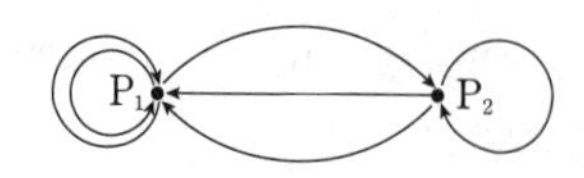


① $\begin{pmatrix} 1 & 0 \\ 1 & 2 \end{pmatrix}$　② $\begin{pmatrix} 1 & 2 \\ 0 & 2 \end{pmatrix}$　③ $\begin{pmatrix} 2 & 1 \\ 2 & 1 \end{pmatrix}$
④ $\begin{pmatrix} 2 & 1 \\ 1 & 2 \end{pmatrix}$　⑤ $\begin{pmatrix} 2 & 2 \\ 1 & 1 \end{pmatrix}$

**1160**

이차정사각행렬 $A$의 $(i,\ j)$ 성분 $a_{ij}$를 $a_{ij}=(-2)^{i+j}+kj$라 하자. 행렬 $A$의 모든 성분의 합이 34일 때, 상수 $k$의 값은?

① 1　② 2　③ 3
④ 4　⑤ 5

**1161**

등식 $\begin{pmatrix} \alpha & 2 \\ \alpha\beta & \beta \end{pmatrix}=\begin{pmatrix} 6-\beta & 2 \\ \alpha\beta & \frac{4}{\alpha} \end{pmatrix}$가 성립하도록 하는 실수 $\alpha$, $\beta$에 대하여 $\frac{\alpha^2}{\beta}+\frac{\beta^2}{\alpha}$의 값을 구하시오.

**1162**

이차방정식 $x^2-ax+b=0$의 두 근을 $\alpha$, $\beta$라 할 때, $\alpha\begin{pmatrix} 1 & \alpha \\ 0 & \beta \end{pmatrix}+\beta\begin{pmatrix} 1 & \beta \\ 0 & \alpha \end{pmatrix}=\begin{pmatrix} 4 & 10 \\ 0 & 2\alpha\beta \end{pmatrix}$가 성립한다. 이때 상수 $a$, $b$에 대하여 $a+b$의 값을 구하시오.

**1163** 중요★

두 행렬 $A=\begin{pmatrix} 2 & 0 \\ -1 & 3 \end{pmatrix}$, $B=\begin{pmatrix} 4 & 2 \\ 5 & -3 \end{pmatrix}$에 대하여 $A-5X=3(B-X)$를 만족시키는 행렬 $X$는?

① $\begin{pmatrix} -5 & -8 \\ -3 & 6 \end{pmatrix}$　② $\begin{pmatrix} -5 & -3 \\ -8 & 6 \end{pmatrix}$　③ $\begin{pmatrix} -5 & -3 \\ 8 & 6 \end{pmatrix}$
④ $\begin{pmatrix} 5 & 3 \\ 8 & -6 \end{pmatrix}$　⑤ $\begin{pmatrix} 5 & 8 \\ 3 & -6 \end{pmatrix}$

**1164**

두 행렬 $A=\begin{pmatrix} 1 & -6 \\ -8 & 3 \end{pmatrix}$, $B=\begin{pmatrix} 7 & -2 \\ 4 & 1 \end{pmatrix}$에 대하여 $X-2Y=A$, $2X+Y=B$를 만족시키는 행렬 $X$, $Y$가 있다. 이때 행렬 $X+Y$의 모든 성분의 합은?

① 6　② 7　③ 8
④ 9　⑤ 10

정답 및 풀이 147쪽

### 1165

세 행렬 $A=\begin{pmatrix} -1 & -2 \\ 1 & 1 \end{pmatrix}$, $B=\begin{pmatrix} 1 & 2 \\ 0 & -1 \end{pmatrix}$, $C=\begin{pmatrix} -1 & -2 \\ 2 & 1 \end{pmatrix}$에 대하여 실수 $x$, $y$가 $xA+yB=4C$를 만족시킬 때, $x+y$의 값을 구하시오.

### 1166

등식 $\begin{pmatrix} x & 1 \\ y & 2 \end{pmatrix}\begin{pmatrix} -3 & 1 \\ 6 & -2 \end{pmatrix}=O$를 만족시키는 상수 $x$, $y$에 대하여 $xy$의 값을 구하시오. (단, $O$는 영행렬이다.)

### 1167

행렬 $A=\begin{pmatrix} a & -1 \\ b & 2 \end{pmatrix}$에 대하여 $A^2=A$일 때, 상수 $a$, $b$에 대하여 $a+b$의 값을 구하시오.

### 1168

이차정사각행렬 $A$에 대하여

$$A^2=\begin{pmatrix} 2 & 0 \\ 0 & -1 \end{pmatrix},\ A\begin{pmatrix} x \\ y \end{pmatrix}=\begin{pmatrix} p \\ q \end{pmatrix}$$

가 성립할 때, 다음 중 $A\begin{pmatrix} x-p \\ y-q \end{pmatrix}$와 같은 행렬은?

(단, $p$, $q$, $x$, $y$는 상수이다.)

① $\begin{pmatrix} p-2x \\ -q+y \end{pmatrix}$ ② $\begin{pmatrix} p-2x \\ q-y \end{pmatrix}$ ③ $\begin{pmatrix} p-2x \\ q+y \end{pmatrix}$

④ $\begin{pmatrix} 2p-x \\ q-y \end{pmatrix}$ ⑤ $\begin{pmatrix} 2p-x \\ q+y \end{pmatrix}$

### 1169 중요★

두 행렬 $A=\begin{pmatrix} 3 & x \\ 6 & -2 \end{pmatrix}$, $B=\begin{pmatrix} -2 & y \\ -6 & 3 \end{pmatrix}$에 대하여 $(A-B)^2=A^2-2AB+B^2$을 만족시키는 두 실수 $x$, $y$의 관계식을 나타내는 그래프의 개형은?

①
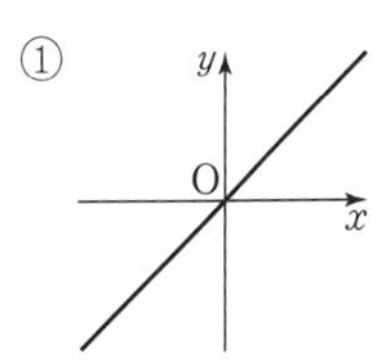


②
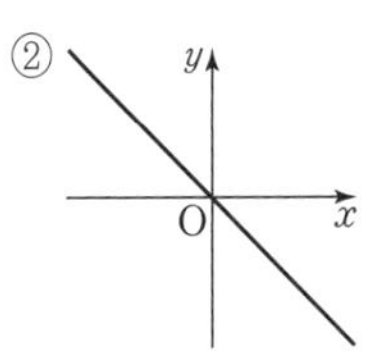


③
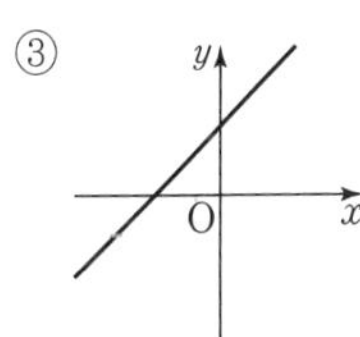


④
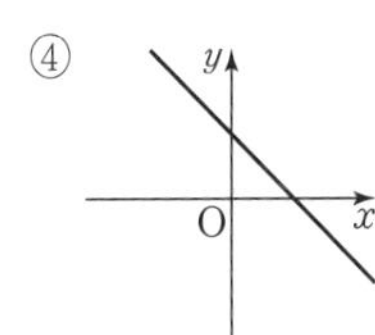


⑤
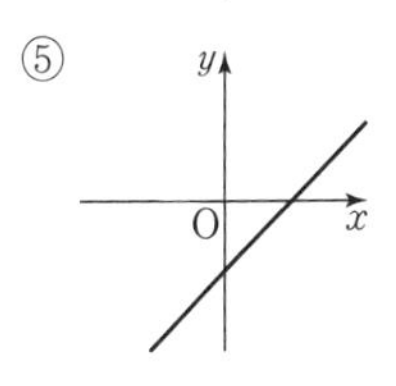


### 1170

두 이차정사각행렬 $A$, $B$에 대하여 $[A, B]=AB-BA$라 하자. 두 행렬 $X$, $Y$에 대하여 $[X, Y]=\begin{pmatrix} 3 & 2 \\ -8 & 5 \end{pmatrix}$일 때, 행렬 $[X+Y, X-Y]$의 모든 성분의 합을 구하시오.

### 1171

이차정사각행렬 $A$에 대하여 $A^2=\begin{pmatrix} 1 & -3 \\ 0 & 1 \end{pmatrix}$일 때, 행렬 $(A^2-A+E)(A^2+A+E)$는? (단, $E$는 단위행렬이다.)

① $\begin{pmatrix} -3 & -9 \\ 0 & 3 \end{pmatrix}$ ② $\begin{pmatrix} -1 & 3 \\ 0 & 1 \end{pmatrix}$ ③ $\begin{pmatrix} 1 & -9 \\ 0 & 1 \end{pmatrix}$

④ $\begin{pmatrix} 1 & -3 \\ 0 & 1 \end{pmatrix}$ ⑤ $\begin{pmatrix} 3 & -9 \\ 0 & 3 \end{pmatrix}$

## 시험에 꼭 나오는 문제

### 1172

행렬 $A=\begin{pmatrix} 2 & -1 \\ -6 & 3 \end{pmatrix}$에 대하여 다음 중 행렬 $A^{10}$과 같은 것은? (단, $E$는 단위행렬이다.)

① $E$ ② $5^9E$ ③ $5^{10}E$
④ $5^9A$ ⑤ $5^{10}A$

### 1173

행렬 $A=\begin{pmatrix} 0 & -1 \\ 1 & 1 \end{pmatrix}$에 대하여 $A^{1000}$은?

① $\begin{pmatrix} -1 & -1 \\ 1 & 0 \end{pmatrix}$ ② $\begin{pmatrix} -1 & 1 \\ -1 & 0 \end{pmatrix}$ ③ $\begin{pmatrix} 0 & -1 \\ 1 & 1 \end{pmatrix}$
④ $\begin{pmatrix} 0 & 1 \\ -1 & -1 \end{pmatrix}$ ⑤ $\begin{pmatrix} 1 & 1 \\ 0 & 0 \end{pmatrix}$

### 1174

행렬 $A=\begin{pmatrix} -2 & -1 \\ 7 & 3 \end{pmatrix}$에 대하여 다음 중 $A^{22}+A^{14}+A^6$과 같은 행렬은? (단, $E$는 단위행렬, $O$는 영행렬이다.)

① $-2E$ ② $-E$ ③ $O$
④ $E$ ⑤ $A+E$

### 1175 중요★

행렬 $A=\begin{pmatrix} -1 & -1 \\ 3 & 2 \end{pmatrix}$에 대하여

$A+A^2+A^3+\cdots+A^{20}=\begin{pmatrix} a & b \\ c & d \end{pmatrix}$일 때, $a-b+c+d$의 값은?

① 2 ② 4 ③ 6
④ 8 ⑤ 10

### 1176

두 이차정사각행렬 $A$, $B$에 대하여 **보기**에서 옳은 것만을 있는 대로 고른 것은? (단, $E$는 단위행렬, $O$는 영행렬이다.)

**보기**

ㄱ. $A+B=E$이면 $AB=BA$이다.
ㄴ. $A^2=E$이면 $A=E$이다.
ㄷ. $AB=O$이면 $BA=O$이다.

① ㄱ ② ㄷ ③ ㄱ, ㄴ
④ ㄱ, ㄷ ⑤ ㄱ, ㄴ, ㄷ

### 1177

두 이차정사각행렬 $A$, $B$에 대하여 **보기**에서 옳은 것만을 있는 대로 고른 것은? (단, $E$는 단위행렬, $O$는 영행렬이다.)

**보기**

ㄱ. $A^2=O$이면 $A=O$이다.
ㄴ. $A^4=A^5=E$이면 $A^2=E$이다.
ㄷ. $A^2-AB-BA+B^2=O$이면 $(A-B)^3=O$이다.

① ㄱ ② ㄴ ③ ㄷ
④ ㄱ, ㄴ ⑤ ㄴ, ㄷ

## 서술형 주관식

**1178**

등식 $\begin{pmatrix} a+b & x \\ y & ab \end{pmatrix}=\begin{pmatrix} 4 & a^2+b^2 \\ a^3+b^3 & -1 \end{pmatrix}$이 성립하도록 하는 실수 $a$, $b$, $x$, $y$에 대하여 $y-x$의 값을 구하시오.

**1179**

행렬 $A=\begin{pmatrix} a & b \\ b & a \end{pmatrix}$가 $A^2-4A+3E=O$를 만족시킬 때, 실수 $a$, $b$의 순서쌍 $(a, b)$의 개수를 구하시오.
(단, $E$는 단위행렬, $O$는 영행렬이다.)

**1180**

행렬 $A=\begin{pmatrix} -2 & 1 \\ -3 & 1 \end{pmatrix}$에 대하여 $A^{100}\begin{pmatrix} 2 \\ 1 \end{pmatrix}=\begin{pmatrix} x \\ y \end{pmatrix}$일 때, $x-y$의 값을 구하시오.

**1181**

두 행렬 $A=\begin{pmatrix} 1 & 0 \\ 0 & 2 \end{pmatrix}$, $B=\begin{pmatrix} 1 & 0 \\ 0 & 3 \end{pmatrix}$에 대하여 행렬 $B^n-A^n$의 모든 성분의 합이 65가 되도록 하는 자연수 $n$의 값을 구하시오.

## 실력 Up

**1182**

[표 1]은 P 마트와 Q 마트에서 판매하는 사과와 배의 가격을 나타낸 것이고, [표 2]는 윤주와 세희가 사려는 사과와 배의 개수를 나타낸 것이다.

(단위: 원)

| | 사과 | 배 |
|---|---|---|
| P | $a$ | $b$ |
| Q | $c$ | $d$ |

[표 1]

(단위: 개)

| | 윤주 | 세희 |
|---|---|---|
| 사과 | $x$ | $y$ |
| 배 | $z$ | $w$ |

[표 2]

두 행렬 $A=\begin{pmatrix} a & b \\ c & d \end{pmatrix}$, $B=\begin{pmatrix} x & y \\ z & w \end{pmatrix}$에 대하여 다음 중 윤주가 P 마트에서 사과와 배를 사는 경우와 세희가 Q 마트에서 사과와 배를 사는 경우 지불해야 하는 각 금액의 합을 나타내는 것은?

① 행렬 $AB$의 제1행의 모든 성분의 합
② 행렬 $BA$의 제1열의 모든 성분의 합
③ 행렬 $AB$의 제2열의 모든 성분의 합
④ 행렬 $AB$의 $(1, 1)$ 성분과 $(2, 2)$ 성분의 합
⑤ 행렬 $BA$의 $(1, 2)$ 성분과 $(2, 1)$ 성분의 합

**1183**

두 행렬 $A$, $B$에 대하여 $A+B=E$, $A^3+B^3=\begin{pmatrix} 4 & 6 \\ 9 & 1 \end{pmatrix}$일 때, 행렬 $AB$의 모든 성분의 합을 구하시오.
(단, $E$는 단위행렬이다.)

**1184**

방정식 $x^3-1=0$의 한 허근이 $\omega$일 때, 행렬 $A=\begin{pmatrix} -1 & \omega \\ \omega & -\omega^2 \end{pmatrix}$에 대하여 다음 중 $A+A^2+A^3+\cdots+A^{100}$과 같은 행렬은?
(단, $E$는 단위행렬, $O$는 영행렬이다.)

① $-A$　② $A$　③ $O$
④ $A^2$　⑤ $A+E$

## 개념원리 검토위원

"현장 친화적인 교재를 만들기 위해 전국의 열정 가득한 선생님들의 의견을 적극 반영하였습니다."

### 강원

김서인 세모가꿈꾸는수학당학원
노명희 탑클래스
박면순 순수학교습소
박준규 홍인학원
원혜경 최상위수학마루슬기로운 영어생활학원
이상록 입시진로유승학원

### 경기

김기영 이화수학플러스학원
김도완 프라매쓰 수학학원
김도훈 양서고등학교
김민정 은여울교실
김상윤 막강한 수학학원
김서림 엠베스트SE갈매학원
김영아 브레인캐슬 사고력학원
김영준 청솔교육
김용삼 백영고등학교
김은지 탑브레인 수학과학학원
김종대 김앤문연세학원
김지현 GMT수학과학학원
김태익 설봉중학교
김태환 제이스터디 수학교습소
김혜정 수학을 말하다
두보경 성문고등학교
류지애 류지애수학학원
류진성 마테마티카 수학학원
문태현 한울학원
박미영 루멘수학교습소
박민선 성남최상위 수학학원
박상욱 양명고등학교
박선민 수원고등학교
박세환 부천 류수학학원
박수현 씨앗학원
박수현 리더가되는수학교습소
박용성 진접최강학원
박재연 아이셀프 수학교습소
박재현 렛츠학원
박중혁 미라클왕수학학원
박진규 수학의온도계
성진석 마스터수학학원
손귀순 남다른수학학원
손윤미 생각하는 아이들 학원
신현아 양명고등학교
심현아 수리인수학학원
엄보용 경안고등학교
유환 도당비젼스터디
윤재원 양명고등학교
이나래 토리103수학학원
이수연 매향여자정보고등학교
이영현 찐사고력학원
이윤정 브레인수학학원
이진수 안양고등학교
이태현 류지애수학학원
임태은 김상희 수학학원
임호직 열정 수학학원
전원중 큐이디학원
정수연 the오름수학
정윤상 제이에스학원
조기민 일산동고등학교
조정기 김포페이스메이커학원
주효은 성남최상위수학학원
천기분 이지(EZ)수학
최영성 에이블수학영어학원
한수민 SM수학학원
한지희 이음수학
홍흥선 잠원중학교
황정민 하이수학학원

### 경상

강성민 진주대아고등학교
강혜연 BK영수전문학원
김보배 참수학교습소
김양준 이룸학원
김영석 진주동명고등학교
김형도 진주제일여자고등학교
남영준 아르베수학전문학원
백은애 매쓰플랜수학학원 양산물금지점
송민수 창원남고등학교
신승용 유신수학전문학원
우하람 하람수학교습소
이준현 진샘제이에스학원
장초향 이룸수학교습소
정은미 수학의봄학원
정진희 위드멘토 수학학원
최병헌 프라임수학전문학원

### 광주

김대균 김대균수학학원
박서정 더강한수학전문학원
오성진 오성진선생의 수학스케치학원
오재은 바이블수학교습소
정은정 이화수학교습소
최희철 Speedmath학원

### 대구

김동현 달콤 수학학원
김미경 민쌤 수학교습소
김봉수 범어신사고학원
박주영 에픽수학
배세혁 수클래스학원
이동우 더프라임수학학원
이수현 하이매쓰수학교습소
최진혁 시원수학교습소

### 대전

강옥선 한밭고등학교
김영상 루틴아카데미학원
정서인 안녕, 수학
홍진국 저스트 수학

### 부산

김민규 다비드수학학원
김성완 드림에듀학원
모상철 수학에반하다수학학원
박경옥 좋은문화학원
박정호 웰수학
서지원 코어영어수학전문학원
윤종성 경혜여자고등학교
이재관 황소 수학전문학원
임종화 필 수학전문학원
정지원 감각수학
조태환 HU수학학원
주유미 M2수학
차용화 리바이브 수학전문학원
채송화 채송화 수학
허윤정 올림수학전문학원

### 서울

강성철 목동일타수학학원
고수현 강북세일학원
권대중 PGA NEO H
김경희 TYP 수학학원
김미란 퍼펙트 수학
김수환 CSM 17
김여옥 매쓰홀릭학원
김재남 문영여자고등학교
김진규 서울바움수학(역삼럭키)
남정민 강동중학교
박경보 최고수챌린지에듀학원
박다슬 매쓰필드 수학교습소
박병민 CSM 17
박태원 솔루션수학
배재형 배재형수학
백승정 CSM 17
변만섭 빼어날수학원
소병호 세일교육
손아름 에스온수리영재아카데미
송우성 에듀서강고등부
연홍자 강북세일학원
윤기원 용문고등학교
윤상문 청어람수학원
윤세현 두드림에듀
이건우 송파이지엠수학학원
이무성 백인백색수학학원
이상일 수학불패학원
이세미 이쌤수학교습소
이승현 신도림케이투학원
이재서 최상위수학학원
이혜림 다오른수학
정연화 풀우리수학교습소
최윤정 최쌤수학
김민성 민성학원
김유미 꼼꼼수학교습소
김정원 이명학원
김현순 이명학원
박미현 강한수학
박소이 다빈치창의수학교습소
박승국 이명학원
박주원 이명학원
서명철 남동솔로몬2관학원
서해나 이명학원
오성민 코다연세수학
왕재훈 청라현수학학원
윤경원 서울대대치수학
윤여태 호크마수학전문학원
이명신 이명학원
이성희 과수원학원
이정홍 이명학원
이창성 틀세움수학
이현희 애프터스쿨학원
전청용 고대수학원
조선환 수플러스수학교습소
차승민 황제수학학원
최낙현 이명학원
허갑재 허갑재 수학학원
황면식 늘품과학수학학원

### 세종

김수경 김수경 수학교실
김우진 정진수학학원
이후랑 새으뜸수학교습소
전알찬 알매쓰 수학학원
최시안 데카르트 수학학원

### 울산

김대순 더셀럽학원
김봉조 퍼스트클래스 수학영어전문학원
김정수 필로매쓰학원
박동민 동지수학과학전문학원
박성애 알수록수학교습소
이아영 아이비수학학원
이재광 이재광수학전문학원
이재문 포스텍수학전문학원
정나경 하이레벨정쌤수학학원
정인규 옥동명인학원

### 인천

권기우 하늘스터디수학학원
권혁동 매쓰뷰학원
김기주 이명학원
김남희 올심수학학원

### 전라

강대웅 오송길벗학원
강민정 유일여자고등학교
강선희 태강수학영어학원
강원택 탑시드영수학원
김진실 전주고등학교
나일강 전주고등학교
박경문 전주해성중학교
박상준 전주근영여자고등학교
백행선 멘토스쿨학원
심은정 전주고등학교
안정은 최상위영재학원
양예슬 전라고등학교
진의섭 제이투엠학원
진인섭 호남제일고등학교

### 충청

김경희 점프업수학
김미경 시티자이수학
김서한 운호고등학교
김성완 상당고등학교
김현태 운호고등학교
김희범 세광고등학교
안승현 중앙학원(충북혁신)
옥정화 당진수학나무
우명제 필즈수학학원
윤석봉 세광고등학교
이선영 운호고등학교
이아람 퍼펙트브레인학원
이은빈 주성고등학교
이혜진 주성고등학교
임은아 청주일신여자고등학교
홍순동 홍수학영어학원

– 함께 만들어 나가는 개념원리

# 함께 만드는 개념원리

개념원리는 선생님이 가르치기 쉽고 학생이 배우기 쉬운 교육 콘텐츠를 만듭니다.

전국 360명 선생님이 교재 개발 참여

총 2,540명 학생의 실사용 의견 청취

(2017년도~2023년도 교재 VOC 누적)

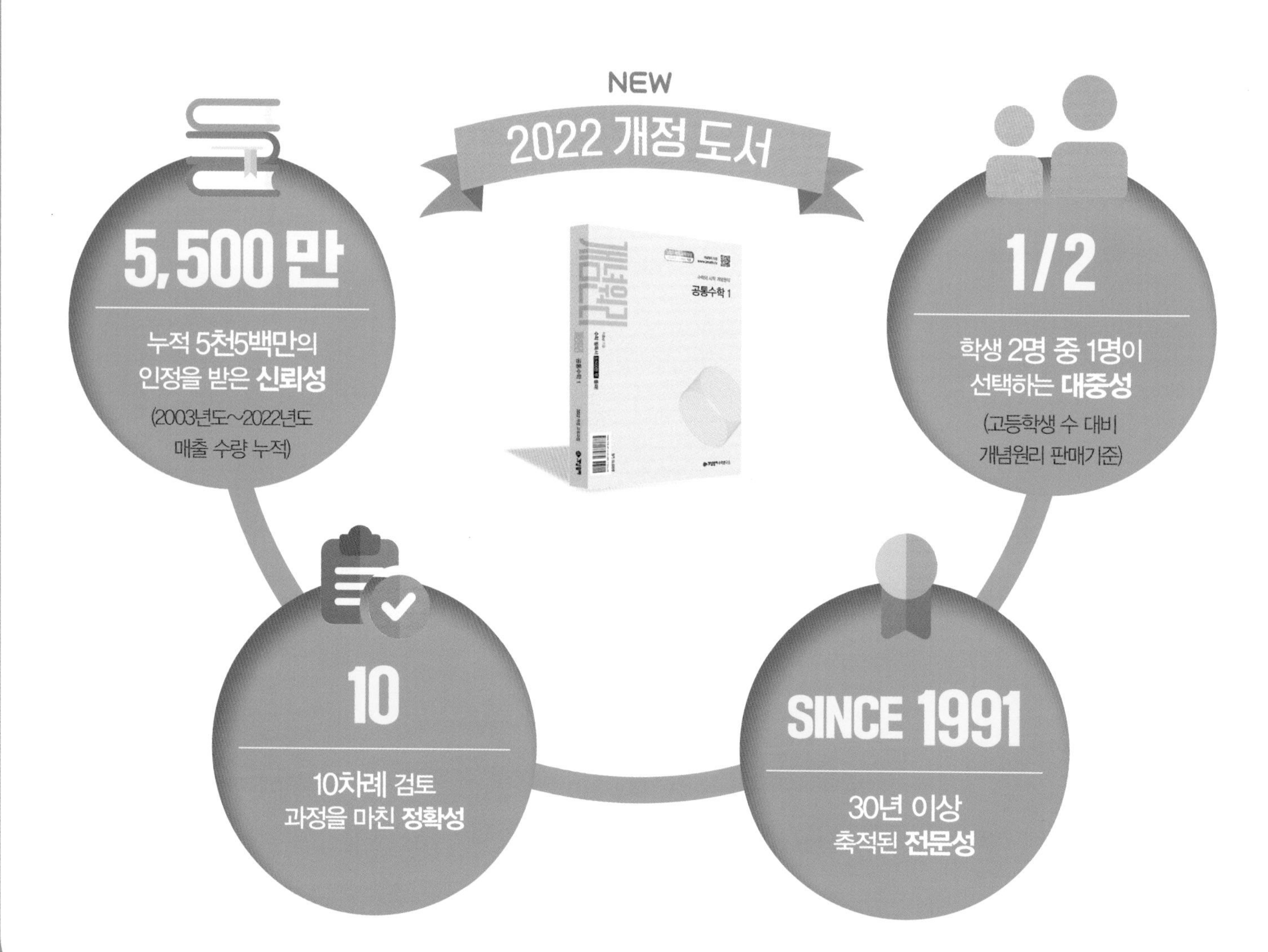

## 2022 개정 더 좋아진 개념원리

2022 개정 교재는 학습자의 학습 편의성을 강화했습니다.
학습 과정에서 필요한 각종 학습자료를 추가해 더욱더 완전한 학습을 지원합니다.

### A

**2015 개정**

- 교재 학습으로 학습종료

**2022 개정 교재 + 교재 연계 서비스 (APP)**

**개념원리&RPM + 교재 연계 서비스 제공**

- 서비스를 통해 교재의 완전 학습 및 지속적인 학습 성장 지원

### B

**2015 개정**

- 개념원리 주요 문항만 무료 해설 강의 제공 (RPM 미제공)

**2022 개정 무료 해설 강의 확대**

RPM 영상 0% 제공 → RPM 전 문항 해설 강의 100% 제공

- QR 1개당 1년 평균 **3,900명** 이상 인입 (2015 개정 개념원리 수학(상) p.34 기준)
- 완전한 학습을 위해 RPM **전 문항 무료 해설 강의** 제공

**학생 모두가 수학을 쉽게 배울 수 있는 환경이 조성될 때까지**
**개념원리의 노력은 계속됩니다.**

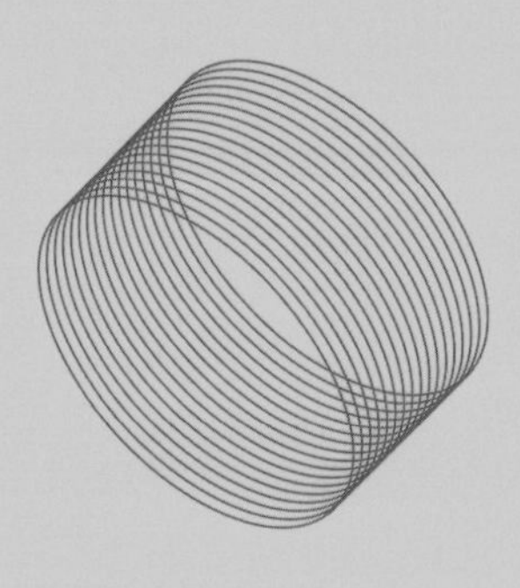

# 개념원리 RPM 공통수학 1

# 공통수학 1

## 정답 및 풀이

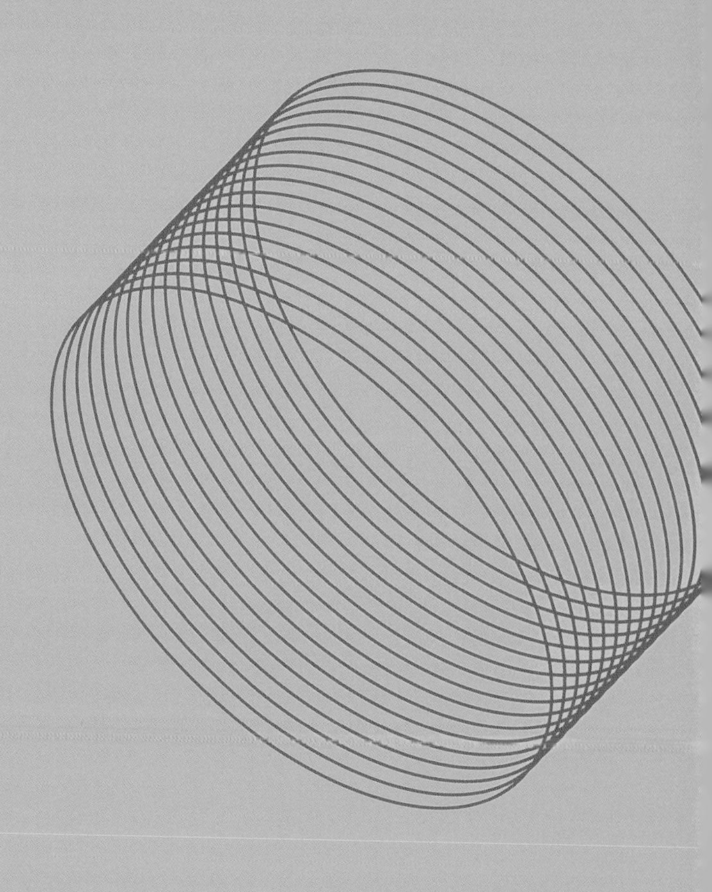

개념원리 수학연구소

# 개념원리 RPM 공통수학 1

## 정답 및 풀이

정확하고 이해하기 쉬운 친절한 풀이 제시

수학적 사고력을 키우는 다양한 해결 방법 제시

문제 해결 TIP과 중요개념 & 보충설명 제공

문제 해결의 실마리 제시

RPM

유형의 완성 RPM

# 공통수학 1

## 정답 및 풀이

# 01 다항식의 연산

## 교과서 문제 정복하기

본책 007쪽, 009쪽

**0001** 답 (1) $\mathbf{3x^3y^2+2x^2y-5xy^3+y-7}$
(2) $\mathbf{-7+(2x^2+1)y+3x^3y^2-5xy^3}$

**0002** $(x^2+xy+3y^2)+(2x^2-2xy+y^2)$
$=x^2+xy+3y^2+2x^2-2xy+y^2$
$=3x^2-xy+4y^2$ 답 $\mathbf{3x^2-xy+4y^2}$

**0003** $(3x^2+2xy-y^2)-(x^2-5xy-4y^2)$
$=3x^2+2xy-y^2-x^2+5xy+4y^2$
$=2x^2+7xy+3y^2$ 답 $\mathbf{2x^2+7xy+3y^2}$

**0004** $(5x^2+2xy)-(xy-3y^2)+(y^2+4xy)$
$=5x^2+2xy-xy+3y^2+y^2+4xy$
$=5x^2+5xy+4y^2$ 답 $\mathbf{5x^2+5xy+4y^2}$

**0005** (1) $A-2B=(3x^2-4xy+2y^2)-2(x^2-xy-3y^2)$
$=3x^2-4xy+2y^2-2x^2+2xy+6y^2$
$=x^2-2xy+8y^2$
(2) $3B-(4A+B)$
$=3B-4A-B=-4A+2B$
$=-4(3x^2-4xy+2y^2)+2(x^2-xy-3y^2)$
$=-12x^2+16xy-8y^2+2x^2-2xy-6y^2$
$=-10x^2+14xy-14y^2$
답 (1) $\mathbf{x^2-2xy+8y^2}$ (2) $\mathbf{-10x^2+14xy-14y^2}$

**0006** (1) $A-B+C$
$=(x^3+2x^2+3)-(3x^3+x^2-x-4)+(-2x^2+x-1)$
$=x^3+2x^2+3-3x^3-x^2+x+4-2x^2+x-1$
$=-2x^3-x^2+2x+6$
(2) $2A-(B-3C)$
$=2A-B+3C$
$=2(x^3+2x^2+3)-(3x^3+x^2-x-4)+3(-2x^2+x-1)$
$=2x^3+4x^2+6-3x^3-x^2+x+4-6x^2+3x-3$
$=-x^3-3x^2+4x+7$
(3) $(A+2B)-(B-C)$
$=A+2B-B+C=A+B+C$
$=(x^3+2x^2+3)+(3x^3+x^2-x-4)+(-2x^2+x-1)$
$=x^3+2x^2+3+3x^3+x^2-x-4-2x^2+x-1$
$=4x^3+x^2-2$
답 (1) $\mathbf{-2x^3-x^2+2x+6}$ (2) $\mathbf{-x^3-3x^2+4x+7}$
(3) $\mathbf{4x^3+x^2-2}$

**0007** 답 $\mathbf{2a^3-6a^2+12a}$

**0008** $(x+3)(x^2-x+1)=x^3-x^2+x+3x^2-3x+3$
$=x^3+2x^2-2x+3$
답 $\mathbf{x^3+2x^2-2x+3}$

**0009** $(2a^2+3ab-5b^2)(a-4b)$
$=2a^3-8a^2b+3a^2b-12ab^2-5ab^2+20b^3$
$=2a^3-5a^2b-17ab^2+20b^3$
답 $\mathbf{2a^3-5a^2b-17ab^2+20b^3}$

**0010** $(2x+5)^2=(2x)^2+2\times2x\times5+5^2$
$=4x^2+20x+25$ 답 $\mathbf{4x^2+20x+25}$

**0011** $(3x-2)^2=(3x)^2-2\times3x\times2+2^2$
$=9x^2-12x+4$ 답 $\mathbf{9x^2-12x+4}$

**0012** $(3x+y)(3x-y)=(3x)^2-y^2$
$=9x^2-y^2$ 답 $\mathbf{9x^2-y^2}$

**0013** $(x+2)(x+3)=x^2+(2+3)x+2\times3$
$=x^2+5x+6$ 답 $\mathbf{x^2+5x+6}$

**0014** $(2x+5)(3x-4)$
$=(2\times3)x^2+\{2\times(-4)+5\times3\}x+5\times(-4)$
$=6x^2+7x-20$ 답 $\mathbf{6x^2+7x-20}$

**0015** $(2x-y-3z)^2$
$=(2x)^2+(-y)^2+(-3z)^2+2\times2x\times(-y)$
$+2\times(-y)\times(-3z)+2\times(-3z)\times2x$
$=4x^2+y^2+9z^2-4xy+6yz-12zx$
답 $\mathbf{4x^2+y^2+9z^2-4xy+6yz-12zx}$

**0016** $(x+1)^3=x^3+3\times x^2\times1+3\times x\times1^2+1^3$
$=x^3+3x^2+3x+1$
답 $\mathbf{x^3+3x^2+3x+1}$

**0017** $(x-2y)^3=x^3-3\times x^2\times2y+3\times x\times(2y)^2-(2y)^3$
$=x^3-6x^2y+12xy^2-8y^3$
답 $\mathbf{x^3-6x^2y+12xy^2-8y^3}$

**0018** $(a+2)(a^2-2a+4)=a^3+2^3=a^3+8$ 답 $\mathbf{a^3+8}$

**0019** $(3x-1)(9x^2+3x+1)=(3x)^3-1^3=27x^3-1$
답 $\mathbf{27x^3-1}$

**0020** $(x+1)(x+2)(x+3)$
$=x^3+(1+2+3)x^2+(1\times2+2\times3+3\times1)x+1\times2\times3$
$=x^3+6x^2+11x+6$
답 $\mathbf{x^3+6x^2+11x+6}$

**0021** $(a-b+1)(a^2+b^2+ab-a+b+1)$

$=\{a+(-b)+1\}$

$\times\{a^2+(-b)^2+1^2-a\times(-b)-(-b)\times1-1\times a\}$

$=a^3+(-b)^3+1^3-3\times a\times(-b)\times1$

$=a^3-b^3+3ab+1$

답 $\boldsymbol{a^3-b^3+3ab+1}$

**0022** $(4x^2+6xy+9y^2)(4x^2-6xy+9y^2)$

$=\{(2x)^2+2x\times3y+(3y)^2\}\{(2x)^2-2x\times3y+(3y)^2\}$

$=(2x)^4+(2x)^2(3y)^2+(3y)^4$

$=16x^4+36x^2y^2+81y^4$

답 $\boldsymbol{16x^4+36x^2y^2+81y^4}$

**0023** (1) $x^2+y^2=(x+y)^2-2xy=3^2-2\times(-2)=13$

(2) $(x-y)^2=(x+y)^2-4xy$

$=3^2-4\times(-2)=17$

(3) $x^3+y^3=(x+y)^3-3xy(x+y)$

$=3^3-3\times(-2)\times3-45$

답 (1) **13** (2) **17** (3) **45**

**0024** (1) $x^2+y^2=(x-y)^2+2xy=(-4)^2+2\times3=22$

(2) $(x+y)^2=(x-y)^2+4xy$

$=(-4)^2+4\times3=28$

(3) $x^3-y^3=(x-y)^3+3xy(x-y)$

$=(-4)^3+3\times3\times(-4)$

$=-64-36=-100$

답 (1) **22** (2) **28** (3) **−100**

**0025** (1) $x^2+\frac{1}{x^2}=\left(x+\frac{1}{x}\right)^2-2=4^2-2=14$

(2) $x^3+\frac{1}{x^3}=\left(x+\frac{1}{x}\right)^3-3\left(x+\frac{1}{x}\right)$

$=4^3-3\times4=52$

답 (1) **14** (2) **52**

**0026** (1) $x+y=(1+\sqrt{2})+(1-\sqrt{2})=2$,

$xy=(1+\sqrt{2})(1-\sqrt{2})=-1$이므로

$x^3+y^3=(x+y)^3-3xy(x+y)$

$=2^3-3\times(-1)\times2=14$

(2) $x-y=(1+\sqrt{2})-(1-\sqrt{2})=2\sqrt{2}$, $xy=-1$이므로

$x^3-y^3=(x-y)^3+3xy(x-y)$

$=(2\sqrt{2})^3+3\times(-1)\times2\sqrt{2}=10\sqrt{2}$

답 (1) **14** (2) $\boldsymbol{10\sqrt{2}}$

**0027** (1) $a^2+b^2+c^2=(a+b+c)^2-2(ab+bc+ca)$

$=4^2-2\times1=14$

(2) $a^3+b^3+c^3$

$=(a+b+c)(a^2+b^2+c^2-ab-bc-ca)+3abc$

$=4\times(14-1)+3\times(-6)=34$

답 (1) **14** (2) **34**

**0028**

$$\begin{array}{r|l} & x^2+\boxed{6}\,x \\ \hline x-1 & x^3+5x^2-6x+1 \\ & x^3-x^2 \\ \hline & \boxed{6}\,x^2-6x \\ & \boxed{6}\,x^2-\boxed{6}\,x \\ \hline & \boxed{1} \end{array}$$

∴ (가) 6 (나) 6 (다) 6 (라) 6 (마) 1

답 (가) **6** (나) **6** (다) **6** (라) **6** (마) **1**

**0029**

$$\begin{array}{r|l} & 2x^2-2x-2 \\ \hline 2x+1 & 4x^3-2x^2-6x+1 \\ & 4x^3+2x^2 \\ \hline & -4x^2-6x \\ & -4x^2-2x \\ \hline & -4x+1 \\ & -4x-2 \\ \hline & 3 \end{array}$$

∴ 몫: $2x^2-2x-2$, 나머지: $3$

답 몫: $\boldsymbol{2x^2-2x-2}$, 나머지: **3**

**0030**

$$\begin{array}{r|l} & 2x-1 \\ \hline x^2+2x-1 & 2x^3+3x^2\qquad+5 \\ & 2x^3+4x^2-2x \\ \hline & -x^2+2x+5 \\ & -x^2-2x+1 \\ \hline & 4x+4 \end{array}$$

∴ 몫: $2x-1$, 나머지: $4x+4$

답 몫: $\boldsymbol{2x-1}$, 나머지: $\boldsymbol{4x+4}$

**0031**

$$\begin{array}{r|l} & 3x^2+3x+1 \\ \hline x^2-x-1 & 3x^4\qquad-5x^2-2x+1 \\ & 3x^4-3x^3-3x^2 \\ \hline & 3x^3-2x^2-2x \\ & 3x^3-3x^2-3x \\ \hline & x^2+x+1 \\ & x^2-x-1 \\ \hline & 2x+2 \end{array}$$

∴ 몫: $3x^2+3x+1$, 나머지: $2x+2$

답 몫: $\boldsymbol{3x^2+3x+1}$, 나머지: $\boldsymbol{2x+2}$

**0032**

$$\begin{array}{r|l} & 3x-1 \\ \hline x^2+1 & 3x^3-x^2+4x+3 \\ & 3x^3\qquad+3x \\ \hline & -x^2+x+3 \\ & -x^2\qquad-1 \\ \hline & x+4 \end{array}$$

∴ $3x^3-x^2+4x+3=(x^2+1)(3x-1)+x+4$

답 **풀이 참조**

**0033**

$$\begin{array}{r} 2x\ +2 \\ x^2-x-1\,\overline{)\,2x^3 \qquad + x-3} \\ \underline{2x^3-2x^2-2x} \\ 2x^2+3x-3 \\ \underline{2x^2-2x-2} \\ 5x-1 \end{array}$$

$\therefore 2x^3+x-3=(x^2-x-1)(2x+2)+5x-1$

답 풀이 참조

**0034**

$$\begin{array}{r|rrrr} \boxed{-1} & 1 & 4 & \boxed{0} & -5 \\ & & \boxed{-1} & -3 & 3 \\ \hline & 1 & 3 & \boxed{-3} & \boxed{-2} \end{array}$$

따라서 구하는 몫은 $\boxed{x^2+3x-3}$, 나머지는 $\boxed{-2}$이다.

답 (가) $-1$ (나) $0$ (다) $-1$ (라) $-3$ (마) $-2$ (바) $x^2+3x-3$ (사) $-2$

**0035**

$$\begin{array}{r|rrrr} -2 & 1 & 3 & 3 & 2 \\ & & -2 & -2 & -2 \\ \hline & 1 & 1 & 1 & 0 \end{array}$$

$\therefore$ 몫: $x^2+x+1$, 나머지: $0$

답 몫: $x^2+x+1$, 나머지: $0$

**0036**

$$\begin{array}{r|rrrr} 3 & 3 & -7 & 0 & -10 \\ & & 9 & 6 & 18 \\ \hline & 3 & 2 & 6 & 8 \end{array}$$

$\therefore$ 몫: $3x^2+2x+6$, 나머지: $8$

답 몫: $3x^2+2x+6$, 나머지: $8$

**0037**

$$\begin{array}{r|rrrr} \frac{3}{2} & 2 & -1 & 1 & -9 \\ & & 3 & 3 & 6 \\ \hline & 2 & 2 & 4 & -3 \end{array}$$

$\therefore$ 몫: $2x^2+2x+4$, 나머지: $-3$

답 몫: $2x^2+2x+4$, 나머지: $-3$

## 유형 익히기

• 본책 010~016쪽

**0038** $A-2(A-2B)+C$

$=A-2A+4B+C$

$=-A+4B+C$

$=-(x^2-2xy+y^2)+4(2x^2+xy-2y^2)+(-x^2+2xy-y^2)$

$=-x^2+2xy-y^2+8x^2+4xy-8y^2-x^2+2xy-y^2$

$=6x^2+8xy-10y^2$

답 $6x^2+8xy-10y^2$

**0039** $A-2(X-B)=3A$에서

$A-2X+2B=3A,\quad -2X=2A-2B$

$\therefore X=-A+B$

$=-(2x^2-xy+y^2)+(3x^2+3xy-y^2)$

$=-2x^2+xy-y^2+3x^2+3xy-y^2$

$=x^2+4xy-2y^2$

답 $x^2+4xy-2y^2$

**0040** $(3x^3+x^2-x+1)\bigstar(-x^3-x^2+3x-5)$

$=(3x^3+x^2-x+1)-2(-x^3-x^2+3x-5)$

$=3x^3+x^2-x+1+2x^3+2x^2-6x+10$

$=5x^3+3x^2-7x+11$

답 ④

**0041** $A+B=2x^2+3xy-5y^2$ ······ ㉠

$A-2B=8x^2-6xy-2y^2$ ······ ㉡

㉠−㉡을 하면

$3B=-6x^2+9xy-3y^2$

$\therefore B=-2x^2+3xy-y^2$ ··· 1단계

이것을 ㉠에 대입하면

$A+(-2x^2+3xy-y^2)=2x^2+3xy-5y^2$

$\therefore A=2x^2+3xy-5y^2-(-2x^2+3xy-y^2)$

$=2x^2+3xy-5y^2+2x^2-3xy+y^2$

$=4x^2-4y^2$ ··· 2단계

$\therefore 2A+B=2(4x^2-4y^2)+(-2x^2+3xy-y^2)$

$=8x^2-8y^2-2x^2+3xy-y^2$

$=6x^2+3xy-9y^2$ ··· 3단계

따라서 $a=6$, $b=3$, $c=-9$이므로

$a+b+c=6+3+(-9)=0$ ··· 4단계

답 0

| 채점 요소 | 비율 |
|---|---|
| 1단계 다항식 $B$ 구하기 | 30 % |
| 2단계 다항식 $A$ 구하기 | 30 % |
| 3단계 $2A+B$ 구하기 | 30 % |
| 4단계 $a+b+c$의 값 구하기 | 10 % |

**0042** $(1+2x+3x^2+4x^3)(4+3x+2x^2+x^3)$의 전개식에서 $x^4$항은

$2x\times x^3+3x^2\times 2x^2+4x^3\times 3x=2x^4+6x^4+12x^4$

$=20x^4$

따라서 $x^4$의 계수는 20이다.

답 ④

**0043** $(2x-y+1)(x+3y-2)$의 전개식에서 $xy$항은

$2x\times 3y+(-y)\times x=6xy-xy=5xy$

따라서 $xy$의 계수는 5이다.

답 5

**0044** $(x^2-2x+1)(x^2+3x+k)$의 전개식에서 $x^2$항은

$x^2\times k+(-2x)\times 3x+1\times x^2=kx^2-6x^2+x^2$

$=(k-5)x^2$

이때 $x^2$의 계수가 5이므로

$k-5=5 \quad \therefore k=10$ 답 **10**

**0045** $(x+2x^2+3x^3+\cdots+10x^{10})^2$

$=(x+2x^2+3x^3+\cdots+10x^{10})(x+2x^2+3x^3+\cdots+10x^{10})$

이 식의 전개식에서 $x^5$항은

$x\times4x^4+2x^2\times3x^3+3x^3\times2x^2+4x^4\times x$

$=4x^5+6x^5+6x^5+4x^5=20x^5$

따라서 $x^5$의 계수는 20이다. 답 **20**

**RPM 비법 노트**

주어진 다항식을 전개할 때, $5x^5$, $6x^6$, $\cdots$, $10x^{10}$항은 $x^5$의 계수에 영향을 주지 않는다.
따라서 주어진 식의 전개식에서 $x^5$의 계수와

$(x+2x^2+3x^3+4x^4)^2$

의 전개식에서 $x^5$의 계수는 서로 같다.

**0046** ① $(2x-1)^2=(2x)^2-2\times2x\times1+1^2$

$=4x^2-4x+1$

② $(2x+3y)^3$

$=(2x)^3+3\times(2x)^2\times3y+3\times2x\times(3y)^2+(3y)^3$

$=8x^3+36x^2y+54xy^2+27y^3$

③ $(x-y+z)^2$

$=x^2+(-y)^2+z^2+2\times x\times(-y)+2\times(-y)\times z$
$+2\times z\times x$

$=x^2+y^2+z^2-2xy-2yz+2zx$

④ $(x+y+2z)(x^2+y^2+4z^2-xy-2yz-2zx)$

$=x^3+y^3+(2z)^3-3\times x\times y\times2z$

$=x^3+y^3+8z^3-6xyz$

⑤ $(16x^2+4x+1)(16x^2-4x+1)$

$=\{(4x)^2+4x\times1+1^2\}\{(4x)^2-4x\times1+1^2\}$

$=(4x)^4+(4x)^2\times1^2+1^4$

$=256x^4+16x^2+1$

따라서 옳지 않은 것은 ⑤이다. 답 ⑤

**0047** $(x+y)^3(x-y)^3$

$=\{(x+y)(x-y)\}^3=(x^2-y^2)^3$

$=(x^2)^3-3\times(x^2)^2\times y^2+3\times x^2\times(y^2)^2-(y^2)^3$

$=x^6-3x^4y^2+3x^2y^4-y^6$ 답 ④

**0048** $(3x+y)(9x^2-3xy+y^2)-(x-3y)(x^2+3xy+9y^2)$

$=(3x+y)\{(3x)^2-3x\times y+y^2\}$
$-(x-3y)\{x^2+x\times3y+(3y)^2\}$

$=\{(3x)^3+y^3\}-\{x^3-(3y)^3\}$

$=27x^3+y^3-(x^3-27y^3)=27x^3+y^3-x^3+27y^3$

$=26x^3+28y^3$

따라서 $a=26$, $b=28$이므로

$a-b=26-28=-2$ 답 **−2**

**0049** $x+y+z=4$에서

$x+y=4-z$, $y+z=4-x$, $z+x=4-y$

$\therefore (x+y)(y+z)(z+x)$

$=(4-z)(4-x)(4-y)$

$=4^3-(x+y+z)\times4^2+(xy+yz+zx)\times4-xyz$

$=64-4\times16+5\times4-2$

$=18$ 답 **18**

**0050** $x^2+x=t$로 놓으면

$(x^2+x+1)(x^2+x-2)=(t+1)(t-2)=t^2-t-2$

$=(x^2+x)^2-(x^2+x)-2$

$=x^4+2x^3+x^2-x^2-x-2$

$=x^4+2x^3-x-2$

따라서 $a=1$, $b=0$, $c=-1$이므로

$a-b+c=1-0+(-1)=0$ 답 ③

**0051** $(a+b-c^2)(a-b+c^2)$

$=\{a+(b-c^2)\}\{a-(b-c^2)\}$

$b-c^2=t$로 놓으면

(주어진 식)$=(a+t)(a-t)=a^2-t^2$

$=a^2-(b-c^2)^2$

$=a^2-(b^2-2bc^2+c^4)$

$=a^2-b^2-c^4+2bc^2$

답 $\boldsymbol{a^2-b^2-c^4+2bc^2}$

**0052** $(x-5)(x-3)(x-1)(x+1)$

$=\{(x-5)(x+1)\}\{(x-3)(x-1)\}$

$=(x^2-4x-5)(x^2-4x+3)$

$x^2-4x=t$로 놓으면

(주어진 식)$=(t-5)(t+3)$

$=t^2-2t-15$

$=(x^2-4x)^2-2(x^2-4x)-15$

$=x^4-8x^3+16x^2-2x^2+8x-15$

$=x^4-8x^3+14x^2+8x-15$

답 $\boldsymbol{x^4-8x^3+14x^2+8x-15}$

**0053** $(5+2a)^3=A$, $(5-2a)^3=B$로 놓으면

(주어진 식)

$=(A-B)^2-(A+B)^2$

$=A^2-2AB+B^2-(A^2+2AB+B^2)$

$=-4AB$

$=-4\times(5+2a)^3(5-2a)^3$

$=-4\{(5+2a)(5-2a)\}^3$

$=-4(25-4a^2)^3$

$=-4\times(25-4\times7)^3$ ($\because a=\sqrt{7}$)

$=-4\times(-27)=108$ 답 **108**

**0054** $x^2+y^2=(x-y)^2+2xy$에서

$8=2^2+2xy \quad \therefore xy=2$

$\therefore x^3-y^3=(x-y)^3+3xy(x-y)$
$=2^3+3\times2\times2=20$

답 ④

**0055** $x^3+y^3=(x+y)^3-3xy(x+y)$에서

$36=3^3-3xy\times3 \quad \therefore xy=-1$

$\therefore x^2+xy+y^2=(x+y)^2-xy$
$=3^2-(-1)=10$

답 **10**

**0056** $\dfrac{a^2}{b}-\dfrac{b^2}{a}=\dfrac{a^3-b^3}{ab}$

$=\dfrac{(a-b)^3+3ab(a-b)}{ab}$ … ㉠ … 1단계

이때 $a=2+\sqrt{3}$, $b=2-\sqrt{3}$에서

$a-b=(2+\sqrt{3})-(2-\sqrt{3})=2\sqrt{3}$

$ab=(2+\sqrt{3})(2-\sqrt{3})=1$ … 2단계

따라서 ㉠에서

$\dfrac{a^2}{b}-\dfrac{b^2}{a}=\dfrac{(2\sqrt{3})^3+3\times1\times2\sqrt{3}}{1}=30\sqrt{3}$ … 3단계

답 $30\sqrt{3}$

| | 채점 요소 | 비율 |
|---|---|---|
| 1단계 | $\dfrac{a^2}{b}-\dfrac{b^2}{a}$을 $a-b$, $ab$에 대한 식으로 변형하기 | 40 % |
| 2단계 | $a-b$, $ab$의 값 구하기 | 30 % |
| 3단계 | $\dfrac{a^2}{b}-\dfrac{b^2}{a}$의 값 구하기 | 30 % |

**0057** $x^2+y^2=(x+y)^2-2xy$에서

$7=(\sqrt{5})^2-2xy \quad \therefore xy=-1$

$\therefore x^4+y^4=(x^2+y^2)^2-2x^2y^2$
$=7^2-2\times(-1)^2=47$

답 **47**

**0058** $x\neq0$이므로 $x^2-3x-1=0$의 양변을 $x$로 나누면

$x-3-\dfrac{1}{x}=0 \quad \therefore x-\dfrac{1}{x}=3$

$\therefore x^3-\dfrac{1}{x^3}=\left(x-\dfrac{1}{x}\right)^3+3\left(x-\dfrac{1}{x}\right)$
$=3^3+3\times3=36$

답 ⑤

참고 | $x=0$을 $x^2-3x-1=0$의 좌변에 대입하면 $-1\neq0$이므로 $x\neq0$이다.

**0059** $\left(x+\dfrac{1}{x}\right)^2=x^2+\dfrac{1}{x^2}+2=3+2=5$

이때 $x>0$이므로 $x+\dfrac{1}{x}=\sqrt{5}$

$\therefore x^3+\dfrac{1}{x^3}=\left(x+\dfrac{1}{x}\right)^3-3\left(x+\dfrac{1}{x}\right)$
$=(\sqrt{5})^3-3\sqrt{5}$
$=2\sqrt{5}$

답 ①

**0060** $x\neq0$이므로 $x^2-2x-1=0$의 양변을 $x$로 나누면

$x-2-\dfrac{1}{x}=0 \quad \therefore x-\dfrac{1}{x}=2$

$\therefore x^3+2x^2+3x-\dfrac{3}{x}+\dfrac{2}{x^2}-\dfrac{1}{x^3}$
$=\left(x^3-\dfrac{1}{x^3}\right)+2\left(x^2+\dfrac{1}{x^2}\right)+3\left(x-\dfrac{1}{x}\right)$
$=\left\{\left(x-\dfrac{1}{x}\right)^3+3\left(x-\dfrac{1}{x}\right)\right\}+2\left\{\left(x-\dfrac{1}{x}\right)^2+2\right\}$
$+3\left(x-\dfrac{1}{x}\right)$
$=(2^3+3\times2)+2\times(2^2+2)+3\times2$
$=32$

답 ②

**0061** $a^2+b^2+c^2=(a+b+c)^2-2(ab+bc+ca)$에서

$6=2^2-2(ab+bc+ca) \quad \therefore ab+bc+ca=-1$

$a^3+b^3+c^3=(a+b+c)(a^2+b^2+c^2-ab-bc-ca)+3abc$ 에서

$8=2\times\{6-(-1)\}+3abc, \quad 3abc=-6$

$\therefore abc=-2$

답 **−2**

**0062** $a^2+b^2+c^2=(a+b+c)^2-2(ab+bc+ca)$에서

$14=4^2-2(ab+bc+ca) \quad \therefore ab+bc+ca=1$

$(ab+bc+ca)^2=a^2b^2+b^2c^2+c^2a^2+2(ab^2c+abc^2+a^2bc)$
$=a^2b^2+b^2c^2+c^2a^2+2abc(a+b+c)$

에서 $1^2=a^2b^2+b^2c^2+c^2a^2+2\times(-6)\times4$

$\therefore a^2b^2+b^2c^2+c^2a^2=49$

답 **49**

**0063** $x^2+y^2+z^2=(x+y+z)^2-2(xy+yz+zx)$에서

$18=6^2-2(xy+yz+zx) \quad \therefore xy+yz+zx=9$

$\dfrac{1}{x}+\dfrac{1}{y}+\dfrac{1}{z}=3$에서 $\dfrac{xy+yz+zx}{xyz}=3, \quad \dfrac{9}{xyz}=3$

$\therefore xyz=3$

$\therefore x^3+y^3+z^3$
$=(x+y+z)(x^2+y^2+z^2-xy-yz-zx)+3xyz$
$=6\times(18-9)+3\times3=63$

답 ③

**0064** $(a^2+b^2+c^2)^2=a^4+b^4+c^4+2(a^2b^2+b^2c^2+c^2a^2)$ 에서

$8^2=a^4+b^4+c^4+2(a^2b^2+b^2c^2+c^2a^2)$ …… ㉠

이때 $a^2+b^2+c^2=(a+b+c)^2-2(ab+bc+ca)$에서

$8=0^2-2(ab+bc+ca) \quad \therefore ab+bc+ca=-4$

$(ab+bc+ca)^2=a^2b^2+b^2c^2+c^2a^2+2(ab^2c+abc^2+a^2bc)$
$=a^2b^2+b^2c^2+c^2a^2+2abc(a+b+c)$

에서 $(-4)^2=a^2b^2+b^2c^2+c^2a^2+2abc\times0$

$\therefore a^2b^2+b^2c^2+c^2a^2=16$

따라서 ㉠에서

$64=a^4+b^4+c^4+2\times16$

$\therefore a^4+b^4+c^4=32$

답 **32**

**0065** $(2+1)(2^2+1)(2^4+1)(2^8+1)$
$=(2-1)(2+1)(2^2+1)(2^4+1)(2^8+1)$
$=(2^2-1)(2^2+1)(2^4+1)(2^8+1)$
$=(2^4-1)(2^4+1)(2^8+1)$
$=(2^8-1)(2^8+1)=2^{16}-1$ 답 ①

**0066** $9\times11\times101\times10001$
$=(10-1)(10+1)(10^2+1)(10^4+1)$
$=(10^2-1)(10^2+1)(10^4+1)$
$=(10^4-1)(10^4+1)=10^8-1$ 답 ④

**0067** $a=1015$라 하면

$$\frac{1014\times(1015^2+1016)+1}{1015^3}=\frac{(a-1)(a^2+a+1)+1}{a^3}=\frac{a^3-1+1}{a^3}=\frac{a^3}{a^3}=1$$

답 ③

**0068** $a=102$, $b=\sqrt{105}$라 하면

$$\frac{(102+\sqrt{105})^3+(102-\sqrt{105})^3}{102}$$
$$=\frac{(a+b)^3+(a-b)^3}{a}$$
$$=\frac{(a^3+3a^2b+3ab^2+b^3)+(a^3-3a^2b+3ab^2-b^3)}{a}$$
$$=\frac{2a^3+6ab^2}{a}=2a^2+6b^2$$
$$=2\times102^2+6\times105$$

$2\times102^2$의 일의 자리의 숫자는 8, $6\times105$의 일의 자리의 숫자는 0이므로 구하는 일의 자리의 숫자는

$8+0=8$ 답 **8**

**0069**

$$\begin{array}{r|l} & x-1 \\ x^2+x+1 & x^3 \qquad -2x+1 \\ & x^3+x^2+x \\ \hline & -x^2-3x+1 \\ & -x^2-x-1 \\ \hline & -2x+2 \end{array}$$

따라서 $Q(x)=x-1$, $R(x)=-2x+2$이므로

$Q(2)+R(-3)=1+8=9$ 답 **9**

**0070**

$$\begin{array}{r|l} & x^2+2x+1 \\ 2x-1 & 2x^3+3x^2 \qquad +6 \\ & 2x^3-x^2 \\ \hline & 4x^2 \\ & 4x^2-2x \\ \hline & 2x+6 \\ & 2x-1 \\ \hline & 7 \end{array}$$

따라서 $a=2$, $b=4$, $c=2$, $d=7$이므로

$a+b+c+d=2+4+2+7=15$ 답 **15**

**0071**

$$\begin{array}{r|l} & 2x-3 \\ x^2-x-2 & 2x^3-5x^2+4x+1 \\ & 2x^3-2x^2-4x \\ \hline & -3x^2+8x+1 \\ & -3x^2+3x+6 \\ \hline & 5x-5 \end{array}$$

따라서 몫은 $2x-3$, 나머지는 $5x-5$이므로

$a=2$, $b=-3$, $c=5$, $d=-5$

$\therefore ab-cd=2\times(-3)-5\times(-5)=19$ 답 ⑤

**0072** $2x^4+5x^2+12x-10=A(2x^2+2x-3)-x+5$ 이므로

$A(2x^2+2x-3)=2x^4+5x^2+13x-15$

$\therefore A=(2x^4+5x^2+13x-15)\div(2x^2+2x-3)$

$$\begin{array}{r|l} & x^2-x+5 \\ 2x^2+2x-3 & 2x^4 \qquad +5x^2+13x-15 \\ & 2x^4+2x^3-3x^2 \\ \hline & -2x^3+8x^2+13x \\ & -2x^3-2x^2+3x \\ \hline & 10x^2+10x-15 \\ & 10x^2+10x-15 \\ \hline & 0 \end{array}$$

$\therefore A=x^2-x+5$ 답 $\boldsymbol{x^2-x+5}$

**0073** $f(x)=(x+1)(2x-5)+6=2x^2-3x+1$

$$\begin{array}{r|l} & 2x-1 \\ x-1 & 2x^2-3x+1 \\ & 2x^2-2x \\ \hline & -x+1 \\ & -x+1 \\ \hline & 0 \end{array}$$

따라서 $f(x)$를 $x-1$로 나누었을 때의 몫은 $2x-1$, 나머지는 0이다. 답 몫: $\boldsymbol{2x-1}$, 나머지: **0**

**0074** 직사각형의 세로의 길이를 $A$라 하면

$(x+3)A=x^3-x^2-5x+21$

$\therefore A=(x^3-x^2-5x+21)\div(x+3)$

$$\begin{array}{r|l} & x^2-4x+7 \\ x+3 & x^3-x^2-5x+21 \\ & x^3+3x^2 \\ \hline & -4x^2-5x \\ & -4x^2-12x \\ \hline & 7x+21 \\ & 7x+21 \\ \hline & 0 \end{array}$$

$\therefore A=x^2-4x+7$

따라서 직사각형의 세로의 길이는 $x^2-4x+7$이다.

답 $\boldsymbol{x^2-4x+7}$

**0075** $A=(x+1)(x+2)+2$

$=x^2+3x+4$

$B=(x+1)(2x+1)+3$

$=2x^2+3x+4$ … 1단계

$\therefore xA+B=x(x^2+3x+4)+2x^2+3x+4$

$=x^3+3x^2+4x+2x^2+3x+4$

$=x^3+5x^2+7x+4$ … 2단계

$$\begin{array}{r} x+4 \\ x^2+x+1\,\overline{)\,x^3+5x^2+7x+4} \\ \underline{x^3+x^2+x\quad\quad} \\ 4x^2+6x+4 \\ \underline{4x^2+4x+4} \\ 2x \end{array}$$

따라서 $xA+B$를 $x^2+x+1$로 나누었을 때의 몫은 $x+4$, 나머지는 $2x$이다. … 3단계

답 **몫: $x+4$, 나머지: $2x$**

| 채점 요소 | | 비율 |
|---|---|---|
| 1단계 | 다항식 $A$, $B$ 구하기 | 40 % |
| 2단계 | $xA+B$ 구하기 | 20 % |
| 3단계 | $xA+B$를 $x^2+x+1$로 나누었을 때의 몫과 나머지 구하기 | 40 % |

**0076** $f(x)$를 $x-\frac{2}{3}$로 나누었을 때의 몫이 $Q(x)$, 나머지가 $R$이므로

$f(x)=\left(x-\frac{2}{3}\right)Q(x)+R$

$=\frac{1}{3}(3x-2)Q(x)+R$

$=(3x-2)\times\frac{1}{3}Q(x)+R$

따라서 $f(x)$를 $3x-2$로 나누었을 때의 몫은 $\frac{1}{3}Q(x)$, 나머지는 $R$이다.

답 **몫: $\frac{1}{3}Q(x)$, 나머지: $R$**

**0077** $f(x)$를 $ax+b$로 나누었을 때의 몫이 $Q(x)$, 나머지가 $R$이므로

$f(x)=(ax+b)Q(x)+R$

$=a\left(x+\frac{b}{a}\right)Q(x)+R$

$=\left(x+\frac{b}{a}\right)\times aQ(x)+R$

따라서 $f(x)$를 $x+\frac{b}{a}$로 나누었을 때의 몫은 $aQ(x)$, 나머지는 $R$이다. 답 ④

**0078** $f(x)$를 $x-\frac{1}{2}$로 나누었을 때의 몫이 $Q(x)$, 나머지가 $R$이므로

$f(x)=\left(x-\frac{1}{2}\right)Q(x)+R$

이 식의 양변에 $x$를 곱하면

$xf(x)=x\left(x-\frac{1}{2}\right)Q(x)+Rx$

$=\frac{x}{2}(2x-1)Q(x)+\frac{R}{2}(2x-1)+\frac{R}{2}$

$=(2x-1)\left\{\frac{x}{2}Q(x)+\frac{R}{2}\right\}+\frac{R}{2}$

따라서 $xf(x)$를 $2x-1$로 나누었을 때의 몫은 $\frac{x}{2}Q(x)+\frac{R}{2}$, 나머지는 $\frac{R}{2}$이다. 답 ①

**0079** 다항식 $3x^3-2x^2-5x+1$을 $x-2$로 나누었을 때의 몫과 나머지를 조립제법을 이용하여 구하면 다음과 같다.

| 2 | 3 | −2 | −5 | 1 |
|---|---|---|---|---|
| | | 6 | 8 | 6 |
| | 3 | 4 | 3 | 7 |

따라서 $a=8$, $b=4$, $R=7$이므로

$a+b+R=8+4+7=19$ 답 **19**

**0080** 주어진 조립제법에서 □ 안에 알맞은 수를 구하면 다음과 같다.

| 3 | $a$ | $b$ | $c$ | $d$ |
|---|---|---|---|---|
| | | 3 | 3 | −9 |
| | 1 | 1 | −3 | −4 |

즉 $a=1$, $b+3=1$, $c+3=-3$, $d+(-9)=-4$이므로

$a=1$, $b=-2$, $c=-6$, $d=5$

따라서 $f(x)=x^3-2x^2-6x+5$이므로

$f(-1)=-1-2+6+5=8$ 답 **8**

**0081** 주어진 조립제법에서 $2a=-3$이므로

$a=-\frac{3}{2}$

따라서 조립제법에서 □ 안에 알맞은 수를 구하면 오른쪽과 같으므로

| $-\frac{3}{2}$ | 2 | $b$ | 1 | $c$ |
|---|---|---|---|---|
| | | −3 | −3 | 3 |
| | 2 | 2 | −2 | 7 |

$b+(-3)=2$, $c+3=7$

$\therefore b=5$, $c=4$

$\therefore abc=-\frac{3}{2}\times5\times4=-30$

$2x^3+5x^2+x+4$를 $x+\frac{3}{2}$으로 나누었을 때의 몫은 $2x^2+2x-2$, 나머지는 7이므로

$2x^3+5x^2+x+4=\left(x+\frac{3}{2}\right)(2x^2+2x-2)+7$

$=\left(x+\frac{3}{2}\right)\times2(x^2+x-1)+7$

$=(2x+3)(x^2+x-1)+7$

따라서 주어진 다항식을 $2x+3$으로 나누었을 때의 몫은 $x^2+x-1$이다. 답 ②

**0082** $a^2+b^2+c^2-ab-bc-ca$

$=\frac{1}{2}(2a^2+2b^2+2c^2-2ab-2bc-2ca)$

$=\frac{1}{2}\{(a^2-2ab+b^2)+(b^2-2bc+c^2)+(c^2-2ca+a^2)\}$

$=\frac{1}{2}\{(a-b)^2+(b-c)^2+(c-a)^2\}$ ...... ㉠

$a-b=1$, $a-c=3$을 변끼리 빼면

$-b+c=-2$ $\therefore b-c=2$

따라서 ㉠에서

(주어진 식)$=\frac{1}{2}\times\{1^2+2^2+(-3)^2\}=7$ 답 ①

**0083** $a^2+b^2+c^2+ab+bc+ca$

$=\frac{1}{2}(2a^2+2b^2+2c^2+2ab+2bc+2ca)$

$=\frac{1}{2}\{(a^2+2ab+b^2)+(b^2+2bc+c^2)+(c^2+2ca+a^2)\}$

$=\frac{1}{2}\{(a+b)^2+(b+c)^2+(c+a)^2\}$

$=\frac{1}{2}\times\{(3+\sqrt{2})^2+(3-\sqrt{2})^2+4^2\}$

$=\frac{1}{2}\times 38=19$ 답 **19**

**0084** $a^3+b^3+c^3=3abc$에서

$(a+b+c)(a^2+b^2+c^2-ab-bc-ca)+3abc=3abc$

$\therefore (a+b+c)(a^2+b^2+c^2-ab-bc-ca)=0$

이때 $a+b+c\neq 0$이므로

$a^2+b^2+c^2-ab-bc-ca=0$

$2a^2+2b^2+2c^2-2ab-2bc-2ca=0$

$(a^2-2ab+b^2)+(b^2-2bc+c^2)+(c^2-2ca+a^2)=0$

$(a-b)^2+(b-c)^2+(c-a)^2=0$

$\therefore a=b=c$

따라서 $a+b+c=15$에서 $a=b=c=5$

$\therefore abc=5\times5\times5=125$ 답 ④

참고 | $a$, $b$, $c$는 실수이므로

$(a-b)^2\geq 0$, $(b-c)^2\geq 0$, $(c-a)^2\geq 0$

따라서 $(a-b)^2+(b-c)^2+(c-a)^2=0$에서

$a-b=0$, $b-c=0$, $c-a=0$

$\therefore a=b=c$

**0085** 상자의 밑면의 가로의 길이, 세로의 길이, 높이를 각각 $a$, $b$, $c$라 하면 이 상자의 대각선의 길이는 $\sqrt{a^2+b^2+c^2}$이다.

이때 상자의 겉넓이가 24이므로

$2(ab+bc+ca)=24$

$\therefore ab+bc+ca=12$

상자의 모든 모서리의 길이의 합이 28이므로

$4(a+b+c)=28$ $\therefore a+b+c=7$

$\therefore a^2+b^2+c^2=(a+b+c)^2-2(ab+bc+ca)$

$=7^2-2\times12=25$

따라서 상자의 대각선의 길이는 $\sqrt{25}$, 즉 5이다. 답 **5**

**0086** 직사각형의 가로와 세로의 길이를 각각 $x$ cm, $y$ cm라 하면 직사각형의 넓이는 $xy$ cm$^2$이다.

이때 직사각형의 대각선의 길이는 부채꼴의 반지름의 길이와 같으므로

$\sqrt{x^2+y^2}=11$ $\therefore x^2+y^2=121$

직사각형의 둘레의 길이가 30 cm이므로

$2(x+y)=30$ $\therefore x+y=15$

$x^2+y^2=(x+y)^2-2xy$에서

$121=15^2-2xy$, $2xy=104$

$\therefore xy=52$

따라서 직사각형의 넓이는 52 cm$^2$이다. 답 **52 cm$^2$**

**0087** 세 정사각형의 넓이의 합이 75이므로

$a^2+b^2+c^2=75$

세 정사각형의 둘레의 길이의 합이 52이므로

$4a+4b+4c=52$

$\therefore a+b+c=13$

한편 $S_A=a^2$, $S_D=(a+b)(a+c)$이므로

$S_D-S_A=(a+b)(a+c)-a^2$

$=ab+bc+ca$

이때 $a^2+b^2+c^2=(a+b+c)^2-2(ab+bc+ca)$에서

$75=13^2-2(ab+bc+ca)$

$\therefore ab+bc+ca=47$

$\therefore S_D-S_A=47$ 답 **47**

## 시험에 꼭 나오는 문제

• 본책 017~019쪽

**0088** $A-2X=B$에서 $2X=A-B$

$\therefore X=\frac{1}{2}(A-B)$

$=\frac{1}{2}\{(4x^3+x^2-3x-2)-(x^2-3x+2)\}$

$=\frac{1}{2}(4x^3+x^2-3x-2-x^2+3x-2)$

$=\frac{1}{2}(4x^3-4)$

$=2x^3-2$ 답 ④

**0089** $(2x-1)^3(x-3)^2$

$=(8x^3-12x^2+6x-1)(x^2-6x+9)$

이 식의 전개식에서 $x^3$항은

$8x^3\times9+(-12x^2)\times(-6x)+6x\times x^2$

$=72x^3+72x^3+6x^3$

$=150x^3$

따라서 $x^3$의 계수는 150이다. 답 **150**

**0090** $(3x+ay)^3=27x^3+27ax^2y+9a^2xy^2+a^3y^3$

따라서 $x^2y$의 계수가 $27a$이므로

$27a=54 \qquad \therefore a=2$

답 2

다른 풀이 $(3x+ay)^3=(3x+ay)(3x+ay)(3x+ay)$

이 식의 전개식에서 $x^2y$항은

$3x\times3x\times ay+3x\times ay\times3x+ay\times3x\times3x$

$=9ax^2y+9ax^2y+9ax^2y=27ax^2y$

이때 $x^2y$의 계수가 54이므로

$27a=54 \qquad \therefore a=2$

**0091** $(x^2-4)(x^2+2x+4)(x^2-2x+4)$

$=(x+2)(x-2)(x^2+2x+4)(x^2-2x+4)$

$=\{(x+2)(x^2-2x+4)\}\{(x-2)(x^2+2x+4)\}$

$=(x^3+8)(x^3-8)$

$=x^6-64=70-64$ ($\because x^6=70$)

$=6$

답 ⑤

다른 풀이 $(x^2-4)(x^2+2x+4)(x^2-2x+4)$

$=(x^2-4)(x^4+4x^2+16)$

$=x^6-64=70-64=6$

**0092** $(a+1)(a+2)(a+3)(a+4)$

$=\{(a+1)(a+4)\}\{(a+2)(a+3)\}$

$=(a^2+5a+4)(a^2+5a+6)$

이때 $a^2+5a-1=0$에서 $\qquad a^2+5a=1$

$\therefore$ (주어진 식)$=(1+4)\times(1+6)=35$

답 ⑤

**0093** $\dfrac{y}{x}+\dfrac{x}{y}=\dfrac{x^2+y^2}{xy}=\dfrac{(x+y)^2-2xy}{xy}$ ...... ㉠

이때 $x^3+y^3=(x+y)^3-3xy(x+y)$에서

$4=1^3-3xy\times1 \qquad \therefore xy=-1$

따라서 ㉠에서

$\dfrac{y}{x}+\dfrac{x}{y}=\dfrac{1^2-2\times(-1)}{-1}=-3$

답 $-3$

**0094** $\dfrac{1}{x}=\dfrac{1}{3+2\sqrt{2}}=\dfrac{3-2\sqrt{2}}{(3+2\sqrt{2})(3-2\sqrt{2})}=3-2\sqrt{2}$

이므로 $\qquad x+\dfrac{1}{x}=(3+2\sqrt{2})+(3-2\sqrt{2})=6$

$\therefore x^3+\dfrac{1}{x^3}=\left(x+\dfrac{1}{x}\right)^3-3\left(x+\dfrac{1}{x}\right)=6^3-3\times6=198$

답 ③

**0095** $a^2+b^2+c^2=(a+b+c)^2-2(ab+bc+ca)$에서

$27=3^2-2(ab+bc+ca)$

$\therefore ab+bc+ca=-9$

$a+b+c=3$에서

$a+b=3-c,\ b+c=3-a,\ c+a=3-b$

$\therefore (a+b)(b+c)(c+a)$

$=(3-c)(3-a)(3-b)$

$=3^3-(a+b+c)\times3^2+(ab+bc+ca)\times3-abc$

$=27-3\times9+(-9)\times3-5$

$=-32$

답 ④

**0096** $a^2+b^2+c^2=(a+b+c)^2-2(ab+bc+ca)$

$=(\sqrt{2})^2-2\times(-2)=6$

$\therefore a^3+b^3+c^3$

$=(a+b+c)(a^2+b^2+c^2-ab-bc-ca)+3abc$

$=\sqrt{2}\times\{6-(-2)\}+3\times(-\sqrt{2})$

$=8\sqrt{2}-3\sqrt{2}$

$=5\sqrt{2}$

답 ⑤

**0097** $x=1+\sqrt{2}-\sqrt{3},\ y=1-\sqrt{2}+\sqrt{3}$이라 하면

$(1+\sqrt{2}-\sqrt{3})^3+(1-\sqrt{2}+\sqrt{3})^3$

$=x^3+y^3=(x+y)^3-3xy(x+y)$

이때 $x+y=(1+\sqrt{2}-\sqrt{3})+(1-\sqrt{2}+\sqrt{3})=2$,

$xy=(1+\sqrt{2}-\sqrt{3})(1-\sqrt{2}+\sqrt{3})$

$=\{1+(\sqrt{2}-\sqrt{3})\}\{1-(\sqrt{2}-\sqrt{3})\}$

$=1^2-(\sqrt{2}-\sqrt{3})^2=1-(5-2\sqrt{6})$

$=-4+2\sqrt{6}$

이므로

(주어진 식)$=2^3-3\times(-4+2\sqrt{6})\times2=32-12\sqrt{6}$

답 $32-12\sqrt{6}$

다른 풀이 $x=1,\ y=\sqrt{2}-\sqrt{3}$이라 하면

$(1+\sqrt{2}-\sqrt{3})^3+(1-\sqrt{2}+\sqrt{3})^3$

$=\{1+(\sqrt{2}-\sqrt{3})\}^3+\{1-(\sqrt{2}-\sqrt{3})\}^3$

$=(x+y)^3+(x-y)^3$

$=(x^3+3x^2y+3xy^2+y^3)+(x^3-3x^2y+3xy^2-y^3)$

$=2x^3+6xy^2$

$=2\times1^3+6\times1\times(\sqrt{2}-\sqrt{3})^2=2+6(5-2\sqrt{6})$

$=32-12\sqrt{6}$

**0098** $x^4+5x^3+3x^2-13x+9=A(x^2+2x-2)-5x+7$

이므로 $\qquad A(x^2+2x-2)=x^4+5x^3+3x^2-8x+2$

$\therefore A=(x^4+5x^3+3x^2-8x+2)\div(x^2+2x-2)$

$$\begin{array}{r|l} & x^2+3x-1 \\ x^2+2x-2 & x^4+5x^3+3x^2-8x+2 \\ & x^4+2x^3-2x^2 \\ \hline & 3x^3+5x^2-8x \\ & 3x^3+6x^2-6x \\ \hline & -x^2-2x+2 \\ & -x^2-2x+2 \\ \hline & 0 \end{array}$$

$\therefore A=x^2+3x-1$

답 $x^2+3x-1$

**0099** 직육면체의 높이를 $A$라 하면

$(x-1)(x+2)A=x^3+5x^2+2x-8$

$(x^2+x-2)A=x^3+5x^2+2x-8$

$\therefore A=(x^3+5x^2+2x-8)\div(x^2+x-2)$

$$\begin{array}{r|l} & x+4 \\ x^2+x-2 & x^3+5x^2+2x-8 \\ & x^3+x^2-2x \\ \hline & 4x^2+4x-8 \\ & 4x^2+4x-8 \\ \hline & 0 \end{array}$$

$\therefore A=x+4$

따라서 직육면체의 높이는 $x+4$이다. 답 $x+4$

**다른 풀이** $x^3+5x^2+2x-8$에서 $x^3$의 계수가 1이므로 구하는 높이를 $x+k$ ($k$는 상수)라 하면

$(x-1)(x+2)(x+k)=x^3+5x^2+2x-8$

이때 좌변의 전개식의 상수항이 $-2k$이므로

$-2k=-8 \quad \therefore k=4$

따라서 직육면체의 높이는 $x+4$이다.

**0100** $f(x)$를 $2x+1$로 나누었을 때의 몫이 $Q(x)$, 나머지가 $R$이므로

$f(x)=(2x+1)Q(x)+R$

$=2\left(x+\frac{1}{2}\right)Q(x)+R$

$=\left(x+\frac{1}{2}\right)\times 2Q(x)+R$

따라서 $f(x)$를 $x+\frac{1}{2}$로 나누었을 때의 몫은 $2Q(x)$, 나머지는 $R$이다. 답 몫: $2Q(x)$, 나머지: $R$

**0101** 주어진 조립제법에서 □ 안에 알맞은 수를 구하면 다음과 같다.

$$\begin{array}{c|cccc} \boxed{\frac{1}{3}} & \boxed{9} & \boxed{0} & \boxed{-4} & -2 \\ & & 3 & \boxed{1} & \boxed{-1} \\ \hline & 9 & 3 & -3 & \boxed{-3} \end{array}$$

즉 $f(x)=9x^3-4x-2$이고 $f(x)$를 $x-\frac{1}{3}$로 나누었을 때의 몫은 $9x^2+3x-3$, 나머지는 $-3$이므로

$f(x)=\left(x-\frac{1}{3}\right)(9x^2+3x-3)-3$

$=\left(x-\frac{1}{3}\right)\times 3(3x^2+x-1)-3$

$=(3x-1)(3x^2+x-1)-3$

따라서 $Q(x)=3x^2+x-1$, $R=-3$이므로

$f(-1)+Q(2)+R=-7+13+(-3)=3$ 답 3

**0102** $\overline{AB}$, $\overline{BC}$, $\overline{BF}$의 길이를 각각 $x$, $y$, $z$라 하면

$\overline{BG}^2+\overline{GD}^2+\overline{DB}^2=(y^2+z^2)+(x^2+z^2)+(x^2+y^2)$

$=2(x^2+y^2+z^2)$ …… ㉠

이때 직육면체의 겉넓이가 148이므로

$2(xy+yz+zx)=148 \quad \therefore xy+yz+zx=74$

직육면체의 모든 모서리의 길이의 합이 60이므로

$4(x+y+z)=60 \quad \therefore x+y+z=15$

$\therefore x^2+y^2+z^2=(x+y+z)^2-2(xy+yz+zx)$

$=15^2-2\times 74=77$

따라서 ㉠에서

$\overline{BG}^2+\overline{GD}^2+\overline{DB}^2=2\times 77=154$ 답 ④

**0103** $\frac{1}{x}-\frac{1}{y}=\frac{-(x-y)}{xy}=\frac{-3}{xy}=9$에서

$xy=-\frac{1}{3}$ … 1단계

$\therefore x^3-y^3=(x-y)^3+3xy(x-y)$

$=3^3+3\times\left(-\frac{1}{3}\right)\times 3=24$ … 2단계

답 24

| 채점 요소 | 비율 |
|---|---|
| 1단계 $xy$의 값 구하기 | 40 % |
| 2단계 $x^3-y^3$의 값 구하기 | 60 % |

**0104** $x\neq 0$이므로 $x^2-4x+1=0$의 양변을 $x$로 나누면

$x-4+\frac{1}{x}=0 \quad \therefore x+\frac{1}{x}=4$ … 1단계

$\therefore 2x^2-x-3-\frac{1}{x}+\frac{2}{x^2}$

$=2\left(x^2+\frac{1}{x^2}\right)-\left(x+\frac{1}{x}\right)-3$

$=2\left\{\left(x+\frac{1}{x}\right)^2-2\right\}-\left(x+\frac{1}{x}\right)-3$

$=2\times(4^2-2)-4-3=21$ … 2단계

답 21

| 채점 요소 | 비율 |
|---|---|
| 1단계 $x+\frac{1}{x}$의 값 구하기 | 30 % |
| 2단계 주어진 식의 값 구하기 | 70 % |

**0105**

$$\begin{array}{r|l} & x+3 \\ x^2+x+2 & x^3+4x^2+5x+a \\ & x^3+x^2+2x \\ \hline & 3x^2+3x+a \\ & 3x^2+3x+6 \\ \hline & a-6 \end{array}$$

… 1단계

이때 나머지가 0이어야 하므로

$a-6=0 \quad \therefore a=6$ … 2단계

답 6

| 채점 요소 | 비율 |
|---|---|
| 1단계 $x^3+4x^2+5x+a$를 $x^2+x+2$로 나누기 | 60 % |
| 2단계 $a$의 값 구하기 | 40 % |

**0106** 직사각형의 가로, 세로의 길이를 각각 $x$, $y$라 하면 직사각형의 넓이는 $xy$이다.

이때 직사각형의 둘레의 길이가 34이므로

$2(x+y)=34 \quad \therefore x+y=17$ … 1단계

직사각형의 대각선의 길이는 원의 지름의 길이와 같으므로

$\sqrt{x^2+y^2}=13 \quad \therefore x^2+y^2=169$ … 2단계

$x^2+y^2=(x+y)^2-2xy$에서

$169=17^2-2xy, \quad 2xy=120$

$\therefore xy=60$

따라서 직사각형의 넓이는 60이다. … 3단계

답 **60**

| 채점 요소 | | 비율 |
|---|---|---|
| 1단계 | $x+y$의 값 구하기 | 30 % |
| 2단계 | $x^2+y^2$의 값 구하기 | 30 % |
| 3단계 | 직사각형의 넓이 구하기 | 40 % |

**0107** 전략 $x^9$항이 나오도록 각 다항식에서 $x$ 또는 상수항을 선택하여 곱한다.

$(x+1)(x+2)(x+3)\times\cdots\times(x+10)$의 전개식에서 $x^9$항은

$x^9\times10+x^8\times9\times x+x^7\times8\times x^2+\cdots$

$+x\times2\times x^8+1\times x^9$

$=(10+9+8+\cdots+2+1)x^9$

$=55x^9$

따라서 $x^9$의 계수는 55이다. 답 ②

**0108** 전략 $x^7+y^7$을 $x^3+y^3$, $x^4+y^4$에 대한 식으로 변형한다.

$x^7+y^7=(x^3+y^3)(x^4+y^4)-x^3y^4-x^4y^3$

$=(x^3+y^3)(x^4+y^4)-x^3y^3(x+y)$ …… ㉠

이때 $x^2+y^2=(x+y)^2-2xy$에서

$2=1^2-2xy \quad \therefore xy=-\frac{1}{2}$

$\therefore x^3+y^3=(x+y)^3-3xy(x+y)$

$=1^3-3\times\left(-\frac{1}{2}\right)\times1=\frac{5}{2}$

$x^4+y^4=(x^2+y^2)^2-2x^2y^2$

$=2^2-2\times\left(-\frac{1}{2}\right)^2=\frac{7}{2}$

따라서 ㉠에서

$x^7+y^7=\frac{5}{2}\times\frac{7}{2}-\left(-\frac{1}{2}\right)^3\times1=\frac{71}{8}$ 답 $\frac{71}{8}$

**0109** 전략 $x=\frac{1-\sqrt{2}}{2}$를 ($x$에 대한 이차식)$=0$의 꼴로 변형한다.

$x=\frac{1-\sqrt{2}}{2}$에서 $\quad 2x-1=-\sqrt{2}$

양변을 제곱하면 $\quad 4x^2-4x+1=2$

$\therefore 4x^2-4x-1=0$ …… ㉠

$8x^4-6x^2-6x+5$를 $4x^2-4x-1$로 나누면

$$\begin{array}{r} 2x^2+2x+1 \\ 4x^2-4x-1\,\overline{)\,8x^4 \qquad -6x^2-6x+5} \\ \underline{8x^4-8x^3-2x^2} \qquad\quad \\ 8x^3-4x^2-6x \quad \\ \underline{8x^3-8x^2-2x} \quad \\ 4x^2-4x+5 \\ \underline{4x^2-4x-1} \\ 6 \end{array}$$

$\therefore 8x^4-6x^2-6x+5$

$=(4x^2-4x-1)(2x^2+2x+1)+6$

$=0\times(2x^2+2x+1)+6$ ($\because$ ㉠)

$=6$ 답 **6**

다른 풀이 $x=\frac{1-\sqrt{2}}{2}$에서 $\quad 4x^2-4x=1$

$\therefore 8x^4-6x^2-6x+5$

$=2x^2(4x^2-4x)+8x^3-6x^2-6x+5$

$=8x^3-4x^2-6x+5$

$=2x(4x^2-4x)+4x^2-6x+5$

$=4x^2-4x+5$

$=1+5=6$

**0110** 전략 $(a+b+c)^2=2ab+2bc+2ca+3$에서 $a^2+b^2+c^2$, $ab+bc+ca$의 값을 구한다.

$(a+b+c)^2=2ab+2bc+2ca+3$ …… ㉠

에서

$a^2+b^2+c^2+2ab+2bc+2ca=2ab+2bc+2ca+3$

$\therefore a^2+b^2+c^2=3$ …… ㉡

$a+b+c=3$을 ㉠에 대입하면

$3^2=2ab+2bc+2ca+3$

$\therefore ab+bc+ca=3$ …… ㉢

㉡, ㉢에서 $a^2+b^2+c^2=ab+bc+ca$이므로

$a^2+b^2+c^2-ab-bc-ca=0$

$2a^2+2b^2+2c^2-2ab-2bc-2ca=0$

$(a^2-2ab+b^2)+(b^2-2bc+c^2)+(c^2-2ca+a^2)=0$

$(a-b)^2+(b-c)^2+(c-a)^2=0$

$\therefore a=b=c$

이때 $a+b+c=3$이므로 $\quad a=b=c=1$

$\therefore (a^2+2ab-b^2)(b^2-bc+2c^2)$

$=(1^2+2\times1\times1-1^2)\times(1^2-1\times1+2\times1^2)$

$=2\times2=4$ 답 **4**

# 02 항등식과 나머지정리

## 교과서 문제 정복하기

본책 021쪽

**0111** ㄱ. 주어진 등식은 $x=-4$일 때에만 성립하므로 항등식이 아니다.

ㄴ. 주어진 등식의 우변을 전개하여 정리하면

$3x+2=3x+2$

이 등식은 $x$에 어떤 값을 대입하여도 항상 성립하므로 항등식이다.

ㄷ. 주어진 등식의 우변을 전개하면

$x^2-8x+9=x^2-8x+10$

이 등식은 $x$에 어떤 값을 대입하여도 성립하지 않으므로 항등식이 아니다.

ㄹ. 주어진 등식의 좌변을 전개하여 정리하면

$x^2-x=x^2-x$

이 등식은 $x$에 어떤 값을 대입하여도 항상 성립하므로 항등식이다.

ㅁ. 주어진 등식의 좌변을 전개하여 정리하면

$x^2-x-6=x^2-x-6$

이 등식은 $x$에 어떤 값을 대입하여도 항상 성립하므로 항등식이다.

이상에서 $x$에 대한 항등식인 것은 ㄴ, ㄹ, ㅁ이다.

답 ㄴ, ㄹ, ㅁ

**0112** 답 $\boldsymbol{a=4,\ b=-1,\ c=2}$

**0113** 주어진 등식이 $x$에 대한 항등식이므로

$a+c=0,\ -(b-3)=0,\ a-2b=0$

$\therefore a=6,\ b=3,\ c=-6$

답 $\boldsymbol{a=6,\ b=3,\ c=-6}$

**0114** 주어진 등식의 양변에 $x=-1,\ x=2,\ x=3$을 각각 대입하면

$12c=-6,\ -3b=6,\ 4a=6$

$\therefore a=\frac{3}{2},\ b=-2,\ c=-\frac{1}{2}$

답 $\boldsymbol{a=\frac{3}{2},\ b=-2,\ c=-\frac{1}{2}}$

**0115** 주어진 등식의 양변에 $x=0,\ x=1,\ x=2$를 각각 대입하면

$-c=1,\ b=3,\ 2a+2b+c=7$

$\therefore a=1,\ b=3,\ c=-1$

답 $\boldsymbol{a=1,\ b=3,\ c=-1}$

다른 풀이 $ax(x-1)+bx+c(x-1)=ax^2+(-a+b+c)x-c$이므로

$ax^2+(-a+b+c)x-c=x^2+x+1$

이 등식이 $x$에 대한 항등식이므로

$a=1,\ -a+b+c=1,\ -c=1$

$\therefore a=1,\ b=3,\ c=-1$

**0116** $a(x+1)^2+b(x+1)+c$
$=ax^2+(2a+b)x+a+b+c$

이므로

$ax^2+(2a+b)x+a+b+c=2x^2+x+5$

이 등식이 $x$에 대한 항등식이므로

$a=2,\ 2a+b=1,\ a+b+c=5$

$\therefore a=2,\ b=-3,\ c=6$ 답 $\boldsymbol{a=2,\ b=-3,\ c=6}$

다른 풀이 주어진 등식의 양변에 $x=-1$을 대입하면 $c=6$

따라서 주어진 등식은

$a(x+1)^2+b(x+1)+6=2x^2+x+5$

이 등식의 양변에 $x=0,\ x=1$을 각각 대입하면

$a+b+6=5,\ 4a+2b+6=8$

$\therefore a+b=-1,\ 2a+b=1$

두 식을 연립하여 풀면 $a=2,\ b=-3$

**0117** 주어진 등식이 $x,\ y$에 대한 항등식이므로

$a+b+2=0,\ 2a+3b+3=0$

$\therefore a+b=-2,\ 2a+3b=-3$

두 식을 연립하여 풀면

$a=-3,\ b=1$ 답 $\boldsymbol{a=-3,\ b=1}$

**0118** $a(x-y)-b(x+y)-1=(a-b)x-(a+b)y-1$

이므로

$(a-b)x-(a+b)y-1=3x-9y+c$

이 등식이 $x,\ y$에 대한 항등식이므로

$a-b=3,\ -(a+b)=-9,\ -1=c$

$\therefore a=6,\ b=3,\ c=-1$

답 $\boldsymbol{a=6,\ b=3,\ c=-1}$

**0119** 나머지정리에 의하여 구하는 나머지는 다음과 같다.

(1) $f(1)=1-2+5-6=-2$

(2) $f(-3)=-27-18-15-6=-66$

답 (1) $\boldsymbol{-2}$ (2) $\boldsymbol{-66}$

**0120** 나머지정리에 의하여 구하는 나머지는 다음과 같다.

(1) $f\left(\frac{1}{2}\right)=\frac{3}{4}-2+\frac{1}{4}=-1$

(2) $f\left(-\frac{2}{3}\right)=\frac{4}{3}+\frac{8}{3}+\frac{1}{4}=\frac{17}{4}$

답 (1) $\boldsymbol{-1}$ (2) $\boldsymbol{\frac{17}{4}}$

02 항등식과 나머지정리

**0121** $f(x)=x^3+ax^2+2x+4$라 하면 나머지정리에 의하여 $f(-2)=4$이므로

$-8+4a-4+4=4,\quad 4a=12$

$\therefore a=3$ **답 3**

**0122** (1) 인수정리에 의하여 $f(2)=0$이므로

$16-20+2k-4=0,\quad 2k=8$

$\therefore k=4$

(2) 인수정리에 의하여 $f(-2)=0$이므로

$-16-20-2k-4=0,\quad -2k=40$

$\therefore k=-20$

**답 (1) 4 (2) −20**

**0123** 인수정리에 의하여 $f(1)=0$, $f(-2)=0$이므로

$1+a+b-6=0,\ -8+4a-2b-6=0$

$\therefore a+b=5,\ 2a-b=7$

두 식을 연립하여 풀면

$a=4,\ b=1$ **답 $a=4,\ b=1$**

## 유형 익히기

• 본책 022~028쪽

**0124** $(x-1)(x^2+bx-c)$

$=x^3+(b-1)x^2+(-b-c)x+c$

이므로

$x^3-ax+3=x^3+(b-1)x^2+(-b-c)x+c$

이 등식이 $x$에 대한 항등식이므로

$0=b-1,\ -a=-b-c,\ 3=c$

$\therefore a=4,\ b=1,\ c=3$

$\therefore a+b-c=4+1-3=2$ **답 2**

**0125** $a(x+y)-b(2x-y)=(a-2b)x+(a+b)y$이므로

$(a-2b)x+(a+b)y=2x+5y$

이 등식이 $x$, $y$에 대한 항등식이므로

$a-2b=2,\ a+b=5$

두 식을 연립하여 풀면

$a=4,\ b=1$

$\therefore a-b=4-1=3$

**답 3**

**RPM 비법 노트**

주어진 등식이 모든 실수 $x$, $y$에 대하여 성립한다.

⇨ $x$, $y$에 대한 항등식

⇨ 양변을 ( )$x$+( )$y$의 꼴로 정리한다.

**0126** 주어진 등식을 $k$에 대하여 정리하면

$(x-y-2)k+xy-5=0$

이 등식이 $k$에 대한 항등식이므로

$x-y-2=0,\ xy-5=0$

$\therefore x-y=2,\ xy=5$

$\therefore x^2+y^2=(x-y)^2+2xy$

$=2^2+2\times5=14$ **답 14**

**0127** $x^3+5x+a=(x^2+x-1)Q(x)+bx+3$이 $x$에 대한 항등식이므로 $Q(x)$는 최고차항의 계수가 1인 $x$에 대한 일차식이다.

$Q(x)=x+c$ ($c$는 상수)라 하면

$x^3+5x+a=(x^2+x-1)(x+c)+bx+3$

$=x^3+(c+1)x^2+(b+c-1)x-c+3$

이 등식이 $x$에 대한 항등식이므로

$0=c+1,\ 5=b+c-1,\ a=-c+3$

$\therefore a=4,\ b=7,\ c=-1$

$\therefore ab=4\times7=28$ **답 ③**

**0128** 주어진 등식의 양변에 $x=-1$, $x=0$, $x=1$을 각각 대입하면

$8=2b,\ 3=-c,\ 2=2a$

$\therefore a=1,\ b=4,\ c=-3$

$\therefore abc=1\times4\times(-3)=-12$ **답 ①**

**0129** 주어진 등식의 양변에 $x=-2$를 대입하면

$0=-16-4c\qquad \therefore c=-4$

따라서 주어진 등식은

$a(x+2)^2(x-2)+b(x+2)=2x^3+4x^2$

이 등식의 양변에 $x=0$, $x=2$를 각각 대입하면

$-8a+2b=0,\ 4b=32$

$\therefore a=2,\ b=8$

$\therefore a^2+b^2+c^2=2^2+8^2+(-4)^2=84$ **답 84**

**0130** 주어진 등식의 양변에 $x=0$, $x=1$, $x=2$를 각각 대입하면

$10=a-b+c,\ 19=c,\ 36=a+b+c$

$\therefore a=4,\ b=13,\ c=19$

$\therefore 2a+b-c=2\times4+13-19=2$ **답 2**

**0131** 주어진 등식의 양변에 $x=-1$, $x=2$를 각각 대입하면

$-1-a+b=0,\ 32-4a+b=0$

$\therefore a-b=-1,\ 4a-b=32$

두 식을 연립하여 풀면

$a=11,\ b=12$

따라서 주어진 등식은

$x^5-11x^2+12=(x+1)(x-2)f(x)$

이 등식의 양변에 $x=1$을 대입하면

$2=-2f(1)$  $\therefore f(1)=-1$  답 $-1$

참고 | $x^5-11x^2+12=(x+1)(x-2)f(x)$에서

$f(x)=(x^5-11x^2+12)\div(x^2-x-2)$
$=x^3+x^2+3x-6$

**0132** $y-x=1$에서  $y=x+1$

이것을 주어진 등식에 대입하면

$ax^2+2ax+b(x+1)^2-cx-(x+1)-1=0$

$\therefore (a+b)x^2+(2a+2b-c-1)x+b-2=0$

이 등식이 $x$에 대한 항등식이므로

$a+b=0,\ 2a+2b-c-1=0,\ b-2=0$

$\therefore a=-2,\ b=2,\ c=-1$

$\therefore a-b-c=-2-2-(-1)=-3$  답 ③

참고 | $x=y-1$을 대입해서 $y$에 대한 식으로 정리해도 결과는 같다.

**0133** 주어진 방정식이 1을 근으로 가지므로

$1+(k-2)+(k+2)p+q=0$

$\therefore (1+p)k+2p+q-1=0$

이 등식이 $k$에 대한 항등식이므로

$1+p=0,\ 2p+q-1=0$

$\therefore p=-1,\ q=3$

$\therefore p+q=-1+3=2$  답 ④

**0134** $x+2y=1$에서  $x=1-2y$

이것을 주어진 등식에 대입하면

$3a(1-2y)+by=15$

$\therefore (-6a+b)y+3a-15=0$

이 등식이 $y$에 대한 항등식이므로

$-6a+b=0,\ 3a-15=0$

$\therefore a=5,\ b=30$

$\therefore a+b=5+30=35$  답 35

**0135** 주어진 등식의 양변에 $x=1$을 대입하면

$2^{15}=a_0+a_1+\cdots+a_{14}+a_{15}$  …… ㉠

주어진 등식의 양변에 $x=-1$을 대입하면

$0=a_0-a_1+\cdots+a_{14}-a_{15}$  …… ㉡

㉠−㉡을 하면

$2^{15}=2(a_1+a_3+\cdots+a_{13}+a_{15})$

$\therefore a_1+a_3+\cdots+a_{13}+a_{15}=2^{14}$  답 ②

**0136** 주어진 등식의 양변에 $x=0$을 대입하면

$a_0=16$

주어진 등식의 양변에 $x=1$을 대입하면

$1=a_0+a_1+a_2+\cdots+a_8$

$\therefore a_1+a_2+\cdots+a_8=(a_0+a_1+a_2+\cdots+a_8)-a_0$
$=1-16=-15$

답 $-15$

**0137** 주어진 등식의 양변에 $x=1$을 대입하면

$0=a_0+a_1+a_2+\cdots+a_6$  …… ㉠  … 1단계

주어진 등식의 양변에 $x=-1$을 대입하면

$4^3=a_0-a_1+a_2-\cdots+a_6$  …… ㉡  … 2단계

㉠+㉡을 하면

$64=2(a_0+a_2+a_4+a_6)$

$\therefore a_0+a_2+a_4+a_6=32$  … 3단계

답 32

| 채점 요소 | 비율 |
|---|---|
| 1단계 $a_0+a_1+a_2+\cdots+a_6$의 값 구하기 | 40 % |
| 2단계 $a_0-a_1+a_2-\cdots+a_6$의 값 구하기 | 40 % |
| 3단계 $a_0+a_2+a_4+a_6$의 값 구하기 | 20 % |

**0138** 주어진 등식의 양변에 $x=2$를 대입하면

$2^{50}+1=a_{50}+a_{49}+\cdots+a_1+a_0$  …… ㉠

주어진 등식의 양변에 $x=0$을 대입하면

$1=a_{50}-a_{49}+\cdots-a_1+a_0$  …… ㉡

㉠−㉡을 하면

$2^{50}=2(a_{49}+a_{47}+\cdots+a_3+a_1)$

$\therefore a_{49}+a_{47}+\cdots+a_3+a_1=2^{49}$  답 ⑤

**0139** $x^3+ax-8$을 $x^2+4x+b$로 나누었을 때의 몫을 $x+c$ ($c$는 상수)라 하면

$x^3+ax-8=(x^2+4x+b)(x+c)+3x+4$
$=x^3+(c+4)x^2+(b+4c+3)x+bc+4$

이 등식이 $x$에 대한 항등식이므로

$0=c+4,\ a=b+4c+3,\ -8=bc+4$

$\therefore a=-10,\ b=3,\ c=-4$

$\therefore a+b=-10+3=-7$  답 ④

참고 | $x^3+ax-8$과 $x^2+4x+b$의 최고차항의 계수가 모두 1이므로 몫은 $x+c$ ($c$는 상수)의 꼴이다.

**0140** $x^3+8x^2+5x-a$를 $x^2+3x+b$로 나누었을 때의 몫을 $x+c$ ($c$는 상수)라 하면

$x^3+8x^2+5x-a=(x^2+3x+b)(x+c)$
$=x^3+(c+3)x^2+(b+3c)x+bc$

이 등식이 $x$에 대한 항등식이므로

$8=c+3,\ 5=b+3c,\ -a=bc$

$\therefore a=50,\ b=-10,\ c=5$

$\therefore a-b=50-(-10)=60$

답 60

다른 풀이

$$
\begin{array}{r|l}
 & x+5 \\
\hline
x^2+3x+b & x^3+8x^2+5x-a \\
 & x^3+3x^2+bx \\
\hline
 & 5x^2+(5-b)x-a \\
 & 5x^2+15x+5b \\
\hline
 & (-b-10)x-a-5b
\end{array}
$$

이때 나머지가 0이어야 하므로

$(-b-10)x-a-5b=0$

이 등식이 $x$에 대한 항등식이므로

$-b-10=0,\ -a-5b=0 \qquad \therefore a=50,\ b=-10$

**0141** $x^3+ax^2+b$를 $x^2+x-2$로 나누었을 때의 몫을 $Q(x)$라 하면

$x^3+ax^2+b=(x^2+x-2)Q(x)+2x+3$
$=(x+2)(x-1)Q(x)+2x+3$

이 등식이 $x$에 대한 항등식이므로 등식의 양변에 $x=-2$, $x=1$을 각각 대입하면

$-8+4a+b=-1,\ 1+a+b=5$

$\therefore 4a+b=7,\ a+b=4$

두 식을 연립하면 풀면 $\quad a=1,\ b=3$

$\therefore ab=1\times3=3$

답 ④

**0142** $x^4+ax^2+bx$를 $x^2-x+1$로 나누었을 때의 몫을 $x^2+cx+d$ ($c$, $d$는 상수)라 하면

$x^4+ax^2+bx$
$=(x^2-x+1)(x^2+cx+d)+3x-3$
$=x^4+(c-1)x^3+(-c+d+1)x^2+(c-d+3)x+d-3$

이 등식이 $x$에 대한 항등식이므로

$0=c-1,\ a=-c+d+1,\ b=c-d+3,\ 0=d-3$

$\therefore a=3,\ b=1,\ c=1,\ d=3$

$\therefore b-a=1-3=-2$

답 $-2$

**0143** 나머지정리에 의하여

$f(3)=2,\ g(3)=-2$

따라서 $3f(x)+2g(x)$를 $x-3$으로 나누었을 때의 나머지는

$3f(3)+2g(3)=3\times2+2\times(-2)=2$

답 2

**0144** 나머지정리에 의하여 $f(1)=f(-2)$이므로

$1+2+a-7=-8+8-2a-7$

$3a=-3 \qquad \therefore a=-1$

답 $-1$

**0145** 나머지정리에 의하여

$f(2)+g(2)=-6,\ f(2)-g(2)=4$

두 식을 연립하여 풀면

$f(2)=-1,\ g(2)=-5$ … 1단계

따라서 $f(x)g(x)$를 $x-2$로 나누었을 때의 나머지는

$f(2)g(2)=-1\times(-5)=5$ … 2단계

답 5

| 채점 요소 | 비율 |
|---|---|
| 1단계 $f(2)$, $g(2)$의 값 구하기 | 60 % |
| 2단계 $f(x)g(x)$를 $x-2$로 나누었을 때의 나머지 구하기 | 40 % |

**0146** $f(x)=x^4+ax^3+bx^2-2$라 하면 나머지정리에 의하여

$f(1)=3,\ f(-1)=-3$

$1+a+b-2=3,\ 1-a+b-2=-3$

$\therefore a+b=4,\ a-b=2$

두 식을 연립하여 풀면 $\quad a=3,\ b=1$

$\therefore ab=3\times1=3$

답 ⑤

**0147** 나머지정리에 의하여

$f(-1)=3,\ f(-2)=-1$

다항식 $f(x)$를 $x^2+3x+2$로 나누었을 때의 몫을 $Q(x)$, $R(x)=ax+b$ ($a$, $b$는 상수)라 하면

$f(x)=(x^2+3x+2)Q(x)+ax+b$
$=(x+1)(x+2)Q(x)+ax+b$

양변에 $x=-1$, $x=-2$를 각각 대입하면

$f(-1)=-a+b,\ f(-2)=-2a+b$

$\therefore -a+b=3,\ -2a+b=-1$

두 식을 연립하여 풀면 $\quad a=4,\ b=7$

따라서 $R(x)=4x+7$이므로

$R(1)=11$

답 ⑤

**0148** 나머지정리에 의하여

$f(-2)=6,\ f(2)=2$

다항식 $(x^2+x+1)f(x)$를 $x^2-4$로 나누었을 때의 몫을 $Q(x)$, 나머지를 $ax+b$ ($a$, $b$는 상수)라 하면

$(x^2+x+1)f(x)=(x^2-4)Q(x)+ax+b$
$=(x+2)(x-2)Q(x)+ax+b$

양변에 $x=-2$, $x=2$를 각각 대입하면

$3f(-2)=-2a+b,\ 7f(2)=2a+b$

$\therefore -2a+b=18,\ 2a+b=14$

두 식을 연립하여 풀면 $\quad a=-1,\ b=16$

따라서 구하는 나머지는 $-x+16$이다.

답 $-x+16$

**0149** $f(x)$를 $x^2-3x+2$로 나누었을 때의 몫을 $Q_1(x)$라 하면

$f(x)=(x^2-3x+2)Q_1(x)-1$
$=(x-1)(x-2)Q_1(x)-1$ …… ㉠

$f(x)$를 $x^2-2x-3$으로 나누었을 때의 몫을 $Q_2(x)$라 하면

$f(x)=(x^2-2x-3)Q_2(x)+4x-3$
$=(x+1)(x-3)Q_2(x)+4x-3$ …… ㉡

$f(x)$를 $x^2-4x+3$으로 나누었을 때의 몫을 $Q(x)$, 나머지를 $ax+b$ ($a$, $b$는 상수)라 하면

$f(x)=(x^2-4x+3)Q(x)+ax+b$
$=(x-1)(x-3)Q(x)+ax+b$ …… ㉢

㉠의 양변에 $x=1$을 대입하면

$f(1)=-1$

㉡의 양변에 $x=3$을 대입하면

$f(3)=9$ … 1단계

㉢의 양변에 $x=1$, $x=3$을 각각 대입하면

$f(1)=a+b$, $f(3)=3a+b$

$\therefore a+b=-1$, $3a+b=9$

두 식을 연립하여 풀면

$a=5$, $b=-6$

따라서 구하는 나머지는 $5x-6$이다. … 2단계

답 $\mathbf{5x-6}$

| 채점 요소 | 비율 |
|---|---|
| 1단계 $f(1)$, $f(3)$의 값 구하기 | 50 % |
| 2단계 $f(x)$를 $x^2-4x+3$으로 나누었을 때의 나머지 구하기 | 50 % |

**0150** $f(x)$를 $(x^2+1)(x-2)$로 나누었을 때의 몫을 $Q(x)$, 나머지를 $ax^2+bx+c$ ($a$, $b$, $c$는 상수)라 하면

$f(x)=(x^2+1)(x-2)Q(x)+ax^2+bx+c$ … ㉠

$f(x)$를 $x^2+1$로 나누었을 때의 나머지가 $2x+3$이므로 ㉠에서 $ax^2+bx+c$를 $x^2+1$로 나누었을 때의 나머지가 $2x+3$이다.

즉 $ax^2+bx+c=a(x^2+1)+2x+3$이므로 이것을 ㉠에 대입하면

$f(x)=(x^2+1)(x-2)Q(x)+a(x^2+1)+2x+3$

한편 $f(x)$를 $x-2$로 나누었을 때의 나머지가 2이므로

$f(2)=5a+7=2$ $\therefore a=-1$

따라서 구하는 나머지는

$-(x^2+1)+2x+3=-x^2+2x+2$

답 $\mathbf{-x^2+2x+2}$

**RPM 비법 노트**

다항식 $f(x)$를 $A(x)$로 나누었을 때의 나머지 $R(x)$는 $A(x)$가
① 일차식이면 $R(x)=a$
② 이차식이면 $R(x)=ax+b$
③ 삼차식이면 $R(x)=ax^2+bx+c$
로 놓을 수 있다. (단, $a$, $b$, $c$는 상수이다.)

**0151** $x^{11}-x^9+x^7-1$을 $x^3-x$로 나누었을 때의 몫을 $Q(x)$, $R(x)=ax^2+bx+c$ ($a$, $b$, $c$는 상수)라 하면

$x^{11}-x^9+x^7-1$
$=(x^3-x)Q(x)+ax^2+bx+c$
$=x(x+1)(x-1)Q(x)+ax^2+bx+c$ …… ㉠

㉠의 양변에 $x=0$을 대입하면

$c=-1$

㉠의 양변에 $x=-1$을 대입하면 $-2=a-b+c$

$\therefore a-b=-1$ …… ㉡

㉠의 양변에 $x=1$을 대입하면 $0=a+b+c$

$\therefore a+b=1$ …… ㉢

㉡, ㉢을 연립하여 풀면

$a=0$, $b=1$

따라서 $R(x)=x-1$이므로

$R(3)=2$ 답 **2**

**0152** $f(x)$를 $x(x+1)$로 나누었을 때의 몫을 $Q_1(x)$라 하면

$f(x)=x(x+1)Q_1(x)$ … ㉠

$f(x)$를 $(x+1)(x-2)$로 나누었을 때의 몫을 $Q_2(x)$라 하면

$f(x)=(x+1)(x-2)Q_2(x)+2x+2$ … ㉡

$f(x)$를 $x(x+1)(x-2)$로 나누었을 때의 몫을 $Q(x)$, $R(x)=ax^2+bx+c$ ($a$, $b$, $c$는 상수)라 하면

$f(x)=x(x+1)(x-2)Q(x)+ax^2+bx+c$ … ㉢

㉠의 양변에 $x=0$, $x=-1$을 각각 대입하면

$f(0)=0$, $f(-1)=0$

㉡의 양변에 $x=2$를 대입하면

$f(2)=6$

㉢의 양변에 $x=0$, $x=-1$, $x=2$를 각각 대입하면

$f(0)=c$, $f(-1)=a-b+c$, $f(2)=4a+2b+c$

$0=c$, $0=a-b+c$, $6=4a+2b+c$

$\therefore a=1$, $b=1$, $c=0$

따라서 $R(x)=x^2+x$이므로

$R(1)=2$ 답 ②

**다른 풀이** $f(x)$를 $x(x+1)(x-2)$로 나누었을 때의 몫을 $Q(x)$, $R(x)=ax^2+bx+c$ ($a$, $b$, $c$는 상수)라 하면

$f(x)=x(x+1)(x-2)Q(x)+ax^2+bx+c$ … ㉣

$f(x)$가 $x(x+1)$로 나누어떨어지므로 ㉣에서 $ax^2+bx+c$는 $x(x+1)$로 나누어떨어진다.

즉 $ax^2+bx+c=ax(x+1)$이므로 이것을 ㉣에 대입하면

$f(x)=x(x+1)(x-2)Q(x)+ax(x+1)$ … ㉤

한편 $f(x)$를 $(x+1)(x-2)$로 나누었을 때의 몫을 $Q'(x)$라 하면

$f(x)=(x+1)(x-2)Q'(x)+2x+2$

양변에 $x=2$를 대입하면

$f(2)=6$

따라서 ㉤의 양변에 $x=2$를 대입하면

$f(2)=6a=6$ $\therefore a=1$

즉 $R(x)=x(x+1)$이므로

$R(1)=2$

**0153** $f(x)$를 $x^2-x-2$로 나누었을 때의 몫을 $Q(x)$라 하면

$f(x)=(x^2-x-2)Q(x)+2x-4$
$=(x+1)(x-2)Q(x)+2x-4$ …… ㉠

$f(2x-3)$을 $x-1$로 나누었을 때의 나머지는

$f(2\times1-3)=f(-1)$

이므로 ㉠의 양변에 $x=-1$을 대입하면

$f(-1)=-6$

답 $\mathbf{-6}$

**다른 풀이** $f(x)$를 $x^2-x-2$로 나누었을 때의 몫을 $Q(x)$라 하면

$f(x)=(x^2-x-2)Q(x)+2x-4$
$=(x+1)(x-2)Q(x)+2x-4$

양변에 $x$ 대신 $2x-3$을 대입하면

$$f(2x-3)=(2x-2)(2x-5)Q(2x-3)+4x-10$$
$$=2(x-1)(2x-5)Q(2x-3)+4(x-1)-6$$
$$=(x-1)\{2(2x-5)Q(2x-3)+4\}-6$$

따라서 $f(2x-3)$을 $x-1$로 나누었을 때의 나머지는 $-6$이다.

**0154** $f(x)$를 $x-2$로 나누었을 때의 몫을 $Q(x)$라 하면

$$f(x)=(x-2)Q(x)+R \quad \cdots\cdots ㉠$$

$f(2x-2)$를 $x-2$로 나누었을 때의 나머지는

$$f(2\times2-2)=f(2)$$

이므로 ㉠의 양변에 $x=2$를 대입하면

$$f(2)=R$$

답 ②

**0155** $f(x)$를 $(3x-2)(x-2)$로 나누었을 때의 몫을 $Q(x)$라 하면

$$f(x)=(3x-2)(x-2)Q(x)+2x-5 \quad \cdots\cdots ㉠$$

$(x-1)f(3x-7)$을 $x-3$으로 나누었을 때의 나머지는

$$(3-1)\times f(3\times3-7)=2f(2)$$

㉠의 양변에 $x=2$를 대입하면 $\quad f(2)=-1$

따라서 구하는 나머지는

$$2f(2)=2\times(-1)=-2$$

답 $-2$

**0156** 나머지정리에 의하여

$$f(1)+g(1)=6 \quad \cdots\cdots ㉠$$
$$2f(1)+g(1)=8 \quad \cdots\cdots ㉡$$

$f(3x-5)$를 $x-2$로 나누었을 때의 나머지는

$$f(3\times2-5)=f(1)$$

이므로 ㉡$-$㉠을 하면

$$f(1)=2$$

답 ①

**0157** $f(x)$를 $x-2$로 나누었을 때의 몫이 $Q(x)$, 나머지가 3이므로

$$f(x)=(x-2)Q(x)+3 \quad \cdots\cdots ㉠$$

$Q(x)$를 $x+2$로 나누었을 때의 나머지가 $-1$이므로

$$Q(-2)=-1$$

$xf(x)$를 $x+2$로 나누었을 때의 나머지는

$$-2f(-2)$$

㉠의 양변에 $x=-2$를 대입하면

$$f(-2)=-4Q(-2)+3$$
$$=-4\times(-1)+3=7$$

따라서 구하는 나머지는

$$-2f(-2)=-2\times7=-14$$

답 ②

**0158** $f(x)$를 $x^2+x+1$로 나누었을 때의 몫이 $Q(x)$, 나머지가 $x+7$이므로

$$f(x)=(x^2+x+1)Q(x)+x+7 \quad \cdots\cdots ㉠$$

$Q(x)$를 $x-1$로 나누었을 때의 몫을 $Q'(x)$라 하면

$$Q(x)=(x-1)Q'(x)+2 \quad \cdots\cdots ㉡$$

㉡을 ㉠에 대입하면

$$f(x)=(x^2+x+1)\{(x-1)Q'(x)+2\}+x+7$$
$$=(x^3-1)Q'(x)+2x^2+3x+9$$

따라서 $R(x)=2x^2+3x+9$이므로

$$R(-3)=18$$

답 **18**

**0159** $x^{2026}+x^{2025}+x$를 $x-1$로 나누었을 때의 나머지는

$$1^{2026}+1^{2025}+1=3$$

이므로

$$x^{2026}+x^{2025}+x=(x-1)Q(x)+3 \quad \cdots\cdots ㉠$$

$Q(x)$를 $x+1$로 나누었을 때의 나머지는 $Q(-1)$이므로 ㉠의 양변에 $x=-1$을 대입하면

$$(-1)^{2026}+(-1)^{2025}-1=-2Q(-1)+3$$
$$2Q(-1)=4 \qquad \therefore Q(-1)=2$$

답 **2**

**0160** $f(x)=x^3+ax^2+bx-2$라 하면 $f(x)$가 $x-1$, $x-2$로 각각 나누어떨어지므로

$$f(1)=0,\ f(2)=0$$
$$1+a+b-2=0,\ 8+4a+2b-2=0$$
$$\therefore a+b=1,\ 2a+b=-3$$

두 식을 연립하여 풀면

$$a=-4,\ b=5$$
$$\therefore ab=-4\times5=-20$$

답 **−20**

**0161** $f(x)$가 $x+1$로 나누어떨어지므로

$$f(-1)=0, \qquad 1+k-3+7=0$$
$$\therefore k=-5$$

답 ⑤

**0162** $f(x-2)f(x+1)$이 $x-2$로 나누어떨어지므로

$$f(2-2)f(2+1)=0,\ 즉\ f(0)f(3)=0$$
$$\therefore f(0)=0 \text{ 또는 } f(3)=0$$

이때 $f(0)=-3$이므로

$$f(3)=0, \qquad 27-9a+3-3=0$$
$$\therefore a=3$$

답 **3**

**0163** $f(-2)=f(-1)=f(1)=2$에서

$$f(-2)-2=0,\ f(-1)-2=0,\ f(1)-2=0$$

이므로 $f(x)-2$는 $x+2$, $x+1$, $x-1$로 각각 나누어떨어진다. … 1단계

이때 $f(x)$는 $x^3$의 계수가 1인 삼차식이므로

$$f(x)-2=(x+2)(x+1)(x-1)$$
$$\therefore f(x)=(x+2)(x+1)(x-1)+2 \quad \cdots \text{2단계}$$

따라서 $f(x)$를 $x+3$으로 나누었을 때의 나머지는

$$f(-3)=-1\times(-2)\times(-4)+2=-6 \quad \cdots \text{3단계}$$

답 **−6**

| 채점 요소 | | 비율 |
|---|---|---|
| 1단계 | $f(x)-2$가 $x+2$, $x+1$, $x-1$로 각각 나누어떨어짐을 알기 | 30 % |
| 2단계 | $f(x)$ 구하기 | 40 % |
| 3단계 | $f(x)$를 $x+3$으로 나누었을 때의 나머지 구하기 | 30 % |

**0164** $f(x)$가 $x^2+x-2$, 즉 $(x-1)(x+2)$로 나누어떨어지므로

$f(1)=0$, $f(-2)=0$

$1+a+b+2=0$, $-8+4a-2b+2=0$

$\therefore a+b=-3$, $2a-b=3$

두 식을 연립하여 풀면

$a=0$, $b=-3$

$\therefore a-b=0-(-3)=3$ 답 ⑤

**0165** $f(x)=x^3-5x^2+ax+b$라 하면 $f(x)$가 $(x+1)(x-4)$로 나누어떨어지므로

$f(-1)=0$, $f(4)=0$

$-1-5-a+b=0$, $64-80+4a+b=0$

$\therefore a-b=-6$, $4a+b=16$

두 식을 연립하여 풀면

$a=2$, $b=8$

$\therefore f(x)=x^3-5x^2+2x+8$

따라서 $f(x)$를 $x-3$으로 나누었을 때의 나머지는

$f(3)=-4$ 답 $-4$

**0166** $f(x)-3$이 $x^2-x-6$, 즉 $(x+2)(x-3)$으로 나누어떨어지므로

$f(-2)-3=0$, $f(3)-3=0$

$\therefore f(-2)=3$, $f(3)=3$

$f(x-2)$를 $x^2-5x$로 나누었을 때의 몫을 $Q(x)$, 나머지를 $ax+b$ ($a$, $b$는 상수)라 하면

$f(x-2)=(x^2-5x)Q(x)+ax+b$

$=x(x-5)Q(x)+ax+b$

이 등식의 양변에 $x=0$, $x=5$를 각각 대입하면

$f(-2)=b$, $f(3)=5a+b$

$b=3$, $5a+b=3$ $\quad\therefore a=0$, $b=3$

따라서 구하는 나머지는 3이다. 답 ②

**0167**

| | | | | |
|---|---|---|---|---|
| 2 | 1 | −1 | −3 | 6 |
| | | 2 | 2 | −2 |
| 2 | 1 | 1 | −1 | 4 |
| | | 2 | 6 | |
| 2 | 1 | 3 | 5 | |
| | | 2 | | |
| | 1 | 5 | | |

앞의 조립제법에서

$x^3-x^2-3x+6=(x-2)(x^2+x-1)+4$

$=(x-2)\{(x-2)(x+3)+5\}+4$

$=(x-2)[(x-2)\{(x-2)+5\}+5]+4$

$=(x-2)\{(x-2)^2+5(x-2)+5\}+4$

$=(x-2)^3+5(x-2)^2+5(x-2)+4$

$\therefore a=1$, $b=5$, $c=5$, $d=4$

$\therefore abcd=1\times5\times5\times4=100$ 답 **100**

**RPM 비법 노트**

$x^3-x^2-3x+6$

$=a(x-2)^3+b(x-2)^2+c(x-2)+d$

$=(x-2)\{a(x-2)^2+b(x-2)+c\}+d$ …… ㉠

$=(x-2)[(x-2)\{a(x-2)+b\}+c]+d$ …… ㉡

㉠에서 $x^3-x^2-3x+6$을 $x-2$로 나누었을 때의 몫은 $a(x-2)^2+b(x-2)+c$이고 나머지는 $d$이다.

㉡에서 $a(x-2)^2+b(x-2)+c$를 $x-2$로 나누었을 때의 몫은 $a(x-2)+b$이고 나머지는 $c$이다.

또 $a(x-2)+b$를 $x-2$로 나누었을 때의 몫은 $a$이고 나머지는 $b$이다.

따라서 오른쪽과 같이 조립제법에서 $a$, $b$, $c$, $d$의 값을 바로 구할 수도 있다.

| | | | | |
|---|---|---|---|---|
| 2 | 1 | −1 | −3 | 6 |
| | | 2 | 2 | −2 |
| 2 | 1 | 1 | −1 | 4 ← $d$ |
| | | 2 | 6 | |
| 2 | 1 | 3 | 5 ← $c$ | |
| | | 2 | | |
| | $a$ → 1 | 5 ← $b$ | | |

**다른 풀이** $x-2=y$라 하면 $x=y+2$이므로 주어진 등식에서

$(y+2)^3-(y+2)^2-3(y+2)+6=ay^3+by^2+cy+d$

$y^3+5y^2+5y+4=ay^3+by^2+cy+d$

$\therefore a=1$, $b=5$, $c=5$, $d=4$

**0168**

| | | | | |
|---|---|---|---|---|
| −1 | −1 | 1 | 2 | −1 |
| | | 1 | −2 | 0 |
| −1 | −1 | 2 | 0 | −1 |
| | | 1 | −3 | |
| −1 | −1 | 3 | −3 | |
| | | 1 | | |
| | −1 | 4 | | |

위의 조립제법에서

$-x^3+x^2+2x-1$

$=(x+1)(-x^2+2x)-1$

$=(x+1)\{(x+1)(-x+3)-3\}-1$

$=(x+1)[(x+1)\{-(x+1)+4\}-3]-1$

$=(x+1)\{-(x+1)^2+4(x+1)-3\}-1$

$=-(x+1)^3+4(x+1)^2-3(x+1)-1$

$\therefore a=-1$, $b=4$, $c=-3$, $d=-1$

$\therefore ab+cd=-1\times4+(-3)\times(-1)=-1$ 답 $-1$

**0169**

$$\begin{array}{r|rrr|r}
-\frac{1}{2} & 2 & -3 & -4 & 2 \\
 & & -1 & 2 & 1 \\ \hline
-\frac{1}{2} & 2 & -4 & -2 & 3 \\
 & & -1 & \frac{5}{2} & \\ \hline
-\frac{1}{2} & 2 & -5 & \frac{1}{2} & \\
 & & -1 & & \\ \hline
 & 2 & -6 & &
\end{array}$$

위의 조립제법에서

$2x^3-3x^2-4x+2$

$=\left(x+\frac{1}{2}\right)(2x^2-4x-2)+3$

$=\left(x+\frac{1}{2}\right)\left\{\left(x+\frac{1}{2}\right)(2x-5)+\frac{1}{2}\right\}+3$

$=\left(x+\frac{1}{2}\right)\left[\left(x+\frac{1}{2}\right)\left\{2\left(x+\frac{1}{2}\right)-6\right\}+\frac{1}{2}\right]+3$

$=\left(x+\frac{1}{2}\right)\left\{2\left(x+\frac{1}{2}\right)^2-6\left(x+\frac{1}{2}\right)+\frac{1}{2}\right\}+3$

$=2\left(x+\frac{1}{2}\right)^3-6\left(x+\frac{1}{2}\right)^2+\frac{1}{2}\left(x+\frac{1}{2}\right)+3$

$=\frac{1}{4}(2x+1)^3-\frac{3}{2}(2x+1)^2+\frac{1}{4}(2x+1)+3$

$\therefore a=\frac{1}{4},\ b=-\frac{3}{2},\ c=\frac{1}{4},\ d=3$

$\therefore a+b+c-d=\frac{1}{4}+\left(-\frac{3}{2}\right)+\frac{1}{4}-3=-4$

답 ②

**0170** $x=1000$이라 하면 $998=x-2$

$x^{11}$을 $x-2$로 나누었을 때의 몫을 $Q(x)$, 나머지를 $R$라 하면

$x^{11}=(x-2)Q(x)+R$ …… ㉠

㉠의 양변에 $x=2$를 대입하면

$R=2^{11}=2048$

㉠의 양변에 $x=1000$을 대입하면

$1000^{11}=998Q(1000)+2048$

$=998\{Q(1000)+2\}+52$

따라서 $1000^{11}$을 998로 나누었을 때의 나머지는 52이다. 답 ③

참고 | 자연수의 나눗셈에서 나머지는 0 또는 나누는 수보다 작은 자연수이어야 한다.

**0171** $x=97$이라 하면 $98=x+1$

$x^7$을 $x+1$로 나누었을 때의 몫을 $Q(x)$, 나머지를 $R$라 하면

$x^7=(x+1)Q(x)+R$ …… ㉠

㉠의 양변에 $x=-1$을 대입하면

$R=-1$

㉠의 양변에 $x=97$을 대입하면

$97^7=98Q(97)-1$

$=98\{Q(97)-1\}+97$

따라서 $97^7$을 98로 나누었을 때의 나머지는 97이다. 답 97

**0172** $x=3$이라 하면 $4=x+1$

$x^{99}+x^{100}+x^{101}$을 $x+1$로 나누었을 때의 몫을 $Q(x)$, 나머지를 $R$라 하면

$x^{99}+x^{100}+x^{101}=(x+1)Q(x)+R$ …… ㉠

㉠의 양변에 $x=-1$을 대입하면

$R=-1$

㉠의 양변에 $x=3$을 대입하면

$3^{99}+3^{100}+3^{101}=4Q(3)-1$

$=4\{Q(3)-1\}+3$

따라서 $3^{99}+3^{100}+3^{101}$을 4로 나누었을 때의 나머지는 3이다.

답 3

## 시험에 꼭 나오는 문제

• 본책 029~031쪽

**0173** $(x-1)(x+a)=x^2+(a-1)x-a$이므로

$x^2+(a-1)x-a-bx^2-3x+2$

이 등식이 $x$에 대한 항등식이므로

$1=b,\ a-1=-3,\ -a=2$

$\therefore a=-2,\ b=1$

$\therefore a+b=-2+1=-1$ 답 $-1$

**0174** $\frac{ax+by+6}{x+2y+2}=k$ ($k$는 상수)라 하면

$ax+by+6=k(x+2y+2)$

$\therefore (a-k)x+(b-2k)y+6-2k=0$

이 등식이 $x$, $y$에 대한 항등식이므로

$a-k=0,\ b-2k=0,\ 6-2k=0$

$\therefore k=3,\ a=3,\ b=6$

$\therefore b-a=6-3=3$ 답 3

**0175** 주어진 등식의 양변에 $x=-2$, $x=0$, $x=1$을 각각 대입하면

$-18=9c,\ 0=-2a+2b+c,\ 15=3b$

$\therefore a=4,\ b=5,\ c=-2$

$\therefore a-b-3c=4-5-3\times(-2)=5$ 답 5

**0176** 주어진 등식의 양변에 $x=1$을 대입하면

$a-3=-1 \qquad \therefore a=2$

따라서 주어진 등식은

$x^3-5x^2+2x+1=(x-1)Q(x)-1$

이 등식의 양변에 $x=2$를 대입하면

$-7=Q(2)-1 \qquad \therefore Q(2)=-6$

$\therefore Q(a)=Q(2)=-6$ 답 ①

**0177** 주어진 방정식이 $-2$를 근으로 가지므로

$4-2k(p-1)-(p^2+3)k+1-q=0$

$\therefore k(-p^2-2p-1)-q+5=0$

이 등식이 $k$에 대한 항등식이므로

$-p^2-2p-1=0,\ -q+5=0$

$-p^2-2p-1=0$에서 $\quad (p+1)^2=0$

$\therefore p=-1$

$-q+5=0$에서 $\quad q=5$

$\therefore pq=-1\times5=-5$ 답 $-5$

**0178** 주어진 등식의 양변에 $x=1$을 대입하면

$2^{10}=a_{20}+a_{19}+a_{18}+\cdots+a_1+a_0$ …… ㉠

주어진 등식의 양변에 $x=-1$을 대입하면

$2^{10}=a_{20}-a_{19}+a_{18}-\cdots-a_1+a_0$ …… ㉡

㉠+㉡을 하면

$2\times2^{10}=2(a_{20}+a_{18}+a_{16}+\cdots+a_2+a_0)$

$\therefore a_{20}+a_{18}+a_{16}+\cdots+a_2+a_0=2^{10}$

한편 주어진 등식의 양변에 $x=0$을 대입하면

$a_0=1$

$\therefore a_{20}+a_{18}+a_{16}+\cdots+a_2$

$=(a_{20}+a_{18}+a_{16}+\cdots+a_2+a_0)-a_0$

$=2^{10}-1=1023$ 답 ①

**0179** $3x^3+ax^2+x+1$을 $x^2+2x-1$로 나누었을 때의 몫을 $3x+c$ ($c$는 상수)라 하면

$3x^3+ax^2+x+1=(x^2+2x-1)(3x+c)+10x+b$

$=3x^3+(6+c)x^2+(2c+7)x+b-c$

이 등식이 $x$에 대한 항등식이므로

$a=6+c,\ 1=2c+7,\ 1=b-c$

$\therefore a=3,\ b=-2,\ c=-3$

$\therefore ab=3\times(-2)=-6$ 답 $-6$

**0180** 나머지정리에 의하여

$-8\{f(-3)-1\}=24,\quad f(-3)-1=-3$

$\therefore f(-3)=-2$

따라서 $f(x)$를 $x+3$으로 나누었을 때의 나머지는

$f(-3)=-2$

답 $-2$

**0181** $f(x)=ax^5+bx^3+cx-4$라 하면 나머지정리에 의하여

$f(1)=3,\quad a+b+c-4=3$

$\therefore a+b+c=7$

따라서 $f(x)$를 $x+1$로 나누었을 때의 나머지는

$f(-1)=-a-b-c-4$

$=-(a+b+c)-4$

$=-7-4=-11$ 답 $-11$

**0182** 나머지정리에 의하여

$f(5)=1,\ f(-5)=-9$

$f(x)$를 $x^2-25$로 나누었을 때의 몫을 $Q(x)$, $R(x)=ax+b$ ($a$, $b$는 상수)라 하면

$f(x)=(x^2-25)Q(x)+ax+b$

$=(x-5)(x+5)Q(x)+ax+b$

양변에 $x=5$, $x=-5$를 각각 대입하면

$f(5)=5a+b,\ f(-5)=-5a+b$

$\therefore 5a+b=1,\ -5a+b=-9$

두 식을 연립하여 풀면 $\quad a=1,\ b=-4$

따라서 $R(x)=x-4$이므로

$R(7)=3$ 답 3

**0183** $f(x)$를 $x^2-5x+6$으로 나누었을 때의 몫을 $Q(x)$, 나머지를 $ax+b$ ($a$, $b$는 상수)라 하면

$f(x)=(x^2-5x+6)Q(x)+ax+b$

$=(x-2)(x-3)Q(x)+ax+b$ …… ㉠

이때 조건 (나)의 양변에 $x=0$을 대입하면

$8f(2)=f(0)+0,\quad 8f(2)=8$ ($\because$ 조건 (가))

$\therefore f(2)=1$

조건 (나)의 양변에 $x=1$을 대입하면

$8f(3)=f(2)+7,\quad 8f(3)=8$

$\therefore f(3)=1$

㉠의 양변에 $x=2$, $x=3$을 각각 대입하면

$f(2)=2a+b,\ f(3)=3a+b$

$2a+b=1,\ 3a+b=1$

두 식을 연립하여 풀면 $\quad a=0,\ b=1$

따라서 $f(x)$를 $x^2-5x+6$으로 나누었을 때의 나머지는 1이다.

답 1

**0184** $f(x+3)$을 $(x+2)(x-1)$로 나누었을 때의 몫을 $Q(x)$라 하면

$f(x+3)=(x+2)(x-1)Q(x)+3x+8$ …… ㉠

$f(x^2)$을 $x+2$로 나눈 나머지는

$f((-2)^2)=f(4)$

이므로 ㉠의 양변에 $x=1$을 대입하면

$f(4)=11$ 답 ①

**0185** $f(x)=x^3-ax^2+2x+7$이라 하면 나머지정리에 의하여

$f(-1)=6,\quad -1-a-2+7=6$

$\therefore a=-2$

따라서 $x^3+2x^2+2x+7$을 $x+1$로 나누었을 때의 몫은 $Q(x)$, 나머지는 6이므로

$x^3+2x^2+2x+7=(x+1)Q(x)+6$ …… ㉠

$Q(x)$를 $x-a$, 즉 $x+2$로 나누었을 때의 나머지는 $Q(-2)$이므로 ㉠의 양변에 $x=-2$를 대입하면

$3=-Q(-2)+6 \quad \therefore Q(-2)=3$ 답 3

**0186** $f(x)+1$이 $x+3$으로 나누어떨어지므로

$f(-3)+1=0 \quad \therefore f(-3)=-1$

$f(x)-1$이 $x-1$로 나누어떨어지므로

$f(1)-1=0 \quad \therefore f(1)=1$

이때 $f(x)$가 $x^2$의 계수가 1인 이차식이므로

$f(x)=x^2+ax+b$ ($a$, $b$는 상수)

라 하면 $f(-3)=-1$, $f(1)=1$에서

$9-3a+b=-1$, $1+a+b=1$

$\therefore 3a-b=10$, $a+b=0$

두 식을 연립하여 풀면 $a=\frac{5}{2}$, $b=-\frac{5}{2}$

따라서 $f(x)=x^2+\frac{5}{2}x-\frac{5}{2}$이므로

$f(3)=14$

답 ⑤

**0187** $f(x)-x$가 $x^2-3x+2$, 즉 $(x-1)(x-2)$로 나누어떨어지므로

$f(1)-1=0$, $f(2)-2=0$

$\therefore f(1)=1$, $f(2)=2$

$f(x+1)$을 $x^2-x$로 나누었을 때의 몫을 $Q(x)$, 나머지를 $ax+b$ ($a$, $b$는 상수)라 하면

$f(x+1)=(x^2-x)Q(x)+ax+b$

$=x(x-1)Q(x)+ax+b$

이 등식의 양변에 $x=0$, $x=1$을 각각 대입하면

$f(1)=b$, $f(2)=a+b$

$b=1$, $a+b=2 \quad \therefore a=1$, $b=1$

따라서 구하는 나머지는 $x+1$이다.

답 $x+1$

**0188** $2^{751}=(2^3)^{250}\times2=2\times8^{250}$

$x=8$이라 하면 $9=x+1$

$2x^{250}$을 $x+1$로 나누었을 때의 몫을 $Q(x)$, 나머지를 $R$라 하면

$2x^{250}=(x+1)Q(x)+R$ …… ㉠

㉠의 양변에 $x=-1$을 대입하면

$R=2$

㉠의 양변에 $x=8$을 대입하면

$2\times8^{250}=9Q(8)+2$

따라서 $2^{751}$을 9로 나누었을 때의 나머지는 2이다.

답 2

**0189** $a+b=1$에서 $b=1-a$

이것을 $a^2x+by+z=a$에 대입하면

$a^2x+(1-a)y+z=a$

$\therefore xa^2-(y+1)a+y+z=0$ … 1단계

이 등식이 $a$에 대한 항등식이므로

$x=0$, $y+1=0$, $y+z=0$

$\therefore x=0$, $y=-1$, $z=1$ … 2단계

$\therefore x^2+y^2+z^2=0^2+(-1)^2+1^2=2$ … 3단계

답 2

| 채점 요소 | | 비율 |
|---|---|---|
| 1단계 | 주어진 등식을 $a$에 대하여 정리하기 | 40 % |
| 2단계 | $x$, $y$, $z$의 값 구하기 | 40 % |
| 3단계 | $x^2+y^2+z^2$의 값 구하기 | 20 % |

**0190** $(x+1)f(x)$를 $x-2$로 나누었을 때의 나머지가 3이고, $(x-2)f(x)$를 $x+1$로 나누었을 때의 나머지가 6이므로

$3f(2)=3$, $-3f(-1)=6$

$\therefore f(2)=1$, $f(-1)=-2$ … 1단계

$f(2)=1$에서 $4+2a+b=1$

$\therefore 2a+b=-3$ …… ㉠

$f(-1)=-2$에서 $1-a+b=-2$

$\therefore a-b=3$ …… ㉡

㉠, ㉡을 연립하여 풀면

$a=0$, $b=-3$ … 2단계

따라서 $f(x)=x^2-3$이므로 $f(3)=6$ … 3단계

답 6

| 채점 요소 | | 비율 |
|---|---|---|
| 1단계 | $f(2)$, $f(-1)$의 값 구하기 | 50 % |
| 2단계 | $a$, $b$의 값 구하기 | 30 % |
| 3단계 | $f(3)$의 값 구하기 | 20 % |

**0191** $f(x)$를 $(x-1)(x-2)^2$으로 나누었을 때의 몫을 $Q(x)$, $R(x)=ax^2+bx+c$ ($a$, $b$, $c$는 상수)라 하면

$f(x)=(x-1)(x-2)^2Q(x)+ax^2+bx+c$ … ㉠

… 1단계

$f(x)$를 $(x-2)^2$으로 나누었을 때의 나머지가 $6x+1$이므로 ㉠에서 $R(x)$를 $(x-2)^2$으로 나누었을 때의 나머지가 $6x+1$이다.

즉 $R(x)=a(x-2)^2+6x+1$이므로 이것을 ㉠에 대입하면

$f(x)=(x-1)(x-2)^2Q(x)+a(x-2)^2+6x+1$

한편 $f(x)$를 $x-1$로 나누었을 때의 나머지가 6이므로

$f(1)=a+7=6 \quad \therefore a=-1$

$\therefore R(x)=-(x-2)^2+6x+1$ … 2단계

$\therefore R(-2)=-27$ … 3단계

답 $-27$

| 채점 요소 | | 비율 |
|---|---|---|
| 1단계 | 다항식의 나눗셈에 대한 항등식 세우기 | 30 % |
| 2단계 | $R(x)$ 구하기 | 50 % |
| 3단계 | $R(-2)$의 값 구하기 | 20 % |

**0192** $f(x)$가 $(x+1)(x+2)$로 나누어떨어지므로

$f(-1)=0$, $f(-2)=0$

$-1+a-b+2=0$, $-8+4a-2b+2=0$

$\therefore a-b=-1$, $2a-b=3$

두 식을 연립하여 풀면

$a=4$, $b=5$ … 1단계

$\therefore f(x)=x^3+4x^2+5x+2$

따라서 $f(1-x)$를 $x-5$로 나누었을 때의 나머지는

$f(1-5)=f(-4)=-18$ … 2단계

답 $-18$

| 채점 요소 | 비율 |
|---|---|
| 1단계 $a$, $b$의 값 구하기 | 70 % |
| 2단계 $f(1-x)$를 $x-5$로 나누었을 때의 나머지 구하기 | 30 % |

**0193** 전략 다항식의 나눗셈에 대한 항등식을 세우고 양변에 적당한 값을 대입한다.

$x^n(x^2+ax+b)$를 $(x-2)^n$으로 나누었을 때의 몫을 $Q(x)$라 하면

$x^n(x^2+ax+b)$
$=(x-2)^nQ(x)+2^n(x-2)$ …… ㉠

㉠의 양변에 $x=2$를 대입하면

$2^n(4+2a+b)=0$

이때 $2^n\neq0$이므로 $4+2a+b=0$

$\therefore b=-2a-4$ …… ㉡

㉡을 ㉠에 대입하면

$x^n(x^2+ax-2a-4)=(x-2)^nQ(x)+2^n(x-2)$

$\therefore x^n(x-2)(x+a+2)=(x-2)^nQ(x)+2^n(x-2)$

이 등식이 $x$에 대한 항등식이므로

$x^n(x+a+2)=(x-2)^{n-1}Q(x)+2^n$ …… ㉢

㉢의 양변에 $x=2$를 대입하면

$2^n(a+4)=2^n$, $a+4=1$

$\therefore a=-3$

이것을 ㉡에 대입하면 $b=2$

$\therefore ab=-3\times2=-6$

답 $-6$

**0194** 전략 다항식의 나눗셈에 대한 항등식을 세우고 양변에 적당한 값을 대입하여 참, 거짓을 판별한다.

$f(x)$를 $(x-a)(x-b)$로 나누었을 때의 몫을 $Q(x)$라 하면

$f(x)=(x-a)(x-b)Q(x)+R(x)$ …… ㉠

ㄱ. ㉠의 양변에 $x=a$를 대입하면 $f(a)=R(a)$

$\therefore f(a)-R(a)=0$ (참)

ㄴ. $R(x)=px+q$ ($p$, $q$는 상수)라 하면 ㉠에서

$f(x)=(x-a)(x-b)Q(x)+px+q$ …… ㉡

$\therefore f(a)-R(b)=(pa+q)-(pb+q)=p(a-b)$

$f(b)-R(a)=(pb+q)-(pa+q)=p(b-a)$

이때 $a\neq b$이므로 $p\neq0$이면

$f(a)-R(b)\neq f(b)-R(a)$ (거짓)

ㄷ. ㉡에서

$af(b)-bf(a)=a(pb+q)-b(pa+q)$
$=(a-b)q$

이때 $R(0)=q$이므로

$af(b)-bf(a)=(a-b)R(0)$ (참)

이상에서 옳은 것은 ㄱ, ㄷ이다.

답 ③

**0195** 전략 다항식을 일차식으로 나누었을 때의 나머지가 상수임과 인수정리를 이용하여 $f(x)$, $g(x)$를 구한다.

조건 (가)에서 $f(x)-g(x)$를 $x+2$로 나누었을 때의 몫과 나머지를 $k$($k$는 상수)라 하면

$f(x)-g(x)=k(x+2)+k=k(x+3)$ …… ㉠

조건 (나)에서 $f(x)g(x)$가 $x^2-9$, 즉 $(x+3)(x-3)$으로 나누어떨어지므로

$f(-3)g(-3)=0$ …… ㉡

$f(3)g(3)=0$ …… ㉢

이때 ㉠에 $x=-3$을 대입하면 $f(-3)-g(-3)=0$

$\therefore f(-3)=g(-3)$

따라서 ㉡에서 $f(-3)=0$, $g(-3)=0$

$f(x)=(x+3)(x+p)$, $g(x)=(x+3)(x+q)$ ($p$, $q$는 상수)라 하면 $g(1)=8$이므로

$4(1+q)=8$, $1+q=2$

$\therefore q=1$

$\therefore g(x)=(x+3)(x+1)$

즉 $g(3)=24$이므로 ㉢에서

$f(3)=0$, $6(3+p)=0$

$\therefore p=-3$

따라서 $f(x)=(x+3)(x-3)$이므로

$f(-2)-g(-2)=-5-(-1)=-4$

답 $-4$

# 03 인수분해

## 교과서 문제 정복하기

본책 033쪽

**0196** 답 $\mathbf{2a(a+2b^2)}$

**0197** $xy-x-y+1=x(y-1)-(y-1)=(x-1)(y-1)$

답 $\mathbf{(x-1)(y-1)}$

**0198** $ac-bd-ad+bc=ac-ad+bc-bd$
$=a(c-d)+b(c-d)$
$=(a+b)(c-d)$

답 $\mathbf{(a+b)(c-d)}$

**0199** $4x^2+20xy+25y^2=(2x)^2+2\times2x\times5y+(5y)^2$
$=(2x+5y)^2$

답 $\mathbf{(2x+5y)^2}$

**0200** $64x^2-9y^2=(8x)^2-(3y)^2=(8x+3y)(8x-3y)$

답 $\mathbf{(8x+3y)(8x-3y)}$

**0201** $27a^2-48b^2=3(9a^2-16b^2)=3\{(3a)^2-(4b)^2\}$
$=3(3a+4b)(3a-4b)$

답 $\mathbf{3(3a+4b)(3a-4b)}$

**0202** 답 $\mathbf{(x+2)(x+6)}$

**0203** 답 $\mathbf{(x+2)(3x-4)}$

**0204** 답 $\mathbf{(2x+3y)(3x-2y)}$

**0205** $a^2+b^2+c^2-2ab-2bc+2ca$
$=a^2+(-b)^2+c^2+2\times a\times(-b)+2\times(-b)\times c+2\times c\times a$
$=(a-b+c)^2$

답 $\mathbf{(a-b+c)^2}$

**0206** $x^2+y^2+2xy+2x+2y+1$
$=x^2+y^2+1^2+2\times x\times y+2\times y\times1+2\times1\times x$
$=(x+y+1)^2$

답 $\mathbf{(x+y+1)^2}$

**0207** $x^3-6x^2+12x-8=x^3-3\times x^2\times2+3\times x\times2^2-2^3$
$=(x-2)^3$

답 $\mathbf{(x-2)^3}$

**0208** $x^3+9x^2y+27xy^2+27y^3$
$=x^3+3\times x^2\times3y+3\times x\times(3y)^2+(3y)^3$
$=(x+3y)^3$

답 $\mathbf{(x+3y)^3}$

**0209** $x^3-8=x^3-2^3=(x-2)(x^2+2x+4)$

답 $\mathbf{(x-2)(x^2+2x+4)}$

**0210** $8a^3+27b^3=(2a)^3+(3b)^3$
$=(2a+3b)(4a^2-6ab+9b^2)$

답 $\mathbf{(2a+3b)(4a^2-6ab+9b^2)}$

**0211** $a^4+a^2+1=a^4+a^2\times1^2+1^4$
$=(a^2+a+1)(a^2-a+1)$

답 $\mathbf{(a^2+a+1)(a^2-a+1)}$

**0212** $x^4+4x^2y^2+16y^4=x^4+x^2\times(2y)^2+(2y)^4$
$=(x^2+2xy+4y^2)(x^2-2xy+4y^2)$

답 $\mathbf{(x^2+2xy+4y^2)(x^2-2xy+4y^2)}$

**0213** $a^3-b^3+c^3+3abc$
$=a^3+(-b)^3+c^3-3\times a\times(-b)\times c$
$=(a-b+c)(a^2+b^2+c^2+ab+bc-ca)$

답 $\mathbf{(a-b+c)(a^2+b^2+c^2+ab+bc-ca)}$

**0214** $x^3+y^3-3xy+1$
$=x^3+y^3+1^3-3\times x\times y\times1$
$=(x+y+1)(x^2+y^2+1-xy-x-y)$

답 $\mathbf{(x+y+1)(x^2+y^2+1-xy-x-y)}$

**0215** $x+1=t$로 놓으면
$(x+1)^2-3(x+1)+2=t^2-3t+2=(t-1)(t-2)$
$=(x+1-1)(x+1-2)$
$=x(x-1)$

답 $\mathbf{x(x-1)}$

**0216** $x^2+5x=t$로 놓으면
$(x^2+5x+4)(x^2+5x+2)-24$
$=(t+4)(t+2)-24=t^2+6t-16$
$=(t+8)(t-2)$
$=(x^2+5x+8)(x^2+5x-2)$

답 $\mathbf{(x^2+5x+8)(x^2+5x-2)}$

**0217** $x^2=t$로 놓으면
$x^4+5x^2-6=t^2+5t-6=(t-1)(t+6)$
$=(x^2-1)(x^2+6)$
$=(x+1)(x-1)(x^2+6)$

답 $\mathbf{(x+1)(x-1)(x^2+6)}$

**0218** $x^4+9x^2+25=(x^4+10x^2+25)-x^2$
$=(x^2+5)^2-x^2$
$=(x^2+x+5)(x^2-x+5)$

답 $\mathbf{(x^2+x+5)(x^2-x+5)}$

**0219** 주어진 식을 $x$에 대하여 내림차순으로 정리하면

$$\begin{aligned}&x^2+y^2-2xy-3x+3y+2\\&=x^2-(2y+3)x+y^2+3y+2\\&=x^2-(2y+3)x+(y+1)(y+2)\\&=\{x-(y+1)\}\{x-(y+2)\}\\&=(x-y-1)(x-y-2)\end{aligned}$$

답 $(x-y-1)(x-y-2)$

**다른 풀이** 주어진 식을 $y$에 대하여 내림차순으로 정리하면

$$\begin{aligned}&x^2+y^2-2xy-3x+3y+2\\&=y^2-(2x-3)y+x^2-3x+2\\&=y^2-(2x-3)y+(x-1)(x-2)\\&=\{y-(x-1)\}\{y-(x-2)\}\\&=(y-x+1)(y-x+2)=(x-y-1)(x-y-2)\end{aligned}$$

**0220** 주어진 식을 $x$에 대하여 내림차순으로 정리하면

$$\begin{aligned}y^2+xy-a^2-ax&=(y-a)x+y^2-a^2\\&=(y-a)x+(y+a)(y-a)\\&=(y-a)(x+y+a)\end{aligned}$$

답 $(y-a)(x+y+a)$

**0221** $f(x)=x^3-2x^2-5x+6$이라 하면

$f(1)=1-2-5+6=0$

조립제법을 이용하여 $f(x)$를 인수분해하면

| 1 | 1 | −2 | −5 | 6 |
|---|---|---|---|---|
| | | 1 | −1 | −6 |
| | 1 | −1 | −6 | 0 |

$f(x)=(x-1)(x^2-x-6)=(x-1)(x+2)(x-3)$

답 $(x-1)(x+2)(x-3)$

**0222** $f(x)=x^4-3x^3+3x^2+x-6$이라 하면

$f(-1)=1+3+3-1-6=0$,

$f(2)=16-24+12+2-6=0$

조립제법을 이용하여 $f(x)$를 인수분해하면

| −1 | 1 | −3 | 3 | 1 | −6 |
|---|---|---|---|---|---|
| | | −1 | 4 | −7 | 6 |
| 2 | 1 | −4 | 7 | −6 | 0 |
| | | 2 | −4 | 6 | |
| | 1 | −2 | 3 | 0 | |

$f(x)=(x+1)(x-2)(x^2-2x+3)$

답 $(x+1)(x-2)(x^2-2x+3)$

## 유형 익히기

본책 034~039쪽

**0223** ① $2x^3-5x^2+3x=x(2x^2-5x+3)$
$\qquad=x(x-1)(2x-3)$

② $a^3+6a^2+12a+8=a^3+3\times a^2\times 2+3\times a\times 2^2+2^3$
$\qquad=(a+2)^3$

③ $64x^3-1=(4x)^3-1^3$
$\qquad=(4x-1)(16x^2+4x+1)$

④ $x^2-(y-z)^2=\{x+(y-z)\}\{x-(y-z)\}$
$\qquad=(x+y-z)(x-y+z)$

⑤ $a^2+b^2+2ab-4a-4b+4$
$=a^2+b^2+(-2)^2+2\times a\times b+2\times b\times(-2)+2\times(-2)\times a$
$=(a+b-2)^2$

답 ③

**0224** $16x^4+36x^2y^2+81y^4$
$=(2x)^4+(2x)^2\times(3y)^2+(3y)^4$
$=(4x^2+6xy+9y^2)(4x^2-6xy+9y^2)$
$\therefore ab=6\times(-6)=-36$

답 $-36$

**0225** $x^2-y^2-x+y=x^2-y^2-(x-y)$
$\qquad=(x+y)(x-y)-(x-y)$
$\qquad=(x-y)(x+y-1)$

따라서 인수인 것은 ③이다.

답 ③

**0226** $x^6-y^6=(x^3)^2-(y^3)^2$
$\qquad=(x^3+y^3)(x^3-y^3)$
$\qquad=(x+y)(x^2-xy+y^2)(x-y)(x^2+xy+y^2)$

따라서 인수가 아닌 것은 ③이다.

답 ③

**다른 풀이** $x^6-y^6=(x^2)^3-(y^2)^3=(x^2-y^2)(x^4+x^2y^2+y^4)$
$\qquad=(x+y)(x-y)(x^2+xy+y^2)(x^2-xy+y^2)$

**0227** $(a-2b)^3-125b^3$
$=(a-2b)^3-(5b)^3$
$=(a-2b-5b)\{(a-2b)^2+(a-2b)\times 5b+(5b)^2\}$
$=(a-7b)(a^2-4ab+4b^2+5ab-10b^2+25b^2)$
$=(a-7b)(a^2+ab+19b^2)$

답 ②

**0228** ㄱ. $x^4-64=(x^2)^2-8^2$
$\qquad=(x^2+8)(x^2-8)$

ㄴ. $a^2-b^2-2bc-c^2=a^2-(b^2+2bc+c^2)=a^2-(b+c)^2$
$\qquad=\{a+(b+c)\}\{a-(b+c)\}$
$\qquad=(a+b+c)(a-b-c)$

ㄷ. $x^3-x^2z-xy^2+y^2z=x^2(x-z)-y^2(x-z)$
$\qquad=(x^2-y^2)(x-z)$
$\qquad=(x+y)(x-y)(x-z)$

ㄹ. $a^3-b^3+8c^3+6abc$
$=a^3+(-b)^3+(2c)^3-3\times a\times(-b)\times 2c$
$=(a-b+2c)(a^2+b^2+4c^2+ab+2bc-2ca)$

이상에서 옳은 것은 ㄷ뿐이다.

답 ①

**0229** $(x-1)(x-3)(x+2)(x+4)+24$
$=\{(x-1)(x+2)\}\{(x-3)(x+4)\}+24$
$=(x^2+x-2)(x^2+x-12)+24$
$x^2+x=t$로 놓으면
(주어진 식)$=(t-2)(t-12)+24$
$=t^2-14t+48$
$=(t-6)(t-8)$
$=(x^2+x-6)(x^2+x-8)$
$=(x+3)(x-2)(x^2+x-8)$
$\therefore a+b+c=3+(-2)+(-8)=-7$

답 ③

**0230** $x^2-x=t$로 놓으면
$(x^2-x+2)(x^2-x-5)+6=(t+2)(t-5)+6$
$=t^2-3t-4$
$=(t+1)(t-4)$
$=(x^2-x+1)(x^2-x-4)$
따라서 $a=-1$, $b=-4$이므로
$ab=-1\times(-4)=4$

답 4

**0231** $(x^2-2x)^2+2x^2-4x-15$
$=(x^2-2x)^2+2(x^2-2x)-15$
$x^2-2x=t$로 놓으면
(주어진 식)$=t^2+2t-15$
$=(t+5)(t-3)$
$=(x^2-2x+5)(x^2-2x-3)$
$=(x^2-2x+5)(x+1)(x-3)$
따라서 인수가 아닌 것은 ④이다.

답 ④

**0232** $(x-1)(x-2)(x-3)(x-4)+k$
$=\{(x-1)(x-4)\}\{(x-2)(x-3)\}+k$
$=(x^2-5x+4)(x^2-5x+6)+k$ ⋯ 1단계
$x^2-5x=t$로 놓으면
(주어진 식)$=(t+4)(t+6)+k$
$=t^2+10t+24+k$ ⋯⋯ ㉠ ⋯ 2단계
주어진 식이 $x$에 대한 이차식의 완전제곱식으로 인수분해되려면 ㉠이 $t$에 대한 완전제곱식이 되어야 한다.
즉 $t^2+10t+24+k=(t+5)^2$이어야 하므로
$24+k=5^2$
$\therefore k=1$ ⋯ 3단계

답 1

| | 채점 요소 | 비율 |
|---|---|---|
| 1단계 | 주어진 식을 공통부분이 생기도록 짝을 지어 전개하기 | 30 % |
| 2단계 | 공통부분을 한 문자로 치환하여 전개하기 | 30 % |
| 3단계 | $k$의 값 구하기 | 40 % |

참고 | $k=1$일 때,
(주어진 식)$=(t+5)^2=(x^2-5x+5)^2$

**0233** $x^2=X$로 놓으면
$x^4-5x^2+4=X^2-5X+4=(X-1)(X-4)$
$=(x^2-1)(x^2-4)$
$=(x+1)(x-1)(x+2)(x-2)$
이때 $a<b<c<d$이므로
$a=-2$, $b=-1$, $c=1$, $d=2$
$\therefore ad-bc=-2\times2-(-1)\times1=-3$

답 $-3$

다른 풀이 $x^4-5x^2+4=(x^4-4x^2+4)-x^2$
$=(x^2-2)^2-x^2$
$=(x^2+x-2)(x^2-x-2)$
$=(x+2)(x-1)(x+1)(x-2)$

**0234** $x^2=X$로 놓으면
$x^4-50x^2+625=X^2-50X+625=(X-25)^2$
$=(x^2-25)^2=\{(x+5)(x-5)\}^2$
$=(x+5)^2(x-5)^2$
이때 $a>b$이므로 $a=5$, $b=-5$
$\therefore a-b=5-(-5)=10$

답 10

**0235** $a^4+4=(a^4+4a^2+4)-4a^2$
$=(a^2+2)^2-(2a)^2$
$=(a^2+2a+2)(a^2-2a+2)$
따라서 인수인 것은 ⑤이다.

답 ⑤

**0236** $x^4-6x^2y^2+y^4=(x^4-2x^2y^2+y^4)-4x^2y^2$
$=(x^2-y^2)^2-(2xy)^2$
$=(x^2+2xy-y^2)(x^2-2xy-y^2)$
따라서 $a=-2$, $b=1$ 또는 $a=2$, $b=1$이므로
$a^2+b^2=5$

답 5

**0237** 주어진 식을 $x$에 대하여 내림차순으로 정리하면
$x^2+xy-2y^2+x+5y-2$
$=x^2+(y+1)x-(2y^2-5y+2)$
$=x^2+(y+1)x-(2y-1)(y-2)$
$=\{x+(2y-1)\}\{x-(y-2)\}$
$=(x+2y-1)(x-y+2)$
따라서 인수인 것은 ④이다.

답 ④

참고 | $y$에 대하여 내림차순으로 정리한 후 인수분해해도 그 결과는 같다.

**0238** 주어진 식을 $y$에 대하여 내림차순으로 정리하면
$x^3-(2+y)x^2+(2y-3)x+3y$
$=(-x^2+2x+3)y+x^3-2x^2-3x$
$=-(x^2-2x-3)y+x(x^2-2x-3)$
$=(x^2-2x-3)(x-y)$
$=(x+1)(x-3)(x-y)$

답 $(x+1)(x-3)(x-y)$

**0239** 주어진 식을 $x$에 대하여 내림차순으로 정리하면

$2x^2+2y^2+5xy+3x+3y+1$
$=2x^2+(5y+3)x+(2y^2+3y+1)$
$=2x^2+(5y+3)x+(2y+1)(y+1)$
$=(2x+y+1)(x+2y+1)$

따라서 $a=2$, $b=1$, $c=2$이므로

$a+b-c=2+1-2=1$ 답 ①

**0240** 주어진 식을 $x$에 대하여 내림차순으로 정리하면

$x^2-xy-6y^2+ax+8y-2$
$=x^2-(y-a)x-(6y^2-8y+2)$
$=x^2-(y-a)x-2(3y-1)(y-1)$

주어진 식이 $x$, $y$에 대한 두 일차식의 곱으로 인수분해되려면

$2(y-1)-(3y-1)=-(y-a)$
$-y-1=-y+a$ $\therefore a=-1$ 답 $-1$

**0241** 주어진 식을 $a$에 대하여 내림차순으로 정리하면

$a(b+c)^2+b(c+a)^2+c(a+b)^2-4abc$
$=a(b^2+2bc+c^2)+b(c^2+2ca+a^2)+c(a^2+2ab+b^2)$
$-4abc$
$=ab^2+2abc+ac^2+bc^2+2abc+a^2b+a^2c+2abc+b^2c$
$-4abc$
$=(b+c)a^2+(b^2+2bc+c^2)a+b^2c+bc^2$
$=(b+c)a^2+(b+c)^2a+bc(b+c)$
$=(b+c)\{a^2+(b+c)a+bc\}$
$=(b+c)(a+b)(a+c)$
$=(a+b)(b+c)(c+a)$ 답 $(a+b)(b+c)(c+a)$

**0242** $[a, b, c]+[b, c, a]+[c, a, b]$
$=a^2(b-c)+b^2(c-a)+c^2(a-b)$
$=(b-c)a^2-(b^2-c^2)a+b^2c-bc^2$
$=(b-c)a^2-(b+c)(b-c)a+bc(b-c)$
$=(b-c)\{a^2-(b+c)a+bc\}$
$=(b-c)(a-b)(a-c)$
$=-(a-b)(b-c)(c-a)$

따라서 인수인 것은 ①이다. 답 ①

**0243** 주어진 식의 분자를 $a$에 대하여 내림차순으로 정리하면

$ab(a-b)+bc(b-c)+ca(c-a)$
$=a^2b-ab^2+b^2c-bc^2+c^2a-ca^2$
$=(b-c)a^2-(b^2-c^2)a+b^2c-bc^2$
$=(b-c)a^2-(b+c)(b-c)a+bc(b-c)$
$=(b-c)\{a^2-(b+c)a+bc\}$
$=(b-c)(a-b)(a-c)=-(a-b)(b-c)(c-a)$

$\therefore$ (주어진 식) $=\dfrac{-(a-b)(b-c)(c-a)}{(a-b)(b-c)(c-a)}=-1$

답 ②

**0244** $f(x)=2x^3-x^2-5x-2$라 하면

$f(-1)=-2-1+5-2=0$

조립제법을 이용하여 $f(x)$를 인수분해하면

$$\begin{array}{r|rrrr} -1 & 2 & -1 & -5 & -2 \\ & & -2 & 3 & 2 \\ \hline & 2 & -3 & -2 & 0 \end{array}$$

$f(x)=(x+1)(2x^2-3x-2)$
$=(x+1)(2x+1)(x-2)$

따라서 $a=1$, $b=1$, $c=-2$ 또는 $a=-2$, $b=1$, $c=1$이므로

$a^2+b^2+c^2=1^2+1^2+(-2)^2=6$ 답 6

**0245** $f(x)=x^4-3x^3-3x^2+11x-6$이라 하면

$f(1)=1-3-3+11-6=0$,
$f(3)=81-81-27+33-6=0$

조립제법을 이용하여 $f(x)$를 인수분해하면

$$\begin{array}{r|rrrrr} 1 & 1 & -3 & -3 & 11 & -6 \\ & & 1 & -2 & -5 & 6 \\ \hline 3 & 1 & -2 & -5 & 6 & 0 \\ & & 3 & 3 & -6 & \\ \hline & 1 & 1 & -2 & 0 & \end{array}$$

$f(x)=(x-1)(x-3)(x^2+x-2)$
$=(x-1)^2(x-3)(x+2)$

따라서 인수가 아닌 것은 ⑤이다. 답 ⑤

**0246** $f(x)=x^3+10x^2+33x+36$이라 하면

$f(-3)=-27+90-99+36=0$

조립제법을 이용하여 $f(x)$를 인수분해하면

$$\begin{array}{r|rrrr} -3 & 1 & 10 & 33 & 36 \\ & & -3 & -21 & -36 \\ \hline & 1 & 7 & 12 & 0 \end{array}$$

$f(x)=(x+3)(x^2+7x+12)$
$=(x+3)^2(x+4)$

이때 원기둥의 부피가 $(x+a)^2(x+b)\pi$이므로

$a=3$, $b=4$
$\therefore a+b=3+4=7$ 답 ⑤

**0247** $f(x)$가 $x+1$로 나누어떨어지므로

$f(-1)=0$, $-1+2+4+a=0$
$\therefore a=-5$

따라서 $f(x)=x^3+2x^2-4x-5$이므로 조립제법을 이용하여 $f(x)$를 인수분해하면

$$\begin{array}{r|rrrr} -1 & 1 & 2 & -4 & -5 \\ & & -1 & -1 & 5 \\ \hline & 1 & 1 & -5 & 0 \end{array}$$

$f(x)=(x+1)(x^2+x-5)$

따라서 인수인 것은 ③이다. 답 ③

**0248** $x^4+3x^3-4x=x(x^3+3x^2-4)$

$h(x)=x^3+3x^2-4$라 하면

$h(1)=1+3-4=0$

이므로 조립제법을 이용하여 $h(x)$를 인수분해하면

$$\begin{array}{r|rrrr} 1 & 1 & 3 & 0 & -4 \\ & & 1 & 4 & 4 \\ \hline & 1 & 4 & 4 & \boxed{0} \end{array}$$

$h(x)=(x-1)(x^2+4x+4)$

$=(x-1)(x+2)^2$

$\therefore x^4+3x^3-4x=x(x-1)(x+2)^2$ … 1단계

이때 $f(x)$, $g(x)$는 각각 $x^2$의 계수가 1인 이차식이고, $f(-2)>0$에서 $f(x)$는 $x+2$를 인수로 갖지 않으므로

$f(x)=x(x-1)$, $g(x)=(x+2)^2$ … 2단계

$\therefore f(3)+g(2)=6+16=22$ … 3단계

답 22

| | 채점 요소 | 비율 |
|---|---|---|
| 1단계 | 주어진 식을 인수분해하기 | 40 % |
| 2단계 | $f(x)$, $g(x)$ 구하기 | 40 % |
| 3단계 | $f(3)+g(2)$의 값 구하기 | 20 % |

**0249**

$$\begin{array}{r|cccc} -1 & 1 & a & b & 2 \\ & & -1 & -a+1 & a-b-1 \\ \hline -1 & 1 & a-1 & -a+b+1 & \boxed{a-b+1} \\ & & -1 & -a+2 & \\ \hline & 1 & a-2 & \boxed{-2a+b+3} & \end{array}$$

이때 $x^3+ax^2+bx+2$가 $(x+1)^2$을 인수로 가지므로

$a-b+1=0$, $-2a+b+3=0$

$\therefore a-b=-1$, $2a-b=3$

두 식을 연립하여 풀면

$a=4$, $b=5$

$\therefore ab=4\times5=20$

답 ⑤

**0250** $x^{20}-1$을 $(x-1)^2$으로 나누었을 때의 몫을 $Q(x)$, 나머지를 $ax+b$ ($a$, $b$는 상수)라 하면

$x^{20}-1=(x-1)^2Q(x)+ax+b$

이 등식의 양변에 $x=1$을 대입하면

$0=a+b$ $\quad\therefore b=-a$

$\therefore x^{20}-1=(x-1)^2Q(x)+ax-a$

$=(x-1)^2Q(x)+a(x-1)$

$=(x-1)\{(x-1)Q(x)+a\}$ …… ㉠

한편 $f(x)=x^{20}-1$이라 하면

$f(1)=1-1=0$

조립제법을 이용하여 $f(x)$를 인수분해하면

$$\begin{array}{r|cccccc} 1 & 1 & 0 & 0 & \cdots & 0 & -1 \\ & & 1 & 1 & \cdots & 1 & 1 \\ \hline & 1 & 1 & 1 & \cdots & 1 & \boxed{0} \end{array}$$

$f(x)=(x-1)(x^{19}+x^{18}+\cdots+x+1)$ …… ㉡

㉠, ㉡에서

$x^{19}+x^{18}+\cdots+x+1=(x-1)Q(x)+a$

이 등식의 양변에 $x=1$을 대입하면

$a=20$

따라서 $b=-20$이므로 구하는 나머지는

$20x-20$

답 ③

**0251** $16-9x^2+6xy-y^2=16-(9x^2-6xy+y^2)$

$=4^2-(3x-y)^2$

$=\{4+(3x-y)\}\{4-(3x-y)\}$

$=(4+3x-y)(4-3x+y)$

이때 $3x+y+4=0$에서

$4+3x=-y$, $y+4=-3x$

$\therefore$ (주어진 식)$=(-y-y)(-3x-3x)$

$=(-2y)(-6x)=12xy$

답 ④

**다른 풀이** $3x+y+4=0$에서 $\quad y=-3x-4$

$\therefore 16-9x^2+6xy-y^2$

$=16-9x^2+6x(-3x-4)-(-3x-4)^2$

$=-36x^2-48x=12x(-3x-4)$

$=12xy$

**0252** $xy+z=1$에서 $\quad z=1-xy$

$\therefore 2xy-x^2y-xy^2-xyz$

$=2xy-x^2y-xy^2-xy(1-xy)$

$=x^2y^2-x^2y-xy^2+xy$

$=xy(xy-x-y+1)$

$=xy\{x(y-1)-(y-1)\}$

$=xy(x-1)(y-1)$

이때 $xy+z=1$에서 $xy=1-z$이므로

(주어진 식)$=(1-z)(x-1)(y-1)$

$=(1-x)(1-y)(1-z)$

답 ③

**다른 풀이** $xy+z=1$에서 $\quad xy=1-z$

$\therefore 2xy-x^2y-xy^2-xyz=xy(2-x-y-z)$

$=(1-z)(2-x-y-z)$

이때 $xy+z=1$에서 $z=1-xy$이므로

(주어진 식)$=(1-z)\{2-x-y-(1-xy)\}$

$=(1-z)(xy-x-y+1)$

$=(1-z)\{x(y-1)-(y-1)\}$

$=(1-z)(x-1)(y-1)$

$=(1-x)(1-y)(1-z)$

**0253** $xyz+x^2y+xy-x-z-1$

$=(x+z+1)xy-(x+z+1)$

$=(x+z+1)(xy-1)$

이때 $x+y+z=-1$에서

$x+z+1=-y$

$\therefore$ (주어진 식)$=-y(xy-1)$

답 ④

**0254** $a^3-b^3+a^2b-ab^2=a^3+a^2b-ab^2-b^3$
$=a^2(a+b)-b^2(a+b)$
$=(a+b)(a^2-b^2)$
$=(a+b)^2(a-b)$
$=\{(a-b)^2+4ab\}(a-b)$
$=(3^2+4\times2)\times3$
$=51$ 답 **51**

**다른 풀이** $a^3-b^3+a^2b-ab^2$
$=(a-b)(a^2+ab+b^2)+ab(a-b)$
$=(a^2+2ab+b^2)(a-b)=(a+b)^2(a-b)$

**0255** $x^4-x^3y-xy^3+y^4=x^3(x-y)-y^3(x-y)$
$=(x-y)(x^3-y^3)$
$=(x-y)^2(x^2+xy+y^2)$
$=(x-y)^2\{(x-y)^2+3xy\}$
이때 $x=2+\sqrt{3}$, $y=2-\sqrt{3}$에서
$x-y=(2+\sqrt{3})-(2-\sqrt{3})=2\sqrt{3}$,
$xy=(2+\sqrt{3})(2-\sqrt{3})=1$
이므로 구하는 식의 값은
$(2\sqrt{3})^2\times\{(2\sqrt{3})^2+3\times1\}=180$ 답 **180**

**0256** $(a+b+c)(ab+bc+ca)-abc$
$=a^2b+abc+ca^2+ab^2+b^2c+abc+abc+bc^2+c^2a-abc$
$=(b+c)a^2+(b^2+2bc+c^2)a+b^2c+bc^2$ … 1단계
$=(b+c)a^2+(b+c)^2a+bc(b+c)$
$=(b+c)\{a^2+(b+c)a+bc\}$
$=(b+c)(a+b)(a+c)$ … 2단계
$=2\times3\times4=24$ … 3단계

답 **24**

| 채점 요소 | | 비율 |
|---|---|---|
| 1단계 | 주어진 식을 한 문자에 대하여 내림차순으로 정리하기 | 30 % |
| 2단계 | 주어진 식을 인수분해하기 | 50 % |
| 3단계 | 식의 값 구하기 | 20 % |

**0257** $x^3+y^3+z^3-3xyz$
$=(x+y+z)(x^2+y^2+z^2-xy-yz-zx)$
에서 $x+y+z=0$이므로
$x^3+y^3+z^3-3xyz=0$
$\therefore x^3+y^3+z^3=3xyz$
$\therefore \dfrac{5xyz}{x^3+y^3+z^3}=\dfrac{5xyz}{3xyz}=\dfrac{5}{3}$ 답 $\mathbf{\dfrac{5}{3}}$

**0258** $x=100$으로 놓으면
$\dfrac{99^3\times101^3}{9998\times10000+1}=\dfrac{(x-1)^3(x+1)^3}{(x^2-2)x^2+1}$
$=\dfrac{(x^2-1)^3}{x^4-2x^2+1}=\dfrac{(x^2-1)^3}{(x^2-1)^2}$
$=x^2-1=100^2-1$
$=9999$ 답 **9999**

**0259** $15^2-13^2+11^2-9^2+7^2-5^2+3^2-1^2$
$=(15+13)\times(15-13)+(11+9)\times(11-9)$
$+(7+5)\times(7-5)+(3+1)\times(3-1)$
$=28\times2+20\times2+12\times2+4\times2$
$=2\times(28+20+12+4)$
$=2\times64=128$ 답 ③

**0260** $f(1)=1-1-3+5-2=0$,
$f(-2)=16+8-12-10-2=0$
조립제법을 이용하여 $f(x)$를 인수분해하면

| | | | | | |
|---|---|---|---|---|---|
| 1 | 1 | −1 | −3 | 5 | −2 |
| | | 1 | 0 | −3 | 2 |
| −2 | 1 | 0 | −3 | 2 | 0 |
| | | −2 | 4 | −2 | |
| | 1 | −2 | 1 | 0 | |

$f(x)=(x-1)(x+2)(x^2-2x+1)$
$=(x-1)^3(x+2)$
$\therefore f(11)=(11-1)^3\times(11+2)$
$=1000\times13=13000$

답 ③

**0261** $x=20$으로 놓으면
$20\times22\times24\times26+16$
$=x(x+2)(x+4)(x+6)+16$
$=\{x(x+6)\}\{(x+2)(x+4)\}+16$
$=(x^2+6x)(x^2+6x+8)+16$
$x^2+6x=t$로 놓으면
$(x^2+6x)(x^2+6x+8)+16=t(t+8)+16$
$=t^2+8t+16=(t+4)^2$
$=(x^2+6x+4)^2$
$=(20^2+6\times20+4)^2$
$=524^2$
따라서 구하는 식의 값은
$\sqrt{524^2}=524$ 답 **524**

**0262** 주어진 식의 좌변을 $c$에 대한 내림차순으로 정리하면
$a^3+a^2b-ac^2+ab^2+b^3-bc^2$
$=-(a+b)c^2+a^3+a^2b+ab^2+b^3$
$=-(a+b)c^2+a^2(a+b)+b^2(a+b)$
$=(a+b)(-c^2+a^2+b^2)$
$\therefore (a+b)(-c^2+a^2+b^2)=0$
이때 $a$, $b$, $c$는 삼각형의 세 변의 길이이므로
$a+b>0$
즉 $-c^2+a^2+b^2=0$이므로
$a^2+b^2=c^2$
따라서 주어진 조건을 만족시키는 삼각형은 빗변의 길이가 $c$인 직각삼각형이다. 답 ⑤

**0263** 주어진 식의 좌변을 $a$에 대한 내림차순으로 정리하면

$$\begin{aligned} b^2-ba-c^2+ca &= (c-b)a+b^2-c^2 \\ &= (c-b)a+(b+c)(b-c) \\ &= (c-b)a-(b+c)(c-b) \\ &= (c-b)(a-b-c) \end{aligned}$$

$\therefore (c-b)(a-b-c)=0$ … 1단계

이때 $a$, $b$, $c$는 삼각형의 세 변의 길이이므로

$a<b+c$

즉 $a-b-c\neq 0$이므로

$c-b=0 \quad \therefore b=c$ … 2단계

따라서 주어진 조건을 만족시키는 삼각형은 $b=c$인 이등변삼각형이다. … 3단계

답 **$b=c$인 이등변삼각형**

| 채점 요소 | 비율 |
|---|---|
| 1단계 주어진 식의 좌변을 인수분해하기 | 50 % |
| 2단계 $b$, $c$ 사이의 관계식 구하기 | 30 % |
| 3단계 주어진 조건을 만족시키는 삼각형의 모양 판단하기 | 20 % |

참고 | 삼각형의 두 변의 길이의 합은 나머지 한 변의 길이보다 항상 크므로 $a<b+c$, $b<a+c$, $c<a+b$

## 시험에 꼭 나오는 문제

• 본책 040~041쪽

**0264** $4x^2z^2-(x^2-y^2+z^2)^2$

$=(2xz)^2-(x^2-y^2+z^2)^2$

$=\{2xz+(x^2-y^2+z^2)\}\{2xz-(x^2-y^2+z^2)\}$

$=\{(x^2+2xz+z^2)-y^2\}\{y^2-(x^2-2xz+z^2)\}$

$=\{(x+z)^2-y^2\}\{y^2-(x-z)^2\}$

$=\{(x+z)+y\}\{(x+z)-y\}\{y+(x-z)\}\{y-(x-z)\}$

$=(x+y+z)(x-y+z)(x+y-z)(-x+y+z)$

답 ⑤

**0265** $x(x+1)(x+2)(x+3)-24$

$=\{x(x+3)\}\{(x+1)(x+2)\}-24$

$=(x^2+3x)(x^2+3x+2)-24$

$x^2+3x=t$로 놓으면

$$\begin{aligned} (\text{주어진 식}) &= t(t+2)-24 \\ &= t^2+2t-24 \\ &= (t+6)(t-4) \\ &= (x^2+3x+6)(x^2+3x-4) \\ &= (x^2+3x+6)(x+4)(x-1) \end{aligned}$$

따라서 인수인 것은 ②이다. 답 ②

**0266** $x^2=X$로 놓으면

$$\begin{aligned} x^4-x^2-12 &= X^2-X-12=(X-4)(X+3) \\ &= (x^2-4)(x^2+3) \\ &= (x-2)(x+2)(x^2+3) \end{aligned}$$

따라서 $a=2$, $b=3$이므로

$a+b=2+3=5$ 답 ②

**0267**

$$\begin{aligned} x^4+5x^2+9 &= (x^4+6x^2+9)-x^2 \\ &= (x^2+3)^2-x^2 \\ &= (x^2+x+3)(x^2-x+3) \end{aligned}$$

따라서 $a=1$, $b=3$, $c=1$, $d=3$이므로

$a+b+c+d=1+3+1+3=8$ 답 8

**0268** 주어진 식을 $c$에 대하여 내림차순으로 정리하면

$a^4+2a^2c^2-2b^2c^2-b^4$

$=2(a^2-b^2)c^2+a^4-b^4$

$=2(a^2-b^2)c^2+(a^2+b^2)(a^2-b^2)$

$=(a^2-b^2)(2c^2+a^2+b^2)$

$=(a+b)(a-b)(a^2+b^2+2c^2)$

따라서 인수가 아닌 것은 ④이다. 답 ④

**0269** 주어진 식을 $x$에 대하여 내림차순으로 정리하면

$x^2+3xy+2y^2-x-3y-2$

$=x^2+(3y-1)x+2y^2-3y-2$

$=x^2+(3y-1)x+(2y+1)(y-2)$

$=(x+2y+1)(x+y-2)$

따라서 구하는 두 일차식의 합은

$(x+2y+1)+(x+y-2)=2x+3y-1$ 답 ④

**0270** 주어진 식을 $x$에 대하여 내림차순으로 정리하면

$(x-y)^3+(y-z)^3+(z-x)^3$

$=x^3-3x^2y+3xy^2-y^3+y^3-3y^2z+3yz^2-z^3$
$\quad +z^3-3z^2x+3zx^2-x^3$

$=-3x^2y+3xy^2-3y^2z+3yz^2-3z^2x+3zx^2$

$=-3\{(y-z)x^2-(y^2-z^2)x+y^2z-yz^2\}$

$=-3\{(y-z)x^2-(y+z)(y-z)x+yz(y-z)\}$

$=-3(y-z)\{x^2-(y+z)x+yz\}$

$=-3(y-z)(x-y)(x-z)$

$=3(x-y)(y-z)(z-x)$

답 **$3(x-y)(y-z)(z-x)$**

다른 풀이 $x-y=A$, $y-z=B$, $z-x=C$로 놓으면

$(x-y)^3+(y-z)^3+(z-x)^3$

$=A^3+B^3+C^3$

$=(A+B+C)(A^2+B^2+C^2-AB-BC-CA)$
$\quad +3ABC$

이때 $A+B+C=(x-y)+(y-z)+(z-x)=0$이므로

$(x-y)^3+(y-z)^3+(z-x)^3$

$=3ABC=3(x-y)(y-z)(z-x)$

**0271** 주어진 등식의 양변에 $x=-2$를 대입하면

$-8-4-6-2=-2a \qquad \therefore a=10$

따라서 주어진 등식은

$x^3-x^2+3x-2=(x+2)P(x)+10x$

$\therefore (x+2)P(x)=x^3-x^2-7x-2 \qquad \cdots\cdots$ ㉠

$f(x)=x^3-x^2-7x-2$라 하면

$f(-2)=-8-4+14-2=0$

이므로 조립제법을 이용하여 $f(x)$를 인수분해하면

$$\begin{array}{r|rrrr} -2 & 1 & -1 & -7 & -2 \\ & & -2 & 6 & 2 \\ \hline & 1 & -3 & -1 & 0 \end{array}$$

$f(x)=(x+2)(x^2-3x-1)$

따라서 ㉠에서 $\quad P(x)=x^2-3x-1$

$\therefore P(-2)=9$

답 ①

**0272** $1-a^2-4b^2+4ab=1-(a^2+4b^2-4ab)$

$=1^2-(a-2b)^2$

$=\{1+(a-2b)\}\{1-(a-2b)\}$

$=(1+a-2b)(1-a+2b)$

이때 $a+2b+1=0$에서

$1+a=-2b,\ 1+2b=-a$

$\therefore$ (주어진 식)$=(-2b-2b)(-a-a)$

$=(-4b)(-2a)$

$=8ab$

답 ⑤

다른 풀이 $a+2b+1=0$에서 $\qquad a=-2b-1$

$\therefore 1-a^2-4b^2+4ab$

$=1-(-2b-1)^2-4b^2+4(-2b-1)b$

$=1-4b^2-4b-1-4b^2-8b^2-4b=-16b^2-8b$

$=8b(-2b-1)=8ab$

**0273** 주어진 식을 $a$에 대하여 내림차순으로 정리하면

$ab^2+2ab+b^2+a+2b+1=(b^2+2b+1)a+b^2+2b+1$

$=(a+1)(b^2+2b+1)$

$=(a+1)(b+1)^2$

이때 $a$, $b$는 자연수이고 $275=5^2\times 11$이므로

$a+1=11,\ b+1=5$

$\therefore a=10,\ b=4$

$\therefore a-b=10-4=6$

답 6

**0274** 주어진 식을 $a$에 대하여 내림차순으로 정리하면

$-a^2b+a^2c+ab^2-ac^2-b^2c+bc^2$

$=-(b-c)a^2+(b^2-c^2)a-b^2c+bc^2$

$=-(b-c)a^2+(b+c)(b-c)a-bc(b-c)$

$=-(b-c)\{a^2-(b+c)a+bc\}$

$=-(b-c)(a-b)(a-c) \qquad \cdots\cdots$ ㉠

이때 $a-b=5-\sqrt{3}$, $b-c=5+\sqrt{3}$을 변끼리 더하면

$a-c=10$

따라서 ㉠에서 구하는 식의 값은

$-(5+\sqrt{3})\times(5-\sqrt{3})\times 10=-220$

답 $-220$

**0275** $x=2027$로 놓으면

$\dfrac{2027^3+2027^2-3\times 2027-6}{2025}$

$=\dfrac{x^3+x^2-3x-6}{x-2} \qquad \cdots\cdots$ ㉠

$f(x)=x^3+x^2-3x-6$이라 하면

$f(2)=8+4-6-6=0$

조립제법을 이용하여 $f(x)$를 인수분해하면

$$\begin{array}{r|rrrr} 2 & 1 & 1 & -3 & -6 \\ & & 2 & 6 & 6 \\ \hline & 1 & 3 & 3 & 0 \end{array}$$

$f(x)=(x-2)(x^2+3x+3)$

따라서 ㉠에서

(주어진 식)$=\dfrac{(x-2)(x^2+3x+3)}{x-2}$

$=x^2+3x+3$

$=x(x+3)+3$

$=2027\times(2027+3)+3$

$=2027\times 2030+3$

$2027\times 2030$의 일의 자리의 숫자는 0이므로 구하는 일의 자리의 숫자는

$0+3=3$

답 ②

**0276** $f(x)=x^4+ax^3+bx^2-4x-4$라 하면 $f(x)$가 $x-1$, $x-2$를 인수로 가지므로

$f(1)=0,\ f(2)=0$

$1+a+b-4-4=0,\ 16+8a+4b-8-4=0$

$\therefore a+b=7,\ 2a+b=-1$

두 식을 연립하여 풀면

$a=-8,\ b=15$ $\cdots$ 1단계

즉 $f(x)=x^4-8x^3+15x^2-4x-4$이므로 조립제법을 이용하여 $f(x)$를 인수분해하면

$$\begin{array}{r|rrrrr} 1 & 1 & -8 & 15 & -4 & -4 \\ & & 1 & -7 & 8 & 4 \\ \hline 2 & 1 & -7 & 8 & 4 & 0 \\ & & 2 & -10 & -4 & \\ \hline & 1 & -5 & -2 & 0 & \end{array}$$

$f(x)=(x-1)(x-2)(x^2-5x-2)$

따라서 $Q(x)=x^2-5x-2$이므로 $\cdots$ 2단계

$Q(-3)=22$ $\cdots$ 3단계

답 22

03 인수분해

| 채점 요소 | | 비율 |
|---|---|---|
| 1단계 | $a$, $b$의 값 구하기 | 50 % |
| 2단계 | $Q(x)$ 구하기 | 40 % |
| 3단계 | $Q(-3)$의 값 구하기 | 10 % |

**0277** $ab(a+b)-bc(b+c)+ca(a-c)=0$에서 좌변을 $a$에 대하여 내림차순으로 정리하면

$$ab(a+b)-bc(b+c)+ca(a-c)$$
$$=a^2b+ab^2-b^2c-bc^2+ca^2-c^2a$$
$$=(b+c)a^2+(b^2-c^2)a-b^2c-bc^2$$
$$=(b+c)a^2+(b+c)(b-c)a-bc(b+c)$$
$$=(b+c)\{a^2+(b-c)a-bc\}$$
$$=(b+c)(a+b)(a-c)$$
$$\therefore (b+c)(a+b)(a-c)=0$$ … 1단계

이때 $b+c>0$, $a+b>0$이므로

$$a-c=0 \qquad \therefore a=c$$ … 2단계

$a=c$를 $a^2-ac+c^2=4$에 대입하면

$$a^2-a^2+a^2=4, \qquad a^2=4$$
$$\therefore a=2\ (\because a>0)$$

따라서 $c=a=2$이므로

$$a^3+c^3=2^3+2^3=16$$ … 3단계

답 **16**

| 채점 요소 | | 비율 |
|---|---|---|
| 1단계 | $ab(a+b)-bc(b+c)+ca(a-c)=0$의 좌변을 인수분해하기 | 50 % |
| 2단계 | $a=c$임을 알기 | 20 % |
| 3단계 | $a^3+c^3$의 값 구하기 | 30 % |

**0278** 전략 $x=\sqrt{5}$, $y=\sqrt{2}$로 놓고 정육면체의 부피를 $x$, $y$에 대한 식으로 나타낸 후 인수분해한다.

$x=\sqrt{5}$, $y=\sqrt{2}$라 하면 A 상자의 부피는 $x^3$, B 상자의 부피는 $x^2y$, C 상자의 부피는 $xy^2$, D 상자의 부피는 $y^3$이다.

따라서 A 상자 1개, B 상자 6개, C 상자 12개, D 상자 8개를 빈틈없이 쌓아서 만든 정육면체의 부피는

$$x^3+6x^2y+12xy^2+8y^3=(x+2y)^3$$

즉 정육면체의 한 모서리의 길이는

$$x+2y=\sqrt{5}+2\sqrt{2}$$

이므로 $\quad a=2$, $b=1$

$$\therefore a+b=2+1=3$$

답 **3**

**0279** 전략 인수분해를 이용하여 주어진 등식에서 $a$, $b$, $c$ 사이의 관계식을 구한다.

$a^3+b^3+c^3=3abc$에서

$$a^3+b^3+c^3-3abc=0$$
$$(a+b+c)(a^2+b^2+c^2-ab-bc-ca)=0$$
$$\therefore \frac{1}{2}(a+b+c)\{(a-b)^2+(b-c)^2+(c-a)^2\}=0$$

이때 $a$, $b$, $c$는 삼각형의 세 변의 길이이므로

$$a+b+c>0$$

즉 $(a\quad b)^2+(b-c)^2+(c-a)^2=0$이므로

$$a=b=c$$

따라서 주어진 조건을 만족시키는 삼각형은 정삼각형이고, 정삼각형의 둘레의 길이가 6이므로 한 변의 길이는 2이다.

즉 구하는 넓이는

$$\frac{\sqrt{3}}{4}\times 2^2=\sqrt{3}$$

답 $\sqrt{3}$

**RPM 비법노트**

한 변의 길이가 $x$인 정삼각형의 높이를 $h$, 넓이를 $S$라 하면

(1) $h=\frac{\sqrt{3}}{2}x$ (2) $S=\frac{\sqrt{3}}{4}x^2$

# 04 복소수

## 교과서 문제 정복하기

본책 045쪽

**0280** 답 실수부분: $0$, 허수부분: $4$

**0281** 답 실수부분: $1+\sqrt{2}$, 허수부분: $0$

**0282** 답 실수부분: $-5$, 허수부분: $\sqrt{3}$

**0283** 답 실수부분: $\frac{3}{2}$, 허수부분: $-\frac{1}{2}$

**0284** 복소수 $a+bi$ ($a$, $b$는 실수)에서
(1) $b=0$이면 실수이다.
ㄷ. $4i^2=-4$
따라서 실수는 ㄷ, ㅁ, ㅂ이다.
(2) $b\neq0$이면 허수이므로 허수는 ㄱ, ㄴ, ㄹ이다.
(3) $a=0$, $b\neq0$이면 순허수이므로 순허수는 ㄱ, ㄴ이다.
답 (1) ㄷ, ㅁ, ㅂ (2) ㄱ, ㄴ, ㄹ (3) ㄱ, ㄴ

**0285** $3x+(y-1)i=6-i$에서
$3x=6$, $y-1=-1$
$\therefore x=2$, $y=0$ 답 $x=2$, $y=0$

**0286** $(x+1)+(y-1)i=2+4i$에서
$x+1=2$, $y-1=4$
$\therefore x=1$, $y=5$ 답 $x=1$, $y=5$

**0287** $(x-y)+(3x-2y)i=2i$에서
$x-y=0$, $3x-2y=2$
두 식을 연립하여 풀면
$x=2$, $y=2$ 답 $x=2$, $y=2$

**0288** 답 $-5-7i$

**0289** 답 $-3i-1$

**0290** 답 $-i$
참고 | 순허수 $bi$의 켤레복소수는 $-bi$이다.

**0291** 답 $7$
참고 | 실수 $a$의 켤레복소수는 $a$이다.

**0292** $(5+i)+(-2+6i)=(5-2)+(1+6)i$
$=3+7i$ 답 $3+7i$

**0293** $(7+2i)-(4-3i)=(7-4)+(2+3)i$
$=3+5i$ 답 $3+5i$

**0294** $(3+4i)(1-2i)=3-6i+4i-8i^2$
$=3-6i+4i+8$
$=11-2i$ 답 $11-2i$

**0295** $\frac{5-3i}{1+i}=\frac{(5-3i)(1-i)}{(1+i)(1-i)}=\frac{5-5i-3i+3i^2}{1-i^2}$
$=\frac{2-8i}{2}=1-4i$ 답 $1-4i$

**0296** $i^{25}=(i^4)^6\times i=i$ 답 $i$

**0297** $(-i)^5=-i^5=-i^4\times i=-i$ 답 $-i$

**0298** $-i^7=-i^4\times i^3=-(-i)=i$ 답 $i$

**0299** $i^{100}+i^{200}=(i^4)^{25}+(i^4)^{50}=1+1=2$ 답 $2$

**0300** $\sqrt{-3}=\sqrt{3}i$ 답 $\sqrt{3}i$

**0301** $\sqrt{-25}=\sqrt{25}i=5i$ 답 $5i$

**0302** $-\sqrt{-32}=-\sqrt{32}i=-4\sqrt{2}i$ 답 $-4\sqrt{2}i$

**0303** $\pm\sqrt{-1}=\pm i$ 답 $\pm i$

**0304** $\pm\sqrt{-8}=\pm\sqrt{8}i=\pm2\sqrt{2}i$ 답 $\pm2\sqrt{2}i$

**0305** $\sqrt{-2}\sqrt{-8}=\sqrt{2}i\times\sqrt{8}i=\sqrt{16}i^2=-4$ 답 $-4$
다른 풀이 $-2<0$, $-8<0$이므로
$\sqrt{-2}\sqrt{-8}=-\sqrt{(-2)\times(-8)}=-\sqrt{16}=-4$

**0306** $\frac{\sqrt{15}}{\sqrt{-3}}=\frac{\sqrt{15}}{\sqrt{3}i}=\frac{\sqrt{15}i}{\sqrt{3}i^2}=-\sqrt{5}i$ 답 $-\sqrt{5}i$
다른 풀이 $15>0$, $-3<0$이므로
$\frac{\sqrt{15}}{\sqrt{-3}}=-\sqrt{\frac{15}{-3}}=-\sqrt{-5}=-\sqrt{5}i$

**0307** $\frac{\sqrt{-12}}{\sqrt{-4}}=\frac{\sqrt{12}i}{\sqrt{4}i}=\sqrt{3}$ 답 $\sqrt{3}$

**0308** $\sqrt{-3}\sqrt{-6}-\frac{\sqrt{8}}{\sqrt{-16}}=\sqrt{3}i\times\sqrt{6}i-\frac{2\sqrt{2}}{4i}$
$=\sqrt{18}i^2-\frac{\sqrt{2}i}{2i^2}$
$=-3\sqrt{2}+\frac{\sqrt{2}}{2}i$
답 $-3\sqrt{2}+\frac{\sqrt{2}}{2}i$

## 유형 익히기

• 본책 046~052쪽

**0309** ① 모든 실수는 복소수이므로 0도 복소수이다.
② $3-2i$의 실수부분은 3이고 허수부분은 $-2$이다.
⑤ $-9$의 제곱근은 $\pm\sqrt{-9}=\pm 3i$이다.

답 ③, ④

**0310** $1+\sqrt{-4}=1+2i$, $i^2+1=-1+1=0$
따라서 허수는 $3i$, $1+\sqrt{-4}$, $2-5i$의 3개이다. 답 **3**

**0311** $(1+2i)(4-5i)+\dfrac{-1+3i}{1+i}$
$=4-5i+8i-10i^2+\dfrac{(-1+3i)(1-i)}{(1+i)(1-i)}$
$=14+3i+\dfrac{-1+i+3i-3i^2}{1-i^2}=14+3i+\dfrac{2+4i}{2}$
$=14+3i+1+2i=15+5i$
따라서 $a=15$, $b=5$이므로
$a+b=15+5=20$ 답 **20**

**0312** $3(1+4i)+(4-5i)-7(2-i)$
$=3+12i+4-5i-14+7i$
$=-7+14i$ 답 $\boldsymbol{-7+14i}$

**0313** $(2+\sqrt{3}i)^2+(2-\sqrt{3}i)^2$
$=(4+4\sqrt{3}i+3i^2)+(4-4\sqrt{3}i+3i^2)$
$=1+4\sqrt{3}i+1-4\sqrt{3}i$
$=2$ 답 ②

**0314** $z_1=\dfrac{1}{(1+i)^2}=\dfrac{1}{1+2i+i^2}=\dfrac{1}{2i}=-\dfrac{i}{2}$
$z_2=\dfrac{3+\sqrt{2}i}{\sqrt{2}-3i}=\dfrac{(3+\sqrt{2}i)(\sqrt{2}+3i)}{(\sqrt{2}-3i)(\sqrt{2}+3i)}$
$=\dfrac{3\sqrt{2}+9i+2i+3\sqrt{2}i^2}{2-9i^2}=\dfrac{11i}{11}=i$
$\therefore z_1z_2=-\dfrac{i}{2}\times i=\dfrac{1}{2}$ 답 ③

**0315** $(3-i)*(2+5i)$
$=2(3-i)(2+5i)-(3-i)+(2+5i)$ … 1단계
$=2(6+15i-2i-5i^2)-3+i+2+5i$
$=2(11+13i)-1+6i$
$=22+26i-1+6i$
$=21+32i$ … 2단계
따라서 구하는 실수부분은 21이다. … 3단계
답 **21**

| 채점 요소 | 비율 |
|---|---|
| 1단계 주어진 식을 사칙연산으로 나타내기 | 20 % |
| 2단계 $(3-i)*(2+5i)$를 계산하기 | 60 % |
| 3단계 실수부분 구하기 | 20 % |

**0316** $x=\dfrac{1+\sqrt{2}i}{3}$에서 $3x=1+\sqrt{2}i$
$3x-1=\sqrt{2}i$
양변을 제곱하면 $9x^2-6x+1=-2$
$9x^2-6x=-3$ $\therefore 3x^2-2x=-1$
$\therefore 6x^2-4x+3=2(3x^2-2x)+3$
$=2\times(-1)+3=1$
답 **1**

**다른 풀이** $6x^2-4x+3=6\times\left(\dfrac{1+\sqrt{2}i}{3}\right)^2-4\times\dfrac{1+\sqrt{2}i}{3}+3$
$=6\times\dfrac{-1+2\sqrt{2}i}{9}-\dfrac{4}{3}-\dfrac{4\sqrt{2}i}{3}+3$
$=-\dfrac{2}{3}+\dfrac{4\sqrt{2}i}{3}-\dfrac{4}{3}-\dfrac{4\sqrt{2}i}{3}+3$
$=1$

**0317** $z=4+\sqrt{5}i$에서 $z-4=\sqrt{5}i$
양변을 제곱하면 $z^2-8z+16=-5$
$\therefore z^2-8z=-21$ 답 ①

**0318** $z=\dfrac{3-i}{1-i}=\dfrac{(3-i)(1+i)}{(1-i)(1+i)}=\dfrac{4+2i}{2}=2+i$에서
$z-2=i$
양변을 제곱하면 $z^2-4z+4=-1$
$\therefore z^2-4z+5=0$
$\therefore z^3-4z^2+5z+3=z(z^2-4z+5)+3$
$=z\times 0+3=3$ 답 ③

**0319** $x^2=1-2i$에서 $x^2-1=-2i$
양변을 제곱하면 $x^4-2x^2+1=-4$
$\therefore x^4-2x^2=-5$
$x\neq 0$이므로 양변을 $x$로 나누면 $x^3-2x=-\dfrac{5}{x}$
$\therefore x^3-2x+\dfrac{5}{x}=0$
$\therefore x^4+x^3-2x^2-2x+\dfrac{5}{x}$
$=(x^4-2x^2)+\left(x^3-2x+\dfrac{5}{x}\right)$
$=-5+0$
$=-5$ 답 $\boldsymbol{-5}$

**0320** $\dfrac{y}{x}+\dfrac{x}{y}=\dfrac{x^2+y^2}{xy}=\dfrac{(x+y)^2-2xy}{xy}$ …… ㉠
이때 $x=3+i$, $y=3-i$에서
$x+y=(3+i)+(3-i)=6$
$xy=(3+i)(3-i)=10$
따라서 ㉠에서
$\dfrac{y}{x}+\dfrac{x}{y}=\dfrac{6^2-2\times 10}{10}=\dfrac{8}{5}$ 답 ⑤

**RPM 비법 노트**

**곱셈 공식의 변형**

(1) $a^2+b^2=(a+b)^2-2ab=(a-b)^2+2ab$

(2) $a^3+b^3=(a+b)^3-3ab(a+b)$

(3) $a^3-b^3=(a-b)^3+3ab(a-b)$

**다른 풀이** $\frac{y}{x}+\frac{x}{y}=\frac{3-i}{3+i}+\frac{3+i}{3-i}$

$=\frac{(3-i)^2+(3+i)^2}{(3+i)(3-i)}$

$=\frac{8-6i+8+6i}{10}=\frac{8}{5}$

**0321** $\frac{z+1}{z}-\frac{\bar{z}-1}{\bar{z}}=\frac{\bar{z}(z+1)-z(\bar{z}-1)}{z\bar{z}}$

$=\frac{z\bar{z}+\bar{z}-z\bar{z}+z}{z\bar{z}}$

$=\frac{z+\bar{z}}{z\bar{z}}$ …… ㉠

이때 $z=4-3i$에서 $\bar{z}=4+3i$이므로

$z+\bar{z}=(4-3i)+(4+3i)=8$

$z\bar{z}=(4-3i)(4+3i)=25$

따라서 ㉠에서

$\frac{z+1}{z}-\frac{\bar{z}-1}{\bar{z}}=\frac{8}{25}$ 답 $\frac{8}{25}$

**0322** $x^3-x^2y-xy^2+y^3$

$=x^2(x-y)-y^2(x-y)$

$=(x^2-y^2)(x-y)$

$=(x+y)(x-y)^2$ …… ㉠

이때 $x=\frac{5}{1+2i}=\frac{5(1-2i)}{(1+2i)(1-2i)}=1-2i$,

$y=\frac{5}{1-2i}=\frac{5(1+2i)}{(1-2i)(1+2i)}=1+2i$이므로

$x+y=(1-2i)+(1+2i)=2$

$x-y=(1-2i)-(1+2i)=-4i$

따라서 ㉠에서

$x^3-x^2y-xy^2+y^3=2\times(-4i)^2=-32$ 답 $-32$

**0323** $xy=50$에서

$y=\frac{50}{x}=\frac{50}{7-i}=\frac{50(7+i)}{(7-i)(7+i)}=7+i$

따라서 $x-y=(7-i)-(7+i)=-2i$이므로

$x^3-y^3=(x-y)^3+3xy(x-y)$

$=(-2i)^3+3\times50\times(-2i)$

$=-292i$ 답 $-292i$

**0324** $x^2+(i-5)x-i+4=(x^2-5x+4)+(x-1)i$

이 복소수가 순허수가 되려면

$x^2-5x+4=0$, $x-1\neq0$

(i) $x^2-5x+4=0$에서 $(x-1)(x-4)=0$

$\therefore x=1$ 또는 $x=4$

(ii) $x-1\neq0$에서 $x\neq1$

(i), (ii)에서 $x=4$ 답 4

**0325** $z=i(x+i)^2=i(x^2+2xi-1)$

$=-2x+(x^2-1)i$ …… ㉠

$z$가 실수가 되려면

$x^2-1=0$, $(x+1)(x-1)=0$

$\therefore x=-1$ 또는 $x=1$

이때 음수 $x$의 값이 $a$이므로

$a=-1$

$x=-1$을 ㉠에 대입하면

$z=2$ $\therefore b=2$

$\therefore a-b=-1-2=-3$ 답 $-3$

**0326** $z^2$이 실수가 되려면 $z$는 실수 또는 순허수이어야 하므로

$a^2-3a+2=0$ 또는 $a^2+a-2=0$ … 1단계

(i) $a^2-3a+2=0$에서 $(a-1)(a-2)=0$

$\therefore a=1$ 또는 $a=2$

(ii) $a^2+a-2=0$에서 $(a+2)(a-1)=0$

$\therefore a=-2$ 또는 $a=1$

(i), (ii)에서 $a=-2$ 또는 $a=1$ 또는 $a=2$ … 2단계

따라서 구하는 모든 실수 $a$의 값의 합은

$-2+1+2=1$ … 3단계

답 1

| 채점 요소 | 비율 |
|---|---|
| 1단계 $z^2$이 실수가 되기 위한 조건 알기 | 30 % |
| 2단계 $z^2$이 실수가 되도록 하는 $a$의 값 구하기 | 50 % |
| 3단계 모든 실수 $a$의 값의 합 구하기 | 20 % |

**다른 풀이** $z^2=(a^2-3a+2)^2-(a^2+a-2)^2$

$+2(a^2-3a+2)(a^2+a-2)i$

$z^2$이 실수가 되려면

$2(a^2-3a+2)(a^2+a-2)=0$

$(a+2)(a-1)^2(a-2)=0$

$\therefore a=-2$ 또는 $a=1$ 또는 $a=2$

**0327** $z=(1+i)a^2+(3+i)a-(4+12i)$

$=(a^2+3a-4)+(a^2+a-12)i$

$z^2$이 양의 실수가 되려면 $z$는 0이 아닌 실수이어야 하므로

$a^2+3a-4\neq0$, $a^2+a-12=0$

(i) $a^2+3a-4\neq0$에서 $(a+4)(a-1)\neq0$

$\therefore a\neq-4$, $a\neq1$

(ii) $a^2+a-12=0$에서 $(a+4)(a-3)=0$

$\therefore a=-4$ 또는 $a=3$

(i), (ii)에서 $a=3$ 답 ④

**0328** $(3+2i)x+(2-3i)y=\overline{4-7i}$에서

$3x+2xi+2y-3yi=4+7i$

$\therefore (3x+2y)+(2x-3y)i=4+7i$

복소수가 서로 같을 조건에 의하여

$3x+2y=4,\ 2x-3y=7$

두 식을 연립하여 풀면 $x=2,\ y=-1$

$\therefore x+y=2+(-1)=1$

답 1

**0329** $\frac{x}{1-i}+\frac{y}{1+i}=\frac{x(1+i)+y(1-i)}{(1-i)(1+i)}$

$=\frac{x+xi+y-yi}{2}$

$=\frac{x+y}{2}+\frac{x-y}{2}i$

즉 $\frac{x+y}{2}+\frac{x-y}{2}i=10-7i$이므로

$(x+y)+(x-y)i=20-14i$

복소수가 서로 같을 조건에 의하여

$x+y=20,\ x-y=-14$

두 식을 연립하여 풀면 $x=3,\ y=17$

$\therefore 2x-y=2\times3-17=-11$

답 $-11$

**0330** $\overline{x-3xyi-5}=9i-y$에서

$\overline{(x-5)-3xyi}=9i-y$

$\therefore (x-5)+3xyi=9i-y$

복소수가 서로 같을 조건에 의하여

$x-5=-y,\ 3xy=9$

$\therefore x+y=5,\ xy=3$

$\therefore x^2+y^2=(x+y)^2-2xy$

$=5^2-2\times3=19$

답 19

**0331** $x^2+y^2i+2x+2yi-3-8i=0$에서

$(x^2+2x-3)+(y^2+2y-8)i=0$

복소수가 서로 같을 조건에 의하여

$x^2+2x-3=0,\ y^2+2y-8=0$

(i) $x^2+2x-3=0$에서 $(x+3)(x-1)=0$

$\therefore x=-3$ 또는 $x=1$

(ii) $y^2+2y-8=0$에서 $(y+4)(y-2)=0$

$\therefore y=-4$ 또는 $y=2$

(i), (ii)에서

$x+y=-7$ 또는 $x+y=-3$ 또는

$x+y=-1$ 또는 $x+y=3$

따라서 $x+y$의 값이 될 수 없는 것은 ②이다.

답 ②

**0332** $z=a+bi$ ($a$, $b$는 실수)라 하면 $\bar{z}=a-bi$이다.

ㄱ. $z\bar{z}=(a+bi)(a-bi)=a^2+b^2=0$에서

$a=0,\ b=0$ $\therefore z=0$ (참)

ㄴ. $\bar{z}=a-bi$가 순허수이면 $a=0,\ b\neq0$

따라서 $z=bi$이므로 $z$도 순허수이다. (참)

ㄷ. $\frac{1}{z}+\frac{1}{\bar{z}}=\frac{1}{a+bi}+\frac{1}{a-bi}$

$=\frac{a-bi+a+bi}{(a+bi)(a-bi)}=\frac{2a}{a^2+b^2}$

이므로 실수이다. (거짓)

이상에서 옳은 것은 ㄱ, ㄴ이다.

답 ㄱ, ㄴ

**0333** $\bar{z}=-z$에서 $z$는 순허수 또는 0이다.

④ $z=i(1-i)=i+1$

⑤ $z=(\sqrt{5}i-1)i^2=-\sqrt{5}i+1$

따라서 조건을 만족시키는 복소수 $z$는 ②이다.

답 ②

**0334** $z=\bar{z}$이고 $z\neq0$이므로 $z$는 0이 아닌 실수이다.

$z=(x^2-4)+(x^2-x-2)i$에서

$x^2-4\neq0,\ x^2-x-2=0$

(i) $x^2-4\neq0$에서 $(x+2)(x-2)\neq0$

$\therefore x\neq-2,\ x\neq2$

(ii) $x^2-x-2=0$에서 $(x+1)(x-2)=0$

$\therefore x=-1$ 또는 $x=2$

(i), (ii)에서 $x=-1$

답 $-1$

**0335** $z=a+bi$ ($a$, $b$는 실수)라 하면 $\bar{z}=a-bi$

$(1+i)z+3\bar{z}=10-i$에서

$(1+i)(a+bi)+3(a-bi)=10-i$

$a+bi+ai-b+3a-3bi=10-i$

$\therefore (4a-b)+(a-2b)i=10-i$

복소수가 서로 같을 조건에 의하여

$4a-b=10,\ a-2b=-1$

두 식을 연립하여 풀면 $a=3,\ b=2$

$\therefore z=3+2i$

답 $3+2i$

**0336** $z=a+bi$ ($a$, $b$는 실수)라 하면 $\bar{z}=a-bi$

$(3+i)\bar{z}+(3-i)z=16$에서

$(3+i)(a-bi)+(3-i)(a+bi)=16$

$3a-3bi+ai+b+3a+3bi-ai+b=16$

$6a+2b=16$ $\therefore 3a+b=8$

ㄱ. $a=3,\ b=-1$이므로 $3a+b=8$

ㄴ. $a=-2,\ b=14$이므로 $3a+b=8$

ㄷ. $a=2,\ b=-1$이므로 $3a+b=5$

이상에서 복소수 $z$가 될 수 있는 것은 ㄱ, ㄴ이다.

답 ④

**0337** $z=a+bi$ ($a$, $b$는 실수)라 하면

$\bar{z}=a-bi$ … 1단계

$z\bar{z}=7$에서 $(a+bi)(a-bi)=7$

$\therefore a^2+b^2=7$ …… ㉠

또 $\bar{z}=\frac{7}{z}$이므로 $z+\frac{7}{z}=4$에서 $z+\bar{z}=4$

$(a+bi)+(a-bi)=4,$ $2a=4$

$\therefore a=2$

$a=2$를 ㉠에 대입하면

$4+b^2=7,\quad b^2=3\quad \therefore b=\pm\sqrt{3}$ … 2단계

$\therefore z=2\pm\sqrt{3}i$ … 3단계

답 $2\pm\sqrt{3}i$

| | 채점 요소 | 비율 |
|---|---|---|
| 1단계 | $z=a+bi$로 놓고 $\bar{z}$ 구하기 | 20 % |
| 2단계 | $a$, $b$의 값 구하기 | 60 % |
| 3단계 | 복소수 $z$를 모두 구하기 | 20 % |

**0338** $z=a+bi$ ($a$, $b$는 실수)라 하면

$z-zi=(a+bi)-(a+bi)i=a+bi-ai+b$
$=(a+b)+(b-a)i$

이므로 $\overline{z-zi}=(a+b)-(b-a)i$

$\therefore (a+b)-(b-a)i=2+i$

복소수가 서로 같을 조건에 의하여

$a+b=2,\ -(b-a)=1$

두 식을 연립하여 풀면 $a=\frac{3}{2},\ b=\frac{1}{2}$

따라서 $z=\frac{3}{2}+\frac{1}{2}i$이므로

$2z-i=2\left(\frac{3}{2}+\frac{1}{2}i\right)-i=3$

답 3

**0339** $i+i^2+i^3+i^4+\cdots+i^{3002}$

$=(i+i^2+i^3+i^4)+\cdots$
$+(i^{2997}+i^{2998}+i^{2999}+i^{3000})+i^{3001}+i^{3002}$
$=(i-1-i+1)+\cdots+(i-1-i+1)+i-1$
$=i-1$

답 ④

**0340** $i+2i^2+3i^3+\cdots+49i^{49}+50i^{50}$

$=(i+2i^2+3i^3+4i^4)+\cdots$
$+(45i^{45}+46i^{46}+47i^{47}+48i^{48})+49i^{49}+50i^{50}$
$=(i-2-3i+4)+\cdots+(45i-46-47i+48)+49i-50$
$=(2-2i)+\cdots+(2-2i)+49i-50$
$=12(2-2i)+49i-50$
$=-26+25i$

따라서 $x=-26,\ y=25$이므로

$x+y=-26+25=-1$

답 $-1$

**0341** $x=1+\frac{1}{i}+\frac{1}{i^2}+\frac{1}{i^3}+\cdots+\frac{1}{i^{10}}$

$=\left(1+\frac{1}{i}+\frac{1}{i^2}+\frac{1}{i^3}\right)+\left(\frac{1}{i^4}+\frac{1}{i^5}+\frac{1}{i^6}+\frac{1}{i^7}\right)$
$+\frac{1}{i^8}+\frac{1}{i^9}+\frac{1}{i^{10}}$
$=\left(1+\frac{1}{i}-1-\frac{1}{i}\right)+\left(1+\frac{1}{i}-1-\frac{1}{i}\right)+1+\frac{1}{i}-1$
$=\frac{1}{i}=-i$

$\therefore x+\frac{2}{x}=-i+\frac{2}{-i}=-i+2i=i$

답 ⑤

**0342** $\frac{1}{i}-\frac{2}{i^2}+\frac{3}{i^3}-\frac{4}{i^4}+\cdots+\frac{101}{i^{101}}-\frac{102}{i^{102}}$

$=\left(\frac{1}{i}-\frac{2}{i^2}+\frac{3}{i^3}-\frac{4}{i^4}\right)+\cdots$
$+\left(\frac{97}{i^{97}}-\frac{98}{i^{98}}+\frac{99}{i^{99}}-\frac{100}{i^{100}}\right)+\frac{101}{i^{101}}-\frac{102}{i^{102}}$
$=\left(\frac{1}{i}+2-\frac{3}{i}-4\right)+\cdots$
$+\left(\frac{97}{i}+98-\frac{99}{i}-100\right)+\frac{101}{i}+102$
$=\left(-2-\frac{2}{i}\right)+\cdots+\left(-2-\frac{2}{i}\right)+\frac{101}{i}+102$
$=25\left(-2-\frac{2}{i}\right)+\frac{101}{i}+102$
$=52+\frac{51}{i}=52-51i$

따라서 $a=52,\ b=-51$이므로

$a-b=52-(-51)=103$

답 103

**0343** $\frac{1+i}{1-i}=\frac{(1+i)^2}{(1-i)(1+i)}=\frac{2i}{2}=i$

$\frac{1-i}{1+i}=\frac{(1-i)^2}{(1+i)(1-i)}=\frac{-2i}{2}=-i$

$\therefore \left(\frac{1+i}{1-i}\right)^{2051}-\left(\frac{1-i}{1+i}\right)^{2051}=i^{2051}-(-i)^{2051}$
$=i^{2051}+i^{2051}=2i^{2051}$
$=2\times(i^4)^{512}\times i^3$
$=-2i$

답 ①

**0344** $(1-i)^{30}=\{(1-i)^2\}^{15}=(-2i)^{15}$
$=(-2)^{15}\times(i^4)^3\times i^3=2^{15}i$

$(1+i)^{30}=\{(1+i)^2\}^{15}=(2i)^{15}$
$=2^{15}\times(i^4)^3\times i^3=-2^{15}i$

$\therefore (1-i)^{30}+(1+i)^{30}=2^{15}i+(-2^{15}i)=0$

답 0

**0345** $z^2=\left(\frac{1-i}{\sqrt{2}}\right)^2=\frac{-2i}{2}=-i$이므로

$1+z^2+z^4+z^6+z^8=1+z^2+(z^2)^2+(z^2)^3+(z^2)^4$
$=1-i+(-i)^2+(-i)^3+(-i)^4$
$=1-i-1+i+1=1$

답 1

다른 풀이 $z^2=-i$이므로

$z^4=(z^2)^2=(-i)^2=-1$

$\therefore 1+z^2+z^4+z^6+z^8=(1+z^2)+z^4(1+z^2)+z^8$
$=(1+z^2)-(1+z^2)+z^8$
$=z^8=(z^4)^2$
$=(-1)^2=1$

**0346** $\frac{1-i}{1+i}=\frac{(1-i)^2}{(1+i)(1-i)}=\frac{-2i}{2}=-i$

$\frac{1+i}{1-i}=\frac{(1+i)^2}{(1-i)(1+i)}=\frac{2i}{2}=i$

$\therefore f\left(\frac{1-i}{1+i}\right)+f\left(\frac{1+i}{1-i}\right)$
$=f(-i)+f(i)$
$=\left(\frac{1-i}{1+i}\right)^{1002}+\left(\frac{1+i}{1-i}\right)^{1002}$
$=(-i)^{1002}+i^{1002}=i^{1002}+i^{1002}$
$=2i^{1002}=2\times(i^4)^{250}\times i^2$
$=-2$

답 ③

**0347** ① $\sqrt{-2}\sqrt{3}=\sqrt{2}i\times\sqrt{3}=\sqrt{6}i=\sqrt{-6}$
② $\sqrt{-2}\sqrt{-3}=\sqrt{2}i\times\sqrt{3}i=\sqrt{6}i^2=-\sqrt{6}$
③ $\frac{\sqrt{-2}}{\sqrt{3}}=\frac{\sqrt{2}i}{\sqrt{3}}=\sqrt{\frac{2}{3}}i=\sqrt{-\frac{2}{3}}$
④ $\frac{\sqrt{-2}}{\sqrt{-3}}=\frac{\sqrt{2}i}{\sqrt{3}i}=\sqrt{\frac{2}{3}}$
⑤ $\frac{\sqrt{2}}{\sqrt{-3}}=\frac{\sqrt{2}}{\sqrt{3}i}=\frac{\sqrt{2}i}{\sqrt{3}i^2}=-\sqrt{\frac{2}{3}}i=-\sqrt{-\frac{2}{3}}$

답 ⑤

참고 | $a<0$, $b<0$ 이외의 경우에는 $\sqrt{a}\sqrt{b}=\sqrt{ab}$
$a>0$, $b<0$ 이외의 경우에는 $\frac{\sqrt{a}}{\sqrt{b}}=\sqrt{\frac{a}{b}}$ (단, $b\neq0$)

**0348** $\frac{\sqrt{32}}{\sqrt{-2}}+\frac{\sqrt{-48}}{\sqrt{-4}}+\sqrt{-2}\sqrt{-6}$
$=-\sqrt{\frac{32}{-2}}+\sqrt{\frac{-48}{-4}}-\sqrt{12}$
$=-4i+2\sqrt{3}-2\sqrt{3}$
$=-4i$ … 1단계
따라서 $-4i=a+bi$이므로 복소수가 서로 같을 조건에 의하여
$a=0$, $b=-4$ … 2단계
$\therefore a-b=0-(-4)=4$ … 3단계

답 4

| 채점 요소 | | 비율 |
|---|---|---|
| 1단계 | 주어진 등식의 좌변을 간단히 하기 | 70 % |
| 2단계 | $a$, $b$의 값 구하기 | 20 % |
| 3단계 | $a-b$의 값 구하기 | 10 % |

**0349** $(\sqrt{3}+\sqrt{-3})(2\sqrt{3}-\sqrt{-3})+\sqrt{-3}\sqrt{-27}+\frac{\sqrt{27}}{\sqrt{-3}}$
$=(\sqrt{3}+\sqrt{3}i)(2\sqrt{3}-\sqrt{3}i)-\sqrt{81}-\sqrt{\frac{27}{-3}}$
$=6-3i+6i+3-9-3i=0$

답 0

**0350** $-2<x<2$이므로
$x+2>0$, $x-2<0$, $2-x>0$, $-2-x<0$
$\therefore \sqrt{x+2}\times\sqrt{x-2}\times\sqrt{2-x}\times\sqrt{-2-x}$
$=\sqrt{x+2}\times\sqrt{2-x}\,i\times\sqrt{2-x}\times\sqrt{x+2}\,i$
$=-\sqrt{(x+2)^2(2-x)^2}$
$=-\sqrt{\{(x+2)(2-x)\}^2}$
$=-|(x+2)(2-x)|$
이때 $(x+2)(2-x)>0$이므로
(주어진 식)$=-(x+2)(2-x)=x^2-4$

답 $x^2-4$

**0351** $\frac{\sqrt{a}}{\sqrt{b}}=-\sqrt{\frac{a}{b}}$이므로 $a>0$, $b<0$
따라서 $a-b>0$이므로
$\sqrt{(a-b)^2}-2|a|+\sqrt{b^2}=|a-b|-2|a|+|b|$
$=a-b-2a-b$
$=-a-2b$

답 $-a-2b$

**0352** $\frac{\sqrt{4-a}}{\sqrt{1-a}}=-\sqrt{\frac{4-a}{1-a}}$이므로
$4-a>0$, $1-a<0$
따라서 $a-1>0$, $a-4<0$이므로
$\sqrt{(a-1)^2}+|a-4|=|a-1|+|a-4|$
$=(a-1)-(a-4)=3$

답 3

**0353** $\sqrt{a}\sqrt{b}=-\sqrt{ab}$이므로 $a<0$, $b<0$
ㄱ. $\sqrt{ab^2}=|b|\sqrt{a}=-b\sqrt{a}$ (참)
ㄴ. $\frac{\sqrt{b}}{\sqrt{a}}=\sqrt{\frac{b}{a}}$ (거짓)
ㄷ. $\sqrt{a^2}\sqrt{b^2}=|a||b|=-a\times(-b)=ab$ (거짓)
ㄹ. $a+b<0$이므로
$|a+b|=-a-b$, $|a|+|b|=-a-b$
$\therefore |a+b|=|a|+|b|$ (참)
이상에서 옳은 것은 ㄱ, ㄹ이다.

답 ②

**0354** ㄱ. $\alpha=a+bi$ ($a$, $b$는 실수)라 하면
$\overline{\alpha}=a-bi$
이때 $\alpha=\overline{\alpha}$에서 $a+bi=a-bi$ $\therefore b=0$
따라서 $\alpha$는 실수이다. (참)
ㄴ. $\alpha=1$, $\beta=i$이면 $\alpha^2+\beta^2=0$이지만 $\alpha\neq0$, $\beta\neq0$이다. (거짓)
ㄷ. $\overline{(\alpha-i)(\beta+i)}=\overline{(\alpha-i)}\times\overline{(\beta+i)}$
$=(\overline{\alpha}+i)\times(\overline{\beta}-i)$
$=\overline{\alpha}\,\overline{\beta}-\overline{\alpha}i+\overline{\beta}i+1$
$=\overline{\alpha}\,\overline{\beta}-(\overline{\alpha}-\overline{\beta})i+1$ (거짓)
이상에서 옳은 것은 ㄱ뿐이다.

답 ㄱ

다른 풀이 ㄷ. $\overline{(\alpha-i)(\beta+i)}=\overline{\alpha\beta+\alpha i-\beta i+1}$
$=\overline{\alpha\beta}-\overline{\alpha}i+\overline{\beta}i+1$
$=\overline{\alpha}\,\overline{\beta}-(\overline{\alpha}-\overline{\beta})i+1$

**0355** $z=a+bi$, $w=c+di$ ($a$, $b$, $c$, $d$는 실수, $b\neq0$, $d\neq0$)라 하면
$z+w=(a+bi)+(c+di)=(a+c)+(b+d)i$
$zw=(a+bi)(c+di)=ac-bd+(ad+bc)i$
이때 $z+w$, $zw$가 모두 실수이므로
$b+d=0$, $ad+bc=0$

$b+d=0$에서 $d=-b$이므로 이것을 $ad+bc=0$에 대입하면

$-ab+bc=0$, $\quad -a+c=0$ ($\because b\neq 0$)

$\therefore c=a$

따라서 $w=a-bi$이므로 $z$와 $w$는 서로 켤레복소수이다.

$\therefore \overline{z}=w,\ \overline{w}=z$

ㄱ. $\overline{z-w}=\overline{z}-\overline{w}=w-z$이므로

$\overline{z-w}\neq z+w$ (거짓)

ㄴ. $\overline{z}-w=w-w=0$, $z-\overline{w}=z-z=0$이므로

$\overline{z}-w=z-\overline{w}$ (참)

ㄷ. $\overline{\left(\dfrac{w}{z}\right)}=\dfrac{\overline{w}}{\overline{z}}=\dfrac{z}{w}$ (참)

이상에서 옳은 것은 ㄴ, ㄷ이다.

답 ④

**0356** $\dfrac{1}{z^2-1}$이 실수이므로 $z^2-1$은 실수이다.

즉 $z^2-1=\overline{z^2-1}$이므로

$z^2-1=\overline{z}^2-1$, $\quad z^2-\overline{z}^2=0$

$\therefore (z+\overline{z})(z-\overline{z})=0$

$z$는 허수이므로 $\quad z\neq\overline{z}$

$\therefore z+\overline{z}=0$

답 ④

**0357** $\alpha\overline{\alpha}-\overline{\alpha}\beta-\alpha\overline{\beta}+\beta\overline{\beta}=\alpha(\overline{\alpha}-\overline{\beta})-\beta(\overline{\alpha}-\overline{\beta})$

$=(\alpha-\beta)(\overline{\alpha}-\overline{\beta})$

$=(\alpha-\beta)(\overline{\alpha-\beta})$ ⋯⋯ ㉠

이때 $\alpha=5-3i$, $\beta=3-2i$이므로

$\alpha-\beta=(5-3i)-(3-2i)=2-i$, $\overline{\alpha-\beta}=2+i$

따라서 ㉠에서

(주어진 식)$=(2-i)(2+i)=5$

답 **5**

**0358** $(z_1-1)(2z_2-1)=2z_1z_2-(z_1+2z_2)+1$ ⋯ ㉠

이때 $\overline{z_1}+2\overline{z_2}=\overline{z_1+2z_2}=2+5i$이므로

$z_1+2z_2=\overline{2+5i}=2-5i$

$\overline{z_1}\times\overline{z_2}=\overline{z_1z_2}=3-4i$이므로

$z_1z_2=\overline{3-4i}=3+4i$

따라서 ㉠에서

$(z_1-1)(2z_2-1)=2(3+4i)-(2-5i)+1$

$=6+8i-2+5i+1$

$=5+13i$

답 $\boldsymbol{5+13i}$

**0359** $\dfrac{1}{\alpha}+\dfrac{1}{\beta}=\dfrac{\beta+\alpha}{\alpha\beta}$ ⋯⋯ ㉠

$\overline{\alpha}+\beta=i$이므로 $\quad \alpha+\overline{\beta}=\overline{\overline{\alpha}+\beta}=\overline{i}=-i$

$\overline{\alpha}\beta=-1$이므로 $\quad \alpha\overline{\beta}=\overline{(\overline{\alpha}\beta)}=\overline{-1}=-1$

따라서 ㉠에서

$\dfrac{1}{\alpha}+\dfrac{1}{\overline{\beta}}=\dfrac{-i}{-1}=i$

답 ④

**0360** $z\overline{z}=2$에서 $\quad z=\dfrac{2}{\overline{z}}$

$w\overline{w}=2$에서 $\quad w=\dfrac{2}{\overline{w}}$

$\therefore \dfrac{1}{z}+\dfrac{1}{w}=\dfrac{\overline{z}}{2}+\dfrac{\overline{w}}{2}=\dfrac{\overline{z}+\overline{w}}{2}=\dfrac{\overline{z+w}}{2}$

$=\dfrac{\overline{2i}}{2}=\dfrac{-2i}{2}=-i$

답 $\boldsymbol{-i}$

## 시험에 꼭 나오는 문제

• 본책 053~054쪽

**0361** ① $(2-3i)+(5+4i)=7+i$

② $-3i-(-2+5i)=-3i+2-5i=2-8i$

③ $(1+i^2)(1-i^2)=(1-1)\times(1+1)=0$

④ $(5-i)^2=25-10i+i^2=24-10i$

⑤ $\dfrac{i}{2-i}=\dfrac{i(2+i)}{(2-i)(2+i)}=\dfrac{2i+i^2}{5}=-\dfrac{1}{5}+\dfrac{2}{5}i$

답 ⑤

**0362** $f(1, 3)+f(2, 6)+f(3, 9)+f(4, 12)+f(5, 15)$

$=\dfrac{1-3i}{1+3i}+\dfrac{2-6i}{2+6i}+\dfrac{3-9i}{3+9i}+\dfrac{4-12i}{4+12i}+\dfrac{5-15i}{5+15i}$

$=\dfrac{1-3i}{1+3i}+\dfrac{1-3i}{1+3i}+\dfrac{1-3i}{1+3i}+\dfrac{1-3i}{1+3i}+\dfrac{1-3i}{1+3i}$

$=5\times\dfrac{1-3i}{1+3i}=5\times\dfrac{(1-3i)^2}{(1+3i)(1-3i)}$

$=5\times\dfrac{1-6i+9i^2}{10}=\dfrac{-8-6i}{2}=-4-3i$

답 $\boldsymbol{-4-3i}$

**0363** $x^3-2x^2y-2xy^2+y^3$

$=x^3+y^3-2xy(x+y)$

$=(x+y)^3-3xy(x+y)-2xy(x+y)$

$=(x+y)^3-5xy(x+y)$ ⋯⋯ ㉠

이때 $x=\dfrac{1+\sqrt{3}i}{2}$, $y=\dfrac{1-\sqrt{3}i}{2}$에서

$x+y=\dfrac{1+\sqrt{3}i}{2}+\dfrac{1-\sqrt{3}i}{2}=1$

$xy=\dfrac{1+\sqrt{3}i}{2}\times\dfrac{1-\sqrt{3}i}{2}=\dfrac{4}{4}=1$

따라서 ㉠에서

(주어진 식)$=1^3-5\times1\times1=-4$

답 $\boldsymbol{-4}$

**0364** $z=(2+i)(x-i)=(2x+1)+(x-2)i$

(i) $z^2$이 양의 실수가 되려면 $z$는 0이 아닌 실수이어야 하므로

$2x+1\neq0$, $x-2=0 \quad \therefore x=2$

(ii) $z^2$이 음의 실수가 되려면 $z$는 순허수이어야 하므로

$2x+1=0$, $x-2\neq0 \quad \therefore x=-\dfrac{1}{2}$

04 복소수

(i), (ii)에서 $a=2$, $b=-\frac{1}{2}$이므로

$$\frac{a}{b}=2\times(-2)=-4$$

답 $-4$

**0365** $(1+2i)x+\frac{2-yi}{1-2i}$

$=x+2xi+\frac{(2-yi)(1+2i)}{(1-2i)(1+2i)}$

$=x+2xi+\frac{(2+2y)+(4-y)i}{5}$

$=\frac{5x+2y+2}{5}+\frac{10x-y+4}{5}i$

즉 $\frac{5x+2y+2}{5}+\frac{10x-y+4}{5}i=3-2i$이므로

$(5x+2y+2)+(10x-y+4)i=15-10i$

복소수가 서로 같을 조건에 의하여

$5x+2y+2=15$, $10x-y+4=-10$

$\therefore 5x+2y=13$, $10x-y=-14$

두 식을 연립하여 풀면

$x=-\frac{3}{5}$, $y=8$

$\therefore 5x+y=5\times\left(-\frac{3}{5}\right)+8=5$

답 5

**다른 풀이** $(1+2i)x+\frac{2-yi}{1-2i}=3-2i$에서

$(1+2i)(1-2i)x+2-yi=(3-2i)(1-2i)$

$\therefore 5x+2-yi=-1-8i$

복소수가 서로 같을 조건에 의하여

$5x+2=-1$, $-y=-8$

$\therefore x=-\frac{3}{5}$, $y=8$

**0366** $\bar{z}=-z$에서 $z$는 순허수 또는 0이어야 한다.

$z=x^2-(5-i)x+4-2i$

$=(x^2-5x+4)+(x-2)i$

에서 $x^2-5x+4=0$

$(x-1)(x-4)=0$ $\therefore x=1$ 또는 $x=4$

따라서 구하는 모든 실수 $x$의 값의 합은

$1+4=5$

답 ⑤

**0367** $z=a+bi$ ($a$, $b$는 실수)라 하면 $\bar{z}=a-bi$

$(1+i)z+2i\bar{z}=-1+3i$에서

$(1+i)(a+bi)+2i(a-bi)=-1+3i$

$a+bi+ai-b+2ai+2b=-1+3i$

$\therefore (a+b)+(3a+b)i=-1+3i$

복소수가 서로 같을 조건에 의하여

$a+b=-1$, $3a+b=3$

두 식을 연립하여 풀면 $a=2$, $b=-3$

$\therefore z=2-3i$

$\therefore z\bar{z}=(2-3i)(2+3i)=13$

답 13

**0368** $\left(\frac{1+i}{\sqrt{2}}\right)^{2n}=\left\{\left(\frac{1+i}{\sqrt{2}}\right)^2\right\}^n=\left(\frac{2i}{2}\right)^n=i^n$

따라서 $\left(\frac{1+i}{\sqrt{2}}\right)^{2n}=1$에서

$i^n=1$

$n$이 4의 배수일 때 $i^n=1$이므로 50 이하의 자연수 $n$은

4, 8, 12, ⋯, 48

의 12개이다.

답 12

**0369** $b<a<0$이므로

$a-b>0$, $b-a<0$, $-a>0$, $-b>0$

$\therefore \frac{\sqrt{a-b}}{\sqrt{b-a}}+\frac{\sqrt{a}}{\sqrt{-a}}+\frac{\sqrt{-b}}{\sqrt{b}}$

$=-\sqrt{\frac{a-b}{b-a}}+\sqrt{\frac{a}{-a}}-\sqrt{\frac{-b}{b}}$

$=-\sqrt{-1}+\sqrt{-1}-\sqrt{-1}$

$=-i+i-i$

$=-i$

답 ②

**0370** ㄱ. $\overline{z-w}=\bar{z}-\bar{w}$ (참)

ㄴ. $z=i$이면 $z^2=-1$이므로 $z^2$은 실수이지만

$(z-1)^2=(i-1)^2=-2i$

이므로 $(z-1)^2$은 허수이다. (거짓)

ㄷ. $z=\bar{w}$이면 $\bar{z}=\overline{(\bar{w})}=w$

$z=a+bi$ ($a$, $b$는 실수)라 하면 $w=a-bi$이므로

$z+w=(a+bi)+(a-bi)=2a$

$zw=(a+bi)(a-bi)=a^2+b^2$

따라서 $z+w$, $zw$는 모두 실수이다. (참)

이상에서 옳은 것은 ㄱ, ㄷ이다.

답 ③

**0371** $\bar{\alpha}^2-\bar{\beta}^2=4+2i$이므로

$(\bar{\alpha}+\bar{\beta})(\bar{\alpha}-\bar{\beta})=4+2i$

$\overline{(\alpha+\beta)(\alpha-\beta)}=4+2i$

$\therefore (\alpha+\beta)(\alpha-\beta)=\overline{4+2i}=4-2i$

이때 $\alpha+\beta=1+i$이므로

$(1+i)(\alpha-\beta)=4-2i$

$\therefore \alpha-\beta=\frac{4-2i}{1+i}=\frac{(4-2i)(1-i)}{(1+i)(1-i)}$

$=\frac{2-6i}{2}=1-3i$

즉 $\alpha+\beta=1+i$, $\alpha-\beta=1-3i$이므로 두 식을 연립하여 풀면

$\alpha=1-i$, $\beta=2i$

$\therefore 2\alpha+\beta=2(1-i)+2i=2$

답 2

**0372** $z=(1+i)x+(1-i)y-2+6i$

$=(x+y-2)+(x-y+6)i$

이므로

$\bar{z}=(x+y-2)-(x-y+6)i$ ⋯ 1단계

$z\bar{z}=0$에서

$$\{(x+y-2)+(x-y+6)i\}\{(x+y-2)-(x-y+6)i\}$$
$$=0$$
$$\therefore (x+y-2)^2+(x-y+6)^2=0$$

이때 $x$, $y$는 실수이므로

$$x+y-2=0,\ x-y+6=0$$
$$\therefore x+y=2,\ x-y=-6$$

두 식을 연립하여 풀면

$$x=-2,\ y=4$$ ··· 2단계

$$\therefore x^2+y^2=(-2)^2+4^2=20$$ ··· 3단계

답 **20**

| 채점 요소 | 비율 |
|---|---|
| 1단계 $\bar{z}$ 구하기 | 30 % |
| 2단계 $x$, $y$의 값 구하기 | 50 % |
| 3단계 $x^2+y^2$의 값 구하기 | 20 % |

**0373** $\sqrt{a}\sqrt{b}=-\sqrt{ab}$이므로 $a<0$, $b<0$

$\dfrac{\sqrt{d}}{\sqrt{c}}=-\sqrt{\dfrac{d}{c}}$이므로 $c<0$, $d>0$ ··· 1단계

따라서 $b+c<0$, $a-d<0$이므로

$$\sqrt{a^2}-|b|-\sqrt{c^2}+\sqrt{(b+c)^2}-|a-d|$$
$$=|a|-|b|-|c|+|b+c|-|a-d|$$
$$=-a+b+c-(b+c)+(a-d)$$
$$=-d$$ ··· 2단계

답 $-d$

| 채점 요소 | 비율 |
|---|---|
| 1단계 $a$, $b$, $c$, $d$의 부호 구하기 | 40 % |
| 2단계 주어진 식을 간단히 하기 | 60 % |

**0374** 전략 $z_2$, $z_3$, $z_4$, $z_5$, …를 각각 구하여 $z_n$의 실수부분과 허수부분을 추정한다.

$z_1=1+2i$이므로

$$z_2=\overline{z_1}+(1+i)=(1-2i)+(1+i)=2-i$$
$$z_3=\overline{z_2}+(1+i)=(2+i)+(1+i)=3+2i$$
$$z_4=\overline{z_3}+(1+i)=(3-2i)+(1+i)=4-i$$
$$z_5=\overline{z_4}+(1+i)=(4+i)+(1+i)=5+2i$$
$$\vdots$$

따라서 자연수 $n$에 대하여

$$z_n=\begin{cases} n+2i & (n\text{은 홀수}) \\ n-i & (n\text{은 짝수}) \end{cases}$$

$$\therefore z_{100}=100-i$$

답 $\boldsymbol{100-i}$

**0375** 전략 $\left(\dfrac{\sqrt{2}}{1+i}\right)^n$, $\left(\dfrac{\sqrt{3}+i}{2}\right)^n$의 규칙성을 파악하여 주어진 등식을 만족시키는 자연수 $n$의 조건을 구한다.

$z_1=\dfrac{\sqrt{2}}{1+i}$라 하면

$$z_1^{\,2}=\left(\frac{\sqrt{2}}{1+i}\right)^2=\frac{2}{2i}=-i$$
$$z_1^{\,3}=z_1^{\,2}\times z_1=-i\times\frac{\sqrt{2}}{1+i}=-i\times\frac{\sqrt{2}(1-i)}{(1+i)(1-i)}$$
$$=-\frac{\sqrt{2}(1+i)}{2}$$
$$z_1^{\,4}=(z_1^{\,2})^2=(-i)^2=-1$$
$$z_1^{\,5}=z_1^{\,4}\times z_1=-z_1=-\frac{\sqrt{2}}{1+i}$$
$$z_1^{\,6}=z_1^{\,4}\times z_1^{\,2}=-z_1^{\,2}=i$$
$$z_1^{\,7}=z_1^{\,4}\times z_1^{\,3}=-z_1^{\,3}=\frac{\sqrt{2}(1+i)}{2}$$
$$z_1^{\,8}=(z_1^{\,4})^2=(-1)^2=1$$
$$\vdots$$

$z_2=\dfrac{\sqrt{3}+i}{2}$라 하면

$$z_2^{\,2}=\left(\frac{\sqrt{3}+i}{2}\right)^2=\frac{2+2\sqrt{3}i}{4}=\frac{1+\sqrt{3}i}{2}$$
$$z_2^{\,3}=z_2^{\,2}\times z_2=\frac{1+\sqrt{3}i}{2}\times\frac{\sqrt{3}+i}{2}=\frac{4i}{4}=i$$
$$z_2^{\,4}=z_2^{\,3}\times z_2=i\times\frac{\sqrt{3}+i}{2}=\frac{\sqrt{3}i-1}{2}$$
$$z_2^{\,5}=z_2^{\,3}\times z_2^{\,2}=i\times\frac{1+\sqrt{3}i}{2}=\frac{i-\sqrt{3}}{2}$$
$$z_2^{\,6}=(z_2^{\,3})^2=i^2=-1$$
$$z_2^{\,7}=z_2^{\,6}\times z_2=-z_2=-\frac{\sqrt{3}+i}{2}$$
$$z_2^{\,8}=z_2^{\,6}\times z_2^{\,2}=-z_2^{\,2}=-\frac{1+\sqrt{3}i}{2}$$
$$z_2^{\,9}=z_2^{\,6}\times z_2^{\,3}=-z_2^{\,3}=-i$$
$$z_2^{\,10}=z_2^{\,6}\times z_2^{\,4}=-z_2^{\,4}=\frac{1-\sqrt{3}i}{2}$$
$$z_2^{\,11}=z_2^{\,6}\times z_2^{\,5}=-z_2^{\,5}=\frac{\sqrt{3}-i}{2}$$
$$z_2^{\,12}=(z_2^{\,6})^2=(-1)^2=1$$
$$\vdots$$

따라서 $\left(\dfrac{\sqrt{2}}{1+i}\right)^n+\left(\dfrac{\sqrt{3}+i}{2}\right)^n=2$, 즉 $z_1^{\,n}+z_2^{\,n}=2$를 만족시키려면 $z_1^{\,n}=1$, $z_2^{\,n}=1$이어야 한다.

이때 $z_1^{\,n}=1$이려면 $n$은 8의 배수이어야 하고, $z_2^{\,n}=1$이려면 $n$은 12의 배수이어야 하므로 구하는 자연수 $n$의 최솟값은 8과 12의 최소공배수인 24이다.

답 **24**

04 복소수

# 05 이차방정식

## 교과서 문제 정복하기

본책 057쪽

**0376** $x^2-5x+4=0$에서 $(x-1)(x-4)=0$

$\therefore x=1$ 또는 $x=4$

답 $x=1$ 또는 $x=4$

**0377** $10x^2-x-3=0$에서 $(2x+1)(5x-3)=0$

$\therefore x=-\frac{1}{2}$ 또는 $x=\frac{3}{5}$

답 $x=-\frac{1}{2}$ 또는 $x=\frac{3}{5}$

**0378** $x^2+3x+1=0$에서

$x=\frac{-3\pm\sqrt{3^2-4\times1\times1}}{2\times1}=\frac{-3\pm\sqrt{5}}{2}$

답 $x=\frac{-3\pm\sqrt{5}}{2}$

**0379** $x^2-8x+28=0$에서

$x=\frac{-(-4)\pm\sqrt{(-4)^2-1\times28}}{1}$

$=4\pm\sqrt{-12}=4\pm2\sqrt{3}i$

답 $x=4\pm2\sqrt{3}i$

**0380** $2x^2-7x-4=0$에서 $(2x+1)(x-4)=0$

$\therefore x=-\frac{1}{2}$ 또는 $x=4$

따라서 주어진 이차방정식의 근은 실근이다.

답 $x=-\frac{1}{2}$ 또는 $x=4$, 실근

**0381** $4x^2-12x+9=0$에서 $(2x-3)^2=0$

$\therefore x=\frac{3}{2}$

따라서 주어진 이차방정식의 근은 실근이다.

답 $x=\frac{3}{2}$, 실근

**0382** $x^2+2x+3=0$에서

$x=\frac{-1\pm\sqrt{1^2-1\times3}}{1}=-1\pm\sqrt{-2}=-1\pm\sqrt{2}i$

따라서 주어진 이차방정식의 근은 허근이다.

답 $x=-1\pm\sqrt{2}i$, 허근

**0383** 각 이차방정식의 판별식을 $D$라 하면

ㄱ. $D=(-5)^2-4\times1\times2=17>0$

ㄴ. $D=(-3)^2-4\times1\times5=-11<0$

ㄷ. $\frac{D}{4}=(-3)^2-1\times9=0$

ㄹ. $\frac{D}{4}=(-10)^2-4\times25=0$

ㅁ. $D=(-3)^2-4\times2\times2=-7<0$

ㅂ. $\frac{D}{4}=4^2-1\times4=12>0$

(1) 서로 다른 두 실근을 가지면 $D>0$이므로 ㄱ, ㅂ

(2) 중근(서로 같은 두 실근)을 가지면 $D=0$이므로 ㄷ, ㄹ

(3) 서로 다른 두 허근을 가지면 $D<0$이므로 ㄴ, ㅁ

답 (1) ㄱ, ㅂ (2) ㄷ, ㄹ (3) ㄴ, ㅁ

**0384** 이차방정식 $x^2-3x+k=0$의 판별식을 $D$라 하면

$D=(-3)^2-4\times1\times k=9-4k$

(1) 서로 다른 두 실근을 가지려면 $D>0$이어야 하므로

$D=9-4k>0$ $\therefore k<\frac{9}{4}$

(2) 중근을 가지려면 $D=0$이어야 하므로

$D=9-4k=0$ $\therefore k=\frac{9}{4}$

(3) 서로 다른 두 허근을 가지려면 $D<0$이어야 하므로

$D=9-4k<0$ $\therefore k>\frac{9}{4}$

답 (1) $k<\frac{9}{4}$ (2) $k=\frac{9}{4}$ (3) $k>\frac{9}{4}$

**0385** 이차방정식 $x^2+2x-2=0$에서 근과 계수의 관계에 의하여

(1) $\alpha+\beta=-2$

(2) $\alpha\beta=-2$

(3) $\alpha^2+\beta^2=(\alpha+\beta)^2-2\alpha\beta=(-2)^2-2\times(-2)=8$

(4) $(\alpha-\beta)^2=(\alpha+\beta)^2-4\alpha\beta=(-2)^2-4\times(-2)=12$

답 (1) $-2$ (2) $-2$ (3) 8 (4) 12

**0386** $x^2-(-1+2)x+(-1)\times2=0$

$\therefore x^2-x-2=0$

답 $x^2-x-2=0$

**0387** $x^2-\{(3+2\sqrt{2})+(3-2\sqrt{2})\}x$

$+(3+2\sqrt{2})(3-2\sqrt{2})=0$

$\therefore x^2-6x+1=0$

답 $x^2-6x+1=0$

**0388** $x^2-\{(2+i)+(2-i)\}x+(2+i)(2-i)=0$

$\therefore x^2-4x+5=0$

답 $x^2-4x+5=0$

**0389** $x^2+2x-4=0$에서 근의 공식에 의하여

$x=-1\pm\sqrt{1^2-1\times(-4)}=-1\pm\sqrt{5}$

$\therefore x^2+2x-4=\{x-(-1+\sqrt{5})\}\{x-(-1-\sqrt{5})\}$

$=(x+1-\sqrt{5})(x+1+\sqrt{5})$

답 $(x+1-\sqrt{5})(x+1+\sqrt{5})$

**0390** $x^2+25=0$에서 $x^2=-25$

$\therefore x=\pm\sqrt{-25}=\pm5i$

$\therefore x^2+25=(x+5i)(x-5i)$

답 $(x+5i)(x-5i)$

**0391** $2x^2-3x+2=0$에서 근의 공식에 의하여

$x=\frac{-(-3)\pm\sqrt{(-3)^2-4\times2\times2}}{2\times2}=\frac{3\pm\sqrt{-7}}{4}$

$=\frac{3\pm\sqrt{7}i}{4}$

$\therefore 2x^2-3x+2=2\left(x-\frac{3+\sqrt{7}i}{4}\right)\left(x-\frac{3-\sqrt{7}i}{4}\right)$

답 $2\left(x-\frac{3+\sqrt{7}i}{4}\right)\left(x-\frac{3-\sqrt{7}i}{4}\right)$

**0392** $a$, $b$가 유리수이고 주어진 이차방정식의 한 근이 $2+\sqrt{3}$이므로 다른 한 근은 $2-\sqrt{3}$이다.
따라서 이차방정식의 근과 계수의 관계에 의하여
$(2+\sqrt{3})+(2-\sqrt{3})=-a$, $(2+\sqrt{3})(2-\sqrt{3})=b$
$\therefore a=-4$, $b=1$ 답 $a=-4$, $b=1$

다른 풀이 $x^2+ax+b=0$에 $x=2+\sqrt{3}$을 대입하면
$(2+\sqrt{3})^2+a(2+\sqrt{3})+b=0$
$\therefore (2a+b+7)+(a+4)\sqrt{3}=0$
$a$, $b$가 유리수이므로
$2a+b+7=0$, $a+4=0$
$\therefore a=-4$, $b=1$

**0393** $a$, $b$가 실수이고 주어진 이차방정식의 한 근이 $3+2i$이므로 다른 한 근은 $3-2i$이다.
따라서 이차방정식의 근과 계수의 관계에 의하여
$(3+2i)+(3-2i)=-a$, $(3+2i)(3-2i)=b$
$\therefore a=-6$, $b=13$ 답 $a=-6$, $b=13$

다른 풀이 $x^2+ax+b=0$에 $x=3+2i$를 대입하면
$(3+2i)^2+a(3+2i)+b=0$
$\therefore (3a+b+5)+(2a+12)i=0$
$a$, $b$가 실수이므로
$3a+b+5=0$, $2a+12=0$
$\therefore a=-6$, $b=13$

## 유형 익히기

● 본책 058~065쪽

**0394** $(x-5)(x-3)=-x(x+4)$에서
$x^2-8x+15=-x^2-4x$, $2x^2-4x+15=0$
$\therefore x=\frac{-(-2)\pm\sqrt{(-2)^2-2\times15}}{2}=\frac{2\pm\sqrt{26}i}{2}$

답 ④

**0395** $3x^2-7x+5=0$에서
$x=\frac{-(-7)\pm\sqrt{(-7)^2-4\times3\times5}}{2\times3}=\frac{7\pm\sqrt{11}i}{6}$
따라서 $a=7$, $b=11$이므로
$a+b=7+11=18$ 답 18

**0396** $(x\circledcirc x)-(x\circledcirc 1)=4$에서
$x^2-x-x-(x-x-1)=4$
$x^2-2x-3=0$, $(x+1)(x-3)=0$
$\therefore x=-1$ 또는 $x=3$
따라서 모든 실수 $x$의 값의 합은
$-1+3=2$ 답 ④

**0397** 주어진 방정식의 양변에 $\sqrt{2}+1$을 곱하면
$(\sqrt{2}+1)(\sqrt{2}-1)x^2-(\sqrt{2}+1)(3-\sqrt{2})x+\sqrt{2}(\sqrt{2}+1)=0$
$x^2-(1+2\sqrt{2})x+\sqrt{2}(\sqrt{2}+1)=0$
$(x-\sqrt{2})(x-\sqrt{2}-1)=0$
$\therefore x=\sqrt{2}$ 또는 $x=\sqrt{2}+1$
이때 $\alpha>\beta$이므로 $\alpha=\sqrt{2}+1$, $\beta=\sqrt{2}$
$\therefore \alpha-\beta=(\sqrt{2}+1)-\sqrt{2}=1$ 답 1

참고 | $x^2$의 계수가 무리수인 이차방정식은 먼저 $x^2$의 계수를 유리화한다.

**0398** 이차방정식 $kx^2+ax+(k+1)b=0$의 한 근이 1이므로
$k+a+(k+1)b=0$ $\therefore (1+b)k+a+b=0$
이 등식이 $k$의 값에 관계없이 항상 성립하므로
$1+b=0$, $a+b=0$
$\therefore a=1$, $b=-1$
$\therefore a-b=1-(-1)=2$

답 2

RPM 비법 노트
다음은 모두 $k$에 대한 항등식을 나타낸다.
① $k$의 값에 관계없이 항상 성립하는 등식
② 모든 $k$에 대하여 성립하는 등식
③ 임의의 $k$에 대하여 성립하는 등식
④ 어떤 $k$의 값에 대하여도 항상 성립하는 등식

**0399** 이차방정식 $x^2+(k+2)x-2k=0$의 한 근이 1이므로
$1+k+2-2k=0$ $\therefore k=3$ … 1단계
$k=3$을 주어진 방정식에 대입하면
$x^2+5x-6=0$, $(x+6)(x-1)=0$
$\therefore x=-6$ 또는 $x=1$
따라서 다른 한 근은 $-6$이므로 $\alpha=-6$ … 2단계
$\therefore k+\alpha=3+(-6)=-3$ … 3단계

답 $-3$

| 채점 요소 | 비율 |
|---|---|
| 1단계 $k$의 값 구하기 | 40 % |
| 2단계 $\alpha$의 값 구하기 | 40 % |
| 3단계 $k+\alpha$의 값 구하기 | 20 % |

**0400** 이차방정식 $x^2-ax+2\sqrt{3}=0$의 한 근이 $1+\sqrt{3}$이므로
$(1+\sqrt{3})^2-a(1+\sqrt{3})+2\sqrt{3}=0$
$1+2\sqrt{3}+3-a(1+\sqrt{3})+2\sqrt{3}=0$
$a(1+\sqrt{3})=4+4\sqrt{3}$
$\therefore a=\frac{4+4\sqrt{3}}{1+\sqrt{3}}=\frac{4(1+\sqrt{3})}{1+\sqrt{3}}=4$ 답 ④

**0401** 이차방정식 $x^2-2x-1=0$의 한 근이 $\alpha$이므로

$\alpha^2-2\alpha-1=0$

이때 $\alpha\neq0$이므로 양변을 $\alpha$로 나누면

$\alpha-2-\frac{1}{\alpha}=0 \quad \therefore \alpha-\frac{1}{\alpha}=2$

$\therefore \alpha^3-\frac{1}{\alpha^3}=\left(\alpha-\frac{1}{\alpha}\right)^3+3\left(\alpha-\frac{1}{\alpha}\right)$

$=2^3+3\times2=14$

답 **14**

**0402** $x^2-|x-2|-4=0$에서

(i) $x<2$일 때, $\quad x^2+(x-2)-4=0$

$x^2+x-6=0, \quad (x+3)(x-2)=0$

$\therefore x=-3$ 또는 $x=2$

그런데 $x<2$이므로 $\quad x=-3$

(ii) $x\geq2$일 때, $\quad x^2-(x-2)-4=0$

$x^2-x-2=0, \quad (x+1)(x-2)=0$

$\therefore x=-1$ 또는 $x=2$

그런데 $x\geq2$이므로 $\quad x=2$

(i), (ii)에서 $\quad x=-3$ 또는 $x=2$

따라서 모든 근의 합은 $\quad -3+2=-1$

답 **$-1$**

**0403** $x^2-2|x|-2=0$에서

(i) $x<0$일 때, $\quad x^2+2x-2=0 \quad \therefore x=-1\pm\sqrt{3}$

그런데 $x<0$이므로 $\quad x=-1-\sqrt{3}$

(ii) $x\geq0$일 때, $\quad x^2-2x-2=0 \quad \therefore x=1\pm\sqrt{3}$

그런데 $x\geq0$이므로 $\quad x=1+\sqrt{3}$

(i), (ii)에서 $\quad x=-1-\sqrt{3}$ 또는 $x=1+\sqrt{3}$

답 **$x=-1-\sqrt{3}$ 또는 $x=1+\sqrt{3}$**

**다른 풀이** $x^2=|x|^2$이므로 $x^2-2|x|-2=0$에서

$|x|^2-2|x|-2=0 \quad \therefore |x|=1\pm\sqrt{3}$

그런데 $|x|\geq0$이므로 $\quad |x|=1+\sqrt{3}$

$\therefore x=-1-\sqrt{3}$ 또는 $x=1+\sqrt{3}$

**0404** $|x^2+2x|=3$에서 $\quad x^2+2x=\pm3$

(i) $x^2+2x=3$일 때, $\quad x^2+2x-3=0$

$(x+3)(x-1)=0 \quad \therefore x=-3$ 또는 $x=1$

(ii) $x^2+2x=-3$일 때, $\quad x^2+2x+3=0$

$\therefore x=-1\pm\sqrt{2}i$

그런데 $x$는 실수이어야 하므로 해가 아니다.

(i), (ii)에서 $\quad x=-3$ 또는 $x=1$

따라서 모든 실근의 곱은 $\quad -3\times1=-3$

답 ③

**0405** $x^2-|x|-2=\sqrt{(x-1)^2}$에서

$x^2-|x|-2=|x-1|$

(i) $x<0$일 때, $\quad x^2+x-2=-(x-1)$

$x^2+2x-3=0, \quad (x+3)(x-1)=0$

$\therefore x=-3$ 또는 $x=1$

그런데 $x<0$이므로 $\quad x=-3$

(ii) $0\leq x<1$일 때, $\quad x^2-x-2=-(x-1)$

$x^2=3 \quad \therefore x=\pm\sqrt{3}$

그런데 $0\leq x<1$이므로 $x=\pm\sqrt{3}$은 해가 아니다.

(iii) $x\geq1$일 때, $\quad x^2-x-2=x-1$

$x^2-2x-1=0 \quad \therefore x=1\pm\sqrt{2}$

그런데 $x\geq1$이므로 $\quad x=1+\sqrt{2}$

이상에서 $\quad x=-3$ 또는 $x=1+\sqrt{2}$

따라서 모든 근의 합은

$-3+(1+\sqrt{2})=-2+\sqrt{2}$

답 **$-2+\sqrt{2}$**

참고 | 절댓값 기호 안의 식의 값이 0이 되는 $x$의 값이 2개이므로 $x$의 값의 범위를 세 구간으로 나눈다.

**0406** 잔디가 깔리지 않는 땅의 넓이가 78 $\text{m}^2$이므로

$(16-x)(12-2x)=78$

$x^2-22x+57=0$

$(x-3)(x-19)=0$

$\therefore x=3$ 또는 $x=19$

그런데 $0<x<6$이므로 $\quad x=3$

답 **3**

**0407** 직사각형 모양의 종이의 세로의 길이를 $x$ cm라 하면 가로의 길이는 $2x$ cm이다.

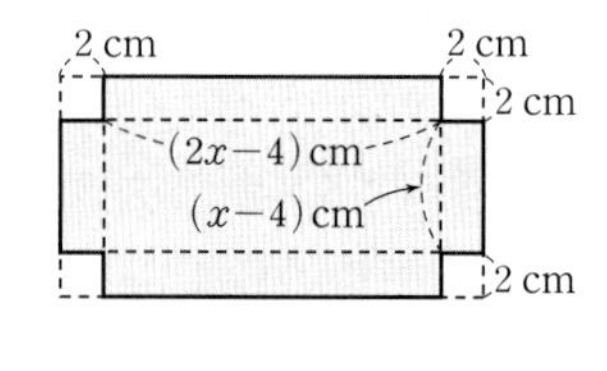


이때 직육면체 모양의 상자의 부피가 192 $\text{cm}^3$이므로

$2(2x-4)(x-4)=192, \quad x^2-6x-40=0$

$(x+4)(x-10)=0 \quad \therefore x=-4$ 또는 $x=10$

그런데 $x>4$이므로 $\quad x=10$

따라서 처음 종이의 가로의 길이는 20 cm, 세로의 길이는 10 cm이므로 구하는 넓이는

$20\times10=200\,(\text{cm}^2)$

답 **200 $\text{cm}^2$**

**0408** 처음 물건의 가격을 $a$라 하면 $x$ % 인상한 가격은

$a\left(1+\frac{x}{100}\right)$

다시 $x$ % 인하한 가격은 $\quad a\left(1+\frac{x}{100}\right)\left(1-\frac{x}{100}\right)$

이 가격이 처음 물건의 가격 $a$보다 9 % 낮으므로

$a\left(1+\frac{x}{100}\right)\left(1-\frac{x}{100}\right)=a\left(1-\frac{9}{100}\right)$

$1-\frac{x^2}{10000}=1-\frac{9}{100}, \quad \frac{x^2}{10000}=\frac{9}{100}$

$x^2=900 \quad \therefore x=\pm30$

그런데 $x>0$이므로 $\quad x=30$

답 ③

**다른 풀이** $x$ % 인상한 후 다시 $x$ % 인하한 가격이 9 % 인하한 가격과 같으므로

$\frac{x}{100}\times\left(-\frac{x}{100}\right)=-\frac{9}{100}, \quad x^2=900 \quad \therefore x=\pm30$

그런데 $x>0$이므로 $\quad x=30$

**0409** 이차방정식 $x^2-5x+k+2=0$의 판별식을 $D$라 하면

$D=(-5)^2-4\times1\times(k+2)>0$

$17-4k>0 \quad \therefore k<\frac{17}{4}$

따라서 가장 큰 정수 $k$의 값은 4이다. 답 ②

**0410** 이차방정식 $(m^2+10)x^2+2(m+1)x+1=0$의 판별식을 $D$라 하면

$\frac{D}{4}=(m+1)^2-(m^2+10)<0$

$2m-9<0 \quad \therefore m<\frac{9}{2}$

따라서 자연수 $m$은 1, 2, 3, 4의 4개이다. 답 ④

**0411** 이차방정식 $(x-1)^2-k(2x-1)+12=0$, 즉 $x^2-2(k+1)x+k+13=0$의 판별식을 $D$라 하면

$\frac{D}{4}=\{-(k+1)\}^2-(k+13)=0$

$k^2+k-12=0, \quad (k+4)(k-3)=0$

$\therefore k=-4$ 또는 $k=3$

따라서 모든 실수 $k$의 값의 합은

$-4+3=-1$ 답 $-1$

**0412** 이차방정식 $x^2-2(k-a)x+(k^2-6k+b)=0$의 판별식을 $D$라 하면

$\frac{D}{4}=\{-(k-a)\}^2-(k^2-6k+b)=0$

$k^2-2ak+a^2-k^2+6k-b=0$

$\therefore (-2a+6)k+a^2-b=0$

이 등식이 $k$의 값에 관계없이 항상 성립해야 하므로

$-2a+6=0,\ a^2-b=0 \quad \therefore a=3,\ b=9$

$\therefore a+b=3+9=12$ 답 12

**0413** 이차방정식 $x^2+ax+3-a=0$의 판별식을 $D_1$이라 하면

$D_1=a^2-4\times1\times(3-a)=0$

$a^2+4a-12=0, \quad (a+6)(a-2)=0$

$\therefore a=2\ (\because a>0)$

$a=2$를 $2x^2-ax+a+1=0$에 대입하면

$2x^2-2x+3=0$ …… ㉠

이차방정식 ㉠의 판별식을 $D_2$라 하면

$\frac{D_2}{4}=(-1)^2-2\times3=-5<0$

따라서 ㉠은 서로 다른 두 허근을 갖는다. 답 ③

**0414** 이차방정식 $x^2+6x-a=0$의 판별식을 $D_1$이라 하면

$\frac{D_1}{4}=3^2-(-a)<0$

$\therefore a<-9$ …… ㉠ … 1단계

이차방정식 $x^2+3x-(a+1)=0$의 판별식을 $D_2$라 하면

$D_2=3^2-4\times1\times\{-(a+1)\}=4a+13$

이때 ㉠에서 $4a+13<-23$이므로

$D_2<0$ … 2단계

따라서 이차방정식 $x^2+3x-(a+1)=0$은 서로 다른 두 허근을 갖는다. … 3단계

답 서로 다른 두 허근

| | 채점 요소 | 비율 |
|---|---|---|
| 1단계 | $a$의 값의 범위 구하기 | 30 % |
| 2단계 | 이차방정식 $x^2+3x-(a+1)=0$의 판별식의 부호 알기 | 50 % |
| 3단계 | 이차방정식 $x^2+3x-(a+1)=0$의 근을 판별하기 | 20 % |

**0415** $\sqrt{a}\sqrt{b}=-\sqrt{ab}$이므로

$a<0,\ b<0$ …… ㉠

이차방정식 $x^2+ax+b=0$의 판별식을 $D$라 하면

$D=a^2-4b$

이때 ㉠에서 $a^2>0,\ -4b>0$이므로

$D=a^2-4b>0$

따라서 이차방정식 $x^2+ax+b=0$은 서로 다른 두 실근을 갖는다. 답 서로 다른 두 실근

**0416** 주어진 식이 $x$에 대한 이차식이므로

$k+1\neq0 \quad \therefore k\neq-1$

또 주어진 이차식이 완전제곱식이 되려면 $x$에 대한 이차방정식 $(k+1)x^2+(2k+3)x+k+3=0$의 판별식을 $D$라 할 때

$D=(2k+3)^2-4(k+1)(k+3)=0$

$-4k-3=0 \quad \therefore k=-\frac{3}{4}$ 답 ①

**0417** 주어진 식이 $x$에 대한 이차식이므로

$a\neq0$

또 주어진 이차식이 완전제곱식이 되려면 $x$에 대한 이차방정식 $ax^2+2(k-1)x+k^2-bk+a=0$의 판별식을 $D$라 할 때

$\frac{D}{4}=(k-1)^2-a(k^2-bk+a)=0$

$k^2-2k+1-ak^2+abk-a^2=0$

$\therefore (1-a)k^2+(ab-2)k+1-a^2=0$

이 등식이 $k$의 값에 관계없이 항상 성립하므로

$1-a=0,\ ab-2=0,\ 1-a^2=0$

$\therefore a=1,\ b=2$

$\therefore a+b=1+2=3$ 답 3

**0418** 주어진 이차식이 $(x-n)^2$으로 인수분해되려면 $x$에 대한 이차방정식 $x^2-mx+2m+5=0$의 판별식을 $D$라 할 때

$D=(-m)^2-4\times1\times(2m+5)=0$

$m^2-8m-20=0, \quad (m+2)(m-10)=0$

$\therefore m=10\ (\because m>0)$

따라서 주어진 이차식은 $x^2-10x+25$이고, 이것은 $(x-5)^2$으로 인수분해되므로 $n=5$

$\therefore m+n=10+5=15$ 답 ⑤

**0419** 이차방정식의 근과 계수의 관계에 의하여

$\alpha+\beta=3,\ \alpha\beta=1$

$\therefore\ \alpha^3+\beta^3=(\alpha+\beta)^3-3\alpha\beta(\alpha+\beta)$

$=3^3-3\times1\times3=18$

답 **18**

**0420** 이차방정식의 근과 계수의 관계에 의하여

$\alpha+\beta=2,\ \alpha\beta=\frac{1}{4}$

① $\frac{1}{\alpha}+\frac{1}{\beta}=\frac{\alpha+\beta}{\alpha\beta}=\frac{2}{\frac{1}{4}}=8$

② $(2\alpha-1)(2\beta-1)=4\alpha\beta-2(\alpha+\beta)+1$

$=4\times\frac{1}{4}-2\times2+1=-2$

③ $\alpha^2+\beta^2=(\alpha+\beta)^2-2\alpha\beta=2^2-2\times\frac{1}{4}=\frac{7}{2}$

④ $(\alpha-\beta)^2=(\alpha+\beta)^2-4\alpha\beta=2^2-4\times\frac{1}{4}=3$

$\therefore\ |\alpha-\beta|=\sqrt{3}$

⑤ $\frac{1}{1+\alpha}+\frac{1}{1+\beta}=\frac{1+\beta+1+\alpha}{(1+\alpha)(1+\beta)}=\frac{(\alpha+\beta)+2}{1+(\alpha+\beta)+\alpha\beta}$

$=\frac{2+2}{1+2+\frac{1}{4}}=\frac{16}{13}$

답 ⑤

**0421** 이차방정식의 근과 계수의 관계에 의하여

$\alpha+\beta=-2,\ \alpha\beta=\frac{3}{2}$

$\therefore\ \frac{\beta}{\alpha}+\frac{\alpha}{\beta}=\frac{\alpha^2+\beta^2}{\alpha\beta}=\frac{(\alpha+\beta)^2-2\alpha\beta}{\alpha\beta}$

$=\frac{(-2)^2-2\times\frac{3}{2}}{\frac{3}{2}}=\frac{2}{3}$

답 $\frac{2}{3}$

**0422** 이차방정식의 근과 계수의 관계에 의하여

$\alpha+\beta=9,\ \alpha\beta=4$ …… ㉠

$\therefore\ (\sqrt{\alpha}+\sqrt{\beta})^2$

$=\alpha+\beta+2\sqrt{\alpha}\sqrt{\beta}$

$=\alpha+\beta+2\sqrt{\alpha\beta}$ ($\because$ ㉠에서 $\alpha>0,\ \beta>0$)

$=9+2\sqrt{4}=13$

$\therefore\ \sqrt{\alpha}+\sqrt{\beta}=\sqrt{13}$

답 $\sqrt{13}$

**0423** 이차방정식 $x^2-2x-4=0$의 두 근이 $\alpha,\ \beta$이므로

$\alpha^2-2\alpha-4=0,\ \beta^2-2\beta-4=0$

$\therefore\ \alpha^2-3\alpha+1=-\alpha+5,\ \beta^2-3\beta+1=-\beta+5$

$\therefore\ (\alpha^2-3\alpha+1)(\beta^2-3\beta+1)$

$=(-\alpha+5)(-\beta+5)$

$=\alpha\beta-5(\alpha+\beta)+25$ …… ㉠

이차방정식의 근과 계수의 관계에 의하여

$\alpha+\beta=2,\ \alpha\beta=-4$

따라서 ㉠에서

(주어진 식)$=-4-5\times2+25=11$

답 ③

**0424** $\alpha$가 주어진 이차방정식의 근이므로

$\alpha^2-7\alpha+5=0\quad\therefore\ \alpha^2=7\alpha-5$

$\therefore\ \alpha^2+7\beta=(7\alpha-5)+7\beta=7(\alpha+\beta)-5$ …… ㉠

이차방정식의 근과 계수의 관계에 의하여

$\alpha+\beta=7$

따라서 ㉠에서

$\alpha^2+7\beta=7\times7-5=44$

답 **44**

**0425** 이차방정식 $x^2+4x+8=0$의 두 근이 $\alpha,\ \beta$이므로

$\alpha^2+4\alpha+8=0,\ \beta^2+4\beta+8=0$

$\therefore\ \alpha^2=-4\alpha-8,\ \beta^2=-4\beta-8$

$\therefore\ \alpha^2+2\beta^2-2\alpha+2\beta+5$

$=(-4\alpha-8)+2(-4\beta-8)-2\alpha+2\beta+5$

$=-6\alpha-6\beta-19$

$=-6(\alpha+\beta)-19$ …… ㉠

이차방정식의 근과 계수의 관계에 의하여

$\alpha+\beta=-4$

따라서 ㉠에서

(주어진 식)$=-6\times(-4)-19=5$

답 ③

**0426** 이차방정식 $x^2-5x+2=0$의 두 근이 $\alpha,\ \beta$이므로

$\alpha^2-5\alpha+2=0,\ \beta^2-5\beta+2=0$

$\therefore\ \alpha^2-4\alpha+2=\alpha,\ \beta^2-4\beta+2=\beta$

$\therefore\ \frac{\beta}{\alpha^2-4\alpha+2}+\frac{\alpha}{\beta^2-4\beta+2}$

$=\frac{\beta}{\alpha}+\frac{\alpha}{\beta}=\frac{\alpha^2+\beta^2}{\alpha\beta}$

$=\frac{(\alpha+\beta)^2-2\alpha\beta}{\alpha\beta}$ …… ㉠ … 1단계

이차방정식의 근과 계수의 관계에 의하여

$\alpha+\beta=5,\ \alpha\beta=2$ … 2단계

따라서 ㉠에서

(주어진 식)$=\frac{5^2-2\times2}{2}=\frac{21}{2}$ … 3단계

답 $\frac{21}{2}$

| | 채점 요소 | 비율 |
|---|---|---|
| 1단계 | 주어진 식을 $\alpha+\beta,\ \alpha\beta$에 대한 식으로 나타내기 | 60 % |
| 2단계 | $\alpha+\beta,\ \alpha\beta$의 값 구하기 | 30 % |
| 3단계 | 주어진 식의 값 구하기 | 10 % |

**0427** 이차방정식의 근과 계수의 관계에 의하여

$\alpha+\beta=k+1,\ \alpha\beta=k-1$

$\therefore\ (\alpha-\beta)^2=(\alpha+\beta)^2-4\alpha\beta$

$=(k+1)^2-4(k-1)$

$=k^2-2k+5$

따라서 $(\alpha-\beta)^2=5$에서 $k^2-2k+5=5$

$k^2-2k=0,\quad k(k-2)=0$

$\therefore\ k=2$ ($\because\ k>0$)

답 **2**

**0428** 이차방정식의 근과 계수의 관계에 의하여

$\alpha+\beta=2k-1,\ \alpha\beta=k$

$\therefore\ \alpha^2\beta+\alpha+\alpha\beta^2+\beta=\alpha\beta(\alpha+\beta)+(\alpha+\beta)$

$=(\alpha+\beta)(\alpha\beta+1)$

$=(2k-1)(k+1)$

$=2k^2+k-1$

$\alpha^2\beta+\alpha+\alpha\beta^2+\beta=9$에서

$2k^2+k-1=9,\qquad 2k^2+k-10=0$

$(2k+5)(k-2)=0$

$\therefore\ k=2$ ($\because$ $k$는 정수) 답 ②

**0429** 이차방정식의 근과 계수의 관계에 의하여

$\alpha+\beta=-3,\ \alpha\beta=k$

$|\alpha|+|\beta|=7$의 양변을 제곱하면

$|\alpha|^2+2|\alpha||\beta|+|\beta|^2=49,\qquad \alpha^2+2|\alpha\beta|+\beta^2=49$

$(\alpha+\beta)^2-2\alpha\beta+2|\alpha\beta|=49$

$(-3)^2-2k+2|k|=49$

$\therefore\ |k|-k=20$

(i) $k<0$일 때, $\quad -k-k=20\quad \therefore\ k=-10$

(ii) $k\geq 0$일 때, $|k|-k=0$이므로 등식을 만족시키지 않는다.

(i), (ii)에서 $\quad k=-10$ 답 **−10**

**0430** 주어진 이차방정식의 두 근을 $2\alpha,\ 3\alpha\ (\alpha\neq 0)$라 하면 이차방정식의 근과 계수의 관계에 의하여

$2\alpha+3\alpha=k+1$이므로 $\quad k=5\alpha-1$ …… ㉠

$2\alpha\times 3\alpha=k$이므로 $\quad k=6\alpha^2$ …… ㉡

㉠, ㉡에서

$5\alpha-1=6\alpha^2,\qquad 6\alpha^2-5\alpha+1=0$

$(2\alpha-1)(3\alpha-1)=0$

$\therefore\ \alpha=\frac{1}{2}$ 또는 $\alpha=\frac{1}{3}$ …… ㉢

㉢을 ㉠에 대입하면 $\quad k=\frac{3}{2}$ 또는 $k=\frac{2}{3}$

따라서 모든 실수 $k$의 값의 곱은

$\frac{3}{2}\times\frac{2}{3}=1$ 답 **1**

**0431** 이차방정식 $x^2+2x+m^2-2m=0$의 두 근을 $\alpha,\ \alpha+2$라 하면 이차방정식의 근과 계수의 관계에 의하여

$\alpha+(\alpha+2)=-2,\ \alpha(\alpha+2)=m^2-2m$

$\alpha+(\alpha+2)=-2$에서 $\quad 2\alpha=-4\quad \therefore\ \alpha=-2$

$\alpha=-2$를 $\alpha(\alpha+2)=m^2-2m$에 대입하면

$m^2-2m=0,\qquad m(m-2)=0$

$\therefore\ m=2$ ($\because$ $m\neq 0$)

$m=2$를 $3x^2-mx+4m+1=0$에 대입하면

$3x^2-2x+9=0$

이차방정식의 근과 계수의 관계에 의하여 구하는 두 근의 곱은 3이다. 답 ⑤

**다른 풀이** 이차방정식 $x^2+2x+m^2-2m=0$의 두 근을 $\alpha,\ \beta$ $(\alpha>\beta)$라 하면

$\alpha-\beta=2$

이차방정식의 근과 계수의 관계에 의하여

$\alpha+\beta=-2,\ \alpha\beta=m^2-2m$

이때 $(\alpha-\beta)^2=(\alpha+\beta)^2-4\alpha\beta$이므로

$2^2=(-2)^2-4(m^2-2m),\qquad m^2-2m=0$

$m(m-2)=0\qquad \therefore\ m=2$ ($\because$ $m\neq 0$)

**0432** 주어진 이차방정식의 두 근을 $\alpha,\ \alpha+1$ ($\alpha$는 자연수)이라 하면 이차방정식의 근과 계수의 관계에 의하여

$\alpha+(\alpha+1)=m$이므로 $\quad m=2\alpha+1$ …… ㉠

$\alpha(\alpha+1)=m+1$이므로 $\quad m=\alpha^2+\alpha-1$ …… ㉡

㉠, ㉡에서

$2\alpha+1=\alpha^2+\alpha-1,\qquad \alpha^2-\alpha-2=0$

$(\alpha+1)(\alpha-2)=0$

$\therefore\ \alpha=2$ ($\because$ $\alpha$는 자연수)

$\alpha=2$를 ㉠에 대입하면

$m=5$ 답 **5**

**0433** 주어진 이차방정식의 두 근을 $\alpha,\ -\alpha\ (\alpha\neq 0)$라 하면 이차방정식의 근과 계수의 관계에 의하여

$\alpha+(-\alpha)=-\frac{m^2+m-6}{3}$ …… ㉠

$\alpha\times(-\alpha)=\frac{-m+1}{3}$ …… ㉡

㉠에서 $\quad m^2+m-6=0,\qquad (m+3)(m-2)=0$

$\therefore\ m=-3$ 또는 $m=2$ …… ㉢

㉡에서 $-\alpha^2<0$이므로

$\frac{-m+1}{3}<0\qquad \therefore\ m>1$ …… ㉣

㉢, ㉣에서 $\quad m=2$ 답 **2**

참고| 이차방정식 $ax^2+bx+c=0$의 두 실근 $\alpha,\ \beta$의 절댓값이 같고 부호가 서로 다르면

$\alpha+\beta=-\frac{b}{a}=0,\ \alpha\beta=\frac{c}{a}<0$

**0434** 이차방정식 $x^2+ax+b=0$의 두 근이 $\alpha,\ \beta$이므로 근과 계수의 관계에 의하여

$\alpha+\beta=-a,\ \alpha\beta=b$ …… ㉠

이차방정식 $x^2+bx+a=0$의 두 근이 $\alpha+1,\ \beta+1$이므로 근과 계수의 관계에 의하여

$(\alpha+1)+(\beta+1)=-b,\ (\alpha+1)(\beta+1)=a$

$\therefore\ (\alpha+\beta)+2=-b,\ \alpha\beta+(\alpha+\beta)+1=a$ …… ㉡

㉠을 ㉡에 대입하면

$-a+2=-b,\ b-a+1=a$

$\therefore\ a-b=2,\ 2a-b=1$

두 식을 연립하여 풀면 $\quad a=-1,\ b=-3$

$\therefore\ ab=-1\times(-3)=3$ 답 **3**

**0435** 이차방정식 $x^2-ax+5=0$의 두 근이 $\alpha$, $\beta$이므로 근과 계수의 관계에 의하여

$\alpha+\beta=a$, $\alpha\beta=5$ ...... ㉠

이차방정식 $x^2+bx+15=0$의 두 근이 $\alpha+\beta$, $\alpha\beta$이므로 근과 계수의 관계에 의하여

$(\alpha+\beta)+\alpha\beta=-b$, $(\alpha+\beta)\alpha\beta=15$ ...... ㉡

㉠을 ㉡에 대입하면

$a+5=-b$, $a\times5=15$

$\therefore a=3$, $b=-8$

$\therefore a-b=3-(-8)=11$

답 ②

**0436** 이차방정식 $x^2+3x+1=0$의 두 근이 $\alpha$, $\beta$이므로 근과 계수의 관계에 의하여

$\alpha+\beta=-3$, $\alpha\beta=1$ ...... ㉠

이차방정식 $x^2+ax+b=0$의 두 근이 $\alpha-\frac{1}{\alpha}$, $\beta-\frac{1}{\beta}$이므로 근과 계수의 관계에 의하여

$\left(\alpha-\frac{1}{\alpha}\right)+\left(\beta-\frac{1}{\beta}\right)=-a$, $\left(\alpha-\frac{1}{\alpha}\right)\left(\beta-\frac{1}{\beta}\right)=b$

$\therefore \alpha+\beta-\left(\frac{1}{\alpha}+\frac{1}{\beta}\right)=\alpha+\beta-\frac{\alpha+\beta}{\alpha\beta}=-a$,

$\alpha\beta-\left(\frac{\beta}{\alpha}+\frac{\alpha}{\beta}-\frac{1}{\alpha\beta}\right)$

$=\alpha\beta-\frac{\alpha^2+\beta^2-1}{\alpha\beta}$

$=\alpha\beta-\frac{(\alpha+\beta)^2-2\alpha\beta-1}{\alpha\beta}=b$ ...... ㉡

㉠을 ㉡에 대입하면

$-3-\frac{-3}{1}=-a$, $1-\frac{(-3)^2-2\times1-1}{1}=b$

$\therefore a=0$, $b=-5$

$\therefore a+b=0+(-5)=-5$

답 ②

**0437** 이차방정식 $x^2-5x+3=0$의 두 근이 $\alpha$, $\beta$이므로 근과 계수의 관계에 의하여

$\alpha+\beta=5$, $\alpha\beta=3$

$\therefore (3-\alpha)+(3-\beta)=6-(\alpha+\beta)$

$=6-5=1$

$(3-\alpha)(3-\beta)=9-3(\alpha+\beta)+\alpha\beta$

$=9-3\times5+3=-3$

따라서 $3-\alpha$, $3-\beta$를 두 근으로 하고 $x^2$의 계수가 1인 이차방정식은

$x^2-x-3=0$

답 ③

**0438** 이차방정식 $2x^2+3x+1=0$의 두 근이 $\alpha$, $\beta$이므로 근과 계수의 관계에 의하여

$\alpha+\beta=-\frac{3}{2}$, $\alpha\beta=\frac{1}{2}$

$\therefore \left(\alpha+\frac{1}{\beta}\right)+\left(\beta+\frac{1}{\alpha}\right)=\alpha+\beta+\frac{\alpha+\beta}{\alpha\beta}$

$=-\frac{3}{2}+\frac{-\frac{3}{2}}{\frac{1}{2}}=-\frac{9}{2}$

$\left(\alpha+\frac{1}{\beta}\right)\left(\beta+\frac{1}{\alpha}\right)=\alpha\beta+\frac{1}{\alpha\beta}+2$

$=\frac{1}{2}+2+2=\frac{9}{2}$

따라서 $\alpha+\frac{1}{\beta}$, $\beta+\frac{1}{\alpha}$을 두 근으로 하고 $x^2$의 계수가 2인 이차방정식은

$2\left(x^2+\frac{9}{2}x+\frac{9}{2}\right)=0$ $\therefore 2x^2+9x+9=0$

즉 $a=9$, $b=9$이므로

$a+b=9+9=18$

답 **18**

**0439** 이차방정식 $x^2-2x-1=0$의 두 근이 $\alpha$, $\beta$이므로 근과 계수의 관계에 의하여

$\alpha+\beta=2$, $\alpha\beta=-1$ ... 1단계

$\therefore \alpha^2+\beta^2=(\alpha+\beta)^2-2\alpha\beta=2^2-2\times(-1)=6$

$\alpha^2\beta^2=(\alpha\beta)^2=(-1)^2=1$ ... 2단계

따라서 $\alpha^2$, $\beta^2$을 두 근으로 하고 $x^2$의 계수가 1인 이차방정식은

$x^2-6x+1=0$ $\therefore a=-6$, $b=1$ ... 3단계

답 $\boldsymbol{a=-6,\ b=1}$

| | 채점 요소 | 비율 |
|---|---|---|
| 1단계 | $\alpha+\beta$, $\alpha\beta$의 값 구하기 | 20 % |
| 2단계 | $\alpha^2+\beta^2$, $\alpha^2\beta^2$의 값 구하기 | 40 % |
| 3단계 | $a$, $b$의 값 구하기 | 40 % |

**0440** 이차방정식 $x^2+ax+b=0$의 두 근이 2, $\alpha$이므로 근과 계수의 관계에 의하여

$2+\alpha=-a$, $2\alpha=b$

$\therefore a=-2-\alpha$, $b=2\alpha$ ...... ㉠

이차방정식 $x^2-(a+1)x+b-1=0$의 두 근이 1, $\beta$이므로 근과 계수의 관계에 의하여

$1+\beta=a+1$, $\beta=b-1$

$\therefore a=\beta$, $b=\beta+1$ ...... ㉡

㉠, ㉡에서 $-2-\alpha=\beta$, $2\alpha=\beta+1$

$\therefore \alpha+\beta=-2$, $2\alpha-\beta=1$

두 식을 연립하여 풀면 $\alpha=-\frac{1}{3}$, $\beta=-\frac{5}{3}$

따라서 $-\frac{1}{3}$, $-\frac{5}{3}$를 두 근으로 하고 $x^2$의 계수가 9인 이차방정식은

$9\left[x^2-\left\{-\frac{1}{3}+\left(-\frac{5}{3}\right)\right\}x+\left(-\frac{1}{3}\right)\times\left(-\frac{5}{3}\right)\right]=0$

$\therefore 9x^2+18x+5=0$

즉 $p=18$, $q=5$이므로

$p-q=18-5=13$

답 **13**

**0441** $a$, $b$가 유리수이므로 이차방정식 $x^2+ax+2b=0$의 한 근이 $3+\sqrt{5}$이면 다른 한 근은 $3-\sqrt{5}$이다.
따라서 이차방정식의 근과 계수의 관계에 의하여

$$(3+\sqrt{5})+(3-\sqrt{5})=-a,\ (3+\sqrt{5})(3-\sqrt{5})=2b$$

$\therefore\ a=-6,\ b=2$

$\therefore\ a-b=-6-2=-8$

답 ①

**0442** $m$, $n$이 실수이므로 이차방정식 $x^2+mx+n=0$의 한 근이 $-1-i$이면 다른 한 근은 $-1+i$이다.
따라서 이차방정식의 근과 계수의 관계에 의하여

$$(-1-i)+(-1+i)=-m,\ (-1-i)(-1+i)=n$$

$\therefore\ m=2,\ n=2$

이때 $\frac{1}{m}$, $n$, 즉 $\frac{1}{2}$, 2를 두 근으로 하고 $x^2$의 계수가 2인 이차방정식은

$$2\left\{x^2-\left(\frac{1}{2}+2\right)x+\frac{1}{2}\times2\right\}=0\qquad\therefore\ 2x^2-5x+2=0$$

답 $\mathbf{2x^2-5x+2=0}$

**0443** $\frac{1}{1-i}=\frac{1+i}{(1-i)(1+i)}=\frac{1+i}{2}$

$a$, $b$가 실수이므로 이차방정식 $x^2+ax+b=0$의 한 근이 $\frac{1+i}{2}$이면 다른 한 근은 $\frac{1-i}{2}$이다. … 1단계

이차방정식의 근과 계수의 관계에 의하여

$$\frac{1+i}{2}+\frac{1-i}{2}=-a,\ \frac{1+i}{2}\times\frac{1-i}{2}=b$$

$\therefore\ a=-1,\ b=\frac{1}{2}$

$\therefore\ f(x)=x^2-x+\frac{1}{2}$ … 2단계

따라서 다항식 $f(x)$를 $x-2$로 나누었을 때의 나머지는

$f(2)=4-2+\frac{1}{2}=\frac{5}{2}$ … 3단계

답 $\mathbf{\frac{5}{2}}$

| | 채점 요소 | 비율 |
|---|---|---|
| 1단계 | 주어진 이차방정식의 다른 한 근 구하기 | 30 % |
| 2단계 | $f(x)$ 구하기 | 40 % |
| 3단계 | $f(x)$를 $x-2$로 나누었을 때의 나머지 구하기 | 30 % |

**0444** 주어진 식을 $x$에 대하여 내림차순으로 정리하면

$x^2+(y-1)x-6y^2+7y-k$

$x$에 대한 이차방정식 $x^2+(y-1)x-6y^2+7y-k=0$의 판별식을 $D$라 하면

$$D=(y-1)^2-4(-6y^2+7y-k)$$
$$=25y^2-30y+4k+1$$

이때 주어진 식이 $x$, $y$에 대한 두 일차식의 곱으로 인수분해되려면 $D$가 완전제곱식이어야 한다.
따라서 $y$에 대한 이차방정식 $25y^2-30y+4k+1=0$의 판별식을 $D'$이라 하면

$$\frac{D'}{4}=(-15)^2-25(4k+1)=0,\qquad 225-100k-25=0$$

$100k=200\qquad\therefore\ k=2$

답 **2**

**0445** 주어진 식을 $x$에 대하여 내림차순으로 정리하면

$2x^2-(3y+3)x+ay^2+y+1$

$x$에 대한 이차방정식 $2x^2-(3y+3)x+ay^2+y+1=0$의 판별식을 $D$라 하면

$$D=\{-(3y+3)\}^2-4\times2\times(ay^2+y+1)$$
$$=(9-8a)y^2+10y+1$$

이때 주어진 식이 $x$, $y$에 대한 두 일차식의 곱으로 인수분해되려면 $D$가 완전제곱식이어야 한다.

즉 $9-8a\neq0$에서 $\quad a\neq\frac{9}{8}$

$y$에 대한 이차방정식 $(9-8a)y^2+10y+1=0$의 판별식을 $D'$이라 하면

$$\frac{D'}{4}=5^2-(9-8a)=0,\qquad 25-9+8a=0$$

$8a=-16\qquad\therefore\ a=-2$

답 $\mathbf{-2}$

**0446** 소라는 $a$와 $c$를 바르게 보고 풀었으므로

$\frac{c}{a}=-3\times4=-12$

$\therefore\ c=-12a$

민혁이는 $a$와 $b$를 바르게 보고 풀었으므로

$-\frac{b}{a}=(-2+\sqrt{5})+(-2-\sqrt{5})=-4$

$\therefore\ b=4a$

따라서 주어진 이차방정식은

$ax^2+4ax-12a=0$

$a\neq0$이므로 $\quad x^2+4x-12=0$

$(x+6)(x-2)=0\qquad\therefore\ x=-6$ 또는 $x=2$

답 $\mathbf{x=-6}$ **또는** $\mathbf{x=2}$

**0447** 이차방정식 $ax^2+bx+c=0$에서 근의 공식을 $x=\frac{-b\pm\sqrt{b^2-ac}}{2a}$로 잘못 적용하여 얻은 두 근이 $-6$, 1이므로

$$\frac{-b+\sqrt{b^2-ac}}{2a}+\frac{-b-\sqrt{b^2-ac}}{2a}=-6+1,$$
$$\frac{-b+\sqrt{b^2-ac}}{2a}\times\frac{-b-\sqrt{b^2-ac}}{2a}=-6\times1$$

$-\frac{b}{a}=-5,\ \frac{c}{4a}=-6$

$\therefore\ b=5a,\ c=-24a$

따라서 주어진 이차방정식은

$ax^2+5ax-24a=0$

$a\neq0$이므로 $\quad x^2+5x-24=0$

$(x+8)(x-3)=0\qquad\therefore\ x=-8$ 또는 $x=3$

답 $\mathbf{x=-8}$ **또는** $\mathbf{x=3}$

05 이차방정식

**다른 풀이** 이차방정식 $ax^2+bx+c=0$의 근의 공식은

$$x=\frac{-b\pm\sqrt{b^2-4ac}}{2a}$$

이므로 잘못 적용한 근의 공식은 $c$의 값을 $\frac{1}{4}c$로 잘못 대입한 것과 같다.

이때 $-6$, $1$을 두 근으로 하고 $x^2$의 계수가 $a$인 이차방정식은

$$a\{x^2-(-6+1)x+(-6)\times1\}=0$$

$$\therefore ax^2+5ax-6a=0$$

따라서 주어진 방정식의 상수항은 $-6a\times4=-24a$이므로 주어진 방정식은

$$ax^2+5ax-24a=0$$

**0448** 이차방정식 $f(x)=0$의 두 근을 $\alpha$, $\beta$라 하면

$$\alpha+\beta=5$$

$f(\alpha)=0$, $f(\beta)=0$이므로 $f(3x+1)=0$이려면

$3x+1=\alpha$ 또는 $3x+1=\beta$

$\therefore x=\frac{\alpha-1}{3}$ 또는 $x=\frac{\beta-1}{3}$

따라서 이차방정식 $f(3x+1)=0$의 두 근의 합은

$$\frac{\alpha-1}{3}+\frac{\beta-1}{3}=\frac{\alpha+\beta-2}{3}=\frac{5-2}{3}=1$$

답 **1**

**다른 풀이** 이차방정식 $f(x)=0$의 두 근을 $\alpha$, $\beta$라 하면

$$f(x)=a(x-\alpha)(x-\beta)\ (a\neq0)$$

로 놓을 수 있다.

이때 $f(3x+1)=a(3x+1-\alpha)(3x+1-\beta)$이므로

$f(3x+1)=0$에서

$$(3x+1-\alpha)(3x+1-\beta)=0$$

$\therefore x=\frac{\alpha-1}{3}$ 또는 $x=\frac{\beta-1}{3}$

**0449** 이차방정식 $f(x)=0$의 두 근을 $\alpha$, $\beta$라 하면

$$\alpha\beta=16$$

$f(\alpha)=0$, $f(\beta)=0$이므로 $f(4x)=0$이려면

$4x=\alpha$ 또는 $4x=\beta$

$\therefore x=\frac{\alpha}{4}$ 또는 $x=\frac{\beta}{4}$

따라서 이차방정식 $f(4x)=0$의 두 근의 곱은

$$\frac{\alpha}{4}\times\frac{\beta}{4}=\frac{\alpha\beta}{16}=\frac{16}{16}=1$$

답 ①

**0450** $f(\alpha)=0$, $f(\beta)=0$이므로 $f(2x+5)=0$이려면

$2x+5=\alpha$ 또는 $2x+5=\beta$

$\therefore x=\frac{\alpha-5}{2}$ 또는 $x=\frac{\beta-5}{2}$

따라서 이차방정식 $f(2x+5)=0$의 두 근의 곱은

$$\frac{\alpha-5}{2}\times\frac{\beta-5}{2}=\frac{\alpha\beta-5(\alpha+\beta)+25}{4}=\frac{-4-5\times3+25}{4}=\frac{3}{2}$$

답 $\frac{3}{2}$

**다른 풀이** $f(x)=a(x-\alpha)(x-\beta)\ (a\neq0)$라 하면

$$f(2x+5)=a(2x+5-\alpha)(2x+5-\beta)$$

$f(2x+5)=0$에서 $\quad(2x+5-\alpha)(2x+5-\beta)=0$

$\therefore x=\frac{\alpha-5}{2}$ 또는 $x=\frac{\beta-5}{2}$

## 시험에 꼭 나오는 문제

• 본책 066~069쪽

**0451** $2x^2+3=(x+1)(x-5)$에서

$2x^2+3=x^2-4x-5$, $\quad x^2+4x+8=0$

$\therefore x=-2\pm2i$

답 ①

**0452** 이차방정식 $x^2-(a+2)x+2a=0$의 한 근이 3이므로

$9-3(a+2)+2a=0 \quad \therefore a=3$

$a=3$을 이차방정식 $x^2+ax+a^2-1=0$에 대입하면

$x^2+3x+8=0 \quad \therefore x=\frac{-3\pm\sqrt{23}i}{2}$

따라서 $p=-3$, $q=23$이므로

$pq=-3\times23=-69$

답 **$-69$**

**0453** 이차방정식 $x^2-2x+2=0$의 한 근이 $\alpha$이므로

$\alpha^2-2\alpha+2=0 \quad \therefore \alpha^2-2\alpha=-2$

$\therefore \alpha^3-\alpha^2=\alpha(\alpha^2-2\alpha)+\alpha^2=\alpha^2-2\alpha=-2$

답 ①

**다른 풀이** 이차방정식 $x^2-2x+2=0$의 한 근이 $\alpha$이므로

$\alpha^2-2\alpha+2=0$

양변에 $\alpha$를 곱하면 $\quad\alpha^3-2\alpha^2+2\alpha=0$

$\therefore \alpha^3-\alpha^2=(2\alpha^2-2\alpha)-\alpha^2=\alpha^2-2\alpha=-2$

**0454** 방정식 $|x^2+(a+2)x+a^2|=1$의 한 근이 $-2$이므로

$|4-2a-4+a^2|=1$, $\quad|a^2-2a|=1$

$\therefore a^2-2a=\pm1$

(i) $a^2-2a=1$일 때, $\quad a^2-2a-1=0$

$\therefore a=1\pm\sqrt{2}$

(ii) $a^2-2a=-1$일 때, $\quad a^2-2a+1=0$

$(a-1)^2=0 \quad \therefore a=1$

(i), (ii)에서 $\quad a=1\pm\sqrt{2}$ 또는 $a=1$

따라서 모든 실수 $a$의 값의 곱은

$(1+\sqrt{2})\times(1-\sqrt{2})\times1=-1$

답 **$-1$**

**0455** 지면에 떨어졌을 때의 높이는 0 m이므로

$-4.9t^2+39t+100=0$, $\quad 49t^2-390t-1000=0$

$(49t+100)(t-10)=0 \quad \therefore t=-\frac{100}{49}$ 또는 $t=10$

그런데 $t>0$이므로 $\quad t=10$

따라서 지면에 떨어지는 것은 쏘아 올린 지 10초 후이다.

답 **10초**

**0456** 처음 땅의 한 변의 길이를 $x$ m라 하면 도로의 넓이는

$20x+12x-20\times12=32x-240\,(\mathrm{m}^2)$

이때 도로의 넓이가 처음 땅의 넓이의 $\frac{1}{4}$이므로

$32x-240=\frac{1}{4}x^2,\quad x^2-128x+960=0$

$(x-8)(x-120)=0$

$\therefore x=8$ 또는 $x=120$

그런데 $x>20$이므로 $x=120$

따라서 처음 땅의 한 변의 길이는 120 m이다. 답 **120 m**

**0457** 이차방정식 $x^2+2(k-2)x+k^2+k-6=0$의 판별식을 $D$라 하면

$\frac{D}{4}=(k-2)^2-(k^2+k-6)\ge0$

$-5k+10\ge0\quad\therefore k\le2$

따라서 자연수 $k$의 최댓값은 2이다. 답 ②

**0458** 이차방정식 $x^2+(am+b)x+m^2+c+2=0$의 판별식을 $D$라 하면

$D=(am+b)^2-4\times1\times(m^2+c+2)=0$

$a^2m^2+2abm+b^2-4m^2-4c-8=0$

$\therefore (a^2-4)m^2+2abm+b^2-4c-8=0$

이 등식이 $m$의 값에 관계없이 항상 성립해야 하므로

$a^2-4=0,\ 2ab=0,\ b^2-4c-8=0$

$a^2-4=0$에서 $(a+2)(a-2)=0$

$\therefore a=-2$ 또는 $a=2$

$2ab=0$에서 $a\neq0$이므로 $b=0$

$b=0$을 $b^2-4c-8=0$에 대입하면

$-4c-8=0\quad\therefore c=-2$

$\therefore a^2+b^2+c^2=4+0+4=8$ 답 **8**

**0459** 이차방정식 $x^2+(n+2)x+2n+1=0$의 판별식을 $D$라 하면

$D=(n+2)^2-4\times1\times(2n+1)$

$=n^2-4n$

(i) $n=2$일 때,

$D=2^2-4\times2=-4<0$이므로 $f(2)=0$

(ii) $n=4$일 때,

$D=4^2-4\times4=0$이므로 $f(4)=1$

(iii) $n=6$일 때,

$D=6^2-4\times6=12>0$이므로 $f(6)=2$

이상에서 $f(2)-f(4)+f(6)=0-1+2=1$

답 **1**

**0460** $\frac{\sqrt{a}}{\sqrt{a-2}}=-\sqrt{\frac{a}{a-2}}$이므로

$a>0,\ a-2<0$

이때 $a$는 정수이므로 $a=1$

ㄱ. $x^2+ax+a=0$, 즉 $x^2+x+1=0$의 판별식을 $D$라 하면

$D=1^2-4\times1\times1=-3<0$

이므로 서로 다른 두 허근을 갖는다.

ㄴ. $2x^2+(a-1)x+2a=0$, 즉 $2x^2+2=0$의 판별식을 $D$라 하면

$D=0-4\times2\times2=-16<0$

이므로 서로 다른 두 허근을 갖는다.

ㄷ. $x^2-ax+a-4=0$, 즉 $x^2-x-3=0$의 판별식을 $D$라 하면

$D=(-1)^2-4\times1\times(-3)=13>0$

이므로 서로 다른 두 실근을 갖는다.

이상에서 허근을 갖는 이차방정식은 ㄱ, ㄴ이다.

답 ㄱ, ㄴ

**0461** 주어진 식을 $x$에 대하여 내림차순으로 정리하면

$(x-a)(x-b)+(x-b)(x-c)+(x-c)(x-a)$

$=x^2-(a+b)x+ab+x^2-(b+c)x+bc$

$\quad+x^2-(c+a)x+ca$

$=3x^2-2(a+b+c)x+ab+bc+ca$

이 이차식이 완전제곱식이 되려면 이차방정식

$3x^2-2(a+b+c)x+ab+bc+ca=0$의 판별식을 $D$라 할 때

$\frac{D}{4}=\{-(a+b+c)\}^2-3(ab+bc+ca)=0$

$a^2+b^2+c^2-ab-bc-ca=0$

$\therefore \frac{1}{2}\{(a-b)^2+(b-c)^2+(c-a)^2\}=0$

이때 $a$, $b$, $c$가 실수이므로

$a-b=0,\ b-c=0,\ c-a=0$

$\therefore a=b=c$

따라서 $a$, $b$, $c$를 세 변의 길이로 하는 삼각형은 정삼각형이다.

답 **정삼각형**

**0462** 이차방정식의 근과 계수의 관계에 의하여

$\alpha+\beta=-\frac{3}{2},\ \alpha\beta=-2$

$$\therefore \frac{\beta}{\alpha+1}+\frac{\alpha}{\beta+1}=\frac{\beta(\beta+1)+\alpha(\alpha+1)}{(\alpha+1)(\beta+1)}$$

$$=\frac{\beta^2+\beta+\alpha^2+\alpha}{\alpha\beta+(\alpha+\beta)+1}$$

$$=\frac{(\alpha+\beta)^2-2\alpha\beta+(\alpha+\beta)}{\alpha\beta+(\alpha+\beta)+1}$$

$$=\frac{\left(-\frac{3}{2}\right)^2-2\times(-2)-\frac{3}{2}}{-2-\frac{3}{2}+1}$$

$$=-\frac{19}{10}$$

답 $-\frac{19}{10}$

**0463** 이차방정식 $x^2-3x+k=0$의 두 근이 $\alpha$, $\beta$이므로

$\alpha^2-3\alpha+k=0,\ \beta^2-3\beta+k=0$

$\therefore \alpha^2-\alpha+k=2\alpha,\ \beta^2-\beta+k=2\beta$

$$\therefore \frac{1}{\alpha^2-\alpha+k}+\frac{1}{\beta^2-\beta+k}=\frac{1}{2\alpha}+\frac{1}{2\beta}$$
$$=\frac{\alpha+\beta}{2\alpha\beta} \quad \cdots\cdots ㉠$$

이차방정식의 근과 계수의 관계에 의하여

$\alpha+\beta=3$, $\alpha\beta=k$

따라서 ㉠에서

$\frac{3}{2k}=\frac{1}{4}$ $\quad\therefore k=6$

답 **6**

**0464** 이차방정식의 근과 계수의 관계에 의하여

$\alpha+\beta=2$, $\alpha\beta=k$

$|\alpha-\beta|=4$에서 $(\alpha-\beta)^2=16$이므로

$(\alpha+\beta)^2-4\alpha\beta=16$

$2^2-4k=16$ $\quad\therefore k=-3$

답 ③

**0465** 주어진 이차방정식의 두 근을 $\alpha$, $2\alpha$ $(\alpha\neq0)$라 하면 이차방정식의 근과 계수의 관계에 의하여

$\alpha+2\alpha=-(k+1)$이므로 $\quad k=-3\alpha-1 \quad\cdots\cdots ㉠$

$\alpha\times2\alpha=2$이므로 $\quad \alpha^2=1$

$\therefore \alpha=-1$ 또는 $\alpha=1 \quad\cdots\cdots ㉡$

㉡을 ㉠에 대입하면

$k=2$ 또는 $k=-4$

그런데 $k$는 자연수이므로 $\quad k=2$

답 **2**

**0466** 이차방정식 $x^2+2x+10=0$의 두 근이 $\alpha$, $\beta$이므로 근과 계수의 관계에 의하여

$\alpha+\beta=-2$, $\alpha\beta=10$

따라서 $-2$, $10$을 두 근으로 하고 $x^2$의 계수가 1인 이차방정식은

$x^2-(-2+10)x+(-2)\times10=0$

$\therefore x^2-8x-20=0$

답 $\boldsymbol{x^2-8x-20=0}$

**0467** 이차방정식 $x^2+4x-2=0$의 두 근이 $\alpha$, $\beta$이므로 근과 계수의 관계에 의하여

$\alpha+\beta=-4$, $\alpha\beta=-2$

$$\therefore \frac{1}{\alpha}+\frac{1}{\beta}=\frac{\alpha+\beta}{\alpha\beta}=\frac{-4}{-2}=2$$
$$\frac{1}{\alpha}\times\frac{1}{\beta}=\frac{1}{\alpha\beta}=-\frac{1}{2}$$

따라서 $\frac{1}{\alpha}$, $\frac{1}{\beta}$을 두 근으로 하고 $x^2$의 계수가 2인 이차방정식은

$2\left(x^2-2x-\frac{1}{2}\right)=0$ $\quad\therefore 2x^2-4x-1=0$

답 ①

**0468** 이차방정식 $\frac{1}{2}x^2+x+1=0$, 즉 $x^2+2x+2=0$에서

$x=-1\pm\sqrt{1^2-1\times2}=-1\pm i$

$$\therefore \frac{1}{2}x^2+x+1=\frac{1}{2}\{x-(-1+i)\}\{x-(-1-i)\}$$
$$=\frac{1}{2}(x+1-i)(x+1+i)$$

따라서 인수인 것은 ⑤이다.

답 ⑤

**0469** ㄱ. 이차방정식 $ax^2+bx+c=0$의 판별식을 $D$라 하면

$D=b^2-4ac$

이때 $ac<0$이면 $b^2-4ac>0$이므로 $\quad D>0$

따라서 주어진 방정식은 서로 다른 두 실근을 갖는다. (참)

ㄴ. $a=1$, $b=2\sqrt{2}$, $c=-7$이면 $x^2+2\sqrt{2}x-7=0$에서

$x=-\sqrt{2}\pm3$

따라서 한 근이 $3-\sqrt{2}$이지만 다른 한 근은 $-3-\sqrt{2}$이다.

(거짓)

ㄷ. 이차방정식 $ax^2+bx+c=0$에서

$$x=\frac{-b\pm\sqrt{b^2-4ac}}{2a}$$

따라서 두 근의 차는

$$\left|\frac{-b+\sqrt{b^2-4ac}}{2a}-\frac{-b-\sqrt{b^2-4ac}}{2a}\right|$$
$$=\frac{\sqrt{b^2-4ac}}{|a|} \text{ (참)}$$

이상에서 옳은 것은 ㄱ, ㄷ이다.

답 ③

**0470** $a$, $b$가 유리수이므로 이차방정식 $x^2+ax+b=0$의 한 근이 $2-\sqrt{3}$이면 다른 한 근은 $2+\sqrt{3}$이다.

이차방정식의 근과 계수의 관계에 의하여

$(2-\sqrt{3})+(2+\sqrt{3})=-a$, $(2-\sqrt{3})(2+\sqrt{3})=b$

$\therefore a=-4$, $b=1$

따라서 이차방정식 $x^2-bx+a=0$, 즉 $x^2-x-4=0$의 근은

$$x=\frac{1\pm\sqrt{17}}{2}$$

답 $\boldsymbol{x=\frac{1\pm\sqrt{17}}{2}}$

**0471** 주어진 식을 $x$에 대하여 내림차순으로 정리하면

$x^2+2(y+2)x-2y^2-4y+a$

$x$에 대한 이차방정식 $x^2+2(y+2)x-2y^2-4y+a=0$의 판별식을 $D$라 하면

$$\frac{D}{4}=(y+2)^2-(-2y^2-4y+a)=3y^2+8y+4-a$$

이때 주어진 식이 $x$, $y$에 대한 두 일차식의 곱으로 인수분해되려면 $D$가 완전제곱식이어야 한다.

따라서 $y$에 대한 이차방정식 $3y^2+8y+4-a=0$의 판별식을 $D'$이라 하면

$$\frac{D'}{4}=4^2-3(4-a)=0, \quad 4+3a=0$$

$\therefore a=-\frac{4}{3}$

답 $\boldsymbol{-\frac{4}{3}}$

**0472** A는 $q$를 바르게 보고 풀었으므로

$q=-5\times(-1)=5$

B는 $p$를 바르게 보고 풀었으므로

$-p=(3+2i)+(3-2i)=6$

$\therefore p=-6$

$\therefore p+q=-6+5=-1$

답 **−1**

**0473** 방정식 $f(x)=0$의 한 근이 $-1$이므로

$f(-1)=0$

각 방정식의 좌변에 $x=2$를 대입하면

① $f(-2-1)=f(-3)$

② $f(2+1)=f(3)$

③ $f(2\times2-1)=f(3)$

④ $f(2\times2+2)=f(6)$

⑤ $f(2^2-5)=f(-1)=0$

따라서 2를 반드시 근으로 갖는 방정식은 ⑤이다. 답 ⑤

**0474** 이차방정식 $x^2+(a+k)x+(k-1)b=0$의 한 근이 2이므로

$4+2a+2k+bk-b=0$

$\therefore (2+b)k+4+2a-b=0$ … 1단계

이 등식이 $k$의 값에 관계없이 항상 성립하므로

$2+b=0,\ 4+2a-b=0$

$\therefore a=-3,\ b=-2$ … 2단계

$\therefore ab=-3\times(-2)=6$ … 3단계

답 6

| 채점 요소 | 비율 |
|---|---|
| 1단계 $k$에 대한 항등식 세우기 | 40 % |
| 2단계 $a, b$의 값 구하기 | 40 % |
| 3단계 $ab$의 값 구하기 | 20 % |

**0475** $(a-c)x^2+2bx+a+c=0$이 이차방정식이므로

$a-c\neq0 \quad \therefore a\neq c$

또 이 이차방정식의 판별식을 $D$라 하면

$\frac{D}{4}=b^2-(a-c)(a+c)=0$

$b^2-a^2+c^2=0 \quad \therefore b^2+c^2=a^2$ … 1단계

즉 세 변의 길이가 $a, b, c$인 삼각형은 빗변의 길이가 $a$인 직각삼각형이다. … 2단계

따라서 구하는 넓이는

$\frac{1}{2}bc$ … 3단계

답 $\frac{1}{2}bc$

| 채점 요소 | 비율 |
|---|---|
| 1단계 $a, b, c$ 사이의 관계식 구하기 | 50 % |
| 2단계 어떤 삼각형인지 파악하기 | 30 % |
| 3단계 삼각형의 넓이 구하기 | 20 % |

참고 | 주어진 방정식이 $x$에 대한 이차방정식이므로 $x^2$의 계수는 0이 될 수 없다.

**0476** 이차방정식 $x^2+ax+b=0$의 두 근이 $1, \alpha$이므로 근과 계수의 관계에 의하여

$1+\alpha=-a,\ \alpha=b$

$\therefore a=-\alpha-1,\ b=\alpha$ …… ㉠

이차방정식 $x^2+bx+a=0$의 두 근이 $-3, \beta$이므로 근과 계수의 관계에 의하여

$-3+\beta=-b,\ -3\beta=a$ …… ㉡ … 1단계

㉠, ㉡에서

$-3+\beta=-\alpha,\ -3\beta=-\alpha-1$

$\therefore \alpha+\beta=3,\ \alpha-3\beta=-1$

두 식을 연립하여 풀면

$\alpha=2,\ \beta=1$ … 2단계

따라서 $\alpha, \beta$, 즉 2, 1을 두 근으로 하고 $x^2$의 계수가 1인 이차방정식은

$x^2-(2+1)x+2\times1=0$

$\therefore x^2-3x+2=0$ … 3단계

답 $x^2-3x+2=0$

| 채점 요소 | 비율 |
|---|---|
| 1단계 $a, b$를 $\alpha, \beta$에 대한 식으로 나타내기 | 40 % |
| 2단계 $\alpha, \beta$의 값 구하기 | 30 % |
| 3단계 이차방정식 구하기 | 30 % |

다른 풀이 이차방정식 $x^2+ax+b=0$의 한 근이 1이므로

$1+a+b=0$

$\therefore a+b=-1$ …… ㉢

이차방정식 $x^2+bx+a=0$의 한 근이 $-3$이므로

$9-3b+a=0$

$\therefore a-3b=-9$ …… ㉣

㉢, ㉣을 연립하여 풀면

$a=-3,\ b=2$

따라서 이차방정식 $x^2+ax+b=0$, 즉 $x^2-3x+2=0$에서

$(x-1)(x-2)=0 \quad \therefore x=1$ 또는 $x=2$

$\therefore \alpha=2$

또 이차방정식 $x^2+bx+a=0$, 즉 $x^2+2x-3=0$에서

$(x+3)(x-1)=0 \quad \therefore x=-3$ 또는 $x=1$

$\therefore \beta=1$

**0477** $\frac{1}{1+2i}=\frac{1-2i}{(1+2i)(1-2i)}=\frac{1-2i}{5}$

$a, b$가 실수이므로 이차방정식 $5x^2+ax+b=0$의 한 근이 $\frac{1-2i}{5}$이면 다른 한 근은 $\frac{1+2i}{5}$이다. … 1단계

이차방정식의 근과 계수의 관계에 의하여

$\frac{1-2i}{5}+\frac{1+2i}{5}=-\frac{a}{5},\ \frac{1-2i}{5}\times\frac{1+2i}{5}=\frac{b}{5}$

$\therefore a=-2,\ b=1$ … 2단계

$\therefore a+b=-2+1=-1$ … 3단계

답 $-1$

| 채점 요소 | 비율 |
|---|---|
| 1단계 주어진 이차방정식의 다른 한 근 구하기 | 30 % |
| 2단계 $a, b$의 값 구하기 | 50 % |
| 3단계 $a+b$의 값 구하기 | 20 % |

**0478** 전략 이차방정식의 근과 계수의 관계를 이용하여 참, 거짓을 판별한다.

이차방정식 $x^2-ax+2=0$의 서로 다른 두 실근이 $\alpha$, $\beta$이므로 근과 계수의 관계에 의하여

$\alpha+\beta=a$, $\alpha\beta=2$

ㄱ. 주어진 이차방정식의 판별식을 $D$라 하면

$D=a^2-4\times1\times2>0$

$\therefore a^2>8$

$\therefore \alpha^2+\beta^2=(\alpha+\beta)^2-2\alpha\beta=a^2-4>4$ (참)

ㄴ. $\alpha\beta>0$이므로 $\alpha$, $\beta$의 부호는 서로 같다.

$\therefore |\alpha+\beta|=|\alpha|+|\beta|$ (참)

ㄷ. $\alpha\beta=2$에서 $\beta=\frac{2}{\alpha}$

이때 $\alpha>4$이면 $\beta>0$이고

$\frac{1}{\alpha}<\frac{1}{4}$ $\therefore \frac{2}{\alpha}<\frac{1}{2}$

$\therefore 0<\beta<\frac{1}{2}$ (참)

이상에서 ㄱ, ㄴ, ㄷ 모두 옳다. **답** ㄱ, ㄴ, ㄷ

**0479** 전략 이차방정식 $x^2+x+1=0$의 두 근이 $\alpha$, $\beta$임을 이용하여 $f(\alpha^2)=3\alpha$, $f(\beta^2)=3\beta$를 $\alpha^2$, $\beta^2$에 대한 식으로 변형한다.

이차방정식 $x^2+x+1=0$의 두 근이 $\alpha$, $\beta$이므로

$\alpha^2+\alpha+1=0$, $\beta^2+\beta+1=0$

$\therefore \alpha=-\alpha^2-1$, $\beta=-\beta^2-1$

$f(\alpha^2)=3\alpha$, $f(\beta^2)=3\beta$에서

$f(\alpha^2)=3(-\alpha^2-1)$, $f(\beta^2)=3(-\beta^2-1)$

$\therefore f(\alpha^2)=-3\alpha^2-3$, $f(\beta^2)=-3\beta^2-3$

따라서 $f(x)=-3x-3$, 즉 $f(x)+3x+3=0$의 두 근이 $\alpha^2$, $\beta^2$이다.

이때 이차방정식의 근과 계수의 관계에 의하여

$\alpha+\beta=-1$, $\alpha\beta=1$

$\therefore \alpha^2+\beta^2=(\alpha+\beta)^2-2\alpha\beta=(-1)^2-2\times1=-1$

$\alpha^2\beta^2=(\alpha\beta)^2=1^2=1$

따라서 $\alpha^2$, $\beta^2$을 두 근으로 하고 $x^2$의 계수가 1인 이차방정식은

$x^2+x+1=0$

즉 $f(x)+3x+3=x^2+x+1$이므로

$f(x)=x^2-2x-2$ $\therefore f(-1)=1$ **답** 1

**다른 풀이** 이차방정식 $x^2+x+1=0$의 두 근이 $\alpha$, $\beta$이므로

$\alpha^2+\alpha+1=0$, $\beta^2+\beta+1=0$

$\therefore \alpha^2=-\alpha-1$, $\beta^2=-\beta-1$

$f(\alpha^2)=3\alpha$, $f(\beta^2)=3\beta$에서

$f(-\alpha-1)-3\alpha=0$, $f(-\beta-1)-3\beta=0$

따라서 $f(-x-1)-3x=0$의 두 근이 $\alpha$, $\beta$이므로

$f(-x-1)-3x=(x-\alpha)(x-\beta)$

$=x^2+x+1$

위의 식의 양변에 $x=0$을 대입하면

$f(-1)=1$

**0480** 전략 이차방정식의 근과 계수의 관계를 이용하여 $\alpha+\beta$, $\alpha\beta$의 값을 구하고 닮음인 두 삼각형을 찾는다.

이차방정식의 근과 계수의 관계에 의하여

$\alpha+\beta=5$, $\alpha\beta=5$

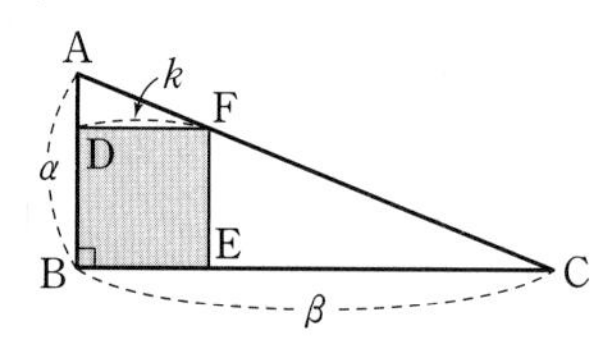


위의 그림과 같이 직각삼각형 ABC에 내접하는 정사각형 DBEF의 한 변의 길이를 $k$라 하면

△ADF∽△ABC (AA 닮음)

이므로 $\overline{AD}:\overline{AB}=\overline{DF}:\overline{BC}$에서

$(\alpha-k):\alpha=k:\beta$

$\alpha k=\beta(\alpha-k)$, $(\alpha+\beta)k=\alpha\beta$

$\therefore k=\frac{\alpha\beta}{\alpha+\beta}=\frac{5}{5}=1$

따라서 정사각형 DBEF의 넓이는 1, 둘레의 길이는 4이므로 1, 4를 두 근으로 하고 $x^2$의 계수가 1인 이차방정식은

$x^2-(1+4)x+1\times4=0$

$\therefore x^2-5x+4=0$

즉 $m=-5$, $n=4$이므로

$m+n=-5+4=-1$ **답** $-1$

# 06 이차방정식과 이차함수

## 교과서 문제 정복하기

본책 071쪽

**0481** $3x^2-6x=0$에서
$3x(x-2)=0 \quad \therefore x=0$ 또는 $x=2$

답 **0, 2**

**0482** $-x^2+4x-3=0$에서
$x^2-4x+3=0, \quad (x-1)(x-3)=0$
$\therefore x=1$ 또는 $x=3$

답 **1, 3**

**0483** 이차방정식 $2x^2-7x+4=0$의 판별식을 $D$라 하면
$D=(-7)^2-4\times2\times4=17>0$
따라서 주어진 이차함수의 그래프와 $x$축의 교점은 2개이다.

답 **2**

**0484** 이차방정식 $x^2+3x+5=0$의 판별식을 $D$라 하면
$D=3^2-4\times1\times5=-11<0$
따라서 주어진 이차함수의 그래프와 $x$축의 교점은 0개이다.

답 **0**

**0485** 이차방정식 $-x^2+2x-1=0$의 판별식을 $D$라 하면
$\frac{D}{4}=1^2-(-1)\times(-1)=0$
따라서 주어진 이차함수의 그래프와 $x$축의 교점은 1개이다.

답 **1**

**0486** 이차방정식 $x^2-4x+k=0$의 판별식을 $D$라 하면
$\frac{D}{4}=(-2)^2-1\times k=4-k$
(1) $\frac{D}{4}=4-k>0 \quad \therefore k<4$
(2) $\frac{D}{4}=4-k=0 \quad \therefore k=4$
(3) $\frac{D}{4}=4-k<0 \quad \therefore k>4$

답 (1) $\boldsymbol{k<4}$ (2) $\boldsymbol{k=4}$ (3) $\boldsymbol{k>4}$

**0487** 이차방정식 $x^2+6x+k=0$의 판별식을 $D$라 하면
$\frac{D}{4}=3^2-1\times k=9-k$
주어진 이차함수의 그래프가 $x$축과 만나려면 $D\geq0$이어야 하므로
$9-k\geq0 \quad \therefore k\leq9$

답 $\boldsymbol{k\leq9}$

**0488** $x^2+2x+2=-2x-1$에서
$x^2+4x+3=0, \quad (x+3)(x+1)=0$
$\therefore x=-3$ 또는 $x=-1$

답 **−3, −1**

**0489** $-x^2+6x-9=2x-5$에서
$x^2-4x+4=0, \quad (x-2)^2=0$
$\therefore x=2$

답 **2**

**0490** 이차방정식 $x^2-3x-2=x-7$, 즉 $x^2-4x+5=0$의 판별식을 $D$라 하면
$\frac{D}{4}=(-2)^2-1\times5=-1<0$
따라서 주어진 이차함수의 그래프와 직선은 만나지 않는다.

답 **만나지 않는다.**

**0491** 이차방정식 $x^2+2x-1=-3x+5$, 즉 $x^2+5x-6=0$의 판별식을 $D$라 하면
$D=5^2-4\times1\times(-6)=49>0$
따라서 주어진 이차함수의 그래프와 직선은 서로 다른 두 점에서 만난다.

답 **서로 다른 두 점에서 만난다.**

**0492** 이차방정식 $-x^2-2x+1=2x+5$, 즉 $x^2+4x+4=0$의 판별식을 $D$라 하면
$\frac{D}{4}=2^2-1\times4=0$
따라서 주어진 이차함수의 그래프와 직선은 한 점에서 만난다. (접한다.)

답 **한 점에서 만난다. (접한다.)**

**0493** 이차방정식 $x^2-4x+1=2x+k$, 즉 $x^2-6x+1-k=0$의 판별식을 $D$라 하면
$\frac{D}{4}=(-3)^2-1\times(1-k)=8+k$
(1) $\frac{D}{4}=8+k>0 \quad \therefore k>-8$
(2) $\frac{D}{4}=8+k=0 \quad \therefore k=-8$
(3) $\frac{D}{4}=8+k<0 \quad \therefore k<-8$

답 (1) $\boldsymbol{k>-8}$ (2) $\boldsymbol{k=-8}$ (3) $\boldsymbol{k<-8}$

**0494** 이차방정식 $-2x^2+x-1=4x+k$, 즉 $2x^2+3x+k+1=0$의 판별식을 $D$라 하면
$D=3^2-4\times2\times(k+1)=1-8k$
주어진 이차함수의 그래프와 직선이 만나려면 $D\geq0$이어야 하므로
$1-8k\geq0 \quad \therefore k\leq\frac{1}{8}$

답 $\boldsymbol{k\leq\frac{1}{8}}$

**0495** $-1\leq x\leq2$에서
$f(-1)=0,\ f(0)=1,\ f(2)=-3$
따라서 $f(x)$의 최댓값은 1, 최솟값은 −3이다.

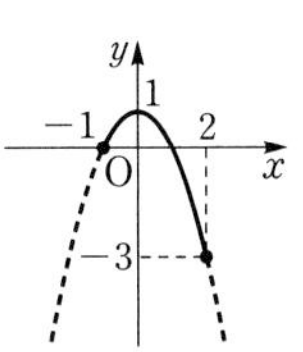


답 **최댓값: 1, 최솟값: −3**

**0496** $-2\le x\le 1$에서

$f(-2)=1,\ f(-1)=-1,\ f(1)=7$

따라서 $f(x)$의 최댓값은 7, 최솟값은 $-1$이다.

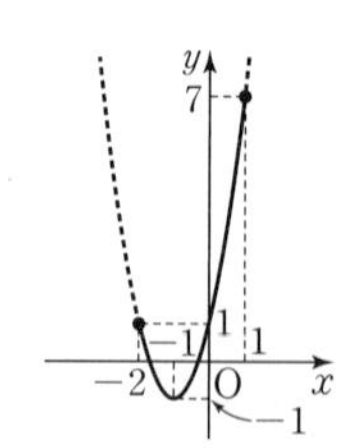


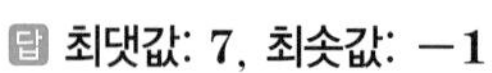

답 최댓값: 7, 최솟값: $-1$

**0497** $f(x)=x^2-2x+3$

$=(x-1)^2+2$

$0\le x\le 3$에서

$f(0)=3,\ f(1)=2,\ f(3)=6$

따라서 $f(x)$의 최댓값은 6, 최솟값은 2이다.

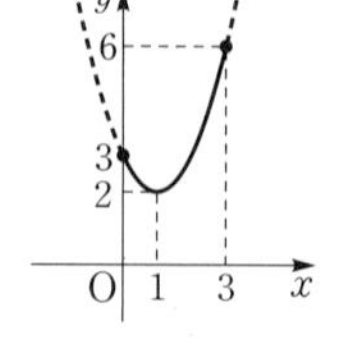


답 최댓값: 6, 최솟값: 2

**0498** $f(x)=2x^2+4x-7$

$=2(x+1)^2-9$

$0\le x\le 2$에서

$f(0)=-7,\ f(2)=9$

따라서 $f(x)$의 최댓값은 9, 최솟값은 $-7$이다.

답 최댓값: 9, 최솟값: $-7$

**0499** $f(x)=-\frac{1}{2}x^2+x+10$

$=-\frac{1}{2}(x-1)^2+\frac{21}{2}$

$-4\le x\le -1$에서

$f(-4)=-2,\ f(-1)=\frac{17}{2}$

따라서 $f(x)$의 최댓값은 $\frac{17}{2}$, 최솟값은 $-2$이다.

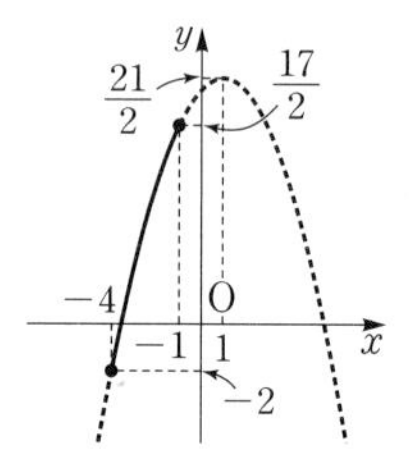


답 최댓값: $\frac{17}{2}$, 최솟값: $-2$

## 유형 익히기

• 본책 072~077쪽

**0500** 이차함수 $y=2x^2+ax+b$의 그래프와 $x$축의 교점의 $x$좌표가 $-3$, 2이므로 $-3$, 2는 이차방정식 $2x^2+ax+b=0$의 두 근이다.

따라서 이차방정식의 근과 계수의 관계에 의하여

$-3+2=-\frac{a}{2},\ -3\times 2=\frac{b}{2}$

$\therefore a=2,\ b=-12$

$\therefore a+b=2+(-12)=-10$

답 ①

**0501** 이차함수 $y=-5x^2+15x+25$의 그래프와 $x$축의 교점의 $x$좌표가 $\alpha$, $\beta$이므로 $\alpha$, $\beta$는 이차방정식 $-5x^2+15x+25=0$의 두 근이다.

따라서 이차방정식의 근과 계수의 관계에 의하여

$\alpha+\beta=-\frac{15}{-5}=3,\ \alpha\beta=\frac{25}{-5}=-5$

$\therefore \alpha^3+\beta^3=(\alpha+\beta)^3-3\alpha\beta(\alpha+\beta)$

$=3^3-3\times(-5)\times 3=72$

답 72

**0502** 이차함수 $y=x^2-ax+b$의 그래프와 $x$축의 교점의 $x$좌표가 2, 3이므로 2, 3은 이차방정식 $x^2-ax+b=0$의 두 근이다.

따라서 이차방정식의 근과 계수의 관계에 의하여

$2+3=a,\ 2\times 3=b$

$\therefore a=5,\ b=6$

이차함수 $y=x^2-bx+a$, 즉 $y=x^2-6x+5$의 그래프와 $x$축의 교점의 $x$좌표는 이차방정식 $x^2-6x+5=0$의 실근과 같다.

$x^2-6x+5=0$에서 $(x-1)(x-5)=0$

$\therefore x=1$ 또는 $x=5$

따라서 두 교점의 좌표가 (1, 0), (5, 0)이므로 두 점 사이의 거리는

$5-1=4$

답 4

**0503** 두 점 A, B의 $x$좌표를 각각 $\alpha$, $\beta$라 하면 $\alpha$, $\beta$는 이차방정식 $x^2-6x+a=0$의 두 근이므로 근과 계수의 관계에 의하여

$\alpha+\beta=6,\ \alpha\beta=a$ …… ㉠

이때 $\overline{AB}=8$이므로 $|\alpha-\beta|=8$

양변을 제곱하면 $(\alpha-\beta)^2=64$

$\therefore (\alpha+\beta)^2-4\alpha\beta=64$ …… ㉡

㉠을 ㉡에 대입하면

$36-4a=64,\quad 4a=-28$

$\therefore a=-7$

답 $-7$

**다른 풀이** $\overline{AB}=8$에서 이차방정식 $x^2-6x+a=0$의 두 근의 차가 8이므로 $x^2-6x+a=0$의 두 근을 $\alpha$, $\alpha+8$이라 하면 근과 계수의 관계에 의하여

$\alpha+(\alpha+8)=6$ …… ㉢

$\alpha(\alpha+8)=a$ …… ㉣

㉢에서 $2\alpha+8=6,\quad 2\alpha=-2$

$\therefore \alpha=-1$

$\alpha=-1$을 ㉣에 대입하면

$a=-1\times(-1+8)=-7$

**0504** 이차함수 $y=-x^2+ax$의 그래프와 직선 $y=x-b$의 두 교점의 $x$좌표가 $-1$, 5이므로 $-1$, 5는 이차방정식

$-x^2+ax=x-b$, 즉 $x^2-(a-1)x-b=0$

의 두 근이다.

따라서 이차방정식의 근과 계수의 관계에 의하여

$-1+5=a-1,\ -1\times 5=-b$

$\therefore a=5,\ b=5$

$\therefore ab=5\times 5=25$

답 ⑤

**0505** 이차함수 $y=x^2-1$의 그래프와 직선 $y=ax+b$가 서로 다른 두 점 P, Q에서 만나므로 두 점 P, Q의 $x$좌표는 이차방정식

$$x^2-1=ax+b, \text{ 즉 } x^2-ax-1-b=0$$

의 두 근이다.

이때 이차방정식 $x^2-ax-1-b=0$이 계수가 모두 유리수이고 한 근이 $1+\sqrt{3}$이므로 다른 한 근은 $1-\sqrt{3}$이다.

따라서 이차방정식의 근과 계수의 관계에 의하여

$$(1+\sqrt{3})+(1-\sqrt{3})=a, \ (1+\sqrt{3})(1-\sqrt{3})=-1-b$$

$\therefore a=2, b=1$

$\therefore a+b=2+1=3$

답 ③

**RPM 비법 노트**

**이차방정식의 켤레근**

이차방정식 $ax^2+bx+c=0$에서 $a, b, c$가 유리수일 때, $p+q\sqrt{m}$이 근이면 $p-q\sqrt{m}$도 근이다.

(단, $p, q$는 유리수, $q\neq0$, $\sqrt{m}$은 무리수이다.)

**0506** 이차함수 $y=2x^2+3x+1$의 그래프와 직선 $y=5x+k$의 교점의 $x$좌표는 이차방정식

$2x^2+3x+1=5x+k$, 즉

$2x^2-2x+1-k=0$ …… ㉠

의 근이므로 ㉠의 한 근이 $-2$이다.

$x=-2$를 ㉠에 대입하면

$8+4+1-k=0 \quad \therefore k=13$

$k=13$을 ㉠에 대입하면

$2x^2-2x-12=0, \quad x^2-x-6=0$

$(x+2)(x-3)=0$

$\therefore x=-2$ 또는 $x=3$

$x=3$을 $y=5x+13$에 대입하면

$y=15+13=28$

따라서 점 B의 좌표는 $(3, 28)$이다.

답 $(3, 28)$

**0507** 이차함수 $y=x^2-2kx+k^2-2k+4$의 그래프가 $x$축과 서로 다른 두 점에서 만나므로 이차방정식 $x^2-2kx+k^2-2k+4=0$의 판별식을 $D$라 하면

$$\frac{D}{4}=(-k)^2-(k^2-2k+4)>0$$

$2k-4>0 \quad \therefore k>2$

따라서 정수 $k$의 최솟값은 3이다.

답 ④

**0508** 이차함수 $y=x^2+2ax-b^2+15$의 그래프가 $x$축과 만나지 않으므로 이차방정식 $x^2+2ax-b^2+15=0$의 판별식을 $D$라 하면

$$\frac{D}{4}=a^2-(-b^2+15)<0$$

$\therefore a^2+b^2<15$

이를 만족시키는 자연수 $a, b$의 순서쌍 $(a, b)$는

$(1, 1), (1, 2), (1, 3), (2, 1), (2, 2), (2, 3),$

$(3, 1), (3, 2)$

의 8개이다.

답 8

**0509** 이차함수 $y=\frac{1}{2}kx^2-x-k+\frac{3}{2}$의 그래프가 $x$축과 한 점에서 만나므로 이차방정식 $\frac{1}{2}kx^2-x-k+\frac{3}{2}=0$의 판별식을 $D_1$이라 하면

$$D_1=(-1)^2-4\times\frac{1}{2}k\times\left(-k+\frac{3}{2}\right)=0$$

$2k^2-3k+1=0$

$(2k-1)(k-1)=0$

$\therefore k=\frac{1}{2}$ 또는 $k=1$ …… ㉠ … 1단계

이차함수 $y=-x^2+3x+k-3$의 그래프가 $x$축과 만나지 않으므로 이차방정식 $-x^2+3x+k-3=0$의 판별식을 $D_2$라 하면

$$D_2=3^2-4\times(-1)\times(k-3)<0$$

$4k-3<0$

$\therefore k<\frac{3}{4}$ …… ㉡ … 2단계

㉠, ㉡에서 $k=\frac{1}{2}$ … 3단계

답 $\frac{1}{2}$

| | 채점 요소 | 비율 |
|---|---|---|
| 1단계 | $y=\frac{1}{2}kx^2-x-k+\frac{3}{2}$의 그래프가 $x$축과 한 점에서 만나도록 하는 $k$의 값 구하기 | 40 % |
| 2단계 | $y=-x^2+3x+k-3$의 그래프가 $x$축과 만나지 않도록 하는 $k$의 값의 범위 구하기 | 40 % |
| 3단계 | $k$의 값 구하기 | 20 % |

**0510** 이차함수 $y=x^2+2ax+ak+k+b$의 그래프가 $x$축에 접하므로 이차방정식 $x^2+2ax+ak+k+b=0$의 판별식을 $D$라 하면

$$\frac{D}{4}=a^2-(ak+k+b)=0$$

$\therefore a^2-b-k(a+1)=0$

이 식이 $k$의 값에 관계없이 항상 성립하므로

$a^2-b=0, a+1=0$

$\therefore a=-1, b=1$

$\therefore a+b=-1+1=0$

답 0

**0511** 이차함수 $y=3x^2-2x$의 그래프와 직선 $y=2x-a$가 서로 다른 두 점에서 만나므로 이차방정식 $3x^2-2x=2x-a$, 즉 $3x^2-4x+a=0$의 판별식을 $D$라 하면

$$\frac{D}{4}=(-2)^2-3a>0$$

$\therefore a<\frac{4}{3}$

따라서 자연수 $a$는 1의 1개이다.

답 1

06 이차방정식과 이차함수

**0512** 이차함수 $y=2x^2$의 그래프와 직선 $y=kx-8$이 접하므로 이차방정식 $2x^2=kx-8$, 즉 $2x^2-kx+8=0$의 판별식을 $D$라 하면

$D=(-k)^2-4\times2\times8=0$

$k^2-64=0$, $(k+8)(k-8)=0$

$\therefore k=8\ (\because k>0)$

답 **8**

**0513** 이차함수 $y=x^2+2ax+a^2$의 그래프와 직선 $y=2x+1$이 적어도 한 점에서 만나므로 이차방정식 $x^2+2ax+a^2=2x+1$, 즉 $x^2+2(a-1)x+a^2-1=0$의 판별식을 $D$라 하면

$\frac{D}{4}=(a-1)^2-(a^2-1)\geq0$

$-2a+2\geq0$ $\therefore a\leq1$

따라서 실수 $a$의 최댓값은 1이다.

답 **1**

**0514** 이차함수 $y=(k-3)x^2+3kx+5$의 그래프와 직선 $y=k(x-1)-2$가 만나지 않으므로 이차방정식 $(k-3)x^2+3kx+5=k(x-1)-2$, 즉 $(k-3)x^2+2kx+k+7=0$의 판별식을 $D$라 하면

$\frac{D}{4}=k^2-(k-3)(k+7)<0$

$-4k+21<0$ $\therefore k>\frac{21}{4}$

$\therefore a=\frac{21}{4}$

답 $\frac{21}{4}$

**0515** 직선 $y=ax+b$가 직선 $y=2x+8$에 평행하므로

$a=2$

직선 $y=2x+b$가 이차함수 $y=-x^2+2$의 그래프에 접하므로 이차방정식 $-x^2+2=2x+b$, 즉 $x^2+2x+b-2=0$의 판별식을 $D$라 하면

$\frac{D}{4}=1^2-(b-2)=0$ $\therefore b=3$

$\therefore a+b=2+3=5$

답 ⑤

참고 | 두 직선 $y=ax+b$, $y=a'x+b'$이 평행하면 $a=a'$, $b\neq b'$이다.

**0516** 직선 $y=-2x+1$을 $y$축의 방향으로 $2k$만큼 평행이동한 직선의 방정식은

$y=-2x+2k+1$

이 직선이 이차함수 $y=x^2-4x$의 그래프에 접하므로 이차방정식 $x^2-4x=-2x+2k+1$, 즉 $x^2-2x-2k-1=0$의 판별식을 $D$라 하면

$\frac{D}{4}=(-1)^2-(-2k-1)=0$

$2k+2=0$ $\therefore k=-1$

답 **−1**

**0517** 점 (3, 2)를 지나는 직선의 방정식을 $y=m(x-3)+2$라 하자.

이 직선이 이차함수 $y=-x^2-2x+8$의 그래프에 접하므로 이차방정식 $-x^2-2x+8=m(x-3)+2$, 즉 $x^2+(m+2)x-3m-6=0$의 판별식을 $D$라 하면

$D=(m+2)^2-4(-3m-6)=0$

$m^2+16m+28=0$, $(m+14)(m+2)=0$

$\therefore m=-14$ 또는 $m=-2$

따라서 구하는 두 직선의 기울기의 곱은

$-14\times(-2)=28$

답 **28**

**0518** 구하는 직선의 방정식을 $y=mx+n$이라 하자.

이 직선이 이차함수 $y=x^2-2ax+a^2+2$의 그래프에 접하므로 이차방정식 $x^2-2ax+a^2+2=mx+n$, 즉 $x^2-(2a+m)x+a^2-n+2=0$의 판별식을 $D$라 하면

$D=\{-(2a+m)\}^2-4(a^2-n+2)=0$

$\therefore 4am+m^2+4n-8=0$

이 식이 $a$의 값에 관계없이 항상 성립하므로

$4m=0$, $m^2+4n-8=0$

$\therefore m=0$, $n=2$

따라서 구하는 직선의 방정식은

$y=2$

답 $y=2$

**0519** $f(x)=2x^2-8x+5=2(x-2)^2-3$

$-2\leq x\leq1$에서

$f(-2)=29$, $f(1)=-1$

이므로 $f(x)$의 최솟값은 $-1$이다.

$\therefore p=-1$

$1\leq x\leq4$에서

$f(1)=-1$, $f(2)=-3$, $f(4)=5$

이므로 $f(x)$의 최솟값은 $-3$이다.

$\therefore q=-3$

$4\leq x\leq7$에서

$f(4)=5$, $f(7)=47$

이므로 $f(x)$의 최솟값은 5이다.

$\therefore r=5$

$\therefore p+q+r=-1+(-3)+5=1$

답 **1**

**0520** ① $f(x)=-3(x-2)^2$이라 하면 $-1\leq x\leq1$에서

$f(-1)=-27$, $f(1)=-3$

이므로 최댓값은 $-3$이다.

② $f(x)=-2(x+1)^2+3$이라 하면 $-1\leq x\leq1$에서

$f(-1)=3$, $f(1)=-5$

이므로 최댓값은 3이다.

③ $f(x)=-4x^2+1$이라 하면 $-1\leq x\leq1$에서

$f(-1)=-3$, $f(0)=1$, $f(1)=-3$

이므로 최댓값은 1이다.

④ $f(x)=-x^2+2x+4=-(x-1)^2+5$

라 하면 $-1\le x\le 1$에서

$f(-1)=1$, $f(1)=5$

이므로 최댓값은 5이다.

⑤ $f(x)=-2x^2-6x=-2\left(x+\frac{3}{2}\right)^2+\frac{9}{2}$

라 하면 $-1\le x\le 1$에서

$f(-1)=4$, $f(1)=-8$

이므로 최댓값은 4이다.

따라서 최댓값이 가장 큰 것은 ④이다. 답 ④

**0521** $y=-\frac{1}{2}x^2+kx+4$의 그래프가 점 (2, 10)을 지나므로

$10=-2+2k+4$, $2k=8$

$\therefore k=4$ … 1단계

즉 $f(x)=-\frac{1}{2}x^2+4x+4=-\frac{1}{2}(x-4)^2+12$이고, $2\le x\le 5$에서

$f(2)=10$, $f(4)=12$, $f(5)=\frac{23}{2}$

이므로 최댓값은 12, 최솟값은 10이다. … 2단계

따라서 구하는 곱은

$12\times 10=120$ … 3단계

답 120

| | 채점 요소 | 비율 |
|---|---|---|
| 1단계 | $k$의 값 구하기 | 30 % |
| 2단계 | $2\le x\le 5$에서 $f(x)$의 최댓값과 최솟값 구하기 | 50 % |
| 3단계 | 최댓값과 최솟값의 곱 구하기 | 20 % |

**0522** $y=x^2-4ax+16a-5$

$=(x-2a)^2-4a^2+16a-5$

이므로 $x=2a$일 때 최솟값 $-4a^2+16a-5$를 갖는다.

따라서 $f(a)=-4a^2+16a-5=-4(a-2)^2+11$이고, $0\le a\le 3$에서

$f(0)=-5$, $f(2)=11$, $f(3)=7$

이므로 $f(a)$는 최댓값 11, 최솟값 $-5$를 갖는다.

즉 $M=11$, $m=-5$이므로

$M-m=11-(-5)=16$ 답 16

**0523** $f(x)=-\frac{1}{2}x^2-2x+k$

$=-\frac{1}{2}(x+2)^2+2+k$

이므로 $-4\le x\le 2$에서 $y=f(x)$의 그래프는 오른쪽 그림과 같다.

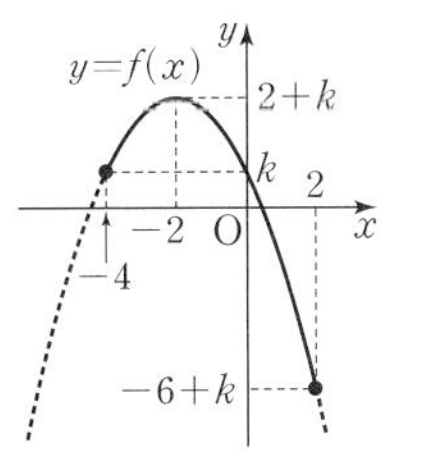


$x=-2$에서 최댓값 $2+k$를 가지므로

$2+k=3$ $\therefore k=1$

따라서 $f(x)$의 최솟값은

$-6+k=-6+1=-5$ 답 $-5$

**0524** $y=ax^2-4ax+b$

$=a(x-2)^2-4a+b$

이므로 $-1\le x\le 2$에서 이 이차함수의 그래프는 오른쪽 그림과 같다.

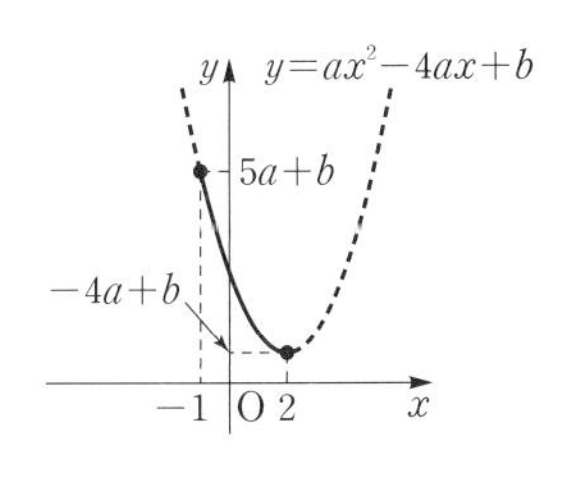


따라서 $x=-1$에서 최댓값 $5a+b$, $x=2$에서 최솟값 $-4a+b$를 가지므로

$5a+b=7$, $-4a+b=1$

두 식을 연립하여 풀면

$a=\frac{2}{3}$, $b=\frac{11}{3}$

$\therefore a-b=\frac{2}{3}-\frac{11}{3}=-3$ 답 $-3$

**0525** $f(x)=x^2-4x+5=(x-2)^2+1$이라 하자.

$f(2)=1$이므로 $a\ge 2$이면 $0\le x\le a$에서 $f(x)$의 최솟값은 1이다.

따라서 최솟값이 2이려면

$a<2$

$0\le x\le a$에서 $y=f(x)$의 그래프는 오른쪽 그림과 같으므로 $x=a$에서 최솟값 2를 갖는다.

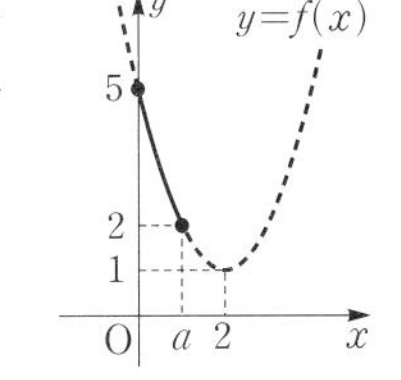


$f(a)=a^2-4a+5=2$에서

$a^2-4a+3=0$

$(a-1)(a-3)=0$

$\therefore a=1$ ($\because a<2$) 답 1

**0526** $f(x)=-x^2+2kx=-(x-k)^2+k^2$이라 하면

(i) $k\ge 2$일 때,

$x\ge 2$에서 $y=f(x)$의 그래프는 오른쪽 그림과 같다.

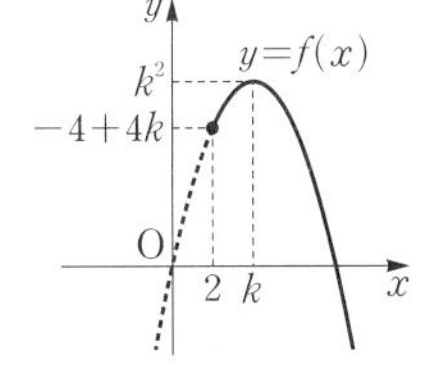


$f(x)$는 $x=k$에서 최댓값 $k^2$을 가지므로

$k^2=16$

$\therefore k=4$ ($\because k\ge 2$)

(ii) $k<2$일 때,

$x\ge 2$에서 $y=f(x)$의 그래프는 오른쪽 그림과 같다.

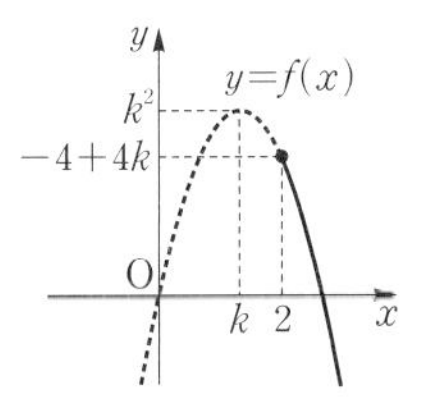


$f(x)$는 $x=2$에서 최댓값 $-4+4k$를 가지므로

$-4+4k=16$

$\therefore k=5$

그런데 $k<2$이므로 조건을 만족시키지 않는다.

(i), (ii)에서 $k=4$

답 4

06 이차방정식과 이차함수

**0527** $x^2+2x=t$로 놓으면

$t=x^2+2x=(x+1)^2-1$

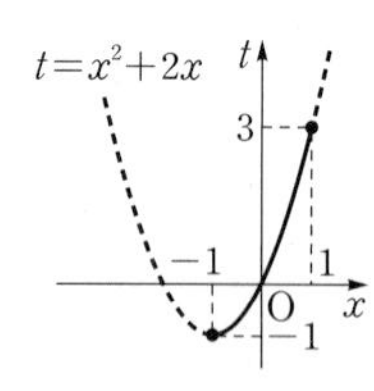


$-1\le x\le 1$이므로 오른쪽 그림에서

$-1\le t\le 3$

이때 주어진 함수는

$y=t^2-4t+3$

$=(t-2)^2-1\ (-1\le t\le 3)$

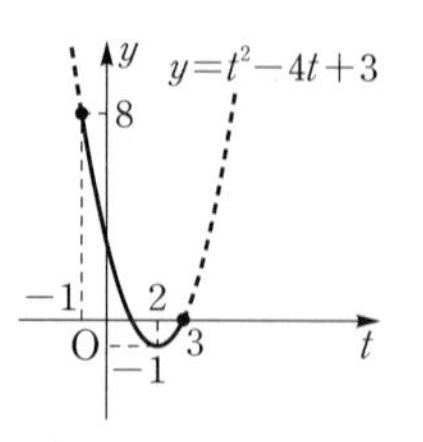


이므로 이 이차함수의 그래프는 오른쪽 그림과 같다.

따라서 $t=-1$에서 최댓값 8을 갖는다.

답 **8**

**0528** $x^2-4x+6=t$로 놓으면

$t=x^2-4x+6=(x-2)^2+2 \qquad \therefore t\ge 2$

이때 주어진 함수는

$y=-2t^2+12t+k$

$=-2(t-3)^2+k+18\ (t\ge 2)$

따라서 $t=3$에서 최댓값 $k+18$을 가지므로

$k+18=3 \qquad \therefore k=-15$

답 ①

**0529** $x^2+2x-1=t$로 놓으면

$t=x^2+2x-1=(x+1)^2-2$

$-2\le x\le 1$이므로 오른쪽 그림에서

$-2\le t\le 2$

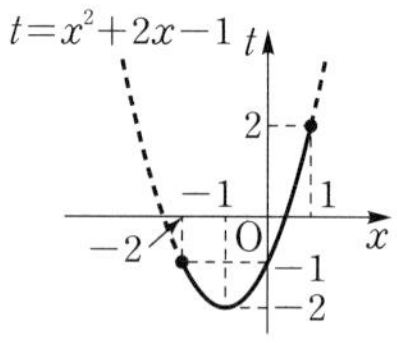

이때 주어진 함수는

$y=t^2+2(t+1)-3=t^2+2t-1$

$=(t+1)^2-2\ (-2\le t\le 2)$

이므로 이 이차함수의 그래프는 오른쪽 그림과 같다.

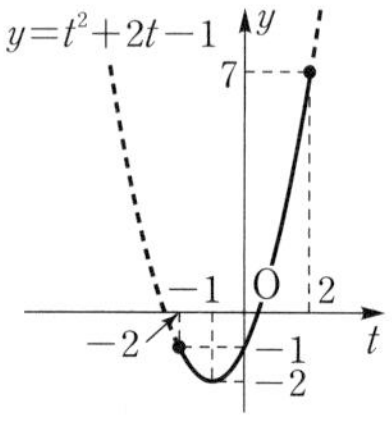

따라서 $t=2$에서 최댓값 7, $t=-1$에서 최솟값 $-2$를 가지므로

$M=7,\ m=-2$

$\therefore M+m=7+(-2)=5$

답 **5**

**0530** $x^2-2x+3=t$로 놓으면

$t=x^2-2x+3=(x-1)^2+2 \qquad \therefore t\ge 2$

이때 주어진 함수는

$y=-t^2+2(t-3)+1$

$=-t^2+2t-5$

$=-(t-1)^2-4\ (t\ge 2)$

이므로 이 이차함수의 그래프는 오른쪽 그림과 같다.

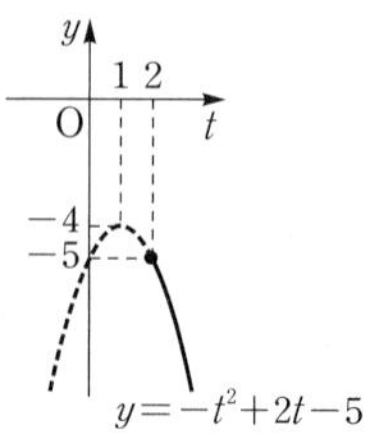

따라서 $t=2$에서 최댓값 $-5$를 가지므로

$b=-5$

이때 $t=2$에서 $\quad x^2-2x+3=2$

$x^2-2x+1=0, \qquad (x-1)^2=0 \qquad \therefore x=1$

즉 $a=1$이므로

$a+b=1+(-5)=-4$

답 **$-4$**

**0531** $2x^2-12x+y^2+4y+18=2(x-3)^2+(y+2)^2-4$

이때 $x$, $y$가 실수이므로

$(x-3)^2\ge 0,\ (y+2)^2\ge 0$

$\therefore 2x^2-12x+y^2+4y+18\ge -4$

따라서 주어진 식의 최솟값은 $-4$이다.

답 ②

**0532** $-x^2-y^2-2x+4y+10$

$=-(x+1)^2-(y-2)^2+15$ … 1단계

이때 $x$, $y$가 실수이므로

$(x+1)^2\ge 0,\ (y-2)^2\ge 0$

$\therefore -(x+1)^2\le 0,\ -(y-2)^2\le 0$

$\therefore -x^2-y^2-2x+4y+10\le 15$

따라서 주어진 식은 $x=-1$, $y=2$일 때 최댓값 15를 가지므로

$a=-1,\ b=2,\ c=15$

$\therefore a+b+c=-1+2+15=16$ … 2단계

답 **16**

| 채점 요소 | 비율 |
|---|---|
| 1단계 주어진 식을 변형하여 완전제곱식의 꼴로 나타내기 | 30 % |
| 2단계 $a+b+c$의 값 구하기 | 70 % |

**0533** $x^2+4y^2+\frac{1}{2}z^2-2x+4y+2z+5$

$=(x-1)^2+4\left(y+\frac{1}{2}\right)^2+\frac{1}{2}(z+2)^2+1$

이때 $x$, $y$, $z$가 실수이므로

$(x-1)^2\ge 0,\ \left(y+\frac{1}{2}\right)^2\ge 0,\ (z+2)^2\ge 0$

$\therefore x^2+4y^2+\frac{1}{2}z^2-2x+4y+2z+5\ge 1$

따라서 주어진 식의 최솟값은 1이다.

답 ①

**0534** $x+y+3=0$에서 $\qquad y=-x-3$

$\therefore x^2+2y^2=x^2+2(-x-3)^2=3x^2+12x+18$

$=3(x+2)^2+6$

이때 $-3\le x\le 0$이므로 $x=0$에서 최댓값 18, $x=-2$에서 최솟값 6을 갖는다.

따라서 최댓값과 최솟값의 합은

$18+6=24$

답 **24**

**0535** $x+y=1$에서 $\qquad y=1-x$

$x>0$, $y>0$이므로 $\qquad 0<x<1$

$\therefore 2x^2+y^2=2x^2+(1-x)^2=3x^2-2x+1$

$=3\left(x-\frac{1}{3}\right)^2+\frac{2}{3}$

이때 $0<x<1$이므로 $x=\frac{1}{3}$에서 최솟값 $\frac{2}{3}$를 갖는다.

답 $\mathbf{\frac{2}{3}}$

**0536** $2x+y=4$에서 $\qquad y=-2x+4$

$\therefore xy=x(-2x+4)=-2x^2+4x$

$=-2(x-1)^2+2$

이때 $-4 \le x \le 3$이므로 $x=1$에서 최댓값 2, $x=-4$에서 최솟값 $-48$을 갖는다.
따라서 최댓값과 최솟값의 차는

$2-(-48)=50$

답 **50**

**0537** 이차방정식의 근과 계수의 관계에 의하여

$\alpha+\beta=2a,\ \alpha\beta=-4a^2$

$$\therefore (\alpha+1)(\beta+1)=\alpha\beta+(\alpha+\beta)+1$$
$$=-4a^2+2a+1$$
$$=-4\left(a-\frac{1}{4}\right)^2+\frac{5}{4}$$

이때 $0<a\le 1$이므로 $a=1$에서 최솟값 $-1$을 갖는다.

답 **$-1$**

참고 | 이차방정식 $x^2-2ax-4a^2=0$의 판별식을 $D$라 하면

$$\frac{D}{4}=(-a)^2-1\times(-4a^2)=5a^2\ge 0$$

따라서 이 이차방정식은 실근을 갖는다.

**0538** $-x^2+9=0$에서 $x^2-9=0$

$(x+3)(x-3)=0$ $\therefore x=-3$ 또는 $x=3$

따라서 이차함수 $y=-x^2+9$의 그래프와 $x$축의 교점의 $x$좌표는 $-3$, $3$이다.
점 B의 좌표를 $(a, 0)$ $(0<a<3)$이라 하면

$A(-a, 0)$, $C(a, -a^2+9)$

$\therefore \overline{AB}=2a$, $\overline{BC}=-a^2+9$

직사각형 ABCD의 둘레의 길이는

$$2\{2a+(-a^2+9)\}=-2a^2+4a+18$$
$$=-2(a-1)^2+20$$

이때 $0<a<3$이므로 $a=1$에서 최댓값 20을 갖는다.
따라서 직사각형 ABCD의 둘레의 길이의 최댓값은 20이다.

답 **20**

**0539** $h(t)=-5t^2+30t+18$
$$=-5(t-3)^2+63$$

이때 $t\ge 0$이므로 $t=3$에서 최댓값 63을 갖는다.
따라서 구하는 높이는 63 m이다.

답 **63 m**

**0540** 오른쪽 그림과 같이 물받이의 높이를 $x$ cm라 하면 단면은 가로의 길이가 $(10-2x)$ cm, 세로의 길이가 $x$ cm인 직사각형이다.

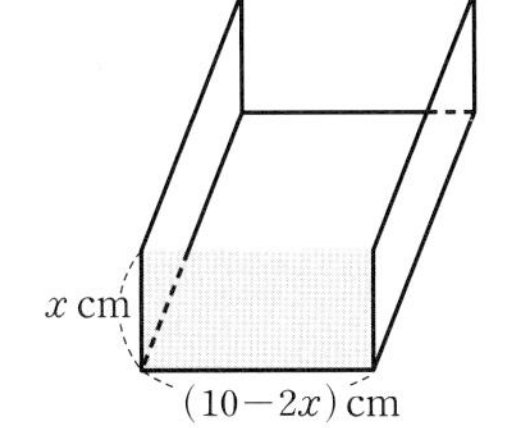


이때 변의 길이는 양수이므로

$0<x<5$

색칠한 단면의 넓이는

$$x(10-2x)=-2x^2+10x$$
$$=-2\left(x-\frac{5}{2}\right)^2+\frac{25}{2} \quad \cdots \text{1단계}$$

이때 $0<x<5$이므로 $x=\frac{5}{2}$에서 최댓값 $\frac{25}{2}$를 갖는다.
따라서 단면의 최대 넓이는 $\frac{25}{2}$ $\text{cm}^2$이고 그때의 물받이의 높이는 $\frac{5}{2}$ cm이므로

$$S=\frac{25}{2},\ h=\frac{5}{2} \quad \cdots \text{2단계}$$
$$\therefore S+h=\frac{25}{2}+\frac{5}{2}=15 \quad \cdots \text{3단계}$$

답 **15**

| | 채점 요소 | 비율 |
|---|---|---|
| 1단계 | 단면의 넓이를 이차식으로 나타내기 | 60 % |
| 2단계 | $S$, $h$의 값 구하기 | 30 % |
| 3단계 | $S+h$의 값 구하기 | 10 % |

**0541** 오른쪽 그림과 같이 우리의 세로의 길이를 $x$ m라 하면 전체 우리의 가로의 길이는 $(120-3x)$ m이다.

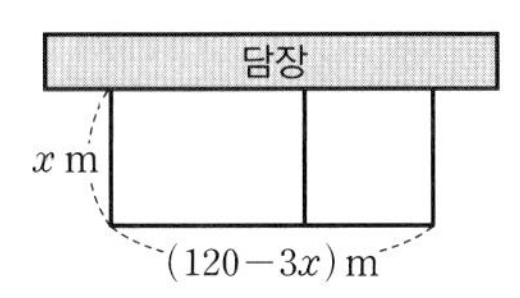


이때 변의 길이는 양수이므로

$0<x<40$

전체 우리의 넓이는

$$x(120-3x)=-3x^2+120x$$
$$=-3(x-20)^2+1200$$

이때 $0<x<40$이므로 $x=20$에서 최댓값 1200을 갖는다.
따라서 전체 우리의 최대 넓이는 1200 $\text{m}^2$이다.

답 **1200 $\text{m}^2$**

**0542** 오른쪽 그림과 같이 밭의 가로의 길이를 $x$ m, 세로의 길이를 $y$ m라 하면 $\triangle ABC \backsim \triangle ADE$ (AA 닮음)이므로

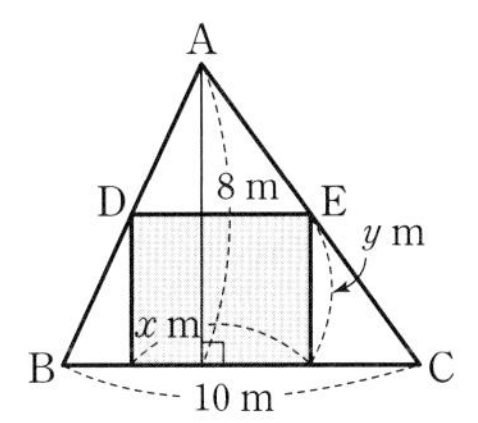


$10 : x=8 : (8-y)$

$8x=80-10y$

$\therefore y=8-\frac{4}{5}x$

이때 변의 길이는 양수이므로 $0<x<10$
밭의 넓이는

$$x\left(8-\frac{4}{5}x\right)=-\frac{4}{5}x^2+8x$$
$$=-\frac{4}{5}(x-5)^2+20$$

이때 $0<x<10$이므로 $x=5$에서 최댓값 20을 갖는다.
$x=5$일 때 $y=4$이므로 구하는 밭의 둘레의 길이는

$2\times(5+4)=18\,(\text{m})$

답 **18 m**

**0543** A 패키지 상품의 예약자가 $x$명일 때, 상품의 총판매 금액을 $y$원이라 하면

(i) $0\le x\le 30$일 때

$y=50000x$

따라서 $x=30$에서 최댓값 1500000을 갖는다.

(ii) $30<x\le 45$일 때

상품 가격은

$$50000-(x-30)\times 1000=80000-1000x$$

이므로

$$y=(80000-1000x)x=-1000x^2+80000x$$
$$=-1000(x-40)^2+1600000$$

따라서 $x=40$에서 최댓값 1600000을 갖는다.

(i), (ii)에서 총판매 금액이 최대가 되려면 예약자는 40명이어야 한다. 답 **40명**

## 시험에 꼭 나오는 문제

• 본책 078~080쪽

**0544** 이차함수 $y=x^2-2kx+k$의 그래프가 $x$축과 만나는 두 점의 $x$좌표를 $\alpha$, $\beta$라 하면 $\alpha$, $\beta$는 이차방정식 $x^2-2kx+k=0$의 두 근이므로 근과 계수의 관계에 의하여

$\alpha+\beta=2k$, $\alpha\beta=k$ …… ㉠

이때 주어진 이차함수의 그래프가 $x$축과 만나는 두 점 사이의 거리가 $2\sqrt{2}$이므로

$|\alpha-\beta|=2\sqrt{2}$

양변을 제곱하면 $(\alpha-\beta)^2=8$

$\therefore (\alpha+\beta)^2-4\alpha\beta=8$ …… ㉡

㉠을 ㉡에 대입하면 $4k^2-4k=8$

$k^2-k-2=0$, $(k+1)(k-2)=0$

$\therefore k=2\ (\because k>0)$ 답 ②

**다른 풀이** 이차함수 $y=x^2-2kx+k$의 그래프가 $x$축과 만나는 두 점 사이의 거리는 이차방정식 $x^2-2kx+k=0$의 두 근의 차이므로 이차방정식 $x^2-2kx+k=0$의 두 근을 $\alpha$, $\beta$라 하면

$$|\alpha-\beta|=\frac{\sqrt{(-2k)^2-4\times1\times k}}{1}=2\sqrt{2}$$

$4k^2-4k=8$, $k^2-k-2=0$

$(k+1)(k-2)=0$ $\therefore k=2\ (\because k>0)$

**RPM 비법 노트**

이차방정식 $ax^2+bx+c=0$의 두 실근을 $\alpha$, $\beta$라 할 때,

$$|\alpha-\beta|=\frac{\sqrt{b^2-4ac}}{|a|}$$

**0545** 이차함수 $y=f(x)$의 그래프와 $x$축의 교점의 $x$좌표가 $\alpha$, $\beta$이므로 $\alpha$, $\beta$는 이차방정식 $f(x)=0$의 두 근이다.

즉 $f(\alpha)=0$, $f(\beta)=0$이므로 $f(x+5)=0$이려면

$x+5=\alpha$ 또는 $x+5=\beta$

$\therefore x=\alpha-5$ 또는 $x=\beta-5$

따라서 이차방정식 $f(x+5)=0$의 두 근의 합은

$(\alpha-5)+(\beta-5)=\alpha+\beta-10=-3-10=-13$

답 **−13**

**0546** 이차함수 $y=-x^2+14x-4$의 그래프와 직선 $y=ax-10$이 서로 다른 두 점 $(x_1, y_1)$, $(x_2, y_2)$에서 만나므로 $x_1$, $x_2$는 이차방정식

$-x^2+14x-4=ax-10$, 즉

$x^2+(a-14)x-6=0$

의 두 근이다.

따라서 이차방정식의 근과 계수의 관계에 의하여

$x_1+x_2=-(a-14)$

즉 $-a+14=4$이므로

$a=10$ 답 **10**

**0547** 이차함수 $y=3x^2-ax+1$의 그래프와 직선 $y=2x-b$의 두 교점의 $x$좌표가 $-2$, $3$이므로 $-2$, $3$은 이차방정식

$3x^2-ax+1=2x-b$, 즉

$3x^2-(a+2)x+1+b=0$

의 두 근이다.

따라서 이차방정식의 근과 계수의 관계에 의하여

$$-2+3=\frac{a+2}{3},\ -2\times3=\frac{1+b}{3}$$

$\therefore a=1,\ b=-19$

$\therefore a+b=1+(-19)=-18$ 답 ②

**0548** 이차함수 $y=-x^2+4x+2-k$의 그래프가 $x$축과 서로 다른 두 점에서 만나야 하므로 이차방정식 $-x^2+4x+2-k=0$의 판별식을 $D$라 하면

$$\frac{D}{4}=2^2-(-1)\times(2-k)>0$$

$6-k>0$ $\therefore k<6$

따라서 정수 $k$의 최댓값은 5이다. 답 **5**

**0549** 이차함수 $y=x^2-2(a+m)x+m^2-4m+b$의 그래프가 $x$축에 접하므로 이차방정식

$x^2-2(a+m)x+m^2-4m+b=0$의 판별식을 $D$라 하면

$$\frac{D}{4}=(a+m)^2-(m^2-4m+b)=0$$

$a^2+2am+m^2-m^2+4m-b=0$

$\therefore a^2-b+2m(a+2)=0$

이 식이 $m$의 값에 관계없이 항상 성립하므로

$a^2-b=0$, $a+2=0$

따라서 $a=-2$, $b=4$이므로

$ab=-2\times4=-8$ 답 ②

**0550** 이차함수 $y=x^2+ax+b$의 그래프가 점 $(1, 0)$에서 $x$축과 접하므로 이차방정식 $x^2+ax+b=0$의 한 근이 1이다.

따라서 $1+a+b=0$이므로

$b=-a-1$ …… ㉠

또 $x^2+ax+b=0$의 판별식을 $D$라 하면

$D=a^2-4b=0$

㉠을 이 식에 대입하면

$a^2-4(-a-1)=0$, $a^2+4a+4=0$

$(a+2)^2=0$ $\therefore a=-2$

$a=-2$를 ㉠에 대입하면 $b=1$

이차함수 $y=x^2+bx+a$, 즉 $y=x^2+x-2$의 그래프가 $x$축과 만나는 두 점의 $x$좌표는 이차방정식 $x^2+x-2=0$이 서로 다른 두 실근이다.

$x^2+x-2=0$에서 $(x+2)(x-1)=0$

$\therefore x=-2$ 또는 $x=1$

따라서 두 교점의 좌표가 $(-2, 0)$, $(1, 0)$이므로 두 점 사이의 거리는

$1-(-2)=3$

답 ③

**다른 풀이** 이차함수 $y=x^2+ax+b$의 그래프가 점 $(1, 0)$에서 $x$축과 접하므로 이차방정식 $x^2+ax+b=0$은 $x=1$을 중근으로 갖는다.

이때 최고차항의 계수가 1이고 $x=1$을 중근으로 갖는 이차방정식은 $(x-1)^2=0$ $\therefore x^2-2x+1=0$

$\therefore a=-2$, $b=1$

**0551** 이차함수 $y=-x^2-2kx+1$의 그래프가 직선 $y=2x+k^2$보다 항상 아래쪽에 있으려면 이차함수의 그래프와 직선이 만나지 않아야 한다.

따라서 방정식 $-x^2-2kx+1=2x+k^2$, 즉 $x^2+2(k+1)x+k^2-1=0$의 판별식을 $D$라 하면

$\frac{D}{4}=(k+1)^2-(k^2-1)<0$

$2k+2<0$ $\therefore k<-1$

따라서 정수 $k$의 최댓값은 $-2$이다. 답 $-2$

**0552** 이차함수 $y=x^2-2ax+4b$의 그래프가 $x$축에 접하므로 이차방정식 $x^2-2ax+4b=0$의 판별식을 $D_1$이라 하면

$\frac{D_1}{4}=(-a)^2-4b=0$

$\therefore a^2=4b$ …… ㉠

또 이차함수 $y=x^2-2ax+4b$의 그래프가 직선 $y=-2x-4$에 접하므로 이차방정식 $x^2-2ax+4b=-2x-4$, 즉 $x^2-2(a-1)x+4b+4=0$의 판별식을 $D_2$라 하면

$\frac{D_2}{4}=(a-1)^2-(4b+4)=0$

$\therefore a^2-2a+1-4b-4=0$

㉠을 이 식에 대입하면

$4b-2a+1-4b-4=0$, $-2a-3=0$

$\therefore a=-\frac{3}{2}$

이것을 ㉠에 대입하면 $\frac{9}{4}=4b$ $\therefore b=\frac{9}{16}$

$\therefore \frac{a}{b}=-\frac{3}{2}\times\frac{16}{9}=-\frac{8}{3}$ 답 $-\frac{8}{3}$

**0553** 이차함수 $y=x^2-3x+a$의 그래프가 점 $(2, 3)$을 지나므로

$3=4-6+a$ $\therefore a=5$

또 직선 $y=bx+c$가 점 $(2, 3)$을 지나므로

$3=2b+c$

$\therefore c=-2b+3$ …… ㉠

이때 직선 $y=bx+c$, 즉 $y=bx-2b+3$이 이차함수 $y=x^2-3x+5$의 그래프에 접하므로 이차방정식 $x^2-3x+5=bx-2b+3$, 즉 $x^2-(b+3)x+2b+2=0$의 판별식을 $D$라 하면

$D=\{-(b+3)\}^2-4(2b+2)=0$

$b^2-2b+1=0$, $(b-1)^2=0$

$\therefore b=1$

$b=1$을 ㉠에 대입하면 $c=1$

$\therefore a+b+c=5+1+1=7$ 답 7

**0554** 이차함수 $y=2x^2+ax+b$의 그래프가 $x$축과 두 점 $(-5, 0)$, $(2, 0)$에서 만나므로 $-5$, 2는 이차방정식 $2x^2+ax+b=0$의 두 근이다.

따라서 이차방정식의 근과 계수의 관계에 의하여

$-5+2=-\frac{a}{2}$, $-5\times2=\frac{b}{2}$

$\therefore a=6$, $b=-20$

$\therefore f(x)=2x^2+6x-20$

$=2\left(x+\frac{3}{2}\right)^2-\frac{49}{2}$

$-1\le x\le 2$에서

$f(-1)=-24$, $f(2)=0$

이므로 $f(x)$의 최솟값은 $-24$이다.

$\therefore m=-24$

$\therefore a+b-m=6+(-20)-(-24)=10$ 답 10

**0555** $y=\frac{1}{2}x^2+ax-4=\frac{1}{2}(x+a)^2-\frac{1}{2}a^2-4$

이므로 $x=-a$에서 최솟값 $-\frac{1}{2}a^2-4$를 갖는다.

즉 $-\frac{1}{2}a^2-4=-6$이므로

$\frac{1}{2}a^2=2$, $a^2=4$

$\therefore a=2$ ($\because a>0$)

$f(x)=-x^2+2ax+3=-x^2+4x+3$

$=-(x-2)^2+7$

이라 하면 $-1\le x\le 1$에서

$f(-1)=-2$, $f(1)=6$

이므로 $f(x)$의 최댓값은 6, 최솟값은 $-2$이다.

따라서 구하는 합은

$6+(-2)=4$

답 4

**0556** $y=x^2-2ax+1$

$=(x-a)^2-a^2+1$

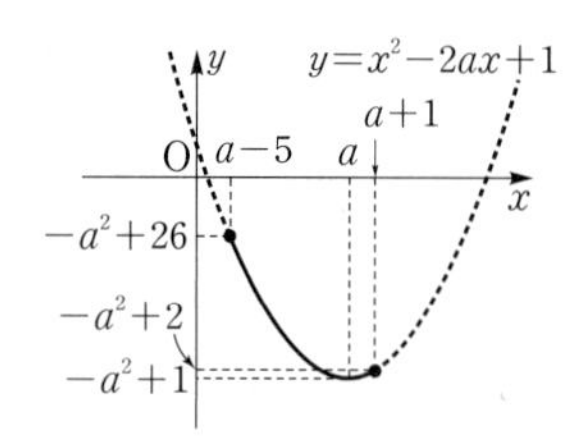


$a-5\le x\le a+1$에서 이 이차함수의 그래프는 오른쪽 그림과 같다.

따라서 $x=a-5$에서 최댓값 $-a^2+26$을 가지므로

$-a^2+26=-10$, $\quad a^2=36$

$\therefore a=6$ ($\because a>0$) 답 ③

**0557** 조건 ㈎에서 $\quad 4-2a+b=16+4a+b$

$6a=-12 \qquad \therefore a=-2$

$\therefore f(x)=x^2-2x+b=(x-1)^2+b-1$

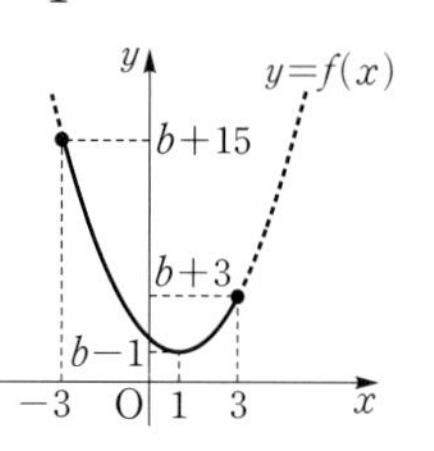


$-3\le x\le 3$에서 $y=f(x)$의 그래프는 오른쪽 그림과 같다.

따라서 $x=-3$에서 최댓값 $b+15$를 가지므로 조건 ㈏에서

$b+15=20 \qquad \therefore b=5$

$\therefore a+b=-2+5=3$

답 3

**다른 풀이** 조건 ㈎에서 $f(-2)=f(4)$이므로 $y=f(x)$의 그래프의 축의 방정식은

$$x=\frac{-2+4}{2}=1$$

즉 $-\frac{a}{2}=1$이므로 $\qquad a=-2$

**0558** 점 $\mathrm{P}(a, b)$가 직선 $x-3y+4=0$ 위를 움직이므로

$a-3b+4=0 \qquad \therefore a=3b-4$

점 $\mathrm{P}(a, b)$가 제1사분면 위의 점이므로

$a>0,\ b>0 \qquad \therefore b>\frac{4}{3}$

$\therefore a^2-b^2=(3b-4)^2-b^2=8b^2-24b+16$

$=8\left(b-\frac{3}{2}\right)^2-2$

이때 $b>\frac{4}{3}$이므로 $b=\frac{3}{2}$에서 최솟값 $-2$를 갖는다. 답 $-2$

**0559** 장미 한 송이의 가격이 $(2000+10x)$원일 때 장미의 하루 판매량은 $(300-x)$송이이므로 하루 판매 금액은

$(2000+10x)(300-x)=-10x^2+1000x+600000$

$=-10(x-50)^2+625000$

이때 $0\le x\le 300$이므로 $x=50$에서 최댓값 625000을 갖는다.

따라서 구하는 장미 한 송이의 가격은

$2000+10\times 50=2500$(원) 답 ⑤

**0560** 이차함수 $y=x^2+ax+b$의 그래프와 직선 $y=3x-2$의 한 교점의 $x$좌표가 $2-\sqrt{3}$이므로 $2-\sqrt{3}$은 이차방정식

$x^2+ax+b=3x-2$, 즉 $x^2+(a-3)x+b+2=0$

의 한 근이다.

이때 $x^2+(a-3)x+b+2=0$의 계수가 모두 유리수이고 한 근이 $2-\sqrt{3}$이므로 다른 한 근은 $2+\sqrt{3}$이다. … 1단계

따라서 이차방정식의 근과 계수의 관계에 의하여

$(2-\sqrt{3})+(2+\sqrt{3})=-(a-3)$,

$(2-\sqrt{3})(2+\sqrt{3})=b+2$

$\therefore a=-1,\ b=-1$ … 2단계

$\therefore ab=-1\times(-1)=1$ … 3단계

답 1

| | 채점 요소 | 비율 |
|---|---|---|
| 1단계 | 이차방정식 $x^2+ax+b=3x-2$의 두 근 찾기 | 40 % |
| 2단계 | $a$, $b$의 값 구하기 | 40 % |
| 3단계 | $ab$의 값 구하기 | 20 % |

**0561** 이차함수 $y=x^2+ax+b$의 그래프가 $x$축과 접하므로 이차방정식 $x^2+ax+b=0$의 판별식을 $D$라 하면

$D=a^2-4b=0 \qquad \therefore a^2=4b \qquad$ …… ㉠ … 1단계

따라서 $f(x)=x^2+ax+b=\left(x+\frac{a}{2}\right)^2$이고, $0\le x\le a$에서

$f(0)=b,\ f(a)=2a^2+b=9b$ ($\because$ ㉠)

이므로 $f(x)$는 $x=a$에서 최댓값 $9b$를 갖는다. … 2단계

답 $9b$

| | 채점 요소 | 비율 |
|---|---|---|
| 1단계 | 이차방정식의 판별식을 이용하여 $a$, $b$에 대한 식 세우기 | 40 % |
| 2단계 | $0\le x\le a$에서 $f(x)$의 최댓값을 $b$에 대한 식으로 나타내기 | 60 % |

참고 | $a^2>0$이므로 ㉠에서 $\qquad b>0$

따라서 $b<9b$이므로 $\qquad f(0)<f(a)$

**0562** $x^2-4x=t$로 놓으면

$t=x^2-4x=(x-2)^2-4$

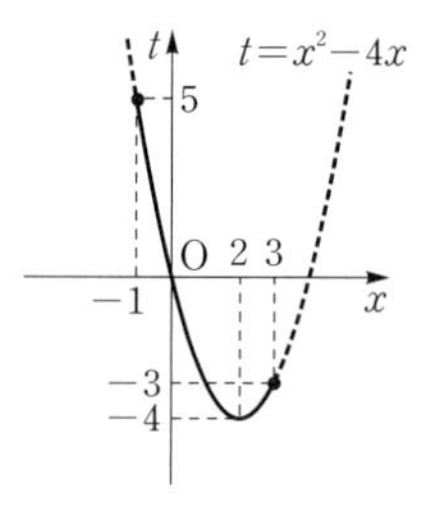


$-1\le x\le 3$이므로 오른쪽 그림에서

$-4\le t\le 5$ … 1단계

이때 주어진 함수는

$y=(t+1)^2-2(t-1)^2+5$

$=-t^2+6t+4$

$=-(t-3)^2+13$ $(-4\le t\le 5)$

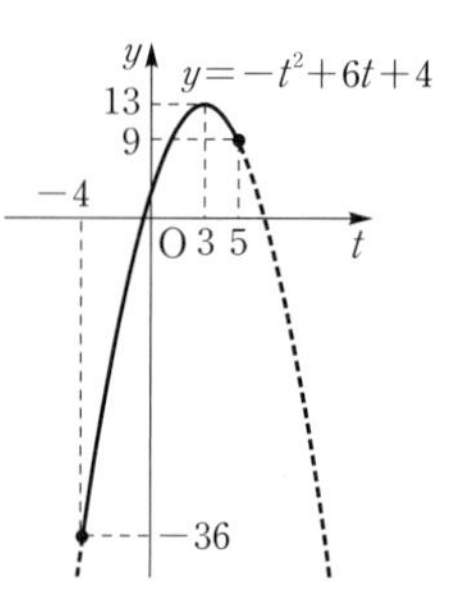


이므로 이 이차함수의 그래프는 오른쪽 그림과 같다.

따라서 $t=3$에서 최댓값 13, $t=-4$에서 최솟값 $-36$을 가지므로

$M=13,\ m=-36$ … 2단계

$\therefore M+m=13+(-36)$

$=-23$ … 3단계

답 $-23$

| | 채점 요소 | 비율 |
|---|---|---|
| 1단계 | 공통부분을 $t$로 치환하고 $t$의 값의 범위 구하기 | 30 % |
| 2단계 | $M$, $m$의 값 구하기 | 50 % |
| 3단계 | $M+m$의 값 구하기 | 20 % |

**0563** 점 B의 좌표를 $(a, 0)$ $(0<a<3)$이라 하면

$A(a, (a-3)^2)$

$\therefore \overline{AB}=(a-3)^2, \overline{AC}=a$ … 1단계

따라서 직사각형 OBAC의 둘레의 길이는

$2\{(a-3)^2+a\}=2a^2-10a+18$

$=2\left(a-\frac{5}{2}\right)^2+\frac{11}{2}$ … 2단계

이때 $0<a<3$이므로 $a=\frac{5}{2}$에서 최솟값 $\frac{11}{2}$을 갖는다.

따라서 직사각형 OBAC의 둘레의 길이의 최솟값은 $\frac{11}{2}$이다.

… 3단계

답 $\frac{11}{2}$

| 채점 요소 | 비율 |
|---|---|
| 1단계 직사각형 OBAC의 가로, 세로의 길이를 한 문자로 나타내기 | 20 % |
| 2단계 직사각형 OBAC의 둘레의 길이를 이차식으로 나타내기 | 50 % |
| 3단계 직사각형 OBAC의 둘레의 길이의 최솟값 구하기 | 30 % |

**0564** 전략 이차방정식의 판별식을 이용하여 $a$, $b$에 대한 부등식을 세운다.

이차함수 $y=(x+a)(x+b)+1$의 그래프가 $x$축과 만나지 않으므로 이차방정식 $(x+a)(x+b)+1=0$, 즉 $x^2+(a+b)x+ab+1=0$의 판별식을 $D$라 하면

$D=(a+b)^2-4(ab+1)<0$

$a^2+2ab+b^2-4ab-4<0$

$a^2-2ab+b^2<4$, $(a-b)^2<4$

$\therefore |a-b|<2$

따라서 $|a-b|$의 값이 될 수 있는 것은 0, 1이다.

(i) $|a-b|=0$일 때

순서쌍 $(a, b)$는

$(1, 1), (2, 2), (3, 3), (4, 4), (5, 5), (6, 6)$

의 6개이다.

(ii) $|a-b|=1$일 때

순서쌍 $(a, b)$는

$(1, 2), (2, 3), (3, 4), (4, 5), (5, 6)$,

$(6, 5), (5, 4), (4, 3), (3, 2), (2, 1)$

의 10개이다.

(i), (ii)에서 이차함수 $y=(x+a)(x+b)+1$의 그래프가 $x$축과 만나지 않도록 하는 순서쌍 $(a, b)$의 개수는

$6+10=16$

따라서 구하는 확률은

$\frac{16}{36}=\frac{4}{9}$

답 $\frac{4}{9}$

참고 | 주사위를 두 번 던질 때, 나오는 모든 경우의 수는

$6\times6=36$

**0565** 전략 이차함수의 식을 $y=(x-p)^2+q$의 꼴로 변형하고 주어진 $x$의 값의 범위에 꼭짓점의 $x$좌표가 포함되는지 확인한다.

$g(x)=x^2-8x+10=(x-4)^2-6$

이라 하면 $y=g(x)$의 그래프는 오른쪽 그림과 같다.

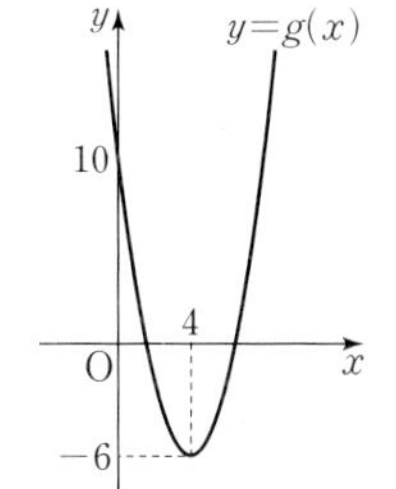


$f(2)$는 $1\le x\le3$에서 함수 $g(x)$의 최솟값이므로

$f(2)=g(3)=-5$

$f(3)$, $f(4)$, $f(5)$는 각각 $2\le x\le4$, $3\le x\le5$, $4\le x\le6$에서 함수 $g(x)$의 최솟값이므로

$f(3)=f(4)=f(5)=g(4)=-6$

$f(6)$은 $5\le x\le7$에서 함수 $g(x)$의 최솟값이므로

$f(6)=g(5)=-5$

$\therefore f(2)+f(3)+f(4)+f(5)+f(6)$

$=-5+(-6)\times3+(-5)$

$=-28$

답 ③

**0566** 전략 $-2\le x<0$인 경우와 $0\le x\le3$인 경우로 나누어 최댓값을 구한다.

$f(x)=x^2-2|x|+k$라 하면

(i) $-2\le x<0$일 때,

$f(x)=x^2+2x+k=(x+1)^2+k-1$

(ii) $0\le x\le3$일 때,

$f(x)=x^2-2x+k=(x-1)^2+k-1$

(i), (ii)에서 $-2\le x\le3$일 때, $y=f(x)$의 그래프는 오른쪽 그림과 같다.

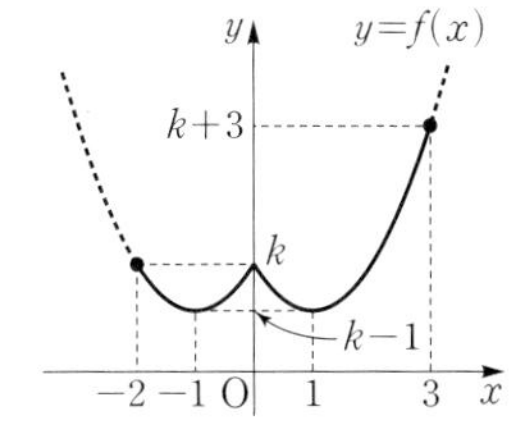


따라서 $-2\le x\le3$에서 $f(x)$는 $x=3$일 때 최댓값 $k+3$을 가지므로

$k+3=6$ $\therefore k=3$

이때 $f(x)$는 $x=-1$ 또는 $x=1$에서 최솟값

$k-1=3-1=2$

를 갖는다.

답 2

# 07 여러 가지 방정식

## 교과서 문제 정복하기

본책 083쪽, 085쪽

**0567** $x^3-27=0$의 좌변을 인수분해하면

$(x-3)(x^2+3x+9)=0$

$\therefore x=3$ 또는 $x=\frac{-3\pm3\sqrt{3}i}{2}$

답 $x=3$ 또는 $x=\frac{-3\pm3\sqrt{3}i}{2}$

**0568** $x^3-x^2-12x=0$의 좌변을 인수분해하면

$x(x^2-x-12)=0$, $\quad x(x+3)(x-4)=0$

$\therefore x=-3$ 또는 $x=0$ 또는 $x=4$

답 $x=-3$ 또는 $x=0$ 또는 $x=4$

**0569** $x^4+8x=0$의 좌변을 인수분해하면

$x(x^3+8)=0$, $\quad x(x+2)(x^2-2x+4)=0$

$\therefore x=-2$ 또는 $x=0$ 또는 $x=1\pm\sqrt{3}i$

답 $x=-2$ 또는 $x=0$ 또는 $x=1\pm\sqrt{3}i$

**0570** $16x^4-1=0$의 좌변을 인수분해하면

$(4x^2-1)(4x^2+1)=0$

$(2x+1)(2x-1)(4x^2+1)=0$

$\therefore x=-\frac{1}{2}$ 또는 $x=\frac{1}{2}$ 또는 $x=\pm\frac{1}{2}i$

답 $x=-\frac{1}{2}$ 또는 $x=\frac{1}{2}$ 또는 $x=\pm\frac{1}{2}i$

**0571** $f(x)=x^3-4x^2+3x+2$라 하면

$f(2)=8-16+6+2=0$

조립제법을 이용하여 $f(x)$를 인수분해하면

| 2 | 1 | −4 | 3 | 2 |
|---|---|---|---|---|
| | | 2 | −4 | −2 |
| | 1 | −2 | −1 | 0 |

$f(x)=(x-2)(x^2-2x-1)$

따라서 주어진 방정식은

$(x-2)(x^2-2x-1)=0$

$\therefore x=2$ 또는 $x=1\pm\sqrt{2}$

답 $x=2$ 또는 $x=1\pm\sqrt{2}$

**0572** $f(x)=x^3+x+10$이라 하면

$f(-2)=-8-2+10=0$

조립제법을 이용하여 $f(x)$를 인수분해하면

| −2 | 1 | 0 | 1 | 10 |
|---|---|---|---|---|
| | | −2 | 4 | −10 |
| | 1 | −2 | 5 | 0 |

$f(x)=(x+2)(x^2-2x+5)$

따라서 주어진 방정식은

$(x+2)(x^2-2x+5)=0$

$\therefore x=-2$ 또는 $x=1\pm2i$

답 $x=-2$ 또는 $x=1\pm2i$

**0573** $f(x)=x^3-2x-1$이라 하면

$f(-1)=-1+2-1=0$

조립제법을 이용하여 $f(x)$를 인수분해하면

| −1 | 1 | 0 | −2 | −1 |
|---|---|---|---|---|
| | | −1 | 1 | 1 |
| | 1 | −1 | −1 | 0 |

$f(x)=(x+1)(x^2-x-1)$

따라서 주어진 방정식은

$(x+1)(x^2-x-1)=0$

$\therefore x=-1$ 또는 $x=\frac{1\pm\sqrt{5}}{2}$

답 $x=-1$ 또는 $x=\frac{1\pm\sqrt{5}}{2}$

**0574** $f(x)=x^4+3x^3+3x^2-x-6$이라 하면

$f(1)=1+3+3-1-6=0$,

$f(-2)=16-24+12+2-6=0$

조립제법을 이용하여 $f(x)$를 인수분해하면

| 1 | 1 | 3 | 3 | −1 | −6 |
|---|---|---|---|---|---|
| | | 1 | 4 | 7 | 6 |
| −2 | 1 | 4 | 7 | 6 | 0 |
| | | −2 | −4 | −6 | |
| | 1 | 2 | 3 | 0 | |

$f(x)=(x+2)(x-1)(x^2+2x+3)$

따라서 주어진 방정식은

$(x+2)(x-1)(x^2+2x+3)=0$

$\therefore x=-2$ 또는 $x=1$ 또는 $x=-1\pm\sqrt{2}i$

답 $x=-2$ 또는 $x=1$ 또는 $x=-1\pm\sqrt{2}i$

**0575** $f(x)=x^4-3x^3+x^2+4$라 하면

$f(2)=16-24+4+4=0$

조립제법을 이용하여 $f(x)$를 인수분해하면

| 2 | 1 | −3 | 1 | 0 | 4 |
|---|---|---|---|---|---|
| | | 2 | −2 | −2 | −4 |
| 2 | 1 | −1 | −1 | −2 | 0 |
| | | 2 | 2 | 2 | |
| | 1 | 1 | 1 | 0 | |

← $g(x)=x^3-x^2-x-2$라 하면 $g(2)=8-4-2-2=0$

$f(x)=(x-2)^2(x^2+x+1)$

따라서 주어진 방정식은

$(x-2)^2(x^2+x+1)=0$

$\therefore x=2$ (중근) 또는 $x=\frac{-1\pm\sqrt{3}i}{2}$

답 $x=2$ (중근) 또는 $x=\frac{-1\pm\sqrt{3}i}{2}$

**0576** $f(x)=x^4+x^3-7x^2-x+6$이라 하면

$f(1)=1+1-7-1+6=0$,

$f(-1)=1-1-7+1+6=0$

조립제법을 이용하여 $f(x)$를 인수분해하면

| | | | | | |
|---|---|---|---|---|---|
| 1 | 1 | 1 | −7 | −1 | 6 |
| | | 1 | 2 | −5 | −6 |
| −1 | 1 | 2 | −5 | −6 | 0 |
| | | −1 | −1 | 6 | |
| | 1 | 1 | −6 | 0 | |

$f(x)=(x+1)(x-1)(x^2+x-6)$

$=(x+1)(x-1)(x+3)(x-2)$

따라서 주어진 방정식은

$(x+3)(x+1)(x-1)(x-2)=0$

$\therefore x=-3$ 또는 $x=-1$ 또는 $x=1$ 또는 $x=2$

답 $\boldsymbol{x=-3}$ **또는** $\boldsymbol{x=-1}$ **또는** $\boldsymbol{x=1}$ **또는** $\boldsymbol{x=2}$

**0577** $x^2+3x=t$로 놓으면 주어진 방정식은

$t^2-2t-8=0$, $(t+2)(t-4)=0$

$\therefore t=-2$ 또는 $t=4$

(i) $t=-2$일 때, $x^2+3x=-2$에서

$x^2+3x+2=0$, $(x+2)(x+1)=0$

$\therefore x=-2$ 또는 $x=-1$

(ii) $t=4$일 때, $x^2+3x=4$에서

$x^2+3x-4=0$, $(x+4)(x-1)=0$

$\therefore x=-4$ 또는 $x=1$

(i), (ii)에서 $x=-4$ 또는 $x=-2$ 또는 $x=-1$ 또는 $x=1$

답 $\boldsymbol{x=-4}$ **또는** $\boldsymbol{x=-2}$ **또는** $\boldsymbol{x=-1}$ **또는** $\boldsymbol{x=1}$

**0578** $x^2+1=t$로 놓으면 주어진 방정식은

$4t^2-13t+10=0$, $(4t-5)(t-2)=0$

$\therefore t=\frac{5}{4}$ 또는 $t=2$

(i) $t=\frac{5}{4}$일 때, $x^2+1=\frac{5}{4}$에서

$x^2=\frac{1}{4}$ $\therefore x=\pm\frac{1}{2}$

(ii) $t=2$일 때, $x^2+1=2$에서

$x^2=1$ $\therefore x=\pm 1$

(i), (ii)에서 $x=\pm\frac{1}{2}$ 또는 $x=\pm 1$

답 $\boldsymbol{x=\pm\frac{1}{2}}$ **또는** $\boldsymbol{x=\pm 1}$

**0579** $x^2-2x=t$로 놓으면 주어진 방정식은

$t^2-5t-24=0$, $(t+3)(t-8)=0$

$\therefore t=-3$ 또는 $t=8$

(i) $t=-3$일 때, $x^2-2x=-3$에서

$x^2-2x+3=0$ $\therefore x=1\pm\sqrt{2}i$

(ii) $t=8$일 때, $x^2-2x=8$에서

$x^2-2x-8=0$, $(x+2)(x-4)=0$

$\therefore x=-2$ 또는 $x=4$

(i), (ii)에서 $x=-2$ 또는 $x=4$ 또는 $x=1\pm\sqrt{2}i$

답 $\boldsymbol{x=-2}$ **또는** $\boldsymbol{x=4}$ **또는** $\boldsymbol{x=1\pm\sqrt{2}i}$

**0580** $x^2=t$로 놓으면 주어진 방정식은

$t^2-5t+4=0$, $(t-1)(t-4)=0$

$\therefore t=1$ 또는 $t=4$

따라서 $x^2=1$ 또는 $x^2=4$이므로

$x=\pm 1$ 또는 $x=\pm 2$

답 $\boldsymbol{x=\pm 1}$ **또는** $\boldsymbol{x=\pm 2}$

**0581** $x^4+x^2+1=0$에서

$(x^4+2x^2+1)-x^2=0$, $(x^2+1)^2-x^2=0$

$(x^2+x+1)(x^2-x+1)=0$

$x^2+x+1=0$ 또는 $x^2-x+1=0$

$\therefore x=\frac{-1\pm\sqrt{3}i}{2}$ 또는 $x=\frac{1\pm\sqrt{3}i}{2}$

답 $\boldsymbol{x=\frac{-1\pm\sqrt{3}i}{2}}$ **또는** $\boldsymbol{x=\frac{1\pm\sqrt{3}i}{2}}$

**0582** 삼차방정식의 근과 계수의 관계에 의하여

(1) $\alpha+\beta+\gamma=-\frac{4}{1}=-4$

(2) $\alpha\beta+\beta\gamma+\gamma\alpha=\frac{2}{1}=2$

(3) $\alpha\beta\gamma=-\frac{-6}{1}=6$

답 (1) **−4** (2) **2** (3) **6**

**0583** 삼차방정식의 근과 계수의 관계에 의하여

$\alpha+\beta+\gamma=5$, $\alpha\beta+\beta\gamma+\gamma\alpha=-2$, $\alpha\beta\gamma=-4$

(1) $\alpha^2\beta\gamma+\alpha\beta^2\gamma+\alpha\beta\gamma^2=\alpha\beta\gamma(\alpha+\beta+\gamma)$

$=-4\times 5=-20$

(2) $\alpha^2+\beta^2+\gamma^2=(\alpha+\beta+\gamma)^2-2(\alpha\beta+\beta\gamma+\gamma\alpha)$

$=5^2-2\times(-2)=29$

(3) $\frac{1}{\alpha}+\frac{1}{\beta}+\frac{1}{\gamma}=\frac{\alpha\beta+\beta\gamma+\gamma\alpha}{\alpha\beta\gamma}=\frac{-2}{-4}=\frac{1}{2}$

답 (1) **−20** (2) **29** (3) $\boldsymbol{\frac{1}{2}}$

**0584** $x^3$의 계수가 1이고 세 근이 $-2$, 1, 3인 삼차방정식은

$x^3-(-2+1+3)x^2+\{-2\times 1+1\times 3+3\times(-2)\}x$

$-(-2)\times 1\times 3=0$

$\therefore x^3-2x^2-5x+6=0$

답 $\boldsymbol{x^3-2x^2-5x+6=0}$

**0585** $x^3$의 계수가 1이고 세 근이 $-1$, $3+\sqrt{5}$, $3-\sqrt{5}$인 삼차방정식은

$$x^3-\{-1+(3+\sqrt{5})+(3-\sqrt{5})\}x^2$$
$$+\{-1\times(3+\sqrt{5})+(3+\sqrt{5})\times(3-\sqrt{5})$$
$$+(3-\sqrt{5})\times(-1)\}x$$
$$-(-1)\times(3+\sqrt{5})\times(3-\sqrt{5})=0$$
$$\therefore x^3-5x^2-2x+4=0$$

답 $\boldsymbol{x^3-5x^2-2x+4=0}$

**0586** $x^3$의 계수가 4이고 세 근이 1, $\frac{1}{2}i$, $-\frac{1}{2}i$인 삼차방정식은

$$4\left[x^3-\left\{1+\frac{1}{2}i+\left(-\frac{1}{2}i\right)\right\}x^2\right.$$
$$+\left\{1\times\frac{1}{2}i+\frac{1}{2}i\times\left(-\frac{1}{2}i\right)+\left(-\frac{1}{2}i\right)\times1\right\}x$$
$$\left.-1\times\frac{1}{2}i\times\left(-\frac{1}{2}i\right)\right]=0$$
$$4\left(x^3-x^2+\frac{1}{4}x-\frac{1}{4}\right)=0 \qquad \therefore 4x^3-4x^2+x-1=0$$

답 $\boldsymbol{4x^3-4x^2+x-1=0}$

**0587** 주어진 삼차방정식의 계수가 유리수이므로 $1-\sqrt{3}$이 근이면 $1+\sqrt{3}$도 근이다.
따라서 주어진 방정식의 세 근이 $-2$, $1-\sqrt{3}$, $1+\sqrt{3}$이므로 삼차방정식의 근과 계수의 관계에 의하여

$$-2\times(1-\sqrt{3})+(1-\sqrt{3})\times(1+\sqrt{3})+(1+\sqrt{3})\times(-2)$$
$$=a,$$
$$-2\times(1-\sqrt{3})\times(1+\sqrt{3})=-b$$
$$\therefore a=-6,\ b=-4$$

답 $\boldsymbol{a=-6,\ b=-4}$

**0588** 주어진 삼차방정식의 계수가 실수이므로 $-2+3i$가 근이면 $-2-3i$도 근이다.
따라서 주어진 방정식의 세 근이 2, $-2+3i$, $-2-3i$이므로 삼차방정식의 근과 계수의 관계에 의하여

$$2+(-2+3i)+(-2-3i)=-a,$$
$$2\times(-2+3i)\times(-2-3i)=-b$$
$$\therefore a=2,\ b=-26$$

답 $\boldsymbol{a=2,\ b=-26}$

**0589** 주어진 삼차방정식의 계수가 실수이므로 $-2i$가 근이면 $2i$도 근이다.
나머지 한 근을 $\alpha$라 하면 삼차방정식의 근과 계수의 관계에 의하여

$$\alpha+(-2i)+2i=-1 \qquad \therefore \alpha=-1$$

따라서 주어진 방정식의 세 근이 $-1$, $-2i$, $2i$이므로 삼차방정식의 근과 계수의 관계에 의하여

$$-1\times(-2i)+(-2i)\times2i+2i\times(-1)=a,$$
$$-1\times(-2i)\times2i=-b$$
$$\therefore a=4,\ b=4$$

답 $\boldsymbol{a=4,\ b=4}$

**0590** $x^3=1$에서 $\quad x^3-1=0$

$$\therefore (x-1)(x^2+x+1)=0$$

(1) $\omega$는 $x^2+x+1=0$의 한 허근이므로

$$\omega^2+\omega+1=0$$

(2) $x^2+x+1=0$의 두 허근이 $\omega$, $\overline{\omega}$이므로 이차방정식의 근과 계수의 관계에 의하여

$$\omega+\overline{\omega}=-1,\ \omega\overline{\omega}=1$$
$$\therefore \omega+\overline{\omega}-\omega\overline{\omega}=-1-1=-2$$

(3) $\omega^2+\omega+1=0$에서 $\omega^2+1=-\omega$이므로

$$\omega+\frac{1}{\omega}=\frac{\omega^2+1}{\omega}=\frac{-\omega}{\omega}=-1$$

(4) $\omega^3=1$, $\omega^2+\omega+1=0$이므로

$$\omega^{20}+\omega^{10}+1=(\omega^3)^6\times\omega^2+(\omega^3)^3\times\omega+1$$
$$=\omega^2+\omega+1=0$$

답 (1) **0** (2) $\boldsymbol{-2}$ (3) $\boldsymbol{-1}$ (4) **0**

**0591** $x^3=-1$에서 $\quad x^3+1=0$

$$\therefore (x+1)(x^2-x+1)=0$$

(1) $\omega$는 $x^2-x+1=0$의 한 허근이므로

$$\omega^2-\omega+1=0$$

(2) $x^2-x+1=0$의 두 허근이 $\omega$, $\overline{\omega}$이므로 이차방정식의 근과 계수의 관계에 의하여

$$\omega+\overline{\omega}=1,\ \omega\overline{\omega}=1$$
$$\therefore \omega+\overline{\omega}+\omega\overline{\omega}=1+1=2$$

(3) $\omega^2-\omega+1=0$에서 $\omega^2+1=\omega$이므로

$$\omega+\frac{1}{\omega}=\frac{\omega^2+1}{\omega}=\frac{\omega}{\omega}=1$$

(4) $\omega^3=-1$, $\omega^2-\omega+1=0$이므로

$$\omega^{20}+\omega^{10}+1=(\omega^3)^6\times\omega^2+(\omega^3)^3\times\omega+1$$
$$=\omega^2-\omega+1=0$$

답 (1) **0** (2) **2** (3) **1** (4) **0**

**0592** $x-y=-2$에서 $\quad y=x+2 \quad \cdots\cdots$ ㉠
㉠을 $x^2+y^2=20$에 대입하면

$$x^2+(x+2)^2=20, \qquad 2x^2+4x-16=0$$
$$x^2+2x-8=0, \qquad (x+4)(x-2)=0$$
$$\therefore x=-4 \text{ 또는 } x=2$$

$x=-4$를 ㉠에 대입하면 $\quad y=-2$
$x=2$를 ㉠에 대입하면 $\quad y=4$
따라서 구하는 해는

$$\begin{cases}x=-4\\y=-2\end{cases} \text{ 또는 } \begin{cases}x=2\\y=4\end{cases}$$

답 $\boldsymbol{\begin{cases}x=-4\\y=-2\end{cases}}$ **또는** $\boldsymbol{\begin{cases}x=2\\y=4\end{cases}}$

**0593** $x-3y=0$에서 $\quad x=3y \quad \cdots\cdots$ ㉠
㉠을 $x^2+y^2=40$에 대입하면

$$(3y)^2+y^2=40, \qquad 10y^2=40$$
$$y^2=4 \qquad \therefore y=\pm2$$

$y=2$를 ㉠에 대입하면 $x=6$
$y=-2$를 ㉠에 대입하면 $x=-6$
따라서 구하는 해는

$\begin{cases} x=6 \\ y=2 \end{cases}$ 또는 $\begin{cases} x=-6 \\ y=-2 \end{cases}$

답 $\begin{cases} x=6 \\ y=2 \end{cases}$ 또는 $\begin{cases} x=-6 \\ y=-2 \end{cases}$

**0594** $x+y=1$에서 $x=1-y$ …… ㉠
㉠을 $4y^2-x^2=15$에 대입하면
$4y^2-(1-y)^2=15$, $3y^2+2y-16=0$
$(3y+8)(y-2)=0$ $\therefore y=-\frac{8}{3}$ 또는 $y=2$
$y=-\frac{8}{3}$을 ㉠에 대입하면 $x=\frac{11}{3}$
$y=2$를 ㉠에 대입하면 $x=-1$
따라서 구하는 해는

$\begin{cases} x=\frac{11}{3} \\ y=-\frac{8}{3} \end{cases}$ 또는 $\begin{cases} x=-1 \\ y=2 \end{cases}$

답 $\begin{cases} x=\frac{11}{3} \\ y=-\frac{8}{3} \end{cases}$ 또는 $\begin{cases} x=-1 \\ y=2 \end{cases}$

**0595** $\begin{cases} x^2+xy-2y^2=0 & \cdots\cdots ㉠ \\ x^2+2xy-y^2=8 & \cdots\cdots ㉡ \end{cases}$
㉠에서 $(x-y)(x+2y)=0$
$\therefore x=y$ 또는 $x=-2y$
(i) $x=y$를 ㉡에 대입하면
$y^2+2y^2-y^2=8$, $2y^2=8$, $y^2=4$
$\therefore y=\pm2$
$x=y$이므로
$x=2$, $y=2$ 또는 $x=-2$, $y=-2$
(ii) $x=-2y$를 ㉡에 대입하면
$(-2y)^2+2\times(-2y)\times y-y^2=8$
$y^2=-8$ $\therefore y=\pm2\sqrt{2}i$
$x=-2y$이므로
$x=-4\sqrt{2}i$, $y=2\sqrt{2}i$ 또는 $x=4\sqrt{2}i$, $y=-2\sqrt{2}i$
(i), (ii)에서 구하는 해는

$\begin{cases} x=2 \\ y=2 \end{cases}$ 또는 $\begin{cases} x=-2 \\ y=-2 \end{cases}$
또는 $\begin{cases} x=-4\sqrt{2}i \\ y=2\sqrt{2}i \end{cases}$ 또는 $\begin{cases} x=4\sqrt{2}i \\ y=-2\sqrt{2}i \end{cases}$

답 $\begin{cases} x=2 \\ y=2 \end{cases}$ 또는 $\begin{cases} x=-2 \\ y=-2 \end{cases}$
또는 $\begin{cases} x=-4\sqrt{2}i \\ y=2\sqrt{2}i \end{cases}$ 또는 $\begin{cases} x=4\sqrt{2}i \\ y=-2\sqrt{2}i \end{cases}$

**0596** $\begin{cases} 3x^2+2xy-y^2=0 & \cdots\cdots ㉠ \\ x^2+y^2=12-2x & \cdots\cdots ㉡ \end{cases}$
㉠에서 $(x+y)(3x-y)=0$
$\therefore y=-x$ 또는 $y=3x$
(i) $y=-x$를 ㉡에 대입하면
$x^2+(-x)^2=12-2x$, $2x^2=12-2x$
$x^2+x-6=0$, $(x+3)(x-2)=0$
$\therefore x=-3$ 또는 $x=2$
$y=-x$이므로
$x=-3$, $y=3$ 또는 $x=2$, $y=-2$
(ii) $y=3x$를 ㉡에 대입하면
$x^2+(3x)^2=12-2x$, $10x^2=12-2x$
$5x^2+x-6=0$, $(5x+6)(x-1)=0$
$\therefore x=-\frac{6}{5}$ 또는 $x=1$
$y=3x$이므로
$x=-\frac{6}{5}$, $y=-\frac{18}{5}$ 또는 $x=1$, $y=3$
(i), (ii)에서 구하는 해는

$\begin{cases} x=-3 \\ y=3 \end{cases}$ 또는 $\begin{cases} x=2 \\ y=-2 \end{cases}$ 또는 $\begin{cases} x=-\frac{6}{5} \\ y=-\frac{18}{5} \end{cases}$ 또는 $\begin{cases} x=1 \\ y=3 \end{cases}$

답 $\begin{cases} x=-3 \\ y=3 \end{cases}$ 또는 $\begin{cases} x=2 \\ y=-2 \end{cases}$ 또는 $\begin{cases} x=-\frac{6}{5} \\ y=-\frac{18}{5} \end{cases}$ 또는 $\begin{cases} x=1 \\ y=3 \end{cases}$

**0597** $x+y=2$, $xy=-8$에서 $x$, $y$는 $t$에 대한 이차방정식 $t^2-2t-8=0$의 두 근이다.
$t^2-2t-8=0$에서 $(t+2)(t-4)=0$
$\therefore t=-2$ 또는 $t=4$
따라서 구하는 해는

$\begin{cases} x=-2 \\ y=4 \end{cases}$ 또는 $\begin{cases} x=4 \\ y=-2 \end{cases}$

답 $\begin{cases} x=-2 \\ y=4 \end{cases}$ 또는 $\begin{cases} x=4 \\ y=-2 \end{cases}$

**0598** $\begin{cases} x^2+y^2=10 & \cdots\cdots ㉠ \\ xy=3 & \cdots\cdots ㉡ \end{cases}$
㉠에서 $(x+y)^2-2xy=10$ …… ㉢
㉡을 ㉢에 대입하면
$(x+y)^2-6=10$, $(x+y)^2=16$
$\therefore x+y=\pm4$
(i) $x+y=4$, $xy=3$일 때, $x$, $y$는 $t$에 대한 이차방정식 $t^2-4t+3=0$의 두 근이다.
$t^2-4t+3=0$에서 $(t-1)(t-3)=0$
$\therefore t=1$ 또는 $t=3$
$\therefore x=1$, $y=3$ 또는 $x=3$, $y=1$
(ii) $x+y=-4$, $xy=3$일 때, $x$, $y$는 $t$에 대한 이차방정식 $t^2+4t+3=0$의 두 근이다.
$t^2+4t+3=0$에서 $(t+3)(t+1)=0$
$\therefore t=-3$ 또는 $t=-1$
$\therefore x=-3$, $y=-1$ 또는 $x=-1$, $y=-3$

(ⅰ), (ⅱ)에서 구하는 해는

$\begin{cases} x=1 \\ y=3 \end{cases}$ 또는 $\begin{cases} x=3 \\ y=1 \end{cases}$ 또는 $\begin{cases} x=-3 \\ y=-1 \end{cases}$ 또는 $\begin{cases} x=-1 \\ y=-3 \end{cases}$

답 $\begin{cases} \boldsymbol{x=1} \\ \boldsymbol{y=3} \end{cases}$ **또는** $\begin{cases} \boldsymbol{x=3} \\ \boldsymbol{y=1} \end{cases}$ **또는** $\begin{cases} \boldsymbol{x=-3} \\ \boldsymbol{y=-1} \end{cases}$ **또는** $\begin{cases} \boldsymbol{x=-1} \\ \boldsymbol{y=-3} \end{cases}$

## 유형 익히기

• 본책 086~095쪽

**0599** $f(x)=x^3-2x^2-9x+18$이라 하면

$f(2)=8-8-18+18=0$

조립제법을 이용하여 $f(x)$를 인수분해하면

| 2 | 1 | −2 | −9 | 18 |
|---|---|---|---|---|
| | | 2 | 0 | −18 |
| | 1 | 0 | −9 | 0 |

$f(x)=(x-2)(x^2-9)$

$=(x-2)(x+3)(x-3)$

즉 주어진 방정식은

$(x+3)(x-2)(x-3)=0$

$\therefore x=-3$ 또는 $x=2$ 또는 $x=3$

따라서 가장 큰 근은 3, 가장 작은 근은 $-3$이므로 구하는 곱은

$3\times(-3)=-9$ 답 ①

**다른 풀이** $x^3-2x^2-9x+18=0$에서

$x^2(x-2)-9(x-2)=0,\quad (x-2)(x^2-9)=0$

$(x-2)(x+3)(x-3)=0$

$\therefore x=2$ 또는 $x=-3$ 또는 $x=3$

**0600** $f(x)=x^3+x^2+2x+8$이라 하면

$f(-2)=-8+4-4+8=0$

조립제법을 이용하여 $f(x)$를 인수분해하면

| −2 | 1 | 1 | 2 | 8 |
|---|---|---|---|---|
| | | −2 | 2 | −8 |
| | 1 | −1 | 4 | 0 |

$f(x)=(x+2)(x^2-x+4)$

즉 주어진 방정식은

$(x+2)(x^2-x+4)=0$

$\therefore x=-2$ 또는 $x=\dfrac{1\pm\sqrt{15}i}{2}$

따라서 $\alpha=-2$, $\beta=1$, $\gamma=15$이므로

$\alpha+\beta+\gamma=-2+1+15=14$ 답 **14**

**0601** $f(x)=x^4-4x^2+12x-9$라 하면

$f(1)=1-4+12-9=0$,

$f(-3)=81-36-36-9=0$

조립제법을 이용하여 $f(x)$를 인수분해하면

| 1 | 1 | 0 | −4 | 12 | −9 |
|---|---|---|---|---|---|
| | | 1 | 1 | −3 | 9 |
| −3 | 1 | 1 | −3 | 9 | 0 |
| | | −3 | 6 | −9 | |
| | 1 | −2 | 3 | 0 | |

$f(x)=(x-1)(x+3)(x^2-2x+3)$

즉 주어진 방정식은

$(x-1)(x+3)(x^2-2x+3)=0$

$\therefore x=1$ 또는 $x=-3$ 또는 $x=1\pm\sqrt{2}i$

따라서 모든 실근의 합은

$1+(-3)=-2$ 답 **−2**

**0602** $f(x)=x^4-3x^3+2x^2+2x-4$라 하면

$f(-1)=1+3+2-2-4=0$,

$f(2)=16-24+8+4-4=0$

조립제법을 이용하여 $f(x)$를 인수분해하면

| −1 | 1 | −3 | 2 | 2 | −4 |
|---|---|---|---|---|---|
| | | −1 | 4 | −6 | 4 |
| 2 | 1 | −4 | 6 | −4 | 0 |
| | | 2 | −4 | 4 | |
| | 1 | −2 | 2 | 0 | |

$f(x)=(x+1)(x-2)(x^2-2x+2)$

따라서 주어진 방정식은

$(x+1)(x-2)(x^2-2x+2)=0$

이때 방정식 $f(x)=0$의 두 허근 $\alpha$, $\beta$는 이차방정식 $x^2-2x+2=0$의 두 근이므로 이차방정식의 근과 계수의 관계에 의하여

$\alpha+\beta=2$, $\alpha\beta=2$

$\therefore \alpha^2+\beta^2=(\alpha+\beta)^2-2\alpha\beta=2^2-2\times2=0$ 답 ③

**0603** $x^3-2x^2+ax=0$에서 $\quad x(x^2-2x+a)=0$

$\therefore x=0$ 또는 $x^2-2x+a=0$

이때 방정식 $x^3-2x^2+ax=0$의 두 근 $\alpha$, $\beta$에 대하여 $\alpha\beta\neq0$이므로 $\alpha$, $\beta$는 이차방정식 $x^2-2x+a=0$의 두 근이다.

따라서 이차방정식의 근과 계수의 관계에 의하여

$\alpha+\beta=2$, $\alpha\beta=a$ … 1단계

$(\alpha-\beta)^2=(\alpha+\beta)^2-4\alpha\beta$이므로

$8^2=2^2-4a,\quad 4a=-60$

$\therefore a=-15$ … 2단계

답 **−15**

| | 채점 요소 | 비율 |
|---|---|---|
| 1단계 | $\alpha+\beta$, $\alpha\beta$의 값 구하기 | 60 % |
| 2단계 | $a$의 값 구하기 | 40 % |

**0604** $f(x)=x^3+2x^2+9x+8$이라 하면

$f(-1)=-1+2-9+8=0$

조립제법을 이용하여 $f(x)$를 인수분해하면

| −1 | 1 | 2 | 9 | 8 |
|---|---|---|---|---|
| | | −1 | −1 | −8 |
| | 1 | 1 | 8 | 0 |

$f(x)=(x+1)(x^2+x+8)$

따라서 주어진 방정식은

$(x+1)(x^2+x+8)=0$

이때 방정식 $f(x)=0$의 허근 $\alpha$는 이차방정식 $x^2+x+8=0$의 한 근이므로

$\alpha^2+\alpha+8=0$

양변을 $\alpha$로 나누면 $\alpha+1+\frac{8}{\alpha}=0$

$\therefore \alpha+\frac{8}{\alpha}=-1$

양변을 제곱하면 $\alpha^2+16+\frac{64}{\alpha^2}=1$

$\therefore \alpha^2+\frac{64}{\alpha^2}=-15$ 답 **−15**

**0605** $f(x)=x^4+2x^3+3x^2-2x-4$라 하면

$f(1)=1+2+3-2-4=0$,

$f(-1)=1-2+3+2-4=0$

조립제법을 이용하여 $f(x)$를 인수분해하면

| | | | | | |
|---|---|---|---|---|---|
| 1 | 1 | 2 | 3 | −2 | −4 |
| | | 1 | 3 | 6 | 4 |
| −1 | 1 | 3 | 6 | 4 | 0 |
| | | −1 | −2 | −4 | |
| | 1 | 2 | 4 | 0 | |

$f(x)=(x-1)(x+1)(x^2+2x+4)$

따라서 주어진 방정식은

$(x-1)(x+1)(x^2+2x+4)=0$

이때 방정식 $f(x)=0$의 허근 $\alpha$는 이차방정식 $x^2+2x+4=0$의 한 근이므로

$\alpha^2+2\alpha+4=0$ $\therefore \alpha^2=-2\alpha-4$ …… ㉠

한편 이차방정식 $x^2+ax+b=0$의 한 근이 $2\alpha$이므로

$4\alpha^2+2a\alpha+b=0$

㉠을 이 식에 대입하면

$4(-2\alpha-4)+2a\alpha+b=0$

$\therefore (2a-8)\alpha+b-16=0$

이때 $a$, $b$는 실수이고 $\alpha$는 허수이므로 복소수가 서로 같을 조건에 의하여

$2a-8=0$, $b-16=0$

$\therefore a=4$, $b=16$

$\therefore a+b=4+16=20$ 답 ③

**다른 풀이** $x^4+2x^3+3x^2-2x-4=0$에서

$(x+1)(x-1)(x^2+2x+4)=0$

$\therefore x=-1$ 또는 $x=1$ 또는 $x=-1\pm\sqrt{3}i$

이때 $\alpha=-1+\sqrt{3}i$라 하면 이차방정식 $x^2+ax+b=0$의 한 근이 $-2+2\sqrt{3}i$이고, $a$, $b$가 실수이므로 다른 한 근은 $-2-2\sqrt{3}i$이다.

따라서 이차방정식의 근과 계수의 관계에 의하여

$(-2+2\sqrt{3}i)+(-2-2\sqrt{3}i)=-a$,

$(-2+2\sqrt{3}i)(-2-2\sqrt{3}i)=b$

$\therefore a=4$, $b=16$

**0606** $x^2+4x=t$로 놓으면 주어진 방정식은

$t^2-3t-10=0$, $(t+2)(t-5)=0$

$\therefore t=-2$ 또는 $t=5$

(i) $t=-2$일 때, $x^2+4x=-2$에서

$x^2+4x+2=0$ $\therefore x=-2\pm\sqrt{2}$

(ii) $t=5$일 때, $x^2+4x=5$에서

$x^2+4x-5=0$, $(x+5)(x-1)=0$

$\therefore x=-5$ 또는 $x=1$

(i), (ii)에서

$x=-2\pm\sqrt{2}$ 또는 $x=-5$ 또는 $x=1$

따라서 주어진 방정식의 근인 것은 ①이다. 답 ①

**0607** $x^2-2x=t$로 놓으면 주어진 방정식은

$(t-4)(t-2)-3=0$, $t^2-6t+5=0$

$(t-1)(t-5)=0$ $\therefore t=1$ 또는 $t=5$

(i) $t=1$일 때, $x^2-2x=1$에서

$x^2-2x-1=0$

이차방정식의 근과 계수의 관계에 의하여 이 이차방정식의 두 근의 곱은 $-1$이다.

(ii) $t=5$일 때, $x^2-2x=5$에서

$x^2-2x-5=0$

이차방정식의 근과 계수의 관계에 의하여 이 이차방정식의 두 근의 곱은 $-5$이다.

(i), (ii)에서 주어진 방정식의 모든 근의 곱은

$-1\times(-5)=5$ 답 **5**

**0608** $(x-1)(x-3)(x+5)(x+7)+63=0$에서

$\{(x-1)(x+5)\}\{(x-3)(x+7)\}+63=0$

$\therefore (x^2+4x-5)(x^2+4x-21)+63=0$

$x^2+4x=t$로 놓으면 주어진 방정식은

$(t-5)(t-21)+63=0$, $t^2-26t+168=0$

$(t-12)(t-14)=0$ $\therefore t=12$ 또는 $t=14$

(i) $t=12$일 때, $x^2+4x=12$에서

$x^2+4x-12=0$, $(x+6)(x-2)=0$

$\therefore x=-6$ 또는 $x=2$

(ii) $t=14$일 때, $x^2+4x=14$에서

$x^2+4x-14=0$ $\therefore x=-2\pm3\sqrt{2}$

(i), (ii)에서 주어진 방정식의 양수인 근은 2, $-2+3\sqrt{2}$이므로 구하는 합은

$2+(-2+3\sqrt{2})=3\sqrt{2}$ 답 $\mathbf{3\sqrt{2}}$

**0609** $x(x+1)(x+2)(x+3)-3=0$에서

$\{x(x+3)\}\{(x+1)(x+2)\}-3=0$

$\therefore (x^2+3x)(x^2+3x+2)-3=0$

$x^2+3x=t$로 놓으면 주어진 방정식은

$t(t+2)-3=0$, $t^2+2t-3=0$

$(t+3)(t-1)=0$ $\therefore t=-3$ 또는 $t=1$

(i) $t=-3$일 때, $x^2+3x=-3$에서

$x^2+3x+3=0$

이 이차방정식의 판별식을 $D_1$이라 하면

$D_1=3^2-4\times1\times3=-3<0$

이므로 이 이차방정식은 서로 다른 두 허근을 갖는다.

(ii) $t=1$일 때, $x^2+3x=1$에서

$x^2+3x-1=0$

이 이차방정식의 판별식을 $D_2$라 하면

$D_2=3^2-4\times1\times(-1)=13>0$

이므로 이 이차방정식은 서로 다른 두 실근을 갖는다.

(i), (ii)에서 주어진 방정식의 두 허근 $\alpha$, $\beta$는 이차방정식 $x^2+3x+3=0$의 두 근이므로 이차방정식의 근과 계수의 관계에 의하여 $\alpha+\beta=-3$, $\alpha\beta=3$

$\therefore (\alpha-\beta)^2=(\alpha+\beta)^2-4\alpha\beta$

$=(-3)^2-4\times3=-3$

답 **−3**

**0610** $x^4-6x^2+1=0$에서

$(x^4-2x^2+1)-4x^2=0$, $(x^2-1)^2-(2x)^2=0$

$(x^2+2x-1)(x^2-2x-1)=0$

$x^2+2x-1=0$ 또는 $x^2-2x-1=0$

$\therefore x=-1\pm\sqrt{2}$ 또는 $x=1\pm\sqrt{2}$

따라서 주어진 방정식의 모든 양수인 근의 곱은

$(-1+\sqrt{2})\times(1+\sqrt{2})=1$

답 ①

**0611** $x^2=t$로 놓으면 주어진 방정식은

$t^2-10t+9=0$, $(t-1)(t-9)=0$

$\therefore t=1$ 또는 $t=9$

따라서 $x^2=1$ 또는 $x^2=9$이므로

$x=\pm1$ 또는 $x=\pm3$

$\therefore |\alpha|+|\beta|+|\gamma|+|\delta|=|1|+|-1|+|3|+|-3|$

$=8$

답 **8**

**0612** $x^2=t$로 놓으면 주어진 방정식은

$t^2+t-20=0$, $(t+5)(t-4)=0$

$\therefore t=-5$ 또는 $t=4$

즉 $x^2=-5$ 또는 $x^2=4$이므로

$x=\pm\sqrt{5}i$ 또는 $x=\pm2$

따라서 주어진 방정식의 두 실근의 곱은

$2\times(-2)=-4$

답 **−4**

**0613** $x^4-11x^2+25=0$에서

$(x^4-10x^2+25)-x^2=0$, $(x^2-5)^2-x^2=0$

$(x^2+x-5)(x^2-x-5)=0$

$\therefore x^2+x-5=0$ 또는 $x^2-x-5=0$

방정식 $x^2+x-5=0$의 두 근을 $\alpha$, $\beta$라 하고, 방정식 $x^2-x-5=0$의 두 근을 $\gamma$, $\delta$라 하면 이차방정식의 근과 계수의 관계에 의하여

$\alpha+\beta=-1$, $\alpha\beta=-5$, $\gamma+\delta=1$, $\gamma\delta=-5$

$\therefore \frac{1}{\alpha}+\frac{1}{\beta}+\frac{1}{\gamma}+\frac{1}{\delta}=\frac{\alpha+\beta}{\alpha\beta}+\frac{\gamma+\delta}{\gamma\delta}$

$=\frac{-1}{-5}+\frac{1}{-5}=0$

답 **0**

**0614** $f(x)=x^3+ax+4$라 하면 주어진 방정식의 한 근이 $-2$이므로 $f(-2)=0$에서

$-8-2a+4=0$ $\therefore a=-2$

즉 $f(x)=x^3-2x+4$이므로 조립제법을 이용하여 $f(x)$를 인수분해하면

| −2 | 1 | 0 | −2 | 4 |
|---|---|---|---|---|
| | | −2 | 4 | −4 |
| | 1 | −2 | 2 | 0 |

$f(x)=(x+2)(x^2-2x+2)$

따라서 주어진 방정식은

$(x+2)(x^2-2x+2)=0$

이때 $\alpha$, $\beta$는 이차방정식 $x^2-2x+2=0$의 두 근이므로 이차방정식의 근과 계수의 관계에 의하여

$\alpha+\beta=2$

$\therefore a+\alpha+\beta=-2+2=0$

답 ③

**0615** $f(x)=x^3+ax^2+7bx-12b$라 하면 주어진 방정식의 두 근이 2, 3이므로

$f(2)=0$에서 $8+4a+14b-12b=0$

$\therefore 2a+b=-4$ …… ㉠

$f(3)=0$에서 $27+9a+21b-12b=0$

$\therefore a+b=-3$ …… ㉡

㉠, ㉡을 연립하여 풀면 $a=-1$, $b=-2$

즉 $f(x)=x^3-x^2-14x+24$이므로 조립제법을 이용하여 $f(x)$를 인수분해하면

| 2 | 1 | −1 | −14 | 24 |
|---|---|---|---|---|
| | | 2 | 2 | −24 |
| 3 | 1 | 1 | −12 | 0 |
| | | 3 | 12 | |
| | 1 | 4 | 0 | |

$f(x)$

$=(x-2)(x-3)(x+4)$

따라서 주어진 방정식은

$(x-2)(x-3)(x+4)=0$

$\therefore x=2$ 또는 $x=3$ 또는 $x=-4$

즉 나머지 한 근은 $-4$이다.

답 **−4**

**0616** $f(x)=x^4+4x^3-2ax^2-(2a+1)x-10$이라 하면 주어진 방정식의 한 근이 2이므로 $f(2)=0$에서

$16+32-8a-2(2a+1)-10=0$

$36-12a=0$ $\therefore a=3$

즉 $f(x)=x^4+4x^3-6x^2-7x-10$이므로 조립제법을 이용하여 $f(x)$를 인수분해하면

| 2 | 1 | 4 | −6 | −7 | −10 |
|---|---|---|---|---|---|
| | | 2 | 12 | 12 | 10 |
| −5 | 1 | 6 | 6 | 5 | 0 |
| | | −5 | −5 | −5 | |
| | 1 | 1 | 1 | 0 | |

← $g(x)=x^3+6x^2+6x+5$라 하면 $g(-5)=0$

$f(x)=(x-2)(x+5)(x^2+x+1)$

따라서 주어진 방정식은

$(x-2)(x+5)(x^2+x+1)=0$

즉 주어진 방정식의 두 허근은 이차방정식 $x^2+x+1=0$의 두 근이므로 이차방정식의 근과 계수의 관계에 의하여 구하는 합은 $-1$이다. 답 $-1$

**0617** $f(x)=x^4-x^2+ax+b$라 하면 주어진 방정식의 두 근이 $-2$, $1$이므로

$f(-2)=0$에서 $16-4-2a+b=0$

$\therefore 2a-b=12$ …… ㉠

$f(1)=0$에서 $1-1+a+b=0$

$\therefore a+b=0$ …… ㉡

㉠, ㉡을 연립하여 풀면 $a=4$, $b=-4$

즉 $f(x)=x^4-x^2+4x-4$이므로 조립제법을 이용하여 $f(x)$를 인수분해하면

| | | | | | |
|---|---|---|---|---|---|
| $-2$ | 1 | 0 | $-1$ | 4 | $-4$ |
| | | $-2$ | 4 | $-6$ | 4 |
| 1 | 1 | $-2$ | 3 | $-2$ | 0 |
| | | 1 | $-1$ | 2 | |
| | 1 | $-1$ | 2 | 0 | |

$f(x)=(x+2)(x-1)(x^2-x+2)$

따라서 주어진 방정식은

$(x+2)(x-1)(x^2-x+2)=0$

이때 $\alpha$, $\beta$는 이차방정식 $x^2-x+2=0$의 두 근이므로 이차방정식의 근과 계수의 관계에 의하여

$\alpha+\beta=1$, $\alpha\beta=2$

$\therefore \alpha^2+\beta^2=(\alpha+\beta)^2-2\alpha\beta=1^2-2\times2=-3$

$\therefore a^2+b^2+\alpha^2+\beta^2=4^2+(-4)^2+(-3)=29$ 답 29

**0618** $f(x)=x^3-(a-3)x^2+ax-4$라 하면

$f(1)=1-(a-3)+a-4=0$

조립제법을 이용하여 $f(x)$를 인수분해하면

| | | | | |
|---|---|---|---|---|
| 1 | 1 | $-(a-3)$ | $a$ | $-4$ |
| | | 1 | $-a+4$ | 4 |
| | 1 | $-a+4$ | 4 | 0 |

$f(x)=(x-1)\{x^2+(-a+4)x+4\}$

이때 방정식 $f(x)=0$이 중근을 가지려면

(i) 방정식 $x^2+(-a+4)x+4=0$이 $x=1$을 근으로 갖는 경우

$1+(-a+4)+4=0$ $\therefore a=9$

(ii) 방정식 $x^2+(-a+4)x+4=0$이 중근을 갖는 경우

이 이차방정식의 판별식을 $D$라 하면

$D=(-a+4)^2-4\times1\times4=0$

$a^2-8a=0$, $a(a-8)=0$

$\therefore a=0$ 또는 $a=8$

(i), (ii)에서 모든 실수 $a$의 값의 합은

$9+0+8=17$ 답 ⑤

**0619** $f(x)=x^3-4x^2+(k+4)x-2k$라 하면

$f(2)=8-16+2(k+4)-2k=0$

조립제법을 이용하여 $f(x)$를 인수분해하면

| | | | | |
|---|---|---|---|---|
| 2 | 1 | $-4$ | $k+4$ | $-2k$ |
| | | 2 | $-4$ | $2k$ |
| | 1 | $-2$ | $k$ | 0 |

$f(x)$

$=(x-2)(x^2-2x+k)$

이때 방정식 $f(x)=0$의 근이 모두 실수가 되려면 이차방정식 $x^2-2x+k=0$이 실근을 가져야 하므로 이 이차방정식의 판별식을 $D$라 하면

$\dfrac{D}{4}=(-1)^2-k\ge0$ $\therefore k\le1$

따라서 자연수 $k$는 1의 1개이다. 답 1

**0620** $3x^3+3x^2+kx+k=0$에서

$3x^2(x+1)+k(x+1)=0$

$\therefore (x+1)(3x^2+k)=0$

이때 주어진 방정식이 한 실근과 두 허근을 가지려면 이차방정식 $3x^2+k=0$이 두 허근을 가져야 하므로 이 이차방정식의 판별식을 $D$라 하면

$D=0^2-4\times3\times k<0$

$\therefore k>0$ 답 $k>0$

**0621** $f(x)=2x^3+6x^2-(a-4)x-a$라 하면

$f(-1)=-2+6+(a-4)-a=0$

조립제법을 이용하여 $f(x)$를 인수분해하면

| | | | | |
|---|---|---|---|---|
| $-1$ | 2 | 6 | $-(a-4)$ | $-a$ |
| | | $-2$ | $-4$ | $a$ |
| | 2 | 4 | $-a$ | 0 |

$f(x)$

$=(x+1)(2x^2+4x-a)$

이때 방정식 $f(x)=0$의 서로 다른 실근이 1개이려면

(i) 이차방정식 $2x^2+4x-a=0$이 $x=-1$을 중근으로 갖는 경우

$2-4-a=0$ $\therefore a=-2$

(ii) 이차방정식 $2x^2+4x-a=0$이 허근을 갖는 경우

이 이차방정식의 판별식을 $D$라 하면

$\dfrac{D}{4}=2^2-2\times(-a)<0$

$\therefore a<-2$

(i), (ii)에서 실수 $a$의 값의 범위는

$a\le-2$

따라서 실수 $a$의 최댓값은 $-2$이다.

답 $-2$

**RPM 비법 노트**

삼차방정식의 서로 다른 실근이 1개인 경우는 다음과 같다.

① 서로 같은 세 실근을 갖는 경우

② 실근 1개와 허근 2개를 갖는 경우

**0622** 삼차방정식의 근과 계수의 관계에 의하여

$\alpha+\beta+\gamma=5$, $\alpha\beta+\beta\gamma+\gamma\alpha=9$, $\alpha\beta\gamma=5$

이때 $\alpha+\beta=5-\gamma$, $\beta+\gamma=5-\alpha$, $\gamma+\alpha=5-\beta$이므로

$$\frac{\beta+\gamma}{\alpha}+\frac{\gamma+\alpha}{\beta}+\frac{\alpha+\beta}{\gamma}=\frac{5-\alpha}{\alpha}+\frac{5-\beta}{\beta}+\frac{5-\gamma}{\gamma}$$
$$=5\left(\frac{1}{\alpha}+\frac{1}{\beta}+\frac{1}{\gamma}\right)-3$$
$$=5\times\frac{\alpha\beta+\beta\gamma+\gamma\alpha}{\alpha\beta\gamma}-3$$
$$=5\times\frac{9}{5}-3$$
$$=6$$

답 ①

**0623** 삼차방정식의 근과 계수의 관계에 의하여

$\alpha+\beta+\gamma=-3$, $\alpha\beta+\beta\gamma+\gamma\alpha=4$, $\alpha\beta\gamma=9$

$\therefore (1-\alpha)(1-\beta)(1-\gamma)$

$=1-(\alpha+\beta+\gamma)+(\alpha\beta+\beta\gamma+\gamma\alpha)-\alpha\beta\gamma$

$=1-(-3)+4-9=-1$

답 **−1**

**다른 풀이** $x^3+3x^2+4x-9=0$의 세 근이 $\alpha$, $\beta$, $\gamma$이므로

$x^3+3x^2+4x-9=(x-\alpha)(x-\beta)(x-\gamma)$

양변에 $x=1$을 대입하면

$(1-\alpha)(1-\beta)(1-\gamma)=1+3+4-9=-1$

**0624** 삼차방정식의 근과 계수의 관계에 의하여

$\alpha+\beta+\gamma=-3$, $\alpha\beta+\beta\gamma+\gamma\alpha=-5$, $\alpha\beta\gamma=-1$ … 1단계

$$\therefore \frac{1}{\alpha^2}+\frac{1}{\beta^2}+\frac{1}{\gamma^2}$$
$$=\frac{\beta^2\gamma^2+\gamma^2\alpha^2+\alpha^2\beta^2}{\alpha^2\beta^2\gamma^2}$$
$$=\frac{(\alpha\beta+\beta\gamma+\gamma\alpha)^2-2\alpha\beta\gamma(\alpha+\beta+\gamma)}{(\alpha\beta\gamma)^2}$$
$$=\frac{(-5)^2-2\times(-1)\times(-3)}{(-1)^2}=19$$ … 2단계

답 **19**

| | 채점 요소 | 비율 |
|---|---|---|
| 1단계 | $\alpha+\beta+\gamma$, $\alpha\beta+\beta\gamma+\gamma\alpha$, $\alpha\beta\gamma$의 값 구하기 | 40 % |
| 2단계 | $\frac{1}{\alpha^2}+\frac{1}{\beta^2}+\frac{1}{\gamma^2}$의 값 구하기 | 60 % |

**0625** 주어진 삼차방정식의 세 근을 $\alpha$, $2\alpha$, $3\alpha$ $(\alpha\neq0)$라 하면 삼차방정식의 근과 계수의 관계에 의하여

$\alpha+2\alpha+3\alpha=-12$, $\quad 6\alpha=-12$

$\therefore \alpha=-2$

따라서 세 근이 $-2$, $-4$, $-6$이므로

$-2\times(-4)+(-4)\times(-6)+(-6)\times(-2)=a$,

$-2\times(-4)\times(-6)=-b$

$\therefore a=44$, $b=48$

$\therefore a+b=44+48=92$

답 **92**

**0626** 삼차방정식의 근과 계수의 관계에 의하여

$\alpha+\beta+\gamma=-3$, $\alpha\beta+\beta\gamma+\gamma\alpha=-2$, $\alpha\beta\gamma=1$

$$\therefore \frac{1}{\alpha}+\frac{1}{\beta}+\frac{1}{\gamma}=\frac{\alpha\beta+\beta\gamma+\gamma\alpha}{\alpha\beta\gamma}=\frac{-2}{1}=-2,$$
$$\frac{1}{\alpha}\times\frac{1}{\beta}+\frac{1}{\beta}\times\frac{1}{\gamma}+\frac{1}{\gamma}\times\frac{1}{\alpha}=\frac{\alpha+\beta+\gamma}{\alpha\beta\gamma}$$
$$=\frac{-3}{1}=-3,$$
$$\frac{1}{\alpha}\times\frac{1}{\beta}\times\frac{1}{\gamma}=\frac{1}{\alpha\beta\gamma}=1$$

즉 $\frac{1}{\alpha}$, $\frac{1}{\beta}$, $\frac{1}{\gamma}$을 세 근으로 하고 $x^3$의 계수가 1인 삼차방정식은

$x^3+2x^2-3x-1=0$

따라서 $a=2$, $b=-3$, $c=-1$이므로

$abc=2\times(-3)\times(-1)=6$

답 ③

**0627** 삼차방정식의 근과 계수의 관계에 의하여

$\alpha+\beta+\gamma=0$, $\alpha\beta+\beta\gamma+\gamma\alpha=2$, $\alpha\beta\gamma=-1$

이때 $\alpha+\beta=-\gamma$, $\beta+\gamma=-\alpha$, $\gamma+\alpha=-\beta$이므로

$(\alpha+\beta)+(\beta+\gamma)+(\gamma+\alpha)=2(\alpha+\beta+\gamma)=0$,

$(\alpha+\beta)(\beta+\gamma)+(\beta+\gamma)(\gamma+\alpha)+(\gamma+\alpha)(\alpha+\beta)$

$=-\gamma\times(-\alpha)+(-\alpha)\times(-\beta)+(-\beta)\times(-\gamma)$

$=\alpha\beta+\beta\gamma+\gamma\alpha=2$,

$(\alpha+\beta)(\beta+\gamma)(\gamma+\alpha)=-\gamma\times(-\alpha)\times(-\beta)$

$=-\alpha\beta\gamma=1$

따라서 $\alpha+\beta$, $\beta+\gamma$, $\gamma+\alpha$를 세 근으로 하고 $x^3$의 계수가 1인 삼차방정식은

$x^3+2x-1=0$

답 $\boldsymbol{x^3+2x-1=0}$

**0628** $f(1)=f(2)=f(4)=-1$에서

$f(1)+1=f(2)+1=f(4)+1=0$

이므로 삼차방정식 $f(x)+1=0$의 세 근이 1, 2, 4이다.

이때 1, 2, 4를 세 근으로 하고 $x^3$의 계수가 1인 삼차방정식은

$x^3-(1+2+4)x^2+(1\times2+2\times4+4\times1)x-1\times2\times4=0$

$\therefore x^3-7x^2+14x-8=0$

즉 $f(x)+1=x^3-7x^2+14x-8$이므로

$f(x)=x^3-7x^2+14x-9$

따라서 삼차방정식의 근과 계수의 관계에 의하여 방정식 $f(x)=0$의 모든 근의 곱은 9이다.

답 **9**

**0629** 주어진 삼차방정식의 계수가 유리수이므로 $1+\sqrt{2}$가 근이면 $1-\sqrt{2}$도 근이다.

나머지 한 근을 $\alpha$라 하면 삼차방정식의 근과 계수의 관계에 의하여

$(1+\sqrt{2})(1-\sqrt{2})\alpha=3$, $\quad -\alpha=3$

$\therefore \alpha=-3$

따라서 주어진 방정식의 세 근이 $-3$, $1+\sqrt{2}$, $1-\sqrt{2}$이므로

$-3+(1+\sqrt{2})+(1-\sqrt{2})=-a$,

$-3(1+\sqrt{2})+(1+\sqrt{2})(1-\sqrt{2})+(1-\sqrt{2})\times(-3)=b$

$\therefore a=1$, $b=-7$

$\therefore ab=1\times(-7)=-7$

답 **−7**

**다른 풀이** $x^3+ax^2+bx-3=0$의 한 근이 $1+\sqrt{2}$이므로

$(1+\sqrt{2})^3+a(1+\sqrt{2})^2+b(1+\sqrt{2})-3=0$

$(7+5\sqrt{2})+a(3+2\sqrt{2})+b(1+\sqrt{2})-3=0$

$\therefore (4+3a+b)+(5+2a+b)\sqrt{2}=0$

$a$, $b$는 유리수이므로 무리수가 서로 같을 조건에 의하여

$4+3a+b=0$, $5+2a+b=0$

$\therefore a=1$, $b=-7$

**0630** 주어진 삼차방정식의 계수가 실수이므로 $2-\sqrt{3}i$가 근이면 $2+\sqrt{3}i$도 근이다.

나머지 한 근을 $\alpha$라 하면 삼차방정식의 근과 계수의 관계에 의하여

$(2-\sqrt{3}i)(2+\sqrt{3}i)\alpha=-14$, $\quad 7\alpha=-14$

$\therefore \alpha=-2$

따라서 나머지 두 근이 $2+\sqrt{3}i$, $-2$이므로 구하는 합은

$(2+\sqrt{3}i)+(-2)=\sqrt{3}i$ **답** ③

**0631** 방정식 $f(x)=0$의 계수가 유리수이므로 $1-\sqrt{5}$가 근이면 $1+\sqrt{5}$도 근이다.

따라서 $f(x)=(x+1)(x-1+\sqrt{5})(x-1-\sqrt{5})$이므로

$f(2)=3(1+\sqrt{5})(1-\sqrt{5})=-12$

**답** $-12$

**0632** 주어진 삼차방정식의 계수가 실수이므로 $\frac{2}{1-i}$, 즉 $1+i$가 근이면 $1-i$도 근이다.

삼차방정식의 근과 계수의 관계에 의하여

$(1+i)+(1-i)+2=-\frac{b}{a}$에서

$\frac{b}{a}=-4$ …… ㉠

$(1+i)(1-i)+(1-i)\times2+2(1+i)=\frac{c}{a}$에서

$\frac{c}{a}=6$ …… ㉡

$(1+i)(1-i)\times2=\frac{4}{a}$에서 $\quad a=1$

$a=1$을 ㉠, ㉡에 각각 대입하면

$b=-4$, $c=6$

$\therefore a+b+c=1+(-4)+6=3$ **답** 3

**0633** 밑면의 반지름의 길이를 $x$ m 늘였다고 하면 원래의 물탱크의 부피와 새로운 물탱크의 부피가 같으므로

$\pi\times4^2\times4=\pi(4+x)^2(4-x)$

$64=-x^3-4x^2+16x+64$, $\quad x^3+4x^2-16x=0$

$x(x^2+4x-16)=0$

$\therefore x=0$ 또는 $x=-2\pm2\sqrt{5}$

그런데 $0<x<4$이어야 하므로

$x=-2+2\sqrt{5}$

따라서 새로운 물탱크의 밑면의 반지름의 길이는

$4+(-2+2\sqrt{5})=2+2\sqrt{5}$ (m) **답** ③

**0634** 구멍을 파낸 후 남은 부분의 부피가 26 $\mathrm{m}^3$이므로

$x^3-1\times1\times\frac{x}{3}=26$, $\quad 3x^3-x-78=0$

$(x-3)(3x^2+9x+26)=0$

$\therefore x=3$ 또는 $x=\frac{-9\pm\sqrt{231}i}{6}$

이때 $x>1$이므로 $\quad x=3$ **답** 3

**0635** $f(x)=x^2+3x-5$의 그래프와 직선 $y=ax+2$의 교점의 $x$좌표가 $\alpha$, $\beta$이므로

$x^2+3x-5=ax+2$, 즉 $x^2+(3-a)x-7=0$

의 두 근이 $\alpha$, $\beta$이다.

이차방정식의 근과 계수의 관계에 의하여

$\alpha+\beta=a-3$, $\alpha\beta=-7$

$\therefore \alpha^3+\beta^3=(\alpha+\beta)^3-3\alpha\beta(\alpha+\beta)$

$=(a-3)^3-3\times(-7)\times(a-3)$

$=(a-3)^3+21(a-3)$

즉 $(a-3)^3+21(a-3)=50$이므로 $a-3=A$로 놓으면

$A^3+21A=50$, $\quad A^3+21A-50=0$

$(A-2)(A^2+2A+25)=0$

$\therefore A=2$ 또는 $A=-1\pm2\sqrt{6}i$

이때 $A$는 실수이므로 $\quad A=2$

따라서 $a-3=2$이므로 $\quad a=5$ **답** 5

**0636** $\begin{cases} x-y=-1 & \cdots\cdots ㉠ \\ x^2+y^2=5 & \cdots\cdots ㉡ \end{cases}$

㉠에서 $\quad y=x+1$ …… ㉢

㉢을 ㉡에 대입하면 $\quad x^2+(x+1)^2=5$

$2x^2+2x-4=0$, $\quad x^2+x-2=0$

$(x+2)(x-1)=0$ $\quad \therefore x=-2$ 또는 $x=1$

$x=-2$를 ㉢에 대입하면 $\quad y=-1$

$x=1$을 ㉢에 대입하면 $\quad y=2$

따라서 $\alpha=-2$, $\beta=-1$ 또는 $\alpha=1$, $\beta=2$이므로

$\alpha\beta=2$ **답** ①

**0637** $\begin{cases} x+2y=1 & \cdots\cdots ㉠ \\ x^2+3xy=-5 & \cdots\cdots ㉡ \end{cases}$

㉠에서 $\quad x=1-2y$ …… ㉢

㉢을 ㉡에 대입하면 $\quad (1-2y)^2+3y(1-2y)=-5$

$2y^2+y-6=0$, $\quad (y+2)(2y-3)=0$

$\therefore y=-2$ 또는 $y=\frac{3}{2}$

$y=-2$를 ㉢에 대입하면 $\quad x=5$

$y=\frac{3}{2}$을 ㉢에 대입하면 $\quad x=-2$

즉 $\alpha=5$, $\beta=-2$ 또는 $\alpha=-2$, $\beta=\frac{3}{2}$이므로

$\alpha-\beta=7$ 또는 $\alpha-\beta=-\frac{7}{2}$

따라서 $\alpha-\beta$의 최댓값은 7이다. **답** 7

**0638** $\begin{cases} x-y=2 \\ x+y=a \end{cases}$의 해가 $\begin{cases} x^2+y^2=10 \\ x+by=1 \end{cases}$을 만족시키므로 두 연립방정식의 공통인 해는 연립방정식

$\begin{cases} x-y=2 & \cdots\cdots ㉠ \\ x^2+y^2=10 & \cdots\cdots ㉡ \end{cases}$

을 만족시킨다.

㉠에서 $y=x-2$ ...... ㉢

㉢을 ㉡에 대입하면

$x^2+(x-2)^2=10,\quad 2x^2-4x-6=0$

$x^2-2x-3=0,\quad (x+1)(x-3)=0$

$\therefore x=-1$ 또는 $x=3$

$x=-1$을 ㉢에 대입하면 $y=-3$

$x=3$을 ㉢에 대입하면 $y=1$ ... 1단계

이때 $x+y=a>0$이므로 $x=3,\ y=1$

$x=3,\ y=1$을 $x+y=a$에 대입하면

$a=3+1=4$

또 $x=3,\ y=1$을 $x+by=1$에 대입하면

$3+b=1\quad \therefore b=-2$

$\therefore a+b=4+(-2)=2$ ... 2단계

답 **2**

| 채점 요소 | 비율 |
|---|---|
| 1단계 연립방정식 $\begin{cases} x-y=2 \\ x^2+y^2=10 \end{cases}$의 해 구하기 | 60 % |
| 2단계 $a+b$의 값 구하기 | 40 % |

**0639** $\begin{cases} x^2-y^2=0 & \cdots\cdots ㉠ \\ x^2-xy+2y^2=4 & \cdots\cdots ㉡ \end{cases}$

㉠에서 $(x-y)(x+y)=0$

$\therefore y=x$ 또는 $y=-x$

(i) $y=x$를 ㉡에 대입하면

$x^2-x^2+2x^2=4,\quad x^2=2$

$\therefore x=\pm\sqrt{2}$

$y=x$이므로

$x=\sqrt{2},\ y=\sqrt{2}$ 또는 $x=-\sqrt{2},\ y=-\sqrt{2}$

(ii) $y=-x$를 ㉡에 대입하면

$x^2-x\times(-x)+2\times(-x)^2=4,\quad x^2=1$

$\therefore x=\pm 1$

$y=-x$이므로

$x=1,\ y=-1$ 또는 $x=-1,\ y=1$

(i), (ii)에서 주어진 연립방정식의 해는

$\begin{cases} x=\sqrt{2} \\ y=\sqrt{2} \end{cases}$ 또는 $\begin{cases} x=-\sqrt{2} \\ y=-\sqrt{2} \end{cases}$ 또는 $\begin{cases} x=1 \\ y=-1 \end{cases}$ 또는 $\begin{cases} x=-1 \\ y=1 \end{cases}$

$\therefore x+y=2\sqrt{2}$ 또는 $x+y=-2\sqrt{2}$ 또는 $x+y=0$

따라서 $M=2\sqrt{2},\ m=-2\sqrt{2}$이므로

$M-m=2\sqrt{2}-(-2\sqrt{2})=4\sqrt{2}$

답 $4\sqrt{2}$

**0640** $\begin{cases} x^2-2xy-3y^2=0 & \cdots\cdots ㉠ \\ x^2+y^2=40 & \cdots\cdots ㉡ \end{cases}$

㉠에서 $(x+y)(x-3y)=0$

$\therefore x=-y$ 또는 $x=3y$

(i) $x=-y$를 ㉡에 대입하면

$(-y)^2+y^2=40,\quad y^2=20$

$\therefore y=\pm 2\sqrt{5}$

$x=-y$이므로

$x=-2\sqrt{5},\ y=2\sqrt{5}$ 또는 $x=2\sqrt{5},\ y=-2\sqrt{5}$

(ii) $x=3y$를 ㉡에 대입하면

$(3y)^2+y^2=40,\quad y^2=4$

$\therefore y=\pm 2$

$x=3y$이므로

$x=6,\ y=2$ 또는 $x=-6,\ y=-2$

(i), (ii)에서 $x,\ y$는 정수이므로

$x=6,\ y=2$ 또는 $x=-6,\ y=-2$

$\therefore xy=12$

답 **12**

**0641** $\begin{cases} x^2-3xy+2y^2=0 & \cdots\cdots ㉠ \\ x^2+2xy-3y^2=20 & \cdots\cdots ㉡ \end{cases}$

㉠에서 $(x-y)(x-2y)=0$

$\therefore x=y$ 또는 $x=2y$

(i) $x=y$를 ㉡에 대입하면

$y^2+2y^2-3y^2=20$

이때 $0\neq 20$이므로 이를 만족시키는 $x,\ y$의 값은 존재하지 않는다.

(ii) $x=2y$를 ㉡에 대입하면

$(2y)^2+2\times 2y\times y-3y^2=20,\quad y^2=4$

$\therefore y=\pm 2$

$x=2y$이므로

$x=4,\ y=2$ 또는 $x=-4,\ y=-2$

(i), (ii)에서 $\alpha=4,\ \beta=2$ 또는 $\alpha=-4,\ \beta=-2$

$\therefore \alpha^2+\beta^2=16+4=20$

답 **20**

**0642** $\begin{cases} 2x^2+3xy-2y^2=0 & \cdots\cdots ㉠ \\ x^2+xy=12 & \cdots\cdots ㉡ \end{cases}$

㉠에서 $(2x-y)(x+2y)=0$

$\therefore y=2x$ 또는 $x=-2y$

(i) $y=2x$를 ㉡에 대입하면

$x^2+x\times 2x=12,\quad x^2=4\quad \therefore x=\pm 2$

$y=2x$이므로

$x=2,\ y=4$ 또는 $x=-2,\ y=-4$

(ii) $x=-2y$를 ㉡에 대입하면

$(-2y)^2+(-2y)\times y=12,\quad y^2=6$

$\therefore y=\pm\sqrt{6}$

$x=-2y$이므로

$x=-2\sqrt{6},\ y=\sqrt{6}$ 또는 $x=2\sqrt{6},\ y=-\sqrt{6}$

(i), (ii)에서 주어진 연립방정식의 해는

$\begin{cases} x=2 \\ y=4 \end{cases}$ 또는 $\begin{cases} x=-2 \\ y=-4 \end{cases}$ 또는 $\begin{cases} x=-2\sqrt{6} \\ y=\sqrt{6} \end{cases}$ 또는 $\begin{cases} x=2\sqrt{6} \\ y=-\sqrt{6} \end{cases}$

$\therefore xy=8$ 또는 $xy=-12$

따라서 $xy$의 최솟값은 $-12$이다. 답 ③

**0643** $\begin{cases} x^2+y^2=13 & \cdots\cdots ㉠ \\ xy=-6 & \cdots\cdots ㉡ \end{cases}$

㉠에서 $(x+y)^2-2xy=13$ ⋯⋯ ㉢

㉡을 ㉢에 대입하면 $(x+y)^2+12=13$

$(x+y)^2=1$ $\therefore x+y=\pm1$

(i) $x+y=1$, $xy=-6$일 때

$x$, $y$는 $t$에 대한 이차방정식 $t^2-t-6=0$의 두 근이다.

$t^2-t-6=0$에서

$(t+2)(t-3)=0$ $\therefore t=-2$ 또는 $t=3$

$\therefore x=-2$, $y=3$ 또는 $x=3$, $y=-2$

(ii) $x+y=-1$, $xy=-6$일 때

$x$, $y$는 $t$에 대한 이차방정식 $t^2+t-6=0$의 두 근이다.

$t^2+t-6=0$에서

$(t+3)(t-2)=0$ $\therefore t=-3$ 또는 $t=2$

$\therefore x=-3$, $y=2$ 또는 $x=2$, $y=-3$

(i), (ii)에서 주어진 연립방정식의 해는

$\begin{cases} x=-2 \\ y=3 \end{cases}$ 또는 $\begin{cases} x=3 \\ y=-2 \end{cases}$ 또는 $\begin{cases} x=-3 \\ y=2 \end{cases}$ 또는 $\begin{cases} x=2 \\ y=-3 \end{cases}$

$\therefore x^3-y^3=-35$ 또는 $x^3-y^3=35$

따라서 $M=35$, $m=-35$이므로

$M-m=35-(-35)=70$ 답 70

**0644** $\begin{cases} xy+x+y=-5 \\ x^2+xy+y^2=7 \end{cases}$에서 $\begin{cases} (x+y)+xy=-5 \\ (x+y)^2-xy=7 \end{cases}$

$x+y=u$, $xy=v$라 하면

$\begin{cases} u+v=-5 & \cdots\cdots ㉠ \\ u^2-v=7 & \cdots\cdots ㉡ \end{cases}$

㉠에서 $v=-u-5$ ⋯⋯ ㉢

㉢을 ㉡에 대입하면

$u^2-(-u-5)=7$, $u^2+u-2=0$

$(u+2)(u-1)=0$ $\therefore u=-2$ 또는 $u=1$

$u=-2$를 ㉢에 대입하면 $v=-3$

$u=1$을 ㉢에 대입하면 $v=-6$

(i) $u=-2$, $v=-3$, 즉 $x+y=-2$, $xy=-3$일 때

$x$, $y$는 $t$에 대한 이차방정식 $t^2+2t-3=0$의 두 근이다.

$t^2+2t-3=0$에서

$(t+3)(t-1)=0$ $\therefore t=-3$ 또는 $t=1$

$\therefore x=-3$, $y=1$ 또는 $x=1$, $y=-3$

(ii) $u=1$, $v=-6$, 즉 $x+y=1$, $xy=-6$일 때

$x$, $y$는 $t$에 대한 이차방정식 $t^2-t-6=0$의 두 근이다.

$t^2-t-6=0$에서

$(t+2)(t-3)=0$ $\therefore t=-2$ 또는 $t=3$

$\therefore x=-2$, $y=3$ 또는 $x=3$, $y=-2$

(i), (ii)에서 주어진 연립방정식의 해는

$\begin{cases} x=-3 \\ y=1 \end{cases}$ 또는 $\begin{cases} x=1 \\ y=-3 \end{cases}$ 또는 $\begin{cases} x=-2 \\ y=3 \end{cases}$ 또는 $\begin{cases} x=3 \\ y=-2 \end{cases}$

$\therefore |\alpha-\beta|=4$ 또는 $|\alpha-\beta|=5$

따라서 $|\alpha-\beta|$의 최댓값은 5이다. 답 5

**0645** 두 연립방정식의 공통인 해는 연립방정식

$\begin{cases} xy=12 & \cdots\cdots ㉠ \\ x^2+y^2=25 & \cdots\cdots ㉡ \end{cases}$

를 만족시킨다.

㉡에서 $(x+y)^2-2xy-25$ ⋯⋯ ㉢

㉠을 ㉢에 대입하면

$(x+y)^2-24=25$, $(x+y)^2=49$

$\therefore x+y=\pm7$

이때 $b$는 자연수이므로 $b=x+y=7$

즉 $x+y=7$, $xy=12$이므로 $x$, $y$는 $t$에 대한 이차방정식 $t^2-7t+12=0$의 두 근이다.

$t^2-7t+12=0$에서

$(t-3)(t-4)=0$ $\therefore t=3$ 또는 $t=4$

$\therefore x=3$, $y=4$ 또는 $x=4$, $y=3$

$x=3$, $y=4$를 $ax-y=1$에 대입하면

$3a-4=1$ $\therefore a=\frac{5}{3}$

$x=4$, $y=3$을 $ax-y=1$에 대입하면

$4a-3=1$ $\therefore a=1$

이때 $a$는 자연수이므로 $a=1$

$\therefore a+b=1+7=8$ 답 8

**0646** $\begin{cases} x-y=a & \cdots\cdots ㉠ \\ x^2+y^2=18 & \cdots\cdots ㉡ \end{cases}$

㉠에서 $y=x-a$

이것을 ㉡에 대입하면 $x^2+(x-a)^2=18$

$\therefore 2x^2-2ax+a^2-18=0$ ⋯⋯ ㉢

주어진 연립방정식이 오직 한 쌍의 해를 가지려면 이차방정식 ㉢이 중근을 가져야 하므로 ㉢의 판별식을 $D$라 하면

$\frac{D}{4}=(-a)^2-2(a^2-18)=0$

$a^2=36$ $\therefore a=\pm6$

따라서 양수 $a$의 값은 6이다. 답 6

**0647** 주어진 연립방정식의 해 $x$, $y$는 $t$에 대한 이차방정식

$t^2-2(a-3)t+a^2+4=0$ ⋯⋯ ㉠

의 두 근이다.

주어진 연립방정식이 실근을 가지려면 이차방정식 ㉠이 실근을 가져야 하므로 ㉠의 판별식을 $D$라 하면

$$\frac{D}{4}=\{-(a-3)\}^2-(a^2+4)\ge 0$$

$$-6a+5\ge 0 \qquad \therefore a\le \frac{5}{6}$$

따라서 실수 $a$의 최댓값은 $\frac{5}{6}$이다.

**답** $\frac{5}{6}$

**0648** $\begin{cases} 2x-y=k & \cdots\cdots ㉠ \\ x^2+2x-2y=0 & \cdots\cdots ㉡ \end{cases}$

㉠에서 $y=2x-k$를 ㉡에 대입하면

$$x^2+2x-2(2x-k)=0$$

$$\therefore x^2-2x+2k=0 \qquad \cdots\cdots ㉢$$

주어진 연립방정식의 실근이 존재하지 않으려면 이차방정식 ㉢의 실근이 존재하지 않아야 하므로 ㉢의 판별식을 $D$라 하면

$$\frac{D}{4}=(-1)^2-2k<0$$

$$1-2k<0 \qquad \therefore k>\frac{1}{2}$$

따라서 정수 $k$의 최솟값은 1이다.

**답** 1

**0649** 두 이차방정식의 공통인 근이 $\alpha$이므로

$$\begin{cases} \alpha^2+k\alpha+3=0 & \cdots\cdots ㉠ \\ \alpha^2+3\alpha+k=0 & \cdots\cdots ㉡ \end{cases}$$

㉠−㉡을 하면 $\quad (k-3)\alpha+3-k=0$

$$(k-3)(\alpha-1)=0$$

$$\therefore k=3 \text{ 또는 } \alpha=1$$

(i) $k=3$일 때, 두 이차방정식은 모두 $x^2+3x+3=0$으로 일치하므로 서로 다른 두 이차방정식이라는 조건을 만족시키지 않는다.

(ii) $\alpha=1$일 때, 이것을 ㉠에 대입하면

$$1+k+3=0 \qquad \therefore k=-4$$

(i), (ii)에서 $k=-4$, $\alpha=1$이므로

$$k+\alpha=-4+1=-3$$

**답** ②

**0650** 두 이차방정식의 공통인 근을 $\alpha$라 하면

$$\begin{cases} \alpha^2+(m+2)\alpha-4=0 & \cdots\cdots ㉠ \\ \alpha^2+(m+4)\alpha-6=0 & \cdots\cdots ㉡ \end{cases}$$

㉠−㉡을 하면 $\quad -2\alpha+2=0$

$$\therefore \alpha=1$$

$\alpha=1$을 ㉠에 대입하면

$$1+m+2-4=0 \qquad \therefore m=1$$

**답** $m=1$, 공통인 근: 1

**0651** 두 이차방정식의 공통인 근을 $\alpha$라 하면

$$\begin{cases} \alpha^2+k\alpha+2k+2=0 & \cdots\cdots ㉠ \\ \alpha^2-\alpha-k^2-k=0 & \cdots\cdots ㉡ \end{cases}$$

㉠−㉡을 하면

$$(k+1)\alpha+k^2+3k+2=0$$

$$(k+1)\alpha+(k+1)(k+2)=0$$

$$(k+1)(\alpha+k+2)=0$$

$$\therefore k=-1 \text{ 또는 } \alpha=-k-2$$

(i) $k=-1$일 때, 두 이차방정식은 모두 $x^2-x=0$으로 일치하므로 공통인 근은 2개이다.
따라서 주어진 조건을 만족시키지 않는다.

(ii) $\alpha=-k-2$일 때, 이것을 ㉠에 대입하면

$$(-k-2)^2+k(-k-2)+2k+2=0$$

$$4k+6=0 \qquad \therefore k=-\frac{3}{2}$$

(i), (ii)에서 $\quad k=-\frac{3}{2}$

**답** $-\frac{3}{2}$

**0652** 원에 내접하는 직사각형의 가로, 세로의 길이를 각각 $x$, $y$라 하면

$$\begin{cases} 2(x+y)=28 & \cdots\cdots ㉠ \\ x^2+y^2=100 & \cdots\cdots ㉡ \end{cases}$$

㉠에서 $\quad x+y=14$

$$\therefore y=14-x \qquad \cdots\cdots ㉢$$

㉢을 ㉡에 대입하면

$$x^2+(14-x)^2=100, \qquad 2x^2-28x+96=0$$

$$x^2-14x+48=0, \qquad (x-6)(x-8)=0$$

$$\therefore x=6 \text{ 또는 } x=8$$

이것을 ㉢에 대입하면

$$x=6,\ y=8 \text{ 또는 } x=8,\ y=6$$

따라서 직사각형의 긴 변의 길이는 8이다.

**답** 8

**0653** 처음 두 자리 자연수의 십의 자리의 숫자를 $x$, 일의 자리의 숫자를 $y$ $(x>y)$라 하면

$$\begin{cases} x^2+y^2=73 & \cdots\cdots ㉠ \\ (10y+x)+(10x+y)=121 & \cdots\cdots ㉡ \end{cases}$$

㉡에서

$$11x+11y=121, \qquad x+y=11$$

$$\therefore y=11-x \qquad \cdots\cdots ㉢$$

㉢을 ㉠에 대입하면

$$x^2+(11-x)^2=73, \qquad 2x^2-22x+48=0$$

$$x^2-11x+24=0, \qquad (x-3)(x-8)=0$$

$$\therefore x=3 \text{ 또는 } x=8$$

이것을 ㉢에 대입하면

$$x=3,\ y=8 \text{ 또는 } x=8,\ y=3$$

그런데 $x>y$이므로

$$x=8,\ y=3$$

따라서 처음 수는 83이다.

**답** 83

**0654** 두 원 $O_1$, $O_2$의 반지름의 길이를 각각 $r_1$, $r_2$라 하면

$$\begin{cases} 2\pi r_1+2\pi r_2=12\pi \\ \pi r_1^2+\pi r_2^2=20\pi \end{cases}, \text{ 즉 } \begin{cases} r_1+r_2=6 & \cdots\cdots ㉠ \\ r_1^2+r_2^2=20 & \cdots\cdots ㉡ \end{cases}$$

… 1단계

㉠에서 $r_2=6-r_1$ …… ㉢

㉢을 ㉡에 대입하면

$r_1^2+(6-r_1)^2=20$, $2r_1^2-12r_1+16=0$

$r_1^2-6r_1+8=0$, $(r_1-2)(r_1-4)=0$

$\therefore r_1=2$ 또는 $r_1=4$

이것을 ㉢에 대입하면

$r_1=2$, $r_2=4$ 또는 $r_1=4$, $r_2=2$ … 2단계

따라서 두 원의 반지름의 길이의 차는

$|r_1-r_2|=2$ … 3단계

답 2

| 채점 요소 | 비율 |
|---|---|
| 1단계 연립이차방정식 세우기 | 40 % |
| 2단계 두 원의 반지름의 길이 구하기 | 50 % |
| 3단계 두 원의 반지름의 길이의 차 구하기 | 10 % |

**0655** $\overline{PQ}$의 길이를 $x$, $\overline{PR}$의 길이를 $y$라 하면

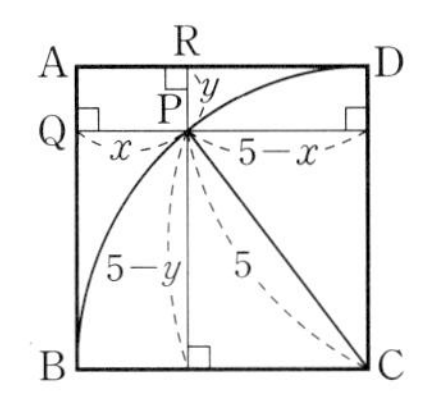


$$\begin{cases} 2(x+y)=8 & \cdots\cdots ㉠ \\ (5-x)^2+(5-y)^2=25 & \cdots\cdots ㉡ \end{cases}$$

㉠에서 $x+y=4$

$\therefore y=4-x$ …… ㉢

㉢을 ㉡에 대입하면

$(5-x)^2+\{5-(4-x)\}^2=25$

$(5-x)^2+(1+x)^2=25$, $2x^2-8x+1=0$

$\therefore x=\dfrac{4\pm\sqrt{14}}{2}$

이것을 ㉢에 대입하면

$x=\dfrac{4\pm\sqrt{14}}{2}$, $y=\dfrac{4\mp\sqrt{14}}{2}$ (복호동순)

이때 $x>y$이므로 $x=\dfrac{4+\sqrt{14}}{2}$, $y=\dfrac{4-\sqrt{14}}{2}$

$\therefore \overline{PQ}-\overline{PR}=x-y=\dfrac{4+\sqrt{14}}{2}-\dfrac{4-\sqrt{14}}{2}=\sqrt{14}$

답 $\sqrt{14}$

**0656** $x^3=1$에서 $x^3-1=0$

$\therefore (x-1)(x^2+x+1)=0$

따라서 $\omega$는 $x^2+x+1=0$의 한 허근이므로

$\omega^2+\omega+1=0$ $\therefore \omega+1=-\omega^2$

$\therefore \dfrac{\omega+1}{\omega^2}+\dfrac{\omega^2}{\omega+1}=\dfrac{-\omega^2}{\omega^2}+\dfrac{\omega^2}{-\omega^2}$

$=-1+(-1)=-2$

답 $-2$

**0657** $x^2+x+1=0$의 양변에 $x-1$을 곱하면

$(x-1)(x^2+x+1)=0$, $x^3-1=0$

$\therefore x^3=1$

따라서 $\omega$는 $x^3=1$, $x^2+x+1=0$의 한 허근이므로

$\omega^3=1$, $\omega^2+\omega+1=0$

$\therefore \omega^{101}+\omega^{100}+\omega^{99}+\omega^{98}+\omega^{97}$

$=(\omega^3)^{33}\times\omega^2+(\omega^3)^{33}\times\omega+(\omega^3)^{33}$
$\quad+(\omega^3)^{32}\times\omega^2+(\omega^3)^{32}\times\omega$

$=(\omega^2+\omega+1)+(\omega^2+\omega)$

$=0+(-1)=-1$

답 ②

**0658** $x^3=-1$에서 $x^3+1=0$

$\therefore (x+1)(x^2-x+1)=0$

따라서 $\omega$는 $x^3=-1$, $x^2-x+1=0$의 한 허근이므로

$\omega^3=-1$, $\omega^2-\omega+1=0$

$\therefore (1-\omega)(1+\omega^2)(1-\omega^3)(1+\omega^4)(1-\omega^5)(1+\omega^6)$

$=(1-\omega)(1+\omega^2)(1+1)(1-\omega)(1+\omega^2)(1+1)$

$=4(1-\omega)^2(1+\omega^2)^2$

$=4(-\omega^2)^2\omega^2$

$=4\omega^6=4$

답 4

**0659** ㄱ. $x^3=-1$에서 $x^3+1=0$

$\therefore (x+1)(x^2-x+1)=0$

$\omega$는 $x^2-x+1=0$의 한 허근이므로

$\omega^2-\omega+1=0$ (참)

ㄴ. $\omega$가 $x^2-x+1=0$의 한 허근이므로 $\overline{\omega}$도 $x^2-x+1=0$의 근이다.

따라서 이차방정식의 근과 계수의 관계에 의하여

$\omega\overline{\omega}=1$ (참)

ㄷ. $\omega$는 $x^3=-1$의 한 허근이므로

$\omega^3=-1$

$\therefore \omega^5-\omega^4-1=\omega^3\times\omega^2-\omega^3\times\omega-1=-\omega^2+\omega-1$

$=-(\omega^2-\omega+1)=0$ (거짓)

ㄹ. $\omega\overline{\omega}=1$에서 $\overline{\omega}=\dfrac{1}{\omega}=\dfrac{-\omega^3}{\omega}=-\omega^2$ (참)

ㅁ. $\omega^{2025}+\dfrac{1}{\omega^{2025}}=(\omega^3)^{675}+\dfrac{1}{(\omega^3)^{675}}$

$=-1+(-1)=-2$ (거짓)

ㅂ. $1-\omega+\omega^2-\omega^3+\omega^4-\omega^5+\cdots-\omega^{99}$

$=(1-\omega+\omega^2)-\omega^3(1-\omega+\omega^2)+\cdots$
$\quad+\omega^{96}(1-\omega+\omega^2)-\omega^{99}$

$=-\omega^{99}=-(\omega^3)^{33}=1$ (거짓)

이상에서 옳은 것은 ㄱ, ㄴ, ㄹ이다.

답 ㄱ, ㄴ, ㄹ

**다른 풀이** ㄹ. 방정식 $x^2-x+1=0$의 두 근이 $\omega$, $\overline{\omega}$이므로 이차방정식의 근과 계수의 관계에 의하여

$\omega+\overline{\omega}=1$

$\therefore \overline{\omega}=1-\omega=-\omega^2$ (참)

**0660** $x^3+1=0$에서 $(x+1)(x^2-x+1)=0$

따라서 $\omega$가 $x^2-x+1=0$의 한 허근이므로 $\overline{\omega}$도 $x^2-x+1=0$의 근이다.

이때 이차방정식의 근과 계수의 관계에 의하여

$\omega+\overline{\omega}=1$, $\omega\overline{\omega}=1$

$$\therefore \frac{(2\omega-3)\overline{(2\omega-3)}}{(\omega+1)\overline{(\omega+1)}}=\frac{(2\omega-3)(2\overline{\omega}-3)}{(\omega+1)(\overline{\omega}+1)}=\frac{4\omega\overline{\omega}-6(\omega+\overline{\omega})+9}{\omega\overline{\omega}+(\omega+\overline{\omega})+1}=\frac{4-6+9}{1+1+1}=\frac{7}{3}$$

답 $\frac{7}{3}$

**0661** $f(x)=x^3-2x^2+2x-1$이라 하면

$f(1)=1-2+2-1=0$

조립제법을 이용하여 $f(x)$를 인수분해하면

| 1 | 1 | −2 | 2 | −1 |
|---|---|---|---|---|
| | | 1 | −1 | 1 |
| | 1 | −1 | 1 | 0 |

$f(x)=(x-1)(x^2-x+1)$

따라서 주어진 방정식은 $(x-1)(x^2-x+1)=0$이므로 $\omega$는 이차방정식 $x^2-x+1=0$의 한 허근이다.

$\therefore \omega^2-\omega+1=0$

양변에 $\omega+1$을 곱하면 $\omega^3+1=0$

$\therefore \omega^3=-1$

$$\therefore \frac{\omega}{1+\omega}-\frac{\omega^2}{1-\omega^2}=\frac{\omega(1-\omega^2)-\omega^2(1+\omega)}{(1+\omega)(1-\omega^2)}=\frac{\omega-\omega^3-\omega^2-\omega^3}{1+\omega-\omega^2-\omega^3}=\frac{\omega-\omega^2+2}{\omega-\omega^2+2}=1$$

답 ③

**0662** $x^3=1$에서 $x^3-1=0$

$\therefore (x-1)(x^2+x+1)=0$

따라서 $\omega$는 $x^3=1$, $x^2+x+1=0$의 한 허근이므로

$\omega^3=1$, $\omega^2+\omega+1=0$

$f(n)=\omega^{2n+1}$이므로

$f(1)=\omega^3=1$,

$f(2)=\omega^5=\omega^3\times\omega^2=\omega^2$,

$f(3)=\omega^7=(\omega^3)^2\times\omega=\omega$,

$f(4)=\omega^9=(\omega^3)^3=1$,

$f(5)=\omega^{11}=(\omega^3)^3\times\omega^2=\omega^2$,

$f(6)=\omega^{13}=(\omega^3)^4\times\omega=\omega$,

⋮

따라서 $f(n)$의 값은 $1$, $\omega^2$, $\omega$가 이 순서대로 반복되므로

$$f(n)=\begin{cases}1 & (n=3k-2)\\ \omega^2 & (n=3k-1)\\ \omega & (n=3k)\end{cases}$$ (단, $k$는 자연수)

$\therefore f(1)+f(2)+f(3)+\cdots+f(19)$

$=(1+\omega^2+\omega)+(1+\omega^2+\omega)+\cdots+(1+\omega^2+\omega)+1$

$=1$

답 1

**0663** $xy-4x-3y+2=0$에서

$x(y-4)-3(y-4)-10=0$

$\therefore (x-3)(y-4)=10$

이때 $x$, $y$는 자연수이므로 $x-3$, $y-4$는 정수이고 $x-3\geq-2$, $y-4\geq-3$이다.

따라서 $x-3$, $y-4$의 값은 다음 표와 같다.

| $x-3$ | 1 | 2 | 5 | 10 |
|---|---|---|---|---|
| $y-4$ | 10 | 5 | 2 | 1 |

(i) $x-3=1$, $y-4=10$일 때,

$x=4$, $y=14$ $\therefore x+y=18$

(ii) $x-3=2$, $y-4=5$일 때,

$x=5$, $y=9$ $\therefore x+y=14$

(iii) $x-3=5$, $y-4=2$일 때,

$x=8$, $y=6$ $\therefore x+y=14$

(iv) $x-3=10$, $y-4=1$일 때,

$x=13$, $y=5$ $\therefore x+y=18$

이상에서 $x+y$의 최댓값은 18이다.

답 ③

**0664** $x^2-xy-y=4$에서 $x^2-1-xy-y=3$

$(x+1)(x-1)-y(x+1)=3$

$\therefore (x+1)(x-y-1)=3$

이때 $x$, $y$는 정수이므로 $x+1$, $x-y-1$도 정수이다.

따라서 $x+1$, $x-y-1$의 값은 다음 표와 같다.

| $x+1$ | −3 | −1 | 1 | 3 |
|---|---|---|---|---|
| $x-y-1$ | −1 | −3 | 3 | 1 |

(i) $x+1=-3$, $x-y-1=-1$일 때,

$x=-4$, $y=-4$ $\therefore xy=16$

(ii) $x+1=-1$, $x-y-1=-3$일 때,

$x=-2$, $y=0$ $\therefore xy=0$

(iii) $x+1=1$, $x-y-1=3$일 때,

$x=0$, $y=-4$ $\therefore xy=0$

(iv) $x+1=3$, $x-y-1=1$일 때,

$x=2$, $y=0$ $\therefore xy=0$

이상에서 $xy$의 최댓값은 16이다.

답 16

**0665** $\frac{1}{x}+\frac{1}{y}=\frac{1}{4}$에서 $\frac{x+y}{xy}=\frac{1}{4}$

$xy-4x-4y=0$

$x(y-4)-4(y-4)-16=0$

$\therefore (x-4)(y-4)=16$

이때 $x$, $y$는 양의 정수이므로 $x-4$, $y-4$는 정수이고 $x-4\geq-3$, $y-4\geq-3$이다.

따라서 $x-4$, $y-4$의 값은 다음 표와 같다.

| $x-4$ | 1 | 2 | 4 | 8 | 16 |
|---|---|---|---|---|---|
| $y-4$ | 16 | 8 | 4 | 2 | 1 |

(i) $x-4=1$, $y-4=16$일 때, $x=5$, $y=20$
(ii) $x-4=2$, $y-4=8$일 때, $x=6$, $y=12$
(iii) $x-4=4$, $y-4=4$일 때, $x=8$, $y=8$
(iv) $x-4=8$, $y-4=2$일 때, $x=12$, $y=6$
(v) $x-4=16$, $y-4=1$일 때, $x=20$, $y=5$
이상에서 $x$, $y$의 순서쌍 $(x, y)$는
$(5, 20)$, $(6, 12)$, $(8, 8)$, $(12, 6)$, $(20, 5)$
의 5개이다. 답 ⑤

**0666** 이차방정식 $x^2-(m+2)x+2m+2=0$의 두 근을 $\alpha$, $\beta$라 하면 이차방정식의 근과 계수의 관계에 의하여
$\alpha+\beta=m+2$ …… ㉠
$\alpha\beta=2m+2$ …… ㉡
㉡$-$㉠$\times 2$를 하면 $\alpha\beta-2(\alpha+\beta)=-2$
$\alpha\beta-2\alpha-2\beta=\ 2$
$\alpha(\beta-2)-2(\beta-2)-4=-2$
$\therefore (\alpha-2)(\beta-2)=2$
이때 $\alpha$, $\beta$가 양의 정수이므로 $\alpha-2$, $\beta-2$는 정수이고 $\alpha-2\geq-1$, $\beta-2\geq-1$이다.
따라서 $\alpha-2$, $\beta-2$의 값은 오른쪽 표와 같다.

| $\alpha-2$ | 1 | 2 |
|---|---|---|
| $\beta-2$ | 2 | 1 |

(i) $\alpha-2=1$, $\beta-2=2$일 때,
$\alpha=3$, $\beta=4$
(ii) $\alpha-2=2$, $\beta-2=1$일 때,
$\alpha=4$, $\beta=3$
(i), (ii)에서 $\begin{cases}\alpha=3\\ \beta=4\end{cases}$ 또는 $\begin{cases}\alpha=4\\ \beta=3\end{cases}$
따라서 $\alpha+\beta=7$이므로 ㉠에서 $7=m+2$
$\therefore m=5$ 답 5

**0667** $9x^2+6xy+2y^2-4y+4=0$에서
$(9x^2+6xy+y^2)+(y^2-4y+4)=0$
$\therefore (3x+y)^2+(y-2)^2=0$
이때 $x$, $y$가 실수이므로
$3x+y=0$, $y-2=0$
$\therefore x=-\frac{2}{3}$, $y=2$
$\therefore x-y=-\frac{2}{3}-2=-\frac{8}{3}$ 답 ①

**다른 풀이** $9x^2+6xy+2y^2-4y+4=0$ …… ㉠
$x$가 실수이므로 $x$에 대한 이차방정식 ㉠이 실근을 가져야 한다.
㉠의 판별식을 $D$라 하면
$\frac{D}{4}=(3y)^2-9(2y^2-4y+4)\geq0$
$-9y^2+36y-36\geq0$, $y^2-4y+4\leq0$
$\therefore (y-2)^2\leq0$
이때 $y$도 실수이므로
$y-2=0$ $\therefore y=2$
$y=2$를 ㉠에 대입하면
$9x^2+12x+4=0$, $(3x+2)^2=0$
$\therefore x=-\frac{2}{3}$

**0668** $x^2-4xy+5y^2+2x-8y+5=0$에서
$x^2-2(2y-1)x+5y^2-8y+5=0$ …… ㉠
$x$가 실수이므로 $x$에 대한 이차방정식 ㉠이 실근을 가져야 한다.
㉠의 판별식을 $D$라 하면
$\frac{D}{4}=(2y-1)^2-(5y^2-8y+5)\geq0$
$-y^2+4y-4\geq0$, $y^2-4y+4\leq0$
$\therefore (y-2)^2\leq0$
이때 $y$도 실수이므로 $y-2=0$ $\therefore y=2$
$y=2$를 ㉠에 대입하면
$x^2-6x+9=0$, $(x-3)^2=0$
$\therefore x=3$
$\therefore x+y=3+2=5$ 답 5

## 시험에 꼭 나오는 문제

• 본책 096~099쪽

**0669** $f(x)=x^3+2x^2+5x+4$라 하면
$f(-1)=-1+2-5+4=0$
조립제법을 이용하여 $f(x)$를 인수분해하면

| $-1$ | 1 | 2 | 5 | 4 |
|---|---|---|---|---|
| | | $-1$ | $-1$ | $-4$ |
| | 1 | 1 | 4 | 0 |

$f(x)=(x+1)(x^2+x+4)$
따라서 주어진 방정식은
$(x+1)(x^2+x+4)=0$
이때 방정식 $f(x)=0$의 허근은 이차방정식 $x^2+x+4=0$의 두 근이므로 이차방정식의 근과 계수의 관계에 의하여 구하는 합은 $-1$이다. 답 ②

**0670** $f(x)=x^4+2x^3+x^2-2x-2$라 하면
$f(1)=1+2+1-2-2=0$,
$f(-1)=1-2+1+2-2=0$
조립제법을 이용하여 $f(x)$를 인수분해하면

| | | | | | |
|---|---|---|---|---|---|
| 1 | 1 | 2 | 1 | $-2$ | $-2$ |
| | | 1 | 3 | 4 | 2 |
| $-1$ | 1 | 3 | 4 | 2 | 0 |
| | | $-1$ | $-2$ | $-2$ | |
| | 1 | 2 | 2 | 0 | |

$f(x)=(x-1)(x+1)(x^2+2x+2)$
따라서 주어진 방정식은
$(x-1)(x+1)(x^2+2x+2)=0$

이때 방정식 $f(x)=0$의 두 허근 $\alpha$, $\beta$는 이차방정식 $x^2+2x+2=0$의 두 근이므로 이차방정식의 근과 계수의 관계에 의하여

$\alpha+\beta=-2$, $\alpha\beta=2$

$\therefore \alpha^3+\beta^3=(\alpha+\beta)^3-3\alpha\beta(\alpha+\beta)$

$=(-2)^3-3\times2\times(-2)=4$ 답 **4**

**0671** $x^2+x-6=0$에서 $(x+3)(x-2)=0$

$\therefore x=-3$ 또는 $x=2$

$f(x)=x^3-(a-4)x^2-4(a-1)x-4a$라 하면

$f(-2)=-8-4(a-4)+8(a-1)-4a=0$

조립제법을 이용하여 $f(x)$를 인수분해하면

$$\begin{array}{r|rrrr} -2 & 1 & -(a-4) & -4(a-1) & -4a \\ & & -2 & 2a-4 & 4a \\ \hline & 1 & -a+2 & -2a & 0 \end{array}$$

$f(x)=(x+2)\{x^2+(-a+2)x-2a\}$

$=(x+2)^2(x-a)$

따라서 주어진 삼차방정식은

$(x+2)^2(x-a)=0$

$\therefore x=-2$ (중근) 또는 $x=a$

즉 주어진 두 방정식이 공통인 근을 가지려면

$a=-3$ 또는 $a=2$

이어야 하므로 구하는 합은

$-3+2=-1$ 답 **−1**

**0672** $(x-3)(x-2)(x+1)(x+2)=21$에서

$\{(x-3)(x+2)\}\{(x-2)(x+1)\}-21=0$

$\therefore (x^2-x-6)(x^2-x-2)-21=0$

$x^2-x=t$로 놓으면 주어진 방정식은

$(t-6)(t-2)-21=0$

$t^2-8t-9=0$, $(t+1)(t-9)=0$

$\therefore t=-1$ 또는 $t=9$

(i) $t=-1$일 때, $x^2-x=-1$에서

$x^2-x+1=0$

이 이차방정식의 판별식을 $D_1$이라 하면

$D_1=(-1)^2-4\times1\times1=-3<0$

이므로 이 이차방정식은 서로 다른 두 허근을 갖는다.

(ii) $t=9$일 때, $x^2-x=9$에서

$x^2-x-9=0$

이 이차방정식의 판별식을 $D_2$라 하면

$D_2=(-1)^2-4\times1\times(-9)=37>0$

이므로 이 이차방정식은 서로 다른 두 실근을 갖는다.

(i), (ii)에서 주어진 방정식의 실근은 이차방정식 $x^2-x-9=0$의 두 근이므로 이차방정식의 근과 계수의 관계에 의하여 구하는 곱은 $-9$이다.

답 ②

**0673** $x^4-12x^2+4=0$에서

$(x^4+4x^2+4)-16x^2=0$, $(x^2+2)^2-(4x)^2=0$

$(x^2+4x+2)(x^2-4x+2)=0$

$x^2+4x+2=0$ 또는 $x^2-4x+2=0$

$\therefore x=-2\pm\sqrt{2}$ 또는 $x=2\pm\sqrt{2}$

따라서 주어진 방정식의 네 근 중 가장 큰 근은 $2+\sqrt{2}$, 가장 작은 근은 $-2-\sqrt{2}$이므로

$\alpha=2+\sqrt{2}$, $\beta=-2-\sqrt{2}$

$\therefore \alpha-\beta=2+\sqrt{2}-(-2-\sqrt{2})=4+2\sqrt{2}$ 답 **$4+2\sqrt{2}$**

**0674** $x^2=t$로 놓으면 주어진 방정식에서

$t^2-at+a^2-2a-8=0$ …… ㉠

이때 주어진 방정식이 두 허근과 중근인 실근을 가지려면 이차방정식 ㉠의 두 근이 각각 음수와 0이어야 한다.

㉠의 한 근이 $t=0$이므로

$a^2-2a-8=0$, $(a+2)(a-4)=0$

$\therefore a=-2$ 또는 $a=4$ …… ㉡

또 ㉠의 두 근의 합이 음수이므로 이차방정식의 근과 계수의 관계에 의하여 $a<0$ …… ㉢

㉡, ㉢에서 $a=-2$ 답 **−2**

**RPM 비법노트**

이차방정식 ㉠의 한 근을 $\alpha$라 할 때

(i) $\alpha>0$이면 $x^2=\alpha$ $\therefore x=\pm\sqrt{\alpha}$ ⇨ 서로 다른 두 실근

(ii) $\alpha=0$이면 $x^2=0$ $\therefore x=0$ ⇨ 중근

(iii) $\alpha<0$이면 $x^2=\alpha$ $\therefore x=\pm\sqrt{\alpha}$ ⇨ 서로 다른 두 허근

이상에서 주어진 방정식이 두 허근과 중근인 실근을 가지려면 ㉠이 0과 음수인 근을 가져야 한다.

**0675** ㄱ. $P(\sqrt{n})=(\sqrt{n})^4+(\sqrt{n})^2-n^2-n$

$=n^2+n-n^2-n=0$ (참)

ㄴ. $x^2=t$로 놓으면 방정식 $P(x)=0$은

$t^2+t-n^2-n=0$, $t^2+t-n(n+1)=0$

$(t-n)(t+n+1)=0$

$\therefore t=n$ 또는 $t=-n-1$

따라서 $x^2=n$ 또는 $x^2=-n-1$이므로

$x=\pm\sqrt{n}$ 또는 $x=\pm\sqrt{-n-1}$

이때 $n$은 자연수이므로 방정식 $P(x)=0$의 실근은 $x=\pm\sqrt{n}$의 2개이다. (참)

ㄷ. $P(k)=k^4+k^2-n^2-n=(k^2+n)(k^2-n)+k^2-n$

$=(k^2+n+1)(k^2-n)$

이때 모든 정수 $k$에 대하여 $k^2+n+1>0$이므로 $P(k)\neq0$이 되려면 $k^2-n\neq0$, 즉 $n\neq k^2$

따라서 $n$은 정수의 제곱의 꼴이 아닌 9 이하의 자연수이므로

$n=2, 3, 5, 6, 7, 8$

즉 모든 $n$의 값의 합은 $2+3+5+6+7+8=31$ (참)

이상에서 ㄱ, ㄴ, ㄷ 모두 옳다. 답 ⑤

**0676** $f(x)=x^3+x^2+3(a-2)x-6a$라 하면

$f(2)=8+4+6(a-2)-6a=0$

조립제법을 이용하여 $f(x)$를 인수분해하면

| 2 | 1 | 1 | $3(a-2)$ | $-6a$ |
|---|---|---|---|---|
| | | 2 | 6 | $6a$ |
| | 1 | 3 | $3a$ | 0 |

$f(x)=(x-2)(x^2+3x+3a)$

ㄱ. 주어진 방정식은 $x=2$를 근으로 가지므로 적어도 하나의 실근을 갖는다. (참)

ㄴ. 주어진 방정식이 한 실근과 두 허근을 가지려면 이차방정식 $x^2+3x+3a=0$이 두 허근을 가져야 하므로 이 이차방정식의 판별식을 $D$라 하면

$D=3^2-4\times1\times3a<0 \qquad \therefore a>\frac{3}{4}$

따라서 정수 $a$의 최솟값은 1이다. (참)

ㄷ. 주어진 방정식이 중근을 가지려면

(i) 이차방정식 $x^2+3x+3a=0$이 $x=2$를 근으로 갖는 경우

$4+6+3a=0 \qquad \therefore a=-\frac{10}{3}$

(ii) 이차방정식 $x^2+3x+3a=0$이 중근을 갖는 경우

이 이차방정식의 판별식을 $D$라 하면

$D=3^2-4\times1\times3a=0 \qquad \therefore a=\frac{3}{4}$

(i), (ii)에서 중근을 갖도록 하는 실수 $a$는 2개이다. (참)

이상에서 ㄱ, ㄴ, ㄷ 모두 옳다. 답 ⑤

**0677** 삼차방정식의 근과 계수의 관계에 의하여

$\alpha+\beta+\gamma=-2,\ \alpha\beta\gamma=1$

이때 $\alpha+\beta+\gamma=-2$에서

$\alpha+\beta+2=-\gamma,\ \beta+\gamma+2=-\alpha,\ \gamma+\alpha+2=-\beta$

이므로

$(\alpha+\beta+2)(\beta+\gamma+2)(\gamma+\alpha+2)$

$=-\gamma\times(-\alpha)\times(-\beta)$

$=-\alpha\beta\gamma=-1$ 답 ③

**0678** 주어진 삼차방정식의 세 근을 $-\alpha,\ \alpha,\ \beta\ (\alpha\neq0)$라 하면 삼차방정식의 근과 계수의 관계에 의하여

$-\alpha+\alpha+\beta=-3 \qquad \therefore \beta=-3$

따라서 $x^3+3x^2+ax-6=0$의 한 근이 $-3$이므로

$-27+27-3a-6=0 \qquad \therefore a=-2$ 답 ②

**다른 풀이** 주어진 삼차방정식의 세 근을 $-\alpha,\ \alpha,\ \beta\ (\alpha\neq0)$라 하면 삼차방정식의 근과 계수의 관계에 의하여

$-\alpha+\alpha+\beta=-3,\ -\alpha\times\alpha\times\beta=6$

$\therefore \alpha=\pm\sqrt{2},\ \beta=-3$

따라서 세 근이 $-\sqrt{2},\ \sqrt{2},\ -3$이므로

$a=-\sqrt{2}\times\sqrt{2}+\sqrt{2}\times(-3)+(-3)\times(-\sqrt{2})$

$=-2$

**0679** $x^3-4x^2-x+a=0$에서 삼차방정식의 근과 계수의 관계에 의하여

$\alpha+\beta+\gamma=4,\ \alpha\beta+\beta\gamma+\gamma\alpha=-1,\ \alpha\beta\gamma=-a$

이때 $x^3+bx^2+cx+12=0$에서 삼차방정식의 근과 계수의 관계에 의하여

$(\alpha+1)+(\beta+1)+(\gamma+1)=-b$이므로

$\alpha+\beta+\gamma+3=-b, \qquad 4+3=-b$

$\therefore b=-7$

$(\alpha+1)(\beta+1)+(\beta+1)(\gamma+1)+(\gamma+1)(\alpha+1)=c$이므로

$\alpha\beta+\beta\gamma+\gamma\alpha+2(\alpha+\beta+\gamma)+3=c$

$-1+2\times4+3=c \qquad \therefore c=10$

$(\alpha+1)(\beta+1)(\gamma+1)=-12$이므로

$\alpha\beta\gamma+(\alpha\beta+\beta\gamma+\gamma\alpha)+(\alpha+\beta+\gamma)+1=-12$

$-a+(-1)+4+1=-12 \qquad \therefore a=16$

$\therefore a+b+c=16+(-7)+10=19$ 답 **19**

**0680** 주어진 삼차방정식의 계수가 실수이므로 $1-i$가 근이면 $1+i$도 근이다.

나머지 한 근을 $\alpha$라 하면 삼차방정식의 근과 계수의 관계에 의하여

$(1+i)+(1-i)+\alpha=a+1$에서

$1+\alpha=a$ …… ㉠

$(1+i)(1-i)\alpha=a$에서

$2\alpha=a$ …… ㉡

㉠, ㉡에서 $\quad 1+\alpha=2\alpha \qquad \therefore \alpha=1$

따라서 나머지 두 근은 $1+i,\ 1$이므로 구하는 합은

$(1+i)+1=2+i$ 답 ⑤

**0681** 처음 정육면체의 한 모서리의 길이를 $x$ cm라 하면

$(x+2)(x+3)(x-1)=\frac{5}{2}x^3$

$x^3+4x^2+x-6=\frac{5}{2}x^3, \qquad 3x^3-8x^2-2x+12=0$

$(x-2)(3x^2-2x-6)=0$

$\therefore x=2$ 또는 $x=\frac{1\pm\sqrt{19}}{3}$

이때 $x$는 자연수이므로 $\quad x=2$

따라서 처음 정육면체의 한 모서리의 길이는 2 cm이므로 부피는

$2^3=8(\text{cm}^3)$ 답 **8 cm³**

**0682** 정육면체의 한 모서리의 길이를 $x$라 하면

$V=5x^3,\ S=20x^2$

$V+S=40$에서 $\quad 5x^3+20x^2=40$

$x^3+4x^2-8=0, \qquad (x+2)(x^2+2x-4)=0$

$\therefore x=-2$ 또는 $x=-1\pm\sqrt{5}$

이때 $x>0$이어야 하므로

$x=-1+\sqrt{5}$

따라서 정육면체의 한 모서리의 길이는 $-1+\sqrt{5}$이다.

답 $-1+\sqrt{5}$

07 여러 가지 방정식

**0683** $\begin{cases} 2x+y=1 & \cdots\cdots ㉠ \\ 3x^2-y^2=2 & \cdots\cdots ㉡ \end{cases}$

㉠에서 $y=1-2x$ ⋯⋯ ㉢

㉢을 ㉡에 대입하면

$3x^2-(1-2x)^2=2,\quad -x^2+4x-3=0$

$x^2-4x+3=0,\quad (x-1)(x-3)=0$

$\therefore x=1$ 또는 $x=3$

$x=1$을 ㉢에 대입하면 $y=-1$

$x=3$을 ㉢에 대입하면 $y=-5$

$\therefore xy=-1$ 또는 $xy=-15$

따라서 $xy$의 최솟값은 $-15$이다.

답 **$-15$**

**0684** $\begin{cases} x^2+y^2+x+y=2 \\ x^2+xy+y^2=1 \end{cases}$ 에서

$\begin{cases} (x+y)^2+(x+y)-2xy=2 \\ (x+y)^2-xy=1 \end{cases}$

$x+y=u$, $xy=v$로 놓으면

$\begin{cases} u^2+u-2v=2 & \cdots\cdots ㉠ \\ u^2-v=1 & \cdots\cdots ㉡ \end{cases}$

㉡에서 $v=u^2-1$ ⋯⋯ ㉢

㉢을 ㉠에 대입하면

$u^2+u-2(u^2-1)=2$

$-u^2+u=0,\quad u(u-1)=0$

$\therefore u=0$ 또는 $u=1$

$u=0$을 ㉢에 대입하면 $v=-1$

$u=1$을 ㉢에 대입하면 $v=0$

(i) $u=0$, $v=-1$, 즉 $x+y=0$, $xy=-1$일 때

$x$, $y$는 $t$에 대한 이차방정식 $t^2-1=0$의 두 근이다.

$t^2-1=0$에서

$(t+1)(t-1)=0\quad \therefore t=-1$ 또는 $t=1$

$\therefore x=-1,\ y=1$ 또는 $x=1,\ y=-1$

(ii) $u=1$, $v=0$, 즉 $x+y=1$, $xy=0$일 때

$x$, $y$는 $t$에 대한 이차방정식 $t^2-t=0$의 두 근이다.

$t^2-t=0$에서

$t(t-1)=0\quad \therefore t=0$ 또는 $t=1$

$\therefore x=0,\ y=1$ 또는 $x=1,\ y=0$

(i), (ii)에서 주어진 연립방정식의 해는

$\begin{cases} x=-1 \\ y=1 \end{cases}$ 또는 $\begin{cases} x=1 \\ y=-1 \end{cases}$ 또는 $\begin{cases} x=0 \\ y=1 \end{cases}$ 또는 $\begin{cases} x=1 \\ y=0 \end{cases}$

따라서 네 점 $(-1, 1)$, $(1, -1)$, $(0, 1)$, $(1, 0)$을 꼭짓점으로 하는 사각형은 오른쪽 그림과 같으므로 구하는 넓이는

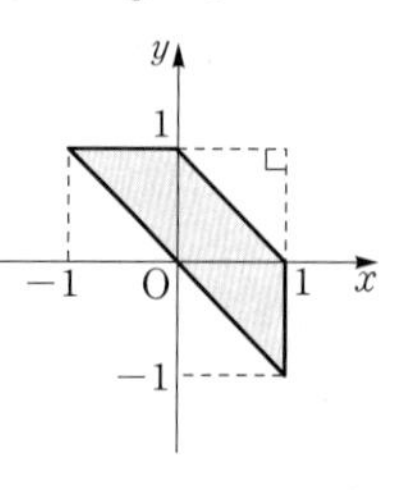


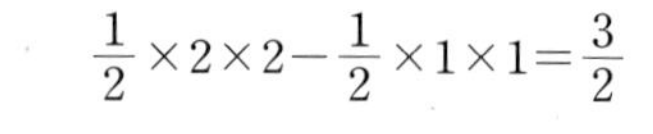

$\frac{1}{2}\times2\times2-\frac{1}{2}\times1\times1=\frac{3}{2}$

답 **$\frac{3}{2}$**

**0685** $\begin{cases} 2x+y=k & \cdots\cdots ㉠ \\ x^2+y^2=5 & \cdots\cdots ㉡ \end{cases}$

㉠에서 $y=k-2x$

이것을 ㉡에 대입하면

$x^2+(k-2x)^2=5$

$\therefore 5x^2-4kx+k^2-5=0$ ⋯⋯ ㉢

주어진 연립방정식이 오직 한 쌍의 해를 가지려면 이차방정식 ㉢이 중근을 가져야 하므로 ㉢의 판별식을 $D$라 하면

$\frac{D}{4}=(-2k)^2-5(k^2-5)=0$

$-k^2+25=0,\quad k^2=25$

$\therefore k=5\ (\because k>0)$

$k=5$를 ㉢에 대입하면

$5x^2-20x+20=0,\quad x^2-4x+4=0$

$(x-2)^2=0\quad \therefore x=2$

$x=2$를 ㉠에 대입하면

$4+y=5\quad \therefore y=1$

따라서 $\alpha=2$, $\beta=1$이므로

$\alpha+\beta=2+1=3$

답 **3**

**0686** 두 이차방정식의 공통인 근을 $\alpha$라 하면

$\begin{cases} \alpha^2+a\alpha+b=0 & \cdots\cdots ㉠ \\ \alpha^2+b\alpha+a=0 & \cdots\cdots ㉡ \end{cases}$

㉠−㉡을 하면

$(a-b)\alpha+b-a=0$

$(a-b)(\alpha-1)=0$

$\therefore a=b$ 또는 $\alpha=1$

이때 $a\neq b$이므로 $\alpha=1$

$\alpha=1$을 ㉠에 대입하면

$1+a+b=0\quad \therefore a+b=-1$

$x^2+ax+b=0$, $x^2+bx+a=0$의 1이 아닌 근이 각각 $p$, $q$이므로 이차방정식의 근과 계수의 관계에 의하여

$1\times p=b,\ 1\times q=a$

$\therefore b=p,\ a=q$

이때 $pq=-6$이므로 $ab=-6$

$\therefore a^2+b^2=(a+b)^2-2ab$

$=(-1)^2-2\times(-6)$

$=13$

답 ④

**다른 풀이** 주어진 두 이차방정식의 공통인 근이 1이므로

$1+a+b=0\quad \therefore b=-a-1$ ⋯⋯ ㉢

㉢을 $x^2+ax+b=0$에 대입하면

$x^2+ax-a-1=0,\quad (x-1)(x+a+1)=0$

$\therefore x=1$ 또는 $x=-a-1$

㉢을 $x^2+bx+a=0$에 대입하면

$x^2+(-a-1)x+a=0,\quad (x-1)(x-a)=0$

$\therefore x=1$ 또는 $x=a$

따라서 공통이 아닌 나머지 근은 $-a-1$, $a$이므로

$(-a-1)\times a=-6$, $a^2+a-6=0$

$(a+3)(a-2)=0$ ∴ $a=-3$ 또는 $a=2$

$a=-3$을 ㉢에 대입하면 $b=2$

$a=2$를 ㉢에 대입하면 $b=-3$

∴ $a^2+b^2=13$

**0687** 직각삼각형의 빗변의 길이는 외접원의 지름의 길이와 같으므로 직각삼각형 ABC의 빗변의 길이는 8이다.

오른쪽 그림과 같이 나머지 두 변의 길이를 각각 $x$, $y$라 하면 피타고라스 정리에 의하여

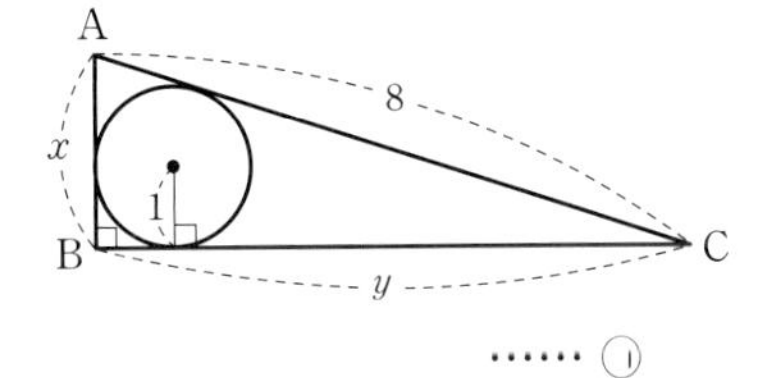


$x^2+y^2=64$ ...... ㉠

직각삼각형의 넓이에서

$\frac{1}{2}xy=\frac{1}{2}(x+y+8)\times 1$

∴ $xy=x+y+8$ ...... ㉡

$x+y=u$, $xy=v$라 하면

㉠에서 $(x+y)^2-2xy=64$이므로

$u^2-2v=64$ ...... ㉢

㉡에서 $v=u+8$ ...... ㉣

㉣을 ㉢에 대입하면 $u^2-2(u+8)=64$

$u^2-2u-80=0$, $(u+8)(u-10)=0$

∴ $u=10$ ($\because u>0$)

$u=10$을 ㉣에 대입하면 $v=18$

$u=10$, $v=18$, 즉 $x+y=10$, $xy=18$일 때, $x$, $y$는 $t$에 대한 이차방정식 $t^2-10t+18=0$의 두 근이다.

$t^2-10t+18=0$에서 $t=5\pm\sqrt{7}$

따라서 직각삼각형 ABC의 빗변이 아닌 두 변의 길이는 $5+\sqrt{7}$, $5-\sqrt{7}$이므로 가장 짧은 변의 길이는 $5-\sqrt{7}$이다.

답 **$5-\sqrt{7}$**

**RPM비법노트**

$\angle C=90°$인 직각삼각형 ABC에서 점 O가 외심, 점 I가 내심일 때

(1) 외접원의 반지름의 길이를 $R$라 하면

⇨ $R=\frac{1}{2}\times$(빗변의 길이)$=\frac{1}{2}c$

(2) 내접원의 반지름의 길이를 $r$라 하면

⇨ $\triangle ABC=\frac{1}{2}\times r\times$($\triangle ABC$의 둘레의 길이)

⇨ $\frac{1}{2}ab=\frac{1}{2}r(a+b+c)$

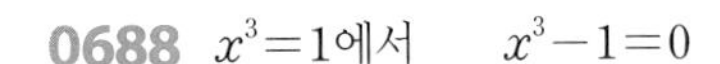

**0688** $x^3=1$에서 $x^3-1=0$

∴ $(x-1)(x^2+x+1)=0$

따라서 $\omega$는 $x^3=1$, $x^2+x+1=0$의 한 허근이므로

$\omega^3=1$, $\omega^2+\omega+1=0$

ㄱ. $\omega^{10}=(\omega^3)^3\times\omega=\omega$ (참)

ㄴ. $\omega$가 $x^2+x+1=0$의 한 허근이므로 $\overline{\omega}$도 $x^2+x+1=0$의 허근이다.

따라서 $\overline{\omega}^2+\overline{\omega}+1=0$이므로

$\frac{\omega^2}{1+\omega}+\frac{\overline{\omega}}{1+\overline{\omega}^2}=\frac{\omega^2}{-\omega^2}+\frac{\overline{\omega}}{-\overline{\omega}}$

$=-1+(-1)$

$=-2$ (참)

ㄷ. $1+\omega^2+\omega^4+\omega^6+\cdots+\omega^{200}$

$=1+\omega^2+\omega^3\times\omega+(\omega^3)^2+(\omega^3)^2\times\omega^2+(\omega^3)^3\times\omega+\cdots$

$+(\omega^3)^{66}+(\omega^3)^{66}\times\omega^2$

$=(1+\omega^2+\omega)+(1+\omega^2+\omega)+\cdots+1+\omega^2$

$=1+\omega^2$

$=-\omega$ (참)

이상에서 ㄱ, ㄴ, ㄷ 모두 옳다.

답 ⑤

**0689** 이차방정식 $x^2-2(a+b)x+a^2+b^2-4a+2b-6=0$의 판별식을 $D$라 하면

$\frac{D}{4}=(a+b)^2-(a^2+b^2-4a+2b-6)=0$

$2ab+4a-2b+6=0$

$ab+2a-b+3=0$

$a(b+2)-(b+2)+5=0$

∴ $(a-1)(b+2)=-5$

이때 $a$, $b$가 정수이므로 $a-1$, $b+2$도 정수이다.

따라서 $a-1$, $b+2$의 값은 다음 표와 같다.

| $a-1$ | $-5$ | $-1$ | $1$ | $5$ |
|---|---|---|---|---|
| $b+2$ | $1$ | $5$ | $-5$ | $-1$ |

(i) $a-1=-5$, $b+2=1$일 때,

$a=-4$, $b=-1$ ∴ $ab=4$

(ii) $a-1=-1$, $b+2=5$일 때,

$a=0$, $b=3$ ∴ $ab=0$

(iii) $a-1=1$, $b+2=-5$일 때,

$a=2$, $b=-7$ ∴ $ab=-14$

(iv) $a-1=5$, $b+2=-1$일 때,

$a=6$, $b=-3$ ∴ $ab=-18$

이상에서 $ab$의 최솟값은 $-18$이다.

답 **$-18$**

**0690** $f(x)=x^4-15x^2+ax+b$라 하면 주어진 방정식의 두 근이 $-1$, $2$이므로

$f(-1)=0$에서 $1-15-a+b=0$

∴ $a-b=-14$ ...... ㉠

$f(2)=0$에서 $16-60+2a+b=0$

∴ $2a+b=44$ ...... ㉡

㉠, ㉡을 연립하여 풀면

$a=10$, $b=24$ ... 1단계

즉 $f(x)=x^4-15x^2+10x+24$이므로 조립제법을 이용하여 $f(x)$를 인수분해하면

| | | | | | |
|---|---|---|---|---|---|
| $-1$ | 1 | 0 | $-15$ | 10 | 24 |
| | | $-1$ | 1 | 14 | $-24$ |
| 2 | 1 | $-1$ | $-14$ | 24 | 0 |
| | | 2 | 2 | $-24$ | |
| | 1 | 1 | $-12$ | 0 | |

$f(x)=(x+1)(x-2)(x^2+x-12)$

$=(x+1)(x-2)(x-3)(x+4)$

따라서 주어진 방정식은

$(x+1)(x-2)(x-3)(x+4)=0$

$\therefore x=-1$ 또는 $x=2$ 또는 $x=3$ 또는 $x=-4$

즉 나머지 두 근은 3, $-4$이므로

$\alpha=3,\ \beta=-4\ (\because \alpha>\beta)$ … 2단계

$\therefore \frac{\alpha}{\beta}=-\frac{3}{4}$ … 3단계

답 $-\frac{3}{4}$

| | 채점 요소 | 비율 |
|---|---|---|
| 1단계 | $a$, $b$의 값 구하기 | 50 % |
| 2단계 | $\alpha$, $\beta$의 값 구하기 | 40 % |
| 3단계 | $\frac{\alpha}{\beta}$의 값 구하기 | 10 % |

**0691** $f(x)=x^3+(a+1)x^2-a$라 하면

$f(-1)=-1+a+1-a=0$

조립제법을 이용하여 $f(x)$를 인수분해하면

| | | | | |
|---|---|---|---|---|
| $-1$ | 1 | $a+1$ | 0 | $-a$ |
| | | $-1$ | $-a$ | $a$ |
| | 1 | $a$ | $-a$ | 0 |

$f(x)=(x+1)(x^2+ax-a)$ … 1단계

이때 방정식 $f(x)=0$이 중근을 가지려면

(i) 방정식 $x^2+ax-a=0$이 $x=-1$을 근으로 갖는 경우

$1-a-a=0 \qquad \therefore a=\frac{1}{2}$ … 2단계

(ii) 방정식 $x^2+ax-a=0$이 중근을 갖는 경우

이 이차방정식의 판별식을 $D$라 하면

$D=a^2-4\times1\times(-a)=0, \qquad a(a+4)=0$

$\therefore a=-4$ 또는 $a=0$ … 3단계

(i), (ii)에서 모든 실수 $a$의 값의 합은

$\frac{1}{2}+(-4)+0=-\frac{7}{2}$ … 4단계

답 $-\frac{7}{2}$

| | 채점 요소 | 비율 |
|---|---|---|
| 1단계 | 주어진 삼차방정식의 좌변을 인수분해하기 | 30 % |
| 2단계 | $x^2+ax-a=0$이 $x=-1$을 근으로 가질 때의 $a$의 값 구하기 | 30 % |
| 3단계 | $x^2+ax-a=0$이 중근을 가질 때의 $a$의 값 구하기 | 30 % |
| 4단계 | 모든 실수 $a$의 값의 합 구하기 | 10 % |

**0692** 삼차방정식의 근과 계수의 관계에 의하여

$\alpha+\beta+\gamma=-1,\ \alpha\beta+\beta\gamma+\gamma\alpha=-5,\ \alpha\beta\gamma=3$ … 1단계

$\therefore \frac{\gamma}{\alpha\beta}+\frac{\alpha}{\beta\gamma}+\frac{\beta}{\gamma\alpha}$

$=\frac{\alpha^2+\beta^2+\gamma^2}{\alpha\beta\gamma}$

$=\frac{(\alpha+\beta+\gamma)^2-2(\alpha\beta+\beta\gamma+\gamma\alpha)}{\alpha\beta\gamma}$ … 2단계

$=\frac{(-1)^2-2\times(-5)}{3}$

$=\frac{11}{3}$ … 3단계

답 $\frac{11}{3}$

| | 채점 요소 | 비율 |
|---|---|---|
| 1단계 | $\alpha+\beta+\gamma$, $\alpha\beta+\beta\gamma+\gamma\alpha$, $\alpha\beta\gamma$의 값 구하기 | 40 % |
| 2단계 | 주어진 식을 변형하기 | 40 % |
| 3단계 | 식의 값 구하기 | 20 % |

**0693** $\begin{cases} 2x^2-3xy-2y^2=0 & \cdots\cdots ㉠ \\ x^2+2y^2=54 & \cdots\cdots ㉡ \end{cases}$

㉠에서 $(2x+y)(x-2y)=0$

$\therefore y=-2x$ 또는 $x=2y$ … 1단계

(i) $y=-2x$를 ㉡에 대입하면

$x^2+2\times(-2x)^2=54, \qquad x^2=6$

$\therefore x=\pm\sqrt{6}$

$y=-2x$이므로

$x=\sqrt{6},\ y=-2\sqrt{6}$ 또는 $x=-\sqrt{6},\ y=2\sqrt{6}$

(ii) $x=2y$를 ㉡에 대입하면

$(2y)^2+2y^2=54, \qquad y^2=9$

$\therefore y=\pm3$

$x=2y$이므로

$x=6,\ y=3$ 또는 $x=-6,\ y=-3$

(i), (ii)에서 주어진 연립방정식의 해는

$\begin{cases} x=\sqrt{6} \\ y=-2\sqrt{6} \end{cases}$ 또는 $\begin{cases} x=-\sqrt{6} \\ y=2\sqrt{6} \end{cases}$ 또는

$\begin{cases} x=6 \\ y=3 \end{cases}$ 또는 $\begin{cases} x=-6 \\ y=-3 \end{cases}$ … 2단계

따라서 $xy=-12$ 또는 $xy=18$이므로 $xy$의 최댓값은 18이다. … 3단계

답 18

| | 채점 요소 | 비율 |
|---|---|---|
| 1단계 | 한 이차방정식의 좌변을 인수분해하여 $x$, $y$의 관계식 구하기 | 30 % |
| 2단계 | 연립방정식의 해 구하기 | 50 % |
| 3단계 | $xy$의 최댓값 구하기 | 20 % |

**0694** 전략 $x^2=t$로 치환하여 좌변을 인수분해한 후 근을 $\alpha$를 사용하여 나타낸다.

$x^2=t$로 놓으면 주어진 방정식은

$t^2+(3-2a)t+a^2-3a-10=0$

$t^2+(3-2a)t+(a+2)(a-5)=0$

$(t-a-2)(t-a+5)=0$

$\therefore t=a+2$ 또는 $t=a-5$

따라서 $x^2=a+2$ 또는 $x^2=a-5$이므로

$x=\pm\sqrt{a+2}$ 또는 $x=\pm\sqrt{a-5}$

ㄱ. $a=1$이면 주어진 방정식의 근은

$x=\pm\sqrt{3}$ 또는 $x=\pm 2i$

따라서 모든 실근의 곱은

$\sqrt{3}\times(-\sqrt{3})=-3$ (참)

ㄴ. $a$는 실수이므로 $a-5<a+2$

이때 주어진 방정식이 실근과 허근을 모두 가지므로 실근은 $x=\pm\sqrt{a+2}$이고, 허근은 $x=\pm\sqrt{a-5}$이다.

모든 실근의 곱이 $-4$이므로

$\sqrt{a+2}\times(-\sqrt{a+2})=-4$

$-a-2=-4$ $\quad\therefore a=2$

따라서 허근은 $x=\pm\sqrt{3}i$이므로 모든 허근의 곱은

$\sqrt{3}i\times(-\sqrt{3}i)=3$ (참)

ㄷ. 주어진 방정식이 정수인 근을 가지려면 $\pm\sqrt{a+2}$가 정수이어야 하므로 $a+2$가 정수의 제곱의 꼴이어야 한다.

한편 주어진 방정식이 실근과 허근을 모두 가지려면

$a+2\geq 0$, $a-5<0$이어야 하므로

$0\leq a+2<7$

따라서 $a+2$의 값이 될 수 있는 것은 $0^2$, $1^2$, $2^2$, 즉 0, 1, 4이므로

$a=-2$ 또는 $a=-1$ 또는 $a=2$

따라서 정수인 근을 갖도록 하는 모든 실수 $a$의 값의 합은

$-2+(-1)+2=-1$ (참)

이상에서 ㄱ, ㄴ, ㄷ 모두 옳다.

답 ⑤

**0695** **전략** 계수가 실수인 삼차방정식의 한 허근이 $\alpha$이면 $\overline{\alpha}$도 근임을 이용한다.

주어진 삼차방정식의 계수가 실수이므로 두 허근은 켤레근이다.

$\therefore \overline{\alpha}=\alpha^2$

$\alpha=a+bi$ ($a$, $b$는 실수, $b\neq 0$)라 하면 $\overline{\alpha}=\alpha^2$에서

$a-bi=(a+bi)^2$, $\quad a-bi=a^2-b^2+2abi$

$\therefore a=a^2-b^2$, $-b=2ab$

$-b=2ab$에서 $b\neq 0$이므로 $\quad 2a=-1$

$\therefore a=-\frac{1}{2}$

$a=-\frac{1}{2}$을 $a=a^2-b^2$에 대입하면

$-\frac{1}{2}=\frac{1}{4}-b^2$, $\quad b^2=\frac{3}{4}$ $\quad\therefore b=\pm\frac{\sqrt{3}}{2}$

따라서 두 허근은 $-\frac{1}{2}+\frac{\sqrt{3}}{2}i$, $-\frac{1}{2}-\frac{\sqrt{3}}{2}i$이다.

나머지 한 실근을 $\beta$라 하면 삼차방정식의 근과 계수의 관계에 의하여

$\left(-\frac{1}{2}+\frac{\sqrt{3}}{2}i\right)\left(-\frac{1}{2}-\frac{\sqrt{3}}{2}i\right)\beta=-2$

$\therefore \beta=-2$

따라서 주어진 방정식의 세 근이 $-\frac{1}{2}+\frac{\sqrt{3}}{2}i$, $-\frac{1}{2}-\frac{\sqrt{3}}{2}i$, $-2$이므로

$\left(-\frac{1}{2}+\frac{\sqrt{3}}{2}i\right)+\left(-\frac{1}{2}-\frac{\sqrt{3}}{2}i\right)+(-2)=-p$,

$\left(-\frac{1}{2}+\frac{\sqrt{3}}{2}i\right)\left(-\frac{1}{2}-\frac{\sqrt{3}}{2}i\right)+\left(-\frac{1}{2}-\frac{\sqrt{3}}{2}i\right)\times(-2)$

$+(-2)\times\left(-\frac{1}{2}+\frac{\sqrt{3}}{2}i\right)=q$

$\therefore p=3$, $q=3$

$\therefore p+q=3+3=6$

답 6

**0696** **전략** 구하는 나머지를 $ax+b$ ($a$, $b$는 상수)로 놓고 등식을 세운다.

$f(x^9)=x^{18}-x^9+1$을 $f(x)=x^2-x+1$로 나누었을 때의 몫을 $Q(x)$, 나머지를 $ax+b$ ($a$, $b$는 상수)라 하면

$x^{18}-x^9+1=(x^2-x+1)Q(x)+ax+b$ ······ ㉠

한편 $x^2-x+1=0$의 두 허근을 $\omega$, $\overline{\omega}$라 하면

$\omega^2-\omega+1=0$, $\overline{\omega}^2-\overline{\omega}+1=0$

$x^2-x+1=0$의 양변에 $x+1$을 곱하면

$(x+1)(x^2-x+1)=0$, $\quad x^3+1=0$

$\therefore x^3=-1$

따라서 $\omega$, $\overline{\omega}$는 $x^3=-1$의 두 허근이므로

$\omega^3=-1$, $\overline{\omega}^3=-1$

㉠의 양변에 $x=\omega$를 대입하면

$\omega^{18}-\omega^9+1=(\omega^2-\omega+1)Q(\omega)+a\omega+b$

$(\omega^3)^6-(\omega^3)^3+1=a\omega+b$

$1-(-1)+1=a\omega+b$

$\therefore 3=a\omega+b$ ······ ㉡

㉠의 양변에 $x=\overline{\omega}$를 대입하면

$\overline{\omega}^{18}-\overline{\omega}^9+1=(\overline{\omega}^2-\overline{\omega}+1)Q(\overline{\omega})+a\overline{\omega}+b$

$(\overline{\omega}^3)^6-(\overline{\omega}^3)^3+1=a\overline{\omega}+b$

$1-(-1)+1=a\overline{\omega}+b$

$\therefore 3=a\overline{\omega}+b$ ······ ㉢

㉡−㉢을 하면

$a\omega-a\overline{\omega}=0$, $\quad a(\omega-\overline{\omega})=0$

$\therefore a=0$ ($\because \omega\neq\overline{\omega}$)

$a=0$을 ㉡에 대입하면 $\quad b=3$

따라서 구하는 나머지는 3이다.

답 ③

# 08 연립일차부등식

## 교과서 문제 정복하기

본책 101쪽

**0697** 답 $1<x<8$

**0698** 답 $-4\le x<3$

**0699** 답 $x>2$

**0700** 답 $x<-7$

**0701** $x-3>1$에서 $\quad x>4$ $\quad\cdots\cdots$ ㉠

$2x-8<x+4$에서 $\quad x<12$ $\quad\cdots\cdots$ ㉡

㉠, ㉡의 공통부분을 구하면

$4<x<12$

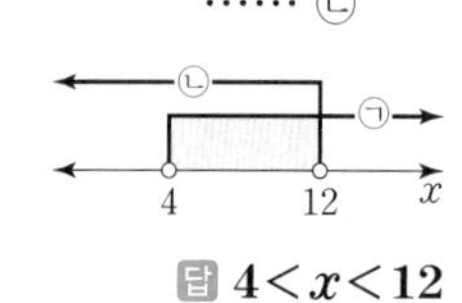

답 $4<x<12$

**0702** $2(x+2)\ge x+10$에서 $\quad 2x+4\ge x+10$

$\therefore x\ge 6$ $\quad\cdots\cdots$ ㉠

$3x-2>-x+6$에서 $\quad 4x>8$

$\therefore x>2$ $\quad\cdots\cdots$ ㉡

㉠, ㉡의 공통부분을 구하면

$x\ge 6$

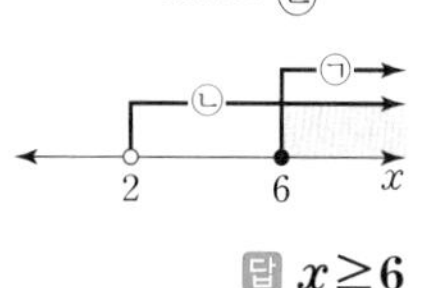

답 $x\ge 6$

**0703** $\dfrac{x}{3}-\dfrac{x+4}{2}\le -1$의 양변에 6을 곱하면

$2x-3(x+4)\le -6,\quad 2x-3x-12\le -6$

$-x\le 6\quad \therefore x\ge -6$ $\quad\cdots\cdots$ ㉠

$\dfrac{2x+1}{5}<3$의 양변에 5를 곱하면

$2x+1<15,\quad 2x<14$

$\therefore x<7$ $\quad\cdots\cdots$ ㉡

㉠, ㉡의 공통부분을 구하면

$-6\le x<7$

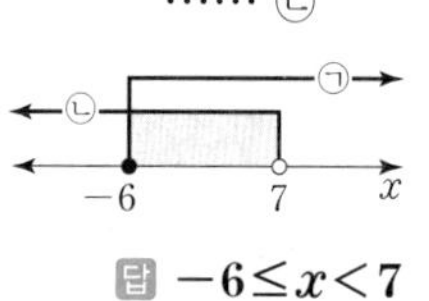

답 $-6\le x<7$

**0704** $0.1x+0.2<0.5$의 양변에 10을 곱하면

$x+2<5\quad \therefore x<3$ $\quad\cdots\cdots$ ㉠

$0.4x\le 0.3(x+3)$의 양변에 10을 곱하면

$4x\le 3(x+3),\quad 4x\le 3x+9$

$\therefore x\le 9$ $\quad\cdots\cdots$ ㉡

㉠, ㉡의 공통부분을 구하면

$x<3$

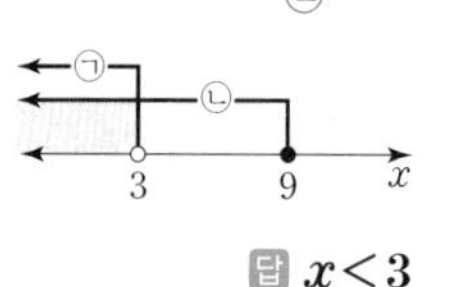

답 $x<3$

**0705** $-x+1\ge -1$에서 $\quad -x\ge -2$

$\therefore x\le 2$ $\quad\cdots\cdots$ ㉠

$4x-7\ge 3-x$에서 $\quad 5x\ge 10$

$\therefore x\ge 2$ $\quad\cdots\cdots$ ㉡

㉠, ㉡의 공통부분을 구하면

$x=2$

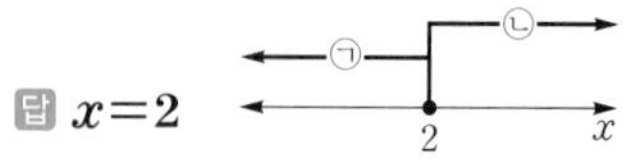

답 $x=2$

**0706** $3(x+4)>2(1-x)$에서

$3x+12>2-2x,\quad 5x>-10$

$\therefore x>-2$ $\quad\cdots\cdots$ ㉠

$0.1x\le -0.3$의 양변에 10을 곱하면

$x\le -3$ $\quad\cdots\cdots$ ㉡

㉠, ㉡의 공통부분이 없으므로 주어진 연립부등식의 해는 없다.

답 해는 없다.

**0707** (1) $2x+5<4x-7$에서

$-2x<-12\quad \therefore x>6$

(2) $4x-7<9x-2$에서

$-5x<5\quad \therefore x>-1$

(3) (1), (2)의 공통부분을 구하면

$x>6$

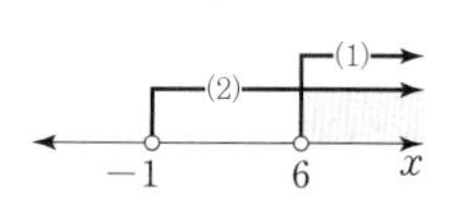

답 (1) $x>6$ (2) $x>-1$ (3) $x>6$

**0708** 주어진 부등식은

$$\begin{cases} -3\le x+2 & \cdots\cdots ㉠ \\ x+2\le 17-4x & \cdots\cdots ㉡ \end{cases}$$

㉠에서 $\quad x\ge -5$

㉡에서 $\quad 5x\le 15\quad \therefore x\le 3$

㉠, ㉡의 해의 공통부분을 구하면

$-5\le x\le 3$

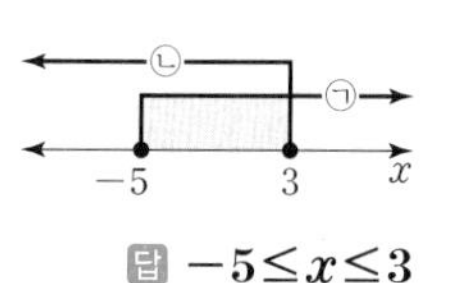

답 $-5\le x\le 3$

**0709** 주어진 부등식은

$$\begin{cases} x-2<3x-4 & \cdots\cdots ㉠ \\ 3x-4\le x+9 & \cdots\cdots ㉡ \end{cases}$$

㉠에서 $\quad -2x<-2\quad \therefore x>1$

㉡에서 $\quad 2x\le 13\quad \therefore x\le \dfrac{13}{2}$

㉠, ㉡의 해의 공통부분을 구하면

$1<x\le \dfrac{13}{2}$

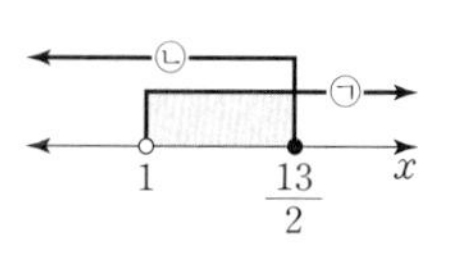

답 $1<x\le \dfrac{13}{2}$

**0710** $|6-x|<3$에서

$-3<6-x<3,\quad -9<-x<-3$

$\therefore 3<x<9$

답 $3<x<9$

**0711** $|3x-2|\geq5$에서

$3x-2\leq-5$ 또는 $3x-2\geq5$

$3x\leq-3$ 또는 $3x\geq7$ $\quad\therefore\ x\leq-1$ 또는 $x\geq\frac{7}{3}$

답 $x\leq-1$ 또는 $x\geq\frac{7}{3}$

**0712** $2|x-1|<x$에서

(1) $x<1$일 때, $x-1<0$이므로

$-2(x-1)<x,\quad -2x+2<x$

$-3x<-2\quad\therefore\ x>\frac{2}{3}$

그런데 $x<1$이므로 $\quad\frac{2}{3}<x<1$

(2) $x\geq1$일 때, $x-1\geq0$이므로

$2(x-1)<x,\quad 2x-2<x$

$\therefore\ x<2$

그런데 $x\geq1$이므로 $\quad1\leq x<2$

(3) (1), (2)에서 $\quad\frac{2}{3}<x<2$

답 (1) $\frac{2}{3}<x<1$ (2) $1\leq x<2$ (3) $\frac{2}{3}<x<2$

**0713** $|x+1|+|x-5|\leq8$에서

(1) $x<-1$일 때, $x+1<0$, $x-5<0$이므로

$-(x+1)-(x-5)\leq8$

$-x-1-x+5\leq8$

$-2x\leq4\quad\therefore\ x\geq-2$

그런데 $x<-1$이므로 $\quad-2\leq x<-1$

(2) $-1\leq x<5$일 때, $x+1\geq0$, $x-5<0$이므로

$x+1-(x-5)\leq8,\quad x+1-x+5\leq8$

$\therefore\ 0\times x\leq2$

따라서 항상 성립하므로 부등식의 해는 모든 실수이다.

그런데 $-1\leq x<5$이므로 $\quad-1\leq x<5$

(3) $x\geq5$일 때, $x+1>0$, $x-5\geq0$이므로

$x+1+x-5\leq8,\quad 2x\leq12$

$\therefore\ x\leq6$

그런데 $x\geq5$이므로 $\quad5\leq x\leq6$

(4) (1), (2), (3)에서 $\quad-2\leq x\leq6$

답 (1) $-2\leq x<-1$ (2) $-1\leq x<5$ (3) $5\leq x\leq6$ (4) $-2\leq x\leq6$

## 유형 익히기

● 본책 102~107쪽

**0714** $3x+2\leq2(x-1)$에서

$3x+2\leq2x-2\quad\therefore\ x\leq-4$

$x+1>3(x-3)+2$에서

$x+1>3x-9+2,\quad -2x>-8\quad\therefore\ x<4$

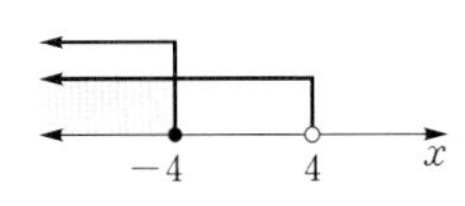


따라서 주어진 연립부등식의 해는

$x\leq-4$

이므로 가장 큰 정수 $x$는 $-4$이다.

답 $-4$

**0715** $6(x-1)<x+4$에서

$6x-6<x+4,\quad 5x<10\quad\therefore\ x<2$

$5-3(x+3)\leq2x+11$에서

$5-3x-9\leq2x+11,\quad -5x\leq15\quad\therefore\ x\geq-3$

따라서 주어진 연립부등식의 해는

$-3\leq x<2$

이므로 $\quad a=-3,\ b=2$

$\therefore\ b-a=2-(-3)=5$

답 5

**0716** $0.2x-3\geq0.5-0.1x$의 양변에 10을 곱하면

$2x-30\geq5-x,\quad 3x\geq35$

$\therefore\ x\geq\frac{35}{3}$

$\frac{1}{2}x+\frac{5}{6}<\frac{2}{3}x+1$의 양변에 6을 곱하면

$3x+5<4x+6,\quad -x<1$

$\therefore\ x>-1$

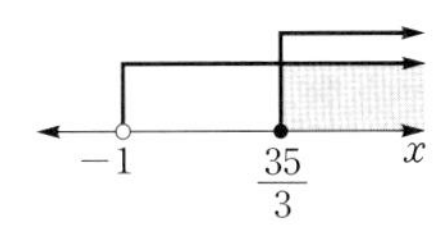


따라서 주어진 연립부등식의 해는

$x\geq\frac{35}{3}$

이므로 자연수 $x$의 최솟값은 12이다.

답 12

**0717** $\frac{x+1}{2}\geq\frac{3x-4}{5}$의 양변에 10을 곱하면

$5(x+1)\geq2(3x-4),\quad 5x+5\geq6x-8$

$-x\geq-13\quad\therefore\ x\leq13$

$\frac{2x-3}{3}-\frac{x+1}{4}<\frac{x-3}{2}$의 양변에 12를 곱하면

$4(2x-3)-3(x+1)<6(x-3)$

$8x-12-3x-3<6x-18$

$-x<-3\quad\therefore\ x>3$

따라서 주어진 연립부등식의 해는

$3<x\leq13$

이므로 정수 $x$는 4, 5, ⋯, 13의 10개이다.

답 10

**RPM 비법 노트**

두 정수 $m$, $n$ $(m<n)$에 대하여

① $m<x<n$을 만족시키는 정수 $x$의 개수는

$n-m-1$

② $m\leq x<n$ (또는 $m<x\leq n$)을 만족시키는 정수 $x$의 개수는

$n-m$

③ $m\leq x\leq n$을 만족시키는 정수 $x$의 개수는

$n-m+1$

**0718** 주어진 부등식은

$$\begin{cases} 2(x-5)<5x-1 & \cdots\cdots ㉠ \\ 5x-1\le 4(2-x) & \cdots\cdots ㉡ \end{cases}$$

㉠에서 $2x-10<5x-1,\quad -3x<9$

$\therefore x>-3$

㉡에서 $5x-1\le 8-4x,\quad 9x\le 9$

$\therefore x\le 1$

따라서 주어진 부등식의 해는

$-3<x\le 1$

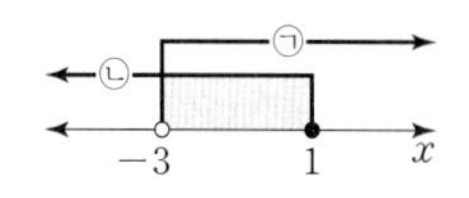

즉 정수 $x$는 $-2$, $-1$, $0$, $1$이므로 구하는 합은

$-2+(-1)+0+1=-2$

답 $-2$

**0719** 주어진 부등식은

$$\begin{cases} 8x-5<2x+7 & \cdots\cdots ㉠ \\ 2x+7\le -(3x+8) & \cdots\cdots ㉡ \end{cases}$$

㉠에서 $6x<12\quad \therefore x<2$

㉡에서 $2x+7\le -3x-8,\quad 5x\le -15$

$\therefore x\le -3$

따라서 주어진 부등식의 해는

$x\le -3$

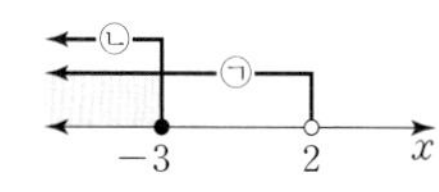

이므로 해가 아닌 것은 ⑤이다.

답 ⑤

**0720** 주어진 부등식은

$$\begin{cases} 0.3x-1<0.5x+\frac{2}{5} & \cdots\cdots ㉠ \\ 0.5x+\frac{2}{5}\le 3+0.3x & \cdots\cdots ㉡ \end{cases}$$

㉠의 양변에 10을 곱하면

$3x-10<5x+4,\quad -2x<14$

$\therefore x>-7$

㉡의 양변에 10을 곱하면

$5x+4\le 30+3x,\quad 2x\le 26$

$\therefore x\le 13$

따라서 주어진 부등식의 해는

$-7<x\le 13$

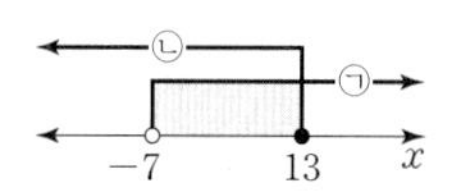

이므로 $a=-7$, $b=13$

$\therefore a+b=-7+13=6$

답 6

**0721** 주어진 부등식은

$$\begin{cases} 1-\frac{2(1-x)}{3}<\frac{3x+5}{4} & \cdots\cdots ㉠ \\ \frac{3x+5}{4}\le \frac{x-1}{2}+1 & \cdots\cdots ㉡ \end{cases}$$

㉠의 양변에 12를 곱하면 $12-8(1-x)<3(3x+5)$

$12-8+8x<9x+15,\quad -x<11$

$\therefore x>-11$

㉡의 양변에 4를 곱하면 $3x+5\le 2(x-1)+4$

$3x+5\le 2x-2+4\quad \therefore x\le -3$

따라서 주어진 부등식의 해는

$-11<x\le -3$

이때 $3\le -x<11$이므로

$6\le -x+3<14$

$\therefore 6\le A<14$

답 $6\le A<14$

**0722** ① $4x-1\ge 2(x-2)+1$에서

$4x-1\ge 2x-4+1,\quad 2x\ge -2$

$\therefore x\ge -1$

$x+4>2x-1$에서 $-x>-5$

$\therefore x<5$

따라서 주어진 연립부등식의 해는

$-1\le x<5$

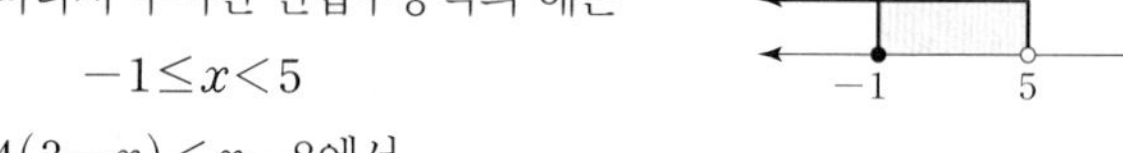

② $4(3-x)<x-8$에서

$12-4x<x-8,\quad -5x<-20$

$\therefore x>4$

$2(x-6)<3(x-4)$에서

$2x-12<3x-12,\quad -x<0$

$\therefore x>0$

따라서 주어진 연립부등식의 해는

$x>4$

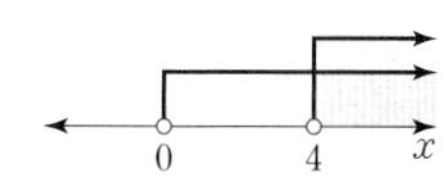

③ $\frac{x-1}{2}-\frac{x-2}{3}\ge 0$의 양변에 6을 곱하면

$3(x-1)-2(x-2)\ge 0$

$3x-3-2x+4\ge 0\quad \therefore x\ge -1$

$7x-5<2x+15$에서 $5x<20$

$\therefore x<4$

따라서 주어진 연립부등식의 해는

$-1\le x<4$

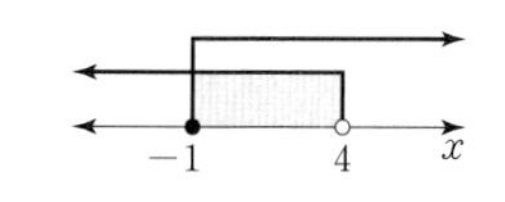

④ $5x+13>-3(x+1)$에서

$5x+13>-3x-3,\quad 8x>-16\quad \therefore x>-2$

$\frac{2x+4}{3}\le \frac{x-2}{2}-x$의 양변에 6을 곱하면

$2(2x+4)\le 3(x-2)-6x$

$4x+8\le 3x-6-6x,\quad 7x\le -14$

$\therefore x\le -2$

따라서 주어진 연립부등식의 해는 없다.

⑤ $0.5x-0.2\ge 0.4x-0.8$의 양변에 10을 곱하면

$5x-2\ge 4x-8\quad \therefore x\ge -6$

$4(x-2)\le 3x-14$에서

$4x-8\le 3x-14\quad \therefore x\le -6$

따라서 주어진 연립부등식의 해는

$x=-6$

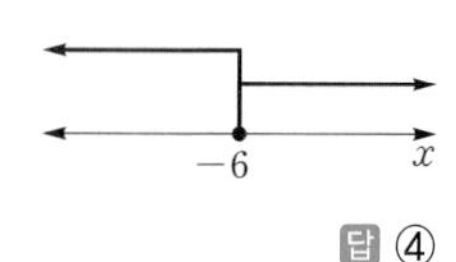

답 ④

**0723** $2x+5<x+4$에서

$x<-1$

$\frac{1}{3}(x-6)\geq-2$의 양변에 3을 곱하면

$x-6\geq-6$ $\quad\therefore x\geq0$

따라서 주어진 연립부등식의 해는 없다.

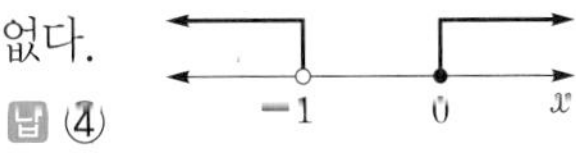


답 ④

**0724** 주어진 부등식은

$$\begin{cases}\frac{x+2}{3}\leq\frac{2x+3}{5} & \cdots\cdots ㉠\\ \frac{2x+3}{5}\leq\frac{-x+5}{4} & \cdots\cdots ㉡\end{cases}$$ … 1단계

㉠의 양변에 15를 곱하면

$5(x+2)\leq3(2x+3)$, $\quad 5x+10\leq6x+9$

$-x\leq-1$ $\quad\therefore x\geq1$

㉡의 양변에 20을 곱하면

$4(2x+3)\leq5(-x+5)$, $\quad 8x+12\leq-5x+25$

$13x\leq13$ $\quad\therefore x\leq1$ … 2단계

따라서 주어진 부등식의 해는

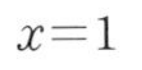

$x=1$ … 3단계

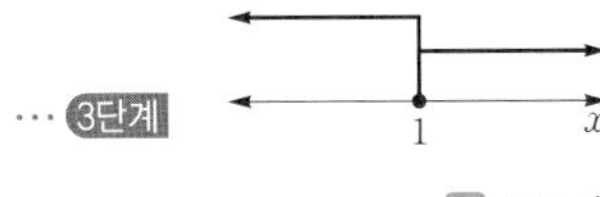


답 $x=1$

| 채점 요소 | 비율 |
|---|---|
| 1단계 연립부등식으로 변형하기 | 20 % |
| 2단계 각 부등식의 해 구하기 | 60 % |
| 3단계 주어진 부등식의 해 구하기 | 20 % |

**0725** $5x-a>2(x-1)$에서

$5x-a>2x-2$, $\quad 3x>a-2$ $\quad\therefore x>\frac{a-2}{3}$

$3x\leq8+x$에서

$2x\leq8$ $\quad\therefore x\leq4$

주어진 연립부등식의 해가 $2<x\leq b$이므로

$\frac{a-2}{3}=2$, $b=4$ $\quad\therefore a=8$, $b=4$

$\therefore a+b=8+4=12$

답 12

**0726** $-x+1>3x+a$에서

$-4x>a-1$ $\quad\therefore x<\frac{1-a}{4}$

$3x-5\leq b$에서

$3x\leq b+5$ $\quad\therefore x\leq\frac{b+5}{3}$

이때 주어진 그림에서 $x<-2$, $x\leq6$이므로

$\frac{1-a}{4}=-2$, $\frac{b+5}{3}=6$ $\quad\therefore a=9$, $b=13$

$\therefore ab=9\times13=117$

답 117

**0727** 주어진 부등식은

$$\begin{cases}x+a\leq2x-3 & \cdots\cdots ㉠\\ 2x-3\leq-(x+b) & \cdots\cdots ㉡\end{cases}$$

㉠에서 $\quad -x\leq-a-3$ $\quad\therefore x\geq a+3$

㉡에서 $\quad 2x-3\leq-x-b$

$3x\leq3-b$ $\quad\therefore x\leq\frac{3-b}{3}$

주어진 부등식의 해가 $4\leq x\leq6$이므로

$a+3=4$, $\frac{3-b}{3}=6$ $\quad\therefore a=1$, $b=-15$

$\therefore a-b=1-(-15)=16$

답 16

**0728** $\frac{5}{6}x-\frac{1}{2}\leq\frac{x}{3}+a$의 양변에 6을 곱하면

$5x-3\leq2x+6a$, $\quad 3x\leq6a+3$

$\therefore x\leq2a+1$

$x+2\leq5(2x-b)$에서

$x+2\leq10x-5b$, $\quad -9x\leq-5b-2$

$\therefore x\geq\frac{5b+2}{9}$

주어진 연립부등식의 해가 $x=3$이므로

$2a+1=3$, $\frac{5b+2}{9}=3$ $\quad\therefore a=1$, $b=5$

$\therefore a+b=1+5=6$

답 6

**0729** $\frac{3-2x}{2}\leq a$의 양변에 2를 곱하면

$3-2x\leq2a$, $\quad -2x\leq2a-3$

$\therefore x\geq\frac{3-2a}{2}$

$3x+6>5x$에서 $\quad -2x>-6$

$\therefore x<3$

주어진 연립부등식이 해를 가지려면 오른쪽 그림과 같아야 하므로

$\frac{3-2a}{2}<3$, $\quad 3-2a<6$

$-2a<3$ $\quad\therefore a>-\frac{3}{2}$

따라서 정수 $a$의 최솟값은 $-1$이다.

답 $-1$

참고 | $\frac{3-2a}{2}=3$, 즉 $a=-\frac{3}{2}$이면 주어진 연립부등식의 해는 없다.

**0730** 주어진 부등식은

$$\begin{cases}2x+a\leq2(3-x) & \cdots\cdots ㉠\\ 2(3-x)\leq3x-4 & \cdots\cdots ㉡\end{cases}$$

㉠에서 $\quad 2x+a\leq6-2x$, $\quad 4x\leq6-a$

$\therefore x\leq\frac{6-a}{4}$

㉡에서 $\quad 6-2x\leq3x-4$, $\quad -5x\leq-10$

$\therefore x\geq2$

주어진 부등식이 해를 가지려면 오른쪽 그림과 같아야 하므로

$\frac{6-a}{4}\geq2$, $\quad 6-a\geq8$

$-a\geq2$ $\quad\therefore a\leq-2$

답 $a\leq-2$

**0731** $\frac{2x+5}{3}+\frac{x-3}{2}>-1$의 양변에 6을 곱하면

$2(2x+5)+3(x-3)>-6,\quad 4x+10+3x-9>-6$

$7x>-7\quad \therefore x>-1$

$5x-7<4(x-k)$에서

$5x-7<4x-4k\quad \therefore x<7-4k$

주어진 연립부등식의 해가 없으려면 오른쪽 그림과 같아야 하므로

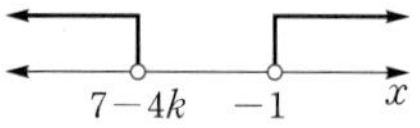

$7-4k\le -1,\quad -4k\le -8$

$\therefore k\ge 2$

답 $k\ge 2$

**0732** $\frac{1}{2}x+1<3x-a$의 양변에 2를 곱하면

$x+2<6x-2a,\quad -5x<-2a-2$

$\therefore x>\frac{2a+2}{5}$

$0.2(5-2x)\ge 0.3x-0.4$의 양변에 10을 곱하면

$2(5-2x)\ge 3x-4,\quad 10-4x\ge 3x-4$

$-7x\ge -14\quad \therefore x\le 2$ … 1단계

주어진 연립부등식의 해가 없으려면 오른쪽 그림과 같아야 하므로

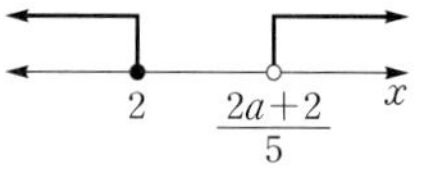

$\frac{2a+2}{5}\ge 2,\quad 2a+2\ge 10$

$2a\ge 8\quad \therefore a\ge 4$ … 2단계

따라서 정수 $a$의 최솟값은 4이다. … 3단계

답 4

| 채점 요소 | 비율 |
|---|---|
| 1단계 각 일차부등식의 해 구하기 | 40 % |
| 2단계 $a$의 값의 범위 구하기 | 50 % |
| 3단계 정수 $a$의 최솟값 구하기 | 10 % |

**0733** 더 넣어야 하는 소금의 양을 $x$ g이라 하면

$\frac{20}{100}\times(200+x)\le\frac{16}{100}\times 200+x\le\frac{25}{100}\times(200+x)$

$\therefore 4000+20x\le 3200+100x\le 5000+25x$

$4000+20x\le 3200+100x$에서 $\quad -80x\le -800$

$\therefore x\ge 10$ …… ㉠

$3200+100x\le 5000+25x$에서 $\quad 75x\le 1800$

$\therefore x\le 24$ …… ㉡

㉠, ㉡의 공통부분을 구하면 $\quad 10\le x\le 24$

따라서 더 넣어야 하는 소금의 양은 10 g 이상 24 g 이하이다.

답 10 g 이상 24 g 이하

**RPM 비법 노트**

(1) (소금물의 농도) $=\frac{(\text{소금의 양})}{(\text{소금물의 양})}\times 100$ (%)

(2) (소금의 양) $=\frac{(\text{소금물의 농도})}{100}\times$ (소금물의 양)

(3) 물을 더 넣거나 증발시켜도 소금의 양은 변하지 않는다.

**0734** 연속하는 세 홀수를 $x-2$, $x$, $x+2$라 하면

$119\le(x-2)+x+(x+2)<129$

$119\le 3x<129\quad \therefore \frac{119}{3}\le x<43$

이때 $x$는 홀수이므로 $\quad x=41$

따라서 연속하는 세 홀수는 39, 41, 43이므로 가장 큰 수는 43이다.

답 43

**0735** $y=x^2+4x+k$의 그래프가 $x$축과 서로 다른 두 점에서 만나므로 이차방정식 $x^2+4x+k=0$의 판별식을 $D$라 하면

$\frac{D}{4}=2^2-k>0\quad \therefore k<4$ …… ㉠

$y=\frac{1}{2}x^2-5x-2k$의 그래프도 $x$축과 서로 다른 두 점에서 만나므로 이차방정식 $\frac{1}{2}x^2-5x-2k=0$의 판별식을 $D'$이라 하면

$D'=(-5)^2-4\times\frac{1}{2}\times(-2k)>0$

$4k>-25\quad \therefore k>-\frac{25}{4}$ …… ㉡

㉠, ㉡의 공통부분을 구하면 $\quad -\frac{25}{4}<k<4$

따라서 정수 $k$는 $-6, -5, \cdots, 3$의 10개이다.

답 10

**0736** 두 식품 A, B의 1 g당 탄수화물과 단백질의 양은 다음 표와 같다.

| 식품 | 탄수화물 (g) | 단백질 (g) |
|---|---|---|
| A | 0.1 | 0.12 |
| B | 0.25 | 0.06 |

섭취해야 하는 식품 B의 양을 $x$ g이라 하면 식품 A는 $(300-x)$ g 섭취해야 하므로

$\begin{cases}0.1(300-x)+0.25x\ge 42 & \cdots\cdots ㉠\\ 0.12(300-x)+0.06x\ge 24 & \cdots\cdots ㉡\end{cases}$

㉠의 양변에 100을 곱하면

$3000-10x+25x\ge 4200,\quad 15x\ge 1200$

$\therefore x\ge 80$ …… ㉢

㉡의 양변에 100을 곱하면

$3600-12x+6x\ge 2400,\quad -6x\ge -1200$

$\therefore x\le 200$ …… ㉣

㉢, ㉣의 공통부분을 구하면

$80\le x\le 200$

따라서 섭취해야 하는 식품 B의 양은 80 g 이상 200 g 이하이다.

답 80 g 이상 200 g 이하

**0737** $|2x-4|<6$에서

$-6<2x-4<6,\quad -2<2x<10$

$\therefore -1<x<5$

따라서 $a=-1$, $b=5$이므로

$b-a=5-(-1)=6$

답 6

**0738** $|5-3x|\le 7$에서

$-7\le 5-3x\le 7,\qquad -12\le -3x\le 2$

$\therefore -\frac{2}{3}\le x\le 4$

따라서 주어진 부등식을 만족시키는 정수 $x$는 0, 1, 2, 3, 4의 5개이다.

답 ②

**0739** $|2x-a|>4$에서

$2x-a<-4$ 또는 $2x-a>4$

$2x<a-4$ 또는 $2x>a+4$

$\therefore x<\frac{a}{2}-2$ 또는 $x>\frac{a}{2}+2$

주어진 부등식의 해가 $x<b$ 또는 $x>3$이므로

$\frac{a}{2}-2=b,\ \frac{a}{2}+2=3$

$\therefore a=2,\ b=-1$

$\therefore a+b=2+(-1)=1$

답 1

**0740** $1<|x-2|<a$에서

$-a<x-2<-1$ 또는 $1<x-2<a$

$\therefore 2-a<x<1$ 또는 $3<x<a+2$

$a$가 자연수이므로 $2-a,\ a+2$는 모두 정수이다.

따라서 $2-a<x<1$을 만족시키는 정수 $x$의 개수는

$1-(2-a)-1=a-2$

$3<x<a+2$를 만족시키는 정수 $x$의 개수는

$(a+2)-3-1=a-2$

따라서 주어진 부등식을 만족시키는 정수 $x$의 개수는

$(a-2)+(a-2)=2a-4$

즉 $2a-4=10$이므로

$2a=14\qquad \therefore a=7$

답 ③

**다른 풀이** $1<|x-2|<a$에서

(i) $x<2$일 때, $x-2<0$이므로

$1<-(x-2)<a,\qquad 1<-x+2<a$

$-1<-x<a-2\qquad \therefore 2-a<x<1$

(ii) $x\ge 2$일 때, $x-2\ge 0$이므로

$1<x-2<a\qquad \therefore 3<x<a+2$

(i), (ii)에서 주어진 부등식의 해는

$2-a<x<1$ 또는 $3<x<a+2$

참고 | $0<a<b$일 때, $a<|x|<b$를 만족시키는 $x$의 값의 범위는 $-b<x<-a$ 또는 $a<x<b$

**0741** $|x-1|\le 3x-1$에서

(i) $x<1$일 때, $x-1<0$이므로

$-(x-1)\le 3x-1,\qquad -x+1\le 3x-1$

$-4x\le -2\qquad \therefore x\ge \frac{1}{2}$

그런데 $x<1$이므로 $\quad \frac{1}{2}\le x<1$

(ii) $x\ge 1$일 때, $x-1\ge 0$이므로

$x-1\le 3x-1,\qquad -2x\le 0$

$\therefore x\ge 0$

그런데 $x\ge 1$이므로 $\quad x\ge 1$

(i), (ii)에서 주어진 부등식의 해는

$x\ge \frac{1}{2}$

따라서 주어진 부등식을 만족시키는 실수 $x$의 최솟값은 $\frac{1}{2}$이다.

답 ④

**0742** $|3x-1|>2x+7$에서

(i) $x<\frac{1}{3}$일 때, $3x-1<0$이므로

$-(3x-1)>2x+7$

$-3x+1>2x+7,\qquad -5x>6$

$\therefore x<-\frac{6}{5}$

그런데 $x<\frac{1}{3}$이므로 $\quad x<-\frac{6}{5}$

(ii) $x\ge \frac{1}{3}$일 때, $3x-1\ge 0$이므로

$3x-1>2x+7\qquad \therefore x>8$

그런데 $x\ge \frac{1}{3}$이므로 $\quad x>8$

(i), (ii)에서 주어진 부등식의 해는

$x<-\frac{6}{5}$ 또는 $x>8$

$\therefore a=-\frac{6}{5},\ b=8$

$\therefore b-5a=8-5\times\left(-\frac{6}{5}\right)=14$

답 ③

**0743** $2|-x+1|<x+7$에서

(i) $x<1$일 때, $-x+1>0$이므로

$2(-x+1)<x+7$

$-2x+2<x+7,\qquad -3x<5$

$\therefore x>-\frac{5}{3}$

그런데 $x<1$이므로 $\quad -\frac{5}{3}<x<1$

(ii) $x\ge 1$일 때, $-x+1\le 0$이므로

$-2(-x+1)<x+7,\qquad 2x-2<x+7$

$\therefore x<9$

그런데 $x\ge 1$이므로 $\quad 1\le x<9$

(i), (ii)에서 주어진 부등식의 해는

$-\frac{5}{3}<x<9$

따라서 $-\frac{5}{3}<x<9$가 $x<a$에 포함되려면 오른쪽 그림과 같아야 하므로

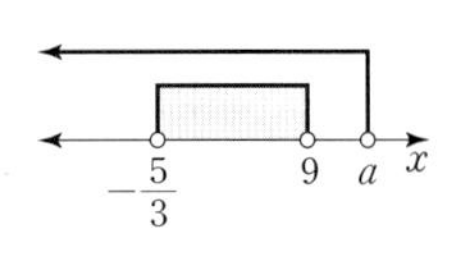


$a\ge 9$

답 $a\ge 9$

**0744** $|2x+5|<-x+4$에서

(i) $x<-\frac{5}{2}$일 때, $2x+5<0$이므로

$-(2x+5)<-x+4,\quad -2x-5<-x+4$

$-x<9\quad \therefore x>-9$

그런데 $x<-\frac{5}{2}$이므로 $\quad -9<x<-\frac{5}{2}$

(ii) $x\ge-\frac{5}{2}$일 때, $2x+5\ge0$이므로

$2x+5<-x+4,\quad 3x<-1\quad \therefore x<-\frac{1}{3}$

그런데 $x\ge-\frac{5}{2}$이므로 $\quad -\frac{5}{2}\le x<-\frac{1}{3}$

(i), (ii)에서 부등식 $|2x+5|<-x+4$의 해는

$-9<x<-\frac{1}{3}$

또 $|x-a|<b$에서 $\quad -b<x-a<b$

$\therefore a-b<x<a+b$

이때 주어진 두 부등식의 해가 같으므로

$a-b=-9,\ a+b=-\frac{1}{3}$

$\therefore a=-\frac{14}{3},\ b=\frac{13}{3}$

답 $\boldsymbol{a=-\frac{14}{3},\ b=\frac{13}{3}}$

**0745** $2|x-1|+3|x+1|<6$에서

(i) $x<-1$일 때, $x-1<0,\ x+1<0$이므로

$-2(x-1)-3(x+1)<6,\quad -2x+2-3x-3<6$

$-5x<7\quad \therefore x>-\frac{7}{5}$

그런데 $x<-1$이므로 $\quad -\frac{7}{5}<x<-1$

(ii) $-1\le x<1$일 때, $x-1<0,\ x+1\ge0$이므로

$-2(x-1)+3(x+1)<6$

$-2x+2+3x+3<6\quad \therefore x<1$

그런데 $-1\le x<1$이므로 $\quad -1\le x<1$

(iii) $x\ge1$일 때, $x-1\ge0,\ x+1>0$이므로

$2(x-1)+3(x+1)<6$

$2x-2+3x+3<6,\quad 5x<5$

$\therefore x<1$

그런데 $x\ge1$이므로 해는 없다.

이상에서 주어진 부등식의 해는 $\quad -\frac{7}{5}<x<1$

따라서 주어진 부등식을 만족시키는 정수 $x$는 $-1,\ 0$이므로 구하는 합은

$-1+0=-1$

답 **$-1$**

**0746** $|x+1|+5\ge|2x-1|$에서

(i) $x<-1$일 때, $x+1<0,\ 2x-1<0$이므로

$-(x+1)+5\ge-(2x-1),\quad -x-1+5\ge-2x+1$

$\therefore x\ge-3$

그런데 $x<-1$이므로 $\quad -3\le x<-1$

(ii) $-1\le x<\frac{1}{2}$일 때, $x+1\ge0,\ 2x-1<0$이므로

$x+1+5\ge-(2x-1),\quad x+6\ge-2x+1$

$3x\ge-5\quad \therefore x\ge-\frac{5}{3}$

그런데 $-1\le x<\frac{1}{2}$이므로 $\quad -1\le x<\frac{1}{2}$

(iii) $x\ge\frac{1}{2}$일 때, $x+1>0,\ 2x-1\ge0$이므로

$x+1+5\ge2x-1,\quad -x\ge-7$

$\therefore x\le7$

그런데 $x\ge\frac{1}{2}$이므로 $\quad \frac{1}{2}\le x\le7$

이상에서 주어진 부등식의 해는 $\quad -3\le x\le7$

따라서 해의 최댓값은 7, 최솟값은 $-3$이므로 구하는 합은

$7+(-3)=4$

답 ③

**0747** $|2x+1|-4|x-2|>x-1$에서

(i) $x<-\frac{1}{2}$일 때, $2x+1<0,\ x-2<0$이므로

$-(2x+1)+4(x-2)>x-1$

$-2x-1+4x-8>x-1\quad \therefore x>8$

그런데 $x<-\frac{1}{2}$이므로 해는 없다.

(ii) $-\frac{1}{2}\le x<2$일 때, $2x+1\ge0,\ x-2<0$이므로

$2x+1+4(x-2)>x-1$

$2x+1+4x-8>x-1,\quad 5x>6$

$\therefore x>\frac{6}{5}$

그런데 $-\frac{1}{2}\le x<2$이므로 $\quad \frac{6}{5}<x<2$

(iii) $x\ge2$일 때, $2x+1>0,\ x-2\ge0$이므로

$2x+1-4(x-2)>x-1$

$2x+1-4x+8>x-1,\quad -3x>-10$

$\therefore x<\frac{10}{3}$

그런데 $x\ge2$이므로 $\quad 2\le x<\frac{10}{3}$

이상에서 주어진 부등식의 해는 $\quad \frac{6}{5}<x<\frac{10}{3}$

따라서 주어진 부등식을 만족시키는 정수 $x$는 2, 3의 2개이다.

답 **2**

**0748** $\sqrt{(3-x)^2}+2|x+1|<9$에서

$|3-x|+2|x+1|<9$ $\quad\cdots$ 1단계

(i) $x<-1$일 때, $3-x>0,\ x+1<0$이므로

$3-x-2(x+1)<9$

$3-x-2x-2<9,\quad -3x<8$

$\therefore x>-\frac{8}{3}$

그런데 $x<-1$이므로 $\quad -\frac{8}{3}<x<-1$

(ii) $-1 \le x < 3$일 때, $3-x>0$, $x+1 \ge 0$이므로

$3-x+2(x+1)<9$

$3-x+2x+2<9 \quad \therefore x<4$

그런데 $-1 \le x < 3$이므로 $\quad -1 \le x < 3$

(iii) $x \ge 3$일 때, $3-x \le 0$, $x+1>0$이므로

$-(3-x)+2(x+1)<9$

$-3+x+2x+2<9, \quad 3x<10 \quad \therefore x<\frac{10}{3}$

그런데 $x \ge 3$이므로 $\quad 3 \le x < \frac{10}{3}$

이상에서 주어진 부등식의 해는 $\quad -\frac{8}{3}<x<\frac{10}{3}$ ··· 2단계

따라서 $a=-\frac{8}{3}$, $b=\frac{10}{3}$이므로

$b-a=\frac{10}{3}-\left(-\frac{8}{3}\right)=6$ ··· 3단계

답 6

| 채점 요소 | 비율 |
|---|---|
| 1단계 $\sqrt{A^2}=\lvert A\rvert$임을 이용하여 주어진 부등식 변형하기 | 20 % |
| 2단계 주어진 부등식의 해 구하기 | 60 % |
| 3단계 $b-a$의 값 구하기 | 20 % |

**0749** $|x-4| \le \frac{3}{4}k-9$에서 $|x-4| \ge 0$이므로 주어진 부등식의 해가 존재하지 않으려면

$\frac{3}{4}k-9<0, \quad \frac{3}{4}k<9 \quad \therefore k<12$

따라서 양의 정수 $k$는 1, 2, ···, 11의 11개이다. 답 ④

**0750** $|x-2| \le k+2$에서 $|x-2| \ge 0$이므로 주어진 부등식의 해가 존재하려면

$k+2 \ge 0 \quad \therefore k \ge -2$ 답 ②

**0751** $|3x-4|+2>a$에서 $\quad |3x-4|>a-2$

이때 $|3x-4| \ge 0$이므로 주어진 부등식의 해가 모든 실수가 되려면

$a-2<0 \quad \therefore a<2$ 답 ③

**0752** $1-x \ge -3$에서 $\quad x \le 4$

$5x-a>3(x+2)$에서

$5x-a>3x+6, \quad 2x>6+a \quad \therefore x>\frac{6+a}{2}$

이때 주어진 연립부등식을 만족시키는 정수 $x$가 5개이려면 오른쪽 그림에서

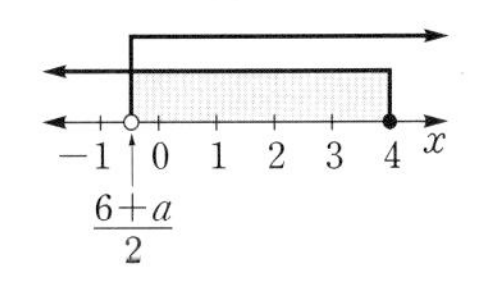


$-1<\frac{6+a}{2}<0$

$-2 \le 6+a<0 \quad \therefore -8 \le a<-6$ 답 ③

**0753** $3x+3<2(4-x)$에서

$3x+3<8-2x, \quad 5x<5 \quad \therefore x<1$

$x+a \le 2x+2$에서 $\quad -x \le 2-a \quad \therefore x \ge a-2$

주어진 연립부등식을 만족시키는 정수 $x$가 $-1$과 0뿐이려면 오른쪽 그림에서

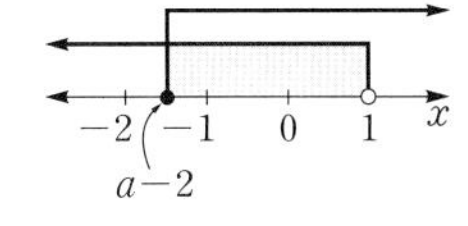


$-2<a-2 \le -1$

$\therefore 0<a \le 1$

답 $0<a \le 1$

**0754** 주어진 부등식은

$$\begin{cases} 2x+a<3-\frac{2-x}{2} & \cdots\cdots ㉠ \\ 3-\frac{2-x}{2}<\frac{3x-1}{3} & \cdots\cdots ㉡ \end{cases}$$

㉠의 양변에 2를 곱하면

$4x+2a<6-(2-x)$

$4x+2a<6-2+x, \quad 3x<4-2a$

$\therefore x<\frac{4-2a}{3}$

㉡의 양변에 6을 곱하면

$18-3(2-x)<2(3x-1)$

$18-6+3x<6x-2, \quad -3x<-14$

$\therefore x>\frac{14}{3}$

주어진 부등식을 만족시키는 정수 $x$가 3개이려면 오른쪽 그림에서

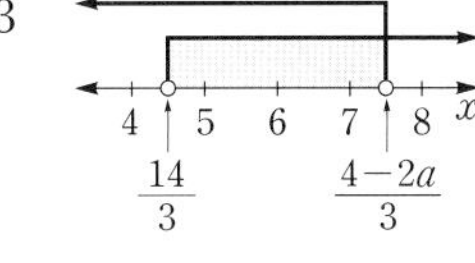


$7<\frac{4-2a}{3} \le 8$

$21<4-2a \le 24, \quad 17<-2a \le 20$

$\therefore -10 \le a<-\frac{17}{2}$

따라서 실수 $a$의 최솟값은 $-10$이다. 답 $-10$

**0755** $|2x+3|<5$에서

$-5<2x+3<5, \quad -8<2x<2$

$\therefore -4<x<1$ ··· 1단계

$|x-a| \le 4$에서

$-4 \le x-a \le 4 \quad \therefore -4+a \le x \le 4+a$ ··· 2단계

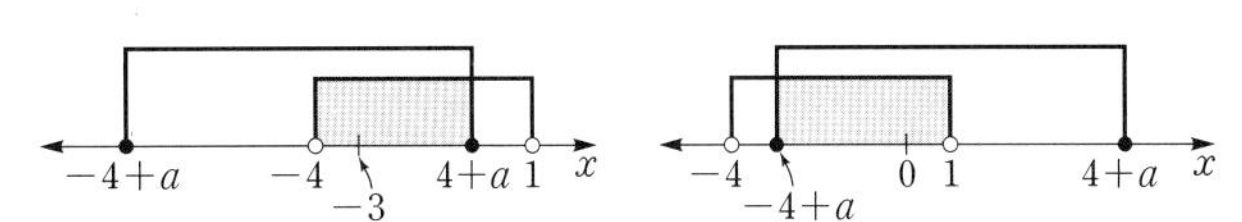


주어진 연립부등식을 만족시키는 정수 $x$가 존재하려면 위의 그림에서

$4+a \ge -3, \ -4+a \le 0$

이어야 한다.

즉 $a \ge -7$, $a \le 4$이므로

$-7 \le a \le 4$ ··· 3단계

답 $-7 \le a \le 4$

| 채점 요소 | 비율 |
|---|---|
| 1단계 $\lvert 2x+3\rvert<5$의 해 구하기 | 30 % |
| 2단계 $\lvert x-a\rvert \le 4$의 해 구하기 | 30 % |
| 3단계 $a$의 값의 범위 구하기 | 40 % |

**0756** 의자의 개수를 $x$라 하면 학생은 $(3x+5)$명이므로

$4(x-4)+1\le 3x+5\le 4(x-4)+4$

$\therefore \begin{cases} 4(x-4)+1\le 3x+5 & \cdots\cdots ㉠ \\ 3x+5\le 4(x-4)+4 & \cdots\cdots ㉡ \end{cases}$

㉠에서 $4x-16+1\le 3x+5$

$\therefore x\le 20$ ······ ㉢

㉡에서 $3x+5\le 4x-16+4$

$-x\le -17$ $\therefore x\ge 17$ ······ ㉣

㉢, ㉣의 공통부분을 구하면

$17\le x\le 20$

따라서 의자의 개수가 될 수 없는 것은 ⑤이다.

답 ⑤

참고 |

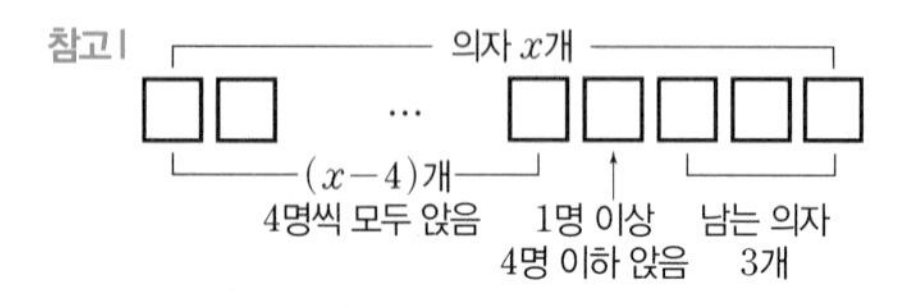


**0757** 학생 수를 $x$라 하면 사탕은 $(4x+12)$개이므로

$7(x-1)+2\le 4x+12<7(x-1)+6$

$\therefore \begin{cases} 7(x-1)+2\le 4x+12 & \cdots\cdots ㉠ \\ 4x+12<7(x-1)+6 & \cdots\cdots ㉡ \end{cases}$

㉠에서 $7x-7+2\le 4x+12$

$3x\le 17$ $\therefore x\le \frac{17}{3}$ ······ ㉢

㉡에서 $4x+12<7x-7+6$

$-3x<-13$ $\therefore x>\frac{13}{3}$ ······ ㉣

㉢, ㉣의 공통부분을 구하면

$\frac{13}{3}<x\le \frac{17}{3}$

이때 $x$는 자연수이므로 $x=5$

따라서 학생 수가 5이므로 사탕의 개수는

$4\times 5+12=32$

답 ③

참고 |

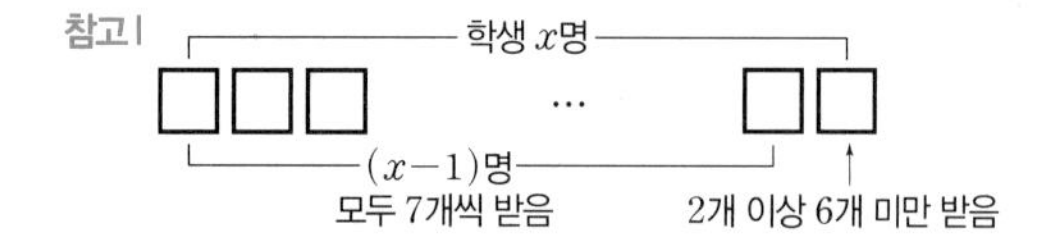


**0758** 승용차의 수를 $x$라 하면 사람은 $(4x+11)$명이므로

$5(x-3)+1\le 4x+11\le 5(x-3)+5$

$\therefore \begin{cases} 5(x-3)+1\le 4x+11 & \cdots\cdots ㉠ \\ 4x+11\le 5(x-3)+5 & \cdots\cdots ㉡ \end{cases}$

㉠에서 $5x-15+1\le 4x+11$

$\therefore x\le 25$ ······ ㉢

㉡에서 $4x+11\le 5x-15+5$

$-x\le -21$ $\therefore x\ge 21$ ······ ㉣

㉢, ㉣의 공통부분을 구하면

$21\le x\le 25$

따라서 승용차는 최소 21대이다.

답 ①

## 시험에 꼭 나오는 문제

• 본책 108~109쪽

**0759** $x+2>4x-13$에서

$-3x>-15$ $\therefore x<5$

$3(x-1)\ge 2x-3$에서

$3x-3\ge 2x-3$ $\therefore x\ge 0$

따라서 주어진 연립부등식의 해는

$0\le x<5$

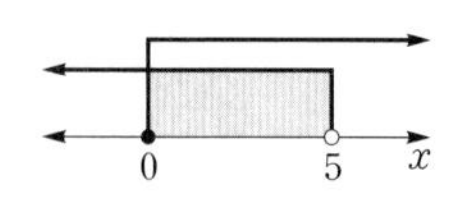


이므로 $x$의 값이 될 수 없는 것은 ⑤이다.

답 ⑤

**0760** $1.2x-2\le 0.8x+3.2$의 양변에 10을 곱하면

$12x-20\le 8x+32$, $4x\le 52$

$\therefore x\le 13$

$3-\frac{x-2}{4}<\frac{2x-3}{2}$의 양변에 4를 곱하면

$12-(x-2)<2(2x-3)$

$12-x+2<4x-6$, $-5x<-20$

$\therefore x>4$

따라서 주어진 연립부등식의 해는

$4<x\le 13$

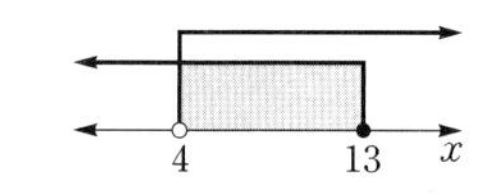


이므로 $a=4$, $b=13$

이것을 $bx+a<0$에 대입하면

$13x+4<0$, $13x<-4$

$\therefore x<-\frac{4}{13}$

답 $x<-\frac{4}{13}$

**0761** $4x+1\le 2x+a$에서 $2x\le a-1$

$\therefore x\le \frac{a-1}{2}$

$4x+1<5x-b$에서 $-x<-b-1$

$\therefore x>b+1$

잘못 변형한 연립부등식의 해가 $-3<x\le 3$이므로

$\frac{a-1}{2}=3$, $b+1=-3$

$\therefore a=7$, $b=-4$

즉 주어진 부등식은

$4x+1\le 2x+7<5x+4$

$4x+1\le 2x+7$에서 $2x\le 6$

$\therefore x\le 3$

$2x+7<5x+4$에서 $-3x<-3$

$\therefore x>1$

따라서 구하는 해는

$1<x\le 3$

답 $1<x\le 3$

**0762** $5(x-2)\le 2x-7$에서

$5x-10\le 2x-7$, $3x\le 3$

$\therefore x\le 1$

$\frac{1}{2}x+1>\frac{a}{3}x-1$의 양변에 6을 곱하면

$3x+6>2ax-6$

$\therefore (3-2a)x>-12$ ...... ㉠

이때 $a<\frac{3}{2}$이므로 $-2a>-3$

$\therefore 3-2a>0$

따라서 ㉠에서 $x>-\frac{12}{3-2a}$

주어진 연립부등식의 해가 $-6<x\le b$이므로

$-\frac{12}{3-2a}=-6,\ b=1$ $\therefore a=\frac{1}{2},\ b=1$

$\therefore a+b=\frac{1}{2}+1=\frac{3}{2}$

답 $\frac{3}{2}$

**0763** $2x-3>x+1$에서

$x>4$

$2x+a\le 10$에서 $2x\le 10-a$

$\therefore x\le\frac{10-a}{2}$

주어진 연립부등식의 해가 없으려면 오른쪽 그림과 같아야 하므로

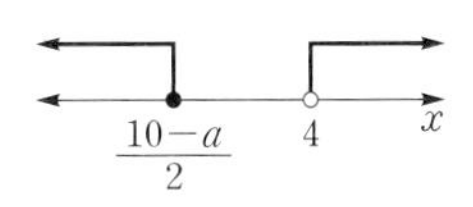

$\frac{10-a}{2}\le 4,$ $10-a\le 8$

$-a\le -2$ $\therefore a\ge 2$

답 $a\ge 2$

**0764** 6 %의 설탕물의 양을 $x$ g이라 하면 12 %의 설탕물의 양은 $(600-x)$ g이므로

$\frac{8}{100}\times 600\le\frac{6}{100}\times x+\frac{12}{100}\times(600-x)\le\frac{10}{100}\times 600$

$\therefore 4800\le 6x+12(600-x)\le 6000$

$4800\le 6x+12(600-x)$에서

$4800\le 6x+7200-12x$

$6x\le 2400$ $\therefore x\le 400$ ...... ㉠

$6x+12(600-x)\le 6000$에서

$6x+7200-12x\le 6000$

$-6x\le -1200$ $\therefore x\ge 200$ ...... ㉡

㉠, ㉡의 공통부분을 구하면

$200\le x\le 400$

따라서 섞어야 할 6 %의 설탕물의 양은 200 g 이상 400 g 이하이다.

답 **200 g 이상 400 g 이하**

**0765** $2x+5\le 9$에서 $2x\le 4$

$\therefore x\le 2$

$|x-3|\le 7$에서 $-7\le x-3\le 7$

$\therefore -4\le x\le 10$

따라서 주어진 연립부등식의 해는

$-4\le x\le 2$

이므로 정수 $x$는 $-4,\ -3,\ \cdots,\ 2$의 7개이다.

답 **7**

**0766** $|2|x-1|-3|\le 1$에서

$-1\le 2|x-1|-3\le 1$

$2\le 2|x-1|\le 4$

$1\le |x-1|\le 2$

$-2\le x-1\le -1$ 또는 $1\le x-1\le 2$

$\therefore -1\le x\le 0$ 또는 $2\le x\le 3$

따라서 주어진 부등식을 만족시키는 정수 $x$는 $-1,\ 0,\ 2,\ 3$이므로 구하는 합은

$-1+0+2+3=4$

답 **4**

**0767** $|5-x|\le 15-x$에서

(i) $x<5$일 때, $5-x>0$이므로

$5-x\le 15-x$ $\therefore 0\times x\le 10$

따라서 해는 모든 실수이나.

그런데 $x<5$이므로

$x<5$

(ii) $x\ge 5$일 때, $5-x\le 0$이므로

$-(5-x)\le 15-x,$ $-5+x\le 15-x$

$2x\le 20$ $\therefore x\le 10$

그런데 $x\ge 5$이므로

$5\le x\le 10$

(i), (ii)에서 주어진 부등식의 해는

$x\le 10$

따라서 주어진 부등식을 만족시키는 자연수 $x$는 $1,\ 2,\ \cdots,\ 10$의 10개이다.

답 ②

**0768** $\left|\frac{3}{4}x+1\right|-a<\frac{1}{2}$에서

$\left|\frac{3}{4}x+1\right|<a+\frac{1}{2}$

이때 $\left|\frac{3}{4}x+1\right|\ge 0$이므로 주어진 부등식의 해가 존재하지 않으려면

$a+\frac{1}{2}\le 0$ $\therefore a\le -\frac{1}{2}$

답 $a\le -\frac{1}{2}$

**0769** $0.3(2x+5)>0.7(x+1)$의 양변에 10을 곱하면

$3(2x+5)>7(x+1)$

$6x+15>7x+7,$ $-x>-8$

$\therefore x<8$

$2x-1>a$에서 $2x>a+1$

$\therefore x>\frac{a+1}{2}$

주어신 연립부등식을 만족시키는 정수 $x$가 1개뿐이려면 오른쪽 그림에서

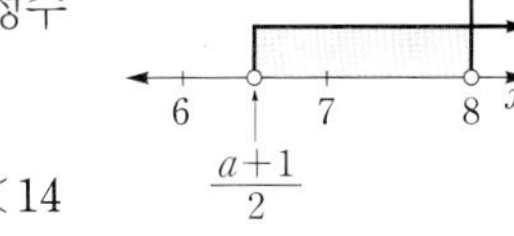

$6\le\frac{a+1}{2}<7,$ $12\le a+1<14$

$\therefore 11\le a<13$

따라서 $a$의 값이 될 수 있는 것은 ③이다.

답 ③

**0770** 텐트의 개수를 $x$라 하면 학생은 $(5x+2)$명이므로

$6(x-2)+1\le 5x+2\le 6(x-2)+6$

$\therefore \begin{cases} 6(x-2)+1\le 5x+2 & \cdots\cdots ㉠ \\ 5x+2\le 6(x-2)+6 & \cdots\cdots ㉡ \end{cases}$

㉠에서 $6x-12+1\le 5x+2$

$\therefore x\le 13$ ...... ㉢

㉡에서 $5x+2\le 6x-12+6$

$-x\le -8 \quad \therefore x\ge 8$ ...... ㉣

㉢, ㉣의 공통부분을 구하면 $8\le x\le 13$

따라서 학생은 최대

$5\times 13+2=67$(명)

이다.

답 **67명**

**0771** $4x-(3x-2)<2x$에서

$4x-3x+2<2x, \quad -x<-2 \quad \therefore x>2$

$5x-15\le 2(x+1)$에서

$5x-15\le 2x+2, \quad 3x\le 17 \quad \therefore x\le \frac{17}{3}$

따라서 주어진 연립부등식의 해는

$2<x\le \frac{17}{3}$ ... 1단계

즉 $M=5$, $m=3$이므로 ... 2단계

$M-m=5-3=2$ ... 3단계

답 **2**

| 채점 요소 | 비율 |
|---|---|
| 1단계 주어진 연립부등식의 해 구하기 | 60 % |
| 2단계 $M$, $m$의 값 구하기 | 30 % |
| 3단계 $M-m$의 값 구하기 | 10 % |

**0772** $|x+6|<a-1$에서

$-a+1<x+6<a-1$

$\therefore -a-5<x<a-7$ ... 1단계

$a$가 자연수이므로 $a-7$은 정수이고, 정수 $x$의 최댓값이 4이므로

$a-7=5$

$\therefore a=12$ ... 2단계

답 **12**

| 채점 요소 | 비율 |
|---|---|
| 1단계 주어진 부등식의 해 구하기 | 50 % |
| 2단계 $a$의 값 구하기 | 50 % |

**0773** 전략 합금 A의 양을 $x$ g으로 놓고, 구리와 아연의 양에 대한 연립부등식을 세운다.

합금 A의 양을 $x$ g이라 하면 합금 B의 양은 $(200-x)$ g이므로

$\begin{cases} \frac{25}{100}x+\frac{20}{100}(200-x)\ge 43 & \cdots\cdots ㉠ \\ \frac{30}{100}x+\frac{35}{100}(200-x)\ge 65 & \cdots\cdots ㉡ \end{cases}$

㉠의 양변에 100을 곱하면

$25x+20(200-x)\ge 4300$

$25x+4000-20x\ge 4300$

$5x\ge 300$

$\therefore x\ge 60$ ...... ㉢

㉡의 양변에 100을 곱하면

$30x+35(200-x)\ge 6500$

$30x+7000-35x\ge 6500$

$-5x\ge -500$

$\therefore x\le 100$ ...... ㉣

㉢, ㉣의 공통부분을 구하면

$60\le x\le 100$

따라서 합금 A의 양은 60 g 이상 100 g 이하이다.

답 **60 g 이상 100 g 이하**

**0774** 전략 $a=n$, $b=n+3$일 때의 주어진 부등식의 해를 구한다.

주어진 부등식에 $a=n$, $b=n+3$을 대입하면

$|x-n|+|x|\le n+3$

(i) $x<0$일 때, $x-n<0$이므로

$-(x-n)-x\le n+3$

$-x+n-x\le n+3, \quad -2x\le 3$

$\therefore x\ge -\frac{3}{2}$

그런데 $x<0$이므로 $-\frac{3}{2}\le x<0$

(ii) $0\le x<n$일 때, $x-n<0$이므로

$-(x-n)+x\le n+3$

$-x+n+x\le n+3$

$\therefore 0\times x\le 3$

따라서 해는 모든 실수이다.

그런데 $0\le x<n$이므로 $0\le x<n$

(iii) $x\ge n$일 때, $x-n\ge 0$이므로

$x-n+x\le n+3, \quad 2x\le 2n+3$

$\therefore x\le \frac{2n+3}{2}$

그런데 $x\ge n$이므로 $n\le x\le \frac{2n+3}{2}$

이상에서 부등식 $|x-n|+|x|\le n+3$의 해는

$-\frac{3}{2}\le x\le \frac{2n+3}{2}$

따라서 $f(n, n+3)=5$, 즉 부등식 $|x-n|+|x|\le n+3$을 만족시키는 정수 $x$가 5개이려면 오른쪽 그림에서

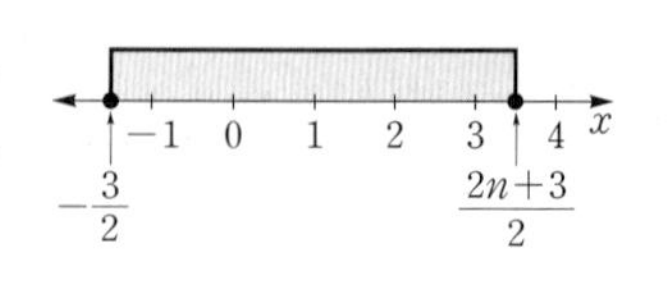

$3\le \frac{2n+3}{2}<4, \quad 6\le 2n+3<8, \quad 3\le 2n<5$

$\therefore \frac{3}{2}\le n<\frac{5}{2}$

즉 구하는 자연수 $n$의 값은 2이다.

답 **2**

# 09 이차부등식과 연립이차부등식

## 교과서 문제 정복하기

본책 111쪽, 113쪽

**0775** $f(x)>0$의 해는 $y=f(x)$의 그래프가 $x$축보다 위쪽에 있는 부분의 $x$의 값의 범위이므로

$x<-2$ 또는 $x>3$ 　　답 $x<-2$ 또는 $x>3$

**0776** $f(x)\le 0$의 해는 $y=f(x)$의 그래프가 $x$축보다 아래쪽에 있거나 $x$축과 만나는 부분의 $x$의 값의 범위이므로

$-2\le x\le 3$ 　　답 $-2\le x\le 3$

**0777** $ax^2+bx+c\ge 0$의 해는 $y=ax^2+bx+c$의 그래프가 $x$축보다 위쪽에 있거나 $x$축과 만나는 부분의 $x$의 값의 범위이므로

$\alpha\le x\le\gamma$ 　　답 $\alpha\le x\le\gamma$

**0778** $ax^2+bx+c<mx+n$의 해는 $y=ax^2+bx+c$의 그래프가 직선 $y=mx+n$보다 아래쪽에 있는 부분의 $x$의 값의 범위이므로

$x<\beta$ 또는 $x>\delta$ 　　답 $x<\beta$ 또는 $x>\delta$

**0779** $x^2-2x-15<0$에서 　$(x+3)(x-5)<0$

$\therefore -3<x<5$ 　　답 $-3<x<5$

**0780** $3x^2-2x-1\le 0$에서 　$(3x+1)(x-1)\le 0$

$\therefore -\frac{1}{3}\le x\le 1$ 　　답 $-\frac{1}{3}\le x\le 1$

**0781** $5x^2-9x-2>0$에서 　$(5x+1)(x-2)>0$

$\therefore x<-\frac{1}{5}$ 또는 $x>2$ 　　답 $x<-\frac{1}{5}$ 또는 $x>2$

**0782** $2x^2+5x-3\ge 0$에서 　$(x+3)(2x-1)\ge 0$

$\therefore x\le -3$ 또는 $x\ge\frac{1}{2}$ 　　답 $x\le -3$ 또는 $x\ge\frac{1}{2}$

**0783** $-x^2+4x-3\ge 0$에서 　$x^2-4x+3\le 0$

$(x-1)(x-3)\le 0$ 　$\therefore 1\le x\le 3$ 　　답 $1\le x\le 3$

**0784** $4x^2-4x+1>0$에서 　$(2x-1)^2>0$

따라서 주어진 부등식의 해는 $x\ne\frac{1}{2}$인 모든 실수이다.

답 $x\ne\frac{1}{2}$인 모든 실수

**0785** $4x^2-12x+9\ge 0$에서 　$(2x-3)^2\ge 0$

따라서 주어진 부등식의 해는 모든 실수이다. 　　답 모든 실수

**0786** $x^2+2x+1<0$에서 　$(x+1)^2<0$

그런데 $(x+1)^2\ge 0$이므로 주어진 부등식의 해는 없다.

답 해는 없다.

**0787** $9x^2-6x+1\le 0$에서 　$(3x-1)^2\le 0$

그런데 $(3x-1)^2\ge 0$이므로 주어진 부등식의 해는

$x=\frac{1}{3}$ 　　답 $x=\frac{1}{3}$

**0788** $x^2-x+2=\left(x-\frac{1}{2}\right)^2+\frac{7}{4}\ge\frac{7}{4}$

따라서 $x^2-x+2>0$의 해는 모든 실수이다. 　　답 모든 실수

**0789** $2x^2-4x+5=2(x-1)^2+3\ge 3$

따라서 $2x^2-4x+5<0$의 해는 없다. 　　답 해는 없다.

**0790** $x^2\ge 2(x-1)$에서 　$x^2-2x+2\ge 0$

그런데 $x^2-2x+2=(x-1)^2+1\ge 1$이므로 주어진 부등식의 해는 모든 실수이다. 　　답 모든 실수

**0791** $9x^2\le -12x-7$에서 　$9x^2+12x+7\le 0$

그런데 $9x^2+12x+7=(3x+2)^2+3\ge 3$이므로 주어진 부등식의 해는 없다. 　　답 해는 없다.

**0792** $(x+1)(x-4)<0$에서

$x^2-3x-4<0$ 　　답 $x^2-3x-4<0$

**0793** $(x+2)(x-3)\le 0$에서

$x^2-x-6\le 0$ 　　답 $x^2-x-6\le 0$

**0794** $(x+2)(x-4)>0$에서

$x^2-2x-8>0$ 　　답 $x^2-2x-8>0$

**0795** $(x-1)(x-3)\ge 0$에서

$x^2-4x+3\ge 0$ 　　답 $x^2-4x+3\ge 0$

**0796** $(x-6)^2>0$에서

$x^2-12x+36>0$ 　　답 $x^2-12x+36>0$

**0797** 모든 실수 $x$에 대하여 주어진 부등식이 성립하려면 이차함수 $y=x^2+kx+2$의 그래프가 $x$축보다 항상 위쪽에 있어야 하므로 이차방정식 $x^2+kx+2=0$의 판별식을 $D$라 하면

$D=k^2-4\times 1\times 2<0$, 　$(k+2\sqrt{2})(k-2\sqrt{2})<0$

$\therefore -2\sqrt{2}<k<2\sqrt{2}$ 　　답 $-2\sqrt{2}<k<2\sqrt{2}$

**0798** 모든 실수 $x$에 대하여 주어진 부등식이 성립하려면 이차함수 $y=x^2-6kx-k$의 그래프가 $x$축과 접하거나 $x$축보다 항상 위쪽에 있어야 하므로 이차방정식 $x^2-6kx-k=0$의 판별식을 $D$라 하면

$\frac{D}{4}=(-3k)^2-(-k)\le 0,\quad k(9k+1)\le 0$

$\therefore -\frac{1}{9}\le k\le 0$ 　　　　답 $-\frac{1}{9}\le k\le 0$

**0799** 모든 실수 $x$에 대하여 주어진 부등식이 성립하려면 이차함수 $y=-x^2+4x-k+2$의 그래프가 $x$축보다 항상 아래쪽에 있어야 하므로 이차방정식 $-x^2+4x-k+2=0$의 판별식을 $D$라 하면

$\frac{D}{4}=2^2-(-1)\times(-k+2)<0,\quad -k+6<0$

$\therefore k>6$ 　　　　답 $k>6$

**0800** 모든 실수 $x$에 대하여 주어진 부등식이 성립하려면 이차함수 $y=-x^2+2kx-3k$의 그래프가 $x$축과 접하거나 $x$축보다 항상 아래쪽에 있어야 하므로 이차방정식 $-x^2+2kx-3k=0$의 판별식을 $D$라 하면

$\frac{D}{4}=k^2-(-1)\times(-3k)\le 0,\quad k(k-3)\le 0$

$\therefore 0\le k\le 3$ 　　　　답 $0\le k\le 3$

**0801** (1) $x^2-5x+6\ge 0$에서 　$(x-2)(x-3)\ge 0$

$\therefore x\le 2$ 또는 $x\ge 3$

(2) $x^2+4<5x$에서 　$x^2-5x+4<0$

$(x-1)(x-4)<0$ 　$\therefore 1<x<4$

(3) (1), (2)의 공통부분을 구하면

$1<x\le 2$ 또는 $3\le x<4$

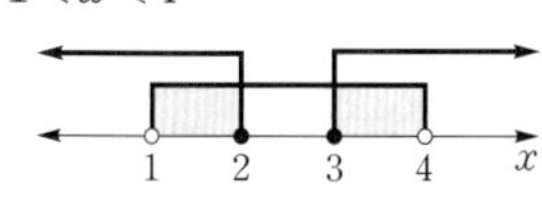


답 (1) $x\le 2$ 또는 $x\ge 3$ 　(2) $1<x<4$
(3) $1<x\le 2$ 또는 $3\le x<4$

**0802** $2x+5>x+2$에서

$x>-3$ 　　　　...... ㉠

$x^2+4x-5<0$에서 　$(x+5)(x-1)<0$

$\therefore -5<x<1$ 　　　　...... ㉡

㉠, ㉡의 공통부분을 구하면

$-3<x<1$

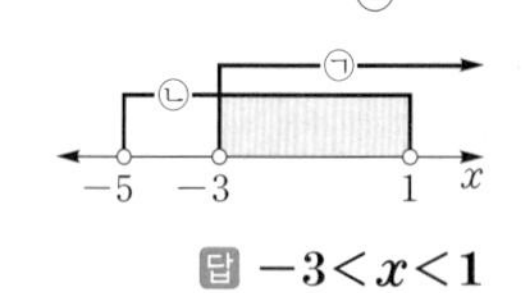


답 $-3<x<1$

**0803** $2x^2-5x+2<0$에서 　$(2x-1)(x-2)<0$

$\therefore \frac{1}{2}<x<2$ 　　　　...... ㉠

$x^2-x\ge 0$에서 　$x(x-1)\ge 0$

$\therefore x\le 0$ 또는 $x\ge 1$ 　　　　...... ㉡

㉠, ㉡의 공통부분을 구하면

$1\le x<2$

답 $1\le x<2$

**0804** 주어진 부등식은

$\begin{cases} 2x+6\le x^2+3 & \cdots\cdots ㉠ \\ x^2+3<2x+11 & \cdots\cdots ㉡ \end{cases}$

㉠에서 　$x^2-2x-3\ge 0,\quad (x+1)(x-3)\ge 0$

$\therefore x\le -1$ 또는 $x\ge 3$ 　　　　...... ㉢

㉡에서 　$x^2-2x-8<0,\quad (x+2)(x-4)<0$

$\therefore -2<x<4$ 　　　　...... ㉣

㉢, ㉣의 공통부분을 구하면

$-2<x\le -1$ 또는 $3\le x<4$

답 $-2<x\le -1$ 또는 $3\le x<4$

**0805** 이차방정식 $x^2-x-2k+1=0$의 판별식을 $D$, 두 근을 $\alpha$, $\beta$라 하면

(i) $D=(-1)^2-4\times 1\times(-2k+1)\ge 0$

$8k-3\ge 0$ 　$\therefore k\ge \frac{3}{8}$

(ii) $\alpha+\beta=1>0$

(iii) $\alpha\beta=-2k+1>0$ 　$\therefore k<\frac{1}{2}$

이상에서 공통부분을 구하면

$\frac{3}{8}\le k<\frac{1}{2}$ 　　　　답 $\frac{3}{8}\le k<\frac{1}{2}$

**0806** 이차방정식 $x^2+(k-1)x+4=0$의 판별식을 $D$, 두 근을 $\alpha$, $\beta$라 하면

(i) $D=(k-1)^2-4\times 1\times 4\ge 0$

$k^2-2k-15\ge 0,\quad (k+3)(k-5)\ge 0$

$\therefore k\le -3$ 또는 $k\ge 5$

(ii) $\alpha+\beta=-k+1<0$ 　$\therefore k>1$

(iii) $\alpha\beta=4>0$

이상에서 공통부분을 구하면

$k\ge 5$ 　　　　답 $k\ge 5$

**0807** 이차방정식 $x^2+kx+k^2-4=0$의 두 근을 $\alpha$, $\beta$라 하면 $\alpha\beta<0$에서

$k^2-4<0,\quad (k+2)(k-2)<0$

$\therefore -2<k<2$ 　　　　답 $-2<k<2$

**0808** 답 (1) ≥, >, > 　(2) <

**0809** $f(x)=x^2-2kx+2-k$라 하면 이차방정식 $f(x)=0$의 두 근이 모두 1보다 작으므로 이차함수 $y=f(x)$의 그래프는 오른쪽 그림과 같아야 한다.

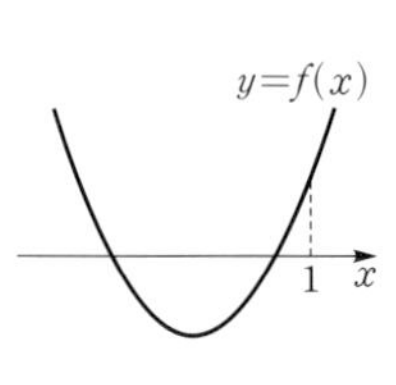


(i) 이차방정식 $f(x)=0$의 판별식을 $D$라 하면

$\frac{D}{4}=(-k)^2-(2-k)\ge 0$

$k^2+k-2\ge 0,\quad (k+2)(k-1)\ge 0$

$\therefore k\le -2$ 또는 $k\ge 1$

(ii) $f(1)=1-2k+2-k>0$ $\quad\therefore k<1$

(iii) 이차함수 $y=f(x)$의 그래프의 축의 방정식이 $x=k$이므로

$k<1$

이상에서 공통부분을 구하면

$k\le -2$ 답 $\boldsymbol{k\le -2}$

**0810** $f(x)=x^2-kx+1+5k$라 하면 이차방정식 $f(x)=0$의 두 근 사이에 $-1$이 있으므로 이차함수 $y=f(x)$의 그래프는 오른쪽 그림과 같아야 한다.

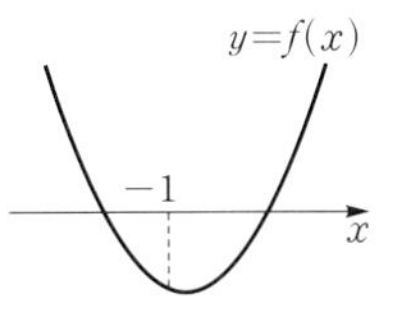


따라서 $f(-1)<0$이어야 하므로

$1+k+1+5k<0$

$\therefore k<-\dfrac{1}{3}$ 답 $\boldsymbol{k<-\dfrac{1}{3}}$

**0811** $f(x)=x^2+2kx+5k+6$이라 하면 이차방정식 $f(x)=0$의 두 근이 0과 2 사이에 있으므로 이차함수 $y=f(x)$의 그래프는 오른쪽 그림과 같아야 한다.

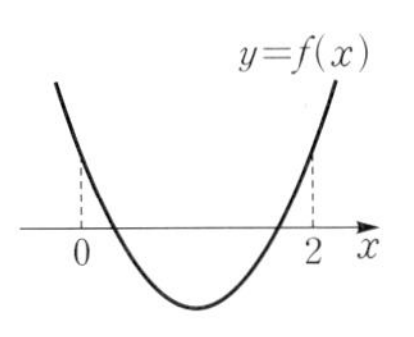


(i) 이차방정식 $f(x)=0$의 판별식을 $D$라 하면

$\dfrac{D}{4}=k^2-(5k+6)\ge 0$

$k^2-5k-6\ge 0,\quad (k+1)(k-6)\ge 0$

$\therefore k\le -1$ 또는 $k\ge 6$

(ii) $f(0)=5k+6>0$ $\quad\therefore k>-\dfrac{6}{5}$

(iii) $f(2)=4+4k+5k+6>0$ $\quad\therefore k>-\dfrac{10}{9}$

(iv) 이차함수 $y=f(x)$의 그래프의 축의 방정식이 $x=-k$이므로

$0<-k<2$ $\quad\therefore -2<k<0$

이상에서 공통부분을 구하면

$-\dfrac{10}{9}<k\le -1$ 답 $\boldsymbol{-\dfrac{10}{9}<k\le -1}$

## 유형 익히기

• 본책 114~123쪽

**0812** $ax^2+(b-m)x+c-n\ge 0$에서

$ax^2+bx+c-(mx+n)\ge 0$

$\therefore ax^2+bx+c\ge mx+n$

따라서 주어진 이차부등식의 해는 이차함수 $y=ax^2+bx+c$의 그래프가 직선 $y=mx+n$보다 위쪽에 있거나 만나는 부분의 $x$의 값의 범위이므로 주어진 그림에서

$-2\le x\le 2$ 답 $\boldsymbol{-2\le x\le 2}$

**0813** $f(x)\le 0$의 해는 $y=f(x)$의 그래프가 $x$축보다 아래쪽에 있거나 $x$축과 만나는 부분의 $x$의 값의 범위이므로 주어진 그림에서

$-1\le x\le 2$

따라서 정수 $x$는 $-1$, 0, 1, 2의 4개이다. 답 **4**

**0814** $f(x)g(x)>0$에서

$f(x)>0$, $g(x)>0$ 또는 $f(x)<0$, $g(x)<0$

(i) $f(x)>0$, $g(x)>0$을 만족시키는 $x$의 값의 범위는

$a<x<b$

(ii) $f(x)<0$, $g(x)<0$을 만족시키는 $x$의 값의 범위는

$c<x<d$

(i), (ii)에서 $f(x)g(x)>0$의 해는

$a<x<b$ 또는 $c<x<d$ 답 $\boldsymbol{a<x<b}$ **또는** $\boldsymbol{c<x<d}$

**0815** $-2x^2+7x+6\ge 2x+3$에서

$2x^2-5x-3\le 0,\quad (2x+1)(x-3)\le 0$

$\therefore -\dfrac{1}{2}\le x\le 3$

따라서 정수 $x$는 0, 1, 2, 3의 4개이다. 답 **4**

**0816** 이차방정식 $x^2-2x-7=0$의 해는 $x=1\pm 2\sqrt{2}$이므로 이차부등식 $x^2-2x-7\ge 0$의 해는

$x\le 1-2\sqrt{2}$ 또는 $x\ge 1+2\sqrt{2}$

따라서 $\alpha=1-2\sqrt{2}$, $\beta=1+2\sqrt{2}$이므로

$\beta-\alpha=(1+2\sqrt{2})-(1-2\sqrt{2})=4\sqrt{2}$ 답 $\boldsymbol{4\sqrt{2}}$

**다른 풀이** $\alpha$, $\beta$가 이차방정식 $x^2-2x-7=0$의 두 근이므로 이차방정식의 근과 계수의 관계에 의하여

$\alpha+\beta=2$, $\alpha\beta=-7$

$\therefore (\beta-\alpha)^2=(\alpha+\beta)^2-4\alpha\beta=2^2-4\times(-7)=32$

이때 $\alpha<\beta$에서 $\beta-\alpha>0$이므로

$\beta-\alpha=\sqrt{32}=4\sqrt{2}$

**0817** ① $x^2-6x+9>0$에서 $\quad (x-3)^2>0$

따라서 $x^2-6x+9>0$의 해는 $x\ne 3$인 모든 실수이다.

② $4x^2+4x+1\le 0$에서 $\quad (2x+1)^2\le 0$

따라서 $4x^2+4x+1\le 0$의 해는 $\quad x=-\dfrac{1}{2}$

③ $9x^2\ge 6x-1$에서 $\quad 9x^2-6x+1\ge 0$

$\therefore (3x-1)^2\ge 0$

따라서 $9x^2\ge 6x-1$의 해는 모든 실수이다.

④ $12x-9>4x^2$에서 $\quad 4x^2-12x+9<0$

$\therefore (2x-3)^2<0$

그런데 $(2x-3)^2\ge 0$이므로 $12x-9>4x^2$의 해는 없다.

⑤ $x^2+2x-3\le 0$에서 $\quad (x+3)(x-1)\le 0$

$\therefore -3\le x\le 1$

따라서 해가 존재하지 않는 것은 ④이다. 답 ④

**0818** $x^2+6x-7\geq0$에서 $(x+7)(x-1)\geq0$

$\therefore x\leq-7$ 또는 $x\geq1$

① $|x+3|\leq4$에서 $-4\leq x+3\leq4$

$\therefore -7\leq x\leq1$

② $|x+3|\geq4$에서 $x+3\leq-4$ 또는 $x+3\geq4$

$\therefore x\leq-7$ 또는 $x\geq1$

③ $|x-3|\geq2$에서 $x-3\leq-2$ 또는 $x-3\geq2$

$\therefore x\leq1$ 또는 $x\geq5$

④ $|x-3|\leq3$에서 $-3\leq x-3\leq3$

$\therefore 0\leq x\leq6$

⑤ $|x+2|\geq5$에서 $x+2\leq-5$ 또는 $x+2\geq5$

$\therefore x\leq-7$ 또는 $x\geq3$

따라서 $x^2+6x-7\geq0$과 해가 같은 것은 ②이다. 답 ②

**0819** $x^2-x-5\leq|2x-1|$에서

(i) $x<\frac{1}{2}$일 때, $2x-1<0$이므로

$x^2-x-5\leq-(2x-1)$, $x^2+x-6\leq0$

$(x+3)(x-2)\leq0$ $\therefore -3\leq x\leq2$

그런데 $x<\frac{1}{2}$이므로 $-3\leq x<\frac{1}{2}$

(ii) $x\geq\frac{1}{2}$일 때, $2x-1\geq0$이므로

$x^2-x-5\leq2x-1$, $x^2-3x-4\leq0$

$(x+1)(x-4)\leq0$ $\therefore -1\leq x\leq4$

그런데 $x\geq\frac{1}{2}$이므로 $\frac{1}{2}\leq x\leq4$

(i), (ii)에서 주어진 부등식의 해는

$-3\leq x\leq4$

따라서 정수 $x$는 $-3$, $-2$, $\cdots$, 4의 8개이다. 답 ④

**0820** $x^2+2|x|-3<0$에서

(i) $x<0$일 때

$x^2-2x-3<0$, $(x+1)(x-3)<0$

$\therefore -1<x<3$

그런데 $x<0$이므로 $-1<x<0$ … 1단계

(ii) $x\geq0$일 때

$x^2+2x-3<0$, $(x+3)(x-1)<0$

$\therefore -3<x<1$

그런데 $x\geq0$이므로 $0\leq x<1$ … 2단계

(i), (ii)에서 주어진 부등식의 해는

$-1<x<1$ … 3단계

답 $-1<x<1$

| 채점 요소 | 비율 |
|---|---|
| 1단계 $x<0$일 때, 부등식의 해 구하기 | 40 % |
| 2단계 $x\geq0$일 때, 부등식의 해 구하기 | 40 % |
| 3단계 주어진 부등식의 해 구하기 | 20 % |

다른 풀이 $x^2=|x|^2$이므로 주어진 부등식은

$|x|^2+2|x|-3<0$, $(|x|+3)(|x|-1)<0$

$\therefore -3<|x|<1$

그런데 $|x|\geq0$이므로 $0\leq|x|<1$

$\therefore -1<x<1$

**0821** $|x^2-5x|>6$에서

$x^2-5x<-6$ 또는 $x^2-5x>6$

(i) $x^2-5x<-6$에서

$x^2-5x+6<0$, $(x-2)(x-3)<0$

$\therefore 2<x<3$

(ii) $x^2-5x>6$에서

$x^2-5x-6>0$, $(x+1)(x-6)>0$

$\therefore x<-1$ 또는 $x>6$

(i), (ii)에서 주어진 부등식의 해는

$x<-1$ 또는 $2<x<3$ 또는 $x>6$

따라서 주어진 부등식의 해가 아닌 것은 ③이다. 답 ③

**0822** $ax^2+bx+10>0$의 해가 $x<-5$ 또는 $x>-1$이므로

$a>0$

해가 $x<-5$ 또는 $x>-1$이고 $x^2$의 계수가 1인 이차부등식은

$(x+5)(x+1)>0$, 즉 $x^2+6x+5>0$

양변에 $a$를 곱하면

$ax^2+6ax+5a>0$ ($\because a>0$)

이 부등식이 $ax^2+bx+10>0$과 같으므로

$6a=b$, $5a=10$ $\therefore a=2$, $b=12$

이것을 $x^2-2ax-b<0$에 대입하면

$x^2-4x-12<0$, $(x+2)(x-6)<0$

$\therefore -2<x<6$

답 $-2<x<6$

다른 풀이 이차방정식 $ax^2+bx+10=0$의 두 근이 $-5$, $-1$이므로 이차방정식의 근과 계수의 관계에 의하여

$-5+(-1)=-\frac{b}{a}$, $-5\times(-1)=\frac{10}{a}$

$\therefore a=2$, $b=12$

**0823** 해가 $x=-3$이고 $x^2$의 계수가 1인 이차부등식은

$(x+3)^2\leq0$, 즉 $x^2+6x+9\leq0$

이 부등식이 $x^2-2kx-3k\leq0$과 같으므로

$-2k=6$, $-3k=9$

$\therefore k=-3$ 답 $-3$

**0824** 해가 $x\leq\alpha$ 또는 $x\geq\beta$이고 $x^2$의 계수가 1인 이차부등식은

$(x-\alpha)(x-\beta)\geq0$, 즉 $x^2-(\alpha+\beta)x+\alpha\beta\geq0$

이 부등식이 $x^2+ax-8\geq0$과 같으므로

$\alpha+\beta=-a$, $\alpha\beta=-8$ …… ㉠

또 해가 $\alpha+1\le x\le\beta+1$이고 $x^2$의 계수가 1인 이차부등식은

$\{x-(\alpha+1)\}\{x-(\beta+1)\}\le0$, 즉

$x^2-(\alpha+\beta+2)x+(\alpha+1)(\beta+1)\le0$

이 부등식이 $x^2+4x+b\le0$과 같으므로

$\alpha+\beta+2=-4$, $(\alpha+1)(\beta+1)=b$

$\therefore\ \alpha+\beta=-6$, $\alpha\beta+(\alpha+\beta)+1=b$ …… ㉡

㉠을 ㉡에 대입하면

$-a=-6$, $-8-a+1=b$

$\therefore\ a=6$, $b=-13$

$\therefore\ a-b=6-(-13)=19$

답 **19**

**0825** $ax^2+bx+c>0$의 해가 $\frac{1}{7}<x<\frac{1}{2}$이므로

$a<0$

해가 $\frac{1}{7}<x<\frac{1}{2}$이고 $x^2$의 계수가 1인 이차부등식은

$\left(x-\frac{1}{7}\right)\left(x-\frac{1}{2}\right)<0$, 즉 $x^2-\frac{9}{14}x+\frac{1}{14}<0$

양변에 $a$를 곱하면

$ax^2-\frac{9}{14}ax+\frac{1}{14}a>0$ ($\because$ $a<0$)

이 부등식이 $ax^2+bx+c>0$과 같으므로

$b=-\frac{9}{14}a$, $c=\frac{1}{14}a$

이것을 $4cx^2+2bx+a>0$에 대입하면

$4\times\frac{1}{14}ax^2+2\times\left(-\frac{9}{14}a\right)x+a>0$

$\therefore\ \frac{2}{7}ax^2-\frac{9}{7}ax+a>0$

양변에 $\frac{7}{a}$을 곱하면

$2x^2-9x+7<0$ ($\because$ $a<0$)

$(x-1)(2x-7)<0$

$\therefore\ 1<x<\frac{7}{2}$

따라서 정수 $x$는 2, 3이므로 구하는 합은

$2+3=5$

답 **5**

**0826** $f(x)<0$의 해가 $x<-3$ 또는 $x>2$이므로

$f(x)=a(x+3)(x-2)$ $(a<0)$

라 하면

$f(-x)=a(-x+3)(-x-2)$

$=a(x-3)(x+2)$

따라서 $f(-x)\ge0$, 즉 $a(x-3)(x+2)\ge0$에서

$(x-3)(x+2)\le0$ ($\because$ $a<0$)

$\therefore\ -2\le x\le3$

답 **$-2\le x\le3$**

**다른 풀이** $f(x)<0$의 해가 $x<-3$ 또는 $x>2$이므로

$f(x)\ge0$의 해는 $-3\le x\le2$

$f(-x)\ge0$의 해는 $-3\le-x\le2$

$\therefore\ -2\le x\le3$

**0827** $f(x)<0$의 해가 $-1<x<2$이므로

$f(x)=a(x+1)(x-2)$ $(a>0)$

라 하면

$f(2x+1)=a(2x+1+1)(2x+1-2)$

$=2a(x+1)(2x-1)$

따라서 $f(2x+1)<0$, 즉 $2a(x+1)(2x-1)<0$에서

$(x+1)(2x-1)\le0$ ($\because$ $a>0$)

$\therefore\ -1\le x\le\frac{1}{2}$

즉 $\alpha=-1$, $\beta=\frac{1}{2}$이므로

$\alpha+\beta=-1+\frac{1}{2}=-\frac{1}{2}$

답 **$-\frac{1}{2}$**

**다른 풀이** $f(x)<0$의 해가 $-1<x<2$이므로

$f(2x+1)\le0$의 해는 $-1\le2x+1\le2$

$\therefore\ -1\le x\le\frac{1}{2}$

**0828** $f(x)\ge0$의 해가 $-2\le x\le2$이므로

$f(x)=a(x+2)(x-2)$ $(a<0)$

라 하면

$f(2024-x)=a(2024-x+2)(2024-x-2)$

$=a(x-2022)(x-2026)$

따라서 $f(2024-x)<0$, 즉 $a(x-2022)(x-2026)<0$에서

$(x-2022)(x-2026)>0$ ($\because$ $a<0$)

$\therefore\ x<2022$ 또는 $x>2026$

따라서 해가 될 수 있는 것은 ⑤이다.

답 ⑤

**다른 풀이** $f(x)\ge0$의 해가 $-2\le x\le2$이므로

$f(x)<0$의 해는 $x<-2$ 또는 $x>2$

$f(2024-x)<0$의 해는 $2024-x<-2$ 또는 $2024-x>2$

$\therefore\ x<2022$ 또는 $x>2026$

**0829** $ax^2+bx+c\le0$의 해가 $1\le x\le5$이므로

$ax^2+bx+c=a(x-1)(x-5)$ $(a>0)$

라 하면

$a(x-5)^2+b(x-5)+c$

$=a\{(x-5)-1\}\{(x-5)-5\}$

$=a(x-6)(x-10)$

따라서 $a(x-5)^2+b(x-5)+c<0$, 즉 $a(x-6)(x-10)<0$ 에서

$(x-6)(x-10)<0$ ($\because$ $a>0$)

$\therefore\ 6<x<10$

즉 정수 $x$는 7, 8, 9이므로 구하는 합은

$7+8+9=24$

답 **24**

**다른 풀이** $f(x)=ax^2+bx+c$라 하면 $f(x)\le0$의 해가 $1\le x\le5$이므로 $f(x)<0$의 해는 $1<x<5$

따라서 $a(x-5)^2+b(x-5)+c<0$, 즉 $f(x-5)<0$의 해는

$1<x-5<5$ $\therefore\ 6<x<10$

**0830** 이차부등식 $2x^2-(k+3)x+2k\le0$의 해가 오직 한 개 존재하므로 이차방정식 $2x^2-(k+3)x+2k=0$의 판별식을 $D$라 하면

$D=(k+3)^2-4\times2\times2k=0$

$k^2-10k+9=0,\quad (k-1)(k-9)=0$

$\therefore k=1$ 또는 $k=9$

따라서 모든 실수 $k$의 값의 합은

$1+9=10$ 답 **10**

**0831** 이차부등식 $kx^2-16x+k\ge0$이 단 하나의 해를 가지므로

$k<0$

이차방정식 $kx^2-16x+k=0$의 판별식을 $D$라 하면

$\frac{D}{4}=(-8)^2-k^2=0,\quad k^2-64=0$

$(k+8)(k-8)=0\quad \therefore k=-8$ 또는 $k=8$

그런데 $k<0$이므로 $\quad k=-8$ 답 **−8**

**0832** 이차부등식 $2x^2+6x-a<0$이 해를 가지려면 이차방정식 $2x^2+6x-a=0$이 서로 다른 두 실근을 가져야 하므로 이 이차방정식의 판별식을 $D$라 하면

$\frac{D}{4}=3^2-2\times(-a)>0\quad \therefore a>-\frac{9}{2}$

따라서 정수 $a$의 최솟값은 $-4$이다. 답 **−4**

**0833** $ax^2+4ax-8>0$에서

(i) $a>0$일 때

이차함수 $y=ax^2+4ax-8$의 그래프는 아래로 볼록하므로 주어진 부등식은 항상 해를 갖는다.

(ii) $a=0$일 때

$0\times x^2+0\times x-8=-8<0$이므로 주어진 부등식의 해는 없다.

(iii) $a<0$일 때

주어진 부등식이 해를 가지려면 이차방정식 $ax^2+4ax-8=0$이 서로 다른 두 실근을 가져야 하므로 이 이차방정식의 판별식을 $D$라 하면

$\frac{D}{4}=(2a)^2-a\times(-8)>0$

$4a^2+8a>0,\quad a(a+2)>0$

$\therefore a<-2$ 또는 $a>0$

그런데 $a<0$이므로 $\quad a<-2$

이상에서 조건을 만족시키는 $a$의 값의 범위는

$a<-2$ 또는 $a>0$

따라서 $a$의 값이 아닌 것은 ②이다. 답 ②

**0834** $ax^2+6x\le8-a$에서 $\quad ax^2+6x+a-8\le0$

이 이차부등식이 모든 실수 $x$에 대하여 성립하려면

$a<0$

이차방정식 $ax^2+6x+a-8=0$의 판별식을 $D$라 하면

$\frac{D}{4}=3^2-a(a-8)\le0$

$a^2-8a-9\ge0,\quad (a+1)(a-9)\ge0$

$\therefore a\le-1$ 또는 $a\ge9$

그런데 $a<0$이므로 $\quad a\le-1$

따라서 정수 $a$의 최댓값은 $-1$이다. 답 **−1**

**0835** 이차부등식 $3x^2-2(k+1)x+k+1>0$이 $x$의 값에 관계없이 항상 성립해야 하므로 이차방정식 $3x^2-2(k+1)x+k+1=0$의 판별식을 $D$라 하면

$\frac{D}{4}=(k+1)^2-3(k+1)<0$

$k^2-k-2<0,\quad (k+1)(k-2)<0$

$\therefore -1<k<2$

따라서 정수 $k$는 0, 1의 2개이다. 답 ①

**RPM 비법 노트**

다음은 모두 같은 표현이다.

① 모든 실수 $x$에 대하여 부등식 $f(x)>0$이 성립한다.

② $x$의 값에 관계없이 부등식 $f(x)>0$이 항상 성립한다.

③ 부등식 $f(x)>0$의 해는 모든 실수이다.

**0836** 이차부등식 $ax^2-2(a+2)x+2a+7<0$의 해가 모든 실수가 되려면

$a<0$

이차방정식 $ax^2-2(a+2)x+2a+7=0$의 판별식을 $D$라 하면

$\frac{D}{4}=(a+2)^2-a(2a+7)<0,\quad a^2+3a-4>0$

$(a+4)(a-1)>0\quad \therefore a<-4$ 또는 $a>1$

그런데 $a<0$이므로 $\quad a<-4$ 답 $a<-4$

**0837** 모든 실수 $x$에 대하여 $\sqrt{kx^2+2x+k}$가 실수가 되려면 모든 실수 $x$에 대하여 부등식

$kx^2+2x+k\ge0$ ······ ㉠

이 성립해야 한다.

(i) $k=0$일 때

㉠에서 $2x\ge0$이므로 $x<0$이면 성립하지 않는다.

(ii) $k\ne0$일 때

모든 실수 $x$에 대하여 ㉠이 성립하려면 $\quad k>0$

이차방정식 $kx^2+2x+k=0$의 판별식을 $D$라 하면

$\frac{D}{4}=1^2-k^2\le0$

$k^2-1\ge0,\quad (k+1)(k-1)\ge0$

$\therefore k\le-1$ 또는 $k\ge1$

그런데 $k>0$이므로 $\quad k\ge1$

(i), (ii)에서 조건을 만족시키는 $k$의 값의 범위는

$k\ge1$

따라서 실수 $k$의 최솟값은 1이다. 답 **1**

**0838** $x^2+2(n+1)x-4(n+1)<0$이 해를 갖지 않으려면 모든 실수 $x$에 대하여

$x^2+2(n+1)x-4(n+1)\geq 0$

이 성립해야 한다.

이차방정식 $x^2+2(n+1)x-4(n+1)=0$의 판별식을 $D$라 하면

$\frac{D}{4}=(n+1)^2+4(n+1)\leq 0$

$(n+1)(n+5)\leq 0 \quad \therefore -5\leq n\leq -1$

따라서 정수 $n$은 $-5$, $-4$, $-3$, $-2$, $-1$의 5개이다. 답 **5**

**0839** $ax^2+2x>ax+2$에서

$ax^2+(2-a)x-2>0$

이 부등식이 해를 갖지 않으려면 모든 실수 $x$에 대하여

$ax^2+(2-a)x-2\leq 0$

이 성립해야 하므로 $\quad a<0$

이차방정식 $ax^2+(2-a)x-2=0$의 판별식을 $D$라 하면

$D=(2-a)^2-4\times a\times(-2)\leq 0$

$a^2+4a+4\leq 0, \quad (a+2)^2\leq 0$

$\therefore a=-2$ 답 ②

**0840** $(k-2)x^2-2(k-2)x+4\leq 0$이 해를 갖지 않으려면 모든 실수 $x$에 대하여

$(k-2)x^2-2(k-2)x+4>0$ …… ㉠

이 성립해야 한다. … 1단계

(i) $k=2$일 때

㉠은 $0\times x^2-0\times x+4=4>0$이므로 모든 실수 $x$에 대하여 성립한다. … 2단계

(ii) $k\neq 2$일 때

모든 실수 $x$에 대하여 ㉠이 성립하려면

$k-2>0 \quad \therefore k>2$

이차방정식 $(k-2)x^2-2(k-2)x+4=0$의 판별식을 $D$라 하면

$\frac{D}{4}=(k-2)^2-4(k-2)<0$

$(k-2)(k-6)<0$

$\therefore 2<k<6$

그런데 $k>2$이므로 $\quad 2<k<6$ … 3단계

(i), (ii)에서 주어진 조건을 만족시키는 $k$의 값의 범위는

$2\leq k<6$

따라서 정수 $k$의 최댓값은 5, 최솟값은 2이므로 구하는 합은

$5+2=7$ … 4단계

답 **7**

| | 채점 요소 | 비율 |
|---|---|---|
| 1단계 | 주어진 부등식이 해를 갖지 않을 조건 구하기 | 20 % |
| 2단계 | $k=2$일 때, 부등식이 해를 갖지 않음을 알기 | 20 % |
| 3단계 | $k\neq 2$일 때, 부등식이 해를 갖지 않도록 하는 $k$의 값의 범위 구하기 | 40 % |
| 4단계 | 정수 $k$의 최댓값과 최솟값의 합 구하기 | 20 % |

**0841** $f(x)=-x^2+4x-3+4k$라 하면

$f(x)=-(x-2)^2+4k+1$

$3\leq x\leq 6$에서 $f(x)\geq 0$이 항상 성립하려면 $y=f(x)$의 그래프가 오른쪽 그림과 같아야 한다.

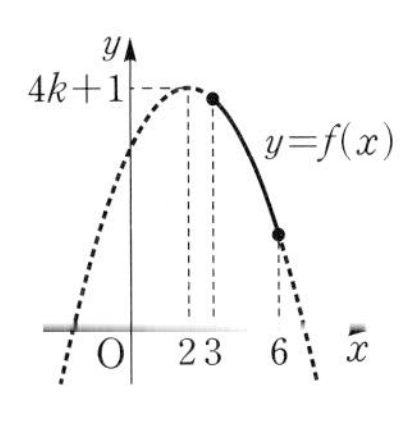


$f(6)\geq 0$에서 $\quad -16+4k+1\geq 0$

$\therefore k\geq \frac{15}{4}$

따라서 정수 $k$의 최솟값은 4이다. 답 ③

**0842** $f(x)=3x^2+ax-4a$라 하자.

$-2\leq x\leq 2$에서 $f(x)<0$이 항상 성립하려면 $y=f(x)$의 그래프가 오른쪽 그림과 같아야 한다.

$f(-2)<0$에서

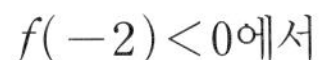

$12-2a-4a<0, \quad 6a>12$

$\therefore a>2$ …… ㉠

$f(2)<0$에서

$12+2a-4a<0, \quad 2a>12$

$\therefore a>6$ …… ㉡

㉠, ㉡의 공통부분을 구하면

$a>6$ 답 $a>6$

**0843** $f(x)\leq g(x)$에서 $\quad g(x)-f(x)\geq 0$

$h(x)=g(x)-f(x)$라 하면

$h(x)=-x^2+3x+a+1-(x^2+3x-2)$

$=-2x^2+a+3$

$-1\leq x\leq 3$에서 $h(x)\geq 0$이 항상 성립하려면 $y=h(x)$의 그래프가 오른쪽 그림과 같아야 한다.

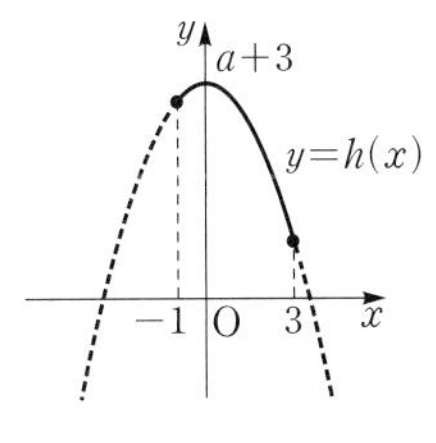


$h(3)\geq 0$에서 $\quad -18+a+3\geq 0$

$\therefore a\geq 15$

따라서 실수 $a$의 최솟값은 15이다.

답 **15**

**0844** 이차함수 $y=x^2-ax+5$의 그래프가 직선 $y=x-3$보다 위쪽에 있는 부분의 $x$의 값의 범위는 부등식

$x^2-ax+5>x-3$, 즉

$x^2-(a+1)x+8>0$ …… ㉠

의 해이다.

해가 $x<2$ 또는 $x>b$이고 $x^2$의 계수가 1인 이차부등식은

$(x-2)(x-b)>0$

$\therefore x^2-(2+b)x+2b>0$ …… ㉡

㉠, ㉡이 같아야 하므로 $\quad a+1=2+b$, $8=2b$

$\therefore a=5$, $b=4$

$\therefore a+b=5+4=9$ 답 **9**

**0845** 이차함수 $y=x^2-2x-8$의 그래프가 이차함수 $y=-2x^2+x-2$의 그래프보다 아래쪽에 있는 부분의 $x$의 값의 범위는 부등식

$x^2-2x-8<-2x^2+x-2$, 즉 $3x^2-3x-6<0$

의 해이므로

$x^2-x-2<0$, $\quad (x+1)(x-2)<0$

$\therefore -1<x<2$

답 ②

**0846** 이차함수 $y=-x^2+ax+3$의 그래프가 직선 $y=b$보다 위쪽에 있는 부분의 $x$의 값의 범위는 부등식

$-x^2+ax+3>b$, 즉

$x^2-ax+b-3<0$ ...... ㉠

의 해이다.

해가 $1<x<3$이고 $x^2$의 계수가 1인 이차부등식은

$(x-1)(x-3)<0$

$\therefore x^2-4x+3<0$ ...... ㉡

㉠, ㉡이 같아야 하므로

$a=4$, $b-3=3 \quad \therefore a=4$, $b=6$

$\therefore b-a=6-4=2$

답 2

**0847** 이차함수 $y=-x^2+4x-6$의 그래프가 직선 $y=m(x-2)+1$보다 항상 아래쪽에 있으려면 이차부등식

$-x^2+4x-6<m(x-2)+1$, 즉

$x^2+(m-4)x-2m+7>0$

이 모든 실수 $x$에 대하여 성립해야 한다.

이차방정식 $x^2+(m-4)x-2m+7=0$의 판별식을 $D$라 하면

$D=(m-4)^2-4\times1\times(-2m+7)<0$

$m^2-12<0$, $\quad (m+2\sqrt{3})(m-2\sqrt{3})<0$

$\therefore -2\sqrt{3}<m<2\sqrt{3}$

따라서 $\alpha=-2\sqrt{3}$, $\beta=2\sqrt{3}$이므로

$\alpha\beta=-2\sqrt{3}\times2\sqrt{3}=-12$

답 $-12$

**0848** 이차함수 $y=x^2+(k+1)x+3$의 그래프가 직선 $y=x-1$보다 항상 위쪽에 있으려면 이차부등식

$x^2+(k+1)x+3>x-1$, 즉 $x^2+kx+4>0$

이 모든 실수 $x$에 대하여 성립해야 한다. ... 1단계

이차방정식 $x^2+kx+4=0$의 판별식을 $D$라 하면

$D=k^2-4\times1\times4<0$

$(k+4)(k-4)<0$

$\therefore -4<k<4$ ... 2단계

따라서 정수 $k$는 $-3$, $-2$, $\cdots$, 3의 7개이다. ... 3단계

답 7

| | 채점 요소 | 비율 |
|---|---|---|
| 1단계 | 주어진 조건을 만족시키는 이차부등식 세우기 | 30 % |
| 2단계 | $k$의 값의 범위 구하기 | 50 % |
| 3단계 | 정수 $k$의 개수 구하기 | 20 % |

**0849** 이차함수 $y=kx^2+5x+2k-6$의 그래프가 직선 $y=-3x+k$보다 항상 아래쪽에 있으려면 이차부등식

$kx^2+5x+2k-6<-3x+k$, 즉 $kx^2+8x+k-6<0$

이 모든 실수 $x$에 대하여 성립해야 하므로

$k<0$

이차방정식 $kx^2+8x+k-6=0$의 판별식을 $D$라 하면

$\frac{D}{4}=4^2-k(k-6)<0$

$k^2-6k-16>0$, $\quad (k+2)(k-8)>0$

$\therefore k<-2$ 또는 $k>8$

그런데 $k<0$이므로 $\quad k<-2$

답 ①

**0850** 직사각형의 가로의 길이를 $x$ cm라 하면 세로의 길이는 $(24-x)$ cm이므로 넓이가 128 cm$^2$ 이상이 되려면

$x(24-x)\ge128$, $\quad x^2-24x+128\le0$

$(x-8)(x-16)\le0 \quad \therefore 8\le x\le16$

따라서 직사각형의 가로의 길이의 최댓값은 16 cm, 최솟값은 8 cm이므로

$a=16$, $b=8$

$\therefore a-b=16-8=8$

답 8

**0851** $t$초 후의 공의 높이가 35 m 이상이 되려면

$-5t^2+25t+15\ge35$, $\quad t^2-5t+4\le0$

$(t-1)(t-4)\le0$

$\therefore 1\le t\le4$

따라서 공의 높이가 35 m 이상인 시간은 $4-1=3$(초) 동안이다.

답 ③

**0852** 가격을 $100x$원 할인한다고 하면 판매량이 $50x$잔 늘어나므로 커피의 하루 판매액이 260만 원 이상이려면

$(3800-100x)(400+50x)\ge2600000$

$(38-x)(8+x)\ge520$

$x^2-30x+216\le0$, $\quad (x-12)(x-18)\le0$

$\therefore 12\le x\le18$

이때 커피 한 잔의 가격은 $(3800-100x)$원이고 $1200\le100x\le1800$이므로

$2000\le3800-100x\le2600$

따라서 커피 한 잔의 최소 가격은 2000원이다.

답 2000원

**0853** $3x^2-8x-16<0$에서 $\quad (3x+4)(x-4)<0$

$\therefore -\frac{4}{3}<x<4$ ...... ㉠

$2x^2-7x+6\ge0$에서 $\quad (2x-3)(x-2)\ge0$

$\therefore x\le\frac{3}{2}$ 또는 $x\ge2$ ...... ㉡

㉠, ㉡의 공통부분을 구하면

$-\frac{4}{3}<x\le\frac{3}{2}$ 또는 $2\le x<4$

따라서 정수 $x$는 $-1$, 0, 1, 2, 3의 5개이다.

답 5

**0854** $x^2-x-1\geq -x^2+4x+2$에서

$2x^2-5x-3\geq 0$, $(2x+1)(x-3)\geq 0$

$\therefore x\leq -\frac{1}{2}$ 또는 $x\geq 3$ …… ㉠

$-x-15<-x^2+x$에서

$x^2-2x-15<0$, $(x+3)(x-5)<0$

$\therefore -3<x<5$ …… ㉡

㉠, ㉡의 공통부분을 구하면

$-3<x\leq -\frac{1}{2}$ 또는 $3\leq x<5$

따라서 정수 $x$는 $-2$, $-1$, 3, 4이므로 구하는 합은

$-2+(-1)+3+4=4$ **답 4**

**0855** 주어진 부등식은

$\begin{cases} 2x^2-10\leq x^2+3x & \cdots\cdots ㉠ \\ x^2+3x<10x-6 & \cdots\cdots ㉡ \end{cases}$

㉠에서 $x^2-3x-10\leq 0$, $(x+2)(x-5)\leq 0$

$\therefore -2\leq x\leq 5$ …… ㉢

㉡에서 $x^2-7x+6<0$, $(x-1)(x-6)<0$

$\therefore 1<x<6$ …… ㉣

㉢, ㉣의 공통부분을 구하면

$1<x\leq 5$

따라서 $x$의 값이 아닌 것은 ①이다. **답 ①**

**0856** $x^2\leq 4x$에서

$x^2-4x\leq 0$, $x(x-4)\leq 0$

$\therefore 0\leq x\leq 4$ …… ㉠

$x^2+x\geq 6$에서

$x^2+x-6\geq 0$, $(x+3)(x-2)\geq 0$

$\therefore x\leq -3$ 또는 $x\geq 2$ …… ㉡

㉠, ㉡의 공통부분을 구하면

$2\leq x\leq 4$

따라서 $ax^2+2bx-(a+3b)\geq 0$의 해가 $2\leq x\leq 4$이므로

$a<0$

해가 $2\leq x\leq 4$이고 $x^2$의 계수가 1인 이차부등식은

$(x-2)(x-4)\leq 0$, 즉 $x^2-6x+8\leq 0$

양변에 $a$를 곱하면

$ax^2-6ax+8a\geq 0$ ($\because a<0$)

이 부등식이 $ax^2+2bx-(a+3b)\geq 0$과 같으므로

$-6a=2b$, $8a=-(a+3b)$ $\therefore b=-3a$

$\therefore \frac{b}{a}=-3$ **답 $-3$**

**다른 풀이** 이차부등식 $ax^2+2bx-(a+3b)\geq 0$의 해가 $2\leq x\leq 4$이므로 이차방정식 $ax^2+2bx-(a+3b)=0$의 두 근이 2, 4이다.

따라서 이차방정식의 근과 계수의 관계에 의하여

$2+4=-\frac{2b}{a}$ $\therefore \frac{b}{a}=-3$

**0857** $|x+4|\leq 5$에서 $-5\leq x+4\leq 5$

$\therefore -9\leq x\leq 1$ …… ㉠

$x^2-x-2\leq 0$에서 $(x+1)(x-2)\leq 0$

$\therefore -1\leq x\leq 2$ …… ㉡

㉠, ㉡의 공통부분을 구하면 $-1\leq x\leq 1$

따라서 $a=-1$, $b=1$이므로

$b-a=1-(-1)=2$ **답 2**

**0858** $|x-2|<3$에서 $-3<x-2<3$

$\therefore -1<x<5$ …… ㉠

$x^2-3x>0$에서 $x(x-3)>0$

$\therefore x<0$ 또는 $x>3$ …… ㉡

㉠, ㉡의 공통부분을 구하면

$-1<x<0$ 또는 $3<x<5$

**답 $-1<x<0$ 또는 $3<x<5$**

**0859** $x^2-3|x|<0$에서

(i) $x<0$일 때

$x^2+3x<0$, $x(x+3)<0$

$\therefore -3<x<0$

그런데 $x<0$이므로 $-3<x<0$

(ii) $x\geq 0$일 때

$x^2-3x<0$, $x(x-3)<0$

$\therefore 0<x<3$

그런데 $x\geq 0$이므로 $0<x<3$

(i), (ii)에서 $x^2-3|x|<0$의 해는

$-3<x<0$ 또는 $0<x<3$ …… ㉠

또 $x^2-x<6$에서

$x^2-x-6<0$, $(x+2)(x-3)<0$

$\therefore -2<x<3$ …… ㉡

㉠, ㉡의 공통부분을 구하면

$-2<x<0$ 또는 $0<x<3$

따라서 정수 $x$는 $-1$, 1, 2의 3개이다. **답 3**

**0860** $|x^2-4|<3x$에서

(i) $x^2-4<0$, 즉 $-2<x<2$일 때

$-(x^2-4)<3x$, $x^2+3x-4>0$

$(x+4)(x-1)>0$ $\therefore x<-4$ 또는 $x>1$

그런데 $-2<x<2$이므로 $1<x<2$

(ii) $x^2-4\geq 0$, 즉 $x\leq -2$ 또는 $x\geq 2$일 때

$x^2-4<3x$, $x^2-3x-4<0$

$(x+1)(x-4)<0$ $\therefore -1<x<4$

그런데 $x\leq -2$ 또는 $x\geq 2$이므로 $2\leq x<4$

(i), (ii)에서 $|x^2-4|<3x$의 해는

$1<x<4$ …… ㉠ … 1단계

또 $2x^2-3x-5<0$에서 $(x+1)(2x-5)<0$

$\therefore -1<x<\frac{5}{2}$ …… ㉡ … 2단계

㉠, ㉡의 공통부분을 구하면

$1<x<\frac{5}{2}$ ⋯ 3단계

답 $1<x<\frac{5}{2}$

| 채점 요소 | | 비율 |
|---|---|---|
| 1단계 | $\lvert x^2-4 \rvert<3x$의 해 구하기 | 50 % |
| 2단계 | $2x^2-3x-5<0$의 해 구하기 | 30 % |
| 3단계 | 주어진 연립부등식의 해 구하기 | 20 % |

**0861** $x^2+3x-10\leq 0$에서 $(x+5)(x-2)\leq 0$

$\therefore -5\leq x\leq 2$ ⋯⋯ ㉠

$x^2+(k+1)x-k-2<0$에서

$(x-1)(x+k+2)<0$ ⋯⋯ ㉡

㉠과 ㉡의 해의 공통부분이 $1<x\leq 2$이므로 오른쪽 그림에서

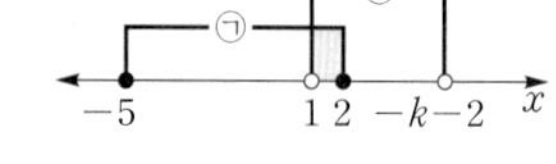


$-k-2>2$

$\therefore k<-4$

답 $k<-4$

참고 | $k=-4$이면 ㉡의 해가 $1<x<2$이므로 ㉠과의 공통부분은 $1<x<2$

따라서 주어진 조건을 만족시키지 않는다.

**0862** 주어진 부등식에서

$\begin{cases} x^2-2x-a<0 & \cdots\cdots ㉠ \\ x^2-2x+b\geq 0 & \cdots\cdots ㉡ \end{cases}$

㉠, ㉡의 해의 공통부분이 $-1<x\leq 0$ 또는 $2\leq x<3$이므로 ㉠, ㉡의 해를 수직선 위에 나타내면 오른쪽 그림과 같아야 한다.

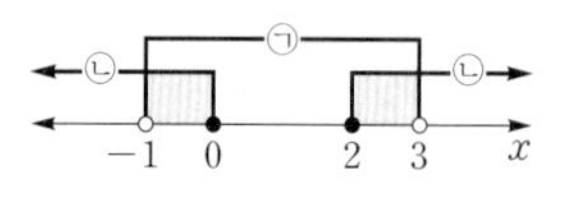


해가 $-1<x<3$이고 $x^2$의 계수가 1인 이차부등식은

$(x+1)(x-3)<0$

$\therefore x^2-2x-3<0$

이 부등식이 $x^2-2x-a<0$과 같아야 하므로

$a=3$

또 해가 $x\leq 0$ 또는 $x\geq 2$이고 $x^2$의 계수가 1인 이차부등식은

$x(x-2)\geq 0$ $\therefore x^2-2x\geq 0$

이 부등식이 $x^2-2x+b\geq 0$과 같아야 하므로

$b=0$

$\therefore a+b=3+0=3$

답 3

다른 풀이 이차부등식 $x^2-2x-a<0$의 해가 $-1<x<3$이므로 이차방정식 $x^2-2x-a=0$의 두 근이 $-1$, 3이다.

따라서 이차방정식의 근과 계수의 관계에 의하여

$-1\times 3=-a$ $\therefore a=3$

이차부등식 $x^2-2x+b\geq 0$의 해가 $x\leq 0$ 또는 $x\geq 2$이므로 이차방정식 $x^2-2x+b=0$의 두 근이 0, 2이다.

따라서 이차방정식의 근과 계수의 관계에 의하여

$0\times 2=b$ $\therefore b=0$

**0863** $(x+1)^2\leq x+7$에서

$x^2+x-6\leq 0$, $(x+3)(x-2)\leq 0$

$\therefore -3\leq x\leq 2$ ⋯⋯ ㉠

$x^2-2(k-1)x+(k+3)(k-5)>0$에서

$\{x-(k+3)\}\{x-(k-5)\}>0$

$\therefore x<k-5$ 또는 $x>k+3$ ⋯⋯ ㉡

주어진 연립부등식이 해를 갖지 않으려면 ㉠, ㉡의 공통부분이 없어야 하므로 오른쪽 그림에서

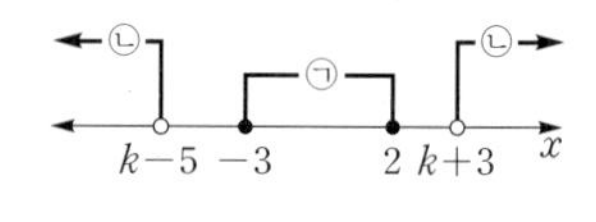


$k-5\leq -3$, $k+3\geq 2$

$\therefore -1\leq k\leq 2$

따라서 $M=2$, $m=-1$이므로

$M-m=2-(-1)=3$

답 3

**0864** $x^2+2x-8>0$에서 $(x+4)(x-2)>0$

$\therefore x<-4$ 또는 $x>2$ ⋯⋯ ㉠

$x^2+2x<2ax+4a$에서 $x^2-2(a-1)x-4a<0$

$(x+2)(x-2a)<0$ ⋯⋯ ㉡

주어진 연립부등식의 해가 존재하려면 ㉠과 ㉡의 해의 공통부분이 존재해야 한다.

(i) $2a<-2$, 즉 $a<-1$일 때

㉡의 해는 $2a<x<-2$

따라서 ㉠과의 공통부분이 존재하려면 오른쪽 그림에서

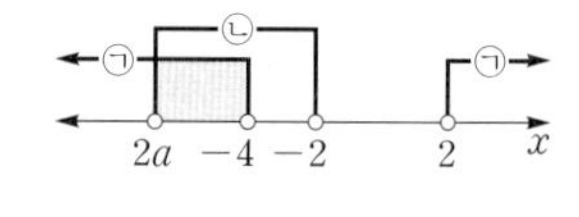


$2a<-4$ $\therefore a<-2$

(ii) $2a=-2$, 즉 $a=-1$일 때

㉡의 해가 존재하지 않으므로 주어진 연립부등식의 해는 존재하지 않는다.

(iii) $2a>-2$, 즉 $a>-1$일 때

㉡의 해는 $-2<x<2a$

따라서 ㉠과의 공통부분이 존재하려면 오른쪽 그림에서

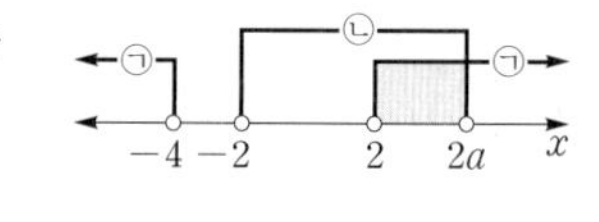


$2a>2$ $\therefore a>1$

이상에서 주어진 연립부등식의 해가 존재하도록 하는 $a$의 값의 범위는

$a<-2$ 또는 $a>1$

따라서 음의 정수 $a$의 최댓값은 $-3$, 양의 정수 $a$의 최솟값은 2이므로 구하는 곱은

$-3\times 2=-6$

답 $-6$

**0865** 삼각형의 세 변의 길이는 모두 양수이므로

$n-5>0$, $n>0$, $n+5>0$

$\therefore n>5$ ⋯⋯ ㉠

세 변 중 가장 긴 변의 길이는 $n+5$이고, 삼각형에서 가장 긴 변의 길이는 나머지 두 변의 길이의 합보다 작아야 하므로

$n+5<(n-5)+n$

$\therefore n>10$ ⋯⋯ ㉡

둔각삼각형이기 위해서는 가장 긴 변의 길이의 제곱이 나머지 두 변의 길이의 제곱의 합보다 커야 하므로

$(n+5)^2>n^2+(n-5)^2$

$n^2-20n<0,\quad n(n-20)<0$

$\therefore 0<n<20$ …… ㉢

㉠, ㉡, ㉢의 공통부분을 구하면

$10<n<20$

따라서 자연수 $n$은 11, 12, …, 19의 9개이다. 답 **9**

**RPM 비법 노트**

삼각형의 세 변의 길이가 $a$, $b$, $c$ $(a<b<c)$일 때

① $c^2<a^2+b^2$ ⇨ 예각삼각형

② $c^2=a^2+b^2$ ⇨ 직각삼각형

③ $c^2>a^2+b^2$ ⇨ 둔각삼각형

**0866** 새로운 직육면체의 밑면의 가로, 세로의 길이와 높이는 각각 $(a-2)$ cm, $a$ cm, $(a+3)$ cm이므로

$a-2>0\quad\therefore a>2$ …… ㉠

새로운 직육면체의 부피가 원래의 정육면체의 부피보다 작아야 하므로

$a(a-2)(a+3)<a^3$

$a^3+a^2-6a<a^3,\quad a^2-6a<0$

$a(a-6)<0\quad\therefore 0<a<6$ …… ㉡

㉠, ㉡의 공통부분을 구하면 $2<a<6$

따라서 자연수 $a$는 3, 4, 5이므로 구하는 합은

$3+4+5=12$ 답 **12**

**0867** 주어진 그림에서 길의 넓이는

$(2x+10)(2x+7)-10\times7=4x^2+34x\,(\text{m}^2)$

길의 넓이가 60 $\text{m}^2$ 이상 168 $\text{m}^2$ 이하이어야 하므로

$60\le4x^2+34x\le168\quad\therefore 30\le2x^2+17x\le84$

$30\le2x^2+17x$에서 $2x^2+17x-30\ge0$

$(x+10)(2x-3)\ge0\quad\therefore x\le-10$ 또는 $x\ge\frac{3}{2}$

그런데 $x>0$이므로 $x\ge\frac{3}{2}$ …… ㉠

$2x^2+17x\le84$에서 $2x^2+17x-84\le0$

$(x+12)(2x-7)\le0\quad\therefore -12\le x\le\frac{7}{2}$

그런데 $x>0$이므로 $0<x\le\frac{7}{2}$ …… ㉡

㉠, ㉡의 공통부분을 구하면 $\frac{3}{2}\le x\le\frac{7}{2}$

따라서 $a=\frac{3}{2}$, $b=\frac{7}{2}$이므로

$a+b=\frac{3}{2}+\frac{7}{2}=5$ 답 **5**

참고 | 오른쪽 그림과 같이 길을 4개의 직사각형으로 나누어 넓이를 구하면

$2\{(7+x)\times x+(10+x)\times x\}$

$=4x^2+34x\,(\text{m}^2)$

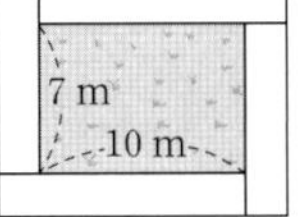


**0868** 이차방정식 $x^2+(k+2)x+k^2+1=0$이 서로 다른 두 실근을 가지므로 이 이차방정식의 판별식을 $D$라 하면

$D=(k+2)^2-4(k^2+1)>0$

$3k^2-4k<0,\quad k(3k-4)<0$

$\therefore 0<k<\frac{4}{3}$ 답 $\mathbf{0<k<\frac{4}{3}}$

**0869** 이차방정식 $x^2-2kx+16=0$이 허근을 가지므로 이 이차방정식의 판별식을 $D_1$이라 하면

$\frac{D_1}{4}=(-k)^2-16<0,\quad k^2-16<0$

$(k+4)(k-4)<0$

$\therefore -4<k<4$ …… ㉠

이차방정식 $x^2+4kx-k+5=0$이 서로 다른 두 실근을 가지므로 이 이차방정식의 판별식을 $D_2$라 하면

$\frac{D_2}{4}=(2k)^2-(-k+5)>0$

$4k^2+k-5>0,\quad (4k+5)(k-1)>0$

$\therefore k<-\frac{5}{4}$ 또는 $k>1$ …… ㉡

㉠, ㉡의 공통부분을 구하면

$-4<k<-\frac{5}{4}$ 또는 $1<k<4$

따라서 정수 $k$는 $-3$, $-2$, 2, 3의 4개이다. 답 **4**

**0870** 이차방정식 $x^2+2(a-1)x+a^2-3=0$이 중근을 가지므로 이 이차방정식의 판별식을 $D_1$이라 하면

$\frac{D_1}{4}=(a-1)^2-(a^2-3)=0$

$-2a+4=0\quad\therefore a=2$ … 1단계

이차방정식 $x^2-(b+2)x+a+b=0$, 즉

$x^2-(b+2)x+2+b=0$이 허근을 가지므로 이 이차방정식의 판별식을 $D_2$라 하면

$D_2=(b+2)^2-4(2+b)<0,\quad (b+2)(b-2)<0$

$\therefore -2<b<2$ … 2단계

따라서 정수 $b$의 최댓값은 1이다. … 3단계

답 **1**

| 채점 요소 | 비율 |
|---|---|
| 1단계 $a$의 값 구하기 | 40 % |
| 2단계 $b$의 값의 범위 구하기 | 40 % |
| 3단계 정수 $b$의 최댓값 구하기 | 20 % |

**0871** 이차방정식 $x^2-ax+a=0$이 실근을 가지려면 이 이차방정식의 판별식을 $D_1$이라 할 때

$D_1=(-a)^2-4\times1\times a\ge0$

$a^2-4a\ge0,\quad a(a-4)\ge0$

$\therefore a\le0$ 또는 $a\ge4$ …… ㉠

이차방정식 $x^2-2x+2-a^2=0$이 실근을 가지려면 이 이차방정식의 판별식을 $D_2$라 할 때

$$\frac{D_2}{4}=(-1)^2-(2-a^2)\ge 0$$

$a^2-1\ge 0,\quad (a+1)(a-1)\ge 0$

$\therefore a\le -1$ 또는 $a\ge 1$ …… ㉡

주어진 두 이차방정식 중 적어도 하나가 실근을 갖도록 하는 실수 $a$의 값의 범위는 ㉠, ㉡을 합친 범위이므로

$a\le 0$ 또는 $a\ge 1$ 답 ②

**다른 풀이** 적어도 하나가 실근을 갖는 경우는 주어진 두 이차방정식이 모두 허근을 갖는 경우를 제외하면 된다.

이차방정식 $x^2-ax+a=0$의 판별식을 $D_1$이라 할 때 이 이차방정식이 허근을 가지려면

$D_1=(-a)^2-4\times1\times a<0,\quad a^2-4a<0$

$a(a-4)<0\quad \therefore 0<a<4$ …… ㉢

이차방정식 $x^2-2x+2-a^2=0$의 판별식을 $D_2$라 할 때 이 이차방정식이 허근을 가지려면

$\frac{D_2}{4}=(-1)^2-(2-a^2)<0,\quad a^2-1<0$

$(a+1)(a-1)<0\quad \therefore -1<a<1$ …… ㉣

㉢, ㉣의 공통부분을 구하면

$0<a<1$

따라서 주어진 두 이차방정식 중 적어도 하나가 실근을 갖도록 하는 실수 $a$의 값의 범위는

$a\le 0$ 또는 $a\ge 1$

**0872** 이차방정식 $x^2-(a+4)x-\frac{a}{2}=0$의 판별식을 $D$, 두 근을 $\alpha$, $\beta$라 하면 두 근이 모두 양수이므로

(i) $D=(a+4)^2-4\times1\times\left(-\frac{a}{2}\right)\ge 0$

$a^2+10a+16\ge 0,\quad (a+8)(a+2)\ge 0$

$\therefore a\le -8$ 또는 $a\ge -2$

(ii) $\alpha+\beta=a+4>0\quad \therefore a>-4$

(iii) $\alpha\beta=-\frac{a}{2}>0\quad \therefore a<0$

이상에서 공통부분을 구하면 $-2\le a<0$

답 $-2\le a<0$

**0873** 이차방정식 $kx^2+3kx+5=0$의 판별식을 $D$, 두 근을 $\alpha$, $\beta$라 하면 두 근이 모두 음수이므로

(i) $D=(3k)^2-4\times k\times 5\ge 0$

$9k^2-20k\ge 0,\quad k(9k-20)\ge 0$

$\therefore k<0$ 또는 $k\ge\frac{20}{9}$ $(\because k\ne 0)$

(ii) $\alpha+\beta=-\frac{3k}{k}=-3<0$

(iii) $\alpha\beta=\frac{5}{k}>0\quad \therefore k>0$

이상에서 공통부분을 구하면 $k\ge\frac{20}{9}$

따라서 실수 $k$의 최솟값은 $\frac{20}{9}$이다. 답 ②

**0874** 이차방정식 $-x^2+(a^2-5a+4)x-a+6=0$의 두 근을 $\alpha$, $\beta$라 하면 두 근의 부호가 서로 다르므로

$\alpha\beta=\frac{-a+6}{-1}<0\quad \therefore a<6$ …… ㉠

또 음수인 근의 절댓값이 양수인 근보다 작으므로

$\alpha+\beta=-\frac{a^2-5a+4}{-1}>0,\quad a^2-5a+4>0$

$(a-1)(a-4)>0\quad \therefore a<1$ 또는 $a>4$ …… ㉡

㉠, ㉡의 공통부분을 구하면

$a<1$ 또는 $4<a<6$ 답 $a<1$ 또는 $4<a<6$

**RPM 비법노트**

이차방정식의 두 근이 서로 다른 부호일 때

① 두 근의 절댓값이 같다.
⇨ (두 근의 합)$=0$, (두 근의 곱)$<0$

② 음수인 근의 절댓값이 양수인 근보다 크다.
⇨ (두 근의 합)$<0$, (두 근의 곱)$<0$

③ 양수인 근이 음수인 근의 절댓값보다 크다.
⇨ (두 근의 합)$>0$, (두 근의 곱)$<0$

**0875** $x^2-7x+10<0$에서

$(x-2)(x-5)<0\quad \therefore 2<x<5$ …… ㉠

$x^2-(a+1)x+a\le 0$에서

$(x-1)(x-a)\le 0$ …… ㉡

㉠, ㉡을 동시에 만족시키는 정수 $x$가 한 개이므로 오른쪽 그림에서

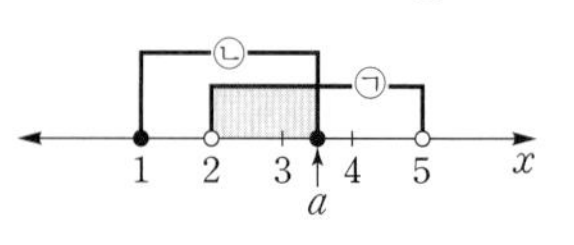


$3\le a<4$

답 $3\le a<4$

참고 | $a\le 1$이면 주어진 연립부등식의 해가 존재하지 않으므로 $a>1$이다. 즉 ㉡의 해는 $1\le x\le a$이다.

**0876** $x^2-x>2$에서

$x^2-x-2>0,\quad (x+1)(x-2)>0$

$\therefore x<-1$ 또는 $x>2$ …… ㉠

$2x^2-2ax-5x+5a<0$에서 $2x^2-(2a+5)x+5a<0$

$(2x-5)(x-a)<0$ …… ㉡

㉠, ㉡을 동시에 만족시키는 정수 $x$가 $-3$과 $-2$뿐이므로 오른쪽 그림에서

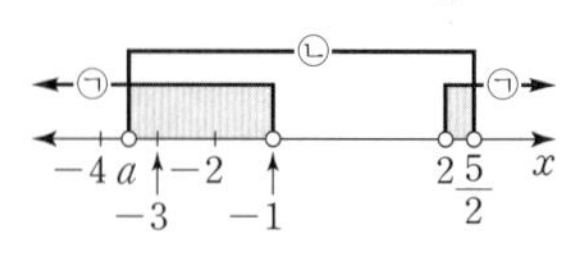


$-4\le a<-3$ 답 ②

**0877** $|x-a|\le 1$에서 $-1\le x-a\le 1$

$\therefore a-1\le x\le a+1$ …… ㉠

$x^2-5x-14\le 0$에서 $(x+2)(x-7)\le 0$

$\therefore -2\le x\le 7$ …… ㉡

㉠, ㉡을 동시에 만족시키는 정수 $x$의 값의 합이 15이므로 오른쪽 그림에서

㉡
㉠
−2 a−1 a+1 7 x

$(a-1)+a+(a+1)=15$

$\therefore a=5$ 답 5

**RPM 비법 노트**

$a$가 정수이므로 ㉠을 만족시키는 정수 $x$는 $a-1$, $a$, $a+1$의 3개이다.
이때 합이 15이면서 연속하는 3개 이하의 정수는
15 또는 7, 8 또는 4, 5, 6
이고, ㉡을 만족시키는 정수 $x$는 $-2$, $-1$, $\cdots$, 7이므로 주어진 연립부등식의 해에 포함되는 정수는 4, 5, 6이다.

**0878** $f(x)=x^2-2kx+4$라 하면 이차방정식 $f(x)=0$의 두 근이 모두 1보다 크므로 이차함수 $y=f(x)$의 그래프는 오른쪽 그림과 같다.

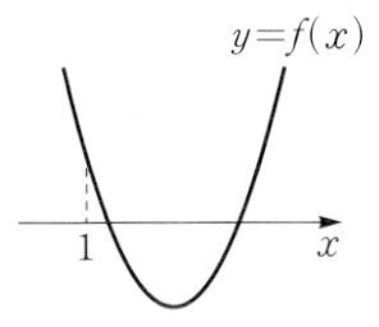


(i) $f(x)=0$의 판별식을 $D$라 하면

$$\frac{D}{4}=(-k)^2-4\ge0,\quad (k+2)(k-2)\ge0$$

$\therefore k\le-2$ 또는 $k\ge2$

(ii) $f(1)=1-2k+4>0 \quad \therefore k<\frac{5}{2}$

(iii) 이차함수 $y=f(x)$의 그래프의 축의 방정식이 $x=k$이므로
$k>1$

이상에서 공통부분을 구하면 $\quad 2\le k<\frac{5}{2}$

따라서 실수 $k$의 최솟값은 2이다. 답 **2**

**0879** $f(x)=x^2-2px+p+2$라 하면 이차방정식 $f(x)=0$의 두 근이 모두 0과 3 사이에 있으므로 이차함수 $y=f(x)$의 그래프는 오른쪽 그림과 같다.

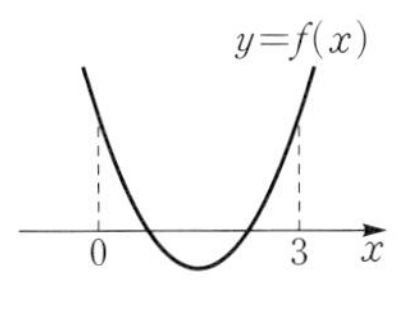


(i) 이차방정식 $f(x)=0$의 판별식을 $D$라 하면

$$\frac{D}{4}=(-p)^2-(p+2)\ge0$$

$p^2-p-2\ge0,\quad (p+1)(p-2)\ge0$

$\therefore p\le-1$ 또는 $p\ge2$

(ii) $f(0)=p+2>0$에서 $\quad p>-2$

(iii) $f(3)=9-6p+p+2>0$에서 $\quad p<\frac{11}{5}$

(iv) 이차함수 $y=f(x)$의 그래프의 축의 방정식이 $x=p$이므로
$0<p<3$

이상에서 공통부분을 구하면

$2\le p<\frac{11}{5}$ 답 $\mathbf{2\le p<\frac{11}{5}}$

**0880** $x^2+3x-10=0$에서

$(x+5)(x-2)=0 \quad \therefore x=-5$ 또는 $x=2$

따라서 $x^2+x-3k=0$의 두 근 중 적어도 한 근이 $-5$와 2 사이에 존재한다.

$f(x)=x^2+x-3k$라 하자.

(i) 이차방정식 $f(x)=0$의 판별식을 $D$라 하면

$D=1^2-4\times1\times(-3k)\ge0$

$1+12k\ge0 \quad \therefore k\ge-\frac{1}{12}$

(ii) 이차함수 $y=f(x)$의 그래프의 축의 방정식이 $x=-\frac{1}{2}$이므로 $y=f(x)$의 그래프는 다음 그림과 같다.

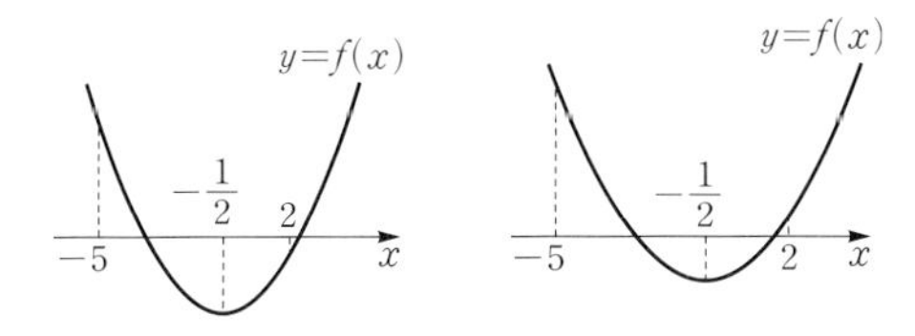


따라서 $f(-5)=25-5-3k>0$에서

$k<\frac{20}{3}$

(i), (ii)에서 공통부분을 구하면 $\quad -\frac{1}{12}\le k<\frac{20}{3}$

따라서 정수 $k$는 0, 1, $\cdots$, 6의 7개이다. 답 **7**

**다른 풀이** $f(x)=x^2+x-3k$라 하면

$$f(x)=\left(x+\frac{1}{2}\right)^2-\frac{1}{4}-3k$$

$-5\le x\le2$에서

$$f(-5)=20-3k,\ f\left(-\frac{1}{2}\right)=-\frac{1}{4}-3k,\ f(2)=6-3k$$

이므로 $x=-\frac{1}{2}$에서 최솟값, $x=-5$에서 최댓값을 갖는다.

따라서 $-5<x<2$에서 적어도 한 근을 가지려면

$$f\left(-\frac{1}{2}\right)=-\frac{1}{4}-3k\le0,\ f(-5)=20-3k>0$$

$\therefore -\frac{1}{12}\le k<\frac{20}{3}$

**0881** $f(x)=ax^2-2x+a-2$라 하면 주어진 조건을 만족시키는 $y=f(x)$의 그래프는 오른쪽 그림과 같다.

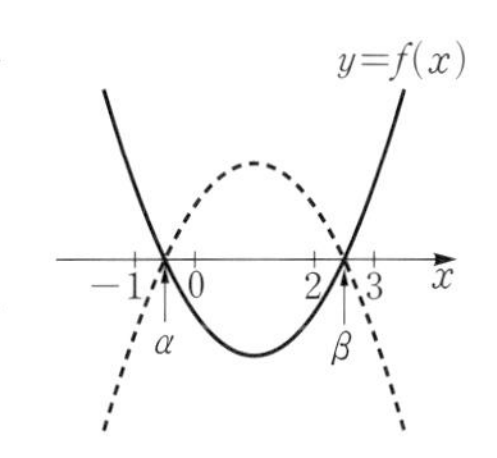


이차방정식 $f(x)=0$의 한 근이 $-1$과 0 사이에 있어야 하므로

$f(-1)f(0)<0$에서

$(a+2+a-2)(a-2)<0,\quad a(a-2)<0$

$\therefore 0<a<2$ ...... ㉠ ··· 1단계

또 $f(x)=0$의 다른 한 근이 2와 3 사이에 있어야 하므로

$f(2)f(3)<0$에서

$(4a-4+a-2)(9a-6+a-2)<0$

$(5a-6)(5a-4)<0$

$\therefore \frac{4}{5}<a<\frac{6}{5}$ ...... ㉡ ··· 2단계

㉠, ㉡의 공통부분을 구하면 $\quad \frac{4}{5}<a<\frac{6}{5}$ ··· 3단계

답 $\mathbf{\frac{4}{5}<a<\frac{6}{5}}$

| | 채점 요소 | 비율 |
|---|---|---|
| 1단계 | 한 근이 $-1$과 0 사이에 있을 때 $a$의 값의 범위 구하기 | 40 % |
| 2단계 | 한 근이 2와 3 사이에 있을 때 $a$의 값의 범위 구하기 | 40 % |
| 3단계 | 주어진 조건을 만족시키는 $a$의 값의 범위 구하기 | 20 % |

## 시험에 꼭 나오는 문제

• 본책 124~127쪽

**0882** ㄱ. 이차방정식 $x^2-x-3=0$의 해는 $x=\frac{1\pm\sqrt{13}}{2}$이므로 $x^2-x-3\le0$의 해는

$$\frac{1-\sqrt{13}}{2}\le x\le\frac{1+\sqrt{13}}{2}$$

ㄴ. $x^2-2x+5=(x-1)^2+4\ge4$

따라서 주어진 부등식의 해는 모든 실수이다.

ㄷ. $-3x^2+2x-3>0$에서 $\quad 3x^2-2x+3<0$

그런데 $3x^2-2x+3=3\left(x-\frac{1}{3}\right)^2+\frac{8}{3}>0$이므로 주어진 부등식의 해는 없다.

ㄹ. $-16x^2+8x-1\le0$에서 $\quad 16x^2-8x+1\ge0$

$\therefore (4x-1)^2\ge0$

따라서 주어진 부등식의 해는 모든 실수이다.

이상에서 해가 모든 실수인 이차부등식은 ㄴ, ㄹ이다. **답 ④**

**0883** 이차함수 $y=f(x)$의 그래프가 $x$축과 두 점 $(-2, 0)$, $(1, 0)$에서 만나므로

$f(x)=a(x+2)(x-1)\ (a<0)$

이라 하자.

이 그래프가 점 $(0, 2)$를 지나므로

$2=-2a \quad \therefore a=-1$

$\therefore f(x)=-(x+2)(x-1)$

$f(x)>-18$에서 $\quad -(x+2)(x-1)>-18$

$x^2+x-20<0, \quad (x+5)(x-4)<0$

$\therefore -5<x<4$

따라서 $\alpha=-5$, $\beta=4$이므로

$\alpha-\beta=-5-4=-9$ **답 −9**

**0884** $(x+1)(x-1)<|x-5|$에서

(i) $x<5$일 때, $x-5<0$이므로

$(x+1)(x-1)<-(x-5), \quad x^2+x-6<0$

$(x+3)(x-2)<0$

$\therefore -3<x<2$

그런데 $x<5$이므로 $\quad -3<x<2$

(ii) $x\ge5$일 때, $x-5\ge0$이므로

$(x+1)(x-1)<x-5$

$\therefore x^2-x+4<0$

그런데 $x^2-x+4=\left(x-\frac{1}{2}\right)^2+\frac{15}{4}\ge\frac{15}{4}$이므로 해는 없다.

(i), (ii)에서 주어진 부등식의 해는

$-3<x<2$

① $2x-1<3$에서 $\quad 2x<4 \quad \therefore x<2$

② $3x+5>-4$에서 $\quad 3x>-9 \quad \therefore x>-3$

③ $\left|x-\frac{1}{2}\right|>\frac{5}{2}$에서 $\quad x-\frac{1}{2}<-\frac{5}{2}$ 또는 $x-\frac{1}{2}>\frac{5}{2}$

$\therefore x<-2$ 또는 $x>3$

④ $\left|x+\frac{1}{2}\right|<\frac{5}{2}$에서 $\quad -\frac{5}{2}<x+\frac{1}{2}<\frac{5}{2}$

$\therefore -3<x<2$

⑤ $|x+2|<4$에서 $\quad -4<x+2<4$

$\therefore -6<x<2$

따라서 $(x+1)(x-1)<|x-5|$와 해가 같은 것은 ④이다.

**답 ④**

**0885** $ax^2+bx+c<0$의 해가 $x<-1$ 또는 $x>5$이므로

$a<0$

해가 $x<-1$ 또는 $x>5$이고 $x^2$의 계수가 1인 이차부등식은

$(x+1)(x-5)>0 \quad \therefore x^2-4x-5>0$

양변에 $a$를 곱하면

$ax^2-4ax-5a<0\ (\because a<0)$

이 부등식이 $ax^2+bx+c<0$과 같으므로

$b=-4a$, $c=-5a$

이것을 $a(x-2)^2-b(x-2)+c>0$에 대입하면

$a(x-2)^2+4a(x-2)-5a>0$

양변을 $a$로 나누면

$(x-2)^2+4(x-2)-5<0\ (\because a<0)$

$x^2-9<0, \quad (x+3)(x-3)<0$

$\therefore -3<x<3$ **답 ①**

**0886** $f(x)<0$의 해가 $x<-2$ 또는 $x>1$이므로

$f(x)=a(x+2)(x-1)\ (a<0)$

이라 하면

$f(1-2x)=a(1-2x+2)(1-2x-1)$

$=2ax(2x-3)$

이때 $f(-1)=-2a$이므로 $f(1-2x)<f(-1)$에서

$2ax(2x-3)<-2a, \quad 4ax^2-6ax+2a<0$

$2x^2-3x+1>0\ (\because 2a<0)$

$(2x-1)(x-1)>0$

$\therefore x<\frac{1}{2}$ 또는 $x>1$ **답 $x<\frac{1}{2}$ 또는 $x>1$**

**0887** 이차부등식 $(k-2)x^2-(k+1)x+2k-2\le0$이 오직 하나의 해를 가지므로

$k-2>0 \quad \therefore k>2$

이차방정식 $(k-2)x^2-(k+1)x+2k-2=0$의 판별식을 $D$라 하면

$D=(k+1)^2-4(k-2)(2k-2)=0$

$7k^2-26k+15=0, \quad (7k-5)(k-3)=0$

$\therefore k=\frac{5}{7}$ 또는 $k=3$

그런데 $k>2$이므로 $\quad k=3$

이것을 주어진 부등식에 대입하면

$x^2-4x+4\le0, \quad (x-2)^2\le0 \quad \therefore x=2$

따라서 $\alpha=3$, $\beta=2$이므로

$\alpha+\beta=3+2=5$ **답 5**

**0888** $ax^2+2ax-5>0$에서

(i) $a>0$일 때

이차함수 $y=ax^2+2ax-5$의 그래프는 아래로 볼록하므로 주어진 이차부등식은 항상 해를 갖는다.

(ii) $a<0$일 때

주어진 이차부등식이 해를 가지려면 이차방정식 $ax^2+2ax-5=0$이 서로 다른 두 실근을 가져야 하므로 이 이차방정식의 판별식을 $D$라 하면

$\frac{D}{4}=a^2+5a>0$, $a(a+5)>0$

$\therefore a<-5$ 또는 $a>0$

그런데 $a<0$이므로 $a<-5$

(i), (ii)에서 조건을 만족시키는 $a$의 값의 범위는

$a<-5$ 또는 $a>0$ 답 ③

참고 | $a=0$이면 주어진 부등식은 이차부등식이 아니므로 $a\neq0$

**0889** 모든 실수 $x$에 대하여 $\sqrt{-x^2-2kx+2k}$가 허수가 되려면 모든 실수 $x$에 대하여 $-x^2-2kx+2k<0$이 성립해야 한다.

이차방정식 $-x^2-2kx+2k=0$의 판별식을 $D$라 하면

$\frac{D}{4}=(-k)^2-(-1)\times2k<0$, $k(k+2)<0$

$\therefore -2<k<0$ 답 ②

**0890** $mx^2+2mx+4>(x+1)^2$에서

$(m-1)x^2+2(m-1)x+3>0$ …… ㉠

(i) $m=1$일 때

㉠에서 $0\times x^2+0\times x+3=3>0$이므로 모든 실수 $x$에 대하여 성립한다.

(ii) $m\neq1$일 때

㉠이 모든 실수 $x$에 대하여 성립하려면

$m-1>0$ $\therefore m>1$

이차방정식 $(m-1)x^2+2(m-1)x+3=0$의 판별식을 $D$라 하면

$\frac{D}{4}=(m-1)^2-3(m-1)<0$

$(m-1)(m-4)<0$

$\therefore 1<m<4$

그런데 $m>1$이므로 $1<m<4$

(i), (ii)에서 주어진 조건을 만족시키는 $m$의 값의 범위는

$1\le m<4$ 답 $1\le m<4$

**0891** $f(x)\ge g(x)$에서

$f(x)-g(x)\ge0$

$h(x)=f(x)-g(x)$라 하면

$h(x)=x^2-5x+6-(-x^2+7x+k-9)$

$=2x^2-12x-k+15$

$=2(x-3)^2-k-3$

$1\le x\le5$에서 $h(x)\ge0$이 항상 성립하려면 $y=h(x)$의 그래프가 오른쪽 그림과 같아야 한다.

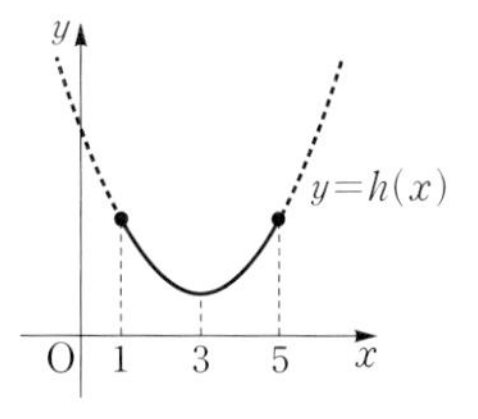


$h(3)\ge0$에서

$-k-3\ge0$ $\therefore k\le-3$

따라서 실수 $k$의 최댓값은 $-3$이다.

답 $-3$

**0892** 이차함수 $y=x^2-ax+b$의 그래프가 직선 $y=3x-2$보다 아래쪽에 있는 부분의 $x$의 값의 범위는 부등식

$x^2-ax+b<3x-2$, 즉

$x^2-(a+3)x+b+2<0$ …… ㉠

의 해이다.

해가 $-2<x<3$이고 $x^2$의 계수가 1인 이차부등식은

$(x+2)(x-3)<0$

$\therefore x^2-x-6<0$ …… ㉡

㉠, ㉡이 같아야 하므로

$a+3=1$, $b+2=-6$

$\therefore a=-2$, $b=-8$

$\therefore a+b=-2+(-8)=-10$ 답 $-10$

**0893** 도로의 폭을 $x$ m라 하면 도로를 제외한 땅을 직사각형 모양으로 이어 붙였을 때 가로, 세로의 길이는 각각

$(25-x)$ m, $(15-x)$ m

따라서 도로를 제외한 땅의 넓이가 200 m$^2$ 이상이 되려면

$(25-x)(15-x)\ge200$, $x^2-40x+175\ge0$

$(x-5)(x-35)\ge0$

$\therefore x\le5$ 또는 $x\ge35$

이때 $0<x<15$이므로 $0<x\le5$

따라서 도로의 최대 폭은 5 m이다. 답 5 m

**0894** 주어진 부등식은

$\begin{cases}5x+1\le2x^2+3 & \cdots\cdots ㉠\\ 2x^2+3<2x+27 & \cdots\cdots ㉡\end{cases}$

㉠에서 $2x^2-5x+2\ge0$, $(2x-1)(x-2)\ge0$

$\therefore x\le\frac{1}{2}$ 또는 $x\ge2$ …… ㉢

㉡에서 $2x^2-2x-24<0$, $x^2-x-12<0$

$(x+3)(x-4)<0$

$\therefore -3<x<4$ …… ㉣

㉢, ㉣의 공통부분을 구하면

$-3<x\le\frac{1}{2}$ 또는 $2\le x<4$

따라서 정수 $x$는 $-2$, $-1$, 0, 2, 3이므로 구하는 합은

$-2+(-1)+0+2+3=2$ 답 2

**0895** $a>0$이므로 $|x+2|\le a$에서 $-a\le x+2\le a$

$\therefore -a-2\le x\le a-2$ …… ㉠

$x^2+6x-(2a+3)(2a-3)>0$에서

$\{x+(2a+3)\}\{x-(2a-3)\}>0$

$\therefore x<-2a-3$ 또는 $x>2a-3$ ...... ㉡

주어진 연립부등식의 해가 없으려면 ㉠, ㉡의 공통부분이 없어야 하므로 다음 그림과 같아야 한다.

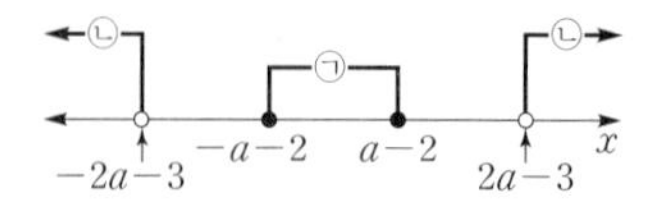


즉 $-2a-3\le -a-2$에서

$a\ge -1$ ...... ㉢

$a-2\le 2a-3$에서

$a\ge 1$ ...... ㉣

㉢, ㉣의 공통부분을 구하면 $a\ge 1$

따라서 양수 $a$의 최솟값은 1이다. 답 1

**0896** $\begin{cases} x^2+ax+b\ge 0 & \cdots\cdots ㉠ \\ x^2+cx+d\le 0 & \cdots\cdots ㉡ \end{cases}$

㉠, ㉡의 해의 공통부분이 $1\le x\le 3$ 또는 $x=4$이므로 ㉠, ㉡의 해를 수직선 위에 나타내면 오른쪽 그림과 같아야 한다.

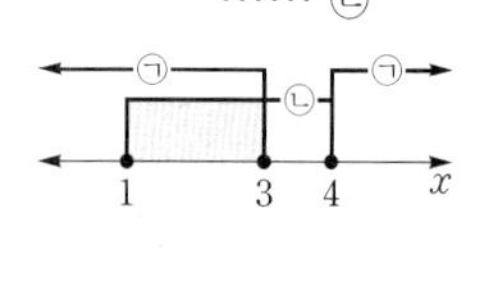


해가 $x\le 3$ 또는 $x\ge 4$이고 $x^2$의 계수가 1인 이차부등식은

$(x-3)(x-4)\ge 0$ $\therefore x^2-7x+12\ge 0$

이 부등식이 $x^2+ax+b\ge 0$과 같아야 하므로

$a=-7$, $b=12$

해가 $1\le x\le 4$이고 $x^2$의 계수가 1인 이차부등식은

$(x-1)(x-4)\le 0$ $\therefore x^2-5x+4\le 0$

이 부등식이 $x^2+cx+d\le 0$과 같아야 하므로

$c=-5$, $d=4$

$\therefore a+b-c+d=-7+12-(-5)+4=14$ 답 14

**0897** $a<b$이므로 $(x-a)(x-b)>0$의 해는

$x<a$ 또는 $x>b$ ...... ㉠

$b<c$이므로 $(x-b)(x-c)>0$의 해는

$x<b$ 또는 $x>c$ ...... ㉡

㉠, ㉡을 수직선 위에 나타내면 오른쪽 그림과 같으므로 주어진 연립부등식의 해는

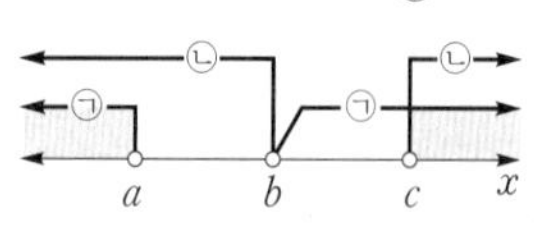


$x<a$ 또는 $x>c$

$\therefore a=-2$, $c=8$

이것을 $x^2+ax-c<0$에 대입하면

$x^2-2x-8<0$, $(x+2)(x-4)<0$

$\therefore -2<x<4$

따라서 정수 $x$는 $-1$, 0, 1, 2, 3의 5개이다. 답 5

**0898** $y=-x^2+2kx+k^2+4$에 $x=0$을 대입하면

$y=k^2+4$ $\therefore \mathrm{A}(0,\ k^2+4)$

따라서 점 B의 $y$좌표가 $k^2+4$이므로

$k^2+4=-x^2+2kx+k^2+4$에서

$x^2-2kx=0$, $x(x-2k)=0$

$\therefore x=0$ 또는 $x=2k$

$\therefore \mathrm{B}(2k,\ k^2+4)$

즉 $g(k)=2(\overline{\mathrm{OA}}+\overline{\mathrm{AB}})=2\{(k^2+4)+2k\}=2k^2+4k+8$이므로 $14\le g(k)\le 78$에서

$14\le 2k^2+4k+8\le 78$

$\therefore 7\le k^2+2k+4\le 39$

$7\le k^2+2k+4$에서 $k^2+2k-3\ge 0$

$(k+3)(k-1)\ge 0$

$\therefore k\le -3$ 또는 $k\ge 1$

그런데 $k>0$이므로 $k\ge 1$ ...... ㉠

$k^2+2k+4\le 39$에서 $k^2+2k-35\le 0$

$(k+7)(k-5)\le 0$

$\therefore -7\le k\le 5$

그런데 $k>0$이므로

$0<k\le 5$ ...... ㉡

㉠, ㉡의 공통부분을 구하면 $1\le k\le 5$

따라서 자연수 $k$는 1, 2, 3, 4, 5이므로 구하는 합은

$1+2+3+4+5=15$ 답 15

**0899** 이차방정식 $x^2+3kx+1=0$이 실근을 가지므로 이 이차방정식의 판별식을 $D_1$이라 하면

$D_1=(3k)^2-4\times 1\times 1\ge 0$, $(3k+2)(3k-2)\ge 0$

$\therefore k\le -\dfrac{2}{3}$ 또는 $k\ge \dfrac{2}{3}$ ...... ㉠

이차방정식 $x^2+kx+k=0$이 허근을 가지므로 이 이차방정식의 판별식을 $D_2$라 하면

$D_2=k^2-4\times 1\times k<0$, $k(k-4)<0$

$\therefore 0<k<4$ ...... ㉡

㉠, ㉡의 공통부분을 구하면

$\dfrac{2}{3}\le k<4$

따라서 정수 $k$는 1, 2, 3이므로 구하는 합은

$1+2+3=6$ 답 6

**0900** 이차방정식 $x^2-2kx-k+20=0$의 판별식을 $D$라 하면 서로 다른 두 실근 $\alpha$, $\beta$에 대하여 $\alpha\beta>0$이므로

(i) $\dfrac{D}{4}=(-k)^2-(-k+20)>0$

$k^2+k-20>0$, $(k+5)(k-4)>0$

$\therefore k<-5$ 또는 $k>4$

(ii) $\alpha\beta=-k+20>0$ $\therefore k<20$

(i), (ii)에서 공통부분을 구하면

$k<-5$ 또는 $4<k<20$

따라서 자연수 $k$는 5, 6, ⋯, 19의 15개이다. 답 ②

**0901** $|x-k|\le 5$에서 $\quad -5\le x-k\le 5$

$\therefore k-5\le x\le k+5$ ...... ㉠

$x^2-x-12>0$에서 $\quad (x+3)(x-4)>0$

$\therefore x<-3$ 또는 $x>4$ ...... ㉡

(i) $k+5\le 4$, 즉 $k\le -1$일 때

㉠, ㉡을 수직선 위에 나타내면 오른쪽 그림과 같다.

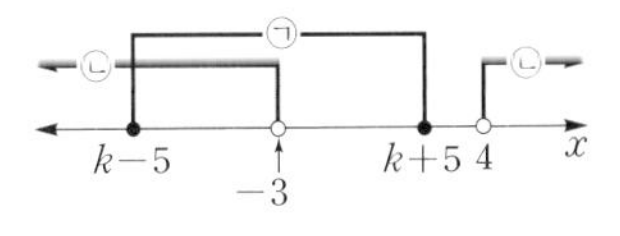


이때 ㉠, ㉡의 공통부분에 포함되는 정수는 모두 $-3$보다 작으므로 그 합은 7보다 작다.

따라서 주어진 조건을 만족시키지 않는다.

(ii) $k-5\ge -3$, 즉 $k\ge 2$일 때

㉠, ㉡을 수직선 위에 나타내면 오른쪽 그림과 같다.

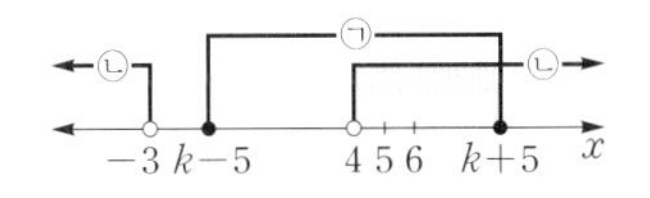


이때 ㉠, ㉡의 공통부분에 포함되는 정수는 모두 4보다 크고, 2개 이상의 정수가 반드시 포함되므로 그 합은 7보다 크다.

따라서 주어진 조건을 만족시키지 않는다.

(iii) $k-5<-3$이고 $k+5>4$, 즉 $-1<k<2$일 때

㉠, ㉡을 수직선 위에 나타내면 오른쪽 그림과 같다.

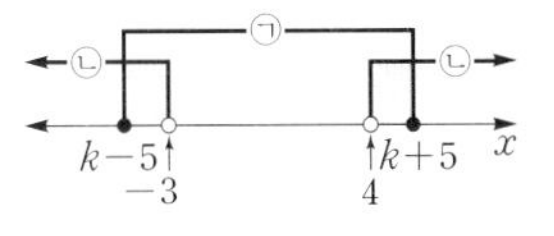


이때 $k$는 정수이므로

$-1<k<2$에서 $\quad k=0$ 또는 $k=1$

ⓐ $k=0$일 때,

㉠에서 $\quad -5\le x\le 5$

따라서 주어진 연립부등식의 해는

$-5\le x<-3$ 또는 $4<x\le 5$

즉 정수 $x$는 $-5$, $-4$, 5이므로 그 합은

$-5+(-4)+5=-4$

따라서 주어진 조건을 만족시키지 않는다.

ⓑ $k=1$일 때,

㉠에서 $\quad -4\le x\le 6$

따라서 주어진 연립부등식의 해는

$-4\le x<-3$ 또는 $4<x\le 6$

즉 정수 $x$는 $-4$, 5, 6이므로 그 합은

$-4+5+6=7$

이상에서 $\quad k=1$

답 ④

**0902** $x^2-5x+6=0$에서

$(x-2)(x-3)=0$

$\therefore x=2$ 또는 $x=3$

$f(x)=x^2-(a-1)x+a+4$라 하면 이차방정식 $f(x)=0$의 한 근만이 2와 3 사이에 있으므로 이 이차방정식의 판별식을 $D$라 할 때

$D=\{-(a-1)\}^2-4\times 1\times(a+4)>0$

$a^2-6a-15>0$

$\therefore a<3-2\sqrt{6}$ 또는 $a>3+2\sqrt{6}$

(i) $a<3-2\sqrt{6}$일 때

$y=f(x)$의 그래프의 축의 방정식이

$x=\dfrac{a-1}{2}<1-\sqrt{6}<2$

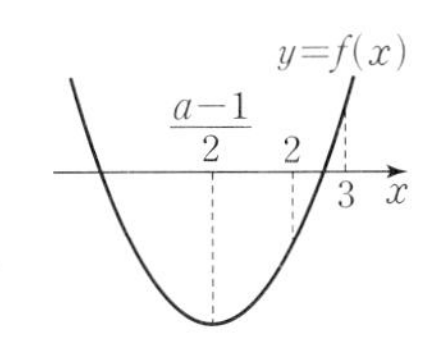


이므로 $y=f(x)$의 그래프는 오른쪽 그림과 같아야 한다.

$f(2)=4-2(a-1)+a+4<0$에서

$a>10$ ...... ㉠

$f(3)=9-3(a-1)+a+4>0$에서

$a<8$ ...... ㉡

㉠, ㉡의 공통부분이 없으므로 주어진 조건을 만족시키는 $a$의 값은 존재하지 않는다.

(ii) $a>3+2\sqrt{6}$일 때

$y=f(x)$의 그래프의 축의 방정식이

$x=\dfrac{a-1}{2}>1+\sqrt{6}>3$

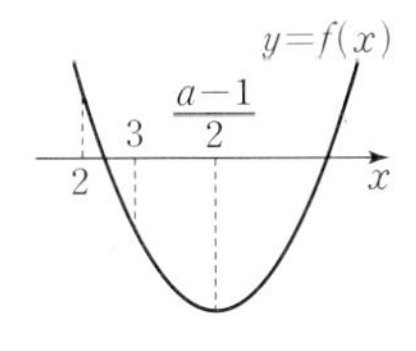


이므로 $y=f(x)$의 그래프는 오른쪽 그림과 같아야 한다.

$f(2)=4-2(a-1)+a+4>0$에서

$a<10$ ...... ㉢

$f(3)=9-3(a-1)+a+4<0$에서

$a>8$ ...... ㉣

㉢, ㉣의 공통부분을 구하면

$8<a<10$

(i), (ii)에서 $\quad 8<a<10$

따라서 실수 $a$의 값이 될 수 있는 것은 ③이다.

답 ③

**0903** 이차방정식 $x^2-10x+2a+9=0$의 판별식을 $D$라 하면

$\dfrac{D}{4}=(-5)^2-(2a+9)=0, \quad 2a=16$

$\therefore a=8$ ... 1단계

이것을 $2x^2-(a+3)x+15<0$에 대입하면

$2x^2-11x+15<0, \quad (2x-5)(x-3)<0$

$\therefore \dfrac{5}{2}<x<3$ ... 2단계

답 $\dfrac{5}{2}<x<3$

| | 채점 요소 | 비율 |
|---|---|---|
| 1단계 | $a$의 값 구하기 | 40 % |
| 2단계 | 이차부등식의 해 구하기 | 60 % |

**0904** $x^2-2x-3>3|x-1|$에서

(i) $x<1$일 때, $x-1<0$이므로

$x^2-2x-3>-3(x-1)$

$x^2+x-6>0, \quad (x+3)(x-2)>0$

$\therefore x<-3$ 또는 $x>2$

그런데 $x<1$이므로 $\quad x<-3$

(ii) $x\ge 1$일 때, $x-1\ge 0$이므로

$x^2-2x-3>3(x-1)$

$x^2-5x>0, \quad x(x-5)>0$

$\therefore x<0$ 또는 $x>5$

그런데 $x\geq 1$이므로 $\quad x>5$

(i), (ii)에서 $x^2-2x-3>3|x-1|$의 해는

$x<-3$ 또는 $x>5$ ··· 1단계

따라서 $ax^2+2x+b<0$의 해가 $x<-3$ 또는 $x>5$이므로

$a<0$

해가 $x<-3$ 또는 $x>5$이고 $x^2$의 계수가 1인 이차부등식은

$(x+3)(x-5)>0$, 즉 $x^2-2x-15>0$

양변에 $a$를 곱하면

$ax^2-2ax-15a<0$ ($\because a<0$)

이 부등식이 $ax^2+2x+b<0$과 같으므로

$-2a=2, \ -15a=b$

$\therefore a=-1, b=15$ ··· 2단계

$\therefore a+b=-1+15=14$ ··· 3단계

답 **14**

| 채점 요소 | | 비율 |
|---|---|---|
| 1단계 | $x^2-2x-3>3\|x-1\|$의 해 구하기 | 50 % |
| 2단계 | $a$, $b$의 값 구하기 | 40 % |
| 3단계 | $a+b$의 값 구하기 | 10 % |

**0905** $(k+1)x^2+2x+3k+1\geq 0$이 해를 갖지 않으려면 모든 실수 $x$에 대하여 $(k+1)x^2+2x+3k+1<0$이 성립해야 한다. ··· 1단계

따라서 $k+1<0$이어야 하므로

$k<-1$

이차방정식 $(k+1)x^2+2x+3k+1=0$의 판별식을 $D$라 하면

$\frac{D}{4}=1^2-(k+1)(3k+1)<0$

$3k^2+4k>0, \quad k(3k+4)>0$

$\therefore k<-\frac{4}{3}$ 또는 $k>0$

그런데 $k<-1$이므로 $\quad k<-\frac{4}{3}$ ··· 2단계

따라서 정수 $k$의 최댓값은 $-2$이다. ··· 3단계

답 **−2**

| 채점 요소 | | 비율 |
|---|---|---|
| 1단계 | 주어진 이차부등식이 해를 갖지 않을 조건 구하기 | 20 % |
| 2단계 | 주어진 이차부등식이 해를 갖지 않도록 하는 $k$의 값의 범위 구하기 | 60 % |
| 3단계 | 정수 $k$의 최댓값 구하기 | 20 % |

**0906** $x^2-6x+8>0$에서

$(x-2)(x-4)>0$

$\therefore x<2$ 또는 $x>4$ ······ ㉠ ··· 1단계

$x^2-(a+7)x+7a<0$에서

$(x-a)(x-7)<0$

$\therefore a<x<7$ ($\because a<7$) ······ ㉡ ··· 2단계

㉠, ㉡을 동시에 만족시키는 정수 $x$의 개수가 4이므로 오른쪽 그림에서

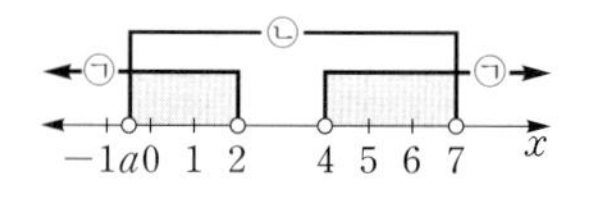


$-1\leq a<0$ ··· 3단계

답 **$-1\leq a<0$**

| 채점 요소 | | 비율 |
|---|---|---|
| 1단계 | $x^2-6x+8>0$의 해 구하기 | 30 % |
| 2단계 | $x^2-(a+7)x+7a<0$의 해 구하기 | 30 % |
| 3단계 | $a$의 값의 범위 구하기 | 40 % |

**0907** 전략 정수 $n$에 대하여 $n\leq x<n+1$이면 $[x]=n$임을 이용한다.

$n\leq x<n+1$ ($n$은 정수)일 때,

$n+1\leq x+1<n+2, \ n+6\leq x+6<n+7$

이므로

$[x+1]=n+1, \ [x+6]=n+6$

따라서 $[x+1]^2-[x+6]-15\leq 0$에서

$(n+1)^2-(n+6)-15\leq 0, \quad n^2+n-20\leq 0$

$(n+5)(n-4)\leq 0$

$\therefore -5\leq n\leq 4$

이때 $n$은 정수이므로

$n=-5$일 때, $\quad -5\leq x<-4$

$n=-4$일 때, $\quad -4\leq x<-3$

⋮

$n=4$일 때, $\quad 4\leq x<5$

$\therefore -5\leq x<5$

$f(x)=-x^2+2ax+a^2+1$이라 하자.

$-5\leq x<5$에서 $f(x)>0$이 항상 성립하려면 $y=f(x)$의 그래프는 오른쪽 그림과 같아야 한다.

$f(-5)>0$에서

$-25-10a+a^2+1>0$

$a^2-10a-24>0, \quad (a+2)(a-12)>0$

$\therefore a<-2$ 또는 $a>12$ ······ ㉠

$f(5)\geq 0$에서 $\quad -25+10a+a^2+1\geq 0$

$a^2+10a-24\geq 0, \quad (a+12)(a-2)\geq 0$

$\therefore a\leq -12$ 또는 $a\geq 2$ ······ ㉡

㉠, ㉡의 공통부분을 구하면

$a\leq -12$ 또는 $a>12$

답 **$a\leq -12$ 또는 $a>12$**

**0908** 전략 실수 $A$를 소수점 아래 첫째 자리에서 반올림한 값이 $k$이면 $k-\frac{1}{2}\leq A<k+\frac{1}{2}$임을 이용한다.

$(x-2)(x-5)$를 소수점 아래 첫째 자리에서 반올림한 값이 $2x+6$이므로

$(2x+6)-\frac{1}{2}\leq (x-2)(x-5)<(2x+6)+\frac{1}{2}$

이때 $2x+6$은 정수이므로 $x=\frac{n}{2}$ ($n$은 정수)으로 놓으면

$$(n+6)-\frac{1}{2}\le\left(\frac{n}{2}-2\right)\left(\frac{n}{2}-5\right)<(n+6)+\frac{1}{2}$$

$$4(n+6)-2\le(n-4)(n-10)<4(n+6)+2$$

$$\therefore\ 4n+22\le n^2-14n+40<4n+26$$

(i) $4n+22\le n^2-14n+40$에서

$$n^2-18n+18\ge0$$

$n^2-18n+18=0$의 해가 $n=9\pm3\sqrt{7}$이므로

$n^2-18n+18\ge0$의 해는

$$n\le9-3\sqrt{7}\text{ 또는 }n\ge9+3\sqrt{7}$$

(ii) $n^2-14n+40<4n+26$에서

$$n^2-18n+14<0$$

$n^2-18n+14=0$의 해가 $n=9\pm\sqrt{67}$이므로

$n^2-18n+14<0$의 해는

$$9-\sqrt{67}<n<9+\sqrt{67}$$

(i), (ii)에서

$$9-\sqrt{67}<n\le9-3\sqrt{7}\text{ 또는 }9+3\sqrt{7}\le n<9+\sqrt{67}$$

그런데 $n$은 정수이므로

$$n=1\text{ 또는 }n=17$$

따라서 $x=\frac{1}{2}$ 또는 $x=\frac{17}{2}$이므로 모든 실수 $x$의 값의 합은

$$\frac{1}{2}+\frac{17}{2}=9$$

답 **9**

**0909** 전략 부등식 $A\le B<C$가 항상 성립하려면 부등식 $A\le B$, $B<C$가 각각 항상 성립해야 한다.

주어진 부등식은

$$\begin{cases}-x^2+2ax\le x^2+4x+a & \cdots\cdots ㉠\\ x^2+4x+a<2x^2+5 & \cdots\cdots ㉡\end{cases}$$

모든 실수 $x$에 대하여 주어진 부등식이 성립하려면 ㉠, ㉡의 해가 각각 모든 실수이어야 한다.

㉠에서 $\quad 2x^2-2(a-2)x+a\ge0$

이 부등식이 모든 실수 $x$에 대하여 성립해야 하므로 이차방정식 $2x^2-2(a-2)x+a=0$의 판별식을 $D_1$이라 하면

$$\frac{D_1}{4}=(a-2)^2-2a\le0$$

$$a^2-6a+4\le0$$

$a^2-6a+4=0$의 해가 $a=3\pm\sqrt{5}$이므로 $a^2-6a+4\le0$의 해는

$$3-\sqrt{5}\le a\le3+\sqrt{5} \quad\cdots\cdots ㉢$$

㉡에서 $\quad x^2-4x-a+5>0$

이 부등식이 모든 실수 $x$에 대하여 성립해야 하므로 이차방정식 $x^2-4x-a+5=0$의 판별식을 $D_2$라 하면

$$\frac{D_2}{4}=(-2)^2-(-a+5)<0$$

$$a-1<0 \qquad \therefore\ a<1 \quad\cdots\cdots ㉣$$

㉢, ㉣의 공통부분을 구하면

$$3-\sqrt{5}\le a<1$$

답 $\mathbf{3-\sqrt{5}\le a<1}$

**0910** 전략 두 부등식 $f(x_1)<g(x_1)$, $f(x_1)\le g(x_2)$의 해의 의미를 파악한다.

$f(x_1)<g(x_1)$의 해가 존재하지 않으므로 부등식

$$x^2+6x+10<-x^2+2ax-3,\text{ 즉}$$

$$2x^2-2(a-3)x+13<0$$

의 해는 존재하지 않는다.

따라서 모든 실수 $x$에 대하여

$$2x^2-2(a-3)x+13\ge0$$

이 성립해야 하므로 이차방정식 $2x^2-2(a-3)x+13=0$의 판별식을 $D$라 하면

$$\frac{D}{4}=(a-3)^2-2\times13\le0$$

$$(a-3)^2\le26,\qquad -\sqrt{26}\le a-3\le\sqrt{26}$$

$$\therefore\ 3-\sqrt{26}\le a\le3+\sqrt{26} \quad\cdots\cdots ㉠$$

또 $f(x_1)\le g(x_2)$의 해가 존재하므로

($f(x)$의 최솟값)$\le$($g(x)$의 최댓값)이다.

이때 $f(x)=x^2+6x+10=(x+3)^2+1$,

$g(x)=-x^2+2ax-3=-(x-a)^2+a^2-3$이므로 $f(x)$의 최솟값은 1이고, $g(x)$의 최댓값은 $a^2-3$이다.

즉 $1\le a^2-3$이므로

$$a^2-4\ge0,\qquad (a+2)(a-2)\ge0$$

$$\therefore\ a\le-2\text{ 또는 }a\ge2 \quad\cdots\cdots ㉡$$

㉠, ㉡의 공통부분을 구하면

$$3-\sqrt{26}\le a\le-2\text{ 또는 }2\le a\le3+\sqrt{26}$$

따라서 정수 $a$는 $-2, 2, 3, \cdots, 8$이므로 구하는 합은

$$-2+2+3+\cdots+8=33$$

답 **33**

# 10 경우의 수와 순열

## 교과서 문제 정복하기

본책 131쪽

**0911** 두 주사위에서 나오는 눈의 수를 순서쌍으로 나타내면
(i) 눈의 수의 합이 3인 경우는
$(1, 2)$, $(2, 1)$의 2가지
(ii) 눈의 수의 합이 9인 경우는
$(3, 6)$, $(4, 5)$, $(5, 4)$, $(6, 3)$의 4가지
(i), (ii)는 동시에 일어날 수 없으므로 구하는 경우의 수는
$2+4=6$ 　**답 6**

**0912** 두 주사위에서 나오는 눈의 수의 합이 11 이상인 경우는 눈의 수의 합이 11 또는 12인 경우이다.
두 주사위에서 나오는 눈의 수를 순서쌍으로 나타내면
(i) 눈의 수의 합이 11인 경우는
$(5, 6)$, $(6, 5)$의 2가지
(ii) 눈의 수의 합이 12인 경우는
$(6, 6)$의 1가지
(i), (ii)는 동시에 일어날 수 없으므로 구하는 경우의 수는
$2+1=3$ 　**답 3**

**0913** 7의 배수가 적힌 카드가 나오는 경우는
7, 14, 21, 28, 35, 42, 49의 7가지
9의 배수가 적힌 카드가 나오는 경우는
9, 18, 27, 36, 45의 5가지
두 사건은 동시에 일어날 수 없으므로 구하는 경우의 수는
$7+5=12$ 　**답 12**

**0914** 2의 배수가 적힌 카드가 나오는 경우는
2, 4, 6, ⋯, 50의 25가지
3의 배수가 적힌 카드가 나오는 경우는
3, 6, 9, ⋯, 48의 16가지
2와 3의 공배수, 즉 6의 배수가 적힌 카드가 나오는 경우는
6, 12, 18, ⋯, 48의 8가지
따라서 구하는 경우의 수는
$25+16-8=33$ 　**답 33**

**0915** 첫 번째에 짝수의 눈이 나오는 경우는
2, 4, 6의 3가지
두 번째에 6의 약수의 눈이 나오는 경우는
1, 2, 3, 6의 4가지
따라서 구하는 경우의 수는
$3\times4=12$ 　**답 12**

**0916** A 지점에서 B 지점으로 가는 방법은 3가지이고, 그 각각에 대하여 B 지점에서 C 지점으로 가는 방법은 2가지이므로 구하는 경우의 수는
$3\times2=6$ 　**답 6**

**0917** $(a+b)(x+y+z+w)$를 전개할 때, $a$, $b$에 $x$, $y$, $z$, $w$를 각각 곱하여 항이 만들어지므로 구하는 항의 개수는
$2\times4=8$ 　**답 8**

**RPM 비법 노트**
두 다항식 $A$, $B$의 각 항의 문자가 모두 다를 때, 다항식 $A$, $B$의 항의 개수가 각각 $m$, $n$이면
($AB$의 전개식에서의 항의 개수)$=m\times n$

**0918** ${}_5\mathrm{P}_2=5\times4=20$ 　**답 20**

**0919** ${}_4\mathrm{P}_3=4\times3\times2=24$ 　**답 24**

**0920** **답 1**

**0921** ${}_6\mathrm{P}_6=6\times5\times4\times3\times2\times1=720$ 　**답 720**

**0922** $120=6\times5\times4$이므로 ${}_n\mathrm{P}_3=120$에서
$n(n-1)(n-2)=6\times5\times4$
$\therefore n=6$ 　**답 6**

**0923** $210=7\times6\times5$이므로 ${}_7\mathrm{P}_r=210=7\times6\times5$에서
$r=3$ 　**답 3**

**0924** ${}_8\mathrm{P}_r=\dfrac{8!}{(8-r)!}=\dfrac{8!}{3!}$이므로
$8-r=3$ 　$\therefore r=5$ 　**답 5**

**0925** $120=5\times4\times3\times2\times1=5!$이므로 ${}_n\mathrm{P}_n=120$에서
$n!=5!$
$\therefore n=5$ 　**답 5**

**0926** 5개 중에서 3개를 택하는 순열의 수와 같으므로
${}_5\mathrm{P}_3=5\times4\times3=60$ 　**답 60**

**0927** 4명 중에서 4명을 택하는 순열의 수와 같으므로
${}_4\mathrm{P}_4=4!=4\times3\times2\times1=24$ 　**답 24**

**0928** 6개 중에서 2개를 택하는 순열의 수와 같으므로
${}_6\mathrm{P}_2=6\times5=30$ 　**답 30**

**0929** 10명 중에서 3명을 택하는 순열의 수와 같으므로
${}_{10}\mathrm{P}_3=10\times9\times8=720$ 　**답 720**

## 유형 익히기

● 본책 132~138쪽

**0930** 두 주사위에서 나오는 눈의 수의 합이 4의 배수가 되는 경우는 눈의 수의 합이 4 또는 8 또는 12인 경우이다.
두 주사위에서 나오는 눈의 수를 순서쌍으로 나타내면
(i) 눈의 수의 합이 4인 경우는
(1, 3), (2, 2), (3, 1)의 3가지
(ii) 눈의 수의 합이 8인 경우는
(2, 6), (3, 5), (4, 4), (5, 3), (6, 2)의 5가지
(iii) 눈의 수의 합이 12인 경우는
(6, 6)의 1가지
(i), (ii), (iii)은 동시에 일어날 수 없으므로 구하는 경우의 수는
$3+5+1=9$
답 **9**

**0931** 십의 자리의 숫자가 짝수인 경우는 십의 자리의 숫자가 2 또는 4인 경우이다.
(i) 십의 자리의 숫자가 2인 경우는
21, 23, 24의 3가지
(ii) 십의 자리의 숫자가 4인 경우는
41, 42, 43의 3가지
(i), (ii)는 동시에 일어날 수 없으므로 구하는 자연수의 개수는
$3+3=6$
답 **6**

**0932** 뽑힌 카드에 적힌 세 수를 순서쌍으로 나타내면
(i) 세 수의 합이 6이 되는 경우는
(1, 2, 3)의 1가지
(ii) 세 수의 합이 9가 되는 경우는
(1, 2, 6), (1, 3, 5), (2, 3, 4)의 3가지
(i), (ii)는 동시에 일어날 수 없으므로 구하는 경우의 수는
$1+3=4$
답 **4**

**0933** 1부터 100까지의 자연수 중에서
(i) 4로 나누어떨어지는 수는
4, 8, 12, ⋯, 100의 25개
(ii) 7로 나누어떨어지는 수는
7, 14, 21, ⋯, 98의 14개
(iii) 4와 7로 모두 나누어떨어지는 수는
28, 56, 84의 3개
이상에서 4 또는 7로 나누어떨어지는 자연수의 개수는
$25+14-3=36$
따라서 4와 7로 모두 나누어떨어지지 않는 자연수의 개수는
$100-36=64$
답 **64**

**0934** (i) $y=0$일 때, $2x+3z=16$이므로 순서쌍 $(x, z)$는
(2, 4), (5, 2), (8, 0)의 3개
(ii) $y=1$일 때, $2x+3z=11$이므로 순서쌍 $(x, z)$는
(1, 3), (4, 1)의 2개
(iii) $y=2$일 때, $2x+3z=6$이므로 순서쌍 $(x, z)$는
(0, 2), (3, 0)의 2개
이상에서 구하는 순서쌍의 개수는
$3+2+2=7$
답 **7**

**0935** (i) $y=1$일 때, $x\le5$이므로 순서쌍 $(x, y)$는
(1, 1), (2, 1), (3, 1), (4, 1), (5, 1)의 5개
(ii) $y=2$일 때, $x\le1$이므로 순서쌍 $(x, y)$는
(1, 2)의 1개
(i), (ii)에서 구하는 순서쌍의 개수는
$5+1=6$
답 ④

**다른 풀이** $x$, $y$가 자연수이므로 $x+4y\le9$를 만족시키는 경우는
$x+4y=5$, $x+4y=6$, $x+4y=7$,
$x+4y=8$, $x+4y=9$
(i) $x+4y=5$일 때, 순서쌍 $(x, y)$는
(1, 1)의 1개
(ii) $x+4y=6$일 때, 순서쌍 $(x, y)$는
(2, 1)의 1개
(iii) $x+4y=7$일 때, 순서쌍 $(x, y)$는
(3, 1)의 1개
(iv) $x+4y=8$일 때, 순서쌍 $(x, y)$는
(4, 1)의 1개
(v) $x+4y=9$일 때, 순서쌍 $(x, y)$는
(5, 1), (1, 2)의 2개
이상에서 구하는 순서쌍의 개수는
$1+1+1+1+2=6$

**0936** 500원, 1000원, 2000원짜리 우표를 각각 $x$장, $y$장, $z$장 산다고 하면
$500x+1000y+2000z=7000$
$\therefore x+2y+4z=14$
이때 세 종류의 우표가 적어도 한 장씩은 포함되어야 하므로 $x$, $y$, $z$는 자연수이다.
(i) $z=1$일 때, $x+2y=10$이므로 순서쌍 $(x, y)$는
(8, 1), (6, 2), (4, 3), (2, 4)의 4개
(ii) $z=2$일 때, $x+2y=6$이므로 순서쌍 $(x, y)$는
(4, 1), (2, 2)의 2개
(i), (ii)에서 구하는 경우의 수는
$4+2=6$
답 ③

**0937** 백의 자리의 숫자가 될 수 있는 것은
2, 3, 5, 7의 4개
십의 자리의 숫자가 될 수 있는 것은
3, 6, 9의 3개

일의 자리의 숫자가 될 수 있는 것은

$1, 3, 5, 7, 9$의 5개

따라서 구하는 홀수의 개수는

$4\times3\times5=60$ 답 60

**0938** $(x+y+z)(p+q+r+s)$를 전개할 때, $x, y, z$에 $p, q, r, s$를 각각 곱하여 항이 만들어지므로 항의 개수는

$3\times4=12$ …… ㉠

이때 $(x+y+z)(p+q+r+s)(a+b)$를 전개하면 $(x+y+z)(p+q+r+s)$를 전개하여 만들어지는 항들에 $a, b$를 각각 곱하여 항이 만들어지므로 ㉠에서 구하는 항의 개수는

$12\times2=24$ 답 24

**0939** 십의 자리의 숫자를 $x$, 일의 자리의 숫자를 $y$라 할 때, $x+y$의 값이 홀수이려면 $x$는 홀수, $y$는 0 또는 짝수이거나 $x$는 짝수, $y$는 홀수이어야 한다.

(i) $x$는 홀수, $y$는 0 또는 짝수인 경우

$x$가 될 수 있는 숫자는 $1, 3, 5, 7, 9$의 5개

$y$가 될 수 있는 숫자는 $0, 2, 4, 6, 8$의 5개

따라서 두 자리 자연수의 개수는 $5\times5=25$

(ii) $x$는 짝수, $y$는 홀수인 경우

$x$가 될 수 있는 숫자는 $2, 4, 6, 8$의 4개

$y$가 될 수 있는 숫자는 $1, 3, 5, 7, 9$의 5개

따라서 두 자리 자연수의 개수는 $4\times5=20$

(i), (ii)에서 구하는 두 자리 자연수의 개수는

$25+20=45$ 답 ④

**0940** 세 주사위 A, B, C를 동시에 던질 때, 나오는 수의 곱이 짝수인 경우의 수는 전체 경우의 수에서 수의 곱이 홀수인 경우의 수를 뺀 것과 같다.

이때 전체 경우의 수는

$4\times4\times4=64$

세 주사위를 동시에 던질 때, 나오는 수의 곱이 홀수이려면 세 수가 모두 홀수이어야 한다.

정사면체 모양의 주사위에서 홀수는 1, 3이므로 수의 곱이 홀수인 경우의 수는

$2\times2\times2=8$

따라서 구하는 경우의 수는

$64-8=56$ 답 56

**0941** 240과 600의 양의 공약수의 개수는 240과 600의 최대공약수의 양의 약수의 개수와 같다.

240을 소인수분해하면 $240=2^4\times3\times5$

600을 소인수분해하면 $600=2^3\times3\times5^2$

즉 240과 600의 최대공약수는

$2^3\times3\times5$

$2^3$의 양의 약수는 $1, 2, 2^2, 2^3$의 4개

3의 양의 약수는 $1, 3$의 2개

5의 양의 약수는 $1, 5$의 2개

따라서 구하는 양의 공약수의 개수는

$4\times2\times2=16$ 답 16

**0942** $10^n=(2\times5)^n=2^n\times5^n$

$2^n$의 양의 약수는 $1, 2, 2^2, \cdots, 2^n$의 $(n+1)$개

$5^n$의 양의 약수는 $1, 5, 5^2, \cdots, 5^n$의 $(n+1)$개

따라서 $10^n$의 양의 약수의 개수는

$(n+1)(n+1)=(n+1)^2$

이때 $(n+1)^2=100$이므로

$n+1=\pm10$ $\therefore n=9$ ($\because n$은 자연수)

답 9

**0943** 48을 소인수분해하면

$48=2^4\times3$

$2^4$의 양의 약수는 $1, 2, 2^2, 2^3, 2^4$의 5개

3의 양의 약수는 $1, 3$의 2개

따라서 48의 양의 약수의 개수는

$5\times2=10$ $\therefore x=10$

48의 양의 약수의 총합은

$(1+2+2^2+2^3+2^4)\times(1+3)=31\times4=124$

이므로 $y=124$

$\therefore x+y=10+124=134$

답 134

**0944** 360을 소인수분해하면

$360=2^3\times3^2\times5$ … 1단계

360의 양의 약수 중 짝수는 $2^2\times3^2\times5$의 양의 약수에 2를 곱한 것과 같다.

$2^2$의 양의 약수는 $1, 2, 2^2$의 3개

$3^2$의 양의 약수는 $1, 3, 3^2$의 3개

5의 양의 약수는 $1, 5$의 2개

$\therefore a=3\times3\times2=18$ … 2단계

360의 양의 약수 중 5의 배수는 $2^3\times3^2$의 양의 약수에 5를 곱한 것과 같다.

$2^3$의 양의 약수는 $1, 2, 2^2, 2^3$의 4개

$3^2$의 양의 약수는 $1, 3, 3^2$의 3개

$\therefore b=4\times3=12$ … 3단계

$\therefore a-b=18-12=6$ … 4단계

답 6

| 채점 요소 | | 비율 |
|---|---|---|
| 1단계 | 360을 소인수분해하기 | 10 % |
| 2단계 | $a$의 값 구하기 | 40 % |
| 3단계 | $b$의 값 구하기 | 40 % |
| 4단계 | $a-b$의 값 구하기 | 10 % |

**0945** A, B, C, D가 가지고 온 책을 각각 $a$, $b$, $c$, $d$라 할 때, 자신이 가져온 책은 자신이 읽지 않도록 책을 바꾸어 읽는 경우를 수형도로 나타내면 다음과 같다.

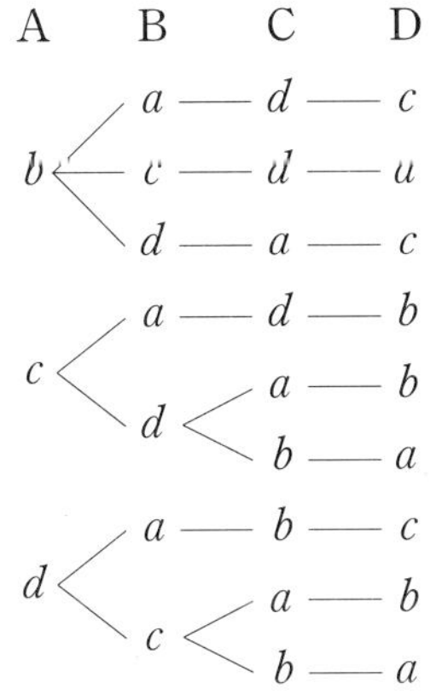

| A | B | C | D |
|---|---|---|---|
| $b$ | $a$ | $d$ | $c$ |
|  | $c$ | $d$ | $a$ |
|  | $d$ | $a$ | $c$ |
| $c$ | $a$ | $d$ | $b$ |
|  | $d$ | $a$ | $b$ |
|  |  | $b$ | $a$ |
| $d$ | $a$ | $b$ | $c$ |
|  | $c$ | $a$ | $b$ |
|  |  | $b$ | $a$ |

따라서 구하는 경우의 수는 9이다. 답 **9**

**0946** 101호에는 104호의 번호표가 붙고 나머지 방에는 원래 방의 번호표가 아닌 다른 방의 번호표가 붙는 경우를 수형도로 나타내면 다음과 같다.

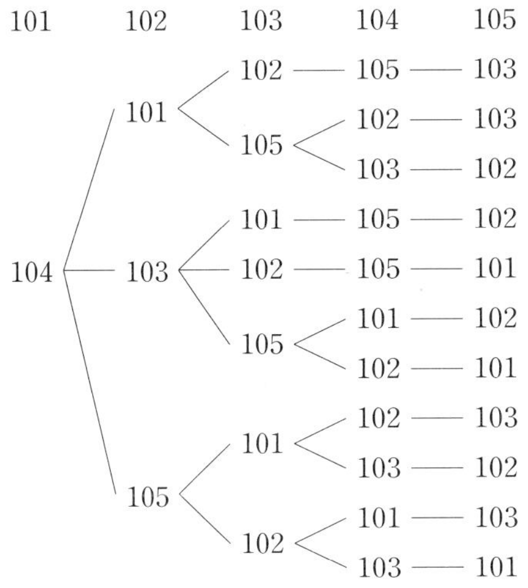

| 101 | 102 | 103 | 104 | 105 |
|---|---|---|---|---|
| 104 | 101 | 102 | 105 | 103 |
|  |  | 105 | 102 | 103 |
|  |  |  | 103 | 102 |
|  | 103 | 101 | 105 | 102 |
|  |  | 102 | 105 | 101 |
|  |  | 105 | 101 | 102 |
|  |  |  | 102 | 101 |
|  | 105 | 101 | 102 | 103 |
|  |  |  | 103 | 102 |
|  |  | 102 | 101 | 103 |
|  |  |  | 103 | 101 |

따라서 구하는 경우의 수는 11이다. 답 **11**

**0947** 꼭짓점 A에서 출발하여 꼭짓점 D를 통과하지 않고 꼭짓점 L에 도착하는 최단 경로를 수형도로 나타내면 다음과 같다.

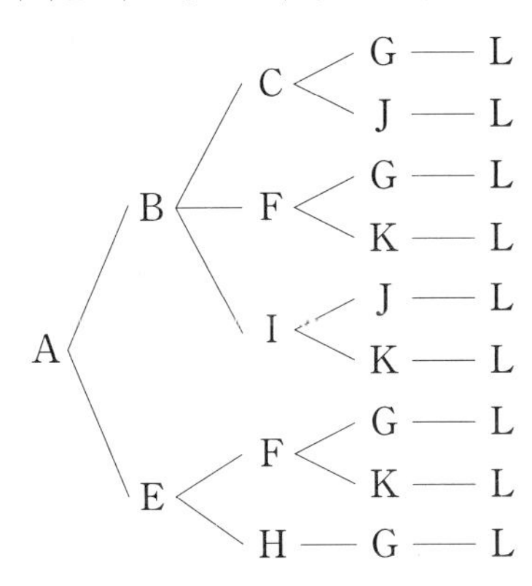


따라서 구하는 경로의 수는 9이다. 답 **9**

**0948** 100원짜리 동전을 지불하는 방법은

0개, 1개, 2개의 3가지

50원짜리 동전을 지불하는 방법은

0개, 1개, 2개, 3개의 4가지

10원짜리 동전을 지불하는 방법은

0개, 1개, 2개, 3개, 4개의 5가지

이때 0원을 지불하는 경우는 제외해야 하므로 지불하는 방법의 수는

$3\times4\times5-1=59$ 답 **59**

**0949** 500원짜리 동전 2개로 지불하는 금액과 1000원짜리 지폐 1장으로 지불하는 금액이 같으므로 1000원짜리 지폐 2장을 500원짜리 동전 4개로 바꾸어 생각하면 지불할 수 있는 금액의 수는 500원짜리 동전 6개와 100원짜리 동전 4개로 지불할 수 있는 금액의 수와 같다.

500원짜리 동전 6개로 지불할 수 있는 금액은

0원, 500원, 1000원, ⋯, 3000원의 7가지

100원짜리 동전 4개로 지불할 수 있는 금액은

0원, 100원, 200원, 300원, 400원의 5가지

이때 0원을 지불하는 경우는 제외해야 하므로 지불할 수 있는 금액의 수는

$7\times5-1=34$ 답 ⑤

**0950** (i) 지불하는 방법의 수

10000원짜리 지폐를 지불하는 방법은

0장, 1장, 2장, 3장의 4가지

5000원짜리 지폐를 지불하는 방법은

0장, 1장, 2장의 3가지

1000원짜리 지폐를 지불하는 방법은

0장, 1장, 2장, 3장, 4장, 5장, 6장의 7가지

이때 0원을 지불하는 경우는 제외해야 하므로 지불하는 방법의 수는

$4\times3\times7-1=83$ $\therefore a=83$ ⋯ 1단계

(ii) 지불할 수 있는 금액의 수

5000원짜리 지폐 2장으로 지불하는 금액과 10000원짜리 지폐 1장으로 지불하는 금액이 같고, 1000원짜리 지폐 5장으로 지불하는 금액과 5000원짜리 지폐 1장으로 지불하는 금액이 같으므로 10000원짜리 지폐 3장과 5000원짜리 지폐 2장을 모두 1000원짜리 지폐 40장으로 바꾸어 생각하면 지불할 수 있는 금액의 수는 1000원짜리 지폐 46장으로 지불할 수 있는 금액의 수와 같다.

1000원짜리 지폐 46장으로 지불할 수 있는 금액은

0원, 1000원, 2000원, ⋯, 46000원의 47가지

이때 0원을 지불하는 경우는 제외해야 하므로 지불할 수 있는 금액의 수는

$47-1=46$ $\therefore b=46$ ⋯ 2단계

(i), (ii)에서 $a-b=83-46=37$ ⋯ 3단계

답 37

| 채점 요소 | 비율 |
|---|---|
| 1단계 $a$의 값 구하기 | 40 % |
| 2단계 $b$의 값 구하기 | 50 % |
| 3단계 $a-b$의 값 구하기 | 10 % |

**0951** (i) A → B → C → D로 가는 경우의 수는
$2\times3\times2=12$
(ii) A → C → B → D로 가는 경우의 수는
$1\times3\times1=3$
(i), (ii)에서 구하는 경우의 수는
$12+3=15$ 답 15

**0952** (i) A → C → B → D → A로 가는 경우의 수는
$1\times2\times2\times3=12$
(ii) A → D → B → C → A로 가는 경우의 수는
$3\times2\times2\times1=12$
(i), (ii)에서 구하는 경우의 수는
$12+12=24$ 답 24

**0953** (i) A → B → C로 가는 경우의 수는
$4\times3=12$
(ii) A → B → D → C로 가는 경우의 수는
$4\times2\times2=16$
(iii) A → D → B → C로 가는 경우의 수는
$1\times2\times3=6$
(iv) A → D → C로 가는 경우의 수는
$1\times2=2$
이상에서 구하는 경우의 수는
$12+16+6+2=36$ 답 ③

**0954** A에 칠할 수 있는 색은 4가지
B에 칠할 수 있는 색은 A에 칠한 색을 제외한 3가지
C에 칠할 수 있는 색은 A와 B에 칠한 색을 제외한 2가지
D에 칠할 수 있는 색은 A와 C에 칠한 색을 제외한 2가지
따라서 구하는 방법의 수는
$4\times3\times2\times2=48$ 답 48

**0955** C에 칠할 수 있는 색은 5가지
B에 칠할 수 있는 색은 C에 칠한 색을 제외한 4가지
A에 칠할 수 있는 색은 C에 칠한 색을 제외한 4가지
D에 칠할 수 있는 색은 A와 C에 칠한 색을 제외한 3가지
E에 칠할 수 있는 색은 D에 칠한 색을 제외한 4가지
따라서 구하는 방법의 수는
$5\times4\times4\times3\times4=960$ 답 960

**0956** (i) B와 D에 같은 색을 칠하는 경우
A에 칠할 수 있는 색은 5가지
B에 칠할 수 있는 색은 A에 칠한 색을 제외한 4가지
C에 칠할 수 있는 색은 A와 B에 칠한 색을 제외한 3가지
D에 칠할 수 있는 색은 B에 칠한 색과 같은 색이므로 1가지
E에 칠할 수 있는 색은 A와 B에 칠한 색을 제외한 3가지
따라서 이 경우의 칠하는 방법의 수는
$5\times4\times3\times1\times3=180$
(ii) B와 D에 다른 색을 칠하는 경우
A에 칠할 수 있는 색은 5가지
B에 칠할 수 있는 색은 A에 칠한 색을 제외한 4가지
C에 칠할 수 있는 색은 A와 B에 칠한 색을 제외한 3가지
D에 칠할 수 있는 색은 A, B, C에 칠한 색을 제외한 2가지
E에 칠할 수 있는 색은 A, B, D에 칠한 색을 제외한 2가지
따라서 이 경우의 칠하는 방법의 수는
$5\times4\times3\times2\times2=240$
(i), (ii)에서 구하는 방법의 수는
$180+240=420$

답 420

다른 풀이 (i) 모두 다른 색을 칠하는 방법의 수는
$5\times4\times3\times2\times1=120$
(ii) B와 D에만 같은 색을 칠하는 방법의 수는
$5\times4\times3\times1\times2=120$
(iii) C와 E에만 같은 색을 칠하는 방법의 수는
$5\times4\times3\times2\times1=120$
(iv) B와 D, C와 E에 각각 같은 색을 칠하는 방법의 수는
$5\times4\times3\times1\times1=60$
이상에서 구하는 경우의 수는
$120+120+120+60=420$

**0957** $a$와 $f$를 한 문자로 생각하여 5개의 문자를 일렬로 나열하는 경우의 수는
$5!=120$
$a$와 $f$가 자리를 바꾸는 경우의 수는 $2!=2$
따라서 구하는 경우의 수는
$120\times2=240$ 답 240

**0958** 여학생 4명을 한 사람으로 생각하여 4명을 일렬로 세우는 경우의 수는
$4!=24$
여학생 4명이 자리를 바꾸는 경우의 수는 $4!=24$
따라서 구하는 경우의 수는
$24\times24=576$ 답 576

**0959** 고등학생 3명을 한 사람으로 생각하여 $(n+1)$명을 일렬로 세우는 경우의 수는
$(n+1)!$

고등학생 3명이 자리를 바꾸는 경우의 수는 $3!=6$
따라서 $(n+1)!\times 6=720$이므로
$(n+1)!=120=5!$, $n+1=5$
$\therefore n=4$
답 ③

**0960** (i) $a$와 $b$가 이웃하도록 나열하는 경우
$a$와 $b$를 한 문자로 생각하여 4개의 문자를 일렬로 나열하는 경우의 수는 $4!=24$
$a$와 $b$가 자리를 바꾸는 경우의 수는 $2!=2$
따라서 $a$와 $b$가 이웃하도록 나열하는 경우의 수는
$24\times 2=48$
(ii) $b$와 $c$가 이웃하도록 나열하는 경우
(i)과 같은 방법으로 구하면 $b$와 $c$가 이웃하도록 나열하는 경우의 수는
$24\times 2=48$
(iii) $a$와 $b$, $b$와 $c$가 모두 이웃하도록 나열하는 경우
$a$, $b$, $c$를 한 문자로 생각하여 3개의 문자를 일렬로 나열하는 경우의 수는 $3!=6$
이때 $a$와 $b$, $b$와 $c$가 모두 이웃하는 경우는 $abc$, $cba$의 2가지이므로 $a$와 $b$, $b$와 $c$가 모두 이웃하도록 나열하는 경우의 수는
$6\times 2=12$
이상에서 구하는 경우의 수는
$48+48-12=84$
답 84

**0961** 축구 선수 3명을 일렬로 세우는 경우의 수는
$3!=6$
축구 선수의 사이사이와 양 끝의 4개의 자리 중 2개의 자리에 야구 선수 2명을 세우는 경우의 수는
${}_4P_2=12$
따라서 구하는 경우의 수는
$6\times 12=72$
답 72

다른 풀이 5명의 선수를 일렬로 세우는 경우의 수는
$5!=120$
야구 선수끼리 이웃하도록 세우는 경우의 수는
$4!\times 2!=24\times 2=48$
따라서 구하는 경우의 수는
$120-48=72$

**0962** 5개의 자음 d, s, c, v, r를 일렬로 나열하는 경우의 수는 $5!=120$ … 1단계
자음의 사이사이와 양 끝의 6개의 자리 중 3개의 자리에 모음 i, o, e를 나열하는 경우의 수는
${}_6P_3=120$ … 2단계
따라서 구하는 경우의 수는
$120\times 120=14400$ … 3단계
답 14400

| 채점 요소 | 비율 |
|---|---|
| 1단계 자음을 나열하는 경우의 수 구하기 | 30 % |
| 2단계 모음을 나열하는 경우의 수 구하기 | 50 % |
| 3단계 모음끼리 이웃하지 않도록 나열하는 경우의 수 구하기 | 20 % |

**0963** A와 B를 한 사람으로 생각하여 C, D를 제외한 3명을 일렬로 세우는 경우의 수는 $3!=6$
A와 B가 자리를 바꾸는 경우의 수는 $2!=2$
일렬로 세운 3명의 사이사이와 양 끝의 4개의 자리 중 2개의 자리에 C와 D를 세우는 경우의 수는 ${}_4P_2=12$
따라서 구하는 경우의 수는
$6\times 2\times 12=144$
답 ③

**0964** 어른 3명 중 2명을 택하여 양 끝에 세우는 경우의 수는
${}_3P_2=6$
양 끝에 세운 어른 2명을 제외한 나머지 3명을 일렬로 세우는 경우의 수는
$3!=6$
따라서 구하는 경우의 수는
$6\times 6=36$
답 36

**0965** 1반 학생이 4명, 2반 학생이 3명이므로 1반 학생 4명을 일렬로 세우고 그 사이사이에 2반 학생 3명을 세우면 된다.
1반 학생 4명을 일렬로 세우는 경우의 수는
$4!=24$
1반 학생 4명의 사이사이에 2반 학생 3명을 세우는 경우의 수는
$3!=6$
따라서 구하는 경우의 수는
$24\times 6=144$
답 ④

**0966** s와 e를 제외한 6개의 문자 중 2개의 문자를 택하여 s와 e 사이에 나열하는 경우의 수는
${}_6P_2=30$
s, e와 그 사이의 2개의 문자를 한 문자로 생각하여 5개의 문자를 일렬로 나열하는 경우의 수는
$5!=120$
s와 e가 자리를 바꾸는 경우의 수는 $2!=2$
따라서 구하는 경우의 수는
$30\times 120\times 2=7200$
답 7200

**0967** 4개의 홀수 번째 자리 중 2개의 자리에 모음 o, i를 나열하는 경우의 수는
${}_4P_2=12$
나머지 5개의 자리에 자음 c, n, f, r, m을 나열하는 경우의 수는
$5!=120$
따라서 구하는 경우의 수는
$12\times 120=1440$
답 1440

**0968** 7개의 문자를 일렬로 나열하는 경우의 수는

$7!=5040$

자음은 p, c, t, r의 4개이므로 양 끝에 모두 자음이 오도록 나열하는 경우의 수는

${}_4P_2\times 5!=1440$

따라서 구하는 경우의 수는

$5040-1440=3600$ 답 ②

**0969** 9명의 학생 중에서 반장 1명, 부반장 1명을 뽑는 경우의 수는 9명 중에서 2명을 뽑는 순열의 수와 같으므로

${}_9P_2=72$

반장, 부반장으로 모두 여학생이 뽑히는 경우의 수는 여학생 4명 중에서 2명을 뽑는 순열의 수와 같으므로

${}_4P_2=12$

따라서 구하는 경우의 수는

$72-12=60$ 답 **60**

**0970** 7개의 문자를 일렬로 나열하는 경우의 수는

$7!=5040$ … 1단계

모음 a, i, o 중 어느 것도 이웃하지 않도록 나열하는 경우의 수는 4개의 자음 m, l, b, x를 일렬로 나열한 다음 자음의 사이사이와 양 끝의 5개의 자리에 모음 a, i, o를 나열하는 경우의 수와 같으므로

$4!\times{}_5P_3=24\times 60=1440$ … 2단계

따라서 구하는 경우의 수는

$5040-1440=3600$ … 3단계

답 **3600**

| 채점 요소 | 비율 |
|---|---|
| 1단계 7개의 문자를 나열하는 경우의 수 구하기 | 20 % |
| 2단계 모음끼리 이웃하지 않는 경우의 수 구하기 | 50 % |
| 3단계 적어도 두 개의 모음이 이웃하도록 나열하는 경우의 수 구하기 | 30 % |

**0971** 6개의 자연수를 일렬로 나열하는 경우의 수는

$6!=720$

홀수의 개수를 $n$ $(n\geq 2)$이라 하면 양 끝에 홀수가 오도록 나열하는 경우의 수는

${}_nP_2\times 4!=24n(n-1)$

따라서 적어도 한쪽 끝에 짝수가 오도록 나열하는 경우의 수는

$720-24n(n-1)$

즉 $720-24n(n-1)=432$이므로

$24n(n-1)=288,\quad n(n-1)=12=4\times 3$

$\therefore n=4$

따라서 짝수의 개수는

$6-4=2$ 답 **2**

**0972** 세 자리 자연수가 짝수이려면 일의 자리의 숫자가 0 또는 짝수이어야 한다.

(i) 일의 자리의 숫자가 0인 경우

백의 자리, 십의 자리에는 1, 2, 3, 4, 5의 5개의 숫자 중 2개를 택하여 나열하면 되므로

${}_5P_2=20$

(ii) 일의 자리의 숫자가 2 또는 4인 경우

백의 자리에 올 수 있는 숫자는 0과 일의 자리의 숫자를 제외한 4개이고, 십의 자리에 올 수 있는 숫자는 백의 자리와 일의 자리의 숫자를 제외한 4개이므로

$2\times 4\times 4=32$

(i), (ii)에서 구하는 자연수의 개수는

$20+32=52$ 답 **52**

**0973** 홀수는 1, 3이므로 천의 자리와 일의 자리에 홀수가 오는 경우의 수는

$2!=2$

백의 자리와 십의 자리에는 0, 2, 4 중 2개를 택하여 나열하면 되므로 그 경우의 수는

${}_3P_2=6$

따라서 구하는 자연수의 개수는 $2\times 6=12$ 답 **12**

**0974** 3의 배수는 각 자리의 숫자의 합이 3의 배수이다.
6개의 숫자 1, 2, 3, 4, 5, 6 중에서 서로 다른 3개를 택했을 때, 그 합이 3의 배수가 되는 경우는

(1, 2, 3), (1, 2, 6), (1, 3, 5), (1, 5, 6),
(2, 3, 4), (2, 4, 6), (3, 4, 5), (4, 5, 6)의 8가지

이때 택한 3개의 숫자로 만들 수 있는 세 자리 자연수의 개수는

$3!=6$

따라서 구하는 3의 배수의 개수는

$8\times 6=48$ 답 **48**

**0975** 4의 배수는 끝의 두 자리의 수가 4의 배수이다.

(i) □□04, □□20, □□40의 꼴인 경우

천의 자리, 백의 자리에는 끝의 두 자리에 온 숫자를 제외한 3개의 숫자 중 2개를 택하여 나열하면 되므로

$3\times{}_3P_2=3\times 6=18$ … 1단계

(ii) □□12, □□24, □□32의 꼴인 경우

천의 자리에 올 수 있는 숫자는 0과 끝의 두 자리에 온 숫자를 제외한 2개이고, 백의 자리에 올 수 있는 숫자는 천의 자리와 끝의 두 자리에 온 숫자를 제외한 2개이므로

$3\times(2\times 2)=12$ … 2단계

(i), (ii)에서 구하는 4의 배수의 개수는

$18+12=30$ … 3단계

답 **30**

| 채점 요소 | 비율 |
|---|---|
| 1단계 □□04, □□20, □□40의 꼴인 자연수의 개수 구하기 | 40 % |
| 2단계 □□12, □□24, □□32의 꼴인 자연수의 개수 구하기 | 40 % |
| 3단계 4의 배수의 개수 구하기 | 20 % |

**0976** 4500보다 큰 자연수는

45□□, 46□□, 5□□□, 6□□□

의 꼴이다.

45□□의 꼴의 자연수의 개수는 $_5P_2=20$

46□□의 꼴의 자연수의 개수는 $_5P_2=20$

5□□□의 꼴의 자연수의 개수는 $_6P_3=120$

6□□□의 꼴의 자연수의 개수는 $_6P_3=120$

따라서 구하는 자연수의 개수는

$20+20+120+120=280$ 답 **280**

**0977** $a$□□□□의 꼴의 문자열의 개수는 $4!=24$

$b$□□□□의 꼴의 문자열의 개수는 $4!=24$

$ca$□□□의 꼴의 문자열의 개수는 $3!=6$

$cb$□□□의 꼴의 문자열의 개수는 $3!=6$

$a$로 시작하는 문자열부터 $cb$로 시작하는 문자열까지의 총개수는

$24+24+6+6=60$

따라서 61번째에 오는 문자열은 $cdabe$이다. 답 ②

**0978** 1□□□□의 꼴의 자연수의 개수는 $4!=24$

20□□□의 꼴의 자연수의 개수는 $3!=6$

21□□□의 꼴의 자연수의 개수는 $3!=6$

10234부터 21430까지의 자연수의 개수는

$24+6+6=36$

따라서 40번째에 오는 수는 23□□□의 꼴의 네 번째 수이므로

23014, 23041, 23104, 23140, ⋯

에서 23140이다. 답 **23140**

**0979** C□□□□□의 꼴의 문자열의 개수는 $5!=120$

E□□□□□의 꼴의 문자열의 개수는 $5!=120$

ICE□□□의 꼴의 문자열의 개수는 $3!=6$

ICNE□□의 꼴의 문자열은 순서대로

ICNEPR, ICNERP의 2개

따라서 ICNERP는

$120+120+6+2=248$(번째)

에 온다. 답 **248번째**

## 시험에 꼭 나오는 문제

● 본책 139~141쪽

**0980** 두 주사위에서 나오는 눈의 수의 차가 홀수가 되는 경우는 눈의 수의 차가 1 또는 3 또는 5인 경우이다.

두 주사위에서 나오는 눈의 수를 순서쌍으로 나타내면

(i) 눈의 수의 차가 1인 경우는

(1, 2), (2, 3), (3, 4), (4, 5), (5, 6),

(6, 5), (5, 4), (4, 3), (3, 2), (2, 1)의 10가지

(ii) 눈의 수의 차가 3인 경우는

(1, 4), (2, 5), (3, 6), (4, 1), (5, 2), (6, 3)의 6가지

(iii) 눈의 수의 차가 5인 경우는

(1, 6), (6, 1)의 2가지

이상에서 구하는 경우의 수는

$10+6+2=18$ 답 ④

**0981** $x$, $y$가 음이 아닌 정수이므로 $2\le x+y\le 5$를 만족시키는 경우는

$x+y=2$, $x+y=3$, $x+y=4$, $x+y=5$

(i) $x+y=2$일 때, 순서쌍 $(x, y)$는

(0, 2), (1, 1), (2, 0)의 3개

(ii) $x+y=3$일 때, 순서쌍 $(x, y)$는

(0, 3), (1, 2), (2, 1), (3, 0)의 4개

(iii) $x+y=4$일 때, 순서쌍 $(x, y)$는

(0, 4), (1, 3), (2, 2), (3, 1), (4, 0)의 5개

(iv) $x+y=5$일 때, 순서쌍 $(x, y)$는

(0, 5), (1, 4), (2, 3), (3, 2), (4, 1), (5, 0)의 6개

이상에서 구하는 순서쌍의 개수는

$3+4+5+6=18$ 답 **18**

다른 풀이 (i) $x=0$일 때, $2\le y\le 5$이므로 순서쌍 $(x, y)$는

(0, 2), (0, 3), (0, 4), (0, 5)의 4개

(ii) $x=1$일 때, $1\le y\le 4$이므로 순서쌍 $(x, y)$는

(1, 1), (1, 2), (1, 3), (1, 4)의 4개

(iii) $x=2$일 때, $0\le y\le 3$이므로 순서쌍 $(x, y)$는

(2, 0), (2, 1), (2, 2), (2, 3)의 4개

(iv) $x=3$일 때, $0\le y\le 2$이므로 순서쌍 $(x, y)$는

(3, 0), (3, 1), (3, 2)의 3개

(v) $x=4$일 때, $0\le y\le 1$이므로 순서쌍 $(x, y)$는

(4, 0), (4, 1)의 2개

(vi) $x=5$일 때, $y=0$이므로 순서쌍 $(x, y)$는

(5, 0)의 1개

이상에서 구하는 순서쌍의 개수는

$4+4+4+3+2+1=18$

**0982** $(x+y+z)(p+q)$의 전개식에서 항의 개수는

$3\times2=6$

$(x+y)^2(a+b+c)=(x^2+2xy+y^2)(a+b+c)$의 전개식에서 항의 개수는

$3\times3=9$

이때 $(x+y+z)(p+q)$의 전개식과 $(x+y)^2(a+b+c)$의 전개식에서 동류항이 없으므로 구하는 항의 개수는

$6+9=15$ 답 **15**

**0983** 300을 소인수분해하면 $300=2^2\times3\times5^2$

이때 300의 양의 약수 중 홀수는 $3\times5^2$의 양의 약수와 같다.

3의 양의 약수는 　1, 3의 2개

$5^2$의 양의 약수는 　1, 5, $5^2$의 3개

따라서 구하는 약수의 개수는 　$2\times3=6$ 　답 ③

**0984** 다섯 명의 학생을 각각 A, B, C, D, E라 하고 각각의 가방을 $a$, $b$, $c$, $d$, $e$라 할 때, A만 자신의 가방을 가져가는 경우를 수형도로 나타내면 다음과 같다.

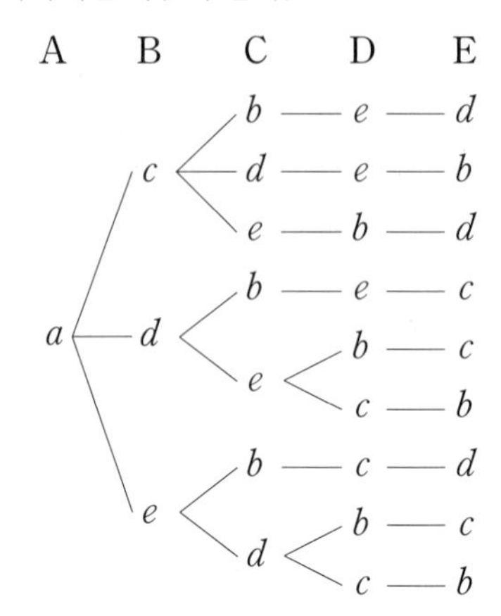


같은 방법으로 구해 보면 B, C, D, E만 자신의 가방을 가져가는 경우도 각각 9가지씩이다.

따라서 구하는 경우의 수는

$9\times5=45$ 　답 **45**

**0985** (i) 지불하는 방법의 수

100원짜리 동전을 지불하는 방법은

0개, 1개, 2개, 3개, 4개의 5가지

500원짜리 동전을 지불하는 방법은

0개, 1개, 2개의 3가지

1000원짜리 지폐를 지불하는 방법은

0장, 1장의 2가지

이때 0원을 지불하는 경우는 제외해야 하므로 지불하는 방법의 수는

$5\times3\times2-1=29$ 　$\therefore x=29$

(ii) 지불할 수 있는 금액의 수

500원짜리 동전 2개로 지불하는 금액과 1000원짜리 지폐 1장으로 지불하는 금액이 같으므로 1000원짜리 지폐 1장을 500원짜리 동전 2개로 바꾸어 생각하면 지불할 수 있는 금액의 수는 100원짜리 동전 4개와 500원짜리 동전 4개로 지불할 수 있는 금액의 수와 같다.

100원짜리 동전 4개로 지불할 수 있는 금액은

0원, 100원, 200원, 300원, 400원의 5가지

500원짜리 동전 4개로 지불할 수 있는 금액은

0원, 500원, 1000원, 1500원, 2000원의 5가지

이때 0원을 지불하는 경우는 제외해야 하므로 지불할 수 있는 금액의 수는

$5\times5-1=24$ 　$\therefore y=24$

(i), (ii)에서 　$x+y=29+24=53$ 　답 **53**

**0986** (i) A와 C에 같은 색을 칠하는 경우

A에 칠할 수 있는 색은 4가지

B에 칠할 수 있는 색은 A에 칠한 색을 제외한 3가지

C에 칠할 수 있는 색은 A에 칠한 색과 같은 색이므로 1가지

D에 칠할 수 있는 색은 A에 칠한 색을 제외한 3가지

따라서 이 경우의 칠하는 방법의 수는

$4\times3\times1\times3=36$

(ii) A와 C에 다른 색을 칠하는 경우

A에 칠할 수 있는 색은 4가지

B에 칠할 수 있는 색은 A에 칠한 색을 제외한 3가지

C에 칠할 수 있는 색은 A와 B에 칠한 색을 제외한 2가지

D에 칠할 수 있는 색은 A와 C에 칠한 색을 제외한 2가지

따라서 이 경우의 칠하는 방법의 수는

$4\times3\times2\times2=48$

(i), (ii)에서 구하는 방법의 수는

$36+48=84$ 　답 ③

**0987** 중학생 2명을 한 사람, 고등학생 3명을 한 사람으로 생각하여 4명을 일렬로 세우는 경우의 수는

$4!=24$

중학생 2명이 자리를 바꾸는 경우의 수는 　$2!=2$

고등학생 3명이 자리를 바꾸는 경우의 수는 　$3!=6$

따라서 구하는 경우의 수는

$24\times2\times6=288$ 　답 **288**

**0988** 의자 3개에만 학생이 앉으므로 빈 의자는 4개이다.

빈 의자의 사이사이와 양 끝의 5개의 자리 중 3개의 자리에 학생이 앉은 의자 3개를 놓으면 되므로 구하는 경우의 수는

${}_5P_3=60$ 　답 **60**

**0989** 2학년 학생 4명이 일렬로 앉는 경우의 수는

$4!=24$

이때 조건 (가), (나)를 만족시키려면 2학년 학생이 앉은 의자의 사이사이의 3개의 자리 중 2개의 자리에 1학년 학생이 앉아야 하므로 이 경우의 수는

${}_3P_2=6$

따라서 구하는 경우의 수는

$24\times6=144$ 　답 ③

**다른 풀이** 조건 (나)에서 2학년 학생 4명 중 2명이 양 끝에 있는 의자에 앉는 경우의 수는

${}_4P_2=12$

각각의 경우에 1학년 학생이 앉을 수 있는 의자를 ●, 2학년 학생이 앉을 수 있는 의자를 ○라 하면 조건 (가)에서 나머지 4명의 학생이 4개의 의자에 앉는 경우는

●○○● 또는 ●○●○ 또는 ○●○●

의 3가지이다.

따라서 구하는 경우의 수는

$12\times3\times2!\times2!=144$

**0990** (i) 남학생, 여학생의 순서로 교대로 서는 경우

남학생 3명이 한 줄로 서는 경우의 수는

$3!=6$

남학생의 사이사이와 맨 뒤에 여학생 3명이 서는 경우의 수는

$3!=6$

따라서 남학생, 여학생의 순서로 교대로 서는 경우의 수는

$6\times6=36$

(ii) 여학생, 남학생의 순서로 교대로 서는 경우

(i)과 같은 방법으로 하면 이 경우의 수는

$3!\times3!=6\times6=36$

(i), (ii)에서 구하는 경우의 수는

$36+36=72$

답 **72**

**0991** (i) w와 i 사이에 3개의 문자를 나열하는 경우

w와 i를 제외한 4개의 문자 중 3개의 문자를 택하여 w와 i 사이에 나열하는 경우의 수는 $_4P_3=24$

w, i와 그 사이의 3개의 문자를 한 문자로 생각하여 2개의 문자를 일렬로 나열하는 경우의 수는 $2!=2$

w와 i가 자리를 바꾸는 경우의 수는 $2!=2$

따라서 이 경우의 수는

$24\times2\times2=96$

(ii) w와 i 사이에 4개의 문자를 나열하는 경우

w와 i를 제외한 4개의 문자를 w와 i 사이에 나열하는 경우의 수는

$4!=24$

w와 i가 자리를 바꾸는 경우의 수는 $2!=2$

따라서 이 경우의 수는

$24\times2=48$

(i), (ii)에서 구하는 경우의 수는

$96+48=144$

답 ④

**0992** 5의 배수는 일의 자리의 숫자가 0 또는 5이어야 한다.

(i) 일의 자리의 숫자가 0인 경우

나머지 자리에는 0을 제외한 5개의 숫자 중 3개를 택하여 일렬로 나열하면 되므로

$_5P_3=60$

(ii) 일의 자리의 숫자가 5인 경우

천의 자리에 올 수 있는 숫자는 0과 5를 제외한 4개이고, 백의 자리와 십의 자리에는 천의 자리의 숫자와 5를 제외한 4개의 숫자 중 2개를 택하여 일렬로 나열하면 되므로

$4\times{}_4P_2=4\times12=48$

(i), (ii)에서 구하는 5의 배수의 개수는

$60+48=108$

답 **108**

**0993** $a$□□□□의 꼴의 문자열의 개수는 $4!=24$

$b$□□□□의 꼴의 문자열의 개수는 $4!=24$

$c$□□□□의 꼴의 문자열의 개수는 $4!=24$

$da$□□□의 꼴의 문자열의 개수는 $3!=6$

$db$□□□의 꼴의 문자열의 개수는 $3!=6$

$a$로 시작하는 문자열부터 $db$로 시작하는 문자열까지의 총개수는

$24+24+24+6+6=84$

따라서 85번째에 오는 문자열은 $dcabe$이므로 마지막 문자는 $e$이다.

답 $e$

**0994** (i) $z=1$일 때, $x+3y=11$이므로 순서쌍 $(x, y)$는

$(2, 3)$, $(5, 2)$, $(8, 1)$의 3개

(ii) $z=2$일 때, $x+3y=7$이므로 순서쌍 $(x, y)$는

$(1, 2)$, $(4, 1)$의 2개 … 1단계

(i), (ii)에서 구하는 순서쌍의 개수는

$3+2=5$ … 2단계

답 **5**

| | 채점 요소 | 비율 |
|---|---|---|
| 1단계 | $z$의 값에 따른 순서쌍 $(x, y)$의 개수 구하기 | 70 % |
| 2단계 | 순서쌍 $(x, y, z)$의 개수 구하기 | 30 % |

**0995** $_nP_4=6{}_nP_2$에서

$n(n-1)(n-2)(n-3)=6n(n-1)$ … 1단계

$_nP_4$에서 $n\geq4$이므로 등식의 양변을 $n(n-1)$로 나누면

$(n-2)(n-3)=6$, $n^2-5n=0$

$n(n-5)=0$ $\therefore n=5$ ($\because n\geq4$) … 2단계

$\therefore {}_nP_{n-3}={}_5P_2=20$ … 3단계

답 **20**

| | 채점 요소 | 비율 |
|---|---|---|
| 1단계 | $n$에 대한 방정식 세우기 | 30 % |
| 2단계 | $n$의 값 구하기 | 40 % |
| 3단계 | $_nP_{n-3}$의 값 구하기 | 30 % |

**0996** $1+2+3+4+5+6=21$이므로 각 세로줄에 적힌 두 수의 합은 $21\div3=7$이어야 한다.

두 수의 합이 7이 되도록 1부터 6까지의 자연수를 나누면

$(1, 6)$, $(2, 5)$, $(3, 4)$ … 1단계

$(1, 6)$, $(2, 5)$, $(3, 4)$를 적을 세로줄을 각각 택하는 경우의 수는

$3!=6$

이때 각 세로줄에서 두 수끼리는 자리를 바꿀 수 있으므로 각 세로줄에 정해진 두 수를 적는 경우의 수는

$2!\times2!\times2!=8$

따라서 구하는 경우의 수는

$6\times8=48$ … 2단계

답 **48**

| | 채점 요소 | 비율 |
|---|---|---|
| 1단계 | 합이 모두 같아지도록 자연수를 나누기 | 40 % |
| 2단계 | 조건을 만족시키는 경우의 수 구하기 | 60 % |

**0997** 5개의 알파벳을 일렬로 나열하는 경우의 수는

$5!=120$ … 1단계

A와 B 사이에 문자가 없도록 나열하는 경우의 수는 A와 B를 이웃하게 나열하는 경우의 수와 같다.

A와 B를 하나의 문자로 생각하여 4개의 문자를 일렬로 나열하는 경우의 수는

$4!=24$

A와 B가 자리를 바꾸는 경우의 수는 $2!=2$

즉 A와 B를 이웃하게 나열하는 경우의 수는

$24\times 2=48$ … 2단계

따라서 구하는 경우의 수는

$120-48=72$ … 3단계

답 **72**

| | 채점 요소 | 비율 |
|---|---|---|
| 1단계 | 5개의 알파벳을 나열하는 경우의 수 구하기 | 20 % |
| 2단계 | A와 B를 이웃하게 나열하는 경우의 수 구하기 | 50 % |
| 3단계 | A와 B 사이에 적어도 하나의 문자가 오도록 나열하는 경우의 수 구하기 | 30 % |

**0998** 전략 정삼각형에 적힌 수를 기준으로 경우를 나누어 조건을 만족시키는 경우의 수를 구한다.

오른쪽 그림과 같이 정삼각형과 정사각형에 적힌 수를 각각 $a$, $b$, $c$, $d$라 하자.

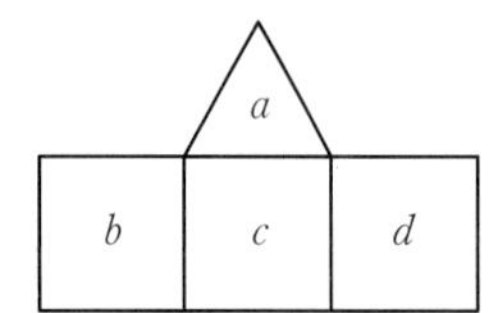


조건 (나)에서 $b$, $c$, $d$ 중 서로 다른 수는 적어도 2개이어야 하므로 조건 (가)에서 $a\ge 3$

(i) $a=3$인 경우

$c$는 1, 2 중 하나이고, 그 각각에 대하여 $b$, $d$는 1, 2 중 $c$가 아닌 수이어야 한다.

따라서 이 경우의 수는 $2\times 1\times 1=2$

(ii) $a=4$인 경우

$c$는 1, 2, 3 중 하나이고, 그 각각에 대하여 $b$, $d$는 1, 2, 3 중 $c$가 아닌 수이어야 한다.

따라서 이 경우의 수는 $3\times 2\times 2=12$

(iii) $a=5$인 경우

$c$는 1, 2, 3, 4 중 하나이고, 그 각각에 대하여 $b$, $d$는 1, 2, 3, 4 중 $c$가 아닌 수이어야 한다.

따라서 이 경우의 수는 $4\times 3\times 3=36$

(iv) $a=6$인 경우

$c$는 1, 2, 3, 4, 5 중 하나이고, 그 각각에 대하여 $b$, $d$는 1, 2, 3, 4, 5 중 $c$가 아닌 수이어야 한다.

따라서 이 경우의 수는 $5\times 4\times 4=80$

이상에서 구하는 경우의 수는

$2+12+36+80=130$

답 **130**

**0999** 전략 B 도시와 C 도시를 잇는 도로를 $x$개 건설한다고 하고 A 도시에서 D 도시로 가는 경우의 수를 구한다.

B 도시와 C 도시를 잇는 도로를 $x$개 건설한다고 하면

(i) A → B → D로 가는 경우의 수는

$2\times 2=4$

(ii) A → C → D로 가는 경우의 수는

$3\times 3=9$

(iii) A → B → C → D로 가는 경우의 수는

$2\times x\times 3=6x$

(iv) A → C → B → D로 가는 경우의 수는

$3\times x\times 2=6x$

이상에서 A 도시에서 D 도시로 가는 경우의 수는

$4+9+6x+6x=12x+13$

이때 $12x+13\ge 100$에서 $12x\ge 87$

$\therefore x\ge 7.25$

따라서 B 도시와 C 도시를 잇는 도로를 최소 8개 건설해야 한다.

답 **8개**

**1000** 전략 백의 자리, 십의 자리, 일의 자리에 각각 1, 2, 3, 4, 5가 몇 번씩 올 수 있는지 구한다.

5개의 숫자 1, 2, 3, 4, 5 중 서로 다른 3개를 사용하여 만들 수 있는 모든 세 자리 자연수의 백의 자리의 숫자의 합을 $S_1$, 십의 자리의 숫자의 합을 $S_2$, 일의 자리의 숫자의 합을 $S_3$이라 하자.

이때 구하는 모든 자연수의 합은

$100\times S_1+10\times S_2+S_3$ …… ㉠

한편 1□□, 2□□, 3□□, 4□□, 5□□의 꼴인 자연수의 개수는 각각

${}_4P_2=12$

따라서 $S_1$은 1부터 5까지의 자연수를 12개씩 더한 값과 같으므로

$S_1=(1+2+3+4+5)\times 12=180$

같은 방법으로 하면 $S_2=180$, $S_3=180$

따라서 구하는 합은 ㉠에서

$100\times 180+10\times 180+180=19980$

답 **19980**

# 11 조합

## 교과서 문제 정복하기

본책 143쪽

**1001** ${}_8C_3=\frac{8\times7\times6}{3\times2\times1}=56$ 답 56

**1002** 답 1

**1003** 답 1

**1004** ${}_{15}C_{14}={}_{15}C_{15-14}={}_{15}C_1=15$ 답 15

참고| ${}_nC_r$의 값을 구할 때 $r>n-r$인 경우에는 ${}_nC_r={}_nC_{n-r}$임을 이용하면 계산을 간단히 할 수 있다.

**1005** ${}_nC_3=10$에서 $\frac{n(n-1)(n-2)}{3\times2\times1}=10$

$n(n-1)(n-2)=5\times4\times3$ $\therefore n=5$ 답 5

**1006** ${}_{n+2}C_2=36$에서 $\frac{(n+2)(n+1)}{2\times1}=36$

$(n+2)(n+1)=9\times8$ $\therefore n=7$ 답 7

**1007** ${}_8C_r=70$에서 $\frac{8!}{r!(8-r)!}=70$

$8!=70\times r!(8-r)!$

$8\times6\times4\times3=r!(8-r)!$

$4!\times4!=r!(8-r)!$ $\therefore r=4$ 답 4

**1008** ${}_nC_2={}_nC_{n-2}$이므로 ${}_nC_2={}_nC_7$에서

$n-2=7$ $\therefore n=9$ 답 9

**1009** ${}_{10}C_r={}_{10}C_{10-r}$이므로 ${}_{10}C_r={}_{10}C_{r+4}$에서

$r=r+4$ 또는 $10-r=r+4$

이때 $r\neq r+4$이므로 $10-r=r+4$

$-2r=-6$ $\therefore r=3$ 답 3

**1010** ${}_5C_3+{}_5C_2={}_6C_3$이므로 $r=3$ 답 3

**1011** 7명 중에서 2명을 택하는 조합의 수와 같으므로

${}_7C_2=\frac{7\times6}{2\times1}=21$ 답 21

**1012** 10명 중에서 4명을 택하는 조합의 수와 같으므로

${}_{10}C_4=\frac{10\times9\times8\times7}{4\times3\times2\times1}=210$ 답 210

**1013** 8명 중에서 2명을 택하는 조합의 수와 같으므로

${}_8C_2=\frac{8\times7}{2\times1}=28$ 답 28

**1014** 9명 중에서 3명을 뽑는 경우의 수는

${}_9C_3=\frac{9\times8\times7}{3\times2\times1}=84$ 답 84

**1015** 남자 5명 중에서 2명을 뽑는 경우의 수는

${}_5C_2=\frac{5\times4}{2\times1}=10$

여자 4명 중에서 1명을 뽑는 경우의 수는

${}_4C_1=4$

따라서 구하는 경우의 수는

$10\times4=40$ 답 40

**1016** 지호를 제외한 9명의 학생 중에서 2명의 발표자를 뽑고 각각의 경우에 지호를 포함하면 되므로 구하는 경우의 수는

${}_9C_2=\frac{9\times8}{2\times1}=36$ 답 36

**1017** 현진이를 제외한 9명의 학생 중에서 3명의 발표자를 뽑으면 되므로 구하는 경우의 수는

${}_9C_3=\frac{9\times8\times7}{3\times2\times1}=84$ 답 84

**1018** 지호와 현진이를 제외한 8명의 학생 중에서 2명의 발표자를 뽑고 각각의 경우에 지호를 포함하면 되므로 구하는 경우의 수는

${}_8C_2=\frac{8\times7}{2\times1}=28$ 답 28

**1019** 서로 다른 책 9권을 4권, 3권, 2권의 세 묶음으로 나누는 경우의 수는

${}_9C_4\times{}_5C_3\times{}_2C_2=126\times10\times1=1260$

답 1260

**1020** 서로 다른 책 9권을 5권, 2권, 2권의 세 묶음으로 나누는 경우의 수는

${}_9C_5\times{}_4C_2\times{}_2C_2\times\frac{1}{2!}=126\times6\times1\times\frac{1}{2}=378$

답 378

**1021** 서로 다른 책 9권을 3권, 3권, 3권의 세 묶음으로 나누는 경우의 수는

${}_9C_3\times{}_6C_3\times{}_3C_3\times\frac{1}{3!}=84\times20\times1\times\frac{1}{6}=280$

답 280

**1022** 서로 다른 빵 5개를 2개, 2개, 1개의 세 묶음으로 나누는 경우의 수는

${}_5C_2\times{}_3C_2\times{}_1C_1\times\frac{1}{2!}=10\times3\times1\times\frac{1}{2}=15$

세 묶음을 3명에게 나누어 주는 경우의 수는

$3!=6$

따라서 구하는 경우의 수는

$15\times6=90$ 답 **90**

## 유형 익히기

• 본책 144~150쪽

**1023** ${}_nP_3=120$에서

$n(n-1)(n-2)=6\times5\times4$ $\quad\therefore n=6$

$\therefore {}_nC_3+{}_nP_2={}_6C_3+{}_6P_2=20+30=50$ 답 ⑤

**1024** ${}_{13}C_{r+2}={}_{13}C_{3r-1}$에서

$r+2=3r-1$ 또는 $13-(r+2)=3r-1$

(i) $r+2=3r-1$에서 $\quad -2r=-3$

$\therefore r=\frac{3}{2}$

이때 $r$는 자연수라는 조건을 만족시키지 않는다.

(ii) $13-(r+2)=3r-1$에서 $\quad -4r=-12$

$\therefore r=3$

(i), (ii)에서 $\quad r=3$ 답 **3**

**1025** ${}_{2n}P_5=10k\times{}_{2n}C_5$에서

${}_{2n}P_5=10k\times\frac{{}_{2n}P_5}{5!}$, $\quad 10k=5!=120$

$\therefore k=12$ 답 ②

**1026** 이차방정식 ${}_nC_3x^2-{}_nC_5x+{}_nC_7=0$에서 근과 계수의 관계에 의하여

$\alpha+\beta=\frac{{}_nC_5}{{}_nC_3}$, $\alpha\beta=\frac{{}_nC_7}{{}_nC_3}$

이때 $\alpha+\beta=1$이므로 $\quad \frac{{}_nC_5}{{}_nC_3}=1$

${}_nC_5={}_nC_3$, $\quad n-5=3$ $\quad\therefore n=8$

$\therefore \alpha\beta=\frac{{}_8C_7}{{}_8C_3}=\frac{8}{56}=\frac{1}{7}$ 답 $\frac{1}{7}$

**1027** $n\times{}_{n-1}C_{r-1}=n\times\frac{(n-1)!}{(r-1)!\{n-1-(r-1)\}!}$

$=\frac{n\times(n-1)!}{(r-1)!\boxed{(n-r)!}}$

$=\frac{\boxed{n!}}{(r-1)!(n-r)!}$

$=r\times\frac{n!}{\boxed{r!}(n-r)!}=r\times{}_nC_r$

$\therefore$ (가) $(n-r)!$ (나) $n!$ (다) $r!$

답 (가) $(n-r)!$ (나) $n!$ (다) $r!$

**1028** ${}_{n-1}C_r+{}_{n-1}C_{r-1}$

$=\frac{(n-1)!}{r!\{(n-1)-r\}!}+\frac{(n-1)!}{(r-1)!\{n-1-(r-1)\}!}$

$=\frac{(n-1)!}{r!(n-r-1)!}+\frac{(n-1)!}{(r-1)!(n-r)!}$

$=\frac{(\boxed{n-r})\times(n-1)!}{r!(n-r)!}+\frac{\boxed{r}\times(n-1)!}{r!(n-r)!}$

$=\frac{\{(n-r)+r\}(n-1)!}{r!(n-r)!}$

$=\frac{\boxed{n}\times(n-1)!}{r!(n-r)!}$

$=\frac{n!}{r!(n-r)!}={}_nC_r$

$\therefore$ (가) $n-r$ (나) $r$ (다) $n$

답 (가) $n-r$ (나) $r$ (다) $n$

**RPM 비법 노트**

${}_nC_r$는 서로 다른 $n$개에서 순서를 생각하지 않고 $r$개를 택하는 경우의 수이므로 $r$개 중에 특정한 대상 A를 포함하지 않는 경우와 포함하는 경우로 나누어 생각할 수 있다.

(i) $r$개 중에 A가 포함되지 않는 경우

A를 제외한 $(n-1)$개에서 $r$개를 택하면 되므로 이 경우의 수는

${}_{n-1}C_r$

(ii) $r$개 중에 A가 포함되는 경우

A를 먼저 택한 후 A를 제외한 $(n-1)$개에서 $(r-1)$개를 택하면 되므로 이 경우의 수는

${}_{n-1}C_{r-1}$

(i), (ii)에서 $\quad {}_nC_r={}_{n-1}C_r+{}_{n-1}C_{r-1}$

**1029** 남자 5명 중에서 3명을 뽑는 경우의 수는

${}_5C_3={}_5C_2=10$

여자 5명 중에서 3명을 뽑는 경우의 수는

${}_5C_3={}_5C_2=10$

따라서 구하는 경우의 수는

$10+10=20$ 답 **20**

**1030** 두 수의 합이 짝수가 되려면 두 수가 모두 짝수이거나 두 수가 모두 홀수이어야 한다.

(i) 두 수가 모두 홀수인 경우

홀수 1, 3, 5, 7, 9가 적힌 5장의 카드 중에서 2장의 카드를 뽑는 경우의 수는

${}_5C_2=10$

(ii) 두 수가 모두 짝수인 경우

짝수 2, 4, 6, 8이 적힌 4장의 카드 중에서 2장의 카드를 뽑는 경우의 수는

${}_4C_2=6$

(i), (ii)에서 구하는 경우의 수는

$10+6=16$ 답 **16**

**1031** $n$개의 팀이 참가했다고 하면 모든 팀이 다른 팀과 각각 1번씩 경기를 하는 경우의 수는

$_{n}C_{2}$

이때 모든 팀이 다른 팀과 각각 5번씩 경기를 했으므로

$5\times{}_{n}C_{2}=140,\quad {}_{n}C_{2}=28$

$\frac{n(n-1)}{2\times1}=28,\quad n(n-1)=8\times7$

$\therefore n=8$

답 ③

**1032** 빨간색 꽃 $n$송이 중에서 3송이를 택하는 경우의 수는

$_{n}C_{3}$

노란색 꽃 5송이 중에서 2송이를 택하는 경우의 수는

$_{5}C_{2}=10$

주황색 꽃 3송이 중에서 1송이를 택하는 경우의 수는

$_{3}C_{1}=3$

이때 꽃다발을 만드는 경우의 수가 120이므로

$_{n}C_{3}\times10\times3=120,\quad {}_{n}C_{3}=4$

$\frac{n(n-1)(n-2)}{3\times2\times1}=4$

$n(n-1)(n-2)=4\times3\times2$

$\therefore n=4$

답 4

**1033** 6장의 카드 중에서 2장의 카드를 뽑는 경우의 수는

$_{6}C_{2}=15$

홀수 1, 3, 5가 적힌 3장의 카드 중에서 2장의 카드를 뽑는 경우의 수는

$_{3}C_{2}={}_{3}C_{1}=3$

따라서 구하는 경우의 수는

$15-3=12$

답 12

**1034** 7개의 공 중에서 3개의 공을 꺼내는 경우의 수는

$_{7}C_{3}=35$

노란색 공 4개 중에서 3개를 꺼내는 경우의 수는

$_{4}C_{3}={}_{4}C_{1}=4$

따라서 구하는 경우의 수는

$35-4=31$

답 ②

**1035** 14명의 사원 중에서 3명을 뽑는 경우의 수는

$_{14}C_{3}=364$ … 1단계

남자 사원 9명 중에서 3명을 뽑는 경우의 수는

$_{9}C_{3}=84$ … 2단계

여자 사원 5명 중에서 3명을 뽑는 경우의 수는

$_{5}C_{3}={}_{5}C_{2}=10$ … 3단계

따라서 구하는 경우의 수는

$364-(84+10)=270$ … 4단계

답 270

| 채점 요소 | 비율 |
|---|---|
| 1단계 전체 사원 중에서 3명을 뽑는 경우의 수 구하기 | 25 % |
| 2단계 남자 사원 중에서 3명을 뽑는 경우의 수 구하기 | 25 % |
| 3단계 여자 사원 중에서 3명을 뽑는 경우의 수 구하기 | 25 % |
| 4단계 남자 사원과 여자 사원을 적어도 1명씩 뽑는 경우의 수 구하기 | 25 % |

**1036** 10명의 회원 중에서 2명을 뽑는 경우의 수는

$_{10}C_{2}=45$

여자 회원 수를 $x\ (x\geq2)$라 하면 여자 회원만 2명을 뽑는 경우의 수는 $_{x}C_{2}$

이때 남자 회원이 적어도 한 명 포함되도록 뽑는 경우의 수가 30이므로

$45-{}_{x}C_{2}=30,\quad {}_{x}C_{2}=15$

$\frac{x(x-1)}{2\times1}=15,\quad x(x-1)=6\times5$

$\therefore x=6$

따라서 여자 회원이 6명이므로 남자 회원 수는

$10-6=4$

답 4

**1037** 태우는 뽑히고 재희는 뽑히지 않는 경우의 수는 태우와 재희를 제외한 8명의 지원자 중에서 4명을 뽑는 경우의 수와 같으므로

$_{8}C_{4}=70$

재희는 뽑히고 태우는 뽑히지 않는 경우의 수는 태우와 재희를 제외한 8명의 지원자 중에서 4명을 뽑는 경우의 수와 같으므로

$_{8}C_{4}=70$

따라서 구하는 경우의 수는

$70+70=140$

답 ④

**다른 풀이** 태우와 재희 중에서 1명을 뽑고, 태우와 재희를 제외한 8명의 지원자 중에서 4명을 뽑으면 되므로 구하는 경우의 수는

$_{2}C_{1}\times{}_{8}C_{4}=2\times70=140$

**1038** 구하는 경우의 수는 1학년 선수 5명을 제외한 8명의 선수 중에서 6명을 뽑는 경우의 수와 같으므로

$_{8}C_{6}={}_{8}C_{2}=28$

답 ④

**1039** 구하는 경우의 수는 A, B를 제외한 8명의 학생 중에서 4명을 뽑는 경우의 수와 같으므로

$_{8}C_{4}=70$

답 70

**1040** 3의 배수인 3, 6, 9가 적힌 3장의 카드는 전부 포함하고, 4의 배수인 4, 8이 적힌 2장의 카드는 포함하지 않도록 뽑는 경우의 수는 3의 배수와 4의 배수가 적힌 카드를 제외한 5장의 카드 중에서 3장을 뽑는 경우의 수와 같으므로

$_{5}C_{3}={}_{5}C_{2}=10$

답 10

**1041** (i) 가장 큰 수가 6인 경우

6이 적힌 공은 꺼내고 7이 적힌 공은 꺼내지 않아야 한다.

따라서 이 경우의 수는 6, 7이 적힌 공을 제외한 5개의 공 중에서 2개를 꺼내는 경우의 수와 같으므로

$_5C_2=10$

(ii) 가장 큰 수가 7인 경우

7이 적힌 공은 반드시 꺼내야 한다.

따라서 이 경우의 수는 7이 적힌 공을 제외한 6개의 공 중에서 2개를 꺼내는 경우의 수와 같으므로

$_6C_2=15$

(i), (ii)에서 구하는 경우의 수는

$10+15=25$

답 **25**

**다른 풀이** 7개의 공 중에서 3개를 꺼내는 경우의 수는

$_7C_3=35$

6, 7이 적힌 공을 제외한 5개의 공 중에서 3개를 꺼내는 경우의 수는

$_5C_3={}_5C_2=10$

따라서 구하는 경우의 수는

$35-10=25$

**1042** (i) 공통으로 가입하는 동아리가 없는 경우

유리가 5개의 동아리 중에서 2개를 택하는 경우의 수는

$_5C_2=10$

지수가 유리가 택하지 않은 3개의 동아리 중에서 2개를 택하는 경우의 수는

$_3C_2={}_3C_1=3$

따라서 이 경우의 수는 $10\times3=30$

(ii) 공통으로 가입하는 동아리가 1개인 경우

유리가 5개의 동아리 중에서 2개를 택하는 경우의 수는

$_5C_2=10$

지수가 유리가 택한 2개의 동아리 중에서 하나를 택하고, 유리가 택하지 않은 3개의 동아리 중에서 하나를 택하는 경우의 수는

$_2C_1\times{}_3C_1=2\times3=6$

따라서 이 경우의 수는 $10\times6=60$

(i), (ii)에서 구하는 경우의 수는

$30+60=90$

답 ⑤

**다른 풀이** (ii) 공통으로 가입하는 동아리가 1개인 경우

5개의 동아리 중에서 유리와 지수가 공통으로 가입할 동아리를 택하는 경우의 수는

$_5C_1=5$

남은 4개의 동아리 중에서 유리와 지수가 각각 하나씩 택하는 경우의 수는

$_4P_2=12$

따라서 이 경우의 수는 $5\times12=60$

**1043** (i) A, B가 모두 지하철을 타는 경우

A, B를 제외한 5명 중에서 1명이 지하철을 타고 나머지 4명이 택시를 타면 된다.

따라서 이 경우의 수는 A, B를 제외한 5명 중에서 1명을 택하는 경우의 수와 같으므로

$_5C_1=5 \quad \therefore l=5$ … 1단계

(ii) A, B가 모두 택시를 타는 경우

A, B를 제외한 5명 중에서 2명이 택시를 타고 나머지 3명이 지하철을 타면 된다.

따라서 이 경우의 수는 A, B를 제외한 5명 중에서 2명을 택하는 경우의 수와 같으므로

$_5C_2=10 \quad \therefore m=10$ … 2단계

(iii) A, B 중 한 사람만 지하철을 타는 경우

A, B 중 지하철을 탈 사람을 정하는 경우의 수는

$_2C_1=2$

이때 A, B를 제외한 5명 중에서 2명이 지하철을 타고 나머지 3명이 택시를 타면 된다.

A, B를 제외한 5명 중에서 2명을 택하는 경우의 수는

$_5C_2=10$

따라서 이 경우의 수는

$2\times10=20 \quad \therefore n=20$ … 3단계

이상에서 $l+m-n=5+10-20=-5$ … 4단계

답 **−5**

| | 채점 요소 | 비율 |
|---|---|---|
| 1단계 | $l$의 값 구하기 | 30 % |
| 2단계 | $m$의 값 구하기 | 30 % |
| 3단계 | $n$의 값 구하기 | 30 % |
| 4단계 | $l+m-n$의 값 구하기 | 10 % |

**1044** 혜진이와 승헌이를 제외한 6명 중에서 3명을 뽑는 경우의 수는

$_6C_3=20$

혜진이와 승헌이를 한 사람으로 생각하여 4명을 일렬로 세우는 경우의 수는

$4!=24$

혜진이와 승헌이가 자리를 바꾸는 경우의 수는

$2!=2$

따라서 구하는 경우의 수는

$20\times24\times2=960$

답 **960**

**1045** 5개의 과일 중에서 3개를 택하는 경우의 수는

$_5C_3={}_5C_2=10$

3개의 야채 중에서 2개를 택하는 경우의 수는

$_3C_2={}_3C_1=3$

택한 3개의 과일과 2개의 야채를 일렬로 진열하는 경우의 수는

$5!=120$

따라서 구하는 경우의 수는

$10\times3\times120=3600$ 답 ③

**1046** 1부터 9까지의 자연수 중에서 홀수는 1, 3, 5, 7, 9의 5개, 짝수는 2, 4, 6, 8의 4개이다.

5개의 홀수 중에서 2개를 택하는 경우의 수는

${}_5C_2=10$

4개의 짝수 중에서 2개를 택하는 경우의 수는

${}_4C_2=6$

택한 4개의 자연수를 일렬로 나열하는 경우의 수는

$4!=24$

따라서 구하는 네 자리 자연수의 개수는

$10\times6\times24=1440$ 답 **1440**

**1047** 동아리의 회원 수를 $n\,(n>3)$이라 하면 특정한 한 명을 포함하여 3명을 뽑는 경우의 수는 특정한 한 명을 제외한 나머지 $(n-1)$명 중에서 2명을 뽑는 경우의 수와 같으므로

${}_{n-1}C_2=\dfrac{(n-1)(n-2)}{2\times1}$

뽑은 3명을 일렬로 세우는 경우의 수는

$3!=6$

이때 특정한 한 명을 포함하여 3명을 뽑아 일렬로 세우는 경우의 수가 90이므로

$\dfrac{(n-1)(n-2)}{2}\times6=90$

$(n-1)(n-2)=6\times5$

$\therefore n=7$

따라서 동아리의 회원 수는 7이다. 답 **7**

**1048** 원 위에 있는 8개의 점 중에서 어느 세 점도 일직선 위에 있지 않으므로 만들 수 있는 서로 다른 직선의 개수는

${}_8C_2=28$ 답 **28**

**1049** 6개의 점 중에서 어느 세 점도 일직선 위에 있지 않으므로 만들 수 있는 서로 다른 직선의 개수는

${}_6C_2=15$ 답 ⑤

**1050** 8개의 점 중에서 2개를 택하는 경우의 수는

${}_8C_2=28$

일직선 위에 있는 5개의 점 중에서 2개를 택하는 경우의 수는

${}_5C_2=10$

일직선 위에 있는 3개의 점 중에서 2개를 택하는 경우의 수는

${}_3C_2={}_3C_1=3$

이때 주어진 두 직선을 포함하면 구하는 직선의 개수는

$28-10-3+2=17$ 답 **17**

**다른 풀이** 두 직선 위의 점을 각각 하나씩 택하여 연결한 직선의 개수는

${}_5C_1\times{}_3C_1=5\times3=15$

한 직선 위에 있는 점 중에서 2개를 택하여 연결한 직선의 개수는

2 (주어진 두 직선)

따라서 구하는 직선의 개수는

$15+2=17$

**1051** 12개의 점 중에서 2개를 택하는 경우의 수는

${}_{12}C_2=66$

(i) 일직선 위에 있는 3개의 점 중에서 2개를 택하는 경우의 수는

${}_3C_2={}_3C_1=3$

3개의 점을 지나는 직선은 오른쪽 그림과 같이 8개이다.

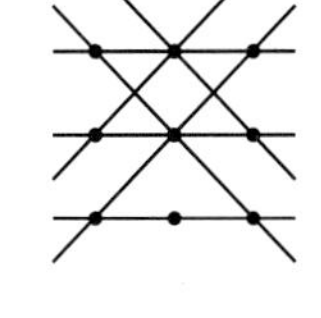

(ii) 일직선 위에 있는 4개의 점 중에서 2개를 택하는 경우의 수는

${}_4C_2=6$

4개의 점을 지나는 직선은 오른쪽 그림과 같이 3개이다.

(i), (ii)에서 구하는 직선의 개수는

$66-3\times8-6\times3+8+3=35$ 답 **35**

**1052** 구하는 대각선의 개수는 7개의 꼭짓점 중 2개를 택하는 경우의 수에서 변의 개수인 7을 뺀 것과 같으므로

${}_7C_2-7=21-7=14$ 답 ③

**1053** 팔각형의 대각선의 개수는 8개의 꼭짓점 중 2개를 택하는 경우의 수에서 변의 개수인 8을 뺀 것과 같으므로

${}_8C_2-8=28-8=20$

십일각형의 대각선의 개수는 11개의 꼭짓점 중 2개를 택하는 경우의 수에서 변의 개수인 11을 뺀 것과 같으므로

${}_{11}C_2-11=55-11=44$

따라서 구하는 합은

$20+44=64$ 답 ②

**1054** 구하는 다각형의 꼭짓점의 개수를 $n\,(n\geq3)$이라 하면 $n$각형의 대각선의 개수는 $n$개의 꼭짓점 중 2개를 택하는 경우의 수에서 변의 개수인 $n$을 뺀 것과 같으므로

${}_nC_2-n=27,\quad \dfrac{n(n-1)}{2\times1}-n=27$

$n^2-3n-54=0,\quad (n+6)(n-9)=0$

$\therefore n=9\ (\because n\geq3)$

따라서 구하는 다각형의 꼭짓점의 개수는 9이다. 답 **9**

**1055** 8개의 점 중에서 3개를 택하는 경우의 수는

${}_8C_3=56$

일직선 위에 있는 4개의 점 중에서 3개를 택하는 경우의 수는

${}_4C_3={}_4C_1=4$

그런데 일직선 위에 있는 3개의 점으로는 삼각형을 만들 수 없으므로 구하는 삼각형의 개수는

$56-4=52$

답 52

**1056** 7개의 점 중에서 3개를 택하는 경우의 수는

${}_7C_3=35$

일직선 위에 있는 3개의 점 중에서 3개를 택하는 경우의 수는

${}_3C_3=1$

이고, 3개의 점을 지나는 직선은 2개이다.

일직선 위에 있는 4개의 점 중에서 3개를 택하는 경우의 수는

${}_4C_3={}_4C_1=4$

이고, 4개의 점을 지나는 직선은 1개이다.

일직선 위에 있는 3개의 점으로는 삼각형을 만들 수 없으므로 구하는 삼각형의 개수는

$35-1\times2-4=29$

답 29

**1057** 직선 $l$ 위의 4개의 점 중에서 2개를 택하는 경우의 수는

${}_4C_2=6$

직선 $m$ 위의 3개의 점 중에서 2개를 택하는 경우의 수는

${}_3C_2={}_3C_1=3$

따라서 구하는 사각형의 개수는

$6\times3=18$

답 18

다른 풀이 7개의 점 중에서 4개를 택하는 경우의 수는

${}_7C_4={}_7C_3=35$

직선 $l$ 위의 점 중에서 3개를 택하고, 직선 $m$ 위의 점 중에서 1개를 택하는 경우의 수는

${}_4C_3\times{}_3C_1={}_4C_1\times{}_3C_1=4\times3=12$

직선 $m$ 위의 점 중에서 3개를 택하고, 직선 $l$ 위의 점 중에서 1개를 택하는 경우의 수는

${}_3C_3\times{}_4C_1=1\times4=4$

직선 $l$ 위의 점 중에서 4개를 택하는 경우의 수는

${}_4C_4=1$

따라서 구하는 사각형의 개수는

$35-(12+4+1)=18$

**1058** 9개의 점 중에서 3개를 택하는 경우의 수는

${}_9C_3=84$

일직선 위에 있는 3개의 점 중에서 3개를 택하는 경우의 수는

${}_3C_3=1$

이고, 3개의 점을 지나는 직선은 오른쪽 그림과 같이 8개이다.

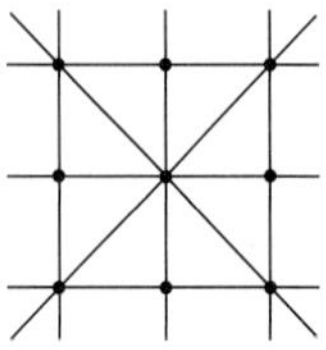

그런데 일직선 위에 있는 3개의 점으로는 삼각형을 만들 수 없으므로 구하는 삼각형의 개수는

$84-1\times8=76$

답 76

**1059** 가로 방향의 4개의 평행선 중에서 2개, 세로 방향의 6개의 평행선 중에서 2개를 택하면 한 개의 평행사변형을 만들 수 있으므로 구하는 평행사변형의 개수는

${}_4C_2\times{}_6C_2=6\times15=90$

답 ③

**1060** 가로선 4개 중에서 2개, 세로선 4개 중에서 2개를 택하면 한 개의 직사각형을 만들 수 있으므로 직사각형의 개수는

${}_4C_2\times{}_4C_2=6\times6=36$

한 변의 길이가 1, 2, 3인 정사각형의 개수는 각각 9, 4, 1이므로 정사각형의 개수는

$9+4+1=14$

따라서 정사각형이 아닌 직사각형의 개수는

$36-14=22$

답 22

**1061** $n$개의 평행선 중에서 2개, $(n-1)$개의 평행선 중에서 2개를 택하면 한 개의 평행사변형을 만들 수 있으므로 평행사변형의 개수는

${}_nC_2\times{}_{n-1}C_2$

이때 평행사변형의 개수가 150이므로

${}_nC_2\times{}_{n-1}C_2=150$

$\frac{n(n-1)}{2\times1}\times\frac{(n-1)(n-2)}{2\times1}=150$

$n(n-1)^2(n-2)=6\times5^2\times4$

$\therefore n=6$

답 6

**1062** 서로 다른 8개의 구슬을 4개, 4개로 나누는 경우의 수는

${}_8C_4\times{}_4C_4\times\frac{1}{2!}=70\times1\times\frac{1}{2}=35 \qquad \therefore a=35$

서로 다른 8개의 구슬을 5개, 3개로 나누는 경우의 수는

${}_8C_5\times{}_3C_3=56\times1=56 \qquad \therefore b=56$

$\therefore b-a=56-35=21$

답 21

**1063** 12명의 학생을 6명, 6명으로 나누는 경우의 수는

${}_{12}C_6\times{}_6C_6\times\frac{1}{2!}=924\times1\times\frac{1}{2}=462$ … 1단계

이때 여학생 4명이 모두 같은 조가 되는 경우의 수는 남학생 8명을 2명, 6명으로 나누는 경우의 수와 같으므로

${}_8C_2\times{}_6C_6=28\times1=28$ … 2단계

따라서 구하는 경우의 수는

$462-28=434$ … 3단계

답 434

| 채점 요소 | 비율 |
|---|---|
| 1단계 6명, 6명으로 나누는 경우의 수 구하기 | 40 % |
| 2단계 여학생 4명이 모두 같은 조가 되는 경우의 수 구하기 | 40 % |
| 3단계 각 조에 적어도 한 명의 여학생이 포함되는 경우의 수 구하기 | 20 % |

**1064** 볼펜 6자루를 세 묶음으로 나누는 경우는
(1자루, 1자루, 4자루) 또는 (1자루, 2자루, 3자루)
또는 (2자루, 2자루, 2자루)
(i) 1자루, 1자루, 4자루로 나누는 경우의 수는
$${}_6C_1 \times {}_5C_1 \times {}_4C_4 \times \frac{1}{2!} = 6 \times 5 \times 1 \times \frac{1}{2} = 15$$
(ii) 1자루, 2자루, 3자루로 나누는 경우의 수는
$${}_6C_1 \times {}_5C_2 \times {}_3C_3 = 6 \times 10 \times 1 = 60$$
(iii) 2자루, 2자루, 2자루로 나누는 경우의 수는
$${}_6C_2 \times {}_4C_2 \times {}_2C_2 \times \frac{1}{3!} = 15 \times 6 \times 1 \times \frac{1}{6} = 15$$
이상에서 구하는 경우의 수는
$15+60+15=90$ 답 ④

**1065** 5개의 체험 활동을 2개, 2개, 1개로 나누는 경우의 수는
$${}_5C_2 \times {}_3C_2 \times {}_1C_1 \times \frac{1}{2!} = 10 \times 3 \times 1 \times \frac{1}{2} = 15$$
이 세 묶음을 세 사람에게 배정하는 경우의 수는
$3! = 6$
따라서 구하는 경우의 수는
$15 \times 6 = 90$ 답 **90**

**1066** 어른 7명 중 1명이 어린이 2명과 한 조를 이루면 되므로 어른 7명을 1명, 3명, 3명으로 나누는 경우의 수는
$${}_7C_1 \times {}_6C_3 \times {}_3C_3 \times \frac{1}{2!} = 7 \times 20 \times 1 \times \frac{1}{2} = 70$$
이 세 조를 A, B, C 3개의 방에 배정하는 경우의 수는
$3! = 6$
따라서 구하는 경우의 수는
$70 \times 6 = 420$ 답 **420**

**1067** 5개의 상품을 조건에 맞게 세 묶음으로 나누는 경우는
(1개, 1개, 3개) 또는 (1개, 2개, 2개)
(i) 1개, 1개, 3개로 나누는 경우의 수
$${}_5C_1 \times {}_4C_1 \times {}_3C_3 \times \frac{1}{2!} = 5 \times 4 \times 1 \times \frac{1}{2} = 10$$
(ii) 1개, 2개, 2개로 나누는 경우의 수
$${}_5C_1 \times {}_4C_2 \times {}_2C_2 \times \frac{1}{2!} = 5 \times 6 \times 1 \times \frac{1}{2} = 15$$
(i), (ii)에서 세 묶음으로 나누는 경우의 수는
$10+15=25$
이 세 묶음을 3명의 학생에게 나누어 주는 경우의 수는
$3! = 6$
따라서 구하는 경우의 수는
$25 \times 6 = 150$ 답 ⑤

**1068** 2층부터 6층까지 5개의 층 중에서 사람들이 내리는 3개의 층을 택하는 경우의 수는
$${}_5C_3 = {}_5C_2 = 10$$
7명을 2명, 2명, 3명의 3개의 조로 나누는 경우의 수는
$${}_7C_2 \times {}_5C_2 \times {}_3C_3 \times \frac{1}{2!} = 21 \times 10 \times 1 \times \frac{1}{2} = 105$$
3개의 조를 3개의 층에 배정하는 경우의 수는
$3! = 6$
따라서 구하는 경우의 수는
$10 \times 105 \times 6 = 6300$ 답 **6300**

**1069** 7명을 3명, 4명으로 나누는 경우의 수는
$${}_7C_3 \times {}_4C_4 = 35 \times 1 = 35$$
나누어진 3명을 1명, 2명으로 나누는 경우의 수는
$${}_3C_1 \times {}_2C_2 = 3 \times 1 = 3$$
나누어진 4명을 2명, 2명으로 나누는 경우의 수는
$${}_4C_2 \times {}_2C_2 \times \frac{1}{2!} = 6 \times 1 \times \frac{1}{2} = 3$$
따라서 구하는 경우의 수는
$35 \times 3 \times 3 = 315$ 답 **315**

**1070** 6명을 3명, 3명의 2개의 조로 나누는 경우의 수는
$${}_6C_3 \times {}_3C_3 \times \frac{1}{2!} = 20 \times 1 \times \frac{1}{2} = 10$$
각 조에서 부전승으로 올라가는 1명을 택하는 경우의 수는
$${}_3C_1 \times {}_3C_1 = 3 \times 3 = 9$$
따라서 구하는 경우의 수는
$10 \times 9 = 90$ 답 **90**

**1071** 희종이네 반과 시합을 하는 반을 택하는 경우의 수는
$${}_5C_1 = 5$$
나머지 4개의 반을 2반씩 2개의 조로 나누는 경우의 수는
$${}_4C_2 \times {}_2C_2 \times \frac{1}{2!} = 6 \times 1 \times \frac{1}{2} = 3$$
따라서 구하는 경우의 수는
$5 \times 3 = 15$ 답 ②

## 시험에 꼭 나오는 문제

• 본책 151~153쪽

**1072** ${}_nP_4 = 30 \times {}_{n-1}C_3$에서
$$n(n-1)(n-2)(n-3) = 30 \times \frac{(n-1)(n-2)(n-3)}{3 \times 2 \times 1}$$
$n \geq 4$이므로 등식의 양변을 $(n-1)(n-2)(n-3)$으로 나누면
$n=5$ 답 ②

**1073** 다음과 같이 6개의 1을 일렬로 나열하면 ∨가 표시된 자리에만 0이 올 수 있다.
1∨1∨1∨1∨1∨1∨
따라서 구하는 자연수의 개수는 1의 사이사이와 맨 끝의 6개의 자리에 3개의 0을 나열하는 경우의 수와 같으므로
$${}_6C_3 = 20$$ 답 ⑤

**1074** 6켤레의 양말 중에서 짝이 맞는 한 켤레의 양말을 택하는 경우의 수는 $_6C_1=6$

나머지 5켤레의 양말 10짝 중에서 2짝을 택하는 경우의 수는

$_{10}C_2=45$

이때 양말 5켤레 중에서 짝이 맞는 한 켤레의 양말을 택하는 경우의 수는

$_5C_1=5$

이므로 짝이 맞지 않는 2짝을 택하는 경우의 수는

$45-5=40$

따라서 구하는 경우의 수는

$6\times40=240$ 답 **240**

**1075** 10명 중에서 4명을 뽑는 경우의 수는

$_{10}C_4=210$

남학생 4명 중에서 4명을 뽑는 경우의 수는

$_4C_4=1$

남학생 4명 중에서 3명을 뽑고, 여학생 6명 중에서 1명을 뽑는 경우의 수는

$_4C_3\times{}_6C_1={}_4C_1\times{}_6C_1=4\times6=24$

따라서 구하는 경우의 수는

$210-(1+24)=185$ 답 **185**

**다른 풀이** 여학생 6명 중에서 2명을 뽑고, 남학생 4명 중에서 2명을 뽑는 경우의 수는

$_6C_2\times{}_4C_2=15\times6=90$

여학생 6명 중에서 3명을 뽑고, 남학생 4명 중에서 1명을 뽑는 경우의 수는

$_6C_3\times{}_4C_1=20\times4=80$

여학생 6명 중에서 4명을 뽑는 경우의 수는

$_6C_4={}_6C_2=15$

따라서 구하는 경우의 수는 $90+80+15=185$

**1076** 양상추는 포함하고 오이는 포함하지 않는 경우의 수는 양상추와 오이를 제외한 5종류의 야채 중에서 3종류를 택하는 경우의 수와 같으므로 $_5C_3={}_5C_2=10$

오이는 포함하고 양상추는 포함하지 않는 경우의 수는 양상추와 오이를 제외한 5종류의 야채 중에서 3종류를 택하는 경우의 수와 같으므로 $_5C_3={}_5C_2=10$

따라서 구하는 경우의 수는

$10+10=20$ 답 ③

**1077** (i) 남자 5명 중에서 2명을 뽑는 경우의 수는

$_5C_2=10$

여자 4명 중에서 2명을 뽑는 경우의 수는

$_4C_2=6$

따라서 남자 2명, 여자 2명을 뽑는 경우의 수는

$10\times6=60$ $\therefore A=60$

(ii) 9명 중에서 4명을 뽑는 경우의 수는

$_9C_4=126$

남자 5명 중에서 4명을 뽑는 경우의 수는

$_5C_4={}_5C_1=5$

따라서 여자를 적어도 1명 뽑는 경우의 수는

$126-5=121$ $\therefore B=121$

(iii) 9명 중에서 4명을 뽑는 경우의 수는

$_9C_4=126$

남자 5명 중에서 4명을 뽑는 경우의 수는

$_5C_4={}_5C_1=5$

여자 4명 중에서 4명을 뽑는 경우의 수는

$_4C_4=1$

따라서 여자 1명, 남자 1명을 반드시 포함하여 뽑는 경우의 수는

$126-(5+1)=120$ $\therefore C=120$

이상에서 $A<C<B$ 답 ②

**1078** 2, 6을 제외한 5개의 자연수 중에서 4개를 택하는 경우의 수는

$_5C_4={}_5C_1=5$

택한 5개의 숫자를 일렬로 나열하는 경우의 수는

$5!=120$

따라서 구하는 자연수의 개수는

$5\times120=600$ 답 **600**

**1079** 어른 5명 중에서 3명을 뽑는 경우의 수는

$_5C_3={}_5C_2=10$

어린이 4명 중에서 2명을 뽑는 경우의 수는

$_4C_2=6$

어른 3명을 일렬로 세우는 경우의 수는

$3!=6$

어른의 사이사이와 양 끝의 4개의 자리 중 2개의 자리에 어린이 2명을 세우는 경우의 수는

$_4P_2=12$

따라서 구하는 경우의 수는

$10\times6\times6\times12=4320$ 답 **4320**

**1080** 10개의 점 중에서 2개를 택하는 경우의 수는

$_{10}C_2=45$

일직선 위에 있는 4개의 점 중에서 2개를 택하는 경우의 수는

$_4C_2=6$

이때 4개의 점을 지나는 직선은 5개이므로 구하는 직선의 개수는

$45-6\times5+5=20$ 답 ③

**1081** 만들 수 있는 삼각형의 개수는 12개의 점 중에서 3개의 점을 택하는 경우의 수와 같으므로

$_{12}C_3=220$

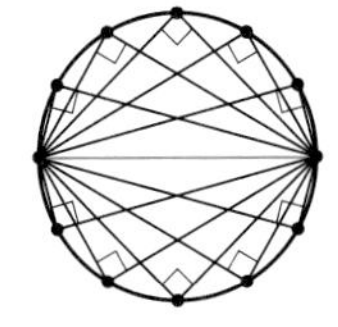

오른쪽 그림과 같이 1개의 지름을 기준으로 10개의 직각삼각형을 만들 수 있고, 두 점을 이어 만들 수 있는 지름은 6개이므로 직각삼각형의 개수는 $10\times6=60$

따라서 구하는 삼각형의 개수는

$220-60=160$ 답 160

참고 | 반원에 대한 원주각의 크기는 $90°$이므로 원의 지름의 양 끝 점과 원 위의 다른 1개의 점을 택하면 직각삼각형을 만들 수 있다.

**1082** (i) ─ 방향의 직선 중에서 2개를 택하고, ╲ 방향의 직선 중에서 2개를 택하는 경우의 수는

$${}_4C_2\times{}_3C_2=6\times3=18$$

(ii) ─ 방향의 직선 중에서 2개를 택하고, ╱ 방향의 직선 중에서 2개를 택하는 경우의 수는

$${}_4C_2\times{}_2C_2=6\times1=6$$

(iii) ╲ 방향의 직선 중에서 2개를 택하고, ╱ 방향의 직선 중에서 2개를 택하는 경우의 수는

$${}_3C_2\times{}_2C_2=3\times1=3$$

이상에서 구하는 평행사변형의 개수는

$18+6+3=27$ 답 27

**1083** 8개의 과자를 두 묶음으로 나누는 경우는

(1개, 7개) 또는 (2개, 6개) 또는 (3개, 5개) 또는 (4개, 4개)

(i) 1개, 7개로 나누는 경우의 수는

$${}_8C_1\times{}_7C_7=8\times1=8$$

(ii) 2개, 6개로 나누는 경우의 수는

$${}_8C_2\times{}_6C_6=28\times1=28$$

(iii) 3개, 5개로 나누는 경우의 수는

$${}_8C_3\times{}_5C_5=56\times1=56$$

(iv) 4개, 4개로 나누는 경우의 수는

$${}_8C_4\times{}_4C_4\times\frac{1}{2!}=70\times1\times\frac{1}{2}=35$$

이상에서 구하는 경우의 수는

$8+28+56+35=127$ 답 ⑤

**1084** 어른은 지정된 차량에 탑승하므로 어른을 제외한 어린이 7명을 3개의 조로 나누는 경우는

(1명, 3명, 3명) 또는 (2명, 2명, 3명)

(i) 1명, 3명, 3명으로 나누는 경우의 수는

$${}_7C_1\times{}_6C_3\times{}_3C_3\times\frac{1}{2!}=7\times20\times1\times\frac{1}{2}=70$$

(ii) 2명, 2명, 3명으로 나누는 경우의 수는

$${}_7C_2\times{}_5C_2\times{}_3C_3\times\frac{1}{2!}=21\times10\times1\times\frac{1}{2}=105$$

(i), (ii)에서 3개의 조로 나누는 경우의 수는

$70+105=175$

3개의 조를 3대의 차량에 배정하는 경우의 수는 $3!=6$

따라서 구하는 경우의 수는

$175\times6=1050$ 답 1050

**1085** 5개의 팀을 2팀, 3팀으로 나누는 경우의 수는

$${}_5C_2\times{}_3C_3=10\times1=10$$

나누어진 3팀 중 부전승으로 올라가는 1팀을 택하는 경우의 수는

$${}_3C_1=3$$

따라서 구하는 경우의 수는 $10\times3=30$ 답 ④

**1086** ${}_nC_r={}_nC_6$에서

$r=6$ 또는 $n-r=6$ ······ ㉠

${}_{12}C_r={}_{12}C_{r-2}$에서 $r=r-2$ 또는 $12-r=r-2$

그런데 $r\neq r-2$이므로

$12-r=r-2,\quad -2r=-14$

$\therefore r=7$ ··· 1단계

따라서 ㉠에서 $n-7=6\quad \therefore n=13$ ··· 2단계

$\therefore n+r=13+7=20$ ··· 3단계

답 20

| | 채점 요소 | 비율 |
|---|---|---|
| 1단계 | $r$의 값 구하기 | 50 % |
| 2단계 | $n$의 값 구하기 | 30 % |
| 3단계 | $n+r$의 값 구하기 | 20 % |

**1087** $(n+6)$명 중 특정한 2명이 포함되도록 5명을 뽑는 경우의 수는 특정한 2명을 제외한 $(n+4)$명 중에서 3명을 뽑는 경우의 수와 같으므로

${}_{n+4}C_3=56$ ··· 1단계

$$\frac{(n+4)(n+3)(n+2)}{3\times2\times1}=56$$

$$(n+4)(n+3)(n+2)=8\times7\times6$$

$\therefore n=4$ ··· 2단계

답 4

| | 채점 요소 | 비율 |
|---|---|---|
| 1단계 | 주어진 조건을 이용하여 식 세우기 | 50 % |
| 2단계 | $n$의 값 구하기 | 50 % |

**1088** $n$개의 점으로 만들 수 있는 직선이 55개이므로

$${}_nC_2=55,\quad \frac{n(n-1)}{2\times1}=55,\quad n(n-1)=11\times10$$

$\therefore n=11$ ··· 1단계

따라서 원 위에 서로 다른 11개의 점이 있으므로 이 중에서 네 개의 점을 꼭짓점으로 하는 사각형의 개수는

${}_{11}C_4=330$ ··· 2단계

답 330

| | 채점 요소 | 비율 |
|---|---|---|
| 1단계 | $n$의 값 구하기 | 50 % |
| 2단계 | 사각형의 개수 구하기 | 50 % |

11 조합

**1089** 각 티셔츠를 선택하는 학생 수가 모두 달라야 하므로 각 티셔츠를 선택하는 학생은 1명, 2명, 4명이어야 한다.
7명을 1명, 2명, 4명으로 나누는 경우의 수는

$_{7}C_{1}\times{}_{6}C_{2}\times{}_{4}C_{4}=7\times15\times1=105$ … 1단계

1명, 2명, 4명으로 나누어진 학생들이 서로 다른 3개의 티셔츠를 선택하는 경우의 수는

$3!=6$ … 2단계

따라서 구하는 경우의 수는

$105\times6=630$ … 3단계

답 **630**

| 채점 요소 | | 비율 |
|---|---|---|
| 1단계 | 7명을 1명, 2명, 4명으로 나누는 경우의 수 구하기 | 50 % |
| 2단계 | 나누어진 학생들이 티셔츠를 선택하는 경우의 수 구하기 | 30 % |
| 3단계 | 각 티셔츠를 선택하는 학생 수가 모두 다른 경우의 수 구하기 | 20 % |

**1090** 전략 서로 다른 색의 공의 개수를 기준으로 경우를 나누어 생각한다.

주머니에서 꺼낸 5개의 공의 색이 3종류이려면 서로 다른 색의 공을 각각

3개, 1개, 1개 또는 2개, 2개, 1개

꺼내야 한다.

(i) 서로 다른 색의 공을 각각 3개, 1개, 1개 꺼내는 경우
흰 공을 3개 꺼내고, 검은 공, 파란 공, 빨간 공, 노란 공 중 2종류를 택하여 각각 1개씩 꺼내야 한다.
따라서 이 경우의 수는

$_{4}C_{2}=6$

(ii) 서로 다른 색의 공을 각각 2개, 2개, 1개 꺼내는 경우
흰 공, 검은 공, 파란 공 중 2종류를 택하여 각각 2개씩 꺼내고, 남은 3종류의 공 중 1가지를 택하여 1개를 꺼내야 한다.
따라서 이 경우의 수는

$_{3}C_{2}\times{}_{3}C_{1}=3\times3=9$

(i), (ii)에서 구하는 경우의 수는

$6+9=15$

답 **15**

**다른 풀이** (i) 흰 공, 검은 공, 파란 공을 꺼내는 경우
흰 공, 검은 공, 파란 공을 각각

1개, 2개, 2개 또는 2개, 1개, 2개 또는
2개, 2개, 1개 또는 3개, 1개, 1개

꺼내야 하므로 이 경우의 수는 4이다.

(ii) 흰 공, 빨간 공, 노란 공을 꺼내는 경우
흰 공, 빨간 공, 노란 공을 각각 3개, 1개, 1개 꺼내야 하므로 이 경우의 수는 1이다.

(iii) 흰 공과 검은 공, 파란 공 중 1가지, 빨간 공, 노란 공 중 1가지를 꺼내는 경우
공의 색을 정하는 경우의 수는

$2\times2=4$

이때 흰 공, 검은 공, 빨간 공을 꺼낸다고 하면 각각

2개, 2개, 1개 또는 3개, 1개, 1개

꺼내야 하므로 이 경우의 수는

$4\times2=8$

(iv) 검은 공, 파란 공과 빨간 공, 노란 공 중 1가지를 꺼내는 경우
공의 색을 정하는 경우의 수는 2
이때 검은 공, 파란 공, 빨간 공을 꺼낸다고 하면 각각 2개, 2개, 1개 꺼내야 하므로 이 경우의 수는

$2\times1=2$

이상에서 구하는 경우의 수는

$4+1+8+2=15$

참고 | 검은 공, 파란 공 중 1가지와 빨간 공, 노란 공을 꺼내는 경우에는 5개의 공을 꺼낼 수 없다.

**1091** 전략 과일 바구니를 만들 때, 멜론과 망고를 모두 포함하는 경우와 모두 포함하지 않는 경우로 나누어 생각한다.

(i) 멜론과 망고를 포함하는 과일 바구니를 만드는 경우
과일 바구니에는 바나나를 넣을 수 없다.
따라서 만들 수 있는 과일 바구니의 개수는 멜론, 망고, 바나나를 제외한 7종류의 과일 중에서 3종류를 택하는 경우의 수와 같으므로 $_{7}C_{3}=35$

(ii) 멜론과 망고를 포함하지 않는 과일 바구니를 만드는 경우
만들 수 있는 과일 바구니의 개수는 멜론, 망고를 제외한 8종류의 과일 중에서 5종류를 택하는 경우의 수와 같으므로

$_{8}C_{5}={}_{8}C_{3}=56$

(i), (ii)에서 구하는 과일 바구니의 개수는

$35+56=91$

답 **91**

**1092** 전략 학생들을 2개의 조로 나누어 산, 바다, 수족관 중에서 2개의 장소에 배정하는 경우의 수를 구한다.

6명의 학생을 2개의 조로 나누는 경우는

(1명, 5명) 또는 (2명, 4명) 또는 (3명, 3명)

(i) 1명, 5명으로 나누는 경우의 수는

$_{6}C_{1}\times{}_{5}C_{5}=6\times1=6$

(ii) 2명, 4명으로 나누는 경우의 수는

$_{6}C_{2}\times{}_{4}C_{4}=15\times1=15$

(iii) 3명, 3명으로 나누는 경우의 수는

$_{6}C_{3}\times{}_{3}C_{3}\times\frac{1}{2!}=20\times1\times\frac{1}{2}=10$

이상에서 6명의 학생을 2개의 조로 나누는 경우의 수는

$6+15+10=31$

이때 산, 바다, 수족관 중에서 2개의 장소를 택하는 경우의 수는

$_{3}C_{2}={}_{3}C_{1}=3$

2개의 조를 택한 2개의 장소에 배정하는 경우의 수는

$2!=2$

따라서 구하는 경우의 수는

$31\times3\times2=186$

답 **186**

# 12 행렬

## 교과서 문제 정복하기

본책 157쪽

**1093** 답 **2×1 행렬**

**1094** 답 **1×3 행렬**

**1095** 답 **2×2 행렬**

**1096** 답 **2×3 행렬**

**1097** (2) $-3+0=-3$
(3) $2+(-3)+5=4$

답 (1) **1** (2) **−3** (3) **4**

**1098** 두 행렬의 대응하는 성분이 서로 같아야 하므로
$a-1=-4,\ 2=b-2,\ -1=c-5$
$\therefore a=-3,\ b=4,\ c=4$ 답 $\boldsymbol{a=-3,\ b=4,\ c=4}$

**1099** 두 행렬의 대응하는 성분이 서로 같아야 하므로
$1=a+b,\ 3=a-b,\ 3c=-6$
$\therefore a=2,\ b=-1,\ c=-2$

답 $\boldsymbol{a=2,\ b=-1,\ c=-2}$

**1100** 답 $\boldsymbol{(-1\quad 5)}$

**1101** 답 $\begin{pmatrix} -1 & 3 \\ 1 & 4 \end{pmatrix}$

**1102** 답 $\begin{pmatrix} 6 & -5 \\ -1 & 1 \end{pmatrix}$

**1103** 답 $\begin{pmatrix} 4 & 2 & -1 \\ -2 & 0 & 1 \end{pmatrix}$

**1104** $5A-3B=5\begin{pmatrix} 1 & 3 \\ -2 & 0 \end{pmatrix}-3\begin{pmatrix} 1 & 2 \\ 1 & -1 \end{pmatrix}$
$=\begin{pmatrix} 5 & 15 \\ -10 & 0 \end{pmatrix}-\begin{pmatrix} 3 & 6 \\ 3 & -3 \end{pmatrix}$
$=\begin{pmatrix} 2 & 9 \\ -13 & 3 \end{pmatrix}$ 답 $\begin{pmatrix} 2 & 9 \\ -13 & 3 \end{pmatrix}$

**1105** $-A+4B=-\begin{pmatrix} 1 & 3 \\ -2 & 0 \end{pmatrix}+4\begin{pmatrix} 1 & 2 \\ 1 & -1 \end{pmatrix}$
$=\begin{pmatrix} -1 & -3 \\ 2 & 0 \end{pmatrix}+\begin{pmatrix} 4 & 8 \\ 4 & -4 \end{pmatrix}$
$=\begin{pmatrix} 3 & 5 \\ 6 & -4 \end{pmatrix}$ 답 $\begin{pmatrix} 3 & 5 \\ 6 & -4 \end{pmatrix}$

**1106** $A+X=B$에서
$X=B-A=\begin{pmatrix} 2 & 1 \\ 3 & 0 \end{pmatrix}-\begin{pmatrix} 0 & 2 \\ 1 & -1 \end{pmatrix}$
$=\begin{pmatrix} 2 & -1 \\ 2 & 1 \end{pmatrix}$ 답 $\begin{pmatrix} 2 & -1 \\ 2 & 1 \end{pmatrix}$

**1107** $X-A=3B$에서
$X=A+3B=\begin{pmatrix} 0 & 2 \\ 1 & -1 \end{pmatrix}+3\begin{pmatrix} 2 & 1 \\ 3 & 0 \end{pmatrix}$
$=\begin{pmatrix} 0 & 2 \\ 1 & -1 \end{pmatrix}+\begin{pmatrix} 6 & 3 \\ 9 & 0 \end{pmatrix}$
$=\begin{pmatrix} 6 & 5 \\ 10 & -1 \end{pmatrix}$ 답 $\begin{pmatrix} 6 & 5 \\ 10 & -1 \end{pmatrix}$

**1108** $(1\quad 2)\begin{pmatrix} 3 & -3 \\ -4 & 5 \end{pmatrix}$
$=(1\times3+2\times(-4)\quad 1\times(-3)+2\times5)$
$=(-5\quad 7)$ 답 $\boldsymbol{(-5\quad 7)}$

**1109** $\begin{pmatrix} 1 & 4 \\ -2 & 5 \end{pmatrix}\begin{pmatrix} 2 \\ 3 \end{pmatrix}=\begin{pmatrix} 1\times2+4\times3 \\ -2\times2+5\times3 \end{pmatrix}$
$=\begin{pmatrix} 14 \\ 11 \end{pmatrix}$ 답 $\begin{pmatrix} 14 \\ 11 \end{pmatrix}$

**1110** $\begin{pmatrix} 0 & -6 \\ 1 & 1 \end{pmatrix}\begin{pmatrix} 1 & 5 \\ 4 & -2 \end{pmatrix}$
$=\begin{pmatrix} 0\times1+(-6)\times4 & 0\times5+(-6)\times(-2) \\ 1\times1+1\times4 & 1\times5+1\times(-2) \end{pmatrix}$
$=\begin{pmatrix} -24 & 12 \\ 5 & 3 \end{pmatrix}$ 답 $\begin{pmatrix} -24 & 12 \\ 5 & 3 \end{pmatrix}$

**1111** $\begin{pmatrix} 1 & 2 \\ 1 & -2 \end{pmatrix}\begin{pmatrix} -1 & 2 \\ 3 & 4 \end{pmatrix}$
$=\begin{pmatrix} 1\times(-1)+2\times3 & 1\times2+2\times4 \\ 1\times(-1)+(-2)\times3 & 1\times2+(-2)\times4 \end{pmatrix}$
$=\begin{pmatrix} 5 & 10 \\ -7 & -6 \end{pmatrix}$ 답 $\begin{pmatrix} 5 & 10 \\ -7 & -6 \end{pmatrix}$

**1112** (1) $A^2=\begin{pmatrix} 1 & 1 \\ 0 & 1 \end{pmatrix}\begin{pmatrix} 1 & 1 \\ 0 & 1 \end{pmatrix}=\begin{pmatrix} 1 & 2 \\ 0 & 1 \end{pmatrix}$

(2) $A^3=A^2A=\begin{pmatrix} 1 & 2 \\ 0 & 1 \end{pmatrix}\begin{pmatrix} 1 & 1 \\ 0 & 1 \end{pmatrix}=\begin{pmatrix} 1 & 3 \\ 0 & 1 \end{pmatrix}$

(3) 자연수 $n$에 대하여 $A^n=\begin{pmatrix} 1 & n \\ 0 & 1 \end{pmatrix}$이므로
$A^{10}=\begin{pmatrix} 1 & 10 \\ 0 & 1 \end{pmatrix}$

답 (1) $\begin{pmatrix} 1 & 2 \\ 0 & 1 \end{pmatrix}$ (2) $\begin{pmatrix} 1 & 3 \\ 0 & 1 \end{pmatrix}$ (3) $\begin{pmatrix} 1 & 10 \\ 0 & 1 \end{pmatrix}$

**1113** (1) $-E=-\begin{pmatrix} 1 & 0 \\ 0 & 1 \end{pmatrix}=\begin{pmatrix} -1 & 0 \\ 0 & -1 \end{pmatrix}$

(2) $E^9=E=\begin{pmatrix} 1 & 0 \\ 0 & 1 \end{pmatrix}$

(3) $(-E)^{1001}=-E^{1001}=-E=\begin{pmatrix} -1 & 0 \\ 0 & -1 \end{pmatrix}$

답 (1) $\begin{pmatrix} -1 & 0 \\ 0 & -1 \end{pmatrix}$ (2) $\begin{pmatrix} 1 & 0 \\ 0 & 1 \end{pmatrix}$ (3) $\begin{pmatrix} -1 & 0 \\ 0 & -1 \end{pmatrix}$

## 유형 익히기

• 본책 158~163쪽

**1114** $a_{11}=1^2+1-1=1$, $a_{12}=1^2+2-1=2$,
$a_{21}=2^2+1-1=4$, $a_{22}=2^2+2-1=5$이므로

$$A=\begin{pmatrix} 1 & 2 \\ 4 & 5 \end{pmatrix}$$

답 $\begin{pmatrix} \mathbf{1} & \mathbf{2} \\ \mathbf{4} & \mathbf{5} \end{pmatrix}$

**1115** 도시 1에서 도시 1로 가는 도로의 수는 1이므로
$a_{11}=1$
도시 1에서 도시 2로 가는 도로의 수는 1이므로
$a_{12}=1$
도시 1에서 도시 3으로 가는 도로의 수는 1이므로
$a_{13}=1$
도시 2에서 도시 1로 가는 도로의 수는 1이므로
$a_{21}=1$
도시 2에서 도시 3으로 가는 도로의 수는 2이므로
$a_{23}=2$
도시 3에서 도시 2로 가는 도로의 수는 1이므로
$a_{32}=1$
그 외의 다른 도로는 없으므로 나머지 성분은 모두 0이다.

$$\therefore A=\begin{pmatrix} 1 & 1 & 1 \\ 1 & 0 & 2 \\ 0 & 1 & 0 \end{pmatrix}$$

답 $\begin{pmatrix} \mathbf{1} & \mathbf{1} & \mathbf{1} \\ \mathbf{1} & \mathbf{0} & \mathbf{2} \\ \mathbf{0} & \mathbf{1} & \mathbf{0} \end{pmatrix}$

**1116** $i>j$일 때, $a_{ij}=2i+j$이므로
$a_{21}=2\times2+1=5$
$i=j$일 때, $a_{ij}=i-j$이므로
$a_{11}=1-1=0$,
$a_{22}=2-2=0$
$i<j$일 때, $a_{ij}=3i$이므로
$a_{12}=3\times1=3$

$$\therefore A=\begin{pmatrix} 0 & 3 \\ 5 & 0 \end{pmatrix}$$

따라서 행렬 $A$의 모든 성분의 합은
$0+3+5+0=8$

답 **8**

**1117** $a_{11}=2\times1-1+k=1+k$이므로
$1+k=2$　$\therefore k=1$
따라서 $a_{ij}=2i-j+1$이므로 … 1단계
$x=a_{12}=2\times1-2+1=1$,
$y=a_{21}=2\times2-1+1=4$,
$z=a_{32}=2\times3-2+1=5$
$\therefore x+y+z=1+4+5=10$ … 2단계

답 **10**

| 채점 요소 | 비율 |
|---|---|
| 1단계 $a_{ij}$를 나타내는 식 구하기 | 40 % |
| 2단계 $x+y+z$의 값 구하기 | 60 % |

**1118** 두 행렬의 대응하는 성분이 서로 같아야 하므로
$x^2=a$, $4=x-y$, $2=xy$, $y^2=b$
$\therefore a+b=x^2+y^2=(x-y)^2+2xy$
$=4^2+2\times2=20$

답 ④

**1119** 두 행렬의 대응하는 성분이 서로 같아야 하므로
$1=3+y$, $3x-5=-2$, $-4=y-2$, $2x=2$
$\therefore x=1$, $y=-2$
$\therefore x+y=1+(-2)=-1$

답 **−1**

**1120** 두 행렬의 대응하는 성분이 서로 같아야 하므로
$a+2b=1$ …… ㉠
$-5=a-b$ …… ㉡
$2c-d=6$ …… ㉢
$0=c+d$ …… ㉣
㉠, ㉡을 연립하여 풀면　$a=-3$, $b=2$
㉢, ㉣을 연립하여 풀면　$c=2$, $d=-2$
$\therefore abcd=-3\times2\times2\times(-2)=24$

답 ⑤

**1121** 두 행렬의 대응하는 성분이 서로 같아야 하므로
$5=z^2-xz$ …… ㉠
$2x=8$ …… ㉡
$4z=2z^2+3y$ …… ㉢
$0=y+2$ …… ㉣
㉡에서　$x=4$
㉣에서　$y=-2$
(i) $x=4$를 ㉠에 대입하면
$5=z^2-4z$,　$z^2-4z-5=0$
$(z+1)(z-5)=0$
$\therefore z=-1$ 또는 $z=5$
(ii) $y=-2$를 ㉢에 대입하면
$4z=2z^2-6$,　$z^2-2z-3=0$
$(z+1)(z-3)=0$
$\therefore z=-1$ 또는 $z=3$
(i), (ii)에서　$z=-1$
$\therefore x^2+y^2+z^2=4^2+(-2)^2+(-1)^2=21$

답 **21**

**1122** $2(X-B)=A-X$에서
$2X-2B=A-X$,　$3X=A+2B$

$$\therefore X=\frac{1}{3}(A+2B)$$
$$=\frac{1}{3}\left\{\begin{pmatrix} 2 & 1 \\ -1 & 4 \end{pmatrix}+2\begin{pmatrix} 1 & 0 \\ -2 & 1 \end{pmatrix}\right\}$$
$$=\frac{1}{3}\left\{\begin{pmatrix} 2 & 1 \\ -1 & 4 \end{pmatrix}+\begin{pmatrix} 2 & 0 \\ -4 & 2 \end{pmatrix}\right\}$$
$$=\frac{1}{3}\begin{pmatrix} 4 & 1 \\ -5 & 6 \end{pmatrix}=\begin{pmatrix} \frac{4}{3} & \frac{1}{3} \\ -\frac{5}{3} & 2 \end{pmatrix}$$

따라서 행렬 $X$의 모든 성분의 합은

$$\frac{4}{3}+\frac{1}{3}+\left(-\frac{5}{3}\right)+2=2$$

답 **2**

**1123** $2(A+B)-3(A-B)$

$=2A+2B-3A+3B$

$=-A+5B$

$=-\begin{pmatrix}2 & 3\\-1 & 0\end{pmatrix}+5\begin{pmatrix}0 & 1\\0 & -2\end{pmatrix}$

$=\begin{pmatrix}-2 & -3\\1 & 0\end{pmatrix}+\begin{pmatrix}0 & 5\\0 & -10\end{pmatrix}$

$=\begin{pmatrix}-2 & 2\\1 & -10\end{pmatrix}$

따라서 구하는 모든 성분의 합은

$$-2+2+1+(-10)=-9$$

답 ②

**1124** $A+3B+2X=X+5B$에서

$X=-A+2B$

$=-\begin{pmatrix}1 & 3\\5 & 4\end{pmatrix}+2\begin{pmatrix}2 & 1\\0 & -1\end{pmatrix}$

$=\begin{pmatrix}-1 & -3\\-5 & -4\end{pmatrix}+\begin{pmatrix}4 & 2\\0 & -2\end{pmatrix}$

$=\begin{pmatrix}3 & -1\\-5 & -6\end{pmatrix}$

따라서 행렬 $X$의 $(1, 2)$ 성분은 $-1$이다.

답 **−1**

**1125** 삼각형 PQR에서

$\mathrm{P}(-2, 3), \mathrm{Q}(-1, -2), \mathrm{R}(2, 0)$

이므로

$A=\begin{pmatrix}-2 & 3\\-1 & -2\end{pmatrix}, B=\begin{pmatrix}-1 & -2\\2 & 0\end{pmatrix}$ … 1단계

$3X-2A=2(A-B)+X$에서

$3X-2A=2A-2B+X$

$2X=4A-2B$

$\therefore X=2A-B$

$=2\begin{pmatrix}-2 & 3\\-1 & -2\end{pmatrix}-\begin{pmatrix}-1 & -2\\2 & 0\end{pmatrix}$

$=\begin{pmatrix}-4 & 6\\-2 & -4\end{pmatrix}-\begin{pmatrix}-1 & -2\\2 & 0\end{pmatrix}$

$=\begin{pmatrix}-3 & 8\\-4 & -4\end{pmatrix}$ … 2단계

따라서 행렬 $X$의 모든 성분의 합은

$-3+8+(-4)+(-4)=-3$ … 3단계

답 **−3**

| 채점 요소 | 비율 |
|---|---|
| 1단계 행렬 $A$, $B$ 구하기 | 30 % |
| 2단계 행렬 $X$ 구하기 | 50 % |
| 3단계 행렬 $X$의 모든 성분의 합 구하기 | 20 % |

**1126** $2A-B=\begin{pmatrix}11 & 3\\-2 & 8\end{pmatrix}$ …… ㉠

$A-3B=\begin{pmatrix}3 & 4\\-1 & 14\end{pmatrix}$ …… ㉡

㉠×3−㉡을 하면

$5A=3\begin{pmatrix}11 & 3\\-2 & 8\end{pmatrix}-\begin{pmatrix}3 & 4\\-1 & 14\end{pmatrix}$

$=\begin{pmatrix}33 & 9\\-6 & 24\end{pmatrix}-\begin{pmatrix}3 & 4\\-1 & 14\end{pmatrix}$

$=\begin{pmatrix}30 & 5\\-5 & 10\end{pmatrix}$

$\therefore A=\frac{1}{5}\begin{pmatrix}30 & 5\\-5 & 10\end{pmatrix}=\begin{pmatrix}6 & 1\\-1 & 2\end{pmatrix}$

㉠−㉡×2를 하면

$5B=\begin{pmatrix}11 & 3\\-2 & 8\end{pmatrix}-2\begin{pmatrix}3 & 4\\-1 & 14\end{pmatrix}$

$=\begin{pmatrix}11 & 3\\-2 & 8\end{pmatrix}-\begin{pmatrix}6 & 8\\-2 & 28\end{pmatrix}$

$=\begin{pmatrix}5 & -5\\0 & -20\end{pmatrix}$

$\therefore B=\frac{1}{5}\begin{pmatrix}5 & -5\\0 & -20\end{pmatrix}=\begin{pmatrix}1 & -1\\0 & -4\end{pmatrix}$

$\therefore A-B=\begin{pmatrix}6 & 1\\-1 & 2\end{pmatrix}-\begin{pmatrix}1 & -1\\0 & -4\end{pmatrix}=\begin{pmatrix}5 & 2\\-1 & 6\end{pmatrix}$

따라서 행렬 $A-B$의 모든 성분의 합은

$5+2+(-1)+6=12$

답 **12**

**1127** $A+B=\begin{pmatrix}1 & 2\\3 & 4\end{pmatrix}$ …… ㉠

$A-B=\begin{pmatrix}3 & 0\\1 & 2\end{pmatrix}$ …… ㉡

㉠+㉡을 하면

$2A=\begin{pmatrix}1 & 2\\3 & 4\end{pmatrix}+\begin{pmatrix}3 & 0\\-1 & 2\end{pmatrix}=\begin{pmatrix}4 & 2\\2 & 6\end{pmatrix}$

$\therefore A=\frac{1}{2}\begin{pmatrix}4 & 2\\2 & 6\end{pmatrix}=\begin{pmatrix}2 & 1\\1 & 3\end{pmatrix}$

따라서 행렬 $A$의 모든 성분의 곱은

$2\times1\times1\times3=6$

답 **6**

**1128** $xA+yB=C$에서

$x\begin{pmatrix}2 & 1\\0 & 1\end{pmatrix}+y\begin{pmatrix}3 & 4\\2 & -1\end{pmatrix}=\begin{pmatrix}-1 & 2\\2 & -3\end{pmatrix}$

$\therefore \begin{pmatrix}2x+3y & x+4y\\2y & x-y\end{pmatrix}=\begin{pmatrix}-1 & 2\\2 & -3\end{pmatrix}$

두 행렬이 서로 같을 조건에 의하여

$2x+3y=-1, x+4y=2, 2y=2, x-y=-3$

$\therefore x=-2, y=1$

$\therefore x+y=-2+1=-1$

답 **−1**

**1129** $pA+qB=C$에서

$$p\begin{pmatrix}-1 & 1\\ 2 & 0\end{pmatrix}+q\begin{pmatrix}4 & a\\ 4 & 6\end{pmatrix}=\begin{pmatrix}2 & 1\\ 0 & 2\end{pmatrix}$$

$$\therefore \begin{pmatrix}-p+4q & p+aq\\ 2p+4q & 6q\end{pmatrix}=\begin{pmatrix}2 & 1\\ 0 & 2\end{pmatrix}$$

두 행렬이 서로 같을 조건에 의하여

$-p+4q=2,\ p+aq=1,\ 2p+4q=0,\ 6q=2$

$6q=2$에서 $\quad q=\dfrac{1}{3}$

$2p+4q=0$에서 $\quad 2p+\dfrac{4}{3}=0$

$\therefore p=-\dfrac{2}{3}$

따라서 $p=-\dfrac{2}{3}$, $q=\dfrac{1}{3}$을 $p+aq=1$에 대입하면

$-\dfrac{2}{3}+\dfrac{a}{3}=1$

$\therefore a=5$

답 **5**

**1130** 이차방정식 $x^2-5x-2=0$의 두 근이 $\alpha$, $\beta$이므로 이차방정식의 근과 계수의 관계에 의하여

$\alpha+\beta=5,\ \alpha\beta=-2$

한편 $\begin{pmatrix}-\alpha & 0\\ \beta & \alpha\end{pmatrix}\begin{pmatrix}\beta & 0\\ \alpha & -\beta\end{pmatrix}=\begin{pmatrix}-\alpha\beta & 0\\ \alpha^2+\beta^2 & -\alpha\beta\end{pmatrix}$이므로 구하는 모든 성분의 합은

$$\begin{aligned}&-\alpha\beta+0+(\alpha^2+\beta^2)+(-\alpha\beta)\\&=\alpha^2-2\alpha\beta+\beta^2\\&=(\alpha+\beta)^2-4\alpha\beta\\&=5^2-4\times(-2)\\&=33\end{aligned}$$

답 ③

**1131** $A$는 $2\times3$ 행렬, $B$는 $2\times2$ 행렬, $C$는 $3\times2$ 행렬이다.

$AB$ ⇨ $(2\times3$ 행렬$)\times(2\times2$ 행렬$)$은 정의되지 않는다.

$BA$ ⇨ $(2\times2$ 행렬$)\times(2\times3$ 행렬$)=(2\times3$ 행렬$)$

$BC$ ⇨ $(2\times2$ 행렬$)\times(3\times2$ 행렬$)$은 정의되지 않는다.

$CA$ ⇨ $(3\times2$ 행렬$)\times(2\times3$ 행렬$)=(3\times3$ 행렬$)$

$CB$ ⇨ $(3\times2$ 행렬$)\times(2\times2$ 행렬$)=(3\times2$ 행렬$)$

따라서 그 곱이 정의되는 것은 $BA$, $CA$, $CB$의 3개이다.

답 ③

**1132** $\begin{pmatrix}2 & 1\\ 0 & a\end{pmatrix}\begin{pmatrix}1 & -2\\ b & 0\end{pmatrix}=\begin{pmatrix}-4 & 2c\\ 12 & 0\end{pmatrix}$에서

$$\begin{pmatrix}2+b & -4\\ ab & 0\end{pmatrix}=\begin{pmatrix}-4 & 2c\\ 12 & 0\end{pmatrix}$$

두 행렬이 서로 같을 조건에 의하여

$2+b=-4,\ -4=2c,\ ab=12$

$\therefore a=-2,\ b=-6,\ c=-2$

$$\begin{aligned}\therefore a+b+c&=-2+(-6)+(-2)\\&=-10\end{aligned}$$

답 **−10**

**1133** $XY=\begin{pmatrix}1 & -1\\ -2 & a\end{pmatrix}\begin{pmatrix}3 & 1\\ 2 & 1\end{pmatrix}=\begin{pmatrix}1 & 0\\ 2a-6 & a-2\end{pmatrix}$

$YX=\begin{pmatrix}3 & 1\\ 2 & 1\end{pmatrix}\begin{pmatrix}1 & -1\\ -2 & a\end{pmatrix}=\begin{pmatrix}1 & a-3\\ 0 & a-2\end{pmatrix}$

이때 $XY=YX$이므로

$0=a-3,\ 2a-6=0$

$\therefore a=3$

답 **3**

**1134** $X+Y=\begin{pmatrix}1 & -2\\ 4 & -3\end{pmatrix}$ ⋯⋯ ㉠

$X-Y=\begin{pmatrix}-3 & 4\\ -2 & 1\end{pmatrix}$ ⋯⋯ ㉡

㉠+㉡을 하면

$$2X=\begin{pmatrix}1 & -2\\ 4 & -3\end{pmatrix}+\begin{pmatrix}-3 & 4\\ -2 & 1\end{pmatrix}=\begin{pmatrix}-2 & 2\\ 2 & -2\end{pmatrix}$$

$$\therefore X=\frac{1}{2}\begin{pmatrix}-2 & 2\\ 2 & -2\end{pmatrix}=\begin{pmatrix}-1 & 1\\ 1 & -1\end{pmatrix}$$

㉠−㉡을 하면

$$2Y=\begin{pmatrix}1 & -2\\ 4 & -3\end{pmatrix}-\begin{pmatrix}-3 & 4\\ -2 & 1\end{pmatrix}=\begin{pmatrix}4 & -6\\ 6 & -4\end{pmatrix}$$

$$\therefore Y=\frac{1}{2}\begin{pmatrix}4 & -6\\ 6 & -4\end{pmatrix}=\begin{pmatrix}2 & -3\\ 3 & -2\end{pmatrix}$$

$$\begin{aligned}\therefore\ &XY-YX\\&=\begin{pmatrix}-1 & 1\\ 1 & -1\end{pmatrix}\begin{pmatrix}2 & -3\\ 3 & -2\end{pmatrix}-\begin{pmatrix}2 & -3\\ 3 & -2\end{pmatrix}\begin{pmatrix}-1 & 1\\ 1 & -1\end{pmatrix}\\&=\begin{pmatrix}1 & 1\\ -1 & -1\end{pmatrix}-\begin{pmatrix}-5 & 5\\ -5 & 5\end{pmatrix}\\&=\begin{pmatrix}6 & -4\\ 4 & -6\end{pmatrix}\end{aligned}$$

답 ④

**1135**

$$\begin{aligned}BAC&=\frac{1}{2}(1\ \ 1)\begin{pmatrix}a_1 & b_1\\ a_2 & b_2\end{pmatrix}\begin{pmatrix}0\\ 1\end{pmatrix}\\&=\frac{1}{2}(a_1+a_2\ \ \ b_1+b_2)\begin{pmatrix}0\\ 1\end{pmatrix}\\&=\frac{1}{2}(b_1+b_2)=\left(\frac{b_1+b_2}{2}\right)\end{aligned}$$

따라서 행렬 $BAC$가 의미하는 것은 지윤이와 서진이의 2차 수학 시험의 평균 점수이다.

답 ④

**1136** $\begin{pmatrix}3a+2c\\ 3b+2d\end{pmatrix}=\begin{pmatrix}3a\\ 3b\end{pmatrix}+\begin{pmatrix}2c\\ 2d\end{pmatrix}=3\begin{pmatrix}a\\ b\end{pmatrix}+2\begin{pmatrix}c\\ d\end{pmatrix}$

$$\begin{aligned}\therefore A\begin{pmatrix}3a+2c\\ 3b+2d\end{pmatrix}&=A\left\{3\begin{pmatrix}a\\ b\end{pmatrix}+2\begin{pmatrix}c\\ d\end{pmatrix}\right\}\\&=3A\begin{pmatrix}a\\ b\end{pmatrix}+2A\begin{pmatrix}c\\ d\end{pmatrix}\\&=3\begin{pmatrix}1\\ 3\end{pmatrix}+2\begin{pmatrix}4\\ -2\end{pmatrix}\\&=\begin{pmatrix}3\\ 9\end{pmatrix}+\begin{pmatrix}8\\ -4\end{pmatrix}=\begin{pmatrix}11\\ 5\end{pmatrix}\end{aligned}$$

답 ②

**1137** $\begin{pmatrix} -3 \\ 4 \end{pmatrix}=\begin{pmatrix} -3 \\ 0 \end{pmatrix}+\begin{pmatrix} 0 \\ 4 \end{pmatrix}=-3\begin{pmatrix} 1 \\ 0 \end{pmatrix}+4\begin{pmatrix} 0 \\ 1 \end{pmatrix}$

이므로

$$\begin{aligned} A\begin{pmatrix} -3 \\ 4 \end{pmatrix} &= A\left\{-3\begin{pmatrix} 1 \\ 0 \end{pmatrix}+4\begin{pmatrix} 0 \\ 1 \end{pmatrix}\right\} \\ &= -3A\begin{pmatrix} 1 \\ 0 \end{pmatrix}+4A\begin{pmatrix} 0 \\ 1 \end{pmatrix} \\ &= -3\begin{pmatrix} 2 \\ 5 \end{pmatrix}+4\begin{pmatrix} -1 \\ 2 \end{pmatrix} \\ &= \begin{pmatrix} -6 \\ -15 \end{pmatrix}+\begin{pmatrix} -4 \\ 8 \end{pmatrix} \\ &= \begin{pmatrix} -10 \\ -7 \end{pmatrix} \end{aligned}$$

답 $\begin{pmatrix} -10 \\ -7 \end{pmatrix}$

**다른 풀이** $A=\begin{pmatrix} a & b \\ c & d \end{pmatrix}$라 하면 $A\begin{pmatrix} 1 \\ 0 \end{pmatrix}=\begin{pmatrix} 2 \\ 5 \end{pmatrix}$에서

$$\begin{pmatrix} a & b \\ c & d \end{pmatrix}\begin{pmatrix} 1 \\ 0 \end{pmatrix}=\begin{pmatrix} 2 \\ 5 \end{pmatrix}$$

$$\begin{pmatrix} a \\ c \end{pmatrix}=\begin{pmatrix} 2 \\ 5 \end{pmatrix} \qquad \therefore a=2,\ c=5$$

또 $A\begin{pmatrix} 0 \\ 1 \end{pmatrix}=\begin{pmatrix} -1 \\ 2 \end{pmatrix}$에서

$$\begin{pmatrix} a & b \\ c & d \end{pmatrix}\begin{pmatrix} 0 \\ 1 \end{pmatrix}=\begin{pmatrix} -1 \\ 2 \end{pmatrix}$$

$$\begin{pmatrix} b \\ d \end{pmatrix}=\begin{pmatrix} -1 \\ 2 \end{pmatrix} \qquad \therefore b=-1,\ d=2$$

따라서 $A=\begin{pmatrix} 2 & -1 \\ 5 & 2 \end{pmatrix}$이므로

$$A\begin{pmatrix} -3 \\ 4 \end{pmatrix}=\begin{pmatrix} 2 & -1 \\ 5 & 2 \end{pmatrix}\begin{pmatrix} -3 \\ 4 \end{pmatrix}=\begin{pmatrix} -10 \\ -7 \end{pmatrix}$$

**1138** 실수 $x$, $y$에 대하여

$$\begin{pmatrix} 6 \\ 4 \end{pmatrix}=x\begin{pmatrix} 2 \\ 3 \end{pmatrix}+y\begin{pmatrix} 1 \\ -1 \end{pmatrix}=\begin{pmatrix} 2x+y \\ 3x-y \end{pmatrix}$$

가 성립한다고 하면 두 행렬이 서로 같을 조건에 의하여

$2x+y=6$, $3x-y=4$

두 식을 연립하여 풀면 $x=2$, $y=2$

즉 $\begin{pmatrix} 6 \\ 4 \end{pmatrix}=2\begin{pmatrix} 2 \\ 3 \end{pmatrix}+2\begin{pmatrix} 1 \\ -1 \end{pmatrix}$이므로

$$\begin{aligned} A\begin{pmatrix} 6 \\ 4 \end{pmatrix} &= A\left\{2\begin{pmatrix} 2 \\ 3 \end{pmatrix}+2\begin{pmatrix} 1 \\ -1 \end{pmatrix}\right\} \\ &= 2A\begin{pmatrix} 2 \\ 3 \end{pmatrix}+2A\begin{pmatrix} 1 \\ -1 \end{pmatrix} \\ &= 2\begin{pmatrix} 4 \\ 3 \end{pmatrix}+2\begin{pmatrix} 2 \\ 1 \end{pmatrix} \\ &= \begin{pmatrix} 8 \\ 6 \end{pmatrix}+\begin{pmatrix} 4 \\ 2 \end{pmatrix}=\begin{pmatrix} 12 \\ 8 \end{pmatrix} \end{aligned}$$

따라서 $p=12$, $q=8$이므로

$p-q=12-8=4$

답 4

**다른 풀이** $A=\begin{pmatrix} a & b \\ c & d \end{pmatrix}$라 하면

$$\begin{pmatrix} a & b \\ c & d \end{pmatrix}\begin{pmatrix} 2 \\ 3 \end{pmatrix}=\begin{pmatrix} 4 \\ 3 \end{pmatrix},\ \begin{pmatrix} a & b \\ c & d \end{pmatrix}\begin{pmatrix} 1 \\ -1 \end{pmatrix}=\begin{pmatrix} 2 \\ 1 \end{pmatrix}$$

$$\therefore \begin{pmatrix} 2a+3b \\ 2c+3d \end{pmatrix}=\begin{pmatrix} 4 \\ 3 \end{pmatrix},\ \begin{pmatrix} a-b \\ c-d \end{pmatrix}=\begin{pmatrix} 2 \\ 1 \end{pmatrix}$$

두 행렬이 서로 같을 조건에 의하여

$2a+3b=4$, $2c+3d=3$, $a-b=2$, $c-d=1$

$\therefore a=2$, $b=0$, $c=\frac{6}{5}$, $d=\frac{1}{5}$

따라서 $A=\begin{pmatrix} 2 & 0 \\ \frac{6}{5} & \frac{1}{5} \end{pmatrix}$이므로

$$A\begin{pmatrix} 6 \\ 4 \end{pmatrix}=\begin{pmatrix} 2 & 0 \\ \frac{6}{5} & \frac{1}{5} \end{pmatrix}\begin{pmatrix} 6 \\ 4 \end{pmatrix}=\begin{pmatrix} 12 \\ 8 \end{pmatrix}$$

**1139** 실수 $x$, $y$에 대하여

$$\begin{pmatrix} a \\ b \end{pmatrix}=x\begin{pmatrix} -2a \\ 3b \end{pmatrix}+y\begin{pmatrix} 4a \\ -b \end{pmatrix}=\begin{pmatrix} -2ax+4ay \\ 3bx-by \end{pmatrix}$$

가 성립한다고 하면 두 행렬이 서로 같을 조건에 의하여

$a=-2ax+4ay$, $b=3bx-by$

$\therefore -2x+4y=1$, $3x-y=1$ ($\because a\neq0,\ b\neq0$)

두 식을 연립하여 풀면 $x=\frac{1}{2}$, $y=\frac{1}{2}$

즉 $\begin{pmatrix} a \\ b \end{pmatrix}=\frac{1}{2}\begin{pmatrix} -2a \\ 3b \end{pmatrix}+\frac{1}{2}\begin{pmatrix} 4a \\ -b \end{pmatrix}$이므로

$$\begin{aligned} A\begin{pmatrix} a \\ b \end{pmatrix} &= A\left\{\frac{1}{2}\begin{pmatrix} -2a \\ 3b \end{pmatrix}+\frac{1}{2}\begin{pmatrix} 4a \\ -b \end{pmatrix}\right\} \\ &= \frac{1}{2}A\begin{pmatrix} -2a \\ 3b \end{pmatrix}+\frac{1}{2}A\begin{pmatrix} 4a \\ -b \end{pmatrix} \\ &= \frac{1}{2}\begin{pmatrix} 1 \\ -4 \end{pmatrix}+\frac{1}{2}\begin{pmatrix} 3 \\ 8 \end{pmatrix} \\ &= \begin{pmatrix} \frac{1}{2} \\ -2 \end{pmatrix}+\begin{pmatrix} \frac{3}{2} \\ 4 \end{pmatrix} \\ &= \begin{pmatrix} 2 \\ 2 \end{pmatrix} \end{aligned}$$

따라서 구하는 모든 성분의 합은

$2+2=4$

답 4

**1140** $A^2=E$에서

$$\begin{pmatrix} a & 2 \\ -3 & b \end{pmatrix}\begin{pmatrix} a & 2 \\ -3 & b \end{pmatrix}=\begin{pmatrix} 1 & 0 \\ 0 & 1 \end{pmatrix}$$

$$\therefore \begin{pmatrix} a^2-6 & 2a+2b \\ -3a-3b & b^2-6 \end{pmatrix}=\begin{pmatrix} 1 & 0 \\ 0 & 1 \end{pmatrix}$$

두 행렬이 서로 같을 조건에 의하여

$a^2-6=1$, $2a+2b=0$, $-3a-3b=0$, $b^2-6=1$

$\therefore a^2=7$, $b^2=7$, $b=-a$

$\therefore ab=-a^2=-7$

답 $-7$

**1141** $A^2=\begin{pmatrix} a & 1 \\ b & 2 \end{pmatrix}\begin{pmatrix} a & 1 \\ b & 2 \end{pmatrix}=\begin{pmatrix} a^2+b & a+2 \\ ab+2b & b+4 \end{pmatrix}$이므로

… 1단계

$A^2-A-4E=O$에서

$$\begin{pmatrix} a^2+b & a+2 \\ ab+2b & b+4 \end{pmatrix}-\begin{pmatrix} a & 1 \\ b & 2 \end{pmatrix}-4\begin{pmatrix} 1 & 0 \\ 0 & 1 \end{pmatrix}=\begin{pmatrix} 0 & 0 \\ 0 & 0 \end{pmatrix}$$

$$\therefore \begin{pmatrix} a^2-a+b-4 & a+1 \\ ab+b & b-2 \end{pmatrix}=\begin{pmatrix} 0 & 0 \\ 0 & 0 \end{pmatrix}$$

두 행렬이 서로 같을 조건에 의하여

$a^2-a+b-4=0$, $a+1=0$, $ab+b=0$, $b-2=0$ … 2단계

$\therefore a=-1$, $b=2$

$\therefore a+b=-1+2=1$ … 3단계

답 **1**

| 채점 요소 | | 비율 |
|---|---|---|
| 1단계 | $A^2$ 구하기 | 50 % |
| 2단계 | $a$, $b$에 대한 식 세우기 | 30 % |
| 3단계 | $a+b$의 값 구하기 | 20 % |

**1142** $X=\begin{pmatrix} 0 & -1 \\ 1 & 0 \end{pmatrix}$에서

$$X^2=\begin{pmatrix} 0 & -1 \\ 1 & 0 \end{pmatrix}\begin{pmatrix} 0 & -1 \\ 1 & 0 \end{pmatrix}=\begin{pmatrix} -1 & 0 \\ 0 & -1 \end{pmatrix}=-E$$

$$X^3=X^2X=-EX=-X=\begin{pmatrix} 0 & 1 \\ -1 & 0 \end{pmatrix}$$

$$X^4=(X^2)^2=(-E)^2=E=\begin{pmatrix} 1 & 0 \\ 0 & 1 \end{pmatrix}$$

따라서 $X^n$은

$$\begin{pmatrix} 0 & -1 \\ 1 & 0 \end{pmatrix}, \begin{pmatrix} -1 & 0 \\ 0 & -1 \end{pmatrix}, \begin{pmatrix} 0 & 1 \\ -1 & 0 \end{pmatrix}, \begin{pmatrix} 1 & 0 \\ 0 & 1 \end{pmatrix}$$

이 이 순서대로 반복되므로 $X^n$이 될 수 없는 것은 ③이다.

답 ③

**1143** $A+2B=\begin{pmatrix} 2 & 3 \\ 1 & -1 \end{pmatrix}$ …… ㉠

$A-2B=\begin{pmatrix} 4 & -1 \\ 3 & 1 \end{pmatrix}$ …… ㉡

㉠+㉡을 하면

$$2A=\begin{pmatrix} 2 & 3 \\ 1 & -1 \end{pmatrix}+\begin{pmatrix} 4 & -1 \\ 3 & 1 \end{pmatrix}=\begin{pmatrix} 6 & 2 \\ 4 & 0 \end{pmatrix}$$

$$\therefore A=\frac{1}{2}\begin{pmatrix} 6 & 2 \\ 4 & 0 \end{pmatrix}=\begin{pmatrix} 3 & 1 \\ 2 & 0 \end{pmatrix}$$

㉠−㉡을 하면

$$4B=\begin{pmatrix} 2 & 3 \\ 1 & -1 \end{pmatrix}-\begin{pmatrix} 4 & -1 \\ 3 & 1 \end{pmatrix}=\begin{pmatrix} -2 & 4 \\ -2 & -2 \end{pmatrix}$$

$$\therefore 2B=\frac{1}{2}\begin{pmatrix} -2 & 4 \\ -2 & -2 \end{pmatrix}=\begin{pmatrix} -1 & 2 \\ -1 & -1 \end{pmatrix}$$

$\therefore A^2-4B^2$

$=A^2-(2B)^2$

$=\begin{pmatrix} 3 & 1 \\ 2 & 0 \end{pmatrix}\begin{pmatrix} 3 & 1 \\ 2 & 0 \end{pmatrix}-\begin{pmatrix} -1 & 2 \\ -1 & -1 \end{pmatrix}\begin{pmatrix} -1 & 2 \\ -1 & -1 \end{pmatrix}$

$=\begin{pmatrix} 11 & 3 \\ 6 & 2 \end{pmatrix}-\begin{pmatrix} -1 & -4 \\ 2 & -1 \end{pmatrix}=\begin{pmatrix} 12 & 7 \\ 4 & 3 \end{pmatrix}$

따라서 행렬 $A^2-4B^2$의 $(2, 2)$ 성분은 3이다.

답 ②

**1144** $(A+B)^2=(A+B)(A+B)$

$=A^2+AB+BA+B^2$

이므로 $(A+B)^2=A^2+2AB+B^2$에서

$A^2+AB+BA+B^2=A^2+2AB+B^2$

$\therefore AB=BA$

즉 $\begin{pmatrix} 1 & 1 \\ 1 & 2 \end{pmatrix}\begin{pmatrix} 1 & 2 \\ x & y \end{pmatrix}=\begin{pmatrix} 1 & 2 \\ x & y \end{pmatrix}\begin{pmatrix} 1 & 1 \\ 1 & 2 \end{pmatrix}$이므로

$$\begin{pmatrix} 1+x & 2+y \\ 1+2x & 2+2y \end{pmatrix}=\begin{pmatrix} 3 & 5 \\ x+y & x+2y \end{pmatrix}$$

두 행렬이 서로 같을 조건에 의하여

$1+x=3$, $2+y=5$, $1+2x=x+y$, $2+2y=x+2y$

$\therefore x=2$, $y=3$

$\therefore xy=2\times3=6$

답 **6**

**1145** $AB-AC+C(B-C)=A(B-C)+C(B-C)$

$=(A+C)(B-C)$

$=\begin{pmatrix} 0 & 2 \\ 4 & -1 \end{pmatrix}\begin{pmatrix} 1 & 0 \\ -3 & 3 \end{pmatrix}$

$=\begin{pmatrix} -6 & 6 \\ 7 & -3 \end{pmatrix}$

따라서 구하는 모든 성분의 합은

$-6+6+7+(-3)=4$

답 **4**

**1146** $(A-B)^2=(A-B)(A-B)$

$=A^2-AB-BA+B^2$

이므로

$AB+BA=A^2+B^2-(A-B)^2$

$=\begin{pmatrix} 2 & -1 \\ 1 & 0 \end{pmatrix}-\begin{pmatrix} 0 & 3 \\ 1 & 1 \end{pmatrix}\begin{pmatrix} 0 & 3 \\ 1 & 1 \end{pmatrix}$

$=\begin{pmatrix} 2 & -1 \\ 1 & 0 \end{pmatrix}-\begin{pmatrix} 3 & 3 \\ 1 & 4 \end{pmatrix}$

$=\begin{pmatrix} -1 & -4 \\ 0 & -4 \end{pmatrix}$

따라서 구하는 모든 성분의 합은

$-1+(-4)+0+(-4)=-9$

답 **−9**

**1147** $(A+B)(A-B)=A^2-AB+BA-B^2$이므로

$(A+B)(A-B)=A^2-B^2$에서

$A^2-AB+BA-B^2=A^2-B^2$

$\therefore AB=BA$

즉 $\begin{pmatrix} x & 1 \\ 1 & -1 \end{pmatrix}\begin{pmatrix} 1 & -1 \\ -1 & -3y \end{pmatrix}=\begin{pmatrix} 1 & -1 \\ -1 & -3y \end{pmatrix}\begin{pmatrix} x & 1 \\ 1 & -1 \end{pmatrix}$이므로

$$\begin{pmatrix} x-1 & -x-3y \\ 2 & -1+3y \end{pmatrix}=\begin{pmatrix} x-1 & 2 \\ -x-3y & -1+3y \end{pmatrix}$$

두 행렬이 서로 같을 조건에 의하여

$$-x-3y=2 \qquad \therefore y=-\frac{1}{3}x-\frac{2}{3}$$

따라서 구하는 $y$절편은 $-\frac{2}{3}$이다. 답 $-\frac{2}{3}$

**1148** $(A+E)(A^2-A+E)=A^3+E^3=A^3+E$

이때 $A=\begin{pmatrix} -1 & 1 \\ 0 & 2 \end{pmatrix}$에서

$$A^2=\begin{pmatrix} -1 & 1 \\ 0 & 2 \end{pmatrix}\begin{pmatrix} -1 & 1 \\ 0 & 2 \end{pmatrix}=\begin{pmatrix} 1 & 1 \\ 0 & 4 \end{pmatrix}$$

$$A^3=A^2A=\begin{pmatrix} 1 & 1 \\ 0 & 4 \end{pmatrix}\begin{pmatrix} -1 & 1 \\ 0 & 2 \end{pmatrix}=\begin{pmatrix} -1 & 3 \\ 0 & 8 \end{pmatrix}$$

$$\therefore A^3+E=\begin{pmatrix} -1 & 3 \\ 0 & 8 \end{pmatrix}+\begin{pmatrix} 1 & 0 \\ 0 & 1 \end{pmatrix}=\begin{pmatrix} 0 & 3 \\ 0 & 9 \end{pmatrix}$$

따라서 구하는 모든 성분의 합은

$0+3+0+9=12$ 답 ③

**1149** $(E+3A)^2=E^2+6AE+9A^2$

$=E+6A+9A^2$

이때 $A^2=\begin{pmatrix} 0 & 1 \\ 1 & 0 \end{pmatrix}\begin{pmatrix} 0 & 1 \\ 1 & 0 \end{pmatrix}=\begin{pmatrix} 1 & 0 \\ 0 & 1 \end{pmatrix}=E$이므로

$(E+3A)^2=E+6A+9E$

$=10E+6A$

따라서 $x=10$, $y=6$이므로

$x-y=10-6=4$ 답 **4**

**1150** $A+B=O$에서 $\quad B=-A$

$AB=E$에서 $\quad A(-A)=E$

$\therefore A^2=-E$

$\therefore A^4=(A^2)^2=(-E)^2=E$

같은 방법으로 하면 $\quad B^4=E$

$\therefore A^{2025}+B^{2024}=(A^4)^{506}A+(B^4)^{506}$

$=EA+E=A+E$ 답 ⑤

**1151** $A+B=5E$에서 $\quad A=5E-B$

$AB=E$에서 $\quad (5E-B)B=E$

$5B-B^2=E \quad \therefore B^2=5B-E$

같은 방법으로 하면 $\quad A^2=5A-E$

$\therefore A^2+B^2=(5A-E)+(5B-E)$

$=5(A+B)-2E$

$=5\times5E-2E=23E$

$\therefore k=23$ 답 **23**

다른 풀이 $A+B=5E$에서 $\quad A=5E-B$

$\therefore AB=(5E-B)B=5B-B^2$

$=B(5E-B)=BA$

따라서 $(A+B)^2=A^2+2AB+B^2$이므로

$A^2+B^2=(A+B)^2-2AB$

$=(5E)^2-2E$

$=25E-2E=23E$

**1152** $A=\begin{pmatrix} 1 & -1 \\ 3 & -2 \end{pmatrix}$에서

$$A^2=AA=\begin{pmatrix} 1 & -1 \\ 3 & -2 \end{pmatrix}\begin{pmatrix} 1 & -1 \\ 3 & -2 \end{pmatrix}=\begin{pmatrix} -2 & 1 \\ -3 & 1 \end{pmatrix}$$

$$A^3=A^2A=\begin{pmatrix} -2 & 1 \\ -3 & 1 \end{pmatrix}\begin{pmatrix} 1 & -1 \\ 3 & -2 \end{pmatrix}=\begin{pmatrix} 1 & 0 \\ 0 & 1 \end{pmatrix}=E$$

$\therefore A+A^2+A^3+\cdots+A^{10}$

$=A+A^2+E+A+A^2+E+\cdots+A$

$=3(A+A^2+E)+A$

이때

$$A+A^2+E=\begin{pmatrix} 1 & -1 \\ 3 & -2 \end{pmatrix}+\begin{pmatrix} -2 & 1 \\ -3 & 1 \end{pmatrix}+\begin{pmatrix} 1 & 0 \\ 0 & 1 \end{pmatrix}$$

$$=\begin{pmatrix} 0 & 0 \\ 0 & 0 \end{pmatrix}=O$$

이므로

$A+A^2+A^3+\cdots+A^{10}=3\times O+A$

$=A$ 답 ③

다른 풀이 케일리-해밀턴의 정리에 의하여

$A^2-\{1+(-2)\}A+\{1\times(-2)-(-1)\times3\}E=O$

$\therefore A^2+A+E=O$

양변에 $A-E$를 곱하면

$(A-E)(A^2+A+E)=O$

$A^3-E=O$

$\therefore A^3=E$

$\therefore A+A^2+A^3+\cdots+A^{10}$

$=A+A^2+E+A+A^2+E+\cdots+A$

$=O+O+O+A$

$=A$

**1153** $A=\begin{pmatrix} 0 & 1 \\ -1 & 0 \end{pmatrix}$에서

$$A^2=\begin{pmatrix} 0 & 1 \\ -1 & 0 \end{pmatrix}\begin{pmatrix} 0 & 1 \\ -1 & 0 \end{pmatrix}=\begin{pmatrix} -1 & 0 \\ 0 & -1 \end{pmatrix}=-E$$

$A^3=A^2A=-EA=-A$

$A^4=(A^2)^2=(-E)^2=E$

$A^5=A^4A=EA=A$

⋮

따라서 $A^n=E$가 되는 경우는 $n=4k$ ($k$는 자연수)일 때이므로 세 자리 자연수 중 가장 작은 수는 100이다. 답 **100**

**RPM 비법 노트**

$A^4=E$이므로 자연수 $k$에 대하여
$n=4k-3$일 때, $A^n=A$
$n=4k-2$일 때, $A^n=-E$
$n=4k-1$일 때, $A^n=-A$
$n=4k$일 때, $A^n=E$

**1154** $A=\begin{pmatrix}1&-1\\0&1\end{pmatrix}$에서

$$A^2=\begin{pmatrix}1&-1\\0&1\end{pmatrix}\begin{pmatrix}1&-1\\0&1\end{pmatrix}=\begin{pmatrix}1&-2\\0&1\end{pmatrix}$$

$$A^3=A^2A=\begin{pmatrix}1&-2\\0&1\end{pmatrix}\begin{pmatrix}1&-1\\0&1\end{pmatrix}=\begin{pmatrix}1&-3\\0&1\end{pmatrix}$$

$\vdots$

$$A^n=\begin{pmatrix}1&-n\\0&1\end{pmatrix}$$

$$\therefore A-A^2+A^3-A^4+\cdots+A^{2023}-A^{2024}$$
$$=\begin{pmatrix}1&-1\\0&1\end{pmatrix}-\begin{pmatrix}1&-2\\0&1\end{pmatrix}+\begin{pmatrix}1&-3\\0&1\end{pmatrix}-\begin{pmatrix}1&-4\\0&1\end{pmatrix}+\cdots+\begin{pmatrix}1&-2023\\0&1\end{pmatrix}-\begin{pmatrix}1&-2024\\0&1\end{pmatrix}$$
$$=\begin{pmatrix}1-1+\cdots+1-1&-1+2-\cdots-2023+2024\\0&1-1+\cdots+1-1\end{pmatrix}$$
$$=\begin{pmatrix}0&1012\\0&0\end{pmatrix}$$

따라서 구하는 모든 성분의 합은
$0+1012+0+0=1012$

답 **1012**

**1155** $A=\begin{pmatrix}0&2\\1&1\end{pmatrix}$에 대하여

$$A\begin{pmatrix}1\\1\end{pmatrix}=\begin{pmatrix}0&2\\1&1\end{pmatrix}\begin{pmatrix}1\\1\end{pmatrix}=\begin{pmatrix}2\\2\end{pmatrix}$$

$$A^2\begin{pmatrix}1\\1\end{pmatrix}=A\times A\begin{pmatrix}1\\1\end{pmatrix}=\begin{pmatrix}0&2\\1&1\end{pmatrix}\begin{pmatrix}2\\2\end{pmatrix}=\begin{pmatrix}4\\4\end{pmatrix}$$

$$A^3\begin{pmatrix}1\\1\end{pmatrix}=A\times A^2\begin{pmatrix}1\\1\end{pmatrix}=\begin{pmatrix}0&2\\1&1\end{pmatrix}\begin{pmatrix}4\\4\end{pmatrix}=\begin{pmatrix}8\\8\end{pmatrix}$$

$\vdots$

$$A^n\begin{pmatrix}1\\1\end{pmatrix}=\begin{pmatrix}2^n\\2^n\end{pmatrix}$$

따라서 $x_n=2^n$, $y_n=2^n$이므로 $2x_n-y_n<1000$에서
$2\times2^n-2^n<1000$
$\therefore 2^n<1000$
이때 $2^9=512$, $2^{10}=1024$이므로 구하는 자연수 $n$의 최댓값은 9이다.

답 **9**

**1156** ㄱ. $(AB)^2=ABAB$
$=AABB=A^2B^2$ (참)

ㄴ. $A-B=\begin{pmatrix}0&1\\0&0\end{pmatrix}$이면

$$(A-B)^2=\begin{pmatrix}0&1\\0&0\end{pmatrix}\begin{pmatrix}0&1\\0&0\end{pmatrix}=\begin{pmatrix}0&0\\0&0\end{pmatrix}=O$$

이지만 $A-B\neq O$, 즉 $A\neq B$이다. (거짓)

ㄷ. $A^5=A^2A^3=EA^3=A^3=A^2A=EA=A$
$\therefore A=E$ (참)

이상에서 옳은 것은 ㄱ, ㄷ이다.

답 ③

**1157** ㄱ. $A=2B^2$이면
$AB=2B^2B=2B^3$, $BA=B\times2B^2=2B^3$
$\therefore AB=BA$

ㄴ. $A=\begin{pmatrix}1&0\\0&0\end{pmatrix}$, $B=\begin{pmatrix}0&0\\1&0\end{pmatrix}$이면

$$AB=\begin{pmatrix}1&0\\0&0\end{pmatrix}\begin{pmatrix}0&0\\1&0\end{pmatrix}=\begin{pmatrix}0&0\\0&0\end{pmatrix}=O,$$

$$BA=\begin{pmatrix}0&0\\1&0\end{pmatrix}\begin{pmatrix}1&0\\0&0\end{pmatrix}=\begin{pmatrix}0&0\\1&0\end{pmatrix}$$

이므로 $AB=O$이지만 $AB\neq BA$이다.

ㄷ. $A-B=E$이면 $A=B+E$
따라서 $AB=(B+E)B=B^2+B$,
$BA=B(B+E)=B^2+B$이므로
$AB=BA$

이상에서 $AB=BA$가 성립하도록 하는 조건인 것은 ㄱ, ㄷ이다.

답 ㄱ, ㄷ

**1158** ㄱ. $AE=A$이므로 $AE=O$에서
$A=O$ (참)

ㄴ. $A=\begin{pmatrix}1&0\\0&-1\end{pmatrix}$이면

$$A^2=\begin{pmatrix}1&0\\0&-1\end{pmatrix}\begin{pmatrix}1&0\\0&-1\end{pmatrix}=\begin{pmatrix}1&0\\0&1\end{pmatrix}=E$$

이지만 $A\neq E$, $A\neq -E$ (거짓)

ㄷ. $A^2+B^2=AB+BA$에서
$A^2+B^2-AB-BA=O$
$\therefore (A-B)^2=O$

이때 $A-B=\begin{pmatrix}0&0\\1&0\end{pmatrix}$이면

$$(A-B)^2=\begin{pmatrix}0&0\\1&0\end{pmatrix}\begin{pmatrix}0&0\\1&0\end{pmatrix}=\begin{pmatrix}0&0\\0&0\end{pmatrix}=O$$

즉 $A^2+B^2=AB+BA$이지만 $A-B\neq O$이다. (거짓)

이상에서 옳은 것은 ㄱ뿐이다.

답 ①

## 시험에 꼭 나오는 문제

• 본책 164~167쪽

**1159** $P_1$ 회사에서 $P_1$ 회사로의 선로의 수는 2이므로

$a_{11}=2$

$P_1$ 회사에서 $P_2$ 회사로의 선로의 수는 1이므로 $a_{12}=1$

$P_2$ 회사에서 $P_1$ 회사로의 선로의 수는 2이므로 $a_{21}=2$

$P_2$ 회사에서 $P_2$ 회사로의 선로의 수는 1이므로 $a_{22}=1$

$\therefore A=\begin{pmatrix} 2 & 1 \\ 2 & 1 \end{pmatrix}$

답 ③

**1160** $a_{11}=(-2)^{1+1}+k=4+k$

$a_{12}=(-2)^{1+2}+2k=-8+2k$

$a_{21}=(-2)^{2+1}+k=-8+k$

$a_{22}=(-2)^{2+2}+2k=16+2k$

행렬 $A$의 모든 성분의 합이 34이므로

$(4+k)+(-8+2k)+(-8+k)+(16+2k)=34$

$4+6k=34 \quad \therefore k=5$

답 ⑤

**1161** 두 행렬이 서로 같을 조건에 의하여

$\alpha=6-\beta,\ \beta=\dfrac{4}{\alpha}$

$\therefore \alpha+\beta=6,\ \alpha\beta=4$

$$\therefore \frac{\alpha^2}{\beta}+\frac{\beta^2}{\alpha}=\frac{\alpha^3+\beta^3}{\alpha\beta}=\frac{(\alpha+\beta)^3-3\alpha\beta(\alpha+\beta)}{\alpha\beta}=\frac{6^3-3\times4\times6}{4}=\frac{144}{4}=36$$

답 36

**1162** $\alpha\begin{pmatrix} 1 & \alpha \\ 0 & \beta \end{pmatrix}+\beta\begin{pmatrix} 1 & \beta \\ 0 & \alpha \end{pmatrix}=\begin{pmatrix} 4 & 10 \\ 0 & 2\alpha\beta \end{pmatrix}$에서

$\begin{pmatrix} \alpha & \alpha^2 \\ 0 & \alpha\beta \end{pmatrix}+\begin{pmatrix} \beta & \beta^2 \\ 0 & \alpha\beta \end{pmatrix}=\begin{pmatrix} 4 & 10 \\ 0 & 2\alpha\beta \end{pmatrix}$

$\therefore \begin{pmatrix} \alpha+\beta & \alpha^2+\beta^2 \\ 0 & 2\alpha\beta \end{pmatrix}=\begin{pmatrix} 4 & 10 \\ 0 & 2\alpha\beta \end{pmatrix}$

두 행렬이 서로 같을 조건에 의하여

$\alpha+\beta=4,\ \alpha^2+\beta^2=10$

한편 $\alpha,\ \beta$는 이차방정식 $x^2-ax+b=0$의 두 근이므로 이차방정식의 근과 계수의 관계에 의하여

$\alpha+\beta=a,\ \alpha\beta=b$

따라서 $a=4$이고, $\alpha^2+\beta^2=(\alpha+\beta)^2-2\alpha\beta$에서

$10=4^2-2b \quad \therefore b=3$

$\therefore a+b=4+3=7$

답 7

**1163** $A-5X=3(B-X)$에서

$A-5X=3B-3X, \quad -2X=-A+3B$

$$\therefore X=\frac{1}{2}(A-3B)=\frac{1}{2}\left\{\begin{pmatrix} 2 & 0 \\ -1 & 3 \end{pmatrix}-3\begin{pmatrix} 4 & 2 \\ 5 & -3 \end{pmatrix}\right\}=\frac{1}{2}\left\{\begin{pmatrix} 2 & 0 \\ -1 & 3 \end{pmatrix}-\begin{pmatrix} 12 & 6 \\ 15 & -9 \end{pmatrix}\right\}=\frac{1}{2}\begin{pmatrix} -10 & -6 \\ -16 & 12 \end{pmatrix}=\begin{pmatrix} -5 & -3 \\ -8 & 6 \end{pmatrix}$$

답 ②

**1164** $X-2Y=A$ ······ ㉠

$2X+Y=B$ ······ ㉡

㉠+㉡×2를 하면 $5X=A+2B$

$\therefore X=\dfrac{1}{5}(A+2B)$

㉠×2−㉡을 하면 $-5Y=2A-B$

$\therefore Y=-\dfrac{1}{5}(2A-B)$

$$\therefore X+Y=\frac{1}{5}(A+2B)+\left\{-\frac{1}{5}(2A-B)\right\}=\frac{1}{5}(A+2B-2A+B)=-\frac{1}{5}(A-3B)$$
$$=-\frac{1}{5}\left\{\begin{pmatrix} 1 & -6 \\ -8 & 3 \end{pmatrix}-3\begin{pmatrix} 7 & -2 \\ 4 & 1 \end{pmatrix}\right\}=-\frac{1}{5}\left\{\begin{pmatrix} 1 & -6 \\ -8 & 3 \end{pmatrix}-\begin{pmatrix} 21 & -6 \\ 12 & 3 \end{pmatrix}\right\}=-\frac{1}{5}\begin{pmatrix} -20 & 0 \\ -20 & 0 \end{pmatrix}=\begin{pmatrix} 4 & 0 \\ 4 & 0 \end{pmatrix}$$

따라서 행렬 $X+Y$의 모든 성분의 합은

$4+0+4+0=8$

답 ③

**1165** $xA+yB=4C$에서

$x\begin{pmatrix} -1 & -2 \\ 1 & 1 \end{pmatrix}+y\begin{pmatrix} 1 & 2 \\ 0 & -1 \end{pmatrix}=4\begin{pmatrix} -1 & -2 \\ 2 & 1 \end{pmatrix}$

$\therefore \begin{pmatrix} -x+y & -2x+2y \\ x & x-y \end{pmatrix}=\begin{pmatrix} -4 & -8 \\ 8 & 4 \end{pmatrix}$

두 행렬이 서로 같을 조건에 의하여

$-x+y=-4,\ -2x+2y=-8,\ x=8,\ x-y=4$

$\therefore x=8,\ y=4$

$\therefore x+y=8+4=12$

답 12

**1166** $\begin{pmatrix} x & 1 \\ y & 2 \end{pmatrix}\begin{pmatrix} -3 & 1 \\ 6 & -2 \end{pmatrix}=O$에서

$\begin{pmatrix} -3x+6 & x-2 \\ -3y+12 & y-4 \end{pmatrix}=\begin{pmatrix} 0 & 0 \\ 0 & 0 \end{pmatrix}$

두 행렬이 서로 같을 조건에 의하여

$-3x+6=0,\ x-2=0,\ -3y+12=0,\ y-4=0$

$\therefore x=2,\ y=4$

$\therefore xy=2\times4=8$

답 8

**1167** $A^2=A$에서

$$\begin{pmatrix} a & -1 \\ b & 2 \end{pmatrix}\begin{pmatrix} a & -1 \\ b & 2 \end{pmatrix}=\begin{pmatrix} a & -1 \\ b & 2 \end{pmatrix}$$

$$\therefore \begin{pmatrix} a^2-b & -a-2 \\ ab+2b & -b+4 \end{pmatrix}=\begin{pmatrix} a & -1 \\ b & 2 \end{pmatrix}$$

두 행렬이 서로 같을 조건에 의하여

$a^2-b=a$, $-a-2=-1$, $ab+2b=b$, $-b+4=2$

$\therefore a=-1, b=2$

$\therefore a+b=-1+2=1$

답 **1**

**1168** $A\begin{pmatrix} x \\ y \end{pmatrix}=\begin{pmatrix} p \\ q \end{pmatrix}$에서

$$A\begin{pmatrix} p \\ q \end{pmatrix}=A^2\begin{pmatrix} x \\ y \end{pmatrix}=\begin{pmatrix} 2 & 0 \\ 0 & -1 \end{pmatrix}\begin{pmatrix} x \\ y \end{pmatrix}=\begin{pmatrix} 2x \\ -y \end{pmatrix}$$

이때 $\begin{pmatrix} x-p \\ y-q \end{pmatrix}=\begin{pmatrix} x \\ y \end{pmatrix}-\begin{pmatrix} p \\ q \end{pmatrix}$이므로

$$A\begin{pmatrix} x-p \\ y-q \end{pmatrix}=A\begin{pmatrix} x \\ y \end{pmatrix}-A\begin{pmatrix} p \\ q \end{pmatrix}=\begin{pmatrix} p \\ q \end{pmatrix}-\begin{pmatrix} 2x \\ -y \end{pmatrix}$$

$$=\begin{pmatrix} p-2x \\ q+y \end{pmatrix}$$

답 ③

**1169** $(A-B)^2=A^2-AB-BA+B^2$이므로

$(A-B)^2=A^2-2AB+B^2$에서

$A^2-AB-BA+B^2=A^2-2AB+B^2$

$\therefore AB=BA$

즉 $\begin{pmatrix} 3 & x \\ 6 & -2 \end{pmatrix}\begin{pmatrix} -2 & y \\ -6 & 3 \end{pmatrix}=\begin{pmatrix} -2 & y \\ -6 & 3 \end{pmatrix}\begin{pmatrix} 3 & x \\ 6 & -2 \end{pmatrix}$이므로

$$\begin{pmatrix} -6-6x & 3x+3y \\ 0 & 6y-6 \end{pmatrix}=\begin{pmatrix} -6+6y & -2x-2y \\ 0 & -6x-6 \end{pmatrix}$$

두 행렬이 서로 같을 조건에 의하여

$-6-6x=-6+6y$, $3x+3y=-2x-2y$,

$6y-6=-6x-6$

$\therefore y=-x$

따라서 구하는 그래프의 개형은 ②이다.

답 ②

**1170** $[X, Y]=\begin{pmatrix} 3 & 2 \\ -8 & 5 \end{pmatrix}$에서

$$XY-YX=\begin{pmatrix} 3 & 2 \\ -8 & 5 \end{pmatrix}$$

$\therefore [X+Y, X-Y]$

$=(X+Y)(X-Y)-(X-Y)(X+Y)$

$=(X^2-XY+YX-Y^2)-(X^2+XY-YX-Y^2)$

$=-2XY+2YX$

$=-2(XY-YX)$

$$=-2\begin{pmatrix} 3 & 2 \\ -8 & 5 \end{pmatrix}=\begin{pmatrix} -6 & -4 \\ 16 & -10 \end{pmatrix}$$

따라서 행렬 $[X+Y, X-Y]$의 모든 성분의 합은

$-6+(-4)+16+(-10)=-4$

답 **−4**

**1171** $(A^2-A+E)(A^2+A+E)=A^4+A^2E^2+E^4$

$=A^4+A^2+E$

$A^2=\begin{pmatrix} 1 & -3 \\ 0 & 1 \end{pmatrix}$에서

$$A^4=A^2A^2=\begin{pmatrix} 1 & -3 \\ 0 & 1 \end{pmatrix}\begin{pmatrix} 1 & -3 \\ 0 & 1 \end{pmatrix}=\begin{pmatrix} 1 & -6 \\ 0 & 1 \end{pmatrix}$$

$$\therefore A^4+A^2+E=\begin{pmatrix} 1 & -6 \\ 0 & 1 \end{pmatrix}+\begin{pmatrix} 1 & -3 \\ 0 & 1 \end{pmatrix}+\begin{pmatrix} 1 & 0 \\ 0 & 1 \end{pmatrix}$$

$$=\begin{pmatrix} 3 & -9 \\ 0 & 3 \end{pmatrix}$$

답 ⑤

**1172** $A=\begin{pmatrix} 2 & -1 \\ -6 & 3 \end{pmatrix}$에서

$$A^2=\begin{pmatrix} 2 & -1 \\ -6 & 3 \end{pmatrix}\begin{pmatrix} 2 & -1 \\ -6 & 3 \end{pmatrix}$$

$$=\begin{pmatrix} 10 & -5 \\ -30 & 15 \end{pmatrix}=5\begin{pmatrix} 2 & -1 \\ -6 & 3 \end{pmatrix}=5A$$

$A^3=A^2A=5A^2=25A$

⋮

따라서 2 이상의 자연수 $n$에 대하여 $A^n=5^{n-1}A$이므로

$A^{10}=5^9A$

답 ④

**다른 풀이** 케일리-해밀턴의 정리에 의하여

$A^2-(2+3)A+\{2\times3-(-1)\times(-6)\}E=O$

$A^2-5A=O$

$\therefore A^2=5A$

**1173** $A=\begin{pmatrix} 0 & -1 \\ 1 & 1 \end{pmatrix}$에서

$$A^2=\begin{pmatrix} 0 & -1 \\ 1 & 1 \end{pmatrix}\begin{pmatrix} 0 & -1 \\ 1 & 1 \end{pmatrix}=\begin{pmatrix} -1 & -1 \\ 1 & 0 \end{pmatrix}$$

$$A^3=A^2A=\begin{pmatrix} -1 & -1 \\ 1 & 0 \end{pmatrix}\begin{pmatrix} 0 & -1 \\ 1 & 1 \end{pmatrix}$$

$$=\begin{pmatrix} -1 & 0 \\ 0 & -1 \end{pmatrix}=-E$$

따라서 $A^6=(A^3)^2=(-E)^2=E$이므로

$A^{1000}=(A^6)^{166}A^4=E^{166}A^4=A^4=A^3A=-EA$

$$=-A=\begin{pmatrix} 0 & 1 \\ -1 & -1 \end{pmatrix}$$

답 ④

**다른 풀이** 케일리-해밀턴의 정리에 의하여

$A^2-(0+1)A+\{0\times1-(-1)\times1\}E=O$

$\therefore A^2-A+E=O$

양변에 $A+E$를 곱하면

$(A+E)(A^2-A+E)=O$

$A^3+E=O$

$\therefore A^3=-E$

$\therefore A^{1000}=(A^3)^{333}A=(-E)^{333}A$

$$=-A=\begin{pmatrix} 0 & 1 \\ -1 & -1 \end{pmatrix}$$

**1174** $A=\begin{pmatrix} -2 & -1 \\ 7 & 3 \end{pmatrix}$에서

$A^2=\begin{pmatrix} -2 & -1 \\ 7 & 3 \end{pmatrix}\begin{pmatrix} -2 & -1 \\ 7 & 3 \end{pmatrix}=\begin{pmatrix} -3 & -1 \\ 7 & 2 \end{pmatrix}$

$A^3=A^2A=\begin{pmatrix} -3 & -1 \\ 7 & 2 \end{pmatrix}\begin{pmatrix} -2 & -1 \\ 7 & 3 \end{pmatrix}$

$=\begin{pmatrix} -1 & 0 \\ 0 & -1 \end{pmatrix}=-E$

$\therefore A^{22}+A^{14}+A^6$

$=(A^3)^7\times A+(A^3)^4\times A^2+(A^3)^2$

$=(-E)^7\times A+(-E)^4\times A^2+(-E)^2$

$=-E^7A+E^4A^2+E^2$

$=-A+A^2+E$

$=-\begin{pmatrix} -2 & -1 \\ 7 & 3 \end{pmatrix}+\begin{pmatrix} -3 & -1 \\ 7 & 2 \end{pmatrix}+\begin{pmatrix} 1 & 0 \\ 0 & 1 \end{pmatrix}$

$=\begin{pmatrix} 0 & 0 \\ 0 & 0 \end{pmatrix}=O$ 답 ③

**다른 풀이** 케일리-해밀턴의 정리에 의하여

$A^2-(-2+3)A+\{-2\times3-(-1)\times7\}E=O$

$\therefore A^2-A+E=O$

양변에 $A+E$를 곱하면

$(A+E)(A^2-A+E)=O,\quad A^3+E=O$

$\therefore A^3=-E$

$\therefore A^{22}+A^{14}+A^6=(A^3)^7A+(A^3)^4A^2+(A^3)^2$

$=(-E)^7A+(-E)^4A^2+(-E)^2$

$=A^2-A+E=O$

**1175** $A=\begin{pmatrix} -1 & -1 \\ 3 & 2 \end{pmatrix}$에서

$A^2=\begin{pmatrix} -1 & -1 \\ 3 & 2 \end{pmatrix}\begin{pmatrix} -1 & -1 \\ 3 & 2 \end{pmatrix}=\begin{pmatrix} -2 & -1 \\ 3 & 1 \end{pmatrix}$

$A^3=A^2A=\begin{pmatrix} -2 & -1 \\ 3 & 1 \end{pmatrix}\begin{pmatrix} -1 & -1 \\ 3 & 2 \end{pmatrix}$

$=\begin{pmatrix} -1 & 0 \\ 0 & -1 \end{pmatrix}=-E$

$A^4=A^3A=-EA=-A$

$A^5=A^4A=-A^2$

$A^6=A^5A=-A^3=-(-E)=E$

$\therefore A+A^2+A^3+A^4+A^5+A^6$

$=A+A^2-E-A-A^2+E=O$

$\therefore A+A^2+A^3+\cdots+A^{20}$

$=(A+A^2+A^3+A^4+A^5+A^6)$

$+A^6(A+A^2+A^3+A^4+A^5+A^6)+\cdots$

$+A^{18}(A+A^2)$

$=A+A^2$

$=\begin{pmatrix} -1 & -1 \\ 3 & 2 \end{pmatrix}+\begin{pmatrix} -2 & -1 \\ 3 & 1 \end{pmatrix}=\begin{pmatrix} -3 & -2 \\ 6 & 3 \end{pmatrix}$

따라서 $a=-3,\ b=-2,\ c=6,\ d=3$이므로

$a-b+c+d=-3-(-2)+6+3$

$=8$ 답 ④

**1176** ㄱ. $A+B=E$에서 $B=E-A$

따라서 $AB=A(E-A)=A-A^2$,

$BA=(E-A)A=A-A^2$이므로

$AB=BA$ (참)

ㄴ. $A=-E$이면

$A^2=(-E)^2=E^2=E$

이지만 $A\neq E$이다. (거짓)

ㄷ. $A=\begin{pmatrix} 0 & 1 \\ 0 & 0 \end{pmatrix},\ B=\begin{pmatrix} 1 & 0 \\ 0 & 0 \end{pmatrix}$이면

$AB=\begin{pmatrix} 0 & 1 \\ 0 & 0 \end{pmatrix}\begin{pmatrix} 1 & 0 \\ 0 & 0 \end{pmatrix}=\begin{pmatrix} 0 & 0 \\ 0 & 0 \end{pmatrix}=O$

이지만

$BA=\begin{pmatrix} 1 & 0 \\ 0 & 0 \end{pmatrix}\begin{pmatrix} 0 & 1 \\ 0 & 0 \end{pmatrix}=\begin{pmatrix} 0 & 1 \\ 0 & 0 \end{pmatrix}\neq O$ (거짓)

이상에서 옳은 것은 ㄱ뿐이다. 답 ①

**1177** ㄱ. $A=\begin{pmatrix} 0 & 1 \\ 0 & 0 \end{pmatrix}$이면

$A^2=\begin{pmatrix} 0 & 1 \\ 0 & 0 \end{pmatrix}\begin{pmatrix} 0 & 1 \\ 0 & 0 \end{pmatrix}=\begin{pmatrix} 0 & 0 \\ 0 & 0 \end{pmatrix}=O$

이지만 $A\neq O$이다. (거짓)

ㄴ. $A^5=A^4A=EA=A=E$이므로

$A^2=E^2=E$ (참)

ㄷ. $A^2-AB-BA+B^2=O$에서

$(A-B)^2=O$

$\therefore (A-B)^3=(A-B)^2(A-B)=O$ (참)

이상에서 옳은 것은 ㄴ, ㄷ이다. 답 ⑤

**1178** 두 행렬이 서로 같을 조건에 의하여

$a+b=4,\ x=a^2+b^2,\ y=a^3+b^3,\ ab=-1$ … 1단계

$\therefore x=a^2+b^2$

$=(a+b)^2-2ab$

$=4^2-2\times(-1)$

$=18$

$y=a^3+b^3$

$=(a+b)^3-3ab(a+b)$

$=4^3-3\times(-1)\times4$

$=76$ … 2단계

$\therefore y-x=76-18=58$ … 3단계

답 58

| 채점 요소 | | 비율 |
|---|---|---|
| 1단계 | 두 행렬이 서로 같을 조건을 이용하여 식 세우기 | 20 % |
| 2단계 | $x$, $y$의 값 구하기 | 60 % |
| 3단계 | $y-x$의 값 구하기 | 20 % |

12 행렬

**1179** $A=\begin{pmatrix} a & b \\ b & a \end{pmatrix}$에서

$$A^2=\begin{pmatrix} a & b \\ b & a \end{pmatrix}\begin{pmatrix} a & b \\ b & a \end{pmatrix}=\begin{pmatrix} a^2+b^2 & 2ab \\ 2ab & a^2+b^2 \end{pmatrix}$$

$A^2-4A+3E=O$에서

$$\begin{pmatrix} a^2+b^2 & 2ab \\ 2ab & a^2+b^2 \end{pmatrix}-4\begin{pmatrix} a & b \\ b & a \end{pmatrix}+3\begin{pmatrix} 1 & 0 \\ 0 & 1 \end{pmatrix}=\begin{pmatrix} 0 & 0 \\ 0 & 0 \end{pmatrix}$$

$$\therefore \begin{pmatrix} a^2+b^2-4a+3 & 2ab-4b \\ 2ab-4b & a^2+b^2-4a+3 \end{pmatrix}=\begin{pmatrix} 0 & 0 \\ 0 & 0 \end{pmatrix}$$

두 행렬이 서로 같을 조건에 의하여

$a^2+b^2-4a+3=0$, $2ab-4b=0$ … 1단계

$2ab-4b=0$에서 $2b(a-2)=0$

$\therefore a=2$ 또는 $b=0$

(i) $a=2$일 때,

$a^2+b^2-4a+3=0$에서

$4+b^2-8+3=0$

$b^2=1$ $\therefore b=\pm1$

(ii) $b=0$일 때,

$a^2+b^2-4a+3=0$에서

$a^2-4a+3=0$, $(a-1)(a-3)=0$

$\therefore a=1$ 또는 $a=3$

(i), (ii)에서 순서쌍 $(a, b)$는

$(2, 1)$, $(2, -1)$, $(1, 0)$, $(3, 0)$

의 4개이다. … 2단계

답 4

| | 채점 요소 | 비율 |
|---|---|---|
| 1단계 | $a$, $b$ 사이의 관계식 세우기 | 50 % |
| 2단계 | 순서쌍 $(a, b)$의 개수 구하기 | 50 % |

**1180** $A=\begin{pmatrix} -2 & 1 \\ -3 & 1 \end{pmatrix}$에서

$$A^2=\begin{pmatrix} -2 & 1 \\ -3 & 1 \end{pmatrix}\begin{pmatrix} -2 & 1 \\ -3 & 1 \end{pmatrix}=\begin{pmatrix} 1 & -1 \\ 3 & -2 \end{pmatrix}$$

$$A^3=A^2A=\begin{pmatrix} 1 & -1 \\ 3 & -2 \end{pmatrix}\begin{pmatrix} -2 & 1 \\ -3 & 1 \end{pmatrix}$$

$$=\begin{pmatrix} 1 & 0 \\ 0 & 1 \end{pmatrix}=E$$

$\therefore A^{100}=(A^3)^{33}A=E^{33}A=A$ … 1단계

따라서 $A^{100}\begin{pmatrix} 2 \\ 1 \end{pmatrix}=A\begin{pmatrix} 2 \\ 1 \end{pmatrix}=\begin{pmatrix} -2 & 1 \\ -3 & 1 \end{pmatrix}\begin{pmatrix} 2 \\ 1 \end{pmatrix}=\begin{pmatrix} -3 \\ -5 \end{pmatrix}$이므로

$x=-3$, $y=-5$

$\therefore x-y=-3-(-5)=2$ … 2단계

답 2

| | 채점 요소 | 비율 |
|---|---|---|
| 1단계 | $A^{100}=A$임을 알기 | 70 % |
| 2단계 | $x-y$의 값 구하기 | 30 % |

**1181** $A=\begin{pmatrix} 1 & 0 \\ 0 & 2 \end{pmatrix}$에서

$$A^2=\begin{pmatrix} 1 & 0 \\ 0 & 2 \end{pmatrix}\begin{pmatrix} 1 & 0 \\ 0 & 2 \end{pmatrix}=\begin{pmatrix} 1 & 0 \\ 0 & 2^2 \end{pmatrix}$$

$$A^3=A^2A=\begin{pmatrix} 1 & 0 \\ 0 & 2^2 \end{pmatrix}\begin{pmatrix} 1 & 0 \\ 0 & 2 \end{pmatrix}=\begin{pmatrix} 1 & 0 \\ 0 & 2^3 \end{pmatrix}$$

⋮

$$A^n=\begin{pmatrix} 1 & 0 \\ 0 & 2^n \end{pmatrix}$$ … 1단계

$B=\begin{pmatrix} 1 & 0 \\ 0 & 3 \end{pmatrix}$에서

$$B^2=\begin{pmatrix} 1 & 0 \\ 0 & 3 \end{pmatrix}\begin{pmatrix} 1 & 0 \\ 0 & 3 \end{pmatrix}=\begin{pmatrix} 1 & 0 \\ 0 & 3^2 \end{pmatrix}$$

$$B^3=B^2B=\begin{pmatrix} 1 & 0 \\ 0 & 3^2 \end{pmatrix}\begin{pmatrix} 1 & 0 \\ 0 & 3 \end{pmatrix}=\begin{pmatrix} 1 & 0 \\ 0 & 3^3 \end{pmatrix}$$

⋮

$$B^n=\begin{pmatrix} 1 & 0 \\ 0 & 3^n \end{pmatrix}$$ … 2단계

$$\therefore B^n-A^n=\begin{pmatrix} 1 & 0 \\ 0 & 3^n \end{pmatrix}-\begin{pmatrix} 1 & 0 \\ 0 & 2^n \end{pmatrix}$$

$$=\begin{pmatrix} 0 & 0 \\ 0 & 3^n-2^n \end{pmatrix}$$

따라서 $B^n-A^n$의 모든 성분의 합은

$3^n-2^n$

즉 $3^n-2^n=65$에서 $n=4$일 때

$3^4-2^4=81-16=65$

$\therefore n=4$ … 3단계

답 4

| | 채점 요소 | 비율 |
|---|---|---|
| 1단계 | 행렬 $A^n$ 구하기 | 35 % |
| 2단계 | 행렬 $B^n$ 구하기 | 35 % |
| 3단계 | $n$의 값 구하기 | 30 % |

**1182** 전략 행렬 $AB$와 행렬 $BA$의 각 성분의 의미를 파악한다.

$$AB=\begin{pmatrix} a & b \\ c & d \end{pmatrix}\begin{pmatrix} x & y \\ z & w \end{pmatrix}$$

$$=\begin{pmatrix} ax+bz & ay+bw \\ cx+dz & cy+dw \end{pmatrix}$$

윤주가 P 마트에서 사과와 배를 사고 지불해야 하는 금액은

$ax+bz$(원)

이므로 행렬 $AB$의 $(1, 1)$ 성분과 같다.

세희가 Q 마트에서 사과와 배를 사고 지불해야 하는 금액은

$cy+dw$(원)

이므로 행렬 $AB$의 $(2, 2)$ 성분과 같다.

따라서 구하는 금액의 합은 $AB$의 $(1, 1)$ 성분과 $(2, 2)$ 성분의 합이다.

답 ④

**1183** 전략 주어진 식을 이용하여 행렬 $AB$를 $B$에 대한 식으로 나타낸다.

$A+B=E$에서 $A=E-B$

$\therefore AB=(E-B)B=B-B^2$ ...... ㉠

한편

$$A^3+B^3=(E-B)^3+B^3$$
$$=(E-3B+3B^2-B^3)+B^3$$
$$=E-3B+3B^2$$

즉 $E-3B+3B^2=\begin{pmatrix} 4 & 6 \\ 9 & 1 \end{pmatrix}$이므로

$$-3B+3B^2=\begin{pmatrix} 4 & 6 \\ 9 & 1 \end{pmatrix}-\begin{pmatrix} 1 & 0 \\ 0 & 1 \end{pmatrix}=\begin{pmatrix} 3 & 6 \\ 9 & 0 \end{pmatrix}$$

$$\therefore B-B^2=-\frac{1}{3}\begin{pmatrix} 3 & 6 \\ 9 & 0 \end{pmatrix}=\begin{pmatrix} -1 & -2 \\ -3 & 0 \end{pmatrix}$$

따라서 ㉠에서 $AB=\begin{pmatrix} -1 & -2 \\ -3 & 0 \end{pmatrix}$이므로 행렬 $AB$의 모든 성분의 합은

$$-1+(-2)+(-3)+0=-6$$

답 $-6$

다른 풀이 $A+B=E$에서 $A=E-B$

$$\therefore AB=(E-B)B=B-B^2$$
$$=B(E-B)=BA$$

따라서 $A^3+B^3=(A+B)^3-3AB(A+B)$이므로

$$A^3+B^3=E^3-3ABE, \quad 3AB=E-(A^3+B^3)$$

$$\therefore AB=\frac{1}{3}\{E-(A^3+B^3)\}$$
$$=\frac{1}{3}\left\{\begin{pmatrix} 1 & 0 \\ 0 & 1 \end{pmatrix}-\begin{pmatrix} 4 & 6 \\ 9 & 1 \end{pmatrix}\right\}$$
$$=\frac{1}{3}\begin{pmatrix} -3 & -6 \\ -9 & 0 \end{pmatrix}$$
$$=\begin{pmatrix} -1 & -2 \\ -3 & 0 \end{pmatrix}$$

**1184** 전략 $\omega^3=1$, $\omega^2+\omega+1=0$임을 이용하여 $A^n$의 규칙을 파악한다.

$\omega$가 $x^3-1=0$, 즉 $(x-1)(x^2+x+1)=0$의 한 허근이므로

$$\omega^3=1, \ \omega^2+\omega+1=0$$

한편 $A=\begin{pmatrix} -1 & \omega \\ \omega & -\omega^2 \end{pmatrix}$에서

$$A^2=\begin{pmatrix} -1 & \omega \\ \omega & -\omega^2 \end{pmatrix}\begin{pmatrix} -1 & \omega \\ \omega & -\omega^2 \end{pmatrix}$$
$$=\begin{pmatrix} 1+\omega^2 & -\omega-\omega^3 \\ -\omega-\omega^3 & \omega^2+\omega^4 \end{pmatrix}=\begin{pmatrix} 1+\omega^2 & -\omega-1 \\ -\omega-1 & \omega^2+\omega \end{pmatrix}$$
$$=\begin{pmatrix} -\omega & \omega^2 \\ \omega^2 & -1 \end{pmatrix}$$

$$A^3=A^2A=\begin{pmatrix} -\omega & \omega^2 \\ \omega^2 & -1 \end{pmatrix}\begin{pmatrix} -1 & \omega \\ \omega & -\omega^2 \end{pmatrix}$$
$$=\begin{pmatrix} \omega+\omega^3 & -\omega^2-\omega^4 \\ -\omega^2-\omega & \omega^3+\omega^2 \end{pmatrix}=\begin{pmatrix} \omega+1 & -\omega^2-\omega \\ -\omega^2-\omega & 1+\omega^2 \end{pmatrix}$$
$$=\begin{pmatrix} -\omega^2 & 1 \\ 1 & -\omega \end{pmatrix}$$

$$A^4=A^3A=\begin{pmatrix} -\omega^2 & 1 \\ 1 & -\omega \end{pmatrix}\begin{pmatrix} -1 & \omega \\ \omega & -\omega^2 \end{pmatrix}$$
$$=\begin{pmatrix} \omega^2+\omega & -\omega^3-\omega^2 \\ -1-\omega^2 & \omega+\omega^3 \end{pmatrix}=\begin{pmatrix} \omega^2+\omega & -1-\omega^2 \\ -1-\omega^2 & \omega+1 \end{pmatrix}$$
$$=\begin{pmatrix} -1 & \omega \\ \omega & -\omega^2 \end{pmatrix}=A$$

$$A^5=A^4A=AA=A^2$$
$$A^6=A^5A=A^2A=A^3$$
$$\vdots$$

따라서 자연수 $k$에 대하여

$$A^n=\begin{cases} A & (n=3k-2) \\ A^2 & (n=3k-1) \\ A^3 & (n=3k) \end{cases}$$

$$\therefore A+A^2+A^3+\cdots+A^{100}$$
$$=A+A^2+A^3+A+A^2+A^3+\cdots+A$$
$$=33(A+A^2+A^3)+A$$
$$=33\left\{\begin{pmatrix} -1 & \omega \\ \omega & -\omega^2 \end{pmatrix}+\begin{pmatrix} -\omega & \omega^2 \\ \omega^2 & -1 \end{pmatrix}+\begin{pmatrix} -\omega^2 & 1 \\ 1 & -\omega \end{pmatrix}\right\}$$
$$+\begin{pmatrix} -1 & \omega \\ \omega & -\omega^2 \end{pmatrix}$$
$$=33\begin{pmatrix} -1-\omega-\omega^2 & \omega+\omega^2+1 \\ \omega+\omega^2+1 & -\omega^2-1-\omega \end{pmatrix}+\begin{pmatrix} -1 & \omega \\ \omega & -\omega^2 \end{pmatrix}$$
$$=33\begin{pmatrix} 0 & 0 \\ 0 & 0 \end{pmatrix}+\begin{pmatrix} -1 & \omega \\ \omega & -\omega^2 \end{pmatrix}$$
$$=\begin{pmatrix} -1 & \omega \\ \omega & -\omega^2 \end{pmatrix}=A$$

답 ②

다른 풀이 $\omega$가 $x^3-1=0$, 즉 $(x-1)(x^2+x+1)=0$의 한 허근이므로

$$\omega^3=1, \ \omega^2+\omega+1=0$$

$A=\begin{pmatrix} -1 & \omega \\ \omega & -\omega^2 \end{pmatrix}$에서 케일리-해밀턴의 정리에 의하여

$$A^2-(-1-\omega^2)A+\{-1\times(-\omega^2)-\omega\times\omega\}E=O$$
$$A^2-\omega A=O \quad \therefore A^2=\omega A$$

$A^3=A^2A=(\omega A)A=\omega A^2=\omega(\omega A)=\omega^2 A$

$A^4=A^3A=(\omega^2 A)A=\omega^2 A^2=\omega^2(\omega A)=\omega^3 A=A$

$A^5=A^4A=A^2$

$A^6=A^5A=A^3$

$\vdots$

$A^{n+3}=A^n$ (단, $n$은 자연수)

$$\therefore A+A^2+A^3+\cdots+A^{100}$$
$$=A+A^2+A^3+A+A^2+A^3+\cdots+A$$
$$=33(A+A^2+A^3)+A$$
$$=33(A+\omega A+\omega^2 A)+A$$
$$=33(1+\omega+\omega^2)A+A$$
$$=A$$

MEMO

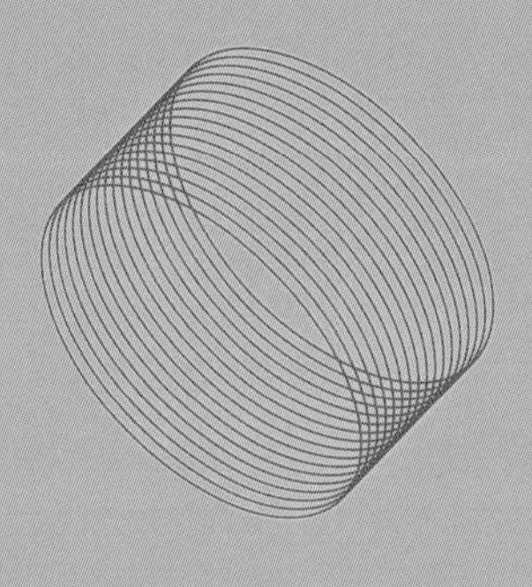

개념원리 RPM 공통수학 1

다양한 유형의 문제를 통해 수학의 문제해결력을 높일 수 있는 RPM

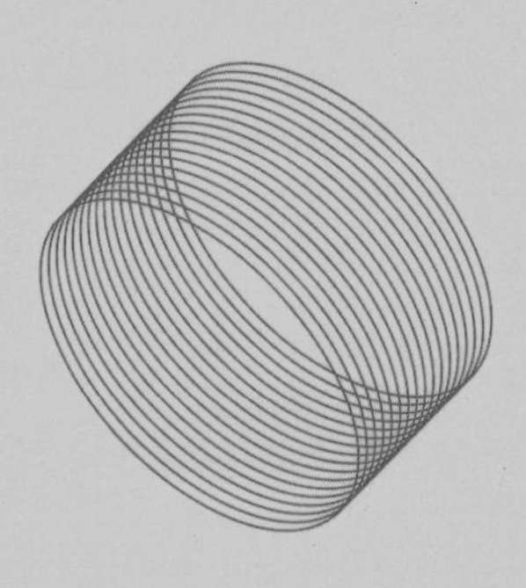

# 개념원리 RPM 공통수학 1